ROYAL HORTICULTURAL SOCIETY

GARTENPFLANZEN VON A BIS Z

ROYAL HORTICULTURAL SOCIETY

GARTENPFLANZEN VON A BIS Z

IAN SPENCE

DORLING KINDERSLEY

DORLING KINDERSLEY
London, New York,
München, Melbourne und Delhi

Lektorat Annelise Evans
Bildredaktion Alison Donovan
Bildbetreuung Murdo Culver
Gestaltung Gillian Andrews, Vanessa Hamilton, Rachael Smith
Redaktion Letitia Luff
Weitere Redakteure Louise Abbott, Pamela Brown, Candida Frith-Macdonald
Cheflektorat Anna Kruger
Chefbildlektorat Lee Griffiths
DTP-Design Louise Waller
Medien Lucy Claxton, Richard Dabb
Bildrecherche Samantha Nunn
Herstellung Mandy Inness

Bibliografische Information Der Deutschen Bibliothek
Die Deutsche Bibliothek verzeichnet diese Publikation in der Deutschen Nationalbibliografie;
detaillierte bibliografische Daten sind im Internet über http://dnb.ddb.de abrufbar.

Titel der englischen Originalausgabe:
The Royal Horticultural Society – Garden Plants and Flowers

Übersetzung Feryal Kanbay
Redaktion Dr. Sigrun Künkele
Satz AVAK Publikationsdesign

ISBN 3-8310-0542-7

Colour reproduction by Colourscan, Singapore
Printed and bound in Germany by MOHN MEDIA

Hinweis
Die Informationen und Ratschläge in diesem Buch sind von den Autoren und vom Verlag sorgfältig erwogen und geprüft, dennoch kann eine Garantie nicht übernommen werden. Eine Haftung der Autoren bzw. des Verlags und seiner Beauftragten für Personen-, Sach- und Vermögensschäden ist ausgeschlossen.

Besuchen Sie uns im Internet
www.dk.com

Inhalt

Die Symbole

🏆	Durch die Royal Horticultural Society ausgezeichnete Pflanze
↕	Wuchshöhe der ausgewachsenen Pflanze
↔	Wuchsbreite der ausgewachsenen Pflanze
❄❄❄	Voll frosthart: Pflanze verträgt Temperaturen bis –15 °C.
❄❄	Frosthart: Pflanze verträgt Temperaturen bis –5 °C.
❄	Bedingt frosthart: Pflanze verträgt Temperaturen bis 0 °C.
❁	Frostempfindlich: Pflanze kann bei Temperaturen unter 5 °C Schaden nehmen.

Vorwort

Gärtnern war noch nie so beliebt wie heute. Es hat sich eine riesige Industrie entwickelt, die den Markt mit allem beliefert – von Gartendekorationen bis zu Bodenbelägen.

Dabei vergessen wir manchmal, dass bei diesem Thema eigentlich die Pflanzen die Hauptrolle spielen. Es gibt eine erstaunliche Vielfalt und eine riesige Auswahl an Gartenpflanzen – von winzigen Alpenpflanzen bis zu großen Bäumen –, die für den Hobbygärtner erhältlich sind. Auch bringen Pflanzenzüchter jedes Jahr immer mehr neue Sorten auf den Markt. Manche dieser Neuheiten verschwinden so schnell, wie sie gekommen sind, während andere sich zu Dauerbrennern entwickeln. Daher kann es vor allem für Gartenneulinge schwierig und verwirrend sein, aus der riesigen Palette von Pflanzen und der Masse an Informationen die richtigen und wichtigen auszuwählen. Ich hoffe, dass dieses Buch Ihnen dabei helfen kann.

Es beinhaltet eine Auswahl an Gewächsen, die sich als zuverlässige Gartenpflanzen erwiesen haben. Die meisten sind robust, frosthart und einfach zu kultivieren. Manche benötigen etwas Aufmerksamkeit, damit sie strenge Winter überleben, aber das Ergebnis ist die Mühe wert. Auch einige ungewöhnliche Pflanzen werden beschrieben.

Um Ihnen die Wahl zu erleichtern, ist jedes Pflanzenporträt bebildert, sodass Sie selbst entscheiden können, wie die Pflanze auf Sie wirkt. Das Buch ist in mehrere Kapitel eingeteilt, die jeweils verschiedene Pflanzengruppen umfassen. Die Porträts sind alphabetisch nach den botanischen Pflanzennamen sortiert, da nicht alle Pflanzen einen deutschen Namen haben bzw. sich manche denselben Namen teilen. Soweit deutsche Namen vorhanden sind, werden diese auch aufgeführt.

Neben grundlegenden Informationen über die beschriebene Pflanze finden Sie auch praktische Tipps zur Pflege sowie kurze Angaben über den Standort und die Verwendung im Garten. Wenn Sie wie ich einmal angefangen haben, Pflanzen zu kultivieren, werden Sie nicht mehr davon loskommen.

Gutes Gelingen!

Ian Spence

A-Z der GARTEN-PFLANZEN

In diesem Buch finden Sie Abbildungen von über 2500 Pflanzen und Informationen zu noch mehr Gewächsen, damit Sie sich ganz einfach Ihre eigene Sammlung der schönsten Gartenpflanzen anlegen können. Um Ihnen die Auswahl zu erleichtern, sind die verschiedenen Pflanzengruppen in einzelnen Kapiteln zusammengefasst, und zwar Bäume und Sträucher, Kletterpflanzen, Blumen, Gräser und Bambus sowie Farne. Innerhalb jedes Kapitels sind die Porträts alphabetisch nach den botanischen Pflanzennamen angeordnet, sodass Sie sich schnell über eine bestimmte Pflanze informieren können. Geläufige deutsche Namen werden aufgeführt, sofern es sie gibt.

Bäume und Sträucher

Bäume und Sträucher im Garten

Bäume und Sträucher sich wichtige Strukturelemente, die einem Garten einen Rahmen geben, in dem man weniger dauerhafte Pflanzen gestalterisch einsetzen kann. Sie zeigen eine enorme Vielfalt an Wuchs, Form, Blüten und Blättern. Bei durchdachter Gehölzauswahl können Sie sich jeden Monat an Blüten erfreuen und im Herbst an prächtigen Blätterfarben. Die charakteristische Rinde vieler Bäume lässt sie sogar noch nach dem Blattfall interessant aussehen. Immergrüne Bäume und Sträucher bieten das ganze Jahr Sichtschutz und bilden einen Hintergrund für die wechselnden Höhepunkte anderer Pflanzen.

Gestalten mit Bäumen und Sträuchern

Bäume und Sträucher werden in Ihrem Garten für lange Zeit stehen und die wichtigsten Gestaltungselemente sein, wenn sie einmal gepflanzt sind. Wählen Sie sie daher mit Sorgfalt aus, und setzen Sie sie ein, bevor Sie andere Gewächse wie Zwiebelpflanzen und Stauden einplanen. Denken Sie immer daran, welche Rolle sie im Garten spielen.

Viele Bäume und Sträucher sind so attraktiv, dass man sie als Blickfang pflanzt, um das Auge auf einen bestimmten Punkt im Garten zu lenken oder sie einfach als Solitärpflanzen zu bewundern. Wählen Sie einen Baum oder Strauch aus, der eine geeignete endgültige Höhe und Breite hat: Er muss groß genug sein, um zu beeindrucken, aber nicht so riesig, dass er andere Pflanzen überschattet.

Am besten setzt man Bäume und Sträucher in gemischte Randbeete, wo sie mit saisonalen oder prächtigeren Pflanzen kombiniert werden. Sie können sie auch so pflanzen, dass innerhalb einer Rabatte ein Mikroklima entsteht: Birken (*Betula*) z. B. werfen lichten Schatten, der für Waldpflanzen wie Anemonen ideal ist.

Bäume und Sträucher kann man auch als Hecken pflanzen. Hecken bieten einen hübscheren Anblick als Zäune und locken Tiere wie Igel und Vögel in den Garten; diese wiederum halten Schädlinge im Zaum, ohne dass Sie zu chemischen Mitteln greifen müssen.

Sie können Gehölze so pflanzen, dass ein lebendiger Sichtschutz entsteht, der eine unschöne Ecke wie z. B. den Kompostplatz kaschiert und für Privatsphäre oder Schatten sorgt. Bäume und Sträucher bilden auch einen wirksameren Windschutz als feste Barrieren, weil sie teilweise durchlässig sind. Es sieht auch reizvoll aus, wenn Bäume und Sträucher die Aussicht auf die umgebende Landschaft einrahmen und einen nahtlosen Übergang vom Garten in die Natur schaffen.

Variationen eines Themas Diese gemischte Rabatte enthält Bäume und Sträucher sowie Stauden, die vielfältige Formen, Höhen und Strukturen, aber eine begrenzte Farbpalette aufweisen – Grüntöne, Weiß und Goldgelb lassen eine harmonische Pflanzung entstehen.

Ein schöner Anblick das ganze Jahr über

Eine der größten Freuden beim Gärtnern ist, zu beobachten, wie sich die Bäume und Sträucher während des Jahres verändern. Viele sehen länger dekorativ aus als nur zu einer Jahreszeit. Ab dem Frühling blühen die Gehölze, und bei richtiger Pflanzenkombination können Sie sich bis zum Spätsommer ununterbrochen an Blüten erfreuen. Manche Bäume und Sträucher bilden auch Früchte, die zusätzliche Farben bringen und Vögel anlocken.

Im Herbst färbt sich das Laub leuchtend gelb, rot oder braun. Bei manchen Gehölzen können die neuen Blätter im Frühjahr farbig angehaucht sein. Im Winter zeigen einige Bäume und Sträucher eine schön strukturierte bunte Rinde oder leuchtende Triebe.

Bei der Gehölzauswahl sollten Sie diese Elemente immer im Auge haben und sich überlegen, wie sie zu verschiedenen Jahreszeiten andere Pflanzen ergänzen.

Frühjahrsblüte Zierkirschen wie diese März-Kirsche (*Prunus incisa*) sind beliebte Hausbäume.

Sommerfrüchte Schneebälle wie dieser *Viburnum* 'Compactum' bilden Früchte – in Blau, Schwarz oder Rot.

Herbstlaub Dieser sommergrüne Wein-Ahorn (*Acer circinatum*) bekommt im Herbst leuchtende Blätter.

Winterrinde Auffällige Baumrinden, hier einer Papier-Birke (*Betula papyrifera*), bieten einen schönen Anblick.

Wuchsformen

Bevor Sie Gehölze für Ihren Garten auswählen, informieren Sie sich über deren endgültige Form. Es gibt viele Wuchsformen, z. B. niederliegend, kegelförmig, pyramidenförmig und kugelig oder die rechts abgebildeten. Für welche Form Sie sich entscheiden, hängt zunächst vom vorhandenen Platz ab. Ein säulenförmiger Baum z. B. eignet sich für kleine Gärten besser als einer mit einer ausladenden Krone. Auch die endgültige Höhe ist entscheidend. Ein sehr großer Einzelbaum kann den Garten zu einem großen Teil oder vollständig beschatten.

Die Wuchsform eines Gehölzes trägt auch zum Stil Ihres Gartens bei. Säulenförmige Bäume wie Zypressen (*Cupressus*) schaffen gewöhnlich eine formale Atmosphäre, während überhängende Arten wie manche Weiden (*Salix*) sehr anmutig aussehen, wenn sie sich bei jedem Windhauch bewegen. Sträucher wie Feuerdorn (*Pyracantha*) können frei stehend wachsen oder an einer Mauer erzogen werden. Form und Größe eines Baums lassen sich durch Schnitt verändern (siehe unten).

Säulenform Dieser Baumtyp wächst schmal mit dünnen, nach oben gerichteten Ästen. Der Hauptstamm gabelt sich oft höher in zwei oder drei stärkere Triebe.

Klassischer Baum Diese Bäume haben einen einzigen deutlichen Stamm und eine runde Krone aus vielen Ästen.

Kissenartig wachsender Strauch mit einer dichten rundlichen Form.

Trauerform Die Äste dieser Bäume hängen kaskadenartig über, bilden entweder eine Pilzform oder fallen direkt herab.

Mehrtriebiger Strauch Dieser trägt mehrere dichte, dünne, aufrechte oder überhängende Triebe.

Wodurch unterscheiden sich Gehölze von anderen ausdauernden Pflanzen?

Bäume und Sträucher sind verholzende Gewächse und viel langlebiger als krautige ausdauernde Pflanzen. Ein Baum hat stets einen deutlichen Stamm und darüber eine Krone. Sträucher weisen immer mehrere Triebe auf, die sich vom Grund der Pflanze entwickeln; ein dominierender Trieb fehlt. Manche Bäume jedoch zeigen eine strauchartige Wuchsform und haben mehrere Stämme.

Bäume und Sträucher haben feste Triebe mit einer schützenden äußeren Rindenschicht, die völlig anders aussehen als die weichen, grünen Triebe der krautigen Stauden (siehe S. 160–161). Bei den so genannten Halbsträuchern können die Triebe biegsamer sein und denen der krautigen Pflanzen ähneln – außer bei älteren Trieben bzw. an der Triebbasis, die bei den Halbsträuchern deutlich verholzt ist.

Wundstellen an verholzten Trieben können verheilen (Kallusbildung), sodass die meisten Gehölze einen Schnitt vertragen. Dieser dient dazu, die Pflanzen gesund zu erhalten, sie zu verschiedenen Formen zu erziehen (siehe rechts) oder ihre Größe zu begrenzen.

Formschnitt Lässt man diese Zypresse (*Cupressus macrocarpa* 'Goldcrest') natürlich wachsen, entwickelt sie sich zu einem säulenförmigen Baum, der eine Höhe von bis zu 5 m erreicht (siehe links). Bei regelmäßigem Schnitt kann der Baum jedoch ein völlig anderes Aussehen bekommen (siehe rechts). Solche Bäume müssen aber häufig geschnitten werden, damit die Form erhalten bleibt. Sie können Bäume und Sträucher auch weniger streng schneiden, z. B. die unteren Triebe eines Strauchs entfernen, damit ein deutlicher Stamm entsteht, oder mehrere Sträucher zu einem Sichtschutz oder einer Hecke stutzen.

ABELIA

Abelie

DIESE SOMMER- UND IMMERGRÜNEN STRÄUCHER werden wegen ihrer üppigen Blütenstände in Weiß, Rosa oder Kirschrot und den glänzenden, rundlichen Blättern kultiviert. Die Blüten stehen im Sommer und Herbst an schlanken, überhängenden Trieben und duften bei einigen Arten wie der China-Abelie (*A. chinensis*) und der Schumans-Abelie (*A. schumannii*). Die Größe kann bei den verschiedenen Sorten stark variieren – Höhen von 1,5 m bis zu 5 m oder mehr und Breiten von 2 m bis zu 4 m sind möglich. Abelien sind im Allgemeinen pflegeleicht und eignen sich gut für sonnige Rabatten. Sie sind gute Begleiter für Buschklee (*Lespedeza*, siehe S. 81) und Hortensien (*Hydrangea*, siehe S. 72–73). Weniger frostharte Arten sollten vor einer warmen Süd- oder Westmauer stehen.

Winterhärte: Frosthart ✻✻ bis bedingt frosthart ✻
Standort: Jeder nährstoffreiche, durchlässige Boden in Vollsonne.
Pflege: Vor kalten, trockenen Winden schützen; sommergrüne Arten im Spätwinter oder Vorfrühling zurückschneiden; bei immergrünen Arten Blütentriebe nach der Blüte etwas einkürzen.
Vermehrung: Grünstecklinge im Frühsommer; halb verholzte Stecklinge im Spätsommer schneiden.

Abelia × grandiflora 🏆
↕3 m ↔ 4 m; wintergrün; duftende Blüten von Hochsommer bis Herbst; ✻✻.

ABELIOPHYLLUM DISTICHUM

Schneeforsythie

↕↔ 1,5 m

DIE BLÜTEN dieses sommergrünen Strauchs erscheinen ab dem Spätwinter an den kahlen Trieben und erfüllen den Garten mit ihrem zarten Duft. Ihnen folgen mattgrüne Blätter, die sich im Herbst purpurn färben. Die ausladend wachsende Schneeforsythie können sie frei stehend in eine sonnige Rabatte pflanzen oder an einer warmen, geschützten Süd- oder Westmauer ziehen, wo sie früher und üppiger blüht. Sie ist ein guter Nachbar für andere früh blühende Sträucher wie Mahonien (siehe S. 87), Forsythien und Schneeball (*Viburnum*, siehe S. 127–128).

Winterhärte: Voll frosthart ✻✻✻, wenn das Holz im Sommer gut ausreifen konnte; frühe Blüten sind frostanfällig.
Standort: Nährstoffreicher, durchlässiger Boden in Vollsonne.
Pflege: Nach der Blüte zurückschneiden, bei frei stehenden Pflanzen Blütentriebe bis zu kräftigen Augen oder Triebe bis zum Grund zurücknehmen, bei Pflanzen an einer Mauer alle Blütentriebe bis auf zwei bis vier Augen kürzen.
Vermehrung: Im Sommer durch halb verholzte Stecklinge oder Absenker von niedrig wachsenden Trieben.

Abelia schumannii 🏆
↕2 m ↔ 3 m; wintergrün; leicht duftende Blüten von Spätsommer bis Herbst; ✻✻.

Abelia floribunda 🏆
↕3 m ↔ 4 m; immergrün; Blüten im Frühsommer; breitet sich an einer Mauer weiter aus; ✻.

Abeliophyllum distichum
An einer Mauer wächst die Pflanze höher; weiße Blüten sind manchmal rosa übertönt.

Abies

Tanne

Lange, ausladende Äste sind charakteristisch für diese stattlichen immergrünen Nadelbäume. Sie sind ausgezeichnete Einzelbäume, können aber auch als Wind- oder Sichtschutz gepflanzt werden. Die Farbe der Nadeln variiert von Mittelgrün bis Bläulich-Grün, mit silbriger Unterseite. Im Spätfrühling und Frühsommer bilden manche Pflanzen dekorative Zapfen; die aufrechten, rötlich blauen Zapfen an den oberen Ästen sind weibliche Blütenstände, die hängenden, grünen, später braunen oder purpurblauen an den unteren Ästen männliche Blütenstände. Für kleine Gärten gibt es verschiedene niedrige oder zwergige Formen wie die Balsam-Tanne (*A. balsamea* 'Nana') von nur 1 m Höhe, die ideal für Steingärten ist.

Winterhärte: Voll frosthart ❄❄❄; junge Nadeln jedoch frostanfällig.
Standort: Jeder nährstoffreiche, feuchte, durchlässige, neutrale bis leicht saure Boden in Sonne bis Halbschatten.
Pflege: Vor kalten Winden schützen; Schnitt nicht erforderlich; anfällig für Gallenläuse, die mit weißer Wachswolle bedeckt sind und an den Nadeln saugen, Nadeln vergilben oft, aber tolerierbar.
Vermehrung: Aussaat nach der Samenreife oder im Winter in Töpfen; Samen vor der Aussaat drei Wochen der Kälte aussetzen.

Abies veitchii
↕15–20 m ↔ 4–6 m; schnellwüchsig; 5–8 cm lange weibliche Zapfen.

Abies procera 🏆
↕25–45 m ↔ 6–9 m; silbergraue Rinde; große grüne oder braune, 15–25 cm lange weibliche Zapfen.

***Abies lasiocarpa* 'Compacta'** 🏆
↕3–5 m ↔ 2–3 m; niedrige, langsam wachsende Form der Felsengebirgs-Tanne mit schöner Kegelform.

Abies koreana
↕10 m ↔ 6 m; bildet schon in jungen Jahren dekorative weibliche Zapfen von 5–8 cm Länge.

***Abies nordmanniana* 'Golden Spreader'** 🏆
↕1 m ↔ 1,5 m; langsam wachsende, strauchartige Zwergkonifere mit ausladenden Ästen und grünlich braunen Zapfen.

Abutilon

Schönmalve, Samtmalve

DIE LANGE BLÜHDAUER, oft von Frühling bis Herbst, ist die Hauptattraktion dieser Sträucher, die mit ihren ziemlich dünnen Trieben meist eine Stütze benötigen. Die Blüten erscheinen in Rot, Orange, Violettblau, Rosa und Weiß; manche sind sogar zweifarbig. Es gibt auch Formen mit panaschierten Blättern. Frostempfindliche und bedingt frostharte Arten werden als Sommerpflanzen kultiviert; frostharte Formen kann man an einer sonnigen, geschützten Mauer ziehen oder in wärmeren Gebieten in Rabatten pflanzen.

Winterhärte: Frosthart ✻✻ bis frostempfindlich ❄
Standort: Jeder nährstoffreiche Boden in vollsonniger Lage; für Gefäßbepflanzung Topferde.
Pflege: In frostgefährdeten Gebieten in geschützter Lage in Kübeln ziehen, frostfrei unter Glas überwintern; Rückschnitt im Spätwinter oder Vorfrühling, abgeblühte Blütentriebe bis zum Haupttrieb einkürzen, alle störenden Triebe entfernen; gegen Weiße Fliege oder Spinnmilben unter Glas Nützlinge einsetzen (Schlupfwespen bei Weißer Fliege, Raubmilben bei Spinnmilben).
Vermehrung: Aussaat im Frühjahr bei Wärme; Grünstecklinge im Frühjahr; halb verholzte Stecklinge im Sommer schneiden.

Abutilon 'Souvenir de Bonn' ♀
↕bis 3 m ↔ 2–3 m; wuchskräftiger, aufrechter, immergrüner Strauch; Blüte von Frühling bis Frühherbst; ✻.

Abutilon megapotamicum ♀
↕↔ 2 m; immergrün; ideal vor einer Mauer; Blüten erschienen von Sommer bis Herbst; ✻✻.

Abutilon 'Boule de Neige'
↕bis 4 m ↔ bis 3 m; wuchskräftiger, immergrüner Strauch von aufrechter bis ausladender Form; Blüte von Frühling bis Herbst; ✻.

WEISSE FLIEGEN auf den Blättern können zum Problem werden, meist aber nur bei frostempfindlichen Arten, die teilweise unter Glas wachsen.

Abutilon vitifolium 'Veronica Tennant' ♀
↕5 m ↔ 2,5 m; schnellwüchsiger, sommergrüner, aufrechter, manchmal baumartiger Strauch; Blüte im Frühsommer; ✻✻.

***Abutilon vitifolium* 'Album'**
↕5 m ↔ 2,5 m; schnellwüchsiger sommergrüner Strauch, manchmal baumartig; Blüte im Frühsommer; ✲✲.

***Abutilon pictum* 'Thompsonii'**
↕5 m ↔ 2–5 m; immergrüner, aufrechter Strauch oder kleiner Baum; Blüte von Frühling bis Herbst; ✲.

ACACIA

Akazie

↕bis 30 m
↔bis 10 m

TRAUBEN KLEINER, oft süßlich duftender, leuchtend gelber Blüten bedecken im Winter oder Frühjahr diese schnellwüchsigen sommer- und immergrünen Bäume und Sträucher. In frostgefährdeten Gebieten brauchen die bedingt frostharten Arten, die im Freien überleben, zum Blühen einen warmen, geschützten Platz – am besten vor einer sonnigen Mauer. Pflanzen Sie Akazien zusammen mit anderen winterblühenden immergrünen Arten wie Mahonie (*Mahonia*, siehe S. 87), Fleischbeere (*Sarcococca*, siehe S. 116) und Schneeball (*Viburnum*, siehe S. 126–127).

Winterhärte: Bedingt frosthart ✲ bis frostempfindlich ❀
Standort: Mäßig nährstoffreicher, neutraler bis saurer Boden in Vollsonne; für Gefäßbepflanzung Topferde.
Pflege: Vor kalten Winden schützen; in frostgefährdeten Gebieten in Kübeln ziehen und frostfrei unter Glas überwintern; bei sommergrünen Arten im Frühjahr störende Triebe entfernen, um die schöne Form zu erhalten; bei immergrünen Arten nach der Blüte die Form störende Triebe leicht einkürzen; bei Sträuchern an Mauern im Spätwinter oder Vorfrühling abgeblühte Triebe bis auf zwei bis vier Augen zurückschneiden.
Vermehrung: Aussaat im Frühjahr bei 18 °C, Samen vorher in Warmwasser quellen lassen; halb verholzte Stecklinge im Sommer schneiden.

Acacia baileyana 🏆
↕5–8 m ↔ 3–6 m; kleiner Baum oder großer Strauch; immergrün; üppige Blüte von Winter bis Frühling; ✲.

ACALPHYA

Katzenschwanz, Nesselblatt

DIESE TROPISCHEN STRÄUCHER sind gute Sommerpflanzen für kühle Regionen, wo sie oft auch als Topfpflanzen kultiviert werden. Manche Arten wie der Rote Fuchsschwanz (*A. hispida*) werden wegen ihrer langen, katzenschwanzähnlichen (daher der Name) Blütenständen in Dunkelrosa bis Rot gepflanzt. Andere wie das Buntlaubige Kupferblatt (*A. wilkesiana*) haben unauffällige Blüten, aber dekoratives Laub, das gesprenkelt oder panaschiert ist. Unter optimalen Bedingungen wachsen diese Pflanzen sehr schnell und setzen feine Akzente, können jedoch ihre volle Größe innerhalb einer Saison nicht erreichen.

Winterhärte: Frostempfindlich ❀
Standort: Im Freien nährstoffreicher, durchlässiger Boden in Vollsonne oder Halbschatten; für Gefäßbepflanzung lehmig humoses Substrat bei vollem Licht.
Pflege: Pflanzen frostfrei überwintern, da sie unter 10–13 °C Schaden erleiden; im Frühjahr und Sommer monatlich Volldünger verabreichen; im Sommer regelmäßig gießen; Triebe etwas einkürzen, um die Form zu erhalten.
Vermehrung: Grünstecklinge im Frühjahr, halb verholzte Stecklinge im Spätsommer schneiden.

Acalphya wilkesiana
↕bis 2 m ↔ 1–2 m; buschiger Strauch; die grün oder kupfern getönten Blüten werden oft von rosa oder kupferfarbenem Laub verdeckt.

Acer

Ahorn

AHORNE WERDEN WEGEN IHRER ZARTEN BLÄTTER geschätzt, die bei manchen Sorten des Fächer-Ahorns (*A. palmatum*) besonders fein und farnartig sind. Innerhalb dieser Gattung herrscht eine große Vielfalt. Manche Formen tragen im Frühling leuchtend gefärbtes Laub, andere haben graugrün, weiß oder rosa panaschierte Blätter, und einige bieten im Herbst ein prächtiges Bild in den intensivsten Rot-, Gelb- und Orangetönen. Fast alle Ahorne sind sommergrün. Viele haben auch eine schöne Rinde, die die trüben Wintermonate belebt; beim Zimt-Ahorn (*A. griseum*) schilfert die Rinde sehr dekorativ ab, während sie beim Davids-Ahorn (*A. davidii*) und beim Streifen-Ahorn (*A. pensylvanicum*) grün und weiß gestreift ist. Den unauffälligen Blüten im Frühjahr folgen geflügelte Früchte. Es gibt sowohl Bäume als auch Sträucher. Die größten Bäume sehen als Solitäre beeindruckend aus, wenn sie über ausreichend Platz verfügen, kleinere Exemplare und solche mit strauchartigem Wuchs können hingegen in jedem Garten kultiviert werden. Zahlreiche Sorten eignen sich hervorragend für Gefäßkultur. Weniger frostharte Sorten können im Haus überwintern.

Winterhärte: Die meisten voll frosthart ❄❄❄, manche frosthart ❄❄
Standort: Gut vorbereiteter Boden in Vollsonne oder Halbschatten.
Pflege: Containerware zu jeder Jahreszeit, ballenlose Pflanzen nur während der Ruheperiode von Spätherbst bis Vorfrühling pflanzen; vor und nach der Pflanzung ausgiebig gießen, im ersten Jahr regelmäßig wässern; Arten mit zartem Laub vor kalten Winden und Spätfrösten schützen (junge Blätter können verbrennen); hohe Formen und Bäume in exponierten Lagen stützen; Jungpflanzen zurückschneiden, um ein geeignetes Grundgerüst zu formen, danach kaum noch Rückschnitt erforderlich; von Spätherbst bis Mitte Winter, bei Kübelpflanzen im Frühjahr störende Triebe entfernen, um die Form zu erhalten, sowie totes oder krankes Holz abschneiden; einige Sorten werden von Gallmilben befallen, die unansehnliche Gallen bilden, aber harmlos sind.
Vermehrung: Aussaat nach der Samenreife im Freien; von Sorten im Frühsommer Grünstecklinge schneiden.

Pflege von Kübelpflanzen

Ein Ahorn, der in einem Gefäß wächst, braucht mehr Pflege als einer, der im Garten steht, da die Wurzeln nur einen begrenzten Raum zur Verfügung haben. Eine dicke Mulchschicht hilft, die Feuchtigkeit zu speichern, aber trotzdem müssen Sie regelmäßig gießen – in Trockenzeiten täglich. Tauschen Sie jedes Jahr die obere Substratschicht aus (siehe unten), um Unkraut- und Algenwuchs auf der Oberfläche zu entfernen und der Pflanze ausreichend Nährstoffe für die Wachstumsperiode zuzuführen. Topfen Sie Ihren Ahorn alle drei bis fünf Jahre um, entweder in denselben Kübel mit frischem Substrat oder in ein etwas größeres Gefäß. Holen Sie die Pflanze aus dem Topf, schütteln Sie die Erde vorsichtig von den Wurzeln ab, und kürzen Sie zu lange oder derbe Wurzeln ein. Pflanzen Sie den Baum so ein, dass der Wurzelballen genauso hoch steht wie vorher.

❶ *Entfernen Sie mit einer Handschaufel eine etwa 5 cm dicke Schicht des alten Substrats und Mulchs (hier Rindenhäcksel).*

❷ *Füllen Sie frische Erde mit Langzeitdünger auf. Gießen Sie gut an, und bringen Sie eine neue Mulchschicht aus, um Unkraut vorzubeugen.*

① ***Acer cappadocicum*** ↕20 m ↔15 m ② ***A. circinatum*** ↕5 m ↔6 m ③ ***A. davidii* 'George Forrest'** 🏆 ↕↔15 m; interessante Rinde ④ ***A. griseum*** 🏆 ↕↔10 m; dekorative Rinde ⑤ ***A. japonicum* 'Aconitifolium'** 🏆 ↕5 m ↔6 m ⑥ ***A. negundo* 'Flamingo'** ↕15 m ↔10 m ⑦ ***A. negundo* 'Variegatum'** ↕15 m ↔10 m ⑧ ***A. palmatum* 'Atropurpureum'** ↕8 m ↔10 m ⑨ ***A. palmatum* 'Bloodgood'** 🏆 ↕↔5 m ⑩ ***A. palmatum* 'Butterfly'** ↕3 m ↔1,5 m

3

4

5

6

9

10

11

12

15

16

17

18

21

22

23

24

⑪ *A. palmatum* 'Chitoseyama' 🏆 ↕2 m ↔ 3 m ⑫ *A. palmatum* 'Corallinum' ↕1,2 m ↔ 1 m ⑬ *A. palmatum* Dissectum-Atropurpureum-Gruppe ↕2 m ↔ 3 m ⑭ *A. palmatum* 'Garnet' 🏆 ↕2 m ↔ 3 m ⑮ *A. palmatum* ssp. *amoenum* ↕5 m ↔ 6 m ⑯ *A. palmatum* 'Linearilobum' ↕5 m ↔ 4 m ⑰ *A. palmatum* 'Red Pygmy' 🏆 ↕↔ 1,5 m ⑱ *A. palmatum* 'Sango-kaku' 🏆 ↕6 m ↔ 5 m ⑲ *A. platanoides* 'Crimson King' 🏆 ↕25 m ↔ 15 m ⑳ *A. pseudoplatanus* 'Brilliantissimum' 🏆 ↕ 6m ↔ 8m ㉑ *A. rubrum* 'October Glory' 🏆 ↕20 m ↔ 10 m ㉒ *A. rubrum* 'Schlesingeri' ↕20 m ↔ 10 m ㉓ *A. saccharinum* ↕20 m ↔ 12 m ㉔ *A. shirasawanum* 'Aureum' 🏆 ↕↔ 6m.

Aeonium

Ewigblatt, Rosettendickblatt

DAS EWIGBLATT, DAS WEGEN seiner exotischen Wuchsform beliebt ist, trägt Rosetten aus fleischigen Blättern in Hellgrün bis Schwarzpurpur. Von Frühling bis Sommer erscheinen kleine Sternblüten in Hellgelb bis leuchtendem Gelb, Weiß, Rosa oder Kupferrot. Bei manchen Arten sterben die Blütentriebe nach der Samenbildung ab. Ewigblatt sieht in Töpfen sehr dekorativ aus, besonders in Gruppen mit anderen Sukkulenten, schwarzblättrige Sorten wie 'Zwartkop' auch als Kontrast zu silbrig blauem oder grauem Laub. Ziehen Sie es in Gefäßen auf der Terrasse oder in einer durchlässigen Rabatte in sonniger oder halbschattiger Lage.

Winterhärte: Frostempfindlich ❄; unter trockenen Bedingungen können sie kurze Zeit Frost aushalten.
Standort: Nährstoffreicher, sehr durchlässiger Boden in Sonne oder Halbschatten; für Gefäßbepflanzung sandiges Substrat.
Pflege: Pflanzen in der Ruhephase im Winter relativ trocken halten; oft Blattlausbefall.
Vermehrung: Warme Aussaat im Frühjahr; im Frühsommer Stecklinge schneiden, Kallusbildung an den Schnittflächen abwarten, in sandhaltige Erde stecken, hell aufstellen, bis zur Bewurzelung an einen trockenen und warmen Ort stellen.

Aeonium 'Zwartkop' 🏆
↕↔ bis 1 m; die pyramidenförmigen Ähren gelber Blüten erscheinen im Spätsommer; gute Strukturpflanzen für Sommerbeete.

Aesculus

Rosskastanie

DIE ROSSKASTANIE ist ein prächtiger Baum mit gefingertem Laub, das sich im Herbst goldgelb oder leuchtend orange verfärbt. Im Frühling und Frühsommer erscheinen große Blütenkerzen in Weiß oder Rosa. Im Herbst platzen die igelartigen Früchte auf und geben glänzende braune Samen, die Kastanien, frei, die bei Verzehr Magenschmerzen verursachen können. Wegen ihrer stattlichen Größe – bis zu 25 m hoch – eignen sich die meisten Arten nur für sehr große Gärten. Die ausladenden Äste und die großen Blätter werfen meist tiefen Schatten, sodass darunter nur wenig gedeihen kann. *A. × mutabilis* 'Induta' und die Strauch-Kastanie (*A. parviflora*) wachsen jedoch strauchartig, sind niedriger und sehen in mittelgroßen Gärten – am besten als Einzelbäume – sehr eindrucksvoll aus.

Winterhärte: Die meisten Gartenarten sind voll frosthart ❄❄❄.
Standort: Jeder nährstoffreiche Boden in Sonne oder Halbschatten.
Pflege: Bei jungen Bäumen im Spätwinter oder Vorfrühling störende Triebe entfernen, um ein gesundes Astgerüst und eine symmetrische Form zu erhalten.
Vermehrung: Aussaat nach der Samenreife im Saatbeet; bei *A. parviflora* Ausläufer mit Wurzeln am Grund abschneiden und neu einpflanzen.

Aesculus parviflora 🏆
↕3 m ↔ 5 m; Ausläufer bildender Strauch, der außer auf wenig durchlässigem Boden überall wächst; warzige Früchte.

Aesculus × neglecta 'Erythroblastos' 🏆
↕10 m oder mehr ↔ 8 m; rote Blattstiele, Blätter entfalten sich cremefarben, werden im Hochsommer rosa, gelb, schließlich grün.

Aesculus hippocastanum 🏆
↕25 m ↔ 20 m; wuchsstarker Baum mit rundlicher, ausladender Form; trägt die bekannten Kastanien mit der igelartigen Schale.

AGAVE
Agave

DIESE SUKKULENTEN STRUKTURPFLANZEN sind in Wüstengebieten und in den Bergen heimisch. Sie tragen fleischige, bedornte, bis zu 2 m lange Blätter in weit ausladenden Rosetten. Im Sommer können ausgereifte Pflanzen trichterförmige Blüten an blattlosen Stängeln bilden, die bis zu 8 m hoch aufragen. Bei den meisten Arten stirbt die Rosette nach der Blüten- und Fruchtbildung ab, hinterlässt jedoch viele Seitensprosse – kleinere Rosetten, die sich rundherum entwickeln –, die in den späteren Jahren heranreifen. In frostgefährdeten Gebieten werden Agaven in Kübeln gezogen und frostfrei überwintert. Im milderen Klima wachsen sie als Solitärpflanzen in Rabatten, die vor Winternässe geschützt sind. Wegen der Verletzungsgefahr gehören Agaven nicht in die Nähe von Sitz- und Spielplätzen.

Winterhärte: Bedingt frosthart ✻ bis frostempfindlich ❀
Standort: Leicht saurer, nährstoffreicher, gut durchlässiger Boden in Vollsonne; bei Gefäßbepflanzung sandig lehmige Erde.
Pflege: Vor heftigen Regenfällen schützen.
Vermehrung: Warme Aussaat im Vorfrühling; Seitensprosse im Herbst oder Frühjahr abtrennen, in Erd-Sand-Gemisch weiterziehen.

ALNUS
Erle

↕bis 25 m
↔bis 10 m

ERLEN SIND SCHNELLWÜCHSIGE Bäume und Sträucher, die auch auf mageren Böden gedeihen. Die sommergrünen Pflanzen haben eine breite Kegelform, gezähnte Blätter und zierliche Kätzchen, die von Spätwinter bis Frühling erscheinen. Den gelben Kätzchen – männliche Blütenstände – folgen grüne Früchte, die sich im Herbst braun färben und wie kleine Zapfen aussehen. Erlen mit dekorativem Laub wie Oregon-Erle (*A. rubra*), Schwarz-Erle (*A. glutinosa*) und Grau-Erle (*A. incana*) sind attraktive schlanke Hausbäume. Sie nehmen einen nassen Boden nicht übel, sodass sie eine gute Wahl für einen feuchten Standort oder den Gewässerrand sind. Da sie sehr schnell wachsen, eignen sie sich sehr gut als Sicht- oder Windschutz.

Winterhärte: Voll frosthart ✻✻✻
Standort: Nährstoffreicher, feuchter, durchlässiger Boden in Vollsonne; *A. cordata* und *A. incana* vertragen trockene Lagen.
Pflege: Schnitt selten erforderlich; störende Äste zwischen Laubfall und Mitte Winter entfernen, um das Ausbluten zu vermeiden.
Vermehrung: Aussaat nach der Samenreife im Saatbeet; Steckhölzer im Winter schneiden.

Alnus incana
↕20 m ↔ 10 m; ausgezeichneter Windschutz, da sie in kalten, exponierten Lagen wächst.

Agave americana 'Mediopicta' 🏆
↕2 m ↔ 3 m; bei voller Reife eindrucksvolle Solitärpflanze; in warmen Gebieten Blüten im Sommer an bis zu 8 m langen Trieben; ❀.

Alnus cordata 🏆
↕25 m ↔ 6 m; im Mittelmeergebiet heimisch; verträgt trockene Böden; Kätzchen erscheinen im Spätwinter vor den Blättern.

Alnus glutinosa 'Imperialis' 🏆
↕25 m ↔ 10 m; mittelgrüne, tief eingeschnittene, bis zu 10 cm lange, anfangs klebrige Blätter; guter Einzelbaum für Rasenflächen.

Amelanchier
Felsenbirne

Felsenbirnen sind Gehölze für alle Jahreszeiten und von unschätzbarem Wert für den Garten. Im Frühling bis Frühsommer ist der Höhepunkt erreicht, wenn die ausladenden, strauchartigen Bäume bzw. Sträucher massenhaft sternförmige, rosa bis weiße Blüten hervorbringen und sich bald darauf die bronzefarbenen jungen Blätter entfalten. Hinzu kommen die leuchtenden Herbstfarben der Blätter, saftige Früchte und eine luftige Wuchsform – eine Pflanze, die das ganze Jahr über etwas zu bieten hat. Die kleinen, purpurnen bis schwarzen Früchte werden von Vögeln sehr geschätzt. Einzeln kommt dieses Gehölz am besten zur Geltung, es ist aber auch ein Gewinn für jede Strauchrabatte.

Winterhärte: Voll frosthart ❄❄❄
Standort: Saurer, nährstoffreicher, durchlässiger Boden in Sonne oder Halbschatten; *A. asiatica* verträgt Kalkböden.
Pflege: Störende Äste im Spätwinter oder Vorfrühling schneiden, bodennahe Wildtriebe im Winter entfernen; für den meldepflichtigen Feuerbrand anfällig, bei »verbrannt« oder schwarz aussehenden Ästen muss die Pflanze entfernt werden.
Vermehrung: Aussaat nach der Samenreife im Freien; Grüne oder halb verholzte Stecklinge im Sommer schneiden, Absenker im Herbst.

Amelanchier lamarckii 🏆
↕10 m ↔ 12 m; aufrechte Triebe; Blätter entfalten sich bronzefarben, werden später dunkelgrün; weiße Blüten Mitte Frühling.

Andromeda
Rosmarinheide

↕bis 40 cm
↔bis 60 cm

Die Rosmarinheide erinnert an ein Heidegewächs mit schmalen grünen Blättern. Sie ist ein niederwüchsiger, immergrüner Strauch mit drahtigen Trieben, der ähnliche Wachstumsbedingungen wie Erika (*Erica*, siehe S. 52–53) und Heidekraut (*Calluna*, siehe S. 31) mag. Sie ist in Moorgebieten kühler Regionen heimisch. Die Kahle Rosmarinheide (*A. polifolia*) wird am häufigsten kultiviert; ihre Sorten werden 5 bis 40 cm hoch und blühen in Rosa oder Weiß. Können Sie ihr keinen feuchten, sauren Boden bieten, dann eignen sich auch ein erhöhtes Beet bzw. ein Gefäß mit Azaleenerde. Rosmarinheide passt zu Waldgärten oder schattigen Steingärten.

Winterhärte: Voll frosthart ❄❄❄
Standort: Feuchter, saurer, humusreicher Boden in Sonne oder Halbschatten.
Pflege: Bei trockenen Böden um die Pflanzen Laub- oder Gartenkompost ausbringen, am besten nach heftigem Regen, um die Feuchtigkeit zu speichern und Unkrautwuchs zu verhindern.
Vermehrung: Grünstecklinge im Frühjahr schneiden; bewurzelte Absenker im Herbst oder Frühjahr eintopfen.

1

2

① ***Andromeda polifolia* 'Alba'** ↕15 cm ↔ 20 cm; halb niederliegend; üppige Blüte ② ***A. polifolia* 'Compacta'** 🏆 ↕30 cm ↔ 20 cm; kompakter Strauch.

Aralia
Aralie, Angelikabaum

↕↔bis 10 m

Diese exotisch aussehenden Gehölze wachsen hauptsächlich in Gebirgswäldern. Ihre großen, hübschen Blätter sind paarig gefiedert und bei manchen Arten lang behaart. Der Japanische Angelikabaum (*A. elata*) ist die größte Art. Im Spätsommer und Frühherbst erscheinen Rispen kleiner, weißer oder grünlich weißer Blüten, gefolgt von schwarzen Früchten. Aralien eignen sich nur für große Gärten und auffallende Stellen. Sie sehen in schattigen Rabatten, Waldlandschaften und an Gewässern eindrucksvoll aus.

Winterhärte: Voll frosthart ❄❄❄ bis frosthart ❄❄
Standort: Nährstoffreicher, durchlässiger Boden in sonniger oder halbschattiger Lage.
Pflege: Vor starken Winden schützen; bilden in sehr nährstoffreichen Böden weiche Triebe, die frostanfällig sind; störende oder frostgeschädigte Triebe im Frühjahr abschneiden; Ausläufer rund um den Baum entfernen; bei panaschierten Formen Triebe mit einfarbigem Laub abschneiden; weiche Blütenstiele sind anfällig für Blattläuse.
Vermehrung: Aussaat nach der Samenreife in Töpfen im Frühbeet; Wurzelschnittlinge im Winter schneiden.

***Aralia elata* 'Variegata'** 🏆
↕↔ 10 m; wüchsiger, sommergrüner Baum/Strauch; Blätter bis zu 1,2 m lang; schöne Herbstfärbung; Blüte Spätsommer bis Frühherbst.

Araucaria araucana

Araukarie, Andentanne

Dieser erdgeschichtlich gesehen sehr alte Baum trägt Zweige, die mit scharfen, schuppenartigen Blättern bedeckt sind. Obwohl die Araukarie in den tropischen Regenwäldern beheimatet ist, ist sie voll frosthart und war lange Zeit als Neuheit in Gärten sehr beliebt. Da man sie oft in viel zu kleine Gärten gepflanzt hat – vor allem, weil sie als Jungbaum langsam wächst –, war eine unansehnliche Wuchsform die Folge. Diese Bäume brauchen sehr viel Platz, um sich voll zu entfalten – zunächst kegelförmig, später mit einer grazilen rundlichen Krone auf einem hohen, deutlichen Stamm, da die unteren Äste abfallen. Männliche und weibliche Blütenstände in Zapfenform erscheinen an getrennten Bäumen; weibliche Zapfen sind rundlicher als männliche.

Winterhärte: Voll frosthart ***
Standort: Nährstoffreicher, durchlässiger Boden in offener Lage.
Pflege: Vor kalten Winden schützen.
Vermehrung: Aussaat nach der Samenreife im Saatbeet; Stecklinge im Hochsommer von senkrechten Triebspitzen schneiden und im Frühbeet bewurzeln lassen, Stecklinge aus horizontalen Ästen ergeben keine aufrechten Bäume.

Arbutus

Erdbeerbaum

Diese breiten, manchmal buschigen Bäume bzw. Sträucher haben eine attraktive, abschilfernde rotbraune Rinde und dunkle, glänzende Blätter. Rispen winziger weißer oder rosa Blüten erscheinen von Herbst bis Frühling, gefolgt von leuchtend orangefarbenen bis roten erdbeerenähnlichen Früchten (daher der deutsche Name!), die essbar sind, aber fad schmecken. Obwohl die Bäume bis zu 15 m hoch werden können, wachsen sie langsam und behalten jahrelang eine niedrige, strauchartige Form. Der Erdbeerbaum eignet sich für große Strauchrabatten oder als Solitär, damit die schöne bunte Rinde zu sehen ist.

Winterhärte: Ausgereift voll frosthart *** (nicht aber junge Bäume) bis frosthart **
Standort: Nährstoffreicher, mit organischem Material angereicherter, durchlässiger Boden in vollsonniger Lage; *A. × andrachnoides* und *A. unedo* vertragen Kalkboden, andere Arten wie *A. menziesii* brauchen sauren Boden.
Pflege: Auch ausgewachsene Bäume vor kalten Winden schützen; Erhaltungsschnitt (so wenig wie möglich) in der Ruheperiode im Winter oder Spätfrühling.
Vermehrung: Aussaat nach der Samenreife in Töpfen im Frühbeet; halb reife Kopfstecklinge im Sommer schneiden.

Arbutus × andrachnoides 🏆
↕↔ 8 m; weiße, manchmal rosa übertönte Blüten von Herbst bis Frühjahr; Kultur meist wegen der roten Rinde; selten Früchte; ***.

Araucaria araucana
↕15–25 m ↔ 7–10 m; raue, dunkel graubraune Rinde mit waagerechten Rillen.

Arbutus unedo 🏆
↕↔ 8 m; Früchte erscheinen im Herbst mit den hängenden Blüten, brauchen aber ein Jahr bis zur Vollreife; ***.

Arbutus menziesii 🏆
↕↔ 15 m; ausladende, manchmal strauchige Wuchsform; im Frühsommer Fülle von weißen Blüten in 20 cm langen Rispen; ***.

ARCTOSTAPHYLOS

Bärentraube

DIESE MEIST IMMERGRÜNEN, pflegeleichten Sträucher bzw. Halbsträucher wachsen ganz unterschiedlich. Einige bilden Matten, andere bleiben aufrecht. Manche Bärentrauben können bis zu 6 m hoch und breit werden, während die Alpen-Bärentraube (*A. alpina*) nur 5 cm Höhe und 20 cm Breite erreicht. Alle tragen im Winter oder Frühjahr Trauben zarter, weißer bis rosafarbener, urnenförmiger Blüten. Kleine Früchte, die gewöhnlich rot, manchmal braun, purpurn oder schwarz sind, folgen im Herbst. Niederwüchsige Bärentrauben sind ausgezeichnete Bodendecker für Strauchrabatten oder große Steingärten. Die höheren aufrechten Arten wirken in offenen Waldgärten natürlicher.

Winterhärte: Voll frosthart ❄❄❄ bis bedingt frosthart ❄
Standort: Feuchter, durchlässiger, saurer Boden in vollsonniger bis halbschattiger Lage.
Pflege: Weniger frostharte Arten brauchen Winterschutz.
Vermehrung: Aussaat im Herbst in Töpfen im Frühbeet, Samen vorher für etwa 20 Sekunden in kochendes Wasser legen, um die harte Schale aufzuweichen; halb verholzte Stecklinge im Sommer schneiden; auf der Erde aufliegende Triebe bilden Wurzeln an den Blattknoten, im Herbst mehrere ausgraben und eintopfen.

ARGYRANTHEMUM

Strauchmargerite

MARGERITEN SIND FLEISSIGE Halbsträucher, die von Frühsommer bis Herbst unaufhörlich gänseblümchenähnliche Blüten hervorbringen. Es gibt Formen mit einfachen und gefüllten Blüten in Weiß, Zartgelb bis Apricot und Blassrosa bis Tiefkirschrot. Strauchmargeriten wurden früher den Chrysanthemen zugeordnet und haben wie diese tief zerteilte, grüne oder graugrüne Blätter. Sie sind unverzichtbar als Topfpflanzen, für Sommerbeete oder gemischte Rabatten, wo sie für eine leichte und frische Stimmung sorgen. Manche werden als elegante Solitäre gepflanzt oder als Hochstämmchen erzogen.

Winterhärte: Im milden Klima frosthart ❄❄ bis bedingt frosthart ❄
Standort: Durchlässiger, nährstoffreicher Boden in Vollsonne; die meisten Arten vertragen salzige Winde der Küstengebiete.
Pflege: Triebspitzen auskneifen, um einen buschigen Wuchs zu erreichen; Blütentriebe nach der Blüte oder im Vorfrühling bis auf 2,5 cm zurückschneiden; in Gebieten mit –5 °C eine dicke Mulchschicht ausbringen oder Pflanzen ausgraben und frostfrei überwintern; zur Sicherheit im Spätsommer Stecklinge schneiden.
Vermehrung: Grünstecklinge im Frühjahr oder halb verholzte im Sommer schneiden.

Arctostaphylos × media 'Wood's Red'
↕ bis 10 cm ↔ bis 50 cm; niederwüchsig und dicht verzweigt; für Steingärten und den Rand von Strauchrabatten geeignet; ❄❄❄.

Argyranthemum gracile 'Chelsea Girl' 🏆
↕↔ 60 cm; kompakte Pflanze mit spärlicher Blüte; hauptsächlich wegen des filigranen Laubs kultiviert; gute Solitärpflanze; ❄.

Argyranthemum 'Vancouver' 🏆
↕ 90 cm ↔ 80 cm; kompakte Pflanze mit gefüllten Blüten und graugrünen Blättern; für Bauerngärten geeignet; ❄.

Argyranthemum 'Mary Wootton'
↕ 1,1 m ↔ 1 m; offene Wuchsform; graugrüne Blätter; Blüten öffnen sich blassrosa, verblassen später zu Weiß; ✻.

Artemisia

Beifuß, Eberraute

Siehe auch S. 188–189.

↕ 5–150 cm
↔ 15–150 cm

BEIFUSS TRÄGT farnartiges, aromatisches graues oder silbriges Laub, das das ganze Jahr über dekorativ ist und einen schönen Hintergrund für Blütenpflanzen oder auffällige Blattgewächse bildet. Es gibt immergrüne und sommergrüne Sträucher und Halbsträucher, die alle winzige, unscheinbare Blüten tragen. Beifuß passt zu Kräutergärten, Steingärten und Rabatten mit Sträuchern oder Blumen. Man trifft ihn häufig in trockenen Gärten in mediterranem Stil an, wenn auch einige Arten wie der Weiße China-Beifuß (*A. lactiflora*) einen feuchten Boden brauchen.

Winterhärte: Voll frosthart ✻✻✻ bis frosthart ✻✻
Standort: Nährstoffreicher, durchlässiger Boden in sonniger Lage; in schwere Tonböden reichlich groben Kies einarbeiten.
Pflege: *A. arborescens* in frostgefährdeten Gebieten an einer warmen Mauer ziehen, bei extremer Nässe sind die Pflanzen kurzlebig; übermäßigen Wuchs im Herbst oder Frühjahr bis zum Boden zurückschneiden, um einen kompakten Wuchs anzuregen; unter feuchten Bedingungen anfällig für Mehltau.
Vermehrung: Aussaat im Herbst oder Frühjahr in Töpfen im Frühbeet; Ansatzstecklinge im Frühsommer schneiden.

Aucuba

Aukube

DIESE IMMERGRÜNEN STRÄUCHER beeindrucken mit ihrem dichten, glänzenden Laub und den großen Früchten. Sie werden kaum von Schädlingen und Krankheiten befallen und vertragen alle problematischen Wachstumsbedingungen wie Schatten, trockene Böden, Umweltverschmutzung und salzhaltige Winde. Deshalb sind sie in Stadtgärten sehr beliebt. Aukuben können als Solitärpflanzen auf einer Rasenfläche, in gemischten oder Strauchrabatten stehen oder als natürliche Hecke wachsen (bei starkem Schnitt bilden sich keine Früchte). Panaschierte und gefleckte Sorten wie 'Sulphurea Marginata' und 'Crotonifolia' bringen Farbe in dunkle Ecken, wo sonst kaum etwas wächst.

Winterhärte: Voll frosthart ✻✻✻
Standort: Jeder nährstoffreiche Boden, außer bei Staunässe, in Vollsonne bis Schatten, in Gebieten mit heißen Sommer im Schatten, panaschierte Formen im Halbschatten; für Gefäßbepflanzung Einheitserde.
Pflege: Topfpflanzen monatlich Flüssigdünger geben; im Wachstum reichlich, im Winter spärlich gießen; im Frühjahr in Form schneiden; übermäßigen Wuchs stark zurückschneiden.
Vermehrung: Aussaat im Herbst in Töpfen; halb verholzte Stecklinge im Sommer schneiden.

Argyranthemum 'Jamaica Primrose' 🏆
↕ 1,1 m ↔ 1 m; offene Wuchsform mit langen, verzweigten Trieben; Blütendurchmesser 6 cm; für Hochstämmchen geeignet; ✻.

① ***Artemisia arbotanum*** 🏆 ↕↔ 1 m; wintergrün; Blüte im Spätsommer; ✻✻✻ ② ***A. arborescens*** ↕ 1 m ↔ 1,5 m; immergrün mit seidigem Laub; ✻✻✻.

Aucuba japonica
↕↔ 3 m; weibliche Pflanzen bringen leuchtend rote Früchte hervor (siehe kleines Bild), wenn ein männliches Exemplar in der Nähe ist.

Azara

Azarabaum

Die stark nach Vanille duftenden Blüten sind die Hauptattraktion dieser Gruppe immergrüner Sträucher und kleiner Bäume. Die Blüten erscheinen je nach Art von Mitte Winter bis Hochsommer in dichten Büscheln oder Ähren an den Astunterseiten. Sie tragen keine Blütenblätter, aber auffallende Staubblätter, die ihnen das dekorative flauschige Aussehen verleihen. Nach heißem Sommer können sich Früchte bilden. Diese anspruchslosen Gehölze brauchen eine sonnige und geschützte Lage, am besten an einer warmen Mauer, wo sie daher auch häufig gezogen werden. Die grünen Blätter sind unterschiedlich groß und manchmal ungleichmäßig gepaart – ein kleines Blatt mit einem viel größeren auf der gegenüberliegenden Seite.

Winterhärte: Voll frosthart ✻✻✻ bis bedingt frosthart ✻
Standort: Feuchter, nährstoffreicher Boden in Sonne oder Halbschatten.
Pflege: Vor kalten Winden schützen, sonst verbrennen die Blätter und fallen ab; in kaltem Klima an warmen, sonnigen Mauern ziehen; ungleichmäßig wachsende Triebe nach der Blüte abschneiden; bei an Mauern wachsenden Pflanzen Blütentriebe auf zwei bis vier Augen über dem Haupttrieb einkürzen.
Vermehrung: Halb verholzte Stecklinge im Sommer schneiden.

Azara microphylla 🏆 **(kleines Bild: *A. microphylla* 'Variegata')**
↕10 m ↔ 4 m; Art mit der größten Winterhärte; verträgt auch Schatten; ✻✻✻

Ballota

Gottvergess, Schwarznessel

Diese immergrünen bzw. wintergrünen Pflanzen bilden Kissen oder Teppiche aus rundlichen, aromatischen, gelbgrünen bis graugrünen Blättern. Kleine, trichterförmige Blüten in Grün, Purpur, Weiß oder Rosa erscheinen von Spätfrühling bis Spätsommer, aber die Hauptattraktion dieser Pflanzen ist das dekorative Laub. Sie bilden einen ausgezeichneten Hintergrund für buntere Gewächse wie leuchtend blühenden Staudenphlox (siehe S. 306–307), Taglilien (*Hemerocallis*, siehe S. 258) und Schafgarbe (*Achillea*, siehe S. 166–167). Eine zartere Wirkung erzielen Sie, wenn Sie Gottvergess neben Pflanzen wie Lavendel (*Lavandula*, siehe S. 80–81) setzen und so einen Strukturkontrast in ähnlichen Farbtönen schaffen.

Winterhärte: Voll frosthart ✻✻✻ bis frosthart ✻✻
Standort: Karger, trockener, durchlässiger Boden in Vollsonne.
Pflege: Nach der Blüte oder Mitte bis später Frühling alle Blütentriebe auf 2,5 cm des alten Wuchses einkürzen, damit die Pflanze kompakt bleibt; in kalten Regionen empfindliche Arten über Winter dick mulchen.
Vermehrung: Stauden im Frühjahr teilen; von Halbsträuchern im Frühjahr Grünstecklinge, im Frühsommer halb verholzte Stecklinge schneiden.

① ***Ballota*** **'All Hallows Green'** ↕60 cm ↔ 75 cm; ✻✻✻ (Grenzwert) ② ***B. pseudodictamnus*** 🏆 ↕45 cm ↔ 60 cm; ✻✻✻ (Grenzwert).

Berberis

Berberitze

Berberitzen werden wegen ihrer dekorativen Blätter und ihrer leuchtenden gelben bis dunkelorangefarbenen Blüten kultiviert. Die Blüten erscheinen im Frühling und Sommer in kleinen Trauben, meist gefolgt von bunten Beerenfrüchten im Herbst. Es gibt immergrüne und sommergrüne Arten, wobei viele der sommergrünen Berberitzen glühendes Herbstlaub haben. Alle besitzen bedornte Triebe und werden daher zu einer undurchdringlichen Hecke. Bei der großen Auswahl an Arten und Sorten finden Sie für fast jeden Bereich des Gartens eine passende Berberitze. Sie variieren von großen Exemplaren für Hecken oder Rabatten bis zu Zwergsträuchern für den Steingarten.

Winterhärte: Voll frosthart ✻✻✻ bis frosthart ✻✻
Standort: Jeder frische, durchlässige Boden in Vollsonne oder Halbschatten; Herbstfarben und Früchte am besten in Sonnenlagen.
Pflege: Schnitt nach der Blüte, dabei bei Immergrünen Triebe leicht einkürzen, um die Form zu erhalten, bei Sommergrünen Blütentriebe bis zu kräftigen Augen zurückschneiden; anfällig für Echten Mehltau, stark befallene Teile entfernen.
Vermehrung: Im Sommer halb verholzte Stecklinge bzw. bei sommergrünen Arten auch Grünstecklinge schneiden.

Berberis darwinii 🏆
↕↔ 3 m; aufrecht; immergrün; Blüte im Frühjahr, manchmal erneut im Herbst; blauschwarze Früchte im Herbst; ✻✻✻.

***Berberis thunbergii* 'Rose Glow'** 🏆
↕ 1 m, gelegentlich mehr ↔ 2,5 m; rundlicher sommergrüner Strauch; die ersten Blätter im Jahr nicht panaschiert; ❄❄❄.

***Berberis × stenophylla* 'Corallina Compacta'** 🏆
↕↔ bis 30 cm; immergrün; eine Zwergsorte der normalerweise großen Art; gute Heckenpflanze; ❄❄❄.

Berberis wilsoniae
↕ 1 m ↔ 2 m; Kissen bildender immergrüner Strauch mit leuchtend orangefarbenem Herbstlaub; ❄❄❄.

Berberis julianae 🏆
↕↔ 3 m; dichter, aufrechter immergrüner Strauch; im Herbst längliche blauschwarze Früchte mit weißem Flaum; ❄❄❄.

***Berberis thunbergii* 'Dart's Red Lady'**
↕ 1 m, gelegentlich mehr ↔ 2,5 m; sommergrün; tief purpurrote Blätter färben sich im Herbst leuchtend rot (siehe kleines Bild); ❄❄❄.

***Berberis* 'Goldilocks'**
↕ 4 m ↔ 3 m; immergrün; erst aufrechte, dann ausladende Wuchsform; Blätter bis zu 5 cm lang; ❄❄❄.

BETULA

Birke

DIESE GRAZILEN LAUBBÄUME und -sträucher bieten zu jeder Jahreszeit einen schönen Anblick: Die strukturierte Rinde, die silbrig weiß oder kupferbraun ist und oft abschilfert, sieht im Winter, wenn es im Garten wenig Interessantes gibt, großartig aus; männliche und weibliche Blüten erscheinen im Frühjahr in getrennten Kätzchen am selben Baum, und die kleinen, gezähnten mittel- bis dunkelgrünen Blätter verfärben sich im Herbst goldgelb. Der schlanke Wuchs vieler Birkenarten sieht besonders attraktiv aus, wenn Platz für eine kleine Baumgruppe vorhanden ist. Die ausladende Kaukasische Birke (*B. medwediewii*) und die beliebte Hänge-Birke (*Betula pendula* 'Youngii') gehören zu den schönsten und elegantesten Einzelbäumen für den Garten.

Winterhärte: Voll frosthart ***
Standort: Nährstoffreicher, durchlässiger Boden in Sonne oder lichtem Schatten; exponierte Lagen werden meist vertragen.
Pflege: Nur störende Triebe entfernen, da Birken, vor allem im Alter, Rückschnitt schlecht vertragen; anfällig für Birkenrost, Mehltau und Blattläuse.
Vermehrung: Aussaat im Herbst im Saatbeet; Grünstecklinge im Sommer schneiden.

Betula papyrifera
↕20 m ↔10 m; neue Rinde hell orangebraun, im Alter blasser; gelbes bis orangefarbenes Herbstlaub.

Betula medwedewii
↕↔5 m; zuerst aufrechter Wuchs, im Alter mehr ausladend; männliche Kätzchen bis zu 10 cm lang.

***Betula pendula* 'Youngii'**
↕8 m ↔10 m; eine kuppelförmig wachsende Sorte der normalerweise aufrechten Weiß-Birke; für kleine Gärten geeignet.

Betula nigra
↕18 m ↔12 m; kegelförmige bis ausladende Wuchsform; die Rinde alter Bäume wird rissig und grauweiß oder schwärzlich.

***Betula utilis* 'Silver Shadow'** 🏆
↕18 m ↔10 m; größere Blätter als bei den meisten Birken; besonders leuchtende weiße Rinde.

Brachyglottis
Jakobskraut

Diese immergrünen Sträucher mit Büscheln cremeweißer bis tiefgelber Blüten im Sommer sind die idealen Pflanzen für exponierte Lagen und Küstengärten. ‘Sunshine’, die am meisten kultivierte Sorte, bildet etwa 75 cm hohe Polster aus ovalen, anfangs behaarten Blättern mit gewelltem Rand und blüht von Sommer bis Herbst leuchtend gelb. Eine gute Wahl sind auch das Hecken-Jakobskraut (*B. repanda*), ein ausladender Strauch von bis zu 3 m Höhe und Breite mit dunkelgrünen Blättern und cremeweißen Blüten, sowie *B. rotundifolia*, die sich mit 1 m Höhe eher für kleine Gärten eignet. Pflanzen Sie Jakobskraut in Rabatten, wo sein Laub einen schönen Kontrast zu schmalblättrigen Sträuchern wie Strauchveronika (*Hebe*, siehe S. 68–69) bildet.

Winterhärte: Voll frosthart ❄❄❄ bis bedingt frosthart ❄; extreme Kälteperioden schädigen weiche Triebe.
Standort: Durchlässiger Boden in Vollsonne.
Pflege: Triebe nach der Blüte einkürzen, um die Form zu erhalten.
Vermehrung: Halb verholzte Stecklinge im Sommer schneiden.

Brachyglottis ‘Sunshine’ 🏆
↕75 cm ↔ 1 m; verträgt jeden Standort außer tiefen Schatten und sehr feuchte Böden; gedeiht in Küstengärten; ❄❄❄.

Buddleja
Schmetterlingsstrauch, Sommerflieder

↕↔ bis 5 m

Seinen Namen verdankt der Schmetterlingsstrauchs seinen duftenden Blüten, die die Schmetterlinge in Scharen anlocken. Am häufigsten werden der Sommerflieder (*B. davidii*) und seine Sorten gepflanzt, die in einer Saison bis zu 2,5–3 m hoch werden. Die Blüten in Rosa, Violett, Lila oder Weiß erscheinen von Spätsommer bis Frühherbst in langen, schlanken Rispen an hohen, überhängenden Trieben. Der Kugel-Sommerflieder (*B. globosa*) ist ein größerer, rundlicher, ebenfalls frostharter Strauch, der im Frühsommer blüht. Es gibt Laub abwerfende, wintergrüne und immergrüne Arten.

Winterhärte: Voll frosthart ❄❄❄ bis frostempfindlich ❄
Standort: Nährstoffreicher, durchlässiger Boden in Vollsonne; karge Böden werden toleriert.
Pflege: Bei *B. davidii* und Sorten altes Holz im Vorfrühling bis zum Grund zurückschneiden; andere Arten nach der Blüte nur einkürzen, um die Form zu bewahren; lästige Raupen absammeln.
Vermehrung: Halb verholzte Stecklinge im Sommer; Steckhölzer von *B. davidii* im Herbst schneiden.

① ***Buddleja davidii* ‘Royal Red’** 🏆 ↕3 m; ❄❄❄ ② ***B. davidii* ‘White Profusion’** 🏆 ↕3 m; ❄❄ ③ ***B. globosa*** 🏆 ↕↔ 5 m; ❄❄ ④ ***B.* ‘Lochinch’** 🏆 ↕2,5 m ↔ 3 m; ❄❄❄.

Bupleurum fruticosum
Hasenohr

Dieser immergrüne, ausladend wachsende Strauch ist der ideale Bodendecker für Hanglagen und eignet sich sehr gut für Küstengärten, da er die salzhaltigen Winde am Meer gut verträgt. Die kleinen gelben Sternblüten sind von Hochblättern umhüllt und erscheinen von Mitte Sommer bis Herbst in rundlichen Dolden. Hasenohr kann sich zu einem großen, dichten Strauch entwickeln und sollte daher im Hintergrund einer Rabatte stehen. Kombinieren Sie es mit anderen Sträuchern wie Johanniskraut (*Hypericum*, siehe S. 74) und Schmetterlingsstrauch (*Buddleja*, siehe links).

Winterhärte: Voll frosthart ❄❄❄ (in kalten Regionen grenzwertig).
Standort: Jeder durchlässige Boden, bevorzugt in vollsonniger, geschützter Lage.
Pflege: Abgeblühtes entfernen, um Samenbildung zu verhindern; Triebe, die die Form beeinträchtigen, im Frühling (Mitte oder spät) einkürzen; verträgt bei übermäßigem Wuchs starken Rückschnitt.
Vermehrung: Aussaat im Frühjahr in Töpfen im Frühbeet; halb verholzte Stecklinge im Sommer schneiden.

Bupleurum fruticosum
↕2 m ↔ 2,5 m.

Buxus

Buchsbaum, Buchs

Der immergrüne Buchsbaum zählt zu den vielseitigsten Gartenpflanzen. Die meist großen Sträucher bzw. kleinen Bäume lassen sich problemlos in die gewünschte Größe und Form schneiden und passen zu formalen und natürlichen Pflanzungen. Winzige gelbgrüne Blüten erscheinen im Frühjahr, aber das hübsche ledrige Laub ist die Hauptattraktion. Buchs wird als Hecke oder Sichtschutz gepflanzt und bildet einen dauerhaften Hintergrund für saisonale Arrangements in den Rabatten. Einfache Formen brauchen nur einen oder zwei Schnitte im Jahr. Zwergformen wurden traditionell zur Gestaltung von Irrgärten und Barockgarten-Parterre gepflanzt, eignen sich aber auch als Einfassung für Wege und Rabatten sowie als Bodendecker.

Winterhärte: Voll frosthart ✻✻✻ bis frosthart ✻✻
Standort: Nährstoffreicher, durchlässiger Boden im Halbschatten, bei trockenem Boden und Sonne stumpfes, verbranntes Laub.
Pflege: Schnitt im Sommer; verträgt strengen Rückschnitt im Spätfrühling, wenn danach gut gedüngt und gewässert wird; Jungpflanzen anfällig für Buchsbaumblattflöhe, die weißen Honigtau ausscheiden und den Wuchs beeinträchtigen.
Vermehrung: Halb verholzte Stecklinge im Sommer schneiden.

Buxus sempervirens 🏆 ✻✻✻ ① 'Elegantissima' 🏆 ↕↔ 1,5 m ② 'Handsworthiensis' ↕↔ 5 m ③ 'Latifolia Maculata' 🏆 ↕ 2,5 m ↔ 2 m ④ 'Suffruticosa' 🏆 ↕ 1 m ↔ 1,5 m.

Callicarpa

Schönfrucht, Liebesperlenstrauch

Die Schönfrucht wird wegen ihrer leuchtend gefärbten, perlenähnlichen Herbstfrüchte geschätzt. Diese verbleiben nach dem Blattfall an den kahlen Trieben und bringen Farbe in den winterlichen Garten. Sie können violett, lila, weiß oder purpurn sein; nach langen, heißen Sommern sind sie besonders üppig. Die sommergrünen Sträucher tragen tiefgrünes oder bronzefarbenes Laub und haben unterschiedliche Wuchsformen. Im Sommer erscheinen Büschel kleiner weißer, roter, purpurner oder rosafarbener Blüten. Andere Früchte tragende Sträucher und Bäume wie Zwergmispel (*Cotoneaster*, siehe S. 45) und Eberesche (*Sorbus*, siehe S. 118) sind gute Begleiter.

Winterhärte: Voll frosthart ✻✻✻ bis frostempfindlich ❀
Standort: Nährstoffreicher, durchlässiger Boden in Vollsonne oder Halbschatten.
Pflege: Vorjähriges Holz im Vorfrühling bis zum Haupttrieb zurücknehmen; ist starker Schnitt erforderlich, abgeblühte Triebe bis zum Grund zurückschneiden.
Vermehrung: Aussaat im Herbst oder Frühjahr in Töpfen im Frühbeet; Grünstecklinge im Frühjahr; halb verholzte Stecklinge im Sommer.

Callicarpa bodinieri var. *giraldii*
↕ 3 m ↔ 2,5 m; sommergrüner, aufrechter Strauch; Büschel kleiner, rosafarbener Blüten erscheinen im Hochsommer; ✻✻✻.

Callistemon

Zylinderputzer, Flaschenputzer

Die charakteristischen Blütenbüschel, die im Frühjahr oder Sommer erscheinen, geben diesen immergrünen Sträuchern und Bäumen ihren Namen. Der Schmalblättrige Zylinderputzer (*C. linearis*) und der Albany-Zylinderputzer (*C. speciosus*) blühen bis in den Herbst. Die auffälligen Rot- und Purpurtöne sowie das Weiß und Gold der Blüten werden zusätzlich von einfachen ledrigen Blättern betont. *C.* 'Firebrand' trägt auch silberrosa Triebe. Viele werden ausladend. Für einen Wandbewuchs binden Sie die Pflanzen an Spalieren locker fest. Die in Australien heimischen Pflanzen bevorzugen eine Platz am Fuß einer warmen Mauer in einer Rabatte, z. B. neben Säckelblumen (*Ceanothus*, siehe S. 36) und Lavendel (siehe S. 80–81).

Winterhärte: Voll frosthart ✻✻✻ (Grenzwert) bis frostempfindlich ❀
Standort: Feuchter, durchlässiger, leicht saurer Boden in Vollsonne.
Pflege: Nach der Blüte störende Triebe leicht einkürzen; bei Frostschäden oder übermäßigem Wuchs wird harter Rückschnitt vertragen.
Vermehrung: Aussaat im Frühjahr auf feuchtem Substrat bei 16–18 °C; halb verholzte Stecklinge im Spätsommer schneiden.

Callistemon pallidus
↕↔ 2–4 m; aufrecht bis ausladend; flaumige Triebe; dunkel- bis graugrünes Laub; 10 cm lange Blüten von Spätfrühling bis Hochsommer; ✻.

Calluna vulgaris

Heidekraut, Besenheide

Siehe auch S. 48 und S. 52–53.

Die Triebe dieser immergrünen Sträucher und Halbsträucher, die gerne von Bienen besucht werden, sind von Hochsommer bis Spätherbst mit violetten, roten, rosa oder weißen Glockenblüten dicht besetzt. Die Blütenstände können bis zu 10 cm lang werden, sind aber bei älteren Pflanze kürzer. Das Laub ist dunkelgrün und im Winter purpurn getönt; die linealischen Blätter liegen flach an den Trieben. Es gibt Hunderte von Sorten zur Auswahl – von niederliegend bis aufrecht; alle sind ausgezeichnete Bodendecker, manche tragen auffallendes Laub wie die Sorte 'Firefly' mit erdfarbenen Blättern. Pflanzen Sie Heidekraut in Wildgärten in Gruppen von drei bis fünf oder mehr Exemplaren zusammen mit Zwergrhododendren (siehe S. 104–107) und Koniferen.

Winterhärte: Voll frosthart ***
Standort: Durchlässiger, saurer Boden in offener Lage.
Pflege: Blütentriebe im Vorfrühling bis auf 2,5 cm vom alten Wuchs einkürzen; im Frühjahr oder Herbst Laub- oder Rindenkompost ausbringen, um vor allem das Wachstum von Jungpflanzen anzuregen.
Vermehrung: 5 cm lange halb verholzte Stecklinge im Sommer schneiden; Ableger im Frühjahr (siehe S. 52).

Calluna 'Gold Haze'
↕10–60 cm ↔ 45 cm; das blassgelbe Laub bleibt das ganze Jahr erhalten; 5–10 cm lange weiße Blütenstände.

Calluna 'Anthony Davis'
↕45 cm ↔ bis 75 cm; graugrüne Blätter; über 10 cm lange weiße Blütenstände.

Calluna 'Robert Chapman'
↕25 cm ↔ 65 cm; das goldene Laub verfärbt sich im Winter und Frühjahr rot und orange; 5–10 cm lange purpurne Blütenstände.

Calluna 'Silver Knight'
↕40 cm ↔ bis 75 cm; das flaumige graue Laub verfärbt sich im Winter purpurgrau; 5–10 cm lange Blütenstände.

Calluna 'Beoley Gold'
↕35 cm ↔ bis 75 cm; reinweiße, 5–10 cm lange Blütenstände.

CAMELLIA

Kamelie, Teestrauch

↕1–20 m
↔0,6–8 m

DIESE ELEGANTEN IMMERGRÜNEN Sträucher und Bäume eignen sich für verschiedene Bereiche – von Rabatten bis Waldgärten. Sie sind ausgezeichnete Kübelpflanzen, was auch die beste Kulturmöglichkeit ist, wenn Sie einen stark kalkhaltigen Gartenboden haben, da Kamelien einen neutralen bis sauren Boden bevorzugen. Es gibt rund 200 Arten, von denen einige hochwüchsig sind; die zahlreichen kleineren Sorten eignen sich für die meisten Gärten besser. Die erlesenen Blüten in verschiedenen Rosa- und Rottönen sowie in Weiß erscheinen im Frühling und halten mehrere Wochen lang; sie ergeben auch langlebige Schnittblumen. Die teilweise duftenden Blüten stehen einzeln oder in Büscheln und können einfach oder gefüllt sein; die größten können einen Durchmesser von 13 cm oder mehr erreichen, aber die durchschnittliche Blüte ist etwa halb so groß. Die meisten kultivierten Kamelien sind frosthart, *C. reticulata* und ihre Sorten benötigen jedoch einen geschützten Standort.

Winterhärte: Voll frosthart ❄❄❄ bis frostempfindlich ❄
Standort: Feuchter, durchlässiger, humusreicher, saurer (pH 5,5–5,6) Boden im Halbschatten, Sonne schädigt Knospen und Blüten an frostigen Morgen.
Pflege: Nach der Pflanzung soll sich die obere Seite des Wurzelballens direkt unter der Erdoberfläche befinden; im Frühjahr 5–8 cm dick mit Laubkompost oder Rindenhäcksel mulchen; vor kalten Winden schützen; Mitte Frühling und Frühsommer Volldünger geben, bei Trockenheit gießen, damit die Knospen nicht abfallen; Wurzelbereich bei anhaltender Kälte mit Stroh abdecken; im Spätfrühling oder Frühsommer nach der Blüte leicht zurückschneiden und ausputzen; Viren können manchmal die Blüten schädigen, Dickmaulrüssler Blüten und Blättern anfressen.
Vermehrung: Halb verholzte Stecklinge von Spätsommer bis Frühwinter schneiden.

Schnitt bei Jungpflanzen

Junge Kamelien können unterschiedliche Wuchsformen entwickeln. Durch einen sorgfältigen Schnitt bekommen sie eine gleichmäßig buschige Form. Schneiden Sie alle dünnen, schwachen Triebe komplett heraus oder kürzen Sie sie auf zwei oder drei Augen ein. Etablierte Pflanzen benötigen nur noch wenig Schnitt. Bei übermäßigem Wachstum kann man sie im zeitigen Frühjahr stark zurückschneiden.

1

2

7

8

13

14

19

20

① *Camellia* 'Inspiration' 🏆 ↕4 m ↔2 m ② *C. japonica* 'Adolphe Audusson' 🏆 ↕9 m ↔8 m ③ *C. japonica* 'Alexander Hunter' 🏆 ↕9 m ↔8 m ④ *C. japonica* 'Apollo' ↕9 m ↔8 m ⑤ *C. japonica* 'Ave Maria' 🏆 ↕9 m ↔8 m ⑥ *C. japonica* 'Berenice Boddy' 🏆 ↕9 m ↔8 m ⑦ *C. japonica* 'Betty Sheffield Supreme' ↕2–4 m ↔1,5–3 m ⑧ *C. japonica* 'Elegans' 🏆 ↕9 m ↔8 m ⑨ *C. japonica* 'Gloire de Nantes' 🏆 ↕9 m ↔8 m ⑩ *C. japonica* 'Guilio Nuccio' 🏆

↕9 m ↔ 8 m ⑪ *C. japonica* ‘Hagoromo’ 🏆 ↕9 m ↔ 8 m ⑫ *C. japonica* ‘Julia Drayton’ ↕9 m ↔ 8 m ⑬ *C. japonica* ‘Jupiter’ 🏆 ↕9 m ↔ 8 m ⑭ *C. japonica* ‘Mrs D.W. Davis’ ↕9 m ↔ 8 m ⑮ *C. japonica* ‘R.L. Wheeler’ 🏆 ↕9 m ↔ 8 m ⑯ *C. japonica* ‘Rubescens Major’ 🏆 ↕9 m ↔ 8 m ⑰ *C. reticulata* ‘Arch of Triumph’ ↕3 m ↔ 5 m ⑱ *C. reticulata* ‘William Hertrich’ ↕15 m ↔ 5 m ⑲ *C. tsaii* ↕10 m ↔ 5 m ⑳ *C. × williamsii* ‘Anticipation’ 🏆 ↕4 m ↔ 2 m ㉑ *C. × williamsii* ‘Bow Bells’ ↕4 m ↔ 1–3 m ㉒ *C. × williamsii* ‘Donation’ 🏆 ↕5 m ↔ 2,5 m ㉓ *C. × williamsii* ‘J.C. Williams’ 🏆 ↕2–5 m ↔ 1–3 m ㉔ *C. × williamsii* ‘Saint Ewe’ 🏆 ↕2–5 m ↔ 1–3 m.

Caragana
Erbsenstrauch

DIESE SOMMERGRÜNEN Sträucher wachsen in trockenen Böden in exponierten Lagen. Man trifft sie von Osteuropa bis China an. Da sie ungünstige Wachstumsbedingungen gut vertragen, werden sie in Gärten sehr geschätzt. Der Erbsenstrauch trägt attraktives Laub und zierliche gelbe, weiße oder rosa Schmetterlingsblüten, denen im Herbst lange, schlanke braune Schoten folgen. Die Sträucher eignen sich als Windschutz und können in Rabatten mit anderen Gehölzen gepflanzt werden. *C. arborescens* 'Pendula' ist eine Hängeform, die oft auf eine hochstämmigen Unterlage veredelt angeboten wird. Die Zwergform *C. arborescens* 'Nana' wächst langsam, wird bis zu 75 cm hoch und breit und hat verdrehte Äste; sie ist eine ungewöhnliche Pflanze für den Steingarten.

Winterhärte: Voll frosthart ❄❄❄
Standort: Durchlässiger, nährstoffreicher Boden in Vollsonne; verträgt auch karge, trockene Böden in exponierter Lage.
Pflege: Schnitt nicht erforderlich, nur im Spätwinter oder Vorfrühling ungleichmäßig wachsende Triebe entfernen.
Vermehrung: Aussaat nach der Samenreife im Frühbeet oder im Frühjahr, Samen vorher einweichen, damit die Schale weich wird.

Caragana arborescens
↕6 m ↔4 m; bedornter Strauch; hellgrüne Blätter aus zwölf Fiederblättchen; im Spätfrühling zitronengelbe Blüten.

Carpinus
Hainbuche, Weißbuche

VON DIESEN LAUB abwerfenden Bäumen und Sträuchern der Mischwälder gibt es 35–40 Arten, von denen viele gute Gartenbäume sind, aber auch als Hecken gepflanzt werden können. Die Bäume haben eine elegante Wuchsform von säulen- und pyramidenförmig bis zu rundlich ausladend. Besonders beliebt ist die Säulen-Hainbuche (*C. betulus* 'Fastigiata') mit ihrem durchgehenden Stamm und der spitzkegeligen Krone. Die buchenähnlichen Blätter sind mittel- bis dunkelgrün und oft glänzend, im Herbst goldgelb und bernsteinfarben. Ein weiteres dekoratives Merkmal ist die glatte graue Rinde. Im Frühjahr erscheinen gelbgrüne Kätzchen, denen hängende, nüsschenartige grüne Früchte folgen, die später braun oder gelb werden.

Winterhärte: Voll frosthart ❄❄❄
Standort: Nährstoffreicher, durchlässiger Boden in sonniger bis halbschattiger Lage.
Pflege: Bei jungen Bäumen störende Triebe im Spätwinter oder Vorfrühling zurückschneiden; Hecken im Hoch- bis Spätsommer schneiden; bei übermäßigem Wuchs wird starker Rückschnitt vertragen.
Vermehrung: Aussaat im Herbst im Saatbeet im Freien; Grünstecklinge im Frühsommer schneiden.

Carpinus betulus 🏆
↕25 m ↔20 m; als Baum pyramidenförmig, im Alter rundlich; als Hecke (siehe oben) behält sie im Winter braune Blätter.

Caryopteris
Bartblume

DIESE KLEINEN, zierlichen, straff aufrecht wachsenden Sträucher bringen massenhaft kleine, flauschige Blüten in verschiedenen Blautönen hervor. Die Gattung umfasst sommergrüne Sträucher und einige Stauden, die in Ostasien heimisch sind. Sie blühen von Spätsommer bis Herbst; die meisten tragen grau- oder silbergrünes Laub, das den Pflanzen ein kühles Aussehen verleiht, während die Blätter der Sorte 'Worchester Gold' einen warmen Gelbton zeigen. Bartblumen sind elegante Sträucher für den Rabattenrand, besonders in Gruppen gepflanzt. Sie bilden zu gelb blühendem Fingerkraut (*Potentilla*, siehe S. 99) und Johanniskraut (*Hypericum*, siehe S. 74) einen starken Kontrast.

Winterhärte: Voll frosthart ❄❄❄ bis frosthart ❄❄
Standort: Leichter, mäßig nährstoffreicher Boden in Vollsonne.
Pflege: In kalten Regionen mit kühlen Sommern vor eine warme Mauer pflanzen; vorjährige Blütentriebe im Vorfrühling bis auf drei oder vier kräftige Augen zurückschneiden, um den Blütenansatz zu fördern; bei Bedarf Rückschnitt fast bis zum Boden.
Vermehrung: Aussaat im Herbst im Frühbeet; Grünstecklinge im Spätfrühling, halb verholzte Stecklinge im Frühsommer schneiden.

Caryopteris × *clandonensis* 'Kew Blue'
↕1 m ↔1,5 m; gedeiht auf Kalkböden ausgezeichnet; Blätter unterseits silbergrau; dekorative Samenstände; ❄❄❄.

Cassiope

Schuppenheide

Diese kleine Gattung umfasst zwergwüchsige immergrüne Bodendecker, die in windigen arktischen und alpinen Regionen heimisch sind. Sie tragen winzige, sich schuppenartig überlappende Blätter, die die kurzen, schlanken Stängel bedecken. Im Spätfrühling und Frühsommer erscheinen kleine, nickende Glockenblüten, die einzeln oder paarweise herabhängen. Die Blüten sind weiß, manchmal rot übertönt. Schuppenheide gedeiht am besten in sauren Böden und braucht viel Feuchtigkeit. Die Sträucher sind so klein, dass sie sich fast nur für Steingärten oder alpine Tröge eignen, aber in Gruppen auch zu Waldgärten passen. Die Sorte 'Edinburgh' ist einfach zu kultivieren und sieht neben Zwergrhododendren und -koniferen in einem offenen Bereich sehr gut aus.

Winterhärte: Voll frosthart ✻✻✻; späte Fröste schädigen Blüten.
Standort: Feuchter, saurer Boden in Halbschatten oder offener, sonniger Lage; *C. tetragona* verträgt leicht kalkhaltige Böden.
Pflege: Winterschutz ratsam.
Vermehrung: Aussaat im Herbst in Töpfen im Frühbeet; halb verholzte Stecklinge im Sommer schneiden; Absenker im Herbst oder zeitigen Frühjahr schneiden.

Cassiope 'Edinburgh' 🏆
↕↔ bis 25 m; niederwüchsig, aber mit aufrechten Trieben; Blüten erscheinen im Spätfrühling an den Triebspitzen.

Catalpa

Trompetenbaum

Der sommergrüne Trompetenbaum mit seinem auffälligen, oft schön gefärbten Blättern, großen Blüten und den charakteristischen Samenständen bietet das ganze Jahr über einen interessanten Anblick. Die glockenförmigen Blüten erscheinen im Hoch- und Spätsommer in aufrechten Rispen. Ihnen folgen im Herbst bohnenähnliche, oft über 30 cm lange Kapselfrüchte. Diese Bäume zeigen eine breite, ausladende Wuchsform und kommen als Solitäre auf Rasenflächen am besten zur Geltung. Bei manchen Sorten kann man den Stamm auf 1 m stutzen, danach die Triebe jedes Jahr bis zu diesem Stumpf zurückschneiden, sodass ein Strauch mit sehr großen, dekorativen Blättern entsteht. Sie gedeihen gut in geschützten Stadtgärten.

Winterhärte: Voll frosthart ***; weiche Jungtriebe frostanfällig.
Standort: Nährstoffreicher, feuchter, durchlässiger Boden in Vollsonne.
Pflege: Schutz vor kalten Winden; in kalten Gärten Jungpflanzen bei Frost mit Vlies abdecken; für den strauchigen Wuchs Triebe im Spätwinter oder Vorfrühling zurückschneiden (siehe oben); Bäume nur bei Bedarf schneiden.
Vermehrung: Aussaat im Herbst in Töpfen; Grünstecklinge im Spätfrühling oder Sommer schneiden.

Catalpa bignonioides 🏆
↕↔ 15 m; breite herzförmige Blätter; duftende Blüten; bleistiftdicke, bis zu 40 cm lange Kapselfrüchte (siehe kleines Bild).

Catalpa bignonioides 'Aurea' 🏆
↕↔ 10 m; langsamwüchsig; junge Blätter im Sommer bronzefarben; lässt sich zu einem Strauch stutzen (siehe kleines Bild).

Catalpa speciosa
↕↔ 15 m; ausladende Wuchsform; Blüten größer und auffälliger als bei anderen Arten; Kapselfrüchte bis zu 50 cm lang.

CEANOTHUS

Säckelblume

DIESE AUSLADENDEN Sträucher werden wegen ihrer Fülle von gewöhnlich blauen, manchmal auch weißen und rosa Blüten kultiviert. Die Blüten erscheinen üppig in kleinen, flauschigen Dolden an den Spitzen der Äste oder an kleinen Seitentrieben. Die immergrünen Arten gedeihen am besten an einer Mauer oder einem Zaum in geschützter Lage. Niederliegende oder niederwüchsige Arten sind ausgezeichnete Bodendecker und eignen sich gut für Böschungen. Die sommergrünen Formen sind im Allgemeinen frosthärter als die immergrünen und wachsen kompakter, besonders wenn sie jährlich zurückgeschnitten werden. Nicht sehr langlebig.

Winterhärte: Voll frosthart ✻✻✻ bis frosthart ✻✻
Standort: Nährstoffreicher Boden in Vollsonne; verträgt kalkhaltige Böden, bekommt aber gelbe Blätter (Chlorose) in flachgründigen Kalkböden.
Pflege: Vor starken, kalten Winden schützen; im Frühjahr immergrüne Arten leicht stutzen, um die Form zu erhalten; sommergrüne Arten bis zu den Hauptästen zurückschneiden; an Mauern erzogene Pflanzen wie sommergrüne Formen behandeln.
Vermehrung: Grünstecklinge von sommergrünen Arten im Sommer; halb verholzte Stecklinge von allen Arten im Spätsommer schneiden.

BEFESTIGUNG LOCKERN
Kontrollieren Sie an Mauern erzogene Pflanzen regelmäßig, und lockern Sie zu enge Schnüre, damit sie die Triebe nicht einschneiden.

***Ceanothus* 'Cascade'**
↕↔ 4 m; wüchsiger, überhängender, immergrüner Strauch; Blüte von Frühling bis Frühsommer; ✻✻.

***Ceanothus* 'Blue Mound'**
↕ 1,5 m ↔ 2 m; niederliegender, breit ausladend wachsender immergrüner Strauch; Blüte im Spätfrühling; ✻✻.

***Ceanothus* 'Blue Cushion'**
↕ 45–75 cm ↔ 1–2 m; ausladender, aber dicht wachsender immergrüner Strauch mit schöner Form; guter Bodendecker; üppige Blüte im Sommer; ✻✻.

***Ceanothus × pallidus* 'Perle Rose'**
↕↔ 1,5 m; buschige sommergrüne Sorte; Blüte von Hochsommer bis Herbst; ✻✻✻.

Cedrus

Zeder

Diese grossen immergrünen Nadelbäume sind eindrucksvolle Solitäre, die viel Platz benötigen, wenn ihre Statur voll zur Geltung kommen soll. Es gibt auch einige Zwergformen. In der Jugend ist ihre Gestalt kegelförmig, im Alter entwickeln sie ausladende waagerechte Äste. Sie sollten am besten allein stehen oder mit anderen großen Bäumen kombiniert werden, wenn genug Platz vorhanden ist. Zedern sind sehr langlebig. Die Nadeln sind in quirligen Büscheln an kurzen Trieben angeordnet; es gibt Arten mit goldgelben oder graublauen sowie einfarbig grünen Blättern. Männliche Zapfen sind zylindrisch und hellbraun, weibliche Zapfen länglich oder fassförmig und zunächst grün, sie verfärben sich nach zwei Jahren braun.

Winterhärte: Voll frosthart ***
Standort: Nährstoffreicher Boden in offener, sonniger Lage.
Pflege: Rückschnitt nur dann, wenn Bäume zwei Haupttriebe entwickeln, den schwächeren im Herbst abschneiden.
Vermehrung: Aussaat im Frühjahr, Samen drei Wochen feucht im Kühlschrank bei 0–5 °C aufbewahren.

***Cedrus deodora* 'Aurea'** ♀
↕ 5 m; langsamwüchsige Sorte mit goldgelben Nadeln im Frühjahr, die sich im Sommer grün färben.

Ceratostigma

Hornnarbe

Reinblaue Blüten, die im Spätsommer erscheinen, kennzeichnen diese kleinen Sträucher und Halbsträucher, die etwa 1 m hoch werden. Zu dieser Gattung gehört auch die Kriechende Hornnarbe (*C. plumbaginoides*), die nur halb so hoch wird und die ideale Pflanze für den vorderen Bereich einer Rabatte ist. Die Blätter dieser sommergrünen, immergrünen oder wintergrünen Pflanzen färben sich im Herbst rot und bilden einen leuchtenden Hintergrund für späte Blüten. In gemischten Rabatten sehen ihre Farben neben gelben Taglilien (*Hemerocallis*, siehe S. 258) oder Johanniskraut (*Hypericum*, siehe S. 74) sehr eindrucksvoll aus. In strengen Wintern sterben die oberirdischen Teile oft ab, treiben aber meist im nächsten Frühjahr wieder aus.

Winterhärte: Voll frosthart ***
Standort: Leichter, nährstoffreicher Boden in Vollsonne.
Pflege: Nach der Blüte oder im Vorfrühling Triebe bis auf 2,5 cm zurückschneiden, Blüten nur an einjährigen Trieben; im Winter geschädigte Triebe im Frühjahr entfernen, neue Triebe erscheinen an der Basis; stark von Echtem Mehltau befallene Teile entfernen.
Vermehrung: Grünstecklinge im Frühjahr, halb verholzte Stecklinge im Sommer schneiden; Absenker im Herbst.

Ceratostigma willmottianum ♀
↕ 1 m ↔ 1,5 m; buschiger sommergrüner Strauch mit purpurn umsäumten Blättern, die sich im Herbst rot verfärben.

Cercidiphyllum

Katsurabaum, Kuchenbaum

Leuchtend gelbe, orangefarbene und rote Herbstblätter, die beim Zerreiben nach gebranntem Zucker riechen, sind die Hauptattraktion dieser Bäume. Die mittelgrünen, ovalen bis rundlichen Blätter sind in der Jugend ebenfalls bronzefarben. Die schönste Herbstfärbung entsteht auf sauren Böden. Es gibt eine Trauerform sowie eine niedrige Unterart. Als Solitär kann der Katsurabaum seine Wuchsform gut präsentieren – in der Jugend pyramidenförmig, im Alter eher rundlich. Offene Waldlandschaften sind ebenfalls geeignet, wenn genug Platz vorhanden ist.

Winterhärte: Voll frosthart ***; junge Blätter werden bei Spätfrösten geschädigt; neues Laub wächst meist nach.
Standort: Guter, nährstoffreicher, mit organischem Material angereicherter Gartenboden in Sonne oder Halbschatten.
Pflege: Vor kalten, trockenen Winden schützen; störende Äste im Spätwinter oder Vorfrühling zurückschneiden; werden mehrere Haupttriebe gebildet, kann man diese bei jungen Bäumen bis auf einen entfernen.
Vermehrung: Halb verholzte Stecklinge im Hochsommer schneiden.

Cercidiphyllum japonicum ♀
↕ 20 m ↔ 15 m; Endhöhe vom Klima abhängig; in kühleren Regionen bleibt der Baum kleiner.

Cercis

Judasbaum

↔ bis 10 m

Diese sommergrünen, in lichten Wäldern heimischen Bäume und Sträucher sind ausgezeichnete Solitäre für Rasenflächen oder große Strauchrabatten. Sie werden wegen ihres Laubs und der rosa- oder purpurfarbenen Blütenbüschel gepflanzt, die vor den Blättern in großer Fülle erscheinen. Die Blüten des Gewöhnlichen Judasbaumes (*C. siliquastrum*), der größten Art, werden direkt an den Ästen und sogar am Stamm gebildet. Wählen Sie für kleinere Gärten den Chinesischen Judasbaum (*C. chinensis*) oder den Kanadischen Judasbaum (*C. canadensis*), den Sie zu einem Strauch erziehen können.

Winterhärte: Voll frosthart ❄❄❄; jungen Triebe sind frostanfällig.
Standort: Nährstoffreicher, feuchter, durchlässiger Boden in Vollsonne oder Halbschatten.
Pflege: Nur junge Bäume einpflanzen, ältere mögen keine Wurzelstörung; abgefrorene Triebe im zeitigen Frühjahr bis ins gesunde Holz zurückschneiden; *C. canadensis* 'Forest Pansy' kann im Frühjahr zum Strauch zurückgeschnitten werden.
Vermehrung: Aussaat im Herbst in Töpfen im Frühbeet; halb verholzte Stecklinge im Sommer schneiden.

***Cercis canadensis* 'Forest Pansy'**
↕↔ 5 m; blüht nicht an allen Standorten, das purpurrote Laub bietet aber einen schönen Anblick.

Chaenomeles

Zierquitte, Scheinquitte

↕ bis 2,5 m
↔ bis 5 cm

Diese vielseitigen Sträucher gehören zu den ersten Gehölzen, die im Jahr blühen. Sie werden in Rabatten zusammen mit anderen Sträuchern oder an einer Mauer oder einem Zaun gezogen. Außerdem sind sie gute Bodendecker oder bilden eine natürliche Hecke, sogar im Schatten. Die sommergrünen Pflanzen mit bedornten Trieben bringen Blüten in Rot- und Rosatönen hervor, die einfach oder gefüllt sind und vor den Blättern bzw. gleichzeitig mit diesen erscheinen. Im Herbst folgen apfelähnliche gelbe bis grüne Früchte, die gekocht essbar sind. Die eigentlichen Quitten wachsen an der Echten Quitte (*Cydonia*).

Winterhärte: Voll frosthart ❄❄❄
Standort: Nährstoffreicher, nicht sehr kalkhaltiger Boden (sonst werden Blätter gelb) in Vollsonne oder Halbschatten.
Pflege: Blütentriebe nach der Blüte auf kräftige Augen, an Mauern erzogene Pflanzen bis zu den Haupttrieben zurückschneiden.
Vermehrung: Aussaat im Herbst in Töpfen im Frühbeet oder im Saatbeet im Freien, Samen der Kälte aussetzen; halb verholzte Stecklinge im Sommer schneiden; Absenker im Herbst.

***Chaenomeles speciosa* 'Moerloosei'** 🏆
↕ 2,5 m ↔ 5 m; besonders früh blühend; im Herbst duftende Früchte (kleines Bild).

***Chaenomeles × superba* 'Crimson and Gold'** 🏆
↕ 1 m ↔ 2 m; blüht später als andere Sorten, bis Spätfrühling; grüne Früchte werden im Herbst gelb.

***Chaenomeles × californica* 'Enchantress'**
↕ 2,5 m ↔ 2 m; die Früchte im Herbst sind groß und goldgelb.

Chamaecyparis

Scheinzypresse

Diese immergrünen Nadelbäume werden mit Ausnahme der reinen Art nicht übermäßig hoch und sind schnittverträglich, eignen sich daher sehr gut für Hecken. Pflanzen Sie Scheinzypressen zusammen mit anderen Koniferen wie Zypressen (*Cupressus*, siehe S. 47) oder mit großen Rhododendren (siehe S. 104–107). Es gibt zahlreiche zwergwüchsige oder langsam wachende Sorten, die man in kleinere Rabatten oder sogar in große Steingärten pflanzen kann. Die Blätter sind schuppenartig und abgeflacht; die Berührung der Blätter kann Hautreizung hervorrufen. Im Frühjahr erscheinen rundliche oder ovale männliche Zapfen, denen im Sommer runde oder eckige weibliche Zapfen folgen, die im Herbst ausreifen.

Winterhärte: Voll frosthart ∗∗∗
Standort: Feuchter, durchlässiger, bevorzugt neutraler bis saurer Boden in Vollsonne; Kalkböden werden vertragen.
Pflege: Heckenschnitt von Spätfrühling bis Herbst; nicht bis ins alte Holz schneiden; bei starkem Blattlausbefall (braune Blätter) Seifenlauge oder Schmierseifen-Spiritus-Lösung einsetzen.
Vermehrung: Aussaat im Frühjahr im Saatbeet im Freien; halb verholzte Stecklinge im Spätsommer schneiden.

① *Chamaecyparis lawsoniana* 'Pembury Blue' 🏆 ↕15 m ② *C. noot-katensis* 'Pendula' 🏆 ↕30 m ③ *C. obtusa* 'Nana Aurea' 🏆 ↕2 m ④ *C. pisifera* 'Filifera Aurea' 🏆 ↕12 m.

Chimonanthus praecox

Winterblüte

Stark duftende, wachsartige Blüten hängen den ganzen Winter von den kahlen Trieben der Winterblüte herab. Die Blüten dieses sommergrünen Strauchs sind hellschwefelgelb, innen braun oder purpurn. Es dauert einige Jahre, bis junge Pflanzen die Blühreife erlangen. Auch wenn der belaubte Strauch recht hübsch ist, zeigt er sich erst im Winter von seiner schönsten Seite; pflanzen Sie ihn daher im Eingangsbereich oder dort, wo Sie oft vorbeigehen, um den außergewöhnlichen Duft genießen zu können. Winterblüte sollte in kühleren Regionen an einer sonnigen Mauer erzogen werden, da das Holz in offenen Lagen nur in warmen Sommern richtig ausreifen kann.

Winterhärte: Voll frosthart ∗∗∗; Frost kann unreifes Holz schädigen.
Standort: Nährstoffreicher, durchlässiger Boden in Vollsonne.
Pflege: Nur ausgewachsene Sträucher, die im Spätwinter regelmäßig blühen, schneiden; störende Triebe entfernen, um die Form zu erhalten; Triebe von an Mauern gezogenen Pflanzen auf zwei bis vier Augen über dem eigentlichen Traggerüst einkürzen.
Vermehrung: Aussaat nach der Samenreife in Töpfen im Frühbeet; Grünstecklinge im Sommer schneiden.

Chimonanthus praecox 'Grandiflorus' 🏆
↕4 m ↔3 m; Blüten sind größer und dunkler als die der reinen Art.

Chionanthus

Schneeflockenstrauch

Diese grossen, attraktiven Sträucher oder kleinen Bäume werden wegen ihrer langen, schmalen Blätter und der duftenden, in Büscheln erscheinenden weißen Blüten gepflanzt. Zwei ausladende sommergrüne Arten dieser großen, vielfältigen Gattung werden in Gärten kultiviert: Der Chinesische Schneeflockenstrauch (*C. retusus*) trägt aufrechte Blütenrispen und hat abschilfernde Rinde, der Virginische Schneeflockenstrauch (*C. virginicus*) bildet hängende Blütenrispen und größere Blätter mit leuchtend goldgelber Herbstfärbung. Im Herbst folgen bei beiden Arten blauschwarze Früchte. Kleine Bäume eignen sich auch für Rabatten mit Abelien (siehe S. 14), Orangenblumen (*Choisya*, siehe S. 40) oder Kamelien (*Camellia*, siehe S. 32–33).

Winterhärte: Voll frosthart ∗∗∗
Standort: Nährstoffreicher Boden in Vollsonne; *C. retusus* verträgt Kalkböden, *C. virginicus* braucht saure Böden; Blüte und Früchte am besten in Klimaten mit heißen Sommern.
Pflege: Störende, zu dicht wachsende Triebe im Winter oder zeitigen Frühjahr entfernen.
Vermehrung: Aussaat im Herbst in Töpfen im Frühbeet, die Keimung dauert etwa zehn Monate.

Chionanthus virginicus
↕3 m ↔3 m oder mehr; untere Äste können bis zum Stamm zurückgeschnitten werden, damit eine baumähnliche Form entsteht.

Choisya
Orangenblume

Das glänzende, aromatische Laub und die sternförmigen, süßlich duftenden Blüten, die im Spätsommer und Herbst erscheinen, lassen diese immergrünen Sträucher das ganze Jahr über zum Blickfang werden. Die häufig erhältliche Sorte 'Aztec Perl' und die Mexikanische Orangenblume (*C. ternata*) werden besonders geschätzt, da sie im Spätfrühling frühe Blüten bilden, bevor sich dann gegen Ende des Sommers der Hauptflor entfaltet. *C. ternata* 'Sundance' blüht zwar selten, hellt aber mit ihrem leuchtenden Laub im Frühjahr auch noch die düsterste Rabatte auf.

Winterhärte: Voll frosthart ✻✻✻ bis frosthart ✻✻
Standort: Nährstoffreicher, durchlässiger Boden in Vollsonne bis Halbschatten.
Pflege: Frostharte Sorten schätzen die Wärme einer Südmauer; im Winter mulchen; nach der Blüte Rückschnitt zur Erhaltung der Form; junge Pflanzen durch Schnecken stark gefährdet.
Vermehrung: Halb verholzte Stecklinge im Sommer schneiden.

***Choisya ternata* Sundance** 🏆
↕↔ 2,5 m; das leuchtend gelbe junge Laub dieser Sorte entwickelt sich am besten in der Sonne, wird im Schatten nur grünlich gelb; ✻✻.

Cistus
Zistrose

↕↔ meist bis 1 m, manche bis 2 m

Zistrosen sind immergrüne Pflanzen, die wegen der Fülle ihrer tellerförmigen weißen bis purpurrosa Blüten kultiviert werden. Diese erscheinen von Früh- bis Spätsommer. Zwar hält jede Blüte nur einen Tag, es öffnen sich aber rasch andere, die die Blütenpracht erhalten. Zistrosen gedeihen in sonnigen Rabatten an einer Mauer, um einen Hof herum oder hängen über den Rand eines erhöhten Beets herab. Sie brauchen trockene Bedingungen und karge Böden und eignen sich als pflegeleichte Topfpflanzen oder wachsen in der Nachbarschaft anspruchsvoller Pflanzen wie Strauchrosen, die dem Boden viel Nährstoffe entziehen.

Winterhärte: Frosthart ✻✻
Standort: Karger bis mäßig nährstoffreicher, durchlässiger Boden in Vollsonne.
Pflege: Triebspitzen junger Pflanzen auskneifen, um buschigen Wuchs zu fördern; im Frühjahr oder nach der Blüte leichter Rückschnitt, um die Form zu erhalten; alte verholzte Pflanzen erneuern.
Vermehrung: Aussaat nach der Samenreife oder im Frühjahr im Frühbeet; Grünstecklinge im Sommer schneiden.

① ***Cistus* × *argenteus* 'Peggy Sammons'** ↕↔ bis 1 m 🏆 ② ***C.* × *dansereaui* 'Decumbens'** ↕↔ 1 m 🏆 ③ ***C.* × *hybridus*** ↕↔ bis 1,5 m ④ ***C.* × *skanbergii*** ↕↔ bis 90 cm 🏆.

Clerodendrum
Losbaum

Diese grosse Gattung umfasst tropische und subtropische, elegante strauchartige Pflanzen, von denen einige robust genug sind, um auch in kühleren Regionen im Freien zu wachsen. Zu den frostharten Arten gehören *C. trichotomum*, ein großer Strauch oder Baum für große Gärten oder Waldlandschaften, und der Herrliche Losbaum (*C. bungei*), etwas kleiner, aber doch bis 2 m hoch. Diese beiden Arten sind lediglich frosthart und fühlen sich in einer warmen, geschützten Rabatte am wohlsten. Beide werden wegen ihrer duftenden Blüten, die von Spätsommer bis Herbst in Büscheln erscheinen, geschätzt.

Winterhärte: Voll frosthart ✻✻✻ bis frostempfindlich ❀
Standort: Sehr nährstoffreicher, mit organischem Material angereicherter, feuchter, durchlässiger Boden in Vollsonne.
Pflege: Schnitt selten erforderlich; bei *C. trichotomum* kann man widerspenstige Äste entfernen oder Triebe im Spätwinter oder Vorfrühling zurückschneiden; *C. bungei* sollte im zeitigen Frühjahr auf ein niedriges Astgerüst zurückgeschnitten werden.
Vermehrung: Aussaat im Frühjahr bei 13–18 °C; halb verholzte Stecklinge im Sommer schneiden, im beheizten Minigewächshaus bewurzeln lassen; *C. bungei* bildet Ausläufer, bewurzelte Teile vorsichtig von der Mutterpflanze abtrennen und eintopfen.

Clerodendrum trichotomum* var. *fargesii 🏆
↕↔ 5–6 m; rosa-weißen Blüten folgen im Hochsommer bis Spätherbst Büschel dunkler Früchte; ✻✻✻.

Clethra

Zimterle, Scheineller

Diese immergrünen und sommergrünen Sträucher und Bäume werden wegen ihres hübschen Laubs und der weißen Blütentrauben kultiviert. Die im Hoch- bis Spätsommer erscheinenden Blüten duften sehr stark und gedeihen unter dem Blätterdach einer Waldbepflanzung prächtig. Zimterlen können auch in schattige Ecken von Strauchrabatten oder in die Nähe von Sitzplätzen gepflanzt werden, wo sie durch ihren Duft erfreuen. *C. arborea* ist nicht frosthart; sie sollte in gemäßigten Breiten in großen Kübeln kultiviert werden und den Winter in einem Gewächshaus oder im Wintergarten verbringen.

Winterhärte: Voll frosthart ❄❄❄ bis bedingt frosthart ❄
Standort: Nährstoffreicher, feuchter, durchlässiger, saurer Boden in lichtem Schatten; für Gefäßbepflanzungen Azaleenerde.
Pflege: Störende Äste im Spätwinter abschneiden; bei ausgewachsenen Exemplaren von *C. alnifolia* einige alte Triebe bis zum Grund zurückschneiden, um kräftigen Neuaustrieb anzuregen; bei *C. arborea* nur Abgeblühtes entfernen oder bei Platzmangel zurückschneiden.
Vermehrung: Aussaat im Frühjahr oder Herbst bei 6–12 °C; bei Sommergrünen halb verholzte Stecklinge im Hoch- bis Spätsommer schneiden.

Clethra arborea
↕8 m ↔ 6 m; Jungtriebe sind rot; Blütenrispen können bis zu 15 cm lang werden; ❄.

Colutea

Blasenstrauch

↕↔ 2–3 m

Dieser sommergrüne Strauch verdankt seinen deutschen Namen den dekorativen grünlich braunen, blasenförmigen Samenhülsen. Die vielseitigen Pflanzen tragen weiches, blass- oder blaugrünes Laub und im Sommer große gelbe oder braune Schmetterlingsblüten, denen die dicken Samenhülsen folgen. Diese unverwüstlichen Sträucher gedeihen auch an schwierigen Standorten wie in exponierten Lagen, Küstengärten, Hanglagen, Stadtgärten, die von Luftverschmutzung betroffen sind, und in kargen, trockenen Böden.

Winterhärte: Voll frosthart ❄❄❄ bis frosthart ❄❄
Standort: Fast jeder Boden, bevorzugt aber nährstoffreiche, durchlässige Böden in Vollsonne.
Pflege: Im Spätwinter oder zeitigen Frühjahr störende oder beschädigte Äste entfernen oder auf ein niedriges Astgerüst zurückschneiden, damit der Strauch klein bleibt; *C. arborescens* kann man auch an Mauern erziehen.
Vermehrung: Aussaat im Herbst oder Vorfrühling, Keimung im Schutz eines Frühbeets.

Colutea arborescens
↕↔ 3 m; im Sommer lange Blühperiode, oft noch in Blüte, wenn die ersten Samenhülsen erscheinen; ❄❄❄.

Cordyline

Keulenlilie

Die palmenähnliche Keulenlilien sind Strukturpflanzen, die in die Gärten gemäßigter Breiten einen Hauch von Exotik bringen. In frostfreien Gebieten kann man sie als Blickfang pflanzen; wenn sie genug Zeit und Platz haben, entwickeln die meisten Arten eine baumähnliche Form. In kalten Regionen sollten diese Pflanzen im Kübel wachsen und frostfrei überwintern; Keulenlilien sind schöne Wintergartengewächse. Sie werden vor allem wegen ihrer spitzen, ledrigen Blätter, die oft panaschiert oder leuchtend gefärbt sind, geschätzt. Im Sommer erscheinen hohe, schwere Rispen weißer, duftender Blüten, denen perlenartige weiße, rote, violette oder blaue Früchte folgen.

Winterhärte: Bedingt frosthart ❄ bis frostempfindlich ❀; manche Sorten vertragen etwas Frost, aber der Sprossteil wird geschädigt.
Standort: Nährstoffreicher, durchlässiger Boden in Vollsonne oder Halbschatten, panaschierte Sorten bevorzugen etwas Schatten; für Gefäßbepflanzung gute, mit etwas Kies gemischte Topferde.
Pflege: Bei Topfpflanzen die obere Erdschicht jährlich erneuern.
Vermehrung: Aussaat im Frühjahr; gut bewurzelte Pflänzchen rund um den Spross im Frühjahr von der Mutterpflanze abtrennen und einzeln eintopfen.

Cordyline australis 'Torbay Red' 🏆
↕3–10 m ↔ 1–4 m; die Endhöhe hängt weitgehend von den vorherrschenden Klimabedingungen ab; ❄.

Cornus

Hartriegel

Schöne Blütenstände, dekorative Rinde und lebhaft gefärbtes Herbstlaub machen Hartriegel zu herausragenden Gartenpflanzen. Die Gattung umfasst sommergrüne Sträucher, kleine Bäume und Stauden. Manche wie der Wechselblättrige Hartriegel (*C. alternifolia*) haben eine luftige Form mit etagenartig angeordneten Ästen und eignen sich als grazile Einzelbäume. Viele der strauchartigen Formen wie Tatarischer Hartriegel (*C. alba*), Roter Hartriegel (*C. sanguinea*) und Weißer Hartriegel (*C. sericea*) sowie ihre Sorten werden vor allem wegen ihrer leuchtend roten, gelben oder grünen Rinde kultiviert. Diese Arten werden im Winter, wenn die Äste bunt schimmern, besonders geschätzt. Der Teppich-Hartriegel (*C. canadensis*) eignet sich für Waldgärten oder als Bodendecker in einer Strauchrabatte. Die kleinen Sternblüten stehen in Dolden an den Triebspitzen und sind bei vielen Arten wie z. B. bei Benthams Hartriegel (*C. capitata*), Blumen-Hartriegel (*C. florida* und *C. kousa*) und Nuttals Blumen-Hartriegel (*C. nuttallii*) von auffallenden Hochblättern in Creme, Weiß oder Rosa umgeben. Bei manchen Pflanzen folgen den Blüten im Herbst beerenartige Früchte, die bei Verzehr leichte Magenschmerzen verursachen können.

Winterhärte: Voll frosthart ❄❄❄ bis frosthart ❄❄
Standort: Für Blumen-Hartriegel nährstoffreicher, sehr durchlässiger, mit reichlich organischem Material angereicherter, neutraler bis saurer Boden in Halbschatten bis Sonne; für andere Arten jeder durchlässige, frische, auch kalkhaltige Boden in Sonne (Arten mit auffällig gefärbten Trieben) und Halbschatten.
Pflege: Arten mit auffällig gefärbter Rinde jedes Frühjahr radikal zurückschneiden (siehe unten), um die Bildung junger Triebe mit den leuchtendsten Farben anzuregen; andere Hartriegel brauchen kaum Rückschnitt, außer um sie zu begrenzen oder die Form zu erhalten, dann im Winter oder zeitigen Frühjahr jeden vierten älteren Trieb entfernen, um die Ausbreitung zu verhindern; zur Verjüngung der Pflanzen altes Holz in der Mitte des Strauchs herausschneiden.
Vermehrung: Aussaat im Herbst im Saatbeet oder Samen der Kälte aussetzen und im Frühjahr aussäen; bei Arten mit auffällig gefärbter Rinde Steckhölzer im Herbst schneiden.

Schnitt bei Hartriegel

Lassen Sie dem Strauch nach dem Einpflanzen ein Jahr Zeit, um sich zu entwickeln. Schneiden Sie ihn dann radikal zurück, bevor der Austrieb im Frühjahr beginnt. Geben Sie danach einen organischen Volldünger, um die Bildung kräftiger Triebe anzuregen, und bringen Sie Mulch aus.

▷ ***Schnitt bei Trieben mit auffällig gefärbter Rinde*** *Schneiden Sie im ersten Jahr nach dem Einpflanzen alle Triebe auf 5–8 cm über dem Boden zurück. Danach können die Triebe jedes Frühjahr bis auf zwei Augen des vorjährigen Holzes eingekürzt werden.*

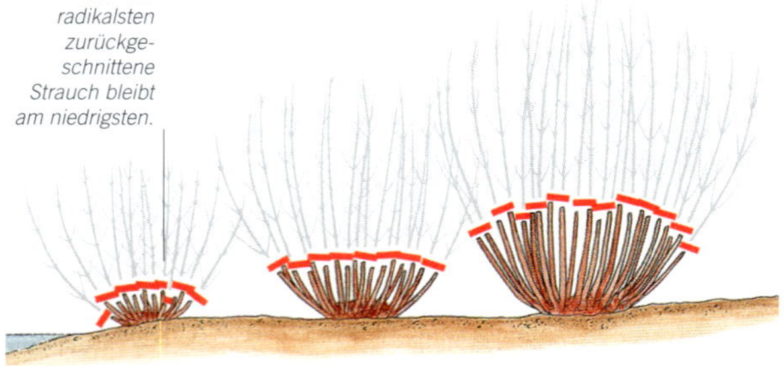

◁ ***Versetzter Schnitt*** *Wo Hartriegel in einer Gruppe gepflanzt wurden, hat ein Rückschnitt auf verschiedenen Höhen ein eher abgestuftes Aussehen zur Folge als ein Dickicht aus gleich hohen Trieben. Das lockert eine Rabatte auf und erzielt einen interessanteren Anblick.*

① *Cornus alba* 'Elegantissima' 🏆 ↕↔ 3 m; Triebe, Laub ② *C. alba* 'Kesselringii' ↕↔ 3 m; Triebe, Laub ③ *C. alba* 'Sibirica' 🏆 ↕↔ 3 m; Triebe ④ *C. alba* 'Spaethii' 🏆 ↕↔ 3 m; Triebe, Laub ⑤ *C. alternifolia* 'Argentea' 🏆 ↕ 3 m ↔ 2,5 m; Laub ⑥ *C. capitata* ↕↔ 12 m; Blüten, Früchte ⑦ *C. controversa* 'Variegata' 🏆 ↕↔ 8 m; Blüten, Laub ⑧ *C.* 'Eddie's White Wonder' ↕ 6 m ↔ 5 m; Blüten, Herbstlaub ⑨ *C. florida* 'Cherokee Chief' ↕ 6 m ↔ 8 m; Blüten, Herbstlaub

⑩ *C. florida* 'Spring Song' ↕6 m ↔ 8 m; Blüten, Herbstlaub ⑪ *C. florida* 'Welchii' ↕6 m ↔ 8 m; Blüten, Herbstlaub ⑫ *C. kousa* var. *chinensis* 🏆 ↕7 m ↔ 5 m; Rinde, Blüten, Herbstlaub ⑬ *C. kousa* 'China Girl' ↕7 m ↔ 5 m; Rinde, Blüten, Herbstlaub ⑭ *C. kousa* 'Satomi' 🏆 ↕7 m ↔ 5 m; Rinde, Blüten, Herbstlaub ⑮ *C. macrophylla* ↕12 m ↔ 8 m; Blüten ⑯ *C. mas* ↕↔ 5 m; Blüten, Früchte, Herbstlaub ⑰ *C.* 'Norman Hadden' 🏆 ↕↔ 8 m; Blüten, Früchte ⑱ *C. nuttallii* ↕12 m ↔ 8 m; Blüten, Früchte ⑲ *C. nuttallii* 'Colrigo Giant' ↕12 m ↔ 8 m; Blüten, Früchte ⑳ *C.* 'Porlock' 🏆 ↕10 m ↔ 5 m; Blüten ㉑ *C. sanguinea* 'Winter Beauty' ↕3 m ↔ 2,5 m; Triebe ㉒ *C. sericea* 'Flaviramea' 🏆 ↕2 m ↔ 4 m; Triebe ㉓ *C. sericea* 'Kelseyi' ↕75 cm ↔ 1,5 m; Triebe.

Corylopsis

Scheinhasel

DIE SCHLANKEN ÄSTE DIESER kleinen Bäume und Sträucher tragen im Frühjahr, bevor sich das Laub entwickelt, zarte, hängende Trauben glockenförmiger Blüten. Die duftenden Blütenstände werden bis zu 15 cm lang. Die Blätter sind breit oval und blass- bis dunkelgrün. Die grazilen Sträucher haben eine offene, ausladende Wuchsform und sehen in halbschattigen Lagen, z. B. in einer Waldlandschaft gut aus. Kombinieren Sie diese pflegeleichten Pflanzen mit anderen früh blühenden Bäumen und Sträuchern, z. B. Korkenzieher-Hasel (*Corylus avellana* 'Contorta', siehe rechts), Magnolien (*Magnolia*, siehe S. 86) und kleinen Weiden (*Salix*, siehe S. 114–115).

Winterhärte: Voll frosthart ✻✻✻; Frühfröste können Blüten schädigen.
Standort: Nährstoffreicher, relativ feuchter, durchlässiger, saurer Boden im Halbschatten.
Pflege: Störende Triebe gleich nach der Blüte herausschneiden, um die Form und ein gesundes Astgerüst zu erhalten.
Vermehrung: Stecklinge im Sommer schneiden; Absenker im Herbst.

Corylopsis glabrescens
↕↔ 5 m; aufrechter Strauch; dunkelgrüne Blätter, unterseits blaugrün; Blüte Mitte Frühling.

Corylus

Hasel, Haselnuss

LANGE KÄTZCHEN, SCHÖNES LAUB und die Wuchsform machen die Haselnuss zu einer attraktiven Gartenpflanze. Diese niedrigen bis mittelhohen sommergrünen Sträucher und Bäume leiten das Gartenjahr im Spätwinter oder Frühjahr mit gelben, manchmal purpurnen männlichen Kätzchen ein. Breit herzförmige, gezähnte Blätter, die bei manchen Sorten rot gefärbt sind, folgen. Die Korkenzieher-Hasel (*C. avellana* 'Contorta') hat auffallend gedrehte Äste, die den winterlichen Garten beleben. Im Herbst bilden Gewöhnliche Hasel (*C. avellana*) und Lamberts Hasel (*C. maxima*) essbare Nüsse. Größere Exemplare sehen einzeln eindrucksvoll aus; kleinere Arten passen zu Rabatten mit Sträuchern wie Zaubernuss (*Hamamelis*, siehe S. 68) oder Mahonien (Mahonia, siehe S. 87).

Winterhärte: Voll frosthart ✻✻✻
Standort: Nährstoffreicher, durchlässiger, eher kalkhaltiger Boden in Sonne oder Halbschatten.
Pflege: Wildtriebe, die an der Basis gebildet werden, regelmäßig entfernen; bei Bedarf im Winter oder zeitigen Frühjahr auslichten.
Vermehrung: Stecklinge schneiden; Absenker im Herbst; Sorten in Baumschulen kaufen.

***Corylus avellana* 'Contorta'**
↕↔ 5 m; aufrechter Strauch mit mittelgrünen Blättern; im Spätwinter oder Vorfrühling 6 cm lange Kätzchen (siehe kleines Bild).

Cotinus

Perückenstrauch

↕5–10 m
↔5–8 m

DIESE KLEINE GATTUNG umfasst sommergrüne Sträucher und kleine, buschige Bäume, die wegen ihrer dekorativen grünen bzw. roten Blätter und der ungewöhnlichen Fruchtstände geschätzt werden. Die Blüten sind winzig, erscheinen im Sommer aber über dem Laub in großer Fülle in Rispen. Ihnen folgen schnell kleine Früchte, an deren Stielen fedrige, rötlich gefärbte Haare sitzen, die dem Strauch ein duftiges, perückenähnliches Aussehen verleihen. Sie halten bis in den Herbst, wenn sich das Laub meist gelborange bis scharlachrot verfärbt. Die Blätter von *C. coggygria* 'Royal Purpur' sind vom Austrieb bis zum Herbst dunkel- bis schwarzrot gefärbt, die dunkelpurpurnen von *C.* 'Grace' werden später leuchtend und durchscheinend scharlachrot.

Winterhärte: Voll frosthart ✻✻✻
Standort: Nährstoffreicher, durchlässiger Boden in Sonne oder Halbschatten; die purpurn belaubten Formen am besten in Sonne.
Pflege: Anspruchslos; nicht schneiden.
Vermehrung: Steckhölzer im Herbst; Absenker.

① ***Cotynus coggygria* 'Royal Purple'** ↕↔ 5 m; Blüten grünrot; Fruchtstände silbrig rot ② ***C.* 'Grace'** ↕6 m ↔ 5 m; starkwüchsig; Blüten purpurrosa.

COTONEASTER

Zwergmispel, Strauchmispel

DIESE STRÄUCHER SIND vor allem wegen ihrer zierlichen, aber dichten Blätter, der Vielfalt an Zierformen und der Herbstfrüchte beliebte Gartenpflanzen. Es gibt zahlreiche sommergrüne, wintergrüne und immergrüne Arten. Kleinen weißen oder rosa Blüten folgen massenhaft beerenartige Früchte in leuchtendem Rot und Gelb, die von Vögeln sehr geschätzt werden. Die unterschiedlichen Wuchsformen erlauben es, Zwergmispeln an vielen verschiedenen Standorten zu pflanzen. Man kann sie als frei stehende Sträucher, Trauerbäumchen, Hecken, an Mauern oder als Bodendecker ziehen. Zwergformen eignen sich auch für Steingärten.

Winterhärte: Voll frosthart ✻✻✻
Standort: Jeder durchlässige Gartenboden in sonniger und halbschattiger Lage; auch für Stadtklima geeignet.
Pflege: Höhere Arten vor kalten, trockenen Winden schützen; niedrige Arten bilden in geschützter Lage mehr Früchte; nur bei Bedarf etwas zurückschneiden; starker Rückschnitt wird vertragen; formale Hecken im Hoch- oder Spätsommer schneiden.
Vermehrung: Bei sommergrünen Arten Grünstecklinge im Frühsommer bei Immergrünen halb verholzte Stecklinge im Spätsommer schneiden.

Cotoneaster divaricatus
↕2,5 m ↔ 3 m; aufrechter, sommergrüner Strauch; dichtes Laub, im Herbst rot (kleines Bild); rosa übertönte weiße Blüten im Sommer.

***Cotoneaster atropurpureus* 'Variegatus'** 🏆
↕45 cm ↔ 90 cm; sommergrün; kompakt, niederliegend oder strauchartig; Blätter rosa umsäumt, im Herbst orangerote Früchte.

Cotoneaster horizontalis 🏆
↕1 m ↔ 5 m; sommergrün; fächerartige Zweige; rotes Herbstlaub (kleines Bild); rosaweiße Blüten im Spätfrühling.

***Cotoneaster × watereri* 'John Waterer'** 🏆
↕↔ 5 m; starkwüchsig; immergrüner oder wintergrüner Strauch; im Sommer weiße Blüten.

Crataegus

Weißdorn

DIESE SEHR FROSTHARTEN Bäume und Sträucher eignen sich besonders gut für Gärten in exponierten Lagen und Küstennähe. Sie sind gewöhnlich bedornt, sommergrün und mittelhoch und wachsen rundlich oder ausladend. Ihre mittel- bis dunkelgrünen Blätter zeigen im Herbst oft eine schöne Färbung. Weißdorn bildet an den Triebenden flache Büschel weißer, rosafarbener oder roter Blüten. Besonders Vögel schätzen die Früchte, die im Herbst folgen und meist rot, manchmal auch schwarz, orange, gelb oder blaugrün sind. Zweigriffliger Weißdorn (*C. laevigata*) und Eingriffliger Weißdorn (*C. monogyna*) sind gute Heckenpflanzen. Die Früchte können Magenschmerzen verursachen, wenn man sie roh verzehrt.

Winterhärte: Voll frosthart ***
Standort: Böden ohne Staunässe in Vollsonne oder Halbschatten.
Pflege: Lediglich störende Äste im Winter oder zeitigen Frühjahr zurückschneiden, um die Form zu erhalten; Hecken nach der Blüte oder im Herbst schneiden.
Vermehrung: Samen nach Reife aus den Früchten entfernen und ins Saatbeet oder in Töpfe säen, Keimdauer bis zu 18 Monate; Sorten sind veredelt.

***Craetaegus laevigata* 'Paul's Scarlet'** ♀
↕↔ bis 8 m; bedornter sommergrüner Baum; gelappte Blätter; reiche, karminrote Blüte im Spätfrühling; manchmal rote Früchte.

Cryptomeria japonica

Sicheltanne

DIESE IN DEN WÄLDERN Chinas und Japans heimischen Nadelbäume werden wegen ihrer schönen Kegel- oder Säulenform und der immergrünen Nadeln kultiviert. Die weichen, glänzenden dunkelgrünen Nadeln sind in flauschigen Büscheln angeordnet. Große, runde weibliche Zapfen stehen einzeln, während die kleineren männlichen Zapfen in Büscheln an den Triebspitzen erscheinen. Die rotbraune Rinde ist gefurcht und faserig. Diese Bäume können bis zu 30 m hoch werden, aber es gibt auch kleinere Sorten mit schön gefärbtem Laub. Die Sicheltanne eignet sich als Einzelbaum; die kleineren Formen sehen auch in Rabatten mit Rhododendren (*Rhododendron*, siehe S. 104–107) gut aus. Kombinieren Sie Zwergformen mit Erika (*Erica*, siehe S. 52–53) und Heidekraut (*Calluna*, siehe S. 31).

Winterhärte: Voll frosthart ***
Standort: Tiefgründiger, feuchter, durchlässiger, auch kalkhaltiger, mit Kompost angereicherter Boden in Sonne oder Halbschatten.
Pflege: Vor kalten, austrocknenden Winden schützen; Schnitt nicht erforderlich; ungleichmäßig wachsende Exemplare im Frühjahr auf 60–90 cm Höhe zurückschneiden.
Vermehrung: Stecklinge schneiden.

***Cryptomeria japonica* 'Elegans Compacta'** ♀
↕2–4 m ↔ 6 m; kegelförmiger Baum; junge Nadeln dunkelgrün, im Herbst bronzefarben (siehe Bild).

x Cupressocyparis leylandii

Leylandzypresse

DIE HÄUFIG KULTIVIERTE Leylandzypresse wird meist als Hecke oder Sichtschutz gepflanzt. Sie hat eine spitz zulaufende Wuchsform und eine weiche Rinde, die im Alter faserig wird. Die dichten Büschel schuppenartiger Nadeln sind dunkelgrün; es gibt aber auch Sorten mit goldgelben, graugrünen, bronzefarbenen und limonengrünen Nadeln. Die dunkelbraunen weiblichen Zapfen sind größer als die gelben männlichen Zapfen. Die Leylandzypresse wächst sehr schnell. Wird sie in der Jugend gut gepflegt, so bildet sie eine schöne Hecke oder kann als Solitär wachsen; wird sie jedoch vernachlässigt, so kann sie sich sehr unförmig entwickeln. Wird der Baum zu groß, dann sollte man ihn besser erneuern.

Winterhärte: Voll frosthart ***
Standort: Tiefgründiger, nährstoffreicher, durchlässiger Boden in Vollsonne oder Halbschatten.
Pflege: Als Solitär kein Schnitt erforderlich; Hecken zwei- bis dreimal im Jahr schneiden, zuletzt im Herbst, nicht bis ins alte Holz.
Vermehrung: Halb verholzte Stecklinge im Spätsommer schneiden.

× *Cupressocyparis leylandii* ♀
Oft als Hecke gepflanzter Baum, der dann mehrere Male im Jahr geschnitten werden muss, um ihn im Zaum zu halten.

CUPRESSUS

Zypresse

OB DIE SCHLANKE Echte Zypresse (*C. sempervirens*) oder die eher stattliche Monterey-Zypresse (*C. macrocarpa*), diese immergrünen Nadelbäume haben eine attraktive Säulen- oder Kegelform. Es gibt auch einige wenige Arten in Trauerform. Zypressen tragen schuppenähnliche grau- oder blaugrüne Nadeln. Die Rinde schilfert manchmal ab; die Glatte Arizona-Zypresse (*C. arizonica* var. *glabra*) hat eine glatte rötlich violette Rinde. Die weiblichen Zapfen sind klein und rund; sie bleiben jahrelang am Baum. Die männlichen Zapfen sind grün und befinden sich an den Triebspitzen. Große Zypressen sind ausgezeichnete Einzelbäume; kleinere Exemplare kann man mit anderen Koniferen oder Sträuchern gruppieren. Die Monterey-Zypresse eignet sich sehr gut als Heckenpflanze, besonders in Küstengebieten.

Winterhärte: Voll frosthart *** bis bedingt frosthart *
Standort: Trockener, durchlässiger Boden in Vollsonne.
Pflege: Vor kalten, trockenen Winden schützen; Hecken im Spätfrühling stutzen, nicht ins alte Holz schneiden; Zypressen-Brand kann Rinde, Äste, später den ganzen Baum schädigen, befallene Teile bis zum gesunden Holz entfernen.
Vermehrung: Halb verholzte Stecklinge im Spätsommer schneiden.

***Cupressus macrocarpa* 'Goldcrest'** ♀
↕ bis 5 m ↔ 2,5 m; schmal kegelförmig; flach gefurchte Rinde; dicht stehende Nadeln.

CYTISUS

Geißklee, Besenginster

DIESE SOMMERGRÜNEN Sträucher bringen im Frühjahr und Sommer üppige Schmetterlingsblüten hervor, die oft duften und einzeln oder in Büscheln erscheinen; ihre Farbe variiert von Weiß bis Gelb, Rosa und Purpurrot. Lange, flache, oft behaarte Fruchthülsen folgen. Die kleinen Blätter sind meist mittelgrün. Geißklee wächst niederliegend oder kriechend, aufrecht, überhängend oder buschig. Niedrige Arten und Sorten eignen sich für Steingärten, höhere Formen für gemischte Rabatten oder Strauchbeete. Der baumartige Silberginster (*C. battandieri*, heute *Argyrocytisus battandieri*) kann an einer Südmauer oder einem nach Süden weisenden Zaun gezogen werden, wo er geschützt wächst.

Winterhärte: Voll frosthart *** bis frostempfindlich ❀
Standort: Nährstoffreicher, durchlässiger Boden in Vollsonne; in Kalkböden werden Blätter bei manchen Arten gelb (Chlorose).
Pflege: Weniger frostharte Arten vor kalten Winden schützen; nur junge Containerware einpflanzen, da ältere Exemplare Wurzelstörung nicht vertragen; Triebe nach der Blüte auf zwei bis drei Augen einkürzen, um den Blütenansatz anzuregen; kein altes Holz wegschneiden, es wächst nicht gut nach.
Vermehrung: Stecklinge schneiden.

***Argyrocytisus battandieri* (früher *Cytisus battandieri*)** ♀
↕↔ 5 m; aufrechter Strauch; silbriges Laub; Blüten mit Ananasduft von Hoch- bis Spätsommer; braucht Schutz; **.

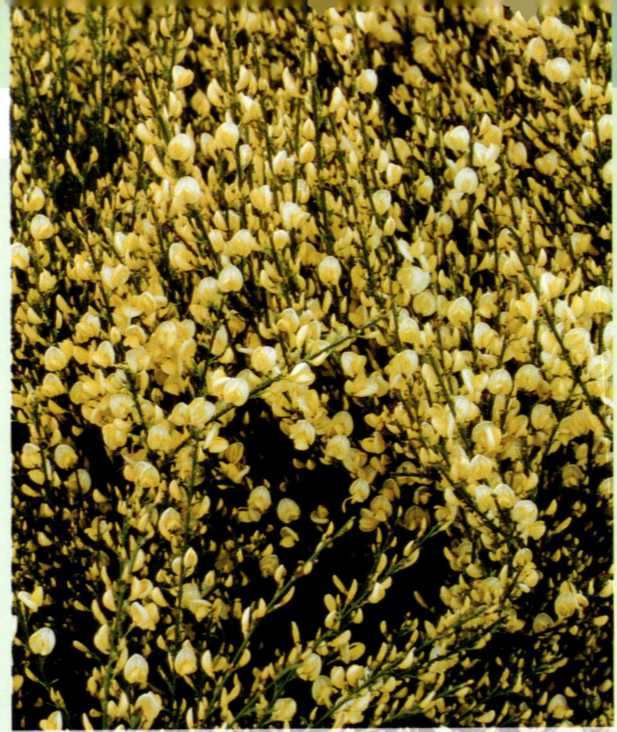

***Cytisus* × *praecox* 'Warminster'** ♀
↕ 1,2 m ↔ 1,5 m; kompakter Strauch mit überhängenden Trieben; Blüte im Hoch- bis Spätsommer; ***.

Cytisus scoparius
↕↔ 1,5 m; aufrechter Strauch mit überhängenden Trieben; üppige Blüte im Spätfrühling; ***.

Daboecia cantabrica

Irische Glanzheide

DIESER IMMERGRÜNE, HEIDEÄHNLICHE Strauch wird vor allem wegen der glockenförmigen Blüten kultiviert, die von Frühsommer bis Hochsommer erscheinen; sie sind weiß und purpurrot und größer als die von Heidekraut und Erika. Die kleinen, dünnen Blätter sind dunkelgrün. Die Arten erreichen eine Höhe von 25–40 cm und werden bis zu 65 cm breit; die Größe der Sorten variiert jedoch stark. Die Irische Glanzheide ist ein guter Bodendecker, den man rund um höhere Heidearten oder andere Säure liebende Sträucher wie Rhododendron (*Rhododendron*, siehe S. 104–107) pflanzt. Ist Ihr Gartenboden alkalisch, dann ziehen Sie diese Pflanze in Azaleenerde in Kübeln oder in einem erhöhten Beet.

Winterhärte: Voll frosthart ❄❄❄ bis bedingt frosthart ❄
Standort: Durchlässiger, saurer Boden in Vollsonne; neutraler Boden im Halbschatten wird toleriert.
Pflege: Blütentriebe jährlich im Vorfrühling oder Mitte Frühling zurückschneiden, um die Form zu erhalten; anfällig für Wurzelfäule, besonders in schweren, nassen Böden, in Tonböden zur besseren Durchlässigkeit groben Kies einarbeiten.
Vermehrung: Halb verholzte Stecklinge im Hochsommer schneiden.

Daphne

Seidelbast

DIE VERFÜHRERISCH DUFTENDEN Blüten dieser Sträucher bis Halbsträucher erscheinen oft sehr früh, manchmal auch spät im Jahr; wählen Sie den Standort daher so, dass Sie den Duft voll genießen können. Purpurroten, rosa, weißen und gelben Blüten folgen runde weiße, rosa, rote, orangefarbene oder violette Früchte. Seidelbast wächst langsam und ist meist so kompakt, dass er sogar in kleinen Gärten Platz findet. Die Wuchsform kann aufrecht, buschig oder niederliegend sein; es gibt sommergrüne, wintergrüne und immergrüne Arten, alle meist mit dunklen Blättern, die manchmal panaschiert sind. Alle Pflanzenteile sind giftig.

Winterhärte: Voll frosthart ❄❄❄ bis frosthart ❄❄
Standort: Humoser, frischer, durchlässiger, neutraler Boden in sonniger bis halbschattiger Lage.
Pflege: Verträgt Wurzelstörung nicht, daher nicht umpflanzen; jährlich mit organischem Material mulchen, um den Wurzelbereich kühl und feucht zu halten; Schnitt im Spätwinter oder Vorfrühling nur wenn unbedingt erforderlich.
Vermehrung: Aussaat nach der Samenreife im Frühbeet; Grünstecklinge im Früh- oder Hochsommer, halb verholzte Stecklinge im Spätsommer schneiden.

Daphne cneorum
↕15 cm oder mehr ↔ bis 2 m; niederliegender, immergrüner Strauch mit rosa oder weißen, stark duftenden Blüten im Spätfrühling; ❄❄❄.

***Daboecia cantabrica* 'William Buchanan'** 🏆
↕35 cm ↔ 55 cm; ❄❄.

***Daphne bholua* 'Jacqueline Postill'** 🏆
↕2–4 m ↔ 1,5 m; aufrecht; immergrün; duftende Blüten im Winter oder Vorfrühling; schwarzviolette Früchte; ❄❄❄ (Grenzwert).

***Daphne mezereum* 'Bowles' Variety'**
↕bis 2 m ↔ 1 m; starkwüchsiger, aufrechter sommergrüner Strauch; Blüte im Spätwinter oder Vorfrühling; gelbe Früchte; ❄❄❄.

Daphne laureola ssp. *philippi*
↕45 cm ↔ 60 cm; niedrig, kriechend, immergrün; leicht duftende Blüten im Spätwinter und Vorfrühling; schwarze Früchte; ❄❄❄.

Daphne mezereum
↕1,2 m ↔ 1 m; aufrechter sommergrüner Klassiker für Bauerngärten; Blüte im Spätwinter oder Vorfrühling; fleischige rote Früchte; ❄❄❄.

DAVIDIA INVOLUCRATA

Taschentuchbaum

DIESER AUSSERGEWÖHNLICH SCHÖNE Baum ist im Frühjahr mit reinweißen, unterschiedlich langen Hochblättern geschmückt. Sie umkränzen kleine Blütenstände, denen im Herbst grünlich braune Früchte folgen. Die erste Blüte erfolgt jedoch erst nach 12–15 Lebensjahren. Die Laubblätter sind bis zu 15 cm lang, oval, an der Basis herzförmig, oben spitz zulaufend. Sie haben rötliche Stiele, sind mittelgrün, stark geädert und unterseits weich behaart.

Winterhärte: Voll frosthart ❄❄❄; im Jugendstadium frostgefährdet.
Standort: Nährstoffreicher, durchlässiger, aber Feuchtigkeit speichernder Boden in Sonne oder Halbschatten.
Pflege: Vor starken, kalten Winden schützen; ungleichmäßig wachsende Triebe an jungen Bäumen im Spätwinter oder Vorfrühling zurückschneiden.
Vermehrung: Ganze reife Früchte in Töpfe setzen, Keimdauer im Freien mindestens zwei Winter; Steckhölzer im Winter schneiden.

Davidia involucrata
↕15 m ↔ 10 m; dieser Baum braucht viel Platz, um eine schöne Form zu entwickeln und gut zur Geltung zu kommen.

DEUTZIA

Deutzie

↕↔ bis 3 m

BÜSCHEL STERNFÖRMIGER weißer oder rosa Blüten schmücken diese sommergrünen Sträucher von Mitte Frühling bis Hochsommer; die Blüten der Zierlichen Deutzie (*D. gracilis*) und der Rauen Deutzie (*D. scabra*) duften. Die Blätter sind meist oval, manchmal weidenähnlich. Die hohen Formen sind gute Solitäre, im Alter oft mit abschilfernder Rinde. In kühleren Regionen sollten weniger frostharte Formen zwischen anderen Bäumen und Sträuchern oder an einer warmen Mauer wachsen. Pflanzen Sie Deutzien neben Sträucher wie Pfeifenstrauch (*Philadelphus*, siehe S. 93) und Weigelie (*Weigelia*, siehe S. 128).

Winterhärte: Voll frosthart ❄❄❄ bis frosthart ❄❄
Standort: Humusreicher, frischer Boden in vollsonniger bis halbschattiger Lage.
Pflege: Blütentriebe bis zu kräftigen Augen oder darunter liegenden jungen Triebe zurückschneiden; einen von drei oder vier alten Ästen herausnehmen, um Neuaustrieb und Blütenansatz zu fördern.
Vermehrung: Aussaat im Herbst in Töpfen im Frühbeet; Grünstecklinge im Sommer, Steckhölzer im Herbst schneiden.

① *Deutzia gracilis* ↕↔ 1 m; ❄❄❄ ② *D.* × *hybrida* 'Mont Rose' 🏆 ↕↔ 1–2 m; ❄❄❄ ③ *D. ningpoensis* 🏆 ↕↔ 2 m; ❄❄❄ ④ *D. scabra* ↕3 m ↔ 2m; ❄❄❄.

Dipelta

Doppelschild

Diese aufrechten oder überhängenden sommergrünen Bäume und Sträucher blühen von Spätfrühling bis Frühsommer; Büschel weißer oder rosafarbener, duftender Röhrenblüten stehen an den Triebspitzen und Blattknoten. Die papierartigen Hochblätter unter den Blüten vergrößern sich nach der Blüte und umhüllen die Früchte. Schmale, spitze, blass- bis mittelgrüne Blätter und die hellbraune, abschilfernde Rinde sind weitere Attraktionen. Diese in China heimischen Pflanzen eignen sich für Strauchbeete oder als Solitäre und lassen sich mit Flieder (*Syringa*, siehe S. 121) und Zierjohannisbeeren (*Ribes*, siehe S. 109) kombinieren. Das Doppelschild ist nicht überall erhältlich; da die Kultur aber einfach ist, lohnt sich die Suche.

Winterhärte: Voll frosthart ❄❄❄
Standort: Nährstoffreicher, durchlässiger, vorzugsweise alkalischer Boden in Sonne oder Halbschatten.
Pflege: Blütentriebe nach der Blüte auf kräftige Augen zurückschneiden; bei ausgewachsenen Pflanzen jeden dritten oder vierten alten Trieb herausnehmen, um den Neuaustrieb zu fördern.
Vermehrung: Aussaat im Herbst oder Frühjahr im Saatbeet; Grünstecklinge im Sommer schneiden.

Dipelta floribunda ♀
↕↔ 4 m; aufrechter Baum; Blüte im Spätfrühling und Frühsommer; verträgt sehr karge Böden.

Disanthus cercidifolius

Doppelblüte

Leuchtende Herbstfarben in Gelb, Orange, Rot und Purpur, oft alle Töne gleichzeitig, sind die Hauptattraktion der Doppelblüte. Die runden Blätter ähneln denen des Judasbaums (*Cercis*, siehe S. 38), aber die Blüten sehen völlig anders aus. Sie bildet Mitte des Herbstes kleine, leicht duftende, spinnenartige, leuchtend rosarote Blüten. Dieser Strauch ist ursprünglich in Gebirgs- und Waldregionen heimisch und die ideale Wahl für eine Waldlandschaft. Für eine prächtiges Herbstschauspiel mit kontrastierenden Blattformen können Sie ihn mit Ahornarten (*Acer*, siehe S. 18–19) kombinieren.

Winterhärte: Voll frosthart ❄❄❄; späte Fröste können junge Triebe beschädigen.
Standort: Durchlässiger, kalkfreier, mit organischem Material angereicherter Boden in Sonne oder Halbschatten.
Pflege: Vor starken, kalten Winden schützen; leichter Rückschnitt nach der Blüte; nur sich überkreuzende Triebe entfernen.
Vermehrung: Aussaat im Herbst oder Frühjahr im Saatbeet; niedrige Triebe im Herbst als Absenker verwenden.

Disanthus cercidifolius ♀
↕↔ 3 m; die Blätter sind blaugrün, bevor sie diese leuchtenden Herbstfarben annehmen.

Elaeagnus

Ölweide

Diese immer- bzw. sommergrünen Sträucher sind robust, schnellwüchsig und halten die Winde der Küstengebiete aus. Sie tragen dekorative, lanzettliche bis ovale Blätter, die einfarbig grün oder silbrig, aber auch silbern oder goldgelb panaschiert sein können. Zusätzlich schmücken sie im Sommer oder Herbst kleine Büschel glockenförmiger, manchmal stark duftender Blüten, gelegentlich gefolgt von kleinen Früchten. Immergrüne Ölweiden sind gute Heckenpflanzen; die buntblättrigen Formen hellen düstere Rabatten auf, wenn sie einzeln gepflanzt werden.

Winterhärte: Voll frosthart ❄❄❄
Standort: Nährstoffreicher, durchlässiger Boden in vollsonniger bis halbschattiger Lage (immergrüne Arten); trockene Böden werden vertragen; auf Kalkböden können die Blätter gelb werden.
Pflege: Sommergrüne Pflanzen im Spätwinter oder Vorfrühling, immergrüne im Frühling (Mitte oder spät) zurückschneiden; sich überkreuzende Triebe entfernen; Hecken im Spätsommer stutzen; bei panaschierten Formen zu Grün zurückgeschlagene Triebe herausschneiden.
Vermehrung: Grünstecklinge im Spätfrühling oder Frühsommer schneiden; bei sommergrünen Arten halb verholzte Stecklinge im Spätsommer schneiden.

***Elaeagnus × ebbingei* 'Gilt Edge'** ♀
↕↔ 4 m; dichter, rundlicher bis ausladender immergrüner Strauch; Blätter unterseits silbrig geschuppt; cremeweiße Blüten im Herbst.

Elaeagnus pungens 'Maculata'
↕4 m ↔ 5 m; dichter, leicht bedornter immergrüner Strauch; hängende silbrig weiße Blüten im Herbst; braune, später rote Früchte.

Elaeagnus 'Quicksilver' 🏆
↕↔ 4 m; schnellwüchsiger sommergrüner Strauch; Blüte im Sommer; gelbe Früchte im Herbst.

Embothrium coccineum

Chilenischer Flammenbusch

DIESER IMMERGRÜNE BAUM und seine Sorten sehen prächtig aus, wenn sie in Blüte stehen. Sie wachsen aufrecht und reich verzweigt oder kriechend und können in milden Regionen sehr schnell zulegen. Die leuchtend roten Blüten erscheinen im Spätfrühling und Frühsommer in dichten Büscheln. Die schmal lanzettlichen Blätter werden bis zu 13 cm lang. In kühleren Gebieten fühlen sich die Pflanzen an einer warmen Mauer oder an einer geschützten Stelle, z. B. in einem Waldgarten in einer sonnigen Lichtung, am wohlsten. In Regionen mit wenig Frost gedeihen sie auch in offeneren Lagen und eignen sich als Einzelbäume, besonders die etwas frosthärtere Sorte 'Norquinco'.

Winterhärte: Voll frosthart ❄❄❄ (Grenzwert) bis frosthart ❄❄
Standort: Nährstoffreicher, neutraler bis saurer, mit Kompost angereicherter Boden in Vollsonne oder Halbschatten.
Pflege: Sich überkreuzende Triebe im Spätwinter oder Vorfrühling zurückschneiden, um die Form zu erhalten.
Vermehrung: Aussaat im Frühjahr bei 13–16 °C; Grünstecklinge im Frühsommer, halb verholzte Stecklinge im Hoch- bis Spätsommer schneiden; Wurzelschnittlinge oder bewurzelte Ausläufer im Winter.

Embothrium coccineum
↕10 m ↔ 5 m oder mehr; ❄❄.

Enkianthus

Prachtglocke

HÄNGENDE BLÜTENSTÄNDE und reich gefärbtes Herbstlaub rücken diese Pflanzen zweimal im Jahr in den Vordergrund. Die kleine Gattung umfasst Laub abwerfende Sträucher und Bäume. Die kleinen, zarten Blüten erscheinen von Mitte Frühling bis Frühsommer in Doldentrauben an den Enden der Äste. Die maiglöckchenähnlichen, bauchigen Blüten sind reinweiß, cremefarben, rosa oder tief purpurrot mit kontrastierender Äderung. Die auffällige Herbstfärbung variiert je nach Art. Die Glockige Prachtglocke (*E. campanulatus*) leuchtet in allen Schattierungen von Gelb bis Rot; die Früh blühende Prachtglocke (*E. perulatus*) zeigt ein brillantes Scharlachrot, und die Rote Nickende Prachtglocke (*E. cernuus* var. *rubens*) ist rötlich violett überhaucht. Sie sind ausgezeichnete Solitäre für Waldgärten.

Winterhärte: Voll frosthart ❄❄❄
Standort: Kalkfreier, feuchter, durchlässiger, leichter Humusboden in sonniger bis halbschattiger Lage.
Pflege: Im Spätwinter oder zeitigen Frühjahr nur störende Äste entfernen.
Vermehrung: Aussaat im Spätwinter/zeitigen Frühjahr bei 18–21 °C; halb verholzte Stecklinge im Sommer schneiden; Absenker im Herbst.

① *Enkanthius campanulatus* 🏆 ↕↔ 4–5 m ② *E. cernuus* var. *rubens* 🏆 ↕↔ 2,5 m ③ *E. deflexus* ↕2,5–4 m ↔ 3 m ④ *E. perulatus* 🏆 ↕↔ bis 2 m.

ERICA

Erika, Heide, Glockenheide

ERIKEN SIND IMMERGRÜNE PFLANZEN, die Massen von winzigen, gewöhnlich glockenförmigen Blüten in Rot und Rosa bis Weiß, manchmal auch zweifarbig, bilden. Bei manchen Sorten sind die kleinen Blättchen in dichten Quirlen hellgrün, goldgelb oder bronzefarben gefärbt, sodass sich bei richtiger Sortenwahl das ganze Jahr ein schöner Anblick bietet. Niederliegende Arten sind gute Bodendecker, während sich höhere, aufrechte Formen wie die Baum-Heide (*E. arborea*) als Solitärpflanzen für Rabatten eignen. Die mit Heidekraut (*Calluna*, siehe S. 31) verwandten Gewächse besiedeln in der Natur vor allem Moore, gedeihen aber auch unter anderen Bedingungen.

Winterhärte: Voll frosthart ❄❄❄ bis frosthart ❄❄

Standort: Durchlässiger, saurer Boden in offener, sonniger Lage; einige Winter- und Frühlingsblüher wie *E. carnea* und *E. × darleyensis* und Sommerblüher wie *E. terminalis* und *E. vagans* vertragen leicht kalkhaltige Böden.

Pflege: Blütentriebe nach der Blüte 2,5 cm ins alte Holz zurückschneiden; bei höheren Arten die Triebe im Frühjahr auf zwei oder drei Augen oder bis zum Haupttrieb zurückschneiden; unter warmen und feuchten Bedingungen anfällig für Rostpilze, dann Bodendurchlässigkeit verbessern.

Vermehrung: Ableger (siehe unten); Kopfstecklinge im Sommer schneiden.

Heide im Garten

***Eriken sind beliebte** Pflanzen, da sie im Garten das ganze Jahr über für Farbe und einen schönen Anblick sorgen. Außer einem leichten jährlichen Schnitt nach der Blüte brauchen sie kaum Aufmerksamkeit. Sie können Beete nur mit unterschiedlich blühenden Sorten bepflanzen oder sie mit Zwergkoniferen wie Wacholder (Juniperus, siehe S. 76–77) und Rhododendren (Rhododendron, siehe S. 104–107) kombinieren. Wenn Ihr Gartenboden kalkhaltig ist, können Sie Heide in kalkfreier Azaleenerde auf einem erhöhten Beet oder in einem großen Topf ziehen.*

Einfache Vermehrungsmöglichkeiten

***Ableger** Die Triebe von Erika und Heidekraut bewurzeln sich leicht, sodass eine Vermehrung durch Ableger viel einfacher ist als über Stecklinge. Ziehen Sie im Herbst um die Pflanze herum eine flachen Mulde, die Sie mit einem Gemisch aus wenig Sand und Laubkompost füllen, um die Bewurzelung zu fördern. Biegen Sie gesunde Triebe nach unten, und bedecken Sie sie mit dem Erdgemisch. Befestigen Sie die Triebe mit Drahthaken oder mit einem Stein. Die Triebe müssen nicht eingeschnitten werden. Trennen Sie im folgenden Jahr die bewurzelten Triebe ab, und pflanzen Sie sie wieder ein.*

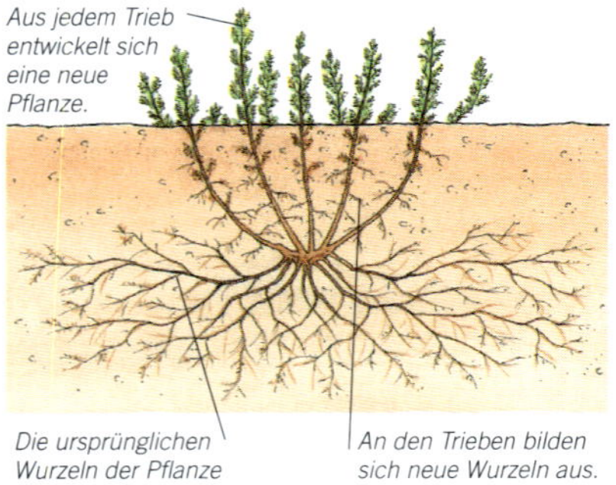

***Abrissvermehrung** Heben Sie im Frühjahr ein großes Loch aus, in dem sowohl die Wurzeln als auch etwa zwei Drittel des Sprosses Platz haben. Graben Sie eine ausgewachsene Pflanze aus, setzen Sie sie in das Loch, und füllen Sie ein Gemisch aus gleichen Teilen Kies und kalkfreier Erde ein. Ordnen Sie die Triebe in Reihen oder am Rand des Loches an, um das Jäten von Unkraut zu erleichtern. In Trockenzeiten wird ausgiebig gegossen. Im Herbst sollten die eingegrabenen Triebe Wurzeln ausgebildet haben. Holen Sie die Pflanze heraus, trennen Sie die bewurzelten Triebe von der Mutterpflanze ab, und topfen Sie sie ein.*

① *Erica arborea* var. *alpina* 🏆 ↕2 m ↔85 cm ② *E. carnea* 'Ann Sparkes' 🏆 ↕15 cm ↔25 cm ③ *E. carnea* 'December Red' ↕15 cm ↔45 cm ④ *E. carnea* 'Eileen Porter' ↕↔20 cm ⑤ *E. carnea* 'Foxhollow' 🏆 ↕15 cm ↔40 cm ⑥ *E. carnea* 'Springwood White' 🏆 ↕15 cm ↔45 cm ⑦ *E. carnea* 'Vivellii' 🏆 ↕15 cm ↔35 cm ⑧ *E. ciliaris* 'David McClintock' ↕40 cm ↔45 cm ⑨ *E. ciliaris* 'White Wings' ↕15 cm ↔45 cm ⑩ *E. cinerea* 'C.D. Eason' 🏆 ↕25 cm

↔ 50 cm ⑪ *E. cinerea* 'Eden Valley' ♕ ↕20 cm ↔ 50 cm ⑫ *E. cinerea* 'Fiddler's Gold' ♕ ↕25 cm ↔ 45 cm ⑬ *E. cinerea* 'Hookstone White' ♕ ↕35 cm ↔ 65 cm ⑭ *E. cinerea* 'Purple Beauty' ↕30 cm ↔ 55 cm ⑮ *E. cinerea* 'Windlebrooke' ♕ ↕15 cm ↔ 45 cm ⑯ *C.* × *darleyensis* 'Jenny Porter' ♕ ↕30 cm ↔ 60 cm ⑰ *C.* × *darleyensis* 'White Glow' ↕25 cm ↔ 50 cm ⑱ *E. erigena* 'Golden Lady' ♕ ↕30 cm ↔ 40 cm ⑲ *E. tetralix* 'Alba Mollis' ♕ ↕20 cm ↔ 30 cm

⑳ *E. vagans* 'Birch Glow' ♕ ↕30 cm ↔ 50 cm ㉑ *E. vagans* 'Lyonesse' ♕ ↕25 cm ↔ 50 cm ㉒ *E. vagans* 'Mrs D. F. Maxwell' ♕ ↕30 cm ↔ 45 cm ㉓ *E. vagans* 'Valerie Proudley' ♕ ↕15 cm ↔ 30 cm ㉔ *E.* × *williamsii* 'P.D. Williams' ♕ ↕30 cm ↔ 45 cm.

Escallonia

Andenstrauch, Escallonie

Glänzendes immergrünes Laub und eine Fülle von Blüten sind die Hauptattraktion dieser Bäume und Sträucher. Die röhren- oder tellerförmigen Blüten in Weiß, Rosa oder Rot zieren die Pflanzen vor allem im Sommer. Die anspruchslosen Gehölze sind relativ schnellwüchsig und vertragen Trockenheit. Sie werden häufig als robuste, windbeständige Hecken gepflanzt, sehen aber auch frei stehend in Rabatten gut aus. Andensträucher eignen sich für Küstengebiete, da die salzigen Winde den ledrigen Blättern nicht schaden können. Kombinieren Sie sie mit anderen robusten Sträuchern wie Perückenstrauch (*Cotinus*, siehe S. 44), Flieder (*Syringa*, siehe S. 121), Johanniskraut (*Hypericum*, siehe S. 74) und Fingerkraut (*Potentilla*, siehe S. 99).

Winterhärte: Voll frosthart ❄❄❄ bis bedingt frosthart ❄
Standort: Nährstoffreicher, durchlässiger Boden in Vollsonne.
Pflege: Vor kalten, trockenen Winden schützen; empfindlichere Arten an einer Mauer ziehen; im Frühling (Mitte oder spät) leichter Pflegeschnitt; Heckenschnitt nach der Blüte.
Vermehrung: Grünstecklinge im Frühsommer, halb verholzte Stecklinge im Spätsommer, Steckhölzer von Spätsommer bis Winter schneiden.

***Escallonia* 'Apple Blossom'** 🏆
↕↔ 2,5 m; kompakter Busch; langsamwüchsig; Blüte im Früh- und Hochsommer; für Hecken geeignet; ❄❄.

***Escallonia* 'Langleyensis'** 🏆
↕ 2 m ↔ 3 m; überhängender immer- bis wintergrüner Strauch; Blüte im Früh- und Hochsommer; ❄❄❄.

***Escallonia* 'Pride of Donard'** 🏆
↕ 1,5 m ↔ 2,5 m; kompakter, aufrechter Strauch (kleines Bild); Blüten größer als üblich, erscheinen im Früh- bis Hochsommer; für Hecken geeignet; ❄❄.

***Escallonia rubra* 'Woodside'**
↕ 75 cm ↔ 150 cm; Zwergform; Blüte von Sommer bis Frühherbst; übermäßig wachsende Triebe sofort entfernen; ❄❄❄.

EUCALYPTUS

Eukalyptus

DIESE BÄUME und Sträucher werden wegen ihrer schönen, oft aromatischen immergrünen Blätter und der dekorativen Rinde kultiviert. Das Laub ist gewöhnlich mittel- oder graugrün und ledrig. Die jungen Blätter sind besonders attraktiv und sehen beim Moosgummi-Eukalyptus (*E. gunnii*) wie silberblaue Münzen aus. Diesen Anblick kann man durch jährlichen radikalen Rückschnitt erhalten. An älteren Bäumen werden sie länger und hängen herab. Kleine Blütenbüschel ohne Kronblätter erscheinen im Sommer und können weiß, cremegelb oder rot sein. Die Rinde ist glatt und bei manchen Arten weiß, bei anderen grün oder lohfarben geschuppt oder gestreift. Als Einzelbäume wachsen sie sehr schnell und brauchen viel Platz.

Winterhärte: Voll frosthart ❄❄❄ bis frostempfindlich ❄
Standort: Nährstoffreicher, neutraler bis leicht saurer, nicht austrocknender Boden in Vollsonne.
Pflege: Vor kalten Winden schützen; störende Äste im Spätwinter oder zeitigen Frühjahr zurückschneiden; um eine strauchige Wuchsform zu erhalten, auf zwei bis drei Augen über dem Grund einkürzen (siehe kleines Bild unten rechts).
Vermehrung: Aussaat im Frühjahr oder Sommer bei 13–18 °C.

Eucalyptus dalrympleana 🏆
↕20 m ↔ 8 m; starkwüchsiger Baum; blaugrüne neue Blätter; Blüte von Spätsommer bis Herbst; verträgt Kalkboden; ❄❄❄ (Grenzwert).

EUCRYPHIA

Scheinulme, Eucryphie

↕bis 15 m
↔bis 8 m

DIESE KLEINE GATTUNG umfasst meist immergrüne, säulenförmige Bäume und Sträucher, die nach einigen Jahren im Sommer und Frühherbst blühen. Die schönen, oft duftenden Blüten sind weiß, gelegentlich rosa oder rosa umsäumt und tragen eine Fülle auffallender Staubblätter. Die Blätter sind ledrig, gewöhnlich oval, können sich aber auch aus schmalen Fiederblättchen zusammensetzen. Scheinulmen sehen als Einzelbäume prächtig aus und können in geschützter Lage als Blütenhecke gepflanzt werden.

Winterhärte: Voll frosthart ❄❄❄ bis frosthart ❄❄
Standort: Nährstoffreicher, feuchter, durchlässiger, neutraler bis saurer Boden; *E.* × *nymanensis* verträgt alkalische Böden; Fuß beschatten, Laub in vollsonniger Lage.
Pflege: In kalten Regionen vor kalten, trockenen Winden schützen; bei kleinen Pflanzen Abgeblühtes entfernen; sich überkreuzende Äste oder totes Holz im Spätwinter oder Vorfrühling herausschneiden; Pflegeschnitt im Frühling (Mitte oder spät), bei *E. lucida* nach der Blüte; bei radikalem Rückschnitt entwickeln sich keine Blüten.
Vermehrung: Halb verholzte Stecklinge im Sommer schneiden; neue Pflanzen frostfrei überwintern.

Eucalyptus gunnii 🏆
↕10–25 m ↔ 6–15 m; Blüte im Sommer oder Herbst (siehe kleines Bild); Rinde schilfert im Spätsommer ab; ❄❄❄ (Grenzwert).

FÜR EINE Strauchform, besonders bei *E. gunnii* und *E. pauciflora* ssp. *niphophila*, jedes Frühjahr alle Triebe auf 2-3 Augen zurückschneiden.

Eucalyptus pauciflora ssp. *niphophila* 🏆
↕6 m ↔ 6–15 m; langsamwüchsig; Blüte von Spätfrühling bis Sommer; Rinde schilfert von Spätsommer bis Herbst ab; ❄❄❄.

Eucryphia glutinosa 🏆
↕10 m ↔ 6 m; immergrüner Baum oder Strauch; Blüte Hoch- bis Spätsommer; verträgt exponierte Lagen; ❄❄❄.

EUONYMUS

Spindelstrauch, Pfaffenhütchen

DAS BUNTE LAUB ist das charakteristische Merkmal dieser großen Gattung von Sträuchern und Bäumen. Sommergrüne Arten tragen glühendes Herbstlaub und dekorative geteilte Früchte, während die meisten Immergrünen leuchtend panaschiert sind und das ganze Jahr über Farbe in den Garten bringen. Die Blätter sind unterschiedlich geformt, aber meist breit oval. Kleine Büschel purpurroter oder rotbrauner Blüten erscheinen im Spätfrühling oder Sommer. Immergrüne Arten eignen sich für Rabatten, Hecken oder als Bodendecker. Manche Formen der Kriechspindel (*E. fortunei*) ranken empor, wenn sie an Mauern wachsen. Die Früchte der meisten Arten enthalten starke Giftstoffe.

Winterhärte: Voll frosthart ✻✻✻ bis frosthart ✻✻
Standort: Durchlässige Böden in Vollsonne (panaschierte Formen) bis Halbschatten; sommergrüne Arten vertragen mehr Trockenheit.
Pflege: Immergrüne vor kalten Winden schützen; Rückschnitt sommergrüner Formen bei Bedarf im Spätwinter oder zeitigen Frühjahr, bei immergrünen Formen nach der Blüte.
Vermehrung: Aussaat nach der Samenreife in Töpfen im Frühbeet; bei sommergrünen Arten Grünstecklinge, bei immergrünen halb verholzte Stecklinge im Sommer schneiden.

NICHT PANASCHIERTE TRIEBE sollte man entfernen, sobald sie erscheinen. Die reingrünen Triebe sind besonders wüchsig und nehmen bald überhand.

Euonymus fortunei 'Emerald 'n' Gold' 🏆
↕60 cm ↔ 90 cm; dicht, buschig, immergrün; Blätter golden umsäumt, im Winter rosa; weiße Früchte, orangefarbene Samen; ✻✻✻.

Euonymus fortunei 'Silver Queen'
↕2,5 m ↔ 1,5 m; aufrechter immergrüner Strauch; gelegentlich hellgrüne Blüten und rosa Früchte; rankt an Kletterhilfe; ✻✻✻.

Euonymus alatus 🏆
↕2 m ↔ 3 m; dichter sommergrüner Strauch; ziegelrote Früchte mit orangefarbenen Samen; dunkelgrünes Laub bis Herbst; ✻✻✻.

Euonymus japonicus 'Ovatus Aureus' 🏆
↕4 m ↔ 2 m; langsamwüchsiger immergrünes Gehölz; für Hecken geeignet; Früchte selten; Laub schlägt oft nach Grün zurück; ✻✻.

Euonymus oxyphyllus
↕2,5 m oder mehr ↔ 2,5 m; aufrechte, langsamwüchsige sommergrüne Art; im Sommer mattgrüne Blätter; ✻✻✻.

Euphorbia

Wolfsmilch

Siehe auch S. 242–243.

DIESE GROSSE GATTUNG umfasst sehr unterschiedliche Arten, von denen nur sehr wenige immergrüne Sträucher und Bäume sind. Diese werden wegen ihres eindrucksvollen Laubs und der charakteristischen Blütenstände kultiviert. Die Blätter sind meist schmal und lanzettlich, bei der Palisaden-Wolfsmilch (*E. characias*) blaugrün. *E.* × *martini* trägt rosa übertönte junge Blätter an rot gefärbten Trieben; ihre im Frühjahr und Sommer erscheinenden langlebigen Blüten sind gelbgrün mit dunkelroten Nektardrüsen. Die Blüten von *E. mellifera* sind braun und duften nach Honig. Wolfsmilch eignet sich für Küstengärten. Der Kontakt mit dem giftigen Milchsaft kann die Haut reizen, daher bei der Pflege und der Vermehrung unbedingt Handschuhe tragen.

Winterhärte: Voll frosthart ❄❄❄ bis frosthart ❄❄
Standort: Durchlässiger Boden in Vollsonne; in schwere Böden Kies einarbeiten, um die Durchlässigkeit zu verbessern.
Pflege: Empfindlichere Arten im Winter mit Reisig abdecken.
Vermehrung: Grünstecklinge im Frühjahr/Frühsommer schneiden, Enden in lauwarmes Wasser tauchen, damit der Milchsaft auslaufen kann.

***Euphorbia characias* 'John Tomlinson'** ♛
↕↔ 1,2 m; aufrecht; riesige, schwere Blütenstände von Vorfrühling bis Frühsommer, werden fast rund; ❄❄.

Exochorda

Blumenspiere

↕↔ 2–4 m

AUFFÄLLIGE REINWEISSE Blüten zieren im Frühjahr und Sommer die Äste dieser Sträucher, und so heißt auch die besonders reich blühende, beliebteste Sorte 'The Bride' (»die Braut«). Alle Arten sind sommergrün, haben eine attraktive überhängende Form und sehen neben anderen Sträuchern in einer Rabatte genauso eindrucksvoll aus wie in Einzelstellung. Sie blühen etwa um die gleiche Zeit oder etwas später als Magnolien (*Magnolia*, siehe S. 86), und ihre Blüten sind weniger frostanfällig; dadurch bieten sie in frostgefährdeten Gebieten, in denen die Magnolienblüten leiden würden, eine gute Alternative.

Winterhärte: Voll frosthart ❄❄❄
Standort: Jeder nährstoffreiche, feuchte, durchlässige, jedoch unbedingt kalkarme Boden, da die Blätter sonst vergilben; Vollsonne oder Halbschatten.
Pflege: Blütentriebe nach der Blüte bis auf kräftige Augen oder darunter liegende junge Triebe zurückschneiden; an älteren Pflanzen jährlich jeden dritten bis vierten Ast herausschneiden, um den Neuaustrieb zu fördern.
Vermehrung: Grünstecklinge im Sommer schneiden.

***Exochorda* × *macrantha* 'The Bride'** ♛
↕ 2 m ↔ 3 m; kompakter, überhängender, Hügel bildender Strauch mit duftenden Blüten im Spätfrühling und Frühsommer.

Fagus

Buche

DIESE STATTLICHEN, Laub abwerfenden Bäume werden vor allem wegen des schönen Laubs kultiviert. Sie sind groß und ausladend und tragen am Rand gewellte oder gezähnte Blätter, die sich bei den meisten Arten im Frühjahr hellgrün entfalten, später dunkelgrün werden und sich im Herbst zartgelb oder rostbraun verfärben; es gibt auch Buchen mit prächtigem Herbstlaub in dunklen Purpur- oder Kupfertönen. Alle Arten ergeben ausgezeichnete Einzelbäume für große Gärten. Die Rot-Buche (*F. sylvatica*) ist auch als Hecke beliebt; wird sie gestutzt, verbleiben die braunen Blätter an der Pflanze. Für kleinere Gärten eignen sich schmale oder kompakte Formen wie 'Purpurea Pendula', deren Äste oft bis zum Boden herabhängen.

Winterhärte: Voll frosthart ❄❄❄; *F. grandifolia* gedeiht nur in Klimaten mit langen, warmen Sommern.
Standort: Jeder durchlässige Boden, auch Kalkboden, in Sonne oder Halbschatten; purpurblättrige Formen entwickeln sich am besten bei Vollsonne.
Pflege: Störende Äste im Spätwinter oder Vorfrühling entfernen; Rot-Buchen-Hecken im Hoch- bis Spätsommer schneiden.
Vermehrung: Aussaat im Herbst oder Frühjahr im Saatbeet.

***Fagus sylvatica* 'Dawyck Purple'** ♛
↕ 20 m ↔ 5 m; besonders schöne purpurblättrige Sorte; eine der schmalsten Säulenformen.

FATSIA JAPONICA
Zimmeraralie

DIE GROSSEN, GLÄNZEND grünen Blätter dieser immergrünen, ausladenden Sträucher eignen sich sehr gut für einen dschungelartigen Garten und bilden einen aufregenden Kontrast zu Pflanzen mit federigem Laub wie Farne (siehe S. 356–365). Die Zimmeraralie ist eine ausgezeichnete Strukturpflanze für schattige Rabatten, besonders in Stadtgärten, da sie rauchhart ist, und auch in Küstengärten, da die ledrigen Blätter die salzige Seeluft gut vertragen. Breite, aufrechte Büschel rundlicher cremeweißer Blütenstände erscheinen im Herbst, gefolgt von kleinen, runden schwarzen Früchte, die nicht genießbar sind. Es gibt auch panaschierte Sorten, die nicht sehr frosthart sind.

Winterhärte: Frosthart ❄❄
Standort: Jeder nährstoffreiche, feuchte, durchlässige Boden in Vollsonne oder Halbschatten.
Pflege: Vor kalten Winden schützen, Triebe werden sonst schwarz und sterben ab; leichter Pflegeschnitt im Frühling (Mitte oder spät); welke Blütenstände entfernen, wenn Samen nicht erwünscht sind.
Vermehrung: Aussaat im Herbst oder Frühjahr bei 15–21 °C; Grünstecklinge im Früh- oder Hochsommer schneiden.

Fatsia japonica 🏆
↕↔ 1,5–4 m; die Blätter haben einen Durchmesser von 15–40 cm Durchmesser.

FICUS CARICA
Echter Feigenbaum

IM GEGENSATZ zu anderen Ficus-Arten ist der Echte Feigenbaum frosthart. Er kann in wintermilden Gebieten als Einzelbaum frei stehend wachsen, bedeckt aber rasch große Flächen, wenn er an einer Mauer gezogen wird. Das dekorative sommergrüne Laub bildet die Hauptattraktion. Die jungen essbaren Früchte sind grün, reifen nach einem zweiten langen und heißen Sommer zu dunkelgrünen, violetten oder dunkelbraunen Feigen heran. Die Blätter können bei Sonnenlicht Hautausschlag verursachen.

Winterhärte: Frosthart ❄❄❄; verträgt kurzfristig Temperaturen bis etwa –15 °C.
Standort: Feuchter, durchlässiger, mit organischem Material angereicherter Boden in Vollsonne oder Halbschatten.
Pflege: Vor kalten, trockenen Winden schützen; Wurzeln im Kübel oder mit einer Wurzelsperre begrenzen, um Fruchtbildung zu fördern; neue Triebe von an Mauern wachsenden Pflanzen regelmäßig aufbinden; störende Triebe im Spätwinter oder Vorfrühling herausschneiden; im Herbst größere grüne Früchte an den Haupttrieben entfernen, damit die kleineren im nächsten Jahr voll ausreifen können; Früchte mit Vlies vor kalten Winden und Frösten schützen; reife Früchte werden von Wespen befallen.

Ficus carica
Die ledrigen Blätter können einen Durchmesser von 24 cm erreichen und vertragen salzige Luft ziemlich gut.

FORSYTHIA
Forsythie

LEUCHTEND GOLDGELBE BLÜTEN zieren diese zuverlässigen sommergrünen Sträucher jeden Frühling bzw. manchmal schon im Spätwinter, egal welches Wetter auch herrschen mag. Die Blüten erscheinen einzeln oder in kleinen Büscheln entlang der Triebe, bevor sich die Blätter entwickeln. Die meisten Forsythien sind mittelhohe, buschige oder aufrechte Sträucher. Diese vielseitigen Gehölze können frei stehend oder an Mauern bzw. Zäunen wachsen; die Garten-Forsythie (*Forsythia × intermedia*) eignet sich auch als Heckenpflanze. Forsythien lassen sich mit rot blühenden Blut-Johannisbeeren (*Ribes*, siehe S. 109) zu einem klassischen Frühlingsarrangement kombinieren.

Winterhärte: Voll frosthart ❄❄❄
Standort: Fruchtbarer, durchlässiger Boden in Vollsonne oder Halbschatten.
Pflege: Für eine anhaltend üppige Blüte alle drei bis vier Jahre nach der Blüte überalterte, nur noch schwach blühende Triebe bodennah entfernen oder auf jüngere Seitentriebe zurücksetzen; Heckenschnitt im Sommer; Vögel fressen oft an Blütenknospen.
Vermehrung: Steckhölzer im Herbst oder Winter schneiden; Absenker.

Forsythia suspensa
↕↔ 3 m; aufrecht oder überhängend; Blätter mittel- bis dunkelgrün; Blüte im Vor- und Mitte Frühling; verträgt Nord- oder Ostmauern.

Forsythia × *intermedia* 'Lynwood' 🏆
↕↔ 3 m; buschige Wuchsform; stark gezähnte Blätter; Blütendurchmesser 2,5–3,5 cm, Blüte im Vorfrühling oder Mitte Frühling.

Fothergilla
Federbuschstrauch

Diese sommergrünen, niederwüchsigen Sträucher werden wegen ihrer flaschenbürstenartigen, duftenden, blütenblattlosen Blütenstände kultiviert, die vor den Blättern erscheinen. Sie tragen attraktive dunkelgrüne, gezähnte Blätter, die sich im Herbst leuchtend rot, orange und goldgelb verfärben. Der Erlenblättrige Federbuschstrauch (*F. gardenii*) ist die kleinere Art und bildet einen dichten Strauch von 1 m Höhe und Breite, der im Frühjahr blüht. Der langsamwüchsige Große Federbuschstrauch (*F. major*) ist ein aufrechter Strauch mit glänzenderen Blättern; die Blüten sind gelegentlich rosa übertönt.

Winterhärte: Voll frosthart ***
Standort: Feuchter, aber durchlässiger, saurer, mit Kompost angereicherter Boden in Vollsonne (mehr Blüten und schönere Herbstfarben) oder Halbschatten.
Pflege: Störende Triebe im Spätwinter oder Vorfrühling nur bei Bedarf herausschneiden.
Vermehrung: Aussaat im Herbst oder Winter in Töpfen, Keimdauer bis zu zwei Jahre; Grünstecklinge schneiden; Absenker.

Fothergilla major 🏆
↕2,5 m ↔ 2 m; Blüte im Spätfrühling und Frühsommer; in trockenen Wäldern und an felsigen Flussufern heimisch.

Fraxinus
Esche

Diese Laub abwerfenden Bäume sind robust und attraktiv. Sie sind rauchhart und vertragen die Bedingungen der Küstengebiete. Eschen tragen feines Laub und manchmal bunte Winterrinde. Die bis zu 50 cm langen Laubblätter setzen sich aus kleinen Fiederblättern zusammen. Die schnellwüchsigen Bäume haben eine schöne Wuchsform – von schmal oder säulenförmig bis rundlich oder ausladend. Eschen bilden winzige Blüten, die bei der Blumen-Esche (*F. ornus*) und bei Siebolds Esche (*F. sieboldiana*) sehr dekorativ sind. Die meisten Arten eignen sich mit 15–30 m Höhe nur für große Gärten; die hängend wachsende Esche (*F. excelsior* 'Pendula') bleibt kleiner als die meisten Formen. Eschen säen sich stark selbst aus, daher Vorsicht beim Ausreißen von Sämlingen.

Winterhärte: Voll frosthart *** bis frosthart **
Standort: Fruchtbarer, feuchter, durchlässiger, neutraler bis saurer Boden in Vollsonne; *F. angustifolia* und *F. ornus* vertragen recht trockene, saure bis alkalische Böden.
Pflege: Wildtriebe bei *F. excelsior* regelmäßig entfernen.
Vermehrung: Aussaat im Herbst oder Frühjahr im offenen Frühbeet, Samen brauchen zwei bis drei Monate Kälte zur Keimung.

Fraxinus excelsior 'Jaspidea' 🏆
↕30 m ↔ 20 m; im Winter und Frühjahr gelbe Äste und Blätter; Laub im Sommer dunkelgrün; im Winter typische schwarze Knospen.

FUCHSIA

Fuchsie

FUCHSIEN TRAGEN LEUCHTEND GEFÄRBTE, hängende Blüten, die unverkennbar sind. Sie variieren von eleganten, einfachen oder halb gefüllten bis zu krausen, dicht gefüllten Formen und erscheinen von Sommer bis Spätherbst. Die sommergrünen oder immergrünen Sträucher sind sehr vielseitig einzusetzen. Man kann sie – bei entsprechendem Klima – in gemischte Rabatten oder als Hecken pflanzen; manche lassen sich an Mauern, zu Hochstämmchen oder Säulen erziehen (siehe unten); hängende Sorten eignen sich für Gefäße. Fuchsien kann man in zwei Gruppen einteilen: frostharte und bedingt frostharte bis frostempfindliche. Die frostharten Formen verlieren in strengen Wintern das Laub, treiben aber im Frühjahr wieder aus, wenn sie richtig gepflanzt und gemulcht wurden. Die empfindlichen Pflanzen mit den üppigsten Blüten kann man im Sommer im Freien kultivieren; sie sehen in Rabatten oder Kübeln (mit Sommerblumen unterpflanzt) prächtig aus, brauchen aber Winterschutz: Überwintern Sie bedingt frostharte Formen in einen frostfreien Raum (Gewächshaus oder Garage), frostempfindlichen Pflanzen an einem etwas wärmeren Ort.

Winterhärte: Frosthart ✻✻ bis frostempfindlich ❀
Standort: Nährstoffreicher, feuchter, durchlässiger Boden in Sonne bis Halbschatten.
Pflege: Vor kalten Winden schützen; frostharte Fuchsien so einpflanzen, dass die Basis des Sprosses 5 cm unter der Erdoberfläche liegt; mit Rindenhäcksel mulchen (Winterschutz); frostempfindliche Formen im Frühsommer nach den letzten Frösten auspflanzen; im Sommer ausgiebig gießen; alle zwei Wochen Volldünger geben; alte Triebe frostharter Fuchsien im Frühjahr bis zum Boden zurückschneiden; frostempfindliche Formen im Herbst ausgraben und frostfrei überwintern, sparsam gießen, der Ballen darf aber nicht austrocknen; Dickmaulrüsslerlarven können vor allem an Wurzeln von Topfpflanzen fressen; bei Grauschimmel und Fuchsienrost mit winzigen orangefarbenen Pusteln befallene Blätter entfernen.
Vermehrung: Stecklinge von September bis April schneiden.

Schnitt und Erziehung

Busch *Wenn jeder Trieb drei Blattpaare trägt, kneifen Sie die Spitzen aus. Das regt die Pflanze an, Seitentriebe zu bilden. Wiederholen Sie das drei- bis viermal, und lassen Sie die Pflanze dann Blüten ansetzen.*

Hochstamm *Diese Form erhält man durch das Entfernen der Seitentriebe. Hat der Haupttrieb die gewünschte Höhe, kneifen Sie die Spitze aus, und verfahren Sie mit der Krone dann wie beim Busch.*

Pyramide *Wenn der Haupttrieb etwa 25 cm hoch ist, kneifen Sie die Spitze aus; belassen Sie einen Trieb als neuen Haupttrieb. Entfernen Sie bei drei Blattpaaren alle Seitentriebe solange bis die Form erreicht ist.*

Säule *Zwei Triebe sollen sich als Haupttriebe entwickeln; kneifen Sie bei der gewünschten Höhe die Spitzen aus. Entfernen Sie die Seitentriebe regelmäßig, um einen dichten, buschigen Wuchs zu fördern.*

① *Fuchsia* **'Alice Hoffman'** 🏆 ↕↔ 45–60 cm; ✻✻ ② *F.* **'Andrew Hadfield'** ↕ 20–45 cm ↔ 20–30 cm; ❀ ③ *F.* **'Annabel'** 🏆 ↕↔ 30–60 cm; ✻ ④ *F.* ***arborescens*** ↕ 2 m ↔ 1,7 m; ❀ ⑤ *F.* **'Auntie Jinks'** ↕ 15–20 cm ↔ 20–40 cm; ✻ ⑥ *F.* **'Autumnale'** 🏆 ↕ 15–30 cm ↔ 30–60 cm; ✻ ⑦ *F.* × ***bacillaris*** ↕↔ 60–120 cm; ✻✻ ⑧ *F.* **'Ballet Girl'** 🏆 ↕ 30–45 cm ↔ 45–75 cm; ✻ ⑨ *F.* **'Bicentennial'** 🏆 ↕ 30–45 cm ↔ 45–60 cm; ✻ ⑩ *F.* **'Billy Green'** 🏆 ↕ 45–60 cm

3

4

5

6

9

10

11

12

15

16

17

18

21

22

23

24

↔ 30–45 cm; ✻ ⑪ *F.* 'Bon Accorde' ↕45–60 cm ↔ 45 cm; ✻ ⑫ *F.* 'Celia Smedley' 🏆 ↕↔ 45–75 cm; ✻ ⑬ *F.* 'Checkerboard' 🏆 ↕75–90 cm ↔ 45–75 cm; ✻ ⑭ *F.* 'Coralle' ↕45–90 cm ↔ 45–60 cm; ❀ ⑮ *F.* 'Dark Eyes' 🏆 ↕45–60 cm ↔ 60–75 cm; ✻ ⑯ *F.* 'Devonshire Dumpling' ↕↔ bis 1m; ✻✻ ⑰ *F.* 'Display' 🏆 ↕60–75 cm ↔ 45–60 cm; ✻✻ ⑱ *F.* 'Dollar Princess' 🏆 ↕45 cm ↔ 45–60 cm; ✻✻ ⑲ *F.* 'Flirtation Waltz' ↕45–60 cm ↔ 30–45 cm; ✻ ⑳ *F. fulgens* 🏆 ↕1,5 m ↔ bis 80 cm; ❀ ㉑ *F.* 'Garden News' 🏆 ↕↔ 45–60 cm; ✻✻ ㉒ *F.* 'Genii' 🏆 ↕↔ 75–90 cm; ✻✻ ㉓ *F.* 'Golden Marinka' 🏆 ↕15–30 cm ↔ 30–45 cm; ✻ ㉔ *F.* 'Gruß aus dem Bodethal' ↕30–45 cm; ↔ 45–60 cm; ✻.

25

26

27

28

33

34

35

36

41

42

43

44

49

50

51

52

㉕ *Fuchsia* 'Jack Shahan' 🏆 ↕30–45 cm ↔ 45–60 cm; ✲ ㉖ *F.* 'Joy Patmore' ↕30–45 cm ↔ 45–60 cm; ✲ ㉗ *F.* 'La Campanella' 🏆 ↕15–30 cm ↔ 30–45 cm; ✲ ㉘ *F.* 'Lady Thumb' 🏆 ↕15–30 cm ↔ 30–45 cm; ✲✲ ㉙ *F.* 'Lena' 🏆 ↕30–60 cm ↔ 60–75 cm; ✲✲ ㉚ *F.* 'Leonora' ↕60–75 cm ↔ 30–60 cm; ✲ ㉛ *F.* 'Love's Reward' 🏆 ↕↔ 30–45 cm; ✲ ㉜ *F.* 'Lye's Unique' 🏆 ↕45–60 cm ↔ 30–45 cm; ✲ ㉝ *F.* 'Machu Picchu' ↕↔ 30–60 cm; ✲

㉞ *F. magellanica* ↕↔ 2–3 m; ✲✲ ㉟ *F.* 'Margaret' 🏆 ↕↔ bis 1,2 m; ✲✲ ㊱ *F.* 'Margaret Brown' 🏆 ↕↔ 60–90 cm; ✲✲ ㊲ *F.* 'Marinka' 🏆 ↕15–30 cm ↔ 45–60 cm; ✲ ㊳ *F.* 'Mary' 🏆 ↕↔ 30–60 cm; ❀ ㊴ *F.* 'Micky Goult' 🏆 ↕30–45 cm ↔ 45–60 cm; ✲ ㊵ *F.* 'Mieke Meursing' 🏆 ↕↔ 30–60 cm; ✲ ㊶ *F.* 'Mrs Lovell Swisher' 🏆 ↕45–60 cm ↔ 30–60 cm; ✲ ㊷ *F.* 'Mrs Popple' 🏆 ↕↔ 1–1,1 m; ✲✲✲ ㊸ *F.* 'Nellie Nuttall' 🏆 ↕15–45 cm ↔ 30–45 cm; ✲ ㊹ *F.* 'Other

29

30

31

32

37

38

39

40

45

46

47

48

53

54

55

56

Fellow' ♡ ↕↔ 30–45 cm; ✻ ㊺ *F. paniculata* ♡ ↕↔ bis 2 m; ✻✻ ㊻ *F.* 'Peppermint Stick' ↕↔ 45–75 cm; ✻ ㊼ *F.* 'Phyllis' ♡ ↕ 1–1,5 m ↔ 75–90 cm; ✻✻ ㊽ *F. procumbens* ↕ 10–15 cm ↔ 1–1,2 m; ✻✻ ㊾ *F.* 'Red Spider' ↕ 15–30 cm ↔ 30–60 cm; ✻ ㊿ *F.* 'Riccartonii' ♡ ↕ 2–3 m ↔ 1–2 m; ✻✻✻ (51) *F.* 'Royal Velvet' ♡ ↕ 45–75 cm ↔ 30–60 cm; ✻ (52) *F.* 'Rufus' ♡ ↕ 45–75 cm ↔ 30–60 cm; ✻✻ (53) *F.* 'Swingtime' ♡ ↕ 30–60 cm ↔ 45–75 cm; ✻ (54) *F.* 'Thalia' ♡ ↕↔ 45–90 cm; ❀ (55) *F.* 'Tom Thumb' ♡ ↕↔ 15–30 cm; ✻✻ (56) *F.* 'Winston Churchill' ♡ ↕↔ 45–75 cm; ✻.

Garrya

Becherkätzchen

Lange Kätzchen zieren diese robusten, großen immergrünen Sträucher von Mitte Winter bis spätem Winter. Männliche und (weniger eindrucksvolle) weibliche Blüten erscheinen an getrennten Pflanzen. Häufig gepflanzt wird das Spalier-Becherkätzchen (*G. elliptica*). *G.* × *issaquahensis* 'Pat Ballard' hat rote Triebe, glänzende Blätter und purpurn übertönte Kätzchen. Die Sträucher kann man in Rabatten pflanzen, an Mauern ziehen oder sogar als Hecke einsetzen. Sie vertragen Stadtklima; die ledrigen Blätter mit den gewellten Rändern halten auch die salzigen Winde der Küstengebiete aus. Kombinieren Sie sie mit anderen winterblühenden Sträuchern wie Winter-Jasmin (*Jasminum nudiflorum*, siehe S. 76) oder mit Mahonien (*Mahonia*, siehe S. 87) und Fleischbeeren (*Sarcococca*, siehe S. 116).

Winterhärte: Voll frosthart ❄❄❄ (Grenzwert) bis bedingt frosthart ❄
Standort: Fruchtbarer, durchlässiger Boden in Vollsonne oder Halbschatten.
Pflege: In Regionen mit starkem Frost vor kalten Winden schützen; nach der Blüte leichter Rückschnitt, dabei die Form störende Triebe herausnehmen; starker Verjüngungsschnitt wird vertragen.
Vermehrung: Halb verholzte Stecklinge im Sommer schneiden.

Gaultheria

Scheinbeere

Bunte Herbstfrüchte sind die Hauptattraktion dieser pflegeleichten immergrünen Pflanzen. Ihre kleinen, etwa 7 mm großen Blüten erscheinen gewöhnlich im Frühjahr oder Sommer in Büscheln. Ihnen folgen im Herbst Früchte in Rot, Violett, Rosa oder Weiß. Die Pflanzen gelten als leicht giftig. Die niedrigen bis mittelhohen Sträucher haben schöne dunkelgrüne, ledrige Blätter und zeigen unterschiedliche Wuchsformen. Scheinbeeren wachsen in Strauchrabatten, Steingärten oder Waldgärten und sind ausgezeichnete Begleiter für Rhododendren (*Rhododendron*, siehe S. 104–107). Manche Arten werden noch unter ihrem alten Namen *Pernettya* angeboten.

Winterhärte: Voll frosthart ❄❄❄ bis bedingt frosthart ❄
Standort: Saurer, feuchter Boden im Halbschatten, auf ständig nassen Böden auch Vollsonne.
Pflege: Nach der Blüte leichter Rückschnitt, störende Triebe herausnehmen; Ausläufer regelmäßig entfernen, um die Ausbreitung der Pflanze zu verhindern.
Vermehrung: Aussaat im Herbst in Töpfen im Frühbeet; halb verholzte Stecklinge im Sommer schneiden; bewurzelte Ausläufer im Frühjahr abtrennen und wieder einpflanzen.

Gaultheria tasmanica
↕8 cm ↔ bis 25 cm; kriechend wachsender Strauch; Blüte im Frühjahr, manchmal weiße oder gelbe Blüten, auch im Schatten; ❄❄❄.

***Garrya elliptica* 'James Roof'** 🏆
↕↔ 4 m; starkwüchsiger Strauch; männliche Pflanzen tragen bis zu 20 cm lange Kätzchen; ❄❄❄.

***Gaultheria mucronata* 'Mulberry Wine'** 🏆
↕↔ 1,2 m; weiblicher, Ausläufer bildender Strauch; Früchte nur, wenn eine männliche Pflanze (z. B. *G. mucronata*) in der Nähe steht; ❄❄❄.

***Gaultheria* × *wisleyensis* 'Pink Pixie'**
↕bis 30 cm ↔ 45 m; starkwüchsig, aufrecht; breitet sich über Ausläufer aus; rosa Blüten im Spätfrühling und Frühsommer; ❄❄❄.

Genista
Ginster

Diese eleganten Sträucher sind wegen ihrer gelben Schmetterlingsblüten, die von Frühling bis Sommer in kleinen Büscheln erscheinen, beliebt. Ginster ist verwandt mit Geißklee (*Cytisus*, siehe S. 47) und Binsenginster (*Spartium*, siehe S. 118). Die Blätter sind klein; manche Arten tragen kaum Blätter, und fast alle Arten sind sommergrün. Die Gestalt variiert von aufrechten bis zu überhängenden, baumartigen Formen. Ginster bilden einen schönen Kontrast zu breitblättrigen Pflanzen wie Säckelblume (*Ceanothus*, siehe S. 36) und Zimmeraralie (*Fatsia*, siehe S. 58). Der Ätna-Ginster (*G. aetnensis*) sieht als Einzelstrauch auf Rasen oder in Strauchrabatten gut aus, Zwergarten wie der dichte, bedornte Spanische Ginster (*G. hispanica*) passen zu Steingärten. Vorsicht: Manche haben spitze Dornen.

Winterhärte: Voll frosthart ✲✲✲ bis bedingt frosthart ✲
Standort: Leichter, karger bis mäßig nährstoffreicher, durchlässiger Boden in Vollsonne.
Pflege: Nur störende Triebe im Spätwinter oder zeitigen Frühjahr entfernen; nicht bis ins alte Holz schneiden, da es keine neuen Triebe bildet.
Vermehrung: Aussaat im Herbst im Frühbeet; halb verholzte Stecklinge im Sommer schneiden; Sorten veredelt.

Genista lydia ♀
↕ bis 60 cm ↔ bis 1 m; kissenartig wachsender Strauch; blaugrüne, bedornte Triebe; Blüte im Frühsommer; ✲✲✲.

Genista aetnensis ♀
↕↔ 8 m; Strauch oder kleiner Baum in Trauerform; Blätter werden nur an jüngeren Trieben gebildet; duftende Blüten erscheinen im Hoch- bis Spätsommer in großer Fülle an den Triebenden; ✲✲.

Ginkgo biloba
Ginkgo, Fächerblattbaum

Der Ginkgo gilt als älteste noch lebende Pflanzenart der Welt. Er wächst aufrecht oder säulenförmig und wird im Alter ausladend. Als einziger Überlebender der Familie der Ginkgogewächse steht er als Nacktsamer den Nadelgehölzen verwandtschaftlich näher als den Laubbäumen. Er bildet aber keine Nadeln, sondern fächerförmige Blätter aus. Das im Sommer hellgrüne Laub verfärbt sich im Herbst leuchtend gelb. Im Alter erscheinen gelbe männliche Kätzchen und winzige weibliche Blüten an getrennten Bäumen. Nach warmen Sommern entwickeln sich im Herbst an weiblichen Bäumen gelbgrüne, mirabellenähnliche Früchte, die reif sehr unangenehm riechen, deren große, essbare Kerne in Asien geröstet aber als Delikatesse gelten. Der pflegeleichte Ginkgo verträgt Luftverschmutzung, ist aber salzempfindlich.

Winterhärte: Voll frosthart ✲✲✲
Standort: Durchlässiger Humusboden in sonniger Lage.
Pflege: Störende Triebe im Spätwinter oder Vorfrühling herausschneiden.
Vermehrung: Aussaat nach der Samenreife im Frühbeet; halb verholzte Stecklinge im Sommer schneiden.

Gingko biloba ♀
↕ bis 30 m ↔ bis 8 m; Ginkgo ist in der Natur fast ausgestorben und wurde in Japan und China lange Zeit als Alleebaum gepflanzt.

Gleditsia

Lederhülsenbaum; Gleditschie

Wegen ihrer dekorativen Blätter und Samenhülsen sowie der eleganten ausladenden Form machen sich diese Laub abwerfenden Bäume in Einzelstellung besonders gut. Die glänzenden, farnartigen Blätter sind in zahlreiche kleinere, blass- bis dunkelgrüne, wiederum unterteilte Fiederblättchen geteilt. Im Herbst erscheinen lange, gebogene und verdrehte, hängende Fruchthülsen; das Laub verfärbt sich gelb. Der am häufigsten kultivierte Falsche Christusdorn (*G. triacanthos*) hat einen bedornten Stamm und bedornte Triebe. 'Elegantissima' ist eine niedrigere und dornenlose Form; 'Rubylace' trägt bronzerote junge Blätter, die sich im Herbst bronzegrün verfärben. Neben dunkel belaubten Sträuchern wie z. B. Perückenstrauch (*Cotinus*, siehe S. 44) wird die Herbstfärbung dieser Bäume zusätzlich betont.

Winterhärte: Voll frosthart ❄❄❄; in der Jugend frostanfällig.
Standort: Nährstoffreicher, durchlässiger Boden in Sonne.
Pflege: Schnitt selten erforderlich; Gallmücken verursachen Wucherungen auf den Blättern.
Vermehrung: Aussaat im Herbst im offenen Frühbeet, Samenhülle vorher mit einem Messer einritzen oder mit Sandpapier anrauen, damit Feuchtigkeit eindringen kann.

***Gleditsia triacanthos* 'Sunburst'** 🏆
↕12 m ↔10 m; schnellwüchsig und ohne Dornen; das lichte Blätterdach kann unterpflanzt werden, daher für Gärten geeignet.

Griselinia littoralis

Dichte Griseline

↕bis 8 m
↔bis 5 m

Dieser starkwüchsige, dichte, immergrüne, aufrechte Strauch oder kleine Baum wird wegen seiner hübschen ledrigen Blätter kultiviert. Winzige Blüten, männliche und weibliche auf getrennten Pflanzen, erscheinen im Spätfrühling. Im Herbst folgen violette Früchte, wenn männliche und weibliche Pflanzen nebeneinander wachsen. Griselinen werden meist in exponierten Gärten als windbrechende Hecke gepflanzt, machen sich aber auch in Einzelstellung gut. Der Strauch eignet sich hervorragend für Küstengärten, da die robusten Blätter salzhaltige Winde gut vertragen.

Winterhärte: Voll frosthart ❄❄❄ (Grenzwert)
Standort: Leichter, nährstoffreicher, durchlässiger Boden in Vollsonne.
Pflege: Schutz vor kalten Winden; im Frühling (Mitte oder spät) leicht zurückschneiden; Hecken ein- oder zweimal im Jahr schneiden.
Vermehrung: Aussaat im Frühjahr bei 13–18 °C; halb verholzte Stecklinge im Sommer schneiden.

Griselinia littoralis 🏆
Es gibt panaschierte Formen, aber für Hecken eignen sich einfarbige grüne Pflanzen am besten.

Halesia

Schneeglöckchenbaum

Diese kleine Gattung sommergrüner, pflegeleichter Sträucher und Bäume werden wegen ihrer hängenden, glockenförmigen, rein weißen Blüten, die im Spätfrühling, manchmal im Frühsommer erscheinen, kultiviert. Im Herbst folgen geflügelte grüne Früchte und goldgelbes Laub. Die Wuchsform kann von kegelförmig wie beim Berg-Schneeglöckchenbaum (*H. monticola*) bis zu ausladend wie beim Carolina-Schneeglöckchenbaum (*H. carolina*) oder beim Zweiflügeligen Schneeglöckchenbaum (*H. diptera*) variieren. Die breiteren Formen eignen sich als Baum oder Strauch für Gärten jeder Größe. Die in Wäldern, am Waldrand oder in der Nähe von Flussufern heimischen Pflanzen bilden als Einzelstrauch einen schönen Hintergrund für Rabatten.

Winterhärte: Voll frosthart ❄❄❄
Standort: Nährstoffreicher, feuchter, durchlässiger, neutraler bis saurer, mit organischem Material angereicherter Boden in sonniger bis halbschattiger, windgeschützter Lage.
Pflege: Störende Triebe im Winter oder Spätfrühling entfernen, um die schöne Form zu erhalten.
Vermehrung: Aussaat im Herbst bei 14–25 °C; Grünstecklinge im Sommer schneiden; Absenker im Frühjahr.

Halesia monticola
↕12 m ↔8 m; gewöhnlich kegelförmiger, wuchskräftiger Baum; Blüten erscheinen im Spätfrühling vor oder mit dem Laub (Bild).

x Halimiocistus

Reizende zarte Blüten sind die Hauptattraktion dieser kleinen immergrünen Sträucher. Es handelt sich um eine Kreuzung zwischen Zistrose (*Cistus*, siehe S. 40) und *Halimium* (siehe rechts). Die Blüten ähneln denen des Sonnenröschens (*Helianthemum*, siehe S. 70) und sind gewöhnlich reinweiß oder an der Basis der Blütenblätter tiefrot gefleckt. Verschiedene dieser pflegeleichten, oft kriechenden Hybriden werden in Gärten kultiviert und blühen von Spätfrühling bis Spätsommer. Sie wachsen wie die Elternpflanzen in warmen, trockenen Mittelmeerregionen und fühlen sich in Steingärten oder trockenen, sonnigen Rabatten neben Rosen (*Rosa*, siehe S. 110–113), Zistrosen und Lavendel (*Lavandula*, siehe S. 80–81) wohl.

Winterhärte: Voll frosthart ✻✻✻ bis frosthart ✻✻; im Schatten oder in sehr nährstoffreichen Böden weniger frosthart.
Standort: Sehr durchlässiger Boden in Vollsonne.
Pflege: Schutz vor kalten, trockenen Winden; Schnitt selten erforderlich, höchstens von Mitte Frühling bis Spätfrühling unschön wachsende Triebe leicht zurückschneiden.
Vermehrung: Halb verholzte Stecklinge im Spätsommer.

× *Halimiocistus sahucii* 🏆
↕45 cm ↔ 90 cm; kompakt, wächst kissenförmig oder kriechend; schmale Blätter; Blüte im Sommer; besonders frostharte Art; ✻✻✻.

× *Halimiocistus wintonensis* 'Merrist Wood Cream' 🏆
↕60 cm ↔ 90 cm; ausladender Strauch; weiß-wollige Blätter; Blüte von Spätfrühling bis Frühsommer; ✻✻✻ (Grenzwert).

Halimium

Diese kleinen immergrünen Sträucher wachsen aufrecht bis ausladend, bleiben aber immer kompakt. Von Spätfrühling bis Frühsommer erscheinen Blüten in Büscheln, die goldgelb, gelegentlich weiß sind; die Blütenblätter sind manchmal an der Basis braunviolett gefleckt. Die Pflanzen blühen am besten in langen, heißen Sommern. Die Blätter sind im Allgemeinen klein, hell- bis graugrün, manchmal silbrig geschuppt oder behaart. Diese pflegeleichten Sträucher kommen in der Natur in trockenen, felsigen Gebieten vor und gedeihen in Steingärten oder im vorderen Bereich einer sonnigen Rabatte gut. Sie eignen sich auch als Topfpflanzen, die an sonnigen Stellen die schönsten Blüten hervorbringen.

Winterhärte: Frosthart ✻✻
Standort: Mäßig nährstoffreicher, durchlässiger, sandiger Boden in vollsonniger, windgeschützter Lage.
Pflege: Standort sorgfältig auswählen, Pflanzen vertragen Störung oder Umpflanzung nicht; Abgeblühtes entfernen, um die Blühdauer zu verlängern; übermäßig wachsende Triebe leicht einkürzen.
Vermehrung: Aussaat im Frühjahr bei 19–24 °C; halb verholzte Stecklinge im Spätsommer schneiden.

Halimium 'Susan' 🏆
↕45 cm ↔ 60 cm; ausladender Strauch; Blüten erscheinen im Sommer und sind oft halb gefüllt.

Hamamelis

Zaubernuss

DIESE MITTELGROSSEN BIS GROSSEN sommergrünen Sträucher und Bäume mit duftenden, spinnenartigen Blüten und attraktiver Herbstfärbung verschönern jeden winterlichen Gärten. Die auffallenden Blüten mit vier schmalen, verdrehten, bändchenartigen Blütenblättern erscheinen von Herbst bis Vorfrühling in dichten Büscheln an den kahlen Trieben. Sie sind nicht frostanfällig. Die breiten, ovalen Blätter verfärben sich im Herbst gelb. Pflanzen Sie Zaubernuss als Einzelstrauch in eine Rabatte oder ziehen Sie sie in Gruppen. Die immergrüne Fleischbeere (*Sarcococca*, siehe S. 116), die ebenfalls duftet und im Winter blüht, betont die aufrechte, offene Form der Zaubernuss und füllt den Garten an den kältesten Tagen des Jahres mit köstlichem Duft.

Winterhärte: Voll frosthart ❄❄❄
Standort: Nährstoffreicher, feuchter, durchlässiger, neutraler bis saurer Boden in sonniger bis halbschattiger, nicht exponierter Lage; in tiefgründigem Humusboden wird Kalk vertragen.
Pflege: Störende Triebe im Spätwinter oder Vorfrühling zurückschneiden.
Vermehrung: Die Sorten sind veredelt, im Gartencenter kaufen.

WILDTRIEBE müssen aus der Unterlage entfernt werden, um die Form und die gewünschten Blüten zu erhalten. Sie werden am besten herausgeschnitten.

***Hamamelis* 'Brevipetala'**
↕↔ 4 m; aufrechter Strauch; weiche, behaarte blaugrüne Blätter, im Herbst sattgelb; stark duftende Blüten im Winter (Mitte und spät).

Hebe

Strauchveronika

ATTRAKTIVES, UNTERSCHIEDLICH geformtes immergrünes Laub, hübsche Blüten und vielfältige Wuchsformen von niedrig ausladend bis groß und kissenförmig bedeuten, es gibt für fast jeden Garten eine passende Strauchveronika. Die matten oder glänzenden Blätter sind grau-, blau- oder reingrün, manchmal farbig umsäumt. Bis zu 30 cm lang Rispen oder Trauben kleiner Blüten erscheinen von Früh- bis Hochsommer. Die Farbe variiert von Weiß bis Rosa, Blau, Purpur oder Rot. In gemischten oder Strauchrabatten, Kiesgärten oder sogar in Kübeln im Innenhof bieten die Pflanzen das ganze Jahr über einen schönen Anblick. In milden Regionen, besonders an Küsten, kann man sie als Hecken oder Bodendecker pflanzen.

Winterhärte: Voll frosthart ❄❄❄ bis bedingt frosthart ❄
Standort: Karger bis mäßig nährstoffreicher, feuchter, durchlässiger, am besten leicht kalkhaltiger Boden in sonniger bis halbschattiger, windgeschützter Lage.
Pflege: Schnitt kaum erforderlich, nur sich überkreuzende Triebe im Spätwinter oder Vorfrühling entfernen; Falscher Mehltau bei Feuchtigkeit, daher nicht von oben gießen, befallene Blätter entfernen.
Vermehrung: Halb verholzte Stecklinge im Sommer oder Herbst schneiden.

***Hamamelis × intermedia* 'Pallida'** 🏆
↕↔ 4 m; trichterförmiger Wuchs; leuchtend grüne Blätter verfärben sich im Herbst golden; Blüte im Winter (Mitte bis spät).

***Hamamelis × intermedia* 'Diane'** 🏆
↕↔ 4 m; trichterförmiger Wuchs; leuchtend grünes Laub, im Herbst orange, gelb oder rot (kleines Bild); Blüte im Winter (Mitte bis spät).

Hebe albicans 🏆
↕60 cm ↔ 90 cm; dichter, Kissen bildender oder ausladender Strauch; Blüte von Früh- bis Hochsommer; ❄❄❄.

***Hebe ochracea* 'James Stirling'** ♀
↕45 cm ↔ 60 cm; dichter, aufrechter, später überhängender Strauch mit starren Trieben; Blätter das ganze Jahr goldgelb; Blüte Spätfrühling und Frühsommer; ❄❄❄.

***Hebe* 'Great Orme'** ♀
↕↔ 1,2 m; offener, runder Busch; Blüten von Hochsommer durchgehend bis Mitte Herbst, verblassen im Alter; ❄❄.

SCHNEIDEN SIE im Frühling die von Frost geschädigten Triebe mit der Schere ab, um die Form zu erhalten und den Neuaustrieb zu fördern. So können Sie auch im Sommer Abgeblühtes entfernen.

***Hebe pinguifolia* 'Pagei'** ♀
↕30 cm ↔ 90 cm; aufrechter, später halb niederliegender Wuchs; purpurne Triebe; Blüte von Spätfrühling bis Frühsommer; ❄❄❄.

Hedera

Efeu

Siehe auch S. 142–143.

Efeu ist zwar als Kletterpflanze bekannt, aber es gibt einige Sorten des Gewöhnlichen Efeus (*Hedera helix*), die eine ungewöhnliche strauchige Wuchsform haben. Wie ihre kletternden Verwandten sind sie immergrüne, robuste Pflanzen. *H. helix* 'Congesta' bildet einen schönen dichten Busch mit aufrechten, ährenartigen Trieben. Sie ist kompakt und ein zusätzlicher Gewinn für den Steingarten. *H. helix* 'Erecta' ist starkwüchsiger, hat starr aufrechte Triebe und wächst langsam. Sie eignet sich für eine Strauch- oder gemischte Rabatte, z. B. zu Farnen (siehe S. 356–365) oder breitblättrigen Pflanzen wie Bergenien (*Bergenia*, siehe S. 198). Die Triebe sind sehr brüchig, sodass diese Sorten geschützt und von anderen Sträuchern oder einer Mauer gestützt wachsen sollten.

Winterhärte: Voll frosthart ❄❄❄
Standort: Verschiedene Böden, am besten nährstoffreicher, feuchter, durchlässiger, am besten kalkhaltiger Boden in sonnigen bis halbschattigen, geschützten Lagen.
Pflege: Pflegeschnitt zu jeder Jahreszeit möglich.
Vermehrung: Halb verholzte Stecklinge im Sommer.

① ***Hedera helix* 'Congesta'** ♀ ↕↔ 45 cm
② ***H. helix* 'Erecta'** ♀ ↕↔ 1 m.

HELIANTHEMUM

Sonnenröschen

↕bis 45 cm ↔ 60 cm

WEGEN IHRER HÜBSCHEN papierartigen, tellerförmigen Blüten sind diese kleinen immergrünen Halbsträucher und Sträucher in Gärten sehr beliebt. Die meisten werden nur 15–30 cm hoch. Blüten in Hülle und Fülle erscheinen in vielen lebhaften, pastelligen Farben von Spätfrühling bis Hochsommer vor dem Hintergrund silber- bis grau- oder mittelgrüner Blätter. Die kompakt wachsenden Sonnenanbeter gedeihen unter trockenen Bedingungen wie in einem Steingarten sowie im vorderen Bereich einer Rabatte. Eine Mulchschicht aus Kies sieht gut aus und bietet den Sonnenröschen eine trockene, warme und durchlässige Oberfläche, über die sie sich ausbreiten können.

Winterhärte: Voll frosthart ❄❄❄ bis frosthart ❄❄
Standort: Durchlässiger, neutraler bis alkalischer Boden in vollsonniger Lage.
Pflege: Nach der Blüte Blütentriebe mit der Gartenschere bis zum alten Holz zurückschneiden.
Vermehrung: Grünstecklinge im Spätfrühling oder Frühsommer schneiden.

Helianthemum **'Rhodanthe Carneum'** 🏆
↕30 cm ↔ 45 cm; manchmal als 'Wisley Pink' verkauft; besonders lange Blühdauer; ❄❄❄.

HELIOTROPIUM

Heliotrop, Sonnenwende

↕↔60 cm

HELIOTROP IST EINE geschätzte Bauerngartenpflanze und wegen ihrer dichten, süßlich duftenden Blütendolden beliebt. Am häufigsten werden Sorten der Vanilleblume oder Strauchigen Sonnenwende (*H. arborescens*) angeboten. Heliotrop ist zwar ein Halbstrauch, aber nicht frosthart und wird daher in frostgefährdeten Regionen als Sommer- oder Topfpflanze gezogen. Sie kann unter Glas überwintern, aber neue Pflanzen aus Stecklingen, die man über Winter kultiviert, gedeihen besser, wachsen buschiger und können im folgenden Jahr ausgepflanzt werden. Die feinrunzligen Blätter sind manchmal violett übertönt und ergänzen die winzigen blauen oder violetten Blüten, die den ganzen Sommer in Dolden erscheinen.

Winterhärte: Bedingt frosthart ❄
Standort: Nährstoffreicher, feuchter, durchlässiger Boden in Vollsonne; für Gefäßbepflanzung gute Topferde.
Pflege: Nicht austrocknen lassen; Welkes regelmäßig entfernen.
Vermehrung: Aussaat im Frühjahr bei 16–18 °C; Grünstecklinge oder halb verholzte Stecklinge im Herbst schneiden.

Helianthemum **'Fire Dragon'** 🏆
↕20–30 cm ↔ 30 cm; eine sehr niedrige, kompakte Pflanze; manchmal als 'Mrs Clay' angeboten; ❄❄❄.

Helianthemum lunulatum
↕15 cm ↔ 25 cm; kleinblütig mit kaskadenartiger Wuchsform; für sonnige Böschungen geeignet; ❄❄❄.

Heliotropium arborescens **'Marine'**
↕45 cm ↔ 30–45 cm; Durchmesser der Blütendolden bis zu 15 cm.

Hibiscus

Roseneibisch

DER ROSENEIBISCH ist berühmt wegen seiner prächtigen Blüten, die von Frühling bis Herbst in leuchtenden Farben erscheinen. Die glänzend grünen Blätter sind manchmal panaschiert. Obwohl diese Gattung viele Ein-, Zwei-, Mehrjährige sowie Sträucher und Bäume umfasst, werden der verholzende sommergrüne Echte Roseneibisch (*H. syriacus*) und seine Sorten in kühlen Gebieten am häufigsten kultiviert, da sie voll frosthart sind. Sie bereichern Rabatten und gedeihen in großen Kübeln. Wenn Sie den Chinesischen Roseneibisch (*H. rosa-sinensis*) oder andere frostempfindliche Sorten ziehen wollen, sollten Sie sie unbedingt in Gefäße pflanzen, damit sie unter Glas überwintern können.

Winterhärte: Voll frosthart ❄❄❄ bis frostempfindlich ❄
Standort: Feuchter, durchlässiger, etwas alkalischer Boden in Vollsonne; da in wärmeren und längeren Sommern mehr Blüten erscheinen, in kaltem Klima in warmer und geschützter Lage.
Pflege: Im Winter mit einer dicken Laubschicht mulchen; nach dem Winter erfrorene Triebe entfernen, die anderen etwas einkürzen.
Vermehrung: Aussaat im Frühjahr bei 13–18°C; halb verholzte Stecklinge im Sommer schneiden; Absenker im Spätfrühling.

***Hibiscus syriacus* 'Blue Bird'** 🏆
↕3 m ↔2 m; wegen der ungewöhnlichen Farbe sehr beliebt; ❄❄❄.

***Hibiscus syriacus* 'Diana'**
↕3 m ↔2 m; die größten Blüten dieser Art, Durchmesser bis zu 13 cm; ❄❄❄.

***Hibiscus syriacus* 'Woodbridge'** 🏆
↕3 m ↔2 m; flachere, malvenähnliche, aber intensiv gefärbte Blüten; ❄❄❄.

Hippophae

Sanddorn

DIESE ROBUSTEN sommergrünen Großsträucher sind mit ihren schmalen silbrigen Blättern und dem sparrigen Wuchs beliebte pflegeleichte Pflanzen. Im Herbst werden orangefarbene Früchte gebildet, wenn eine männliche und eine weibliche Pflanze nebeneinander wachsen; die Früchte des Weidenblättrigen Sanddorns (*H. salicifolia*) Zählen zu den nahrhaftesten Früchten, die in gemäßigten Breiten gedeihen. Sie haben einen zitronenähnlichen Geschmack und können zu Saft, Marmelade o.Ä. verarbeitet werden. Der Gewöhnliche Sanddorn (*H. rhamnoides*) hat Zweige mit dornigen Kurztrieben und dient in Küstengebieten mit salzigen Winden und Gischt als Hecke, Windbrecher und zur Stabilisierung von sandigen Böschungen.

Winterhärte: Voll frosthart ❄❄❄
Standort: Am besten feuchter, durchlässiger, leicht alkalischer Boden in Vollsonne, ansonst werden alle durchlässigen, sandigen Böden sowie Trockenheit, starke Winde und Regen vertragen.
Pflege: Nur störende Triebe zurückschneiden.
Vermehrung: Aussaat nach der Samenreife oder im Frühjahr im Frühbeet; halb verholzte Stecklinge im Sommer; Steckhölzer im Herbst; Absenker im Herbst.

Hippophae rhamnoides 🏆
↕↔6 m; buschiger Strauch; Früchte verbleiben über den Winter an den weiblichen Pflanzen.

HYDRANGEA

Hortensie

Siehe auch S. 143.

DIESE STRÄUCHER GEHÖREN zu den beliebtesten Gartengehölzen. Ihre großen, üppigen Blütenstände können schirm-, ball- oder rispenförmig sein und setzen sich aus winzigen fruchtbaren und größeren sterilen Blüten mit blütenblattähnlichen Kelchblättern zusammen. Die unzähligen Sorten der am häufigsten gepflanzten Bauern- oder Garten-Hortensie (*H. macrophylla*) lassen sich in zwei Gruppen zusammenfassen: Hortensien mit ballförmigen, sterilen Blütenständen und Hortensien mit schirmartigen Blütenständen aus fruchtbaren Blüten, die von sterilen Blüten umgeben sind. Die Blütenfarbe hängt vom Säuregrad des Bodens ab. Auf sauren Böden blühen Hortensien blau, auf kalkhaltigen rosa; auf neutralen Böden können sich die Farben vermischen und erscheinen oft bläulich rosa. Weiß blühende Sorten sind davon nicht betroffen. Manche Formen haben eine schuppige, abblätternde Rinde und schönes Laub mit attraktiver Herbstfärbung. Die Blüten trocknen pergamentfarben und passen gut Blumenarrangements.

Winterhärte: Voll frosthart ❄❄❄ bis frosthart ❄❄
Standort: Feuchter, durchlässiger, nährstoffreicher Boden in sonniger bis halbschattiger und vor kalten, trockenen Winden geschützter Lage.
Pflege: Bei den meisten Sorten, außer den unten erwähnten, werden nur sich überkreuzende oder beschädigte Triebe im Spätwinter oder zeitigen Frühjahr zurückgeschnitten; Blüten sind in sehr feuchten Sommern anfällig für Grauschimmel.
Vermehrung: Weiche Kopfstecklinge im Frühsommer schneiden; Steckhölzer im Winter.

Schnitt bei Hortensien

***Schneidet man** Rispen-Hortensien (*H. paniculata*) im zeitigen Frühjahr, bevor sich die Blütentriebe entwickeln, radikal zurück (links), so blühen sie üppiger. Unterbleibt der Schnitt, dann bilden die Sträucher viele Triebe, werden sehr hoch und blühen nur – kaum sichtbar – an den Triebspitzen. Entfernen Sie alle vorjährigen Blütentriebe bis auf ein Grundgerüst aus verholzten Trieben. Dieses sollte in exponierten Lagen etwa 25 cm hoch sein und 60 cm im Hintergrund einer Rabatte. Nehmen Sie jeden Trieb in der erforderlicher Höhe auf ein Paar kräftiger Augen zurück.*

***Ein leichter Rückschnitt** empfiehlt sich bei allen Garten-Hortensien (*H. macrophylla*) und Sorten, *H. serrata* und Sorten und sowie bei der Sorte 'Preziosa'. Diese Hortensien blühen am vorjährigen Holz; ein jährlicher Rückschnitt lässt die Blüten besser zur Geltung kommen und den Strauch gepflegt aussehen. Lassen Sie die alten Blütenstände als Schutz für neue Knospen über Winter an den Pflanzen. Im Spätwinter oder zeitigen Frühjahr werden die abgeblühten Triebe etwa 30 cm direkt über zwei kräftigen Knospen abgeschnitten (kleines Bild). Schneiden Sie schwache und dünne Triebe heraus, und kürzen Sie 1-2 der ältesten Triebe bis zur Basis ein.*

1

2

6

7

12

13

18

19

① *Hydrangea arborescens* 'Annabelle' 🏆 ↕↔ 2,5 m; ❄❄❄ ② *H. arborescens* 'Grandiflora' 🏆 ↕↔ 2,5 m; ❄❄❄ ③ *H. aspera* Villosa-Gruppe 🏆 ↕↔ 1–4 m; ❄❄❄ ④ *H. involucrata* 'Hortensis' 🏆 ↕ 1 m ↔ 2 m; ❄❄ ⑤ *H. macrophylla* 'Ayesha' ↕ 1,5 m ↔ 2 m; ballförmig; ❄❄❄ ⑥ *H. macrophylla* 'Blue Bonnet' ↕ 2 m ↔ 2,5 m; ballförmig; ❄❄❄ ⑦ *H. macrophylla* 'Bouquet Rose' ↕ 2 m ↔ 2,5 m; ballförmig; ❄❄❄ ⑧ *H. macrophylla* 'Hamburg' ↕ 2m ↔ 2,5 m; ballförmig; ❄❄❄

3

4

10

5

8

9

11

14

15

16

17

20

21

22

23

⑨ *H. macrophylla* 'Lanarth White' 🏆 ↕↔ 1,5 m; flach; ✻✻✻ ⑩ *H. macrophylla* 'Mariesii Perfecta' 🏆 ↕2 m ↔ 2,5 m; flach; ✻✻✻ ⑪ *H. macrophylla* 'Veitchii' 🏆 ↕2 m ↔ 2,5 m; ✻✻✻ ⑫ *H. paniculata* 'Brussels Lace' ↕3–7 m ↔ 2,5 m; ✻✻✻ ⑬ *H. paniculata* 'Floribunda' ↕3–7 m ↔ 2,5 m; ✻✻✻ ⑭ *H. paniculata* 'Grandiflora' 🏆 ↕3–7 m ↔ 2,5 m; ✻✻✻ ⑮ *H. paniculata* 'Pink Diamond' 🏆 ↕3–7 m ↔ 2,5 m; ✻✻✻ ⑯ *H. paniculata* 'Praecox' ↕3–7 m ↔ 2,5 m; ✻✻✻

⑰ *H. paniculata* 'Unique' 🏆 ↕3–7 m ↔ 2,5 m; ✻✻✻ ⑱ *H.* 'Preziosa' 🏆 ↕↔ 1,5 m; ✻✻ ⑲ *H. quercifolia* 🏆 ↕2 m ↔ 2,5 m; ✻✻✻ ⑳ *H. quercifolia* 'Snow Queen' ↕2 m ↔ 2,5 m; ✻✻✻ ㉑ *H. serrata* ↕↔ 1,2 m; ✻✻ ㉒ *H. serrata* 'Bluebird' 🏆 ↕↔ 1,2 m; flach; ✻✻ ㉓ *H. serrata* 'Rosalba' 🏆 ↕↔ 1,2 m; flach; ✻✻.

HYPERICUM

Johanniskraut

↔ 1–2 m

DIESE VIELFÄLTIGE Gattung umfasst große Sträucher, Stauden sowie kleine ein- und zweijährige Pflanzen, die alle im Sommer ähnliche, charakteristische leuchtend gelbe Blüten mit goldenen Staubblättern tragen. Manche werden im Herbst von Früchten geschmückt. Am häufigsten werden immergrüne und sommergrüne Sträucher mit reizvollem Herbstlaub kultiviert. Fast für jeden Bereich gibt es das passende Johanniskraut: Die größeren Arten eignen sich für Rabatten, die kleineren für Steingärten. Das ausladende Großblütige Johanniskraut (*Hypericum calycinum*) ist der ideale Bodendecker, kann aber stark wuchern und ist für Rabatten nicht zu empfehlen.

Winterhärte: Voll frosthart ✲✲✲ bis bedingt frosthart ✲
Standort: Große Sträucher in feuchten, durchlässigen Böden in Sonne oder Halbschatten; Steingartenarten in durchlässige Böden in Sonne; *H. androsaemum* und *H. calycinum* auch im Schatten.
Pflege: Im Frühjahr Pflegeschnitt; große sommergrüne Arten im Vorfrühling radikal zurückschneiden, damit sie kleiner bleiben.
Vermehrung: Halb verholzte Stecklinge im Sommer schneiden.

Hypericum androsaemum
↕75 cm ↔ 90 m; buschiger sommergrüner Strauch; Blüte im Hochsommer; die roten Früchte werden im Herbst schwarz; ✲✲✲.

ILEX

Stechpalme

STECHPALMEN SIND FÜR ihre Winterfrüchte und die ledrigen, oft stacheligen immergrünen Blätter bekannt. Das glänzende Laub kann rein dunkel- oder mittelgrün oder silbrig bzw. goldgelb umsäumt, gefleckt oder gestreift sein. Die Blüten sind winzig, die Beerenfrüchte rot oder schwarz und giftig. Beerenfrüchte entwickeln sich nur, wenn männliche und weibliche Pflanzen beieinander stehen. Pflanzen Sie sie neben winterblühende Sträucher wie Fleischbeere (*Sarcococca*, siehe S. 116) oder Mahonien (*Mahonia*, siehe S. 87). Sorten der Großblättrigen Stechpalme (*I.* × *altaclerensis*) und der Gewöhnlichen Stechpalme (*I. aquifolium*) kann man als formale Hecke pflanzen, häufiges Schneiden führt jedoch zu weniger Früchten.

Winterhärte: Voll frosthart ✲✲✲ bis bedingt frosthart ✲
Standort: Feuchter, durchlässiger Boden in Sonne bis Schatten, in Vollsonne bei panaschierten Sorten.
Pflege: Am besten im Spätwinter oder Vorfrühling pflanzen; bei Einzelpflanzen nur störende Triebe einkürzen; Hecken im Spätsommer schneiden; bei Formschnitt Extraschnitt im Frühjahr.
Vermehrung: Halb verholzte Stecklinge im Spätsommer oder Herbst schneiden.

BODENDECKER SCHNEIDEN
Schneiden Sie *H. calycinum* im Frühjahr mit Schere oder Rasentrimmer bis zum Grund zurück, um den Neuaustrieb anzuregen.

Hypericum calycinum
↕60 cm ↔ unbestimmt; immergrün; mit kriechenden Ausläufern; Blüte von Sommer bis Herbst; ✲✲✲.

Hypericum olympicum* fo. *uniflorum
↕25 cm ↔ 30 cm; sommergrüner Strauch; Blüten den ganzen Sommer über; für Steingärten geeignet; ✲✲✲.

***Ilex* × *altaclerensis* 'Golden King'** 🏆
↕6 m ↔ 4 m; kompakter weiblicher Strauch mit schöner Kegelform (kleines Bild); Fruchtschmuck in manchen Jahren spärlich; ✲✲.

Ilex aquifolium 'J.C. von Tol' ♕
↕6 m ↔ 4 m; breit ausladender weiblicher Baum; selbstbefruchtend, daher Fruchtschmuck auch ohne männliche Pflanze; **.

Ilex aquifolium 'Ferox Argentea' ♕
↕8 m ↔ 4 m; langsamwüchsige, aufrechte männliche Pflanze; stachelig gezähnte Blätter; **.

INDIGOFERA

Indigostrauch

IN DIESER GROSSEN und vielfältigen Gattung werden die immergrünen und sommergrünen strauchigen Pflanzen am häufigsten kultiviert. Sie brauchen Platz, und ihre elegante Wuchsform kommt in einer Rabatte mit Sträuchern wie Spindelstrauch (*Euonymus*, siehe Seite 56) und Andenstrauch (*Escallonia*, siehe S. 54) oder an einer sonnigen Mauer am besten zur Geltung. Massen von Schmetterlingsblüten erscheinen von Frühsommer bis Frühherbst, mit zartgrünen Blättern als Hintergrund. *I. amblyantha* und der Himalaya-Indigostrauch (*I. heterantha*) sind die frosthärtesten Arten. Jährlicher Schnitt wird gut vertragen.

Winterhärte: Voll frosthart *** bis frosthart **
Standort: Feuchter, durchlässiger Boden in Vollsonne.
Pflege: Nur in frostgefährdeten Gebieten radikaler Rückschnitt; im Frühjahr alle Triebe auf einige Augen an der Basis zurückschneiden, Grundgerüst stehen lassen; zur Erziehung an Mauern stark nach außen wachsende Triebe entfernen oder aufbinden, Seitentriebe bis auf drei oder vier Augen einkürzen.
Vermehrung: Halb verholzte Stecklinge im Früh- oder Hochsommer schneiden.

Ilex aquifolium 'Amber' ♕
↕6 m ↔ 2,5 m; kompakter, pyramidenförmiger weiblicher Baum; üppig fruchtend, wenn eine männliche Pflanze vorhanden ist; **.

Ilex × *altaclerensis* 'Camelliifolia' ♕
↕14 m ↔ 12–15 m; großer, kegelförmiger weiblicher Strauch; ungezähnte, bis zu 13 cm lange Blätter; **.

Indigofera amblyantha ♕
↕2 m ↔ 2,5 m; sommergrüner Strauch; besonders reich blühend; ***.

Itea
Rosmarinweide

Nur die zwei hier abgebildeten Arten der Rosmarinweide werden häufig kultiviert. Sie sind wegen ihrer winzigen weißen Blüten beliebt, die im Sommer in kätzchenähnlichen Rispen erscheinen, sowie wegen des Laubs, das dem der Stechpalme ähnelt. Die Blätter der Stechpalmenblättrigen Rosmarinweide (*I. ilicifolia*) bleiben ganzjährig grün, während sich die der sommergrünen Amerikanischen Rosmarinweide (*I. virginica*) im Herbst prächtig rot und purpurn verfärben.

Winterhärte: Voll frosthart ❄❄❄ bis frosthart ❄❄
Standort: Nährstoffreicher, feuchter, durchlässiger Boden in sonniger, geschützter Lage für frostempfindlichere immergrüne Arten, z. B. an sonnigen Südmauern; Wintermulch bei jungen Pflanzen; feuchter, leicht saurer Boden im Schatten für sommergrüne Arten.
Pflege: Bei immergrünen Arten Pflegeschnitt nur bei Bedarf; bei sommergrünen Arten Blütentriebe auf kräftige, nicht blühende Seitentriebe zurückschneiden; ältere Pflanzen jährlich auslichten, dabei jeden vierten Trieb herausnehmen; Blütentriebe von an Mauern gezogenen Pflanzen auf einige Augen einkürzen.
Vermehrung: Aussaat nach der Samenreife; weiche Kopfstecklinge im Frühjahr, halb verholzte Stecklinge im Sommer schneiden.

① ***Itea ilicifolia*** 🏆 ↕3–5 m; Blüte von Hochsommer bis Frühherbst; ❄❄ ② ***I. virginica*** ↕1,5–3 m; Blüte im Sommer; ❄❄❄.

Jasminum nudiflorum
Winter-Jasmin

Siehe auch S. 144.

Die am häufigsten kultivierten Jasminarten sind Kletterpflanzen, der Winter-Jasmin aber ist ein Spreizklimmer, dessen Triebe sich bei geeigneter Unterlage verspreizen, sonst aber niederliegend hängend wachsen. Er duftet nicht ganz so intensiv wie die sommerblühenden Verwandten. Dieser sehr schlanke Strauch mit rutenartig dünnen Zweigen und meist etwas zersauster Wuchsform sollte am besten an einer Mauer gezogen werden, vielleicht zusammen mit anderen Winterpflanzen wie Becherkätzchen (*Garrya*, siehe S. 64). Schneiden Sie Zweige mit noch geschlossenen Knospen ab; bei Raumtemperatur entfalten sie sich in einer Vase schneller und bringen Farbe und Duft ins Haus.

Winterhärte: Voll frosthart ❄❄❄
Standort: Nährstoffreicher, durchlässiger Boden in Vollsonne oder Halbschatten.
Pflege: Blütentriebe bis auf kräftige Augen zurückschneiden; ältere Pflanzen auslichten, um den Neuaustrieb zu fördern.
Vermehrung: Halb verholzte Stecklinge im Sommer oder Herbst; im Herbst Absenker.

Jasminum nudiflorum 🏆
↕↔ 3 m; sommergrüner Strauch mit duftenden, goldgelben Blüten von Dezember bis März; dunkelgrüne Blätter nach der Blüte.

Juniperus
Wacholder

Diese immergrünen Nadelbäume und -sträucher werden wegen ihrer Struktur gebenden Wuchsform und der verschieden gefärbten Nadeln kultiviert. Wacholder kommt in vielen Formen und Größen vor: als große Bäume, Zwergsorten und ausladende Sträucher. Die Nadeln können dunkelgrün, goldgelb oder sogar blau sein. Werden verschiedene Wacholder zusammengepflanzt bzw. mit anderen Nadelgehölzen kombiniert, dann kann ein prächtiger Anblick aus den unterschiedlichsten Formen, Farben und Strukturen entstehen. Die weiblichen Pflanzen tragen runde, fleischige, beerenähnliche Zapfen; die des Gewöhnlichen Wacholders (*J. communis*) werden als Gewürz verwendet und sind ein Geschmacksträger von Gin. Bei allen anderen sind sie ungenießbar bis giftig.

Winterhärte: Voll frosthart ❄❄❄ bis frosthart ❄❄
Standort: Jeder durchlässige Boden in Sonne oder Halbschatten.
Pflege: Rückschnitt allgemein nicht erforderlich; niederliegende Formen etwas ausdünnen, um sie zu begrenzen.
Vermehrung: Stecklinge oder Absenker möglich; Sorten besser veredeln bzw. zukaufen.

***Juniperus squamata* 'Blue Star'** 🏆
↕40 cm ↔ bis 1 m; ein kompakter, kriechender Busch; bildet wellenartige Kaskadenform; ❄❄❄.

Juniperus scopulorum 'Skyrocket'
↕6 m ↔ 50–60 cm; schlanker, säulenförmiger Baum als auffallender Blickpunkt; ❄❄❄.

Juniperus × pfitzeriana 'Pfitzeriana Aurea'
↕90 cm ↔ 2 m; ausladender Strauch; die goldgelben Nadeln werden im Winter grünlich gelb; ❄❄❄.

KALMIA

Lorbeerrose

DIESE IMMERGRÜNEN STRÄUCHER schmücken sich von Mitte Frühling bis Frühsommer mit einer Fülle rosafarbener, breit glockiger Blüten, die in dichten Trauben stehen. Die Zweige sind das ganze Jahr über mit glänzenden, ledrigen Blättern bedeckt. Hohe Arten wie die Breitblättrige Lorbeerrose (*K. latifolia*) und ihre Sorten fallen in Rabatten oder inmitten von Bäumen auf. Niedrige Arten wie *K. microphylla* eignen sich für Stein- oder Waldgärten neben Heidekraut und Zwergrhododendron, die wie die Lorbeerrose in sauren Böden gedeihen.

Winterhärte: Voll frosthart ❄❄❄
Standort: Feuchter, saurer Boden, am besten in halbschattiger Lage; ständig feuchter Boden auch in sonniger Lage; bei Kalkboden in Gefäße mit Azaleenerde pflanzen.
Pflege: Im Frühjahr Wurzelbereich mit Laub- oder Gartenkompost mulchen, um die Feuchtigkeit zu halten; nach der Blüte bei Bedarf nur störende Triebe abschneiden; bei vergreisten Exemplaren Verjüngungsschnitt über mehrere Jahre.
Vermehrung: Halb verholzte Stecklinge im Hochsommer schneiden; Absenker im Spätsommer.

Juniperus chinensis 'Pyramidalis' 🏆
↕2 m ↔ 60 cm; niedrige Sorte mit schöner, kompakter Wuchsform; ❄❄❄.

Juniperus communis 'Compressa' 🏆
↕80 cm ↔ 45 m; zwergig und sehr langsamwüchsig; geeignet für alpine Tröge und Steingärten; ❄❄❄.

Kalmia angustifolia 🏆
↕60 cm ↔ 1,5 m; breitbuschiger Strauch; die Blüten sind gelegentlich weiß.

KERRIA JAPONICA

Ranunkelstrauch, Kerrie

↔ bis 3 m

DIE KERRIE UND IHRE SORTEN sind starkwüchsige, Ausläufer bildende Sträucher, die das ganze Jahr über gut aussehen. Von Mai bis Juni erscheinen einfache oder gefüllte goldgelbe Blüten. Das sommergrüne Laub ist leuchtend grün, graugrün oder cremeweiß panaschiert. Wenn die Blätter abfallen, bieten die dichten Horste hellgrüner, rutenartiger Triebe im Winter einen schönen Anblick. Pflanzen Sie Kerrien in Rabatten, wo sie Platz haben, um sich zwischen anderen Sträuchern auszubreiten, oder gestalten Sie ein Winterarrangement mit Hartriegel (*Cornus*, siehe S. 42–43).

Winterhärte: Voll frosthart ❄❄❄
Standort: Nährstoffreicher, durchlässiger Boden in sonniger bis halbschattiger Lage.
Pflege: Nach der Blüte bis zu den Seitentrieben oder kräftigen, darunter liegenden Augen zurückschneiden.
Vermehrung: Im Herbst teilen; im Frühjahr bewurzelte Ausläufer von der Mutterpflanze abtrennen, diese um die Hälfte einkürzen, wieder einpflanzen; Steckhölzer.

Kerria japonica 'Picta'
↕1,5 m ↔ 2 m.

Kerria japonica 'Golden Guinea' 🏆
↕2 m ↔ 2,5 m; sehr große, einfache Blüten von bis zu 6 cm Durchmesser.

KOELREUTERIA

Blasenbaum

↔ 10 m

DIESE AUSGEZEICHNETEN Einzelbäume haben eine ausladende Wuchsform, elegante sommergrüne Blätter und im Sommer Büschel gelber Blüten, denen im Herbst ungewöhnliche blasenähnliche Früchte folgen. Der Blasenbaum (*K. paniculata*) ist die am häufigsten kultivierte und wahrscheinlich die eindrucksvollste Art. Seine Blätter entfalten sich im Frühjahr rötlich rosa, werden mittelgrün und zeigen eine goldgelbe Herbstfärbung. Im Hoch- und Spätsommer erscheinen bis zu 30 cm lange Büschel kleiner goldgelber Blüten, gefolgt von rosa oder rot übertönten Fruchtkapseln. In Gebieten mit langen, warmen Sommern ist die Blüte üppiger.

Winterhärte: Voll frosthart ❄❄❄ bis frosthart ❄❄
Standort: Nährstoffreicher, durchlässiger Boden in Vollsonne.
Pflege: Beschädigtes oder totes Holz im Winter herausnehmen, sonst kein Schnitt erforderlich.
Vermehrung: Aussaat im Herbst in Töpfen im Frühbeet.

Koelreuteria paniculata 🏆
↕↔ 10 m; Blätter bis zu 45 cm lang; ❄❄❄.

Kolkwitzia amabilis

Kolkwitzie

↕ 3 m ↔ 4 m

In voller Blüte bietet dieser Strauch einen prächtigen Anblick. Von Spätfrühling bis Frühsommer erscheinen die blass- bis tiefrosa Blüten so zahlreich, dass sie die spitz zulaufenden dunkelgrünen Blätter fast vollständig überdecken. Der sommergrüne Strauch wächst elegant überhängend. Er macht sich sehr gut in Rabatten oder in Einzelstellung. Es gibt auch Sorten, die leuchtender rosa blühen oder orangegelbes junges Laub haben.

Winterhärte: Voll frosthart ✻✻✻; Frostschäden durch Spätfröste an Blättern möglich.
Standort: Durchlässiger Boden in Vollsonne oder Halbschatten.
Pflege: Triebe nach der Blüte bis zu kräftigen Augen oder darunter liegenden Trieben zurückschneiden; ältere Pflanzen ausdünnen, um den Neuaustrieb zu fördern, dazu etwa ein Drittel vom alten Holz bis zum Boden abschneiden.
Vermehrung: Stecklinge schneiden.

***Kolkwitzia amabilis* 'Pink Cloud'** ♡
Bewährte Sorte.

Laburnum

Goldregen

↕↔ bis 8 m

Wie der deutsche Name besagt, werden diese ausladenden Bäume und Sträucher wegen ihrer leuchtend gelben Schmetterlingsblüten, die in hängenden Trauben im Spätfrühling und Frühsommer erscheinen, kultiviert. Jede Art dieser kleinen Gattung eignet sich hervorragend als Einzelbaum für kleine Gärten. Gestalten Sie mit Goldregen reizvolle Bögen, Laubengänge oder Pergolen, indem Sie die Triebe an einem Gerüst festbinden, solange sie jung und biegsam sind. Pflanzen Sie violette Blumen wie Zierlauch (*Allium*, siehe S. 174–175) darunter, um einen schönen Kontrast zu schaffen. Achtung, die Pflanzen sind in allen Teilen sehr giftig.

Winterhärte: Voll frosthart ✻✻✻
Standort: Durchlässiger Boden in Vollsonne.
Pflege: Erziehung durch Aufbinden der Triebe während der Wachstumsperiode; Seitentriebe im Spätsommer auf zwei bis drei Augen zurückschneiden, um Verzweigung und Blütenbildung anzuregen; störende Triebe im Spätwinter entfernen, solange sie jung sind.
Vermehrung: Eigenvermehrung nur bei *L. anagyroides* durch Aussaat oder Steckhölzer möglich.

***Laburnum* × *watereri* 'Vossii'** ♡
↕↔ 8 m; bis zu 60 cm lange Blütentrauben.

Laurus nobilis

Lorbeerbaum

Der Lorbeerbaum ist ein großer Strauch mit immergrünen, aromatischen Blättern, die man als Küchengewürz verwendet. Es gibt auch Sorten mit goldgelbem Laub. Männliche und weibliche Blüten sind beide grünlich gelb, erscheinen aber im Frühjahr an getrennten Pflanzen; stehen diese beieinander, bilden sich an der weiblichen Pflanze schwarze Beerenfrüchte. Lorbeerbäume werden oft in Form geschnitten und sehen neben anderen formal geschnittenen Pflanzen wie Buchs (*Buxus*, siehe S. 30) sehr elegant aus. Da sie nur mäßig frosthart sind, werden sie meist als Kübelpflanzen gezogen und nur in milden Gebieten ausgepflanzt, ansonsten in Kübeln unter Glas überwintert.

Winterhärte: Frosthart ✻✻; Schäden an Blättern bei kalten Winden möglich.
Standort: Feuchter, durchlässiger Boden in sonniger oder halbschattiger, geschützter Lage.
Pflege: Störende Triebe bei natürlich wachsenden Pflanzen entfernen; Formschnitt ein- oder zweimal im Sommer; Schildlausbefall bei Pflanzen unter Glas möglich; mit Mehltau befallene Triebe entfernen.
Vermehrung: Aussaat im Herbst in Töpfen im Frühbeet; halb verholzte Stecklinge im Sommer.

Laurus nobilis ♡
↕ 12 m ↔ 10 m; Lorbeerbäume kann man gut in Form schneiden.

Lavandula

Lavendel

Der beliebte Lavendel wird wegen seines immergrünen, aromatischen Laubs und der duftenden Blüten, die im Hoch- bis Spätsommer erscheinen, kultiviert. Es gibt viele Formen, von denen manche intensiver riechen als die anderen; die meisten haben silbriges Laub und nektarreichen Blüten, die für Bienen unwiderstehlich sind. Wollen Sie den Duft auch im Winter genießen, dann schneiden Sie die Blütenstiele ab, bevor die Blüten sich vollständig öffnen, und hängen Sie sie in Bündeln mit dem Kopf nach unten an einem trockenen Ort auf. In Rabatten ist Lavendel der klassische Rosenbegleiter; als niedrige Beetumrandung duftet er, wenn man ihn streift. Manche Arten sind nicht voll frosthart, können aber in Töpfen wachsen und unter Glas überwintern.

Winterhärte: Voll frosthart *** bis bedingt frosthart *
Standort: Durchlässiger, möglichst kalkhaltiger Boden in Vollsonne, sonst anspruchslos.
Pflege: Im Frühling Triebe um ein Drittel mit der Gartenschere einkürzen; abgeblühte Blütentriebe etwas einkürzen.
Vermehrung: Die reinen Arten durch Aussaat im Frühjahr in Töpfen im Frühbeet; Kopfstecklinge im Sommer schneiden.

Lavandula stoechas* ssp. *pedunculata 🏆
↕↔ 60 cm; weit verbreitete Unterart des starkwüchsigen Schopf-Lavendels; *** (Grenzwert).

ABGEBLÜHTES ENTFERNEN
Schneiden Sie welke Blütenstiele mit der Gartenschere bis zu 2,5 cm ins alte Holz zurück, um die Form der Pflanze zu erhalten.

***Lavandula angustifolia* 'Munstead'**
↕45 cm ↔ 60 cm; kompakter als die Art, eignet sich daher besser als Randbepflanzung; ***.

***Lavandula angustifolia* 'Hidcote'** 🏆
↕60 cm ↔ 75 cm; kompakte Pflanze, deren lebhafte Blüten einen schönen Kontrast zum grauen Laub bilden; ***.

***Lavandula angustifolia* 'Nana Alba'**
↕↔ 30 cm; sehr kompakter, zierlicher Busch; für Gefäße geeignet; weit verbreitet; ***.

***Lavandula* 'Marshwood'**
↕↔ 60 cm; buschige Pflanze, deren Blüten denen des Schopf-Lavendels ähneln; *** (Grenzwert).

Lavandula angustifolia 'Loddon Pink' ♀
↕45 cm ↔ 60 cm; kompakter als die Art, eignet sich daher besser als Randbepflanzung; ❄❄❄.

Lavatera

Buschmalve, Strauchpappel

Siehe auch S. 270.

Es gibt viele verschiedene Buschmalven, einjährige, zweijährige, Stauden und Sträucher. Strauchige Malven brauchen viel Platz, da sie rasch sehr groß werden; sie vertragen aber einen Rückschnitt gut. Sie sind aufgrund der Blütenfülle, die im Sommer und Herbst erscheint, beliebt. Das Laub ist bei immergrünen und sommergrünen Arten zartgrün und flaumig behaart; da die Blätter eher derb wirken, sollten diese Sträucher besser einen soliden Hintergrund für niedrigere Zierpflanzen bilden. Pflanzen Sie Buschmalven in den hinteren Bereich einer Rabatte, in Gebieten mit sehr kalten Wintern am besten an einer Mauer. Sie sind die ideale Wahl für Küstengärten, da sie sandige Böden und milde, frostfreie Witterung bevorzugen.

Winterhärte: Voll frosthart ❄❄❄ bis frosthart ❄❄
Standort: Leichter Sandboden in Vollsonne; auch schwere Böden.
Pflege: Frostharte Arten in kühleren Regionen vor kalten Winden schützen, z. B. an einer Südmauer; Triebe im Vorfrühling fast bis zum Grund zurückschneiden, um die kompakte Form zu erhalten.
Vermehrung: Grünstecklinge im Frühsommer; da Bechermalven kurzlebig sind, Nachwuchs ziehen.

① *Lavatera × clementii* 'Burgundy Wine' ♀ ↕↔2 m; starkwüchsig; wintergrün; ❄❄❄ ② *L. × clementii* 'Barnsley' ↕↔2 m; starkwüchsig; wintergrün; weiße Blüten, im Alter rosa; ❄❄❄.

Lespedeza

Buschklee

Buschklee verdankt seinen Namen den blaugrünen Blättern, die in Dreiergruppen stehen und wie ein Kleeblatt aussehen. Am weitesten verbreitet sind die sommergrünen Sträucher, die hauptsächlich wegen ihrer Schmetterlingsblüten kultiviert werden. Sie hängen gegen Spätsommer und im Herbst in langen, dichten Rispen von den überhängenden Trieben herab. Wegen der späten Blüte ist Buschklee ein guter Begleiter für Sonnenhut (*Rudbeckia*, siehe S. 317) und Glattblatt-Aster (*Aster novi-belgii*, siehe S. 192–193), um auch noch im späten Gartenjahr Farbe in den Garten zu bringen. In kalten Wintern kann die Pflanze zurückfrieren, treibt aber wieder aus.

Winterhärte: Voll frosthart ❄❄❄ bis frosthart ❄❄
Standort: Leichter, durchlässiger Boden in Vollsonne.
Pflege: Alle Triebe im Spätfrühling auf ein niedriges Gerüst zurückschneiden; oberirdische Pflanzenteile, die im Winter absterben, bis zu Basis abschneiden.
Vermehrung: Aussaat im Frühjahr in Töpfen im Freien; *L. thunbergii* kann im Frühjahr geteilt werden.

Lespedeza thunbergii ♀
↕2 m ↔ 3 m; Blüte im Frühherbst; die volle Höhe wird oft nur in warmen Regionen erreicht, wo oberirdische Pflanzenteile nicht absterben.

Leucothoe

Traubenheide

Diese sommergrünen und immergrünen Sträucher ähneln mit ihrer aufrechten Wuchsform, den überhängenden Zweigen und den attraktiven glockenähnlichen weißen Blüten, die im Frühjahr erscheinen, der Lavendelheide (*Pieris*, siehe S. 96–97). Die Blätter sind bei allen Sorten dekorativ, aber das Laub bietet bei einigen Sorten der Gebogenen Traubenheide (*L. fontanesiana*) eine zusätzliche Attraktion. So ist es z. B. bei 'Rainbow' und 'Scarletta' zuerst rotviolett, wird im Sommer dunkelgrün und im Winter bronzefarben. Traubenheide gedeiht am besten in schattigen Lagen, in Begleitung von Rhododendron (*Rhododendron*, siehe S. 104–107), Erika (*Erica*, siehe S. 52–53) und Schattenglöckchen, die ähnliche Böden mögen. Die meisten Arten sind eine gute Wahl für Waldgärten.

Winterhärte: Voll frosthart ❄❄❄ bis frosthart ❄❄
Standort: Saurer, feuchter, mit reichlich organischem Material versorgter Boden in halbschattiger bis schattiger Lage.
Pflege: Im Spätwinter oder zeitigen Frühjahr nur störende Triebe zurückschneiden.
Vermehrung: Aussaat im Frühjahr in Töpfen im Frühbeet; halb verholzte Stecklinge im Sommer.

Leucothoe fontanesiana 'Rainbow'
↕1,5 m ↔ 2 m; eignet sich gut zur Unterpflanzung in Waldgärten; Blüte im Spätfrühling; ❄❄❄.

Leycesteria formosa

Schöne Leycesterie

Dieser schnellwüchsige Strauch mit hohlen, bambusartigen Trieben trägt im Sommer ungewöhnliche Blüten, denen kleine, runde Früchte folgen. Die weißen Blüten sind von charakteristischen Hochblättern umgeben und bilden hängende, pagodenartige Büschel. Die Hochblätter verbleiben an der Pflanze und umhüllen später die purpurroten Früchte. Leycesterien werden heute selten kultiviert, obgleich sie das Gartenjahr lange bereichern – von den blaugrünen Trieben im Frühjahr bis zur schönen Herbstfärbung. Die Zweige wirken inmitten von anderen Sträuchern mit schönen Wintertrieben, z. B. Hartriegel (*Cornus*, siehe S. 42–43), eindrucksvoll.

Winterhärte: Voll frosthart ❄❄❄ (Grenzwert).
Standort: Nährstoffreicher, durchlässiger Boden in vollsonniger bis halbschattiger Lage.
Pflege: Vor kalten, trockenen Winden schützen; bei Frostgefahr dick mit organischem Material mulchen; nach der Blüte Blütentriebe bis zu den darunter liegenden jungen Seitentrieben oder kräftigen Augen zurückschneiden oder im Frühjahr alle Triebe radikal zurücknehmen.
Vermehrung: Aussaat im Herbst in Töpfen im Frühbeet; Grünstecklinge im Sommer.

Leycesteria formosa 🏆
↕↔ 2 m; aufrechte Pflanze, die Dickichte bildet; für Waldgärten oder Strauchrabatten geeignet; Blüte von Spätsommer bis Frühherbst.

Ligustrum

Liguster

Diese sommer-, immer- oder wintergrünen Sträucher und Bäume werden meist in Stadtgärten als Hecken gepflanzt, wo sie sich trotz Schatten und Luftverschmutzung wohl fühlen. Die anspruchslosen Pflanzen gedeihen fast überall. Die muffig riechenden weißen Blüten erscheinen im Frühjahr oder Sommer, gefolgt von schwarzen Früchten. Die dichte, hübsche Belaubung ist jedoch die Hauptattraktion des Ligusters. Er wächst aufrecht oder kegelförmig, rundlich oder ausladend. Manche Arten wie z. B. der Japanische Liguster (*L. japonicum*) mit großen, glänzenden Blättern eignen sich für Einzelstellung oder Rabatten. Andere wie der Wintergrüne Liguster (*L. ovalifolium* 'Aureum') machen sich am besten als Hecke.

Winterhärte: Voll frosthart ❄❄❄ bis frosthart ❄❄
Standort: Jeder durchlässige Boden in Vollsonne oder Halbschatten, panaschierte Sorten am besten in Vollsonne.
Pflege: Im Spätwinter oder Vorfrühling störende Zweige herausnehmen; Heckenschnitt mindestens zweimal im Jahr; Blattminierer verursachen typische Fraßgänge, aber keine dauerhaften Schäden.
Vermehrung: Aussaat im Herbst oder Frühjahr in Töpfen im Frühbeet; halb verholzte Stecklinge im Sommer, Steckhölzer im Winter schneiden.

Ligustrum lucidum 'Excelsum Superbum' 🏆
↕↔ 10 m; kegelförmiger Baum oder Strauch; immergrüne Blätter; Blüte im Spätsommer; ❄❄❄.

Linum arboreum

Strauch-Lein

Siehe auch S. 278.

↕↔30 cm

DIESER ROBUSTE HALBSTRAUCH trägt im Spätfrühling und Sommer tiefgelbe Blüten. Die Einzelblüten sind kurzlebig, werden aber unermüdlich von neuen ersetzt. Wie bei vielen anderen Leinarten auch schließen sich die Blüten am Nachmittag. Der immergrüne Strauch-Lein stammt aus Griechenland und der Westtürkei und eignet sich gut für Hanglagen mit durchlässigem Boden, Steingärten sowie für den vorderen Bereich von Sonnenrabatten. Zusammen mit anderen sonnenliebenden grünen und goldgelben Pflanzen wie Oregano (*Origanum*, siehe S. 91), Sonnenröschen (*Helianthemum*, siehe S. 70) oder goldgelb panaschierter Ölweide (*Elaeagnus*, siehe S. 50–51) schaffen sie eine mediterrane Atmosphäre.

Winterhärte: Frosthart ❄❄
Standort: Leichter, nährstoffreicher, gut mit organischem Material versorgter Boden in warmer, sonniger Lage; für bessere Durchlässigkeit in schwere Böden groben Kies einarbeiten.
Pflege: Durch Abdecken vor Winternässe schützen.
Vermehrung: Aussaat im Frühjahr oder Herbst in Töpfen im Frühbeet; halb verholzte Stecklinge im Sommer schneiden.

Linum arboreum 🏆
Dicke graugrüne Blätter, die oft in Rosetten erscheinen.

Liquidambar

Amberbaum

↕bis 25 m
↔bis 12 m

DIESE LAUB ABWERFENDEN Bäume tragen ahornähnliche Blätter, die sich im Herbst auffällig rot, orange und golden verfärben. Im Spätfrühling erscheinen winzige gelbgrüne Blüten, denen stachelige, runde Fruchtstände folgen. Der Amberbaum hat eine aufrechte, offene Wuchsform und sieht in einem Waldgarten genauso attraktiv aus wie in Einzelstellung. Der Amerikanische Amberbaum (*L. styraciflua*) wächst pyramidenförmig, hat glänzende dunkelgrüne Blätter und eine graue, tief gefurchte Rinde und ist ein Gewinn für jeden Garten. Im Herbst glüht sein Laub bis zu sechs Wochen lang in den leuchtendsten Farben.

Winterhärte: Voll frosthart ❄❄❄ bis frosthart ❄❄
Standort: Nährstoffreicher, saurer, feuchter, durchlässiger Boden in Vollsonne (für schönste Herbstfarben) bis Halbschatten.
Pflege: Bei jungen Bäumen im Spätwinter oder Vorfrühling störende Äste herausschneiden.
Vermehrung: Aussaat im Herbst in Töpfen im Frühbeet; weiche Kopfstecklinge im Sommer schneiden.

① ***Liquidambar styraciflua* 'Golden Treasure'** ↕10 m ↔6 m ② ***L. styraciflua* 'Worplesdon'** 🏆 ↕25 m ↔12 m; im Herbst violettes Laub.

Liriodendron

Tulpenbaum

↕bis 20 m
↔bis 12 m

DER TULPENBAUM, sehr dekorativ als Solitärgehölz, hat charakteristische dunkelgrüne Blätter, die sich im Herbst goldgelb färben. Er wächst sehr stattlich breit kegelförmig. Im Sommer erscheinen an älteren Bäumen tulpenförmige gelblich grüne Blüten, die jedoch aus großer Entfernung kaum zu sehen sind. Sie blühen nur in warmen Sommern, wenn das Holz gut ausgereift ist. Es lohnt sich, den Tulpenbaum allein wegen seiner Blätter zu pflanzen, allerdings nur, wenn Sie viel Platz haben. Für kleinere Gärten eignet sich eher die kompaktere Sorte *L. tulipifera* 'Aureomarginata'.

Winterhärte: Voll frosthart ❄❄❄
Standort: Tiefgründiger, nährstoffreicher, feuchter, durchlässiger, leicht saurer Boden in vollsonniger bis halbschattiger Lage.
Pflege: Störende Äste im Spätwinter oder Vorfrühling herausschneiden, solange die Bäume jung sind, um ein schön geformtes Astgerüst zu erhalten; Blattfleckenkrankheit möglich, Behandlung lohnt sich nur bei jungen Bäumen.
Vermehrung: Absenker.

Liriodendron tulipifera 🏆
↕30 m ↔15 m; starkwüchsiger, breit säulenförmiger bis kegelförmiger Baum; Blätter bis zu 15 cm, Blüten bis zu 6 cm lang.

LITHODORA

Steinsame

DIESE KLEINEN, AUSLADENDEN immergrünen Sträucher und Halbsträucher werden wegen der zahlreichen trichterförmigen blauen oder weißen Blüten, die hauptsächlich im Sommer erscheinen, kultiviert. Steinsamen wachsen aufrecht oder niederliegend und tragen lanzettliche Blätter, die von dunkelgrün bis graugrün variieren. Die Behaarung der Blätter hilft den Pflanzen, Feuchtigkeit zu speichern. Steinsame sind in Südeuropa heimisch und lieben daher durchlässige Böden und warme, trockene Bedingungen. Sie sind gute Bodendecker für Steingärten, den vorderen Bereich von Rabatten oder in Trögen, wo sie kaskadenartig über den Rand wachsen.

Winterhärte: Voll frosthart ❄❄❄ bis frosthart ❄❄
Standort: Durchlässiger, am besten kalkhaltiger Boden in Vollsonne; *L. diffusa* 'Heavenly Blue' braucht sauren Boden mit reichlich organischem Material; für Tröge Substrat aus gleichen Teilen lehmiger Erde, Laubkompost und Kies verwenden.
Pflege: Störende Triebe nach der Blüte abschneiden; als Verjüngungsschnitt Blütentriebe im zeitigen Frühjahr bis 2,5 cm ins alte Holz zurückschneiden; gelegentlich Blattlausbefall.
Vermehrung: Halb verholzte Stecklinge im Sommer schneiden.

Lithodora oleifolia ♀
↕20 cm ↔30 cm; halb aufrechter, locker verzweigter Strauch; rosa übertönte Knospen öffnen sich himmelblau; ❄❄❄.

Lithodora diffusa 'Heavenly Blue' ♀
↕15 cm ↔60 cm; schnellwüchsiger, Matten bildender, verzweigter Halbstrauch; beliebte Steingartenpflanze; Blätter beidseitig behaart; Blüte im Spätfrühling und Sommer; ❄❄❄.

LONICERA

Heckenkirsche

Siehe auch S. 146.

BEI DIESEN HECKENKIRSCHEN handelt es um nicht kletternde Sträucher: Sommergrüne Arten wie die Wohlriechende Heckenkirsche (*L. fragantissima*), die wegen ihrer intensiv duftenden, teilweise bin in den Winter hinein geöffneten Blüten kultiviert werden, und kleinblättrige immergrüne Arten wie die Glänzende Heckenkirsche (*L. nitida*) und die Immergrüne Kriech-Heckenkirsche (*L. pileata*), die winzige Blüten bilden, aber schön dicht wachsen und sich für Hecken sowie als Bodendecker eignen. Sie alle tolerieren unterschiedliche Standorte und brauchen wenig Pflege. Die Früchte vieler Arten enthalten Giftstoffe.

Winterhärte: Voll frosthart ❄❄❄
Standort: Jeder durchlässige Boden in Vollsonne oder Halbschatten.
Pflege: Bei sommergrünen Arten Blütentriebe nach der Blüte bis zu darunter liegenden kräftigen Seitentriebe zurückschneiden, falls das Wachstum begrenzt werden muss; bei vergreisten Pflanzen einen Haupttrieb an der Basis entfernen; Schnitt bei immergrünen Arten nur bei Bedarf; *L. nitida* als Hecke mindestens zweimal im Sommer schneiden; Blattlausbefall möglich, besonders bei Pflanzen in Vollsonne.
Vermehrung: Aussaat nach der Samenreife in Töpfen im Frühbeet; halb verholzte Stecklinge im Sommer, Steckhölzer im Herbst schneiden.

Lonicera × purpusii 'Winter Beauty' ♀
↕2 m ↔2,5 m; dünntriebige Wuchsform; sommergrün; intensiv duftende Winterblüten; Früchte selten.

Lonicera nitida
↕2 m ↔ 1,2 m; immergrün; Blüte im Frühjahr; purpurblaue Früchte; sehr gut geeignet für Hecken und Formschnitt.

Lonicera fragrantissima
↕2 m ↔ 3 m; überhängende Wuchsform; sommergrün; duftende Winterblüten; mattrote Früchte.

Luma

Luma-Myrte

↕6–15 m
↔5–15 m

DIESE IMMERGRÜNEN, in Südamerika heimischen Sträucher und kleinen Bäume haben aromatische, ledrige Blätter und becherförmige weiße Blüten, die im Sommer und Herbst erscheinen. *L. apiculata* wird auch wegen ihrer auffallenden abschilfernden Rinde geschätzt. Die ovalen Blätter sind gewöhnlich dunkelgrün, bei *L. apiculata* 'Glanleam Gold' cremegelb umsäumt. Den Blüten folgen violette oder schwarze Früchte. Pflanzen Sie Luma-Myrten in kleinen Gruppen oder als Solitär auf Rasen. In Gebieten mit kalten Wintern gedeihen sie an einer warmen Mauer am besten. *L. apiculata* eignet sich auch als Heckenpflanze.

Winterhärte: Frosthart ❄❄ bis bedingt frosthart ❄
Standort: Nährstoffreicher, mit reichlich organischem Material angereicherter Boden in Vollsonne oder Halbschatten.
Pflege: Störende Äste im Spätwinter oder Vorfrühling herausnehmen, um die Form und ein gesundes Gerüst zu erhalten; Äste regelmäßig einkürzen; Heckenschnitt im Frühjahr.
Vermehrung: Aussaat im Frühjahr in Töpfen im Frühbeet, auch Selbstaussaat; halb verholzte Stecklinge im Spätsommer.

Luma apiculata 🏆
↕↔ 10–15 m; aufrecht, starkwüchsig; zimtbraune und cremefarbene Rinde; Blüte von Hochsommer bis Mitte Herbst; violette Früchte.

Maackia

Gelbholz, Maackie

WENN SIE EINEN UNGEWÖHNLICHEN Solitärbaum für Ihren Garten suchen, pflanzen Sie ein Gelbholz. Die Blätter des Laub abwerfenden Baums setzen sich aus mehreren ovalen Fiederblättchen zusammen. Im Sommer erscheinen aufrechte Trauben aus winzigen weißen Schmetterlingsblüten, denen lange, flache Fruchthülsen folgen. Der in den Wäldern Ostasiens heimische Baum wächst langsam. Auch wenn es eine Endhöhe von 15 m erreicht, so ist das Asiatische Gelbholz (*M. amurensis*) dennoch für viele Jahre ein geeigneter Baum für kleinere Gärten. *M. chinensis* bleibt mit 10 m Höhe etwas kleiner und hat attraktives silbrig graublaues Laub. Diese Bäume sehen in Einzelstellung genauso gut aus wie neben anderen schlanken Bäumen wie Birken (*Betula*, siehe S. 28) und Ebereschen (*Sorbus*, siehe S. 118).

Winterhärte: Voll frosthart ❄❄❄
Standort: Nährstoffreicher, durchlässiger, neutraler bis saurer Boden in Vollsonne.
Pflege: Wenig Rückschnitt erforderlich; bei jungen Bäumen störende Triebe entfernen, um eine schöne Form zu fördern.
Vermehrung: Aussaat im Herbst im Topf oder Saatbeet, Samen vorher quellen lassen; Kopfstecklinge im Früh- oder Hochsommer schneiden.

Maackia amurensis
↕15 m ↔ 10 m; offene, ausladende Wuchsform; Blüte im Hoch- oder Spätsommer.

Maclura
Osagedorn

DIESE SOMMERGRÜNEN kleinen Bäume sind wegen ihres eleganten Laubs und der ungewöhnlichen Früchte beliebt. Damit Früchte erscheinen, müssen ein männlicher und ein weiblicher Baum beieinander stehen; es gibt auch weibliche Pflanzen, auf die ein männlicher Ast gepfropft wurde. Sie gedeihen nur in langen, warmen Sommern gut und bilden dann auch Früchte. Der Osagedorn (*M. pomifera*) wächst rund und ist in der Jugend bedornt. Er trägt winzige, becherförmige gelbgrüne Blüten und dunkelgrüne Blätter, die sich im Herbst gelb färben und die Früchte umgeben. *M. tricuspidata* bleibt mit bis zu 6 m Höhe kleiner und buschiger; sie blüht im Sommer und bildet essbare orangerote Früchte.

Winterhärte: Voll frosthart ✻✻✻; nicht ausgereifte Triebe an Jungpflanzen sind anfällig für Frühjahrsfröste.
Standort: Nährstoffreicher Boden in Vollsonne.
Pflege: Bei jungen Bäumen im Spätwinter oder Vorfrühling störende Triebe entfernen; frostgeschädigte Triebe bis auf ein kräftiges Auge zurückschneiden.
Vermehrung: Aussaat in Töpfen in geschützter Lage im Freien; halb verholzte Stecklinge im Sommer, Wurzelschnittlinge im Winter schneiden.

Magnolia
Magnolie

PRÄCHTIGE, EINZELNE, oft duftende, becher- oder tellerförmige Blüten kennzeichnen diese langsamwüchsigen, meist sommergrünen oder immergrünen Bäume und Sträucher. Die Blüten können reinweiß, rosa, sattviolett, cremefarben und grünlich gelb sein. Sie erschienen zwischen Vorfrühling und Frühsommer, meist bevor sich die ledrigen, dekorativen Blätter entfalten. Manche Arten bilden im Herbst zapfenähnliche Früchte mit Samen, die von einer roten Samenhülle umgeben sind. Magnolien eignen sich als Solitäre.

Winterhärte: Voll frosthart ✻✻✻ bis frostempfindlich ❀; Blüte spätfrostgefährdet.
Standort: Feuchter, durchlässiger, nährstoffreicher, neutraler bis saurer (manche alkalischer) Boden in Vollsonne oder Halbschatten.
Pflege: Schnitt, nur wenn unbedingt nötig, im Spätfrühling oder Vorfrühling; anfällig für Rotpustelkrankheit mit orangeroten Pusteln auf absterbenden Ästen, befallenes Holz entfernen und vernichten.
Vermehrung: Grünstecklinge bei sommergrüne Arten im Frühsommer; halb verholzte Stecklinge bei Immergrünen im Spätsommer bis Frühherbst.

FROSTSCHUTZ
Früh blühende Magnolien müssen bei Frostgefahr abgedeckt werden.

Magnolia wilsonii ♕
↕↔ 6 m; sommergrüner Strauch oder Baum; rotviolette Triebe; Blätter entfalten sich unterseits rotbraun; Blüte im Spätfrühling; ✻✻✻.

Maclura pomifera
↕15 m ↔ 12 m; Blüte im Frühsommer; Früchte (siehe kleines Bild) mit bis zu 13 cm Durchmesser.

Magnolia × soulangeana
↕↔ 6 m; sommergrüner Strauch; kann an Mauern wachsen; Blüte von Mitte bis Spätfrühling an kahlen Ästen; ✻✻✻.

***Magnolia* 'Elizabeth'** ♕
↕10 m ↔ 6 m; sommergrüner Baum; junges Laub bronzefarben, später dunkelgrün; Blüte von Mitte bis Spätfrühling; ✻✻✻.

Mahonia

Mahonie

↕0,6–5 m
↔1–4 m

DIESE IMMERGRÜNEN Sträucher sind wegen ihrer nach Honig duftenden Blüten und ihres attraktiven Laubs beliebt. Die großen, ledrigen, gefiederten Blätter bestehen aus dornig gezähnten, am Rand gewellten Teilblättern. Im Spätwinter oder Frühjahr erscheinen dichte Trauben gelber Blüten, die wochenlang halten, gefolgt von blauschwarzen Früchte. Die meisten Mahonien wachsen aufrecht, einige jedoch haben eine niedrige, kriechende Form und sind gute Bodendecker. Die hohen Arten sind ideal für den Hintergrund einer Rabatte oder für Einzelstellung. Kombinieren Sie sie mit Stechpalme (*Ilex*, siehe S. 74–75) und Bodnant-Schneeball (*Viburnum* × *bodnantense*, siehe S. 126–127).

Winterhärte: Voll frosthart *** bis frosthart **
Standort: Jeder nährstoffreiche Gartenboden in Halbschatten oder Schatten; auf ständig feuchten Böden wird Sonne vertragen.
Pflege: Nach der Blüte störende Triebe etwas zurückschneiden; radikaler Rückschnitt wird gut vertragen.
Vermehrung: Stecklinge ab Spätherbst.

Magnolia stellata 🏆
↕3 m ↔ 4 m; sommergrüner Strauch oder Baum; Blüte von Vorfrühling bis Mitte Frühling, bevor sich das Laub entwickelt; ***.

***Mahonia* × *media* 'Charity'**
↕bis 5 m ↔ bis 4 m; starkwüchsige Kreuzung mit auffallenden Blütentrauben von Spätherbst bis Spätwinter; ***.

***Magnolia* 'Susan'** 🏆
↕4 m ↔ 3 m; sommergrüner Strauch; dunkelrote Knospen (kleines Bild) öffnen sich Mitte Frühling, Blütenblätter oft verdreht; ***.

***Mahonia* × *wagneri* 'Pinnacle'** 🏆
↕↔ 1,5 m; junges bronzefarbenes Laub, wird später leuchtend grün; Blüte im Frühjahr; ***.

***Mahonia aquifolium* 'Apollo'** 🏆
↕60 cm ↔ 1 m; niederwüchsig; im Frühjahr leuchtend gelbe Blüten; Blätter verfärben sich im Herbst sattpurpurn (siehe oben); ***.

Malus

Apfel, Zierapfel

Zieräpfel mit ihren rosa, roten, lila, weißen, gefüllten, halb gefüllten oder ungefüllten Frühjahrsblüten zählen zu den beliebtesten Ziergehölzen, vor allem seit es viele für kleine Gärten geeignete Hybriden gibt. Die goldgelben oder roten Früchte, die im Herbst folgen, sind roh sehr herb und sauer, lassen sich aber zu Säften und Gelees verarbeiten. Die Früchte locken Vögel an, und das Herbstlaub dieser Bäume ist oft auch attraktiv, weshalb Zieräpfel bis spät ins Jahr hinein zum Blickfang werden. Alle Arten werfen das Laub ab; manche bilden runde Kronen, andere haben lange, überhängende, sehr grazile Äste. Sie machen sich in Einzelstellung oder neben anderen kleinen Bäumen wie Weißdorn (*Crataegus*, siehe S. 46), Birke (*Betula*, siehe S. 28) und Eberesche (*Sorbus*, siehe S. 118) gut.

Winterhärte: Voll frosthart ✻✻✻
Standort: Nährstoffreicher, frischer, durchlässiger Boden in Vollsonne; die meisten Arten vertragen Halbschatten.
Pflege: Bei jungen Bäumen im Spätwinter oder Vorfrühling störende Triebe herausschneiden; Wildtriebe regelmäßig entfernen.
Vermehrung: Aussaat bei *M. baccata* und *M. hupehensis* im Herbst im Saatbeet; veredelte Hybriden in einer Baumschule kaufen.

Malus hupehensis 🏆
↕↔ 12 m; starkwüchsig; ausladende Wuchsform; große Blütenbüschel im Frühling (Mitte bis spät) (kleines Bild); schöne Herbstfärbung.

***Malus* 'John Downie'** 🏆
↕10 m ↔ 6 m; schmale Wuchsform, später kegelförmig; zuverlässige und reiche Ernte; Früchte bis zu 3 cm groß, gut für Gelees.

Malus floribunda 🏆
↕↔ 10 m; dichte, ausladende Wuchsform; Blüte im Frühling (Mitte bis spät); im Herbst kleine gelbe Früchte.

Mespilus germanica

Echte Mispel

Die Mispel ist ein Laub abwerfender Baum oder großer Strauch, der in Gebirgsregionen Südeuropas und Asiens heimisch ist. Mit ihrer schönen ausladenden Wuchsform ist sie ein interessantes Solitärgehölz mit schalenförmigen weißen, gelegentlich rosa übertönten Blüten, die von Spätfrühling bis Frühsommer erscheinen. Im Herbst folgen runde, fleischige Früchte, die sich zu Konfitüre, Gelee, Saft und Obstwein verarbeiten lassen. Roh haben sie einen typischen säuerlichen Geschmack und sind nur nach Frosteinwirkung oder Lagerung essbar. Die Mispel sieht im Herbst neben anderen Früchte tragenden Bäumen wie Weißdorn (*Crataegus*, siehe S. 46) und Zierapfel (*Malus*, siehe links) reizvoll aus.

Winterhärte: Voll frosthart ✻✻✻
Standort: Nährstoffreicher, frischer, durchlässiger Boden in Vollsonne oder Halbschatten.
Pflege: Schnitt nicht erforderlich, nur störende oder abgestorbene Triebe im Spätwinter oder zeitigen Frühjahr entfernen.
Vermehrung: Wird durch Pfropfung auf Weißdorn oder Birne vermehrt, daher in einer Baumschule kaufen.

Mespilus germanica
Das Laub färbt sich im Herbst gelbbraun.

Metasequoia glyptostroboides
Urweltmammutbaum

DIESER ERDGESCHICHTLICH SEHR ALTE Baum wurde erstmals 1940 in Form von fossilen Pflanzenresten entdeckt. Wenige Jahre später stieß man in China zufällig auf noch lebende Exemplare der bis dahin unbekannten Art. Er ist ein herausragender Solitärbaum, der allein auf dem Rasen oder am Rand eines Waldgartens steht. Er gehört zu den wenigen Nadelgehölzen, die ihr Laub abwerfen. Er hat eine schmale, kegelförmige Form, faserige Rinde und grazile Äste. Die weichen, federigen Nadeln sind leuchtend grün, werden im Herbst goldgelb und rostbraun. Die weiblichen Zapfen sind hellbraun und gestielt, männliche Zapfen hängend. Der Urweltmammutbaum eignet sich nur für sehr große Gärten. Anfangs wächst er sehr schnell, ab etwa 10 m Höhe langsamer.

Winterhärte: Voll frosthart ❄❄❄
Standort: Feuchter, durchlässiger, mit organischem Material angereicherter Boden in Vollsonne.
Vermehrung: Aussaat im Herbst im Saatbeet; Steckhölzer im Herbst; halb verholzte Stecklinge im Hochsommer unter Glas mit Bodenwärme kultivieren.

Metasequoia glyptostroboides 🏆
↕20–40 m ↔ 5 m oder mehr; verträgt staunasse Böden, wächst in trockenen Lagen langsamer.

Morus
Maulbeerbaum

DER IN CHINA HEIMISCHE Weiße Maulbeerbaum (*M. alba*) wird seit über 4000 Jahren als Futterpflanze für die Seidenraupenzucht angebaut. Der frosthärtere Schwarze Maulbeerbaum (*M. nigra*) stammt aus Südwestasien, der Rote Maulbeerbaum (*M. rubra*) aus Nordamerika – alle mit himbeerähnlichen, essbaren Früchten, die anfangs weiß oder grün sind und dunkelviolett, gelblich oder rot heranreifen. Sie werden von rundlichen oder herzförmigen, im Herbst gelben Blättern umrahmt. Die orangefarbene, schuppige Rinde sieht im Winter gut aus. Maulbeerbäume haben im Alter eine schöne Form und machen sich gut in Einzelstellung; die kleine, hängende *M. alba* 'Pendula' eignet sich für kleine Gärten.

Winterhärte: Frosthart ❄❄; *M. alba* ausgesprochen kälteempfindlich.
Standort: Nährstoffreicher, mit organischem Material angereicherter Boden in Vollsonne.
Pflege: Vor kalten Winden schützen; nur bei Bedarf und nur im Spätherbst oder Frühwinter schneiden, um das Ausbluten zu verhindern; anfällig für Mehltau.
Vermehrung: Aussaat im Herbst in Töpfen im Frühbeet; halb verholzte Stecklinge im Sommer; Steckhölzer im Herbst.

Morus nigra 🏆
↕12 m ↔ 15 m; die Früchte schmecken sehr aromatisch, auch für Konfitüren und Gelees geeignet.

Myrtus communis
Braut-Myrte, Gewöhnliche Myrte

DIE BRAUTMYRTE ist ein buschiger, aufrechter immergrüner Strauch mit glänzendem, dunkelgrünem, aromatischem Laub, der wegen seines intensiven Dufts beliebt ist. Sie trägt von Frühling bis Herbst eine Fülle weißer, süßlich duftender, schalenförmiger Blüten. Die Blühfreudigkeit und das Erscheinen der schwarzvioletten Früchte im Herbst sind abhängig von langen, warmen Sommern. Myrten gedeihen nur in warmen, geschützten Lagen. Sie sehen neben anderen Sträuchern und in gemischten Rabatten oder als natürliche Hecke gut aus. Man kann sie auch an Mauern oder in Töpfen ziehen.

Winterhärte: Frosthart ❄❄
Standort: Nährstoffreicher, feuchter, durchlässiger Boden in vollsonniger, geschützter Lage; für Gefäße Einheitserde verwenden.
Pflege: Störende Triebe im Frühling (Mitte oder spät) einkürzen; bei an Mauern wachsenden Pflanzen Blütentriebe nach der Blüte oder im zeitigen Frühjahr auf zwei bis vier Augen einkürzen; Heckenschnitt im Frühjahr.
Vermehrung: Aussaat im Herbst in Töpfen im Frühbeet; halb verholzte Stecklinge im Spätsommer.

Myrtus communis 🏆
Die Zweige hängen im Alter über; gedeiht in Stadt- und Küstengärten.

NANDINA DOMESTICA

Himmelsbambus, Nandine

↕ bis 2 m
↔ bis 1,5 m

DIESER AUFRECHTE, ELEGANTE Strauch kommt in der Natur in den Bergtälern Indiens, Chinas und Japans vor und wird wegen seiner Blüten, Früchte und der schönen Blätter kultiviert. Das junge Laub ist rot bis rötlich violett, wird dann grün, im Spätherbst wieder lebhaft rot. Im Hochsommer erscheinen kleine Rispen sternförmiger weißer Blüten mit gelber Mitte. In wärmeren Regionen folgen nach heißen Sommern leuchtend rote Früchte. Himmelsbambus ist immergrün, überlebt aber oft sehr kalte Winter nicht. Pflanzen Sie ihn neben Sträucher mit schöner Herbstfärbung. Die niederwüchsige Sorte 'Firepower' ist ein ausgezeichneter Bodendecker.

Winterhärte: Frosthart ❄❄
Standort: Feuchter, durchlässiger Boden in Vollsonne.
Pflege: Nach der Pflanzung radikal zurückschneiden, dann Mitte Frühjahr zurückschneiden, um die Form zu erhalten.
Vermehrung: Aussaat nach der Samenreife in Töpfen im Frühbeet; halb verholzte Stecklinge im Sommer schneiden.

Nandina domestica 🏆
Kann in warmen Regionen stark wuchern, wächst aber in gemäßigten Breiten verhalten.

NEILLIA

Traubenspiere

↕↔ 2 m

DIESE UNGEWÖHNLICHEN Sträucher mit schönen Blättern und Blüten bieten die meiste Zeit im Jahr einen interessanten Anblick. Sie sind sommergrün und im Himalayagebiet und Ostasien heimisch. Charakteristisch sind die grazil überhängenden Zweige mit dem dunklen, glänzenden Laub und den Massen rosaweißer oder rosa Glockenblüten von Spätfrühling bis Frühsommer. Die Traubenspiere bildet Dickichte und ist ideal für den Hintergrund einer Strauchrabatte oder als Sichtschutz. Wenn Sie den Platz haben, einen Bereich nur mit gleichzeitig blühenden Sträuchern zu bepflanzen, setzen Sie sie neben Weigelien (*Weigelia*, siehe S. 128).

Winterhärte: Voll frosthart ❄❄❄
Standort: Nährstoffreicher, durchlässiger Boden in Vollsonne oder Halbschatten.
Pflege: Blütentriebe nach der Blüte bis auf kräftige Augen oder darunter liegende Triebe zurückschneiden; bei älteren Pflanzen alle drei bis vier Jahre einen Verjüngungsschnitt vornehmen, um den Neuaustrieb aus der Basis zu fördern.
Vermehrung: Grünstecklinge im Frühsommer; bewurzelte Ausläufer.

Neillia thibetica
↕↔ 2 m; Ausläufer bildender Strauch mit aufrechtem, später überhängendem Wuchs; toleriert fast alle Böden; blüht am besten in der Sonne.

NYSSA

Tupelobaum

DIESER LAUB ABWERFENDE Baum ist wegen seines außergewöhnlichen Laubs beliebt; die jungen Blätter sind bronzefarben, werden dunkelgrün und färben sich im Herbst leuchtend braun, rubinrot und goldgelb. Er bringt winzige grüne Blüten hervor, denen kleine blaue Früchte folgen, die Vögel sehr schätzen. Aber das auffallende Herbstlaub ist die Hauptattraktion dieser Bäume. Diese Ufer- und Sumpfpflanzen sind ideal für Einzelstellung und sehen in Wassernähe eindrucksvoll aus. Kombinieren Sie *Nyssa sinensis* mit Birken (*Betula*, siehe S. 28), deren goldenes Herbstlaub einen leuchtenden Kontrast zum scharlachroten Laub des Tupelobaums bildet.

Winterhärte: Voll frosthart ❄❄❄; am besten aber in Gebieten mit warmen Sommern.
Standort: Nährstoffreicher, feuchter, durchlässiger, neutraler bis saurer Boden in Sonne oder Halbschatten.
Pflege: Vor kalten, austrocknenden Winden schützen; junge Containerware pflanzen, da ältere Exemplare Wurzelstörung nicht mögen; störende Triebe im Spätwinter oder Vorfrühling schneiden.
Vermehrung: Aussaat im Herbst im Saatbeet; Grünstecklinge im Frühsommer; halb verholzte Stecklinge im Hochsommer schneiden.

Nyssa sinensis 🏆
↕↔ 10 m; breit kegelförmige, oft mehrtriebige Wuchsform mit überhängenden, niedrigen Ästen; das grüne Laub wird im Herbst rot.

Olearia

Baumaster

Diese immergrünen Sträucher und Bäume werden wegen ihrer ledrigen Blätter und der margeritenähnlichen Blüten, die von Frühling bis Herbst einzeln oder in Büscheln erscheinen, kultiviert. Die Blüten sind meist weiß, können aber auch blau, lila, rosa oder gelb sein. Der Gänseblümchenstrauch (*O.* × *haastii*) ist ein dichter, buschiger Strauch mit duftenden Blüten, der sich als natürliche Hecke oder Windbrecher eignet. Der Neuseeländische Gänseblümchenstrauch (*O. macrodonta*), ein aufrechter Strauch, hat ilexartige, bedornt gezähnte, unterseits weiße Blätter und intensiv duftenden Blüten. *O. nummulariifolia* ist ein rundlicher, langsamwüchsiger Strauch, der an einer warmen, sonnigen Mauer am besten gedeiht; das dunkelgrüne Laub wirkt neben Pflanzen mit hellgrünen Blättern wie Ölweide (*Elaeagnus*, siehe S. 50–51) sehr gut.

Winterhärte: Voll frosthart ✽✽✽ bis frostempfindlich ❅
Standort: Nährstoffreicher, durchlässiger Boden in Vollsonne.
Pflege: Vor kalten Winden schützen; störende Triebe im Vorfrühling entfernen; Hecken nach der Blüte schneiden; verträgt radikalen Rückschnitt.
Vermehrung: Halb verholzte Stecklinge im Sommer.

① ***O.* × *haastii*** ↕2 m ↔3 m; ✽✽✽ ② ***O. macrodonta*** 🏆 ↕6 m ↔5 m; ✽✽✽ ③ ***O. nummulariifolia*** ↕↔2 m; ✽✽✽ ④ ***O. solandri*** ↕↔2 m; duftend; ✽✽.

Origanum

Oregano, Dost, Wilder Majoran

Siehe auch S. 295.

Diese aromatischen Pflanzen aus dem Mittelmeergebiet können Sträucher, Halbsträucher, Mehrjährige, Zweijährige oder Einjährige sein. Sie sind sich alle recht ähnlich, nämlich niedrig mit aufrechtem bis ausladendem Wuchs und winzigen rosa bis lila Blüten, die den ganzen Sommer erscheinen und von auffälligeren Hochblättern umhüllt sind. Die Blüten locken Bienen und andere bestäubende Insekten an. Höhere Arten eignen sich für Kräuterbeete oder Töpfe in Hausnähe, wo man den Duft zerriebener Blätter besser genießen kann. Oregano sieht als Umrandung von Rabatten oder Wegen gut aus, wo er bei Berührung seinen Duft verströmt. Die kleinsten Arten wie *O. amanum* passen zu Steingärten oder in Tröge, wo sie von größeren Pflanzen nicht verdrängt werden.

Winterhärte: Voll frosthart ✽✽✽ bis frosthart ✽✽
Standort: Karger bis mäßig nährstoffreicher, durchlässiger Kalkboden in Vollsonne; sehr nährstoffreiche Böden begünstigen Laubwuchs auf Kosten der Blüten.
Pflege: Alte Blütentriebe im zeitigen Frühjahr zurückschneiden.
Vermehrung: Neue Triebe aus der Basis im Spätsommer abtrennen und als Grünsteckling kultivieren.

***Origanum* 'Kent Beauty'**
↕10 cm ↔20 cm; niederliegend mit kriechenden Trieben; wintergrün; bekannt wegen der hopfenartigen Blüten; ✽✽✽.

Osmanthus

Duftblüte

Diese immergrünen Sträucher und Bäume werden wegen ihrer glänzenden dunkelgrünen Blätter und der weißen, gelegentlich gelben oder orangefarbenen Blüten, die wie Jasmin duften, kultiviert. Diese erscheinen im Vorfrühling und Mitte Frühling, gefolgt von runden blauschwarzen Früchten. Die Stachelblättrige Duftblüte (*O. heterophyllus*) und *O.* × *fortunei* tragen gesägtes, ilexähnliches Laub. Diese Sträucher haben eine dichte, gepflegte Wuchsform und bilden in Rabatten einen eindrucksvollen Hintergrund für auffälligere Sträucher, während *O. heterophyllus* 'Aureomarginatus' mit gelb umsäumten Blättern dunkle Ecken aufhellt. Duftblüten passen zu Strauchrabatten oder Waldgärten.

Winterhärte: Voll frosthart ✽✽✽ bis frostempfindlich ❅
Standort: Nährstoffreicher, durchlässiger Boden in Sonne oder Halbschatten; vor kalten, trockenen Winden schützen.
Pflege: Störende Triebe nach der Blüte herausschneiden; alle Arten vertragen bei Bedarf einen radikalen Rückschnitt.
Vermehrung: Aussaat nach der Samenreife in Töpfen im Frühbeet; halb verholzte Stecklinge im Sommer im Minigewächshaus bei Bodenwärme kultivieren; Absenker im Herbst oder Frühjahr.

① ***O.* × *burkwoodii*** 🏆 ↕↔3 m; rundliche Wuchsform, für Formschnitt; ✽✽✽ ② ***O. delavayi*** 🏆 ↕2–6 m ↔4 m; rundliche Wuchsform; kann an Mauern gezogen werden; ✽✽✽.

OXYDENDRUM ARBOREUM

Sauerbaum

↕15 m
↔8 m

DER SAUERBAUM ist ein Laub abwerfender Baum von kegel- oder säulenförmigem Wuchs. Mit seinen weißen Sommerblüten und dem auffallend gefärbten Herbstlaub bietet er lange Zeit einen schönen Anblick. Die im Spätsommer erscheinenden Blüten sind nur 6 mm lang, sehen aber in endständigen, kompakten, bis zu 25 cm langen, luftigen Rispen sehr eindrucksvoll aus. Die glänzenden, gezähnten, im Sommer dunkelgrünen Blätter färben sich im Herbst leuchtend rot, gelb und violett. Pflanzen Sie den Sauerbaum als Solitär oder in eine Waldlandschaft.

Winterhärte: Voll frosthart ***
Standort: Nährstoffreicher, feuchter, durchlässiger, bevorzugt saurer Boden; exponierte Lagen meiden.
Pflege: Junge Bäume im Spätwinter oder Vorfrühling schneiden, dabei störende Triebe entfernen.
Vermehrung: Aussaat im Herbst in Töpfen im Frühbeet; halb verholzte Stecklinge im Sommer schneiden.

Oxydendrum arboreum

PAEONIA

Strauch-Pfingstrose

Siehe auch S. 298.

↕↔ bis 2,2 m

STRAUCH-PFINGSTROSEN, die verholzenden Verwandten der krautigen Pfingstrosen, deren Spross im Winter abstirbt, werden auch als Baumpäonien bezeichnet. Auch sie tragen die charakteristischen üppigen Blüten in vielen Farben; sie öffnen sich von Spätfrühling bis Frühsommer und verleihen gemischten Rabatten dauerhaft Struktur. Die Blüten können einfach oder gefüllt, becher- oder tellerförmig sein und duften bei manchen Sorten. Die Staubblätter zeigen sich oft in einer Kontrastfarbe. Die Blätter sind mittel- bis dunkelgrün und doppelt dreizählig gefiedert. Pflanzen Sie sie in Rabatten mit Sträuchern oder Stauden.

Winterhärte: Voll frosthart *** bis frosthart **; Spätfröste können Jungtriebe und Blütenknospen schädigen.
Standort: Tiefgründiger, nährstoffreicher, mit organischem Material angereicherter Boden in Vollsonne oder Halbschatten.
Pflege: Vor kalten Winden schützen; kein Schnitt erforderlich, nur erfrorene Triebspitzen entfernen.
Vermehrung: Halb verholzte Stecklinge im Sommer schneiden; Hybriden sind veredelt.

***Paeonia suffruticosa* 'Cardinal Vaughan'**
↕↔ bis 2 m; Blüten mit 15–30 cm Durchmesser im Spätfrühling und Frühsommer; dunkelgrüne Blätter, unterseits blaugrün; ***.

ABGESTORBENES HOLZ
Nach Blüten- und Samenbildung sterben die Triebe ab und werden im Herbst bis zum Neuaustrieb zurückgeschnitten.

Paeonia delavayi 🏆
↕2 m ↔ 1,2 m; Blüten mit bis zu 10 cm Durchmesser im Frühsommer; Blätter dunkelgrün, unterseits blaugrün; ***.

Paeonia delavayi* var. *ludlowii 🏆
↕↔ 2,5 m; Blüten mit bis zu 13 cm Durchmesser im Spätsommer; junge Blätter tief rotbraun (kleines Bild), später leuchtend grün; ***.

Paulownia

Blauglockenbaum

↕bis 12 m
↔bis 10 m

Diese starkwüchsigen, Laub abwerfenden Bäume sind ein Gewinn für den Garten. Sie gedeihen und blühen am besten in Regionen mit langen, heißen Sommern. Der schnellwüchsige Chinesische Blauglockenbaum (*P. tomentosa*) verträgt Stadtklima. *P. fortunei* ist kleiner und wird bis zu 8 m hoch. Beide bringen im Spätfrühling, oft an fast kahlen Ästen, duftende Blüten hervor. Sie sehen als Solitärbaum gut aus, wirken aber auch als Strauch ansprechend (siehe *Cornus*, S. 56–57), da das auffällige exotische Laub dann noch größer wird. Diese Form bietet sich also auch für Gebiete an, wo sie nicht zuverlässig blühen.

Winterhärte: Voll frosthart ❄❄❄; im Jugendstadium recht frostempfindlich.
Standort: Nährstoffreicher, durchlässiger Boden in Vollsonne.
Pflege: In Frostgebieten vor kalten, trockenen Winden schützen; Bäume nur bei Bedarf schneiden; für große Blätter Triebe im Frühjahr auf zwei bis drei Knospen des Hauptgerüstes zurückschneiden.
Vermehrung: Aussaat im Frühjahr oder Herbst in Töpfen im Frühbeet; Wurzelschnittlinge im Winter kultivieren; Jungpflanzen gedeihen besser, wenn sie in Töpfen unter Glas überwintern.

Paulownia tomentosa 🏆
↕12 m ↔ 10 m; blüht nach heißen Sommern besser (kleines Bild); strauchartig erziehen, um bis zu 50 cm große Blätter zu erhalten.

Perovskia

Perowskie, Blauraute

Dieser grazile Halbstrauch trägt lange, rutenartige Triebe, die im Spätsommer oder Frühherbst mit winzigen blauvioletten Blüten übersät sind. Blätter und Triebe sind grauweiß oder graugrün, das Laub duftet stark zitronenartig. Die Triebe können in einer Saison bis zu 1,2 m lang werden und bis zur Hälfte mit Blüten bedeckt sein. Blaurauten bringen, in Gruppen gepflanzt, Höhe und ein filigranes Blau in Staudenrabatten und sollten wie diese jedes Frühjahr stark zurückgeschnitten werden, da sie sonst verkahlen. Vor einer grau oder weiß angestrichenen Mauer fallen sie ebenfalls auf.

Winterhärte: Frosthart ❄❄; Triebe können in kalten Wintern abfrieren, werden aber nach Rückschnitt durch Neuaustrieb ersetzt.
Standort: Durchlässiger, karger bis mäßig nährstoffreicher Boden in Vollsonne; auch in trockenen Kalkböden und Küstengärten.
Pflege: Im Frühjahr handbreit über dem Boden zurückschneiden, allmählich entsteht ein niedriges, verholztes Gerüst (kleines Bild).
Vermehrung: Grünstecklinge im Spätfrühling, halb verholzte Stecklinge im Sommer schneiden.

RÜCKSCHNITT
Vor dem Neuaustrieb alte Teile, die im letzten Jahr nicht ausgetrieben sind, abschneiden.

Perovskia 'Blue Spire' 🏆
↕1,2 m ↔ 1 m; schmale, silbergraue Blätter umhüllen die Triebe; Blüten ähneln denen des Lavendels.

Philadelphus

Pfeifenstrauch, Falscher Jasmin

Die süsslich duftenden Blüten sind ein wesentliches Merkmal dieser hauptsächlich sommergrünen Sträucher. Die Blüten sind leicht glockig, einfach, halb gefüllt oder gefüllt, gewöhnlich weiß mit gelblichen Staubgefäßen und stehen einzeln oder in Büscheln. Das Laub ist mittelgrün; der Falsche Jasmin (*P. coronarius*) bietet auch weiß panaschierte und gelbblättrige Formen. Pflanzen Sie Pfeifensträucher in Einzelstellung oder in Rabatten mit anderen im Früh- oder Hochsommer blühenden Sträuchern wie Weigelien (*Weigelia*, siehe S. 128), ruhig auch etwas weiter entfernt, da ihr Duft auch aus der Ferne wahrzunehmen ist.

Winterhärte: Voll frosthart ❄❄❄ bis bedingt frosthart ❄
Standort: Jeder normale Gartenboden in Vollsonne oder Halbschatten; *P. microphyllus* braucht Vollsonne, die gelb belaubte Sorte 'Aureus' etwas Schatten.
Pflege: Alle zwei bis drei Jahre nach der Blüte auslichten, dazu alte bzw. störende Triebe bodennah herausschneiden, schwache Triebe um etwa ein Drittel kürzen; Blattläuse und Echter Mehltau können zum Problem werden, mit Mehltau befallene Blätter entfernen, nicht übermäßig gießen.
Vermehrung: Grünstecklinge im Sommer; Steckhölzer im Herbst oder Winter.

① *Philadelphus* 'Belle Etoile' 🏆 ↕1,2 m ↔ 2,5 m ② *P. coronarius* 'Aureus' 🏆 ↕2,5 m ↔ 1,5 m ③ *P. microphyllus* ↕↔ 1 m ④ *P.* 'Virginal' ↕3 m oder mehr ↔ 2,5 m.

Phlomis

Brandkraut, Strauchnessel

Siehe auch S. 306.

Diese attraktiven, anspruchslosen immergrünen Sträucher und Halbsträucher werden wegen ihrer salbeiähnlichen Blätter und ihrer ungewöhnlichen, oft helmförmigen Blüten kultiviert. Die Blätter sind unterschiedlich geformt – schmal und lanzettlich bis oval – und hell- bis graugrün sowie oft behaart. Die goldgelben, lilafarbenen, purpurnen bis rosafarbenen, gelegentlich weißen Blüten erscheinen im Früh- und Hochsommer in dichten Büscheln an aufrechten Trieben. Dekorative Samenstände lassen das Brandkraut bis zum Winter interessant aussehen. Diese kleinen bis mittelgroßen Sträucher wachsen aufrecht oder rundlich. Sie sehen inmitten von Kräutern wie Salbei (*Salvia*, siehe S. 318–319) und Lavendel (*Lavandula*, siehe S. 80–81) gut aus, können aber auch in gemischte oder Strauchbeete gepflanzt werden.

Winterhärte: Voll frosthart *** bis frosthart **
Standort: Jeder nährstoffreiche, durchlässige Boden in Vollsonne.
Pflege: Welkes entfernen, um Blühdauer zu verlängern; störende Triebe nach der Blüte etwas zurückschneiden.
Vermehrung: Aussaat im Frühjahr; Grünstecklinge im Sommer schneiden.

Phormium

Neuseelandflachs

Diese Strukturpflanzen mit den auffälligen schwertförmigen Blättern und den exotisch wirkenden Blüten bilden große Horste, die in Rabatten oder Kiesgärten sowie in Einzelstellung im Rasen zum Blickfang werden. Die Blätter können bronzegrün mit rosa Umrandung bis dunkelgrün mit roten, orangen oder rosa Streifen gefärbt sein, was Neuseelandflachs zu einem sehr vielseitigen Gewächs macht. Im milderen Klima erscheinen im Sommer hohe Rispen, die dicht mit Röhrenblüten in aufrechten Büscheln besetzt sind; in kälteren Regionen werden meist keine Blüten gebildet. Mit ihren dicken, derben Blättern eignen sich die Pflanzen auch für Küstengärten, wo sie oft schön blühen. Pflanzen Sie Neuseelandflachs in einen großen Kübel, um eine Terrasse zu beleben.

Winterhärte: Frosthart ** bis bedingt frosthart *
Standort: Fruchtbarer, feuchter, durchlässiger Boden in Vollsonne.
Pflege: In frostgefährdeten Gebieten halten die nicht voll frostharten Pflanzen Wintertemperaturen bis –12 °C aus, wenn man den Wurzelbereich dick mulcht.
Vermehrung: Aussaat im Frühjahr; verholzte Sprosse großer Horste im Frühjahr mit einem großen Messer teilen.

Phlomis fruticosa ♡
↕1 m ↔1,5 m; kissenartig wachsend; *** (Grenzwert).

Phormium 'Bronze Baby'
↕↔ 60–80 cm; mattrote, bis zu 4 m hohe Blütenrispen; **.

Phormium 'Sundowner' ♡
↕↔ 2 m; gelbgrüne, bis zu 2 m hohe Blütenrispen; **.

Phormium 'Dazzler'
↕1 m ↔ 1,2 m; die Blüten (siehe kleines Bild) werden 5 cm lang; ✻✻.

Phormium tenax 🏆
↕4 m ↔ 2 m; mattrote, bis zu 4 m hohe Blütenrispen; ✻✻.

PHOTINIA

Glanzmispel

DIESE IMMERGRÜNEN oder sommergrünen Sträucher und Bäume werden wegen ihres attraktiven Laubs und der unterschiedlichen Wuchsformen kultiviert. Manche sind ausladende Bäume, viele jedoch aufrechte oder rundliche Sträucher von 3–12 m Höhe. Sie bilden im Sommer kleine Büschel winziger weißer Blüten, die sommergrünen Arten sind jedoch hauptsächlich wegen ihrer Herbstfärbung und der Früchte beliebt. Das junge Laub der immergrünen Formen treibt im Frühjahr oft auffällig rötlich aus und färbt sich dann glänzend dunkel- oder mittelgrün. Glanzmispeln sehen in Strauchbeeten oder als Solitäre gut aus, eignen sich aber auch als Heckenpflanzen oder Hochstämmchen.

Winterhärte: Voll frosthart ✻✻✻ bis frosthart ✻✻; Spätfröste können den Neuaustrieb schädigen.
Standort: Nährstoffreicher, feuchter, durchlässiger Boden in Vollsonne oder Halbschatten; vor kalten Winden schützen.
Pflege: Störende Triebe im Winter oder Vorfrühling zurückschneiden; Hecken im Sommer nach Verblassen des Neuaustriebs schneiden; Echter Mehltau kann Blätter befallen.
Vermehrung: Aussaat sommergrüner Arten im Herbst; von allen halb verholzte Stecklinge im Sommer schneiden.

Photinia × fraseri 'Red Robin' 🏆
↕↔ 5 m; aufrechter immergrüner Strauch oder kleiner Baum; bronzefarbenes bis rotes junges Laub; Blüte Mitte bis später Frühling; ✻✻.

PHYGELIUS

Kapfuchsie

↕1–1,2 m
↔1–1,5 m

HÄNGENDE BLÜTENBÜSCHEL, die im Sommer und oft bis in den Herbst erscheinen, sind die Hauptattraktion dieser immergrünen Sträucher und Halbsträucher. Sie tragen ovale bis lanzettliche Blätter und Blüten in Gelb, Orangerot, Cremegelb und Orange. Kapfuchsien gedeihen in einem Strauchbeet oder an einer warmen Mauer und breiten sich über Ausläufer aus. In Regionen, in denen die Temperatur häufig unter 0 °C fällt, zieht man sie am besten wie Stauden. Die oberen Pflanzenteile sterben ab, die Pflanzen treiben im Frühjahr aber wieder aus.

Winterhärte: Frosthart ✻✻
Standort: Nährstoffreicher, durchlässiger Boden in Vollsonne.
Pflege: In frostgefährdeten Gebieten Wurzelbereich mit Stroh oder Farnlaub mulchen; Jungpflanzen frostfrei überwintern; Welkes entfernen, um neue Blüten anzuregen; als Stauden kultivierte Pflanzen zurückschneiden, sonst nur störende Triebe einkürzen.
Vermehrung: Grünstecklinge im Spätfrühling schneiden; bewurzelte Ausläufer im Frühjahr.

① *Phygelius aequalis* 'Yellow Trumpet' 🏆 ↕1 m ② *P. × rectus* 'African Queen' 🏆 ↕1 m ③ *P. × rectus* 'Moonraker' ↕bis 1,5 m ④ *P. × rectus* 'Salmon Leap' 🏆 ↕1,2 m.

PICEA

Fichte

FICHTEN SIND IMMERGRÜNE Nadelbäume, die wegen ihrer dichten Benadelung und der attraktiven Wuchsformen kultiviert werden. Am bekanntesten ist die Rot- oder Gewöhnliche Fichte (*P. abies*). Die Farbe der Nadeln variiert von Dunkelgrün bis Silberblau bei der Blau-Fichte (*P. pungens* 'Koster'), sodass Fichten einen guten Strukturkontrast zu Pflanzen mit auffälligeren Blättern bilden. Im Sommer und Herbst tragen ältere Bäume Zapfen, die sich grün oder rot entfalten, später purpurn oder braun werden. Größere Fichten in Einzelstellung stellen ihre schönen Wuchsformen zur Schau, sehen aber auch in Gruppen gut aus und bieten vor allem Schutz. Wie alle immergrünen Nadelgehölze bilden sie das ganze Jahr einen schönen Hintergrund und bringen Struktur in den Garten.

Winterhärte: Voll frosthart ❄❄❄ bis frosthart ❄❄
Standort: Jeder tiefgründige, feuchte, durchlässige, am besten neutrale bis saure Boden in Vollsonne.
Pflege: Schnitt nicht erforderlich; Blattlausbefall möglich, nur stark befallene junge oder zwergige Pflanzen behandeln.
Vermehrung: Reine Arten durch Aussaat; die Sorten sind veredelt.

① *Picea abies* 🏆 ↕bis 40 m ↔6 m ② *P. glauca* 'Conica' 🏆 ↕2–6 m ↔1–2,5 m ③ *P. mariana* 'Nana' 🏆 ↕↔bis 50 cm ④ *P. pungens* 'Koster' 🏆 ↕15 m ↔bis 5 m.

PICRASMA QUASSIOIDES

Bitterholz

DER AUFRECHTE, ELEGANTE Baum wird hauptsächlich wegen seines attraktiven Laubs, das sich im Herbst in Gelb-, Orange- und Rottöne verfärbt, kultiviert. Das in Asien heimische Bitterholz hat eine gewisse Ähnlichkeit mit dem Götterbaum (*Ailanthus altissima*), mit dem es verwandt ist. Jedes der glänzenden mittelgrünen Blätter ist in mehrere Fiederblättchen geteilt. Im Frühsommer erscheinen winzige, schalenförmige grüne Blüten in Büscheln, die jedoch wenig Zierwert haben. Bitterholz macht sich gut in einer Rabatte in offener Lage oder am Rand eines Waldgartens zusammen mit anderen Bäumen und Sträuchern, die ebenfalls eine schöne Herbstfärbung haben, wie Doppelblüte (*Disanthus cercidifolius*, siehe S. 50) und Tupelobaum (*Nyssa sinensis*, siehe S. 90).

Winterhärte: Voll frosthart ❄❄❄
Standort: Nährstoffreicher, durchlässiger Boden in Vollsonne oder Halbschatten; in Frostgebieten vor kalten Winden schützen.
Pflege: Störende Äste im Spätwinter oder zeitigen Frühjahr herausschneiden.
Vermehrung: Aussaat im Herbst in Töpfen im Frühbeet.

Picrasma quassioides
↕↔8 m; Herbstlaub wie hier abgebildet.

PIERIS

Lavendelheide

↕bis 5 m
↔bis 4 m

DIESE IMMERGRÜNEN STRÄUCHER werden wegen ihres glänzenden, ledrigen Laubs und der Blüten kultiviert. Sie gedeihen am besten in einem Strauchbeet oder Waldgarten sowie in Kübeln. 'Little Heath' und 'Purity' eignen sich für kleine Gärten und Gefäße. Das junge Laub ist oft im Austrieb leuchtend rot gefärbt, und im Frühjahr bedecken Rispen kleiner, weißer oder rosafarbener Blüten den Strauch fast vollständig. Rhododendren, Azaleen (*Rhododendron*, siehe S. 104–107) und Erika (*Erica*, siehe S. 52–53) sind gute Begleiter.

Winterhärte: Voll frosthart ❄❄❄ bis frosthart ❄❄; Spätfröste im Frühjahr können junge Triebe schädigen.
Standort: Nährstoffreicher, feuchter, durchlässiger, saurer Boden in Vollsonne oder Halbschatten; bei Gefäßbepflanzung Azaleenerde.
Pflege: In Frostgebieten vor kalten Winden und Morgensonne, die die frostüberzogenen Blätter schädigen kann, schützen; störende Äste nach der Blüte zurückschneiden; bei niedrigen Pflanzen Welkes entfernen.
Vermehrung: Aussaat im Frühjahr oder Herbst in Töpfen im Frühbeet; Grünstecklinge im Frühsommer, halb verholzte Stecklinge von Hoch- bis Spätsommer schneiden.

Pieris japonica 'Blush' 🏆
↕4 m ↔3 m; kompakter, rundliche Strauch; im Spätwinter und Frühjahr rosa übertönte, später weiße Blüten; ❄❄❄.

Pieris japonica 'Flamingo'
↕4 m ↔ 3 m; kompakter, rundlicher Strauch; im Spätwinter und Frühjahr dunkelrote Knospen, dann dunkelrosa Blüten; ❄❄❄.

PINUS

Kiefer

KIEFERN SIND IMMERGRÜNE Bäume und Sträucher mit charakteristischen Nadeln, dekorativen Zapfen und attraktiver schuppiger Rinde. Die größeren Arten werden zu sehr hohen Bäumen mit auffälliger, im Vergleich zu anderen Nadelbäumen wenig verzweigter Silhouette. Die Wuchsform variiert stark – vom schlanken Riesen wie der Wald-Kiefer (*P. sylvestris*) bis zur schirmartigen Schirm-Kiefer (*P. pinea*). In großen Gärten machen sich Kiefern in Einzelstellung oder Gruppen gut und bilden einen ausgezeichneten Windschutz. Monterey-Kiefer (*P. radiata*) und Schwarz-Kiefer (*P. nigra*) vertragen Küstenlagen. Es gibt auch mittelhohe und zwergige Formen, die oft sehr langsam wachsen und sich für kleinere Gärten sowie Steingärten eignen.

Winterhärte: Voll frosthart ❄❄❄ bis frosthart ❄❄
Standort: Jeder durchlässige Boden in Vollsonne; manche Arten in flachen Kalkböden kurzlebig; *P. nigra* und *P. mugo* vertragen Kalk.
Pflege: Schnitt nicht notwendig; Blattlausbefall möglich, Behandlung aber selten erforderlich.
Vermehrung: Aussaat im Frühjahr im Frühbeet; die Sorten sind veredelt.

Pinus mugo 'Mops' 🏆
↕bis 3,5 m ↔ bis 5 m; oft viel kleiner; dichter, fast runder Busch; sehr harzreich; schuppige graue Rinde; ❄❄❄.

Pieris formosa var. *forrestii* 'Wakehurst' 🏆
↕bis 5 m ↔ 4 m; aufrechter Strauch mit Ausläufern; schönes junges Laub; im Spätwinter und Frühjahr große Blütenrispen in Weiß; ❄❄.

Pinus patula 🏆
↕15–20 m ↔ 6–10 m; ausladender oder rundlicher Baum; rötlich braune Rinde; gedeiht in mildem Klima; ❄❄.

Pinus nigra 🏆
↕bis 30 m ↔ 6–8 m; kuppelförmiger Baum; braune oder schwarze Rinde, die im Alter tief gefurcht ist (siehe kleines Bild); ❄❄❄.

Pittosporum
Klebsame

Glänzende, ledrige Blätter, oft am Rand gewellt und manchmal panaschiert, sind die Hauptattraktion dieser immergrünen Bäume und Sträucher. Sie haben einen dichten, gepflegten Wuchs, vertragen aber auch einen Schnitt gut. Die unteren Triebe können Sie entfernen, um eine baumähnliche Form zu erhalten, die sich unterpflanzen lässt. In mildem Klima machen sich Klebsamen als Solitäre oder windbrechende Hecke in Küstengärten gut. Dunkelblättrige Formen bilden einen schönen Kontrast zu hellblättrigen oder panaschierten Sträuchern wie der Ölweide (*Elaeagnus*, siehe S. 50–51). Im Frühling und Frühsommer erscheinen kleine, fünfzählige Blüten.

Winterhärte: Frosthart ✻✻ bis frostempfindlich ❀
Standort: Fruchtbarer, frischer, durchlässiger Boden in Vollsonne oder Halbschatten; panaschierte oder rotblättrige Formen in Sonne.
Pflege: In frostgefährdeten Regionen vor kalten Winden schützen; störende Triebe im Spätwinter oder Vorfrühling herausschneiden; Heckenschnitt im Frühjahr oder Spätsommer.
Vermehrung: Aussaat nach der Samenreife oder im Frühjahr in Töpfen im Frühbeet; halb verholzte Stecklinge im Sommer schneiden.

① *Pittosporum tenuifolium* 🏆 ↕bis 10 m; ✻✻ ② *P. tenuifolium* 'Irene Paterson' 🏆 ↕1,2 m; ✻✻ ③ *P. tenuifolium* 'Tom Thumb' 🏆 ↕1 m ✻✻ ④ *P. tobira* 🏆 ↕2–10 m; ✻.

Poncirus trifoliata
Bitterorange

Dieser rundliche, buschige sommergrüne Strauch oder Baum verdient es, wegen seiner duftenden Blüten und orangenähnlichen Früchte häufiger kultiviert zu werden. Er ist zwar mit Zitrusfrüchten verwandt, seine Früchte sind aber recht bitter und nur als Marmelade zu verwenden. Die weißen Blüten, die Orangenblüten ähneln, erscheinen im Spätfrühling und Frühsommer, gefolgt von Früchten; während diese heranreifen, kann es zu einer zweiten, kleineren Blüte kommen. Das dunkelgrüne Laub färbt sich im Herbst allmählich gelb. Ziehen Sie Bitterorangen in Rabatten oder in kalten Regionen an sonnigen Mauern. Mit den bedornten Trieben machen sie sich auch als dichte

Winterhärte: Voll frosthart ✻✻✻
Standort: Nährstoffreicher, durchlässiger Boden in Vollsonne.
Pflege: Vor kalten, austrocknenden Winden schützen; störende Triebe im Spätwinter oder Vorfrühling schneiden; Heckenschnitt ein- oder zweimal im Sommer.
Vermehrung: Aussaat im Herbst im Frühbeet; halb verholzte Stecklinge im Sommer im Minigewächshaus mit Bodenwärme ziehen.

Poncirus trifoliata
Die Früchte sind zuerst grün, reifen dann gelborange heran; sie ähneln Miniorangen.

Populus
Pappel

Die Blätter dieser starkwüchsigen, Laub abwerfenden Bäume und Sträucher sind die Hauptattraktion und zeigen bei jedem Windhauch ihre weißfilzig behaarten Unterseiten. In großen Gärten machen sich Pappeln als Solitär oder Windbrecher gut oder sehen neben Birken (*Betula*, siehe S. 28), Buchen (*Fagus*, siehe S. 57) oder Eichen (*Quercus*, siehe S. 103) eindrucksvoll aus; pflanzen Sie sie weit entfernt von Gebäuden und Abflussrohren, da sich die Wurzeln stark ausbreiten. Der Wuchs variiert von ausladend wie bei Zitter-Pappeln (*P. tremula*) über kegelförmig wie bei Bastard-Schwarz-Pappeln (*P.* × *canadiensis*) bis zu klassisch säulenförmig wie bei Italienischen Pappeln (*P. nigra* 'Italica'). Im Vorfrühling erscheinen Kätzchen, mit männlichen und weiblichen Blüten an getrennten Pflanzen.

Winterhärte: Voll frosthart ✻✻✻
Standort: Alle außer staunasse Böden, am besten jedoch nährstoffreicher, feuchter, durchlässiger Boden in Vollsonne.
Pflege: Alte oder störende Äste bei jungen Bäumen im Spätwinter oder Vorfrühling herausnehmen; Wurzelausläufer im Herbst oder Winter entfernen.
Vermehrung: Steckhölzer im Winter schneiden.

Populus tremula 🏆
Die Blätter dieses breiten Baums zittern im Wind; das bronzefarbene junge Laub färbt sich im Herbst gelb.

***Populus* × *jackii* 'Aurora'**
↕15 m ↔ 6 m; Blätter mit cremefarbenen und rosa Flecken gezeichnet.

Potentilla

Fingerkraut

Siehe auch S. 311.

DIESE ZUVERLÄSSIGEN Sträucher blühen im Sommer und Herbst wochenlang und sehen in Rabatten sehr gut aus. Es gibt auch Arten, die nicht verholzen und winzige Blüten bilden. Die meisten verholzenden Formen sind Sorten des Strauch-Fingerkrauts (*P. fruticosa*). Ihre leuchtenden Blüten sind becher- oder tellerförmig, reinweiß, rosa, rot, orange und gelb und erscheinen einzeln oder in kleinen Büscheln. Da sie lange Zeit blühen, bilden diese Sträucher einen guten Hintergrund für Pflanzen mit kürzerer Blühdauer. Sie werden breiter als hoch, sodass sie sich auch für niedrige Hecken eignen.

Winterhärte: Voll frosthart ❄❄❄
Standort: Karger bis mäßig nährstoffreicher, gut durchlässiger Boden in Vollsonne; rot blühende Sorten in leichtem Schatten.
Pflege: Blütentriebe nach der Blüte oder im zeitigen Frühjahr bis auf 2,5 cm ins alte Holz zurückschneiden.
Vermehrung: Aussaat im Herbst oder Frühjahr in Töpfen im Frühbeet; Grünstecklinge im Frühsommer schneiden.

***Potentilla fruticosa* 'Daydawn'**
↕1 m ↔ 1,2 m; kompakte Pflanze, deren Blüten rosa und gelb übertönt sind.

***Potentilla fruticosa* 'Primrose Beauty'** 🏆
↕1 m ↔ 1,5 m; gepflegt aussehende, dichtwüchsige Sorte mit größeren Blüten (bis zu 3,5 cm Durchmesser) als andere.

***Potentilla fruticosa* 'Red Ace'**
↕1 m ↔ 1,5 m; Blütenblätter unterseits gelb gefärbt; die Blütenfarbe verblasst in vollsonniger Lage.

Prostanthera

Australminze

DIESE IMMERGRÜNEN STRÄUCHER werden wegen ihres nach Minze riechenden Laubs und ihrer Glockenblüten kultiviert. Sie sind buschig oder ausladend, tragen mittel- bis dunkelgrüne Blätter und blühen von Spätfrühling bis Sommer. In frostgefährdeten Regionen benötigen *P. ovalifolia* und *P. rotundifolia* Winterschutz. In mildem Klima gedeihen die Sträucher im Schutz einer warmen Mauer; die frosthärtere, weiß blühende *P. cuneata* kann in geschützten Rabatten wachsen. Pflanzen Sie Australminze in den Hintergrund oder in die Mitte einer Gruppe von niedrigen Gewächsen, da sie oft an der Basis verkahlt und einen radikalen Rückschnitt zur Verbesserung der Form nicht verträgt.

Winterhärte: Frosthart ❄❄ bis bedingt frosthart ❄
Standort: Nährstoffreicher, durchlässiger Boden in Vollsonne; bei Gefäßbepflanzung Topferde und volles Licht.
Pflege: Störende Triebe nach der Blüte etwas zurückschneiden; kein radikaler Rückschnitt, der das Wachstum beeinträchtigen kann.
Vermehrung: Aussaat im Frühjahr im Haus; halb verholzte Stecklinge im Sommer schneiden.

Prostanthera cuneata
↕↔ 30–90 cm; kleine, stark duftende, glänzende Blätter und massenhaft Blüten im Frühling; ❄❄.

PRUNUS

Zierkirsche, Lorbeerkirsche, Schlehe, Mandelbäumchen

DIESE GATTUNG UMFASST NEBEN vielen weit verbreiteten Obstgehölzen wie Pflaume, Kirsche, Pfirsich, Mandel und Aprikose auch dekorative Ziergehölze. Zu den Zierformen zählen zwei sehr unterschiedliche Pflanzengruppen: sommergrüne Blüten- und Zierkirschen und immergrüne Lorbeerkirschen. Zierkirschen schmücken sich im Frühling mit Blüten in allen Schattierungen von Rosa, Weiß und manchmal Rot. Die Frühlings-Kirsche (*P. subhirtella* 'Autumnalis') öffnet ihre Blüten bei entsprechender Witterung vereinzelt schon im Winter, während die Hauptblüte im April erfolgt. Manche Arten wie Amur-Traubenkirsche (*P. maackii*) und Mahagoni-Kirsche (*P. serrula*) werden auch wegen ihrer zimtfarbenen Rinde kultiviert, und andere wie die Scharlach-Kirsche (*P. sargentii*) tragen Blätter, die sich im Herbst schön verfärben. Die Lorbeerkirsche (*P. laurocerasus*) und die Portugiesische Lorbeerkirsche (*P. lusitanica*) sind dichte, buschige Immergrüne, die weniger auffällige Blüten, aber attraktives glänzendes Laub haben. Anders als bei den Obstgehölzen bleiben die Früchte der Zierkirschen klein und sollten den Vögeln vorbehalten bleiben. Lorbeerkirschen sind sogar sehr giftig. Zierkirschen wachsen schlank säulenförmig, breit ausladend oder mit überhängenden Zweigen. Viele eignen sich für kleine Gärten und sind ausgezeichnete Solitärgewächse.

Winterhärte: Voll frosthart ❄❄❄ bis frosthart ❄❄
Standort: Nährstoffreicher, gut durchlässiger Boden in vollsonniger bis halbschattiger Lage.
Pflege: Junge Bäume ausgiebig wässern, bis sie eingewachsen sind; bei sommergrünen Bäumen und Sträuchern im Sommer nur störende Triebe entfernen; bei *P. glandulosa* und *P. triloba* nach der Blüte abgeblühte Zweige um etwa die Hälfte zurückschneiden; sommergrüne Hecken nach der Blüte, Lorbeerkirschen im Vorfrühling bis Mitte Frühling schneiden; Raupenbefall bei Zierkirschen; Vögel picken gelegentlich an Knospen; regelmäßig auf den meldepflichtigen Feuerbrand kontrollieren.
Vermehrung: Aussaat der Arten im Herbst in Töpfen im Freien; Immergrüne durch Stecklinge oder Absenker vermehren; die Sorten sind überwiegend veredelt.

Zierkirschen im Garten

Blütenwand *Zierkirschen können an einer Mauer gezogen werden. Sobald der Strauch ein Grundgerüst entwickelt hat, müssen Sie nur noch Triebe aufbinden und gelegentlich etwas zurückschneiden. Schneiden Sie alte Triebe, die kaum Zuwachs zeigen, heraus, und binden Sie junge Triebe als Ersatz auf. Der Neuaustrieb sollte aufgebunden werden, solange er jung und biegsam ist. Kürzen Sie schwach wachsende Triebe ein, um einen stärkeren Wuchs zu fördern, und schneiden Sie die Blütentriebe im Spätfrühling oder Sommer in der Wachstumsphase zurück. Kontrollieren Sie regelmäßig alle Befestigungen.*

Zierhecke *Verschiedene Prunus-Arten eignen sich als Heckenpflanzen. Die immergrünen Lorbeerkirschen bilden einen dichten Sichtschutz, während sommergrüne Arten wie Schlehen (*P. spinosa*), Kirschpflaumen (*P. cerasifera*) und ihre Sorten (z. B. 'Nigra') offenere Hecken formen. Vor der Pflanzung arbeiten Sie in den Boden reichlich gut verrottetes organisches Material ein. Achten Sie darauf, dass der Wurzelballen nicht komplett unterhalb der Bodenoberfläche liegt. Der Pflanzabstand beträgt bei Hecken 60–75 cm. Ausgiebig wässern und in offenen Lagen einen Windschutz errichten, bis die Pflanzen eingewachsen sind.*

① *Prunus* **'Accolade'** 🏆 ↕↔ 8 m; Vorfrühling ② ***P. avium*** **'Plena'** 🏆 ↕↔ 12 m; Mitte Frühling ③ ***P. cerasifera*** **'Nigra'** 🏆 ↕↔ 10 m; Vorfrühling; pflaumenähnliche, essbare Früchte ④ ***P. × cistena*** 🏆 ↕↔ 1,5 m; Spätfrühling ⑤ ***P. glandulosa*** **'Alba Plena'** ↕↔ 1,5 m; Spätfrühling ⑥ ***P.*** **'Kanzan'** 🏆 ↕↔ 10 m; Mitte und später Frühling ⑦ ***P.*** **'Kiku-shidare-zakura'** 🏆 ↕↔ 3 m; Mitte und später Frühling ⑧ ***P. laurocerasus*** **'Otto Luyken'** 🏆 ↕1 m ↔ 1,5 m; immergrün; Frühjahr und Herbst

⑨ ***P. lusitanica* ssp. *azorica*** ↕↔ 20 m; immergrün; Frühsommer ⑩ ***P. maackii*** ↕ 10 m ↔ 8 m; Mitte Frühling ⑪ ***P.* 'Okame'** 🏆 ↕ 10 m ↔ 8 m; Vorfrühling ⑫ ***P. padus* 'Watereri'** 🏆 ↕ 15 m ↔ 10 m; Spätfrühling ⑬ ***P.* 'Pandora'** 🏆 ↕ 10 m ↔ 8 m; Vorfrühling ⑭ ***P.* 'Pink Perfection'** 🏆 ↕↔ 8 m; Spätfrühling ⑮ ***P. sargentii*** 🏆 ↕ 20 m ↔ 15 m; Mitte Frühling ⑯ ***P. serrula*** 🏆 ↕↔ 10 m; Spätfrühling ⑰ ***P.* 'Shirofugen'** 🏆 ↕ 8 m ↔ 10 m; Spätfrühling ⑱ ***P.* 'Shôgetsu'** 🏆 ↕ 5 m ↔ 8 m ; Spätfrühling ⑲ ***P. spinosa*** ↕ 5 m ↔ 4 m; Vorfrühling bis Mitte Frühling; blauschwarze Früchte (Schlehen), werden zur Weinherstellung verwendet ⑳ ***P.* 'Spire'** 🏆 ↕ 10 m ↔ 6 m; Mitte Frühling ㉑ ***P. × subhirtella* 'Autumnalis Rosea'** 🏆 ↕↔ 8 m; Winter bis Frühjahr ㉒ ***P.* 'Taihaku'** 🏆 ↕ 8 m ↔ 10 m; Mitte Frühling ㉓ ***P. triloba*** 🏆 ↕↔ 3 m; Vorfrühling und Mitte Frühling ㉔ ***P.* 'Ukon'** 🏆 ↕ 8 m ↔ 10 m; Mitte Frühling.

Pyracantha

Feuerdorn

Mit ihren immergrünen Blättern, den zierlichen weißen Blüten und den leuchtenden Herbstfrüchten sind diese bedornten Sträucher und Bäume beliebt und nützlich. Von Spätfrühling bis Hochsommer erscheinen Dolden kleiner, fünfzähliger, offener Blüten, die denen des Weißdorns ähneln. Die schwach giftigen Früchte in Orange, Rot und Goldgelb folgen im Herbst und überdauern oft den ganzen Winter. Er kann frei stehend oder als Hecke wachsen oder an Mauern, Zäunen oder als Fächerspalier erzogen werden.

Winterhärte: Voll frosthart ✻✻✻ bis frosthart ✻
Standort: Nährstoffreicher, durchlässiger Boden in Vollsonne oder Halbschatten; Nordmauern werden vertragen.
Pflege: In Frostgebieten Schutz vor kalten Winden; bei frei stehenden Pflanzen im Spätwinter oder Vorfrühling störende Triebe entfernen; bei an Mauern o. Ä. erzogenen Pflanzen im Hochsommer Seitenäste auf zwei bis drei Augen einkürzen, Triebe regelmäßig aufbinden; Heckenschnitt im Hochsommer; Blätter und Früchte bei feuchter Witterung schorfanfällig (dunkle, schorfige Flecken), befallene Triebe bis zum gesunden Holz abschneiden; möglichst Sorten pflanzen, die eine geringe Anfälligkeit für den meldepflichtigen Feuerbrand aufweisen.
Vermehrung: Aussaat im Herbst in Töpfen im Frühbeet; halb verholzte Stecklinge im Sommer schneiden; Absenker.

Pyracantha 'Soleil d'Or'
↕3 m ↔ 2,5 m; aufrechte Wuchsform; Blüte im Frühsommer; ✻✻✻.

Pyracantha 'Orange Glow' 🏆
↕↔ 3 m; aufrechte, später ausladende Wuchsform; Blüte im Spätfrühling; dunkel orangefarbene bis orangerote Früchte; ✻✻✻.

Pyracantha 'Mohave'
↕4 m ↔ 5 m; starkwüchsige, buschige Wuchsform; Blüte im Frühsommer; langlebige Früchte; ✻✻.

Pyracantha 'Golden Charmer' 🏆
↕↔ 3 m; starkwüchsige, buschige Wuchsform, überhängende Triebe; Blüte im Frühsommer; ✻✻✻.

PYRUS
Birne

BIRNEN WERDEN NICHT nur wegen ihrer teilweise essbaren Früchte geschätzt, sondern auch wegen ihrer Blüten und manchmal wegen ihrer attraktiven Wuchsform, wie z. B. bei der silberblättrigen Weiden-Birne (*P. salicifolia*, siehe unten). Die Bäume werfen gewöhnlich ihr Laub ab, das bei manchen im Herbst schön gefärbt ist. Die im Frühjahr erscheinenden Blüten sind weiß oder rosa. Die Fruchtform variiert von der typischen Bienenform bis hin zu rund. Zu den Zierformen gehören *P. calleryana*, eine bedornte Art mit rotem Laub und runden braunen Früchten im Herbst, und die Schnee-Birne (*P. nivalis*) mit silbergrauen Blättern; beide wachsen kegelförmig und blühen im Frühling. Die kompakteren Arten eignen sich als Solitärbaum in kleineren Gärten.

Winterhärte: Voll frosthart ***
Standort: Nährstoffreicher, durchlässiger Boden in Vollsonne.
Pflege: Störende Triebe im Spätwinter oder zeitigen Frühjahr entfernen; Obstbäume anfällig für Obstbaumkrebs, eingesunkene, rissige Stellen auf der Rinde, bei Ausbreitung sterben Äste ab, frühzeitig großzügig bis ins gesunde Holz zurückschneiden; Raupen und Blattläuse befallen Blätter.
Vermehrung: Steckhölzer; Sorten sind veredelt.

***Pyrus salicifolia* 'Pendula'** ♀
↕5 m ↔ 4 m; ideal für kleine Gärten; weidenartige, silberfilzige Blätter; birnenförmige grüne, 3 cm lange Früchte.

QUERCUS
Eiche

EICHEN SIND GROSSE, stattliche Bäume, die für ihre lange Lebensdauer, ihr attraktives Laub und die gefurchte Rinde bekannt sind. Diese Laub abwerfenden und immergrünen Bäume zeigen eine große Vielfalt an Blattformen und -farben sowie Wuchsformen. Im Herbst erscheinen 1–3 cm lange Eicheln. Viele der Laub abwerfenden Eichen entwickeln ein dekoratives Herbstlaub in den leuchtendsten Farben. Die Stiel-Eiche (*Q. robur*) mit ihren typischen Eichenblättern ist ein riesiger, ausladender Baum, der nur für Parks oder Waldlandschaften geeignet ist. Für große Gärten gibt es kleinere, jedoch immer noch reichlich große Arten, die als Solitärbaum eindrucksvoll aussehen. Pflanzen Sie den jungen Baum an den endgültigen Standort, da er späteres Umsetzen vermutlich nicht überlebt.

Winterhärte: Voll frosthart *** bis frosthart **
Standort: Tiefgründiger, nährstoffreicher, durchlässiger Boden in sonniger bis halbschattiger Lage; immergrüne Bäume in Vollsonne.
Pflege: Frostharte Arten vor kalten Winden schützen; störende Äste bei der Pflanzung wegschneiden; bei alten Bäumen nur totes Holz entfernen.
Vermehrung: Reife Eicheln im Saatbeet oder Frühbeet aussäen.

Quercus ilex ♀
↕25 m ↔ 20 m; immergrün; glatte dunkelgraue Rinde, variabel geformte Blätter, in der Jugend silbergrau; gedeiht in Küstenlagen; **.

Quercus coccinea
↕20 m ↔ 15 m; rundliche Krone; blass graubraune Rinde; dunkelgrüne Blätter färben sich im Herbst rot; kalkfreier Boden; ***.

Quercus laurifolia
↕↔ 20 m; rundliche Wuchsform; grauschwarze Rinde; junge Blätter bronzefarben, halten bis zum Winter; kalkfreier Boden; ***.

RHODODENDRON

Rhododendron, Azalee, Alpenrose

ÜPPIGE, MANCHMAL STARK DUFTENDE BLÜTEN schmücken diese Sträucher vom Spätherbst bis zum Sommer. Die Blüten variieren in Größe und Form, sind aber hauptsächlich trichter- bis becherförmig, oft mit schönen kontrastierenden Zeichnungen auf den Blütenblättern; sie stehen einzeln oder in großen Dolden. Diese große und sehr vielfältige Gattung umfasst Tausende von Hybriden und Arten, sommergrün und immergrün, mit Blüten in fast jeder Farbe. Ihr natürlicher Lebensraum sind dichte Wälder und Alpenhänge. Ihre Wuchsform variiert von großen, bis zu 25 m hohen Bäumen bis zu Zwergsträuchern von weniger als 15 cm Höhe. Alle brauchen einen sauren (kalkfreien) Boden. Die Blätter sind ebenfalls sehr unterschiedlich lang – von 4 mm bis zu 75 cm. Bei manchen Arten sind die Blätter unterseits dicht wollig behaart oder geschuppt. Oft sieht der Neuaustrieb in Rot bis Bronze oder metallischem Blaugrün sehr dekorativ aus; manche Rhododendren zeigen eine intensive Herbstfärbung. Diese Pflanzen sind im Garten sehr vielseitig verwendbar: Alpine Zwergformen fühlen sich in Steingärten wohl, und größere Waldpflanzen hellen schattige Bereiche auf. Kompaktere Sorten gedeihen in Töpfen auf dem Innenhof oder der Terrasse ausgezeichnet – eine gute Möglichkeit, wenn Ihr Gartenboden nicht sauer ist.

Winterhärte: Voll frosthart ✱✱✱ bis frostempfindlich ❀
Standort: Feuchter, sehr durchlässiger, saurer Boden (am besten pH 4,5–5,5) in lichtem Schatten; alpine Zwergformen auch in der Sonne.
Pflege: Als Flachwurzler nicht tief pflanzen, der Wurzelballen sollte nicht komplett unterhalb der Bodenoberfläche liegen; Boden jährlich mit Nadelstreu, Rindenmulch oder Torf abdecken; Welkes zwischen Zeigefinger und Daumen auskneifen, dabei die darunter liegenden neuen Knospen (Blütenansatz für das folgende Jahr) nicht beschädigen; Blätter mit Echtem Mehltau oder Rost sofort entfernen; gute Bodendurchlässigkeit verhindert Wurzelfäule.
Vermehrung: Absenker ziehen.

Baumartige

Baumartige Rhododendren *sind sehr große Pflanzen, die man manchmal in öffentlichen Parkanlagen sieht und die zu groß für viele Gärten wären. Die frostharten Immergrünen sehen in der Blüte prächtig aus, da sie die größten Blütenstände in dieser Gattung tragen. Manche dieser Rhododendren haben eine dekorative abschilfernde Rinde.*

Sommergrüne Azaleen

Azaleen haben *meist kleine bis mittelgroße Blätter und kleine Blüten. Die meisten sind sommergrün und verfärben sich oft im Herbst sehr dekorativ. Im Frühling und Frühsommer erscheinen Massen von Blüten in Lachsrosa bis Rot und in verschiedenen Gelbtönen sowie mit köstlichem Duft. Manche können sehr groß werden, lassen sich aber durch gelegentliche Schnittmaßnahmen (kein radikaler Rückschnitt) im Zaum halten.*

Strauchrhododendren

Diese häufigsten *und bekanntesten Rhododendren sind rundliche Sträucher, deren Größe zwischen knapp 1 und 4 m variiert. Die Blütenstände können sehr groß oder ganz klein sein und erscheinen in vielen auffälligen Farben. Ein zusätzlicher Pluspunkt dieser Gewächse ist, dass die meisten immergrün sind und ihr attraktives Laub das ganze Jahr über als Hintergrund für andere Pflanzen dient.*

① ***Rhododendron arboreum*** ↕12 m ↔ 4 m; immergr. Baum oder Strauch; ✱✱ ② ***R. argyrophyllum*** ↕6 m ↔ 2,5 m; immergr. Strauch; ✱✱✱ ③ ***R. arizelum*** ↕↔ 8 m; Baum; ✱✱✱ ④ ***R. augustinii*** ↕↔ 2,2 m; Strauch; ✱✱✱ ⑤ ***R. austrinum*** ↕↔ 3 m; sommergr. Azalee; ✱✱✱ ⑥ **R. 'Azuma-kagami'** ↕↔ 1,2 m; immergr. Azalee; ✱✱✱ ⑦ **R. 'Beauty of Littleworth'** ↕↔ 4 m; immergr. Strauch; ✱✱✱ ⑧ **R. 'Beethoven'** 🏆 ↕↔ 1,3 m; immergr. Azalee; ✱✱✱ ⑨ **R. 'Blue Diamond'** ↕↔ 1,5 m; immergr.

Strauch; ❄❄❄ ⑩ *R.* 'Blue Peter' 🏆 ↕↔ 3 m; immergr. Strauch; ❄❄❄ ⑪ *R.* 'Cilpinense' 🏆 ↕↔ 1,1 m; immergr. Strauch; ❄❄❄ ⑫ ***R. cinnabarinum*** ↕ 6 m ↔ 2 m; immergr. Strauch; ❄❄❄ ⑬ ***R.* 'Corneille'** 🏆 ↕↔ 1,5–2,5 m; sommergr. Azalee; ❄❄❄ ⑭ ***R.* 'Crest'** 🏆 ↕↔ 3,5 m; immergr. Strauch; ❄❄❄ ⑮ ***R.* 'Cunningham's White'** ↕↔ 6 m; immergr. Strauch; ❄❄❄ ⑯ ***R.* 'Cynthia'** 🏆 ↕↔ 6 m; immergr. Strauch; ❄❄❄ ⑰ ***R. davidsonianum*** 🏆 ↕ 4 m ↔ 3 m; immergr. Strauch; ❄❄❄

⑱ ***R. falconeri*** 🏆 ↕ 12 m ↔ 5 m; immergr. Baum; ❄❄❄ ⑲ ***R. fortunei* ssp. *discolor*** 🏆 ↕ 6 m ↔ 3 m; immergrüner Baum oder Strauch; ❄❄❄ ⑳ ***R.* 'Fragrantissimum'** 🏆 ↕↔ 2 m; immergrüner Strauch; ❄ ㉑ ***R. fulvum*** 🏆 ↕ 5 m ↔ 3 m; immergrüner Strauch; ❄❄❄ ㉒ ***R.* 'George Reynolds'** 🏆 ↕↔ 2 m; sommergrüne Azalee; ❄❄❄ ㉓ ***R.* 'Glory of Littleworth'** 🏆 ↕↔ 1–1,5 m; sommergrüne Azalee; ❄❄❄ ㉔ ***R.* 'Glowing Embers'** ↕↔ 2 m; sommergrüne Azalee; ❄❄❄.

㉕ *Rhododendron* 'Golden Torch' 🏆 ↕↔ 1,5 m; immergrüner Strauch; ❄❄❄ ㉖ *R.* **'Hatsugiri'** ↕↔ 60 cm; zwergige immergrüne Azalee; ❄❄❄ ㉗ *R.* **'Hinode-giri'** ↕↔ 60 cm; zwergige immergrüne Azalee; ❄❄❄ ㉘ *R.* **'Hinomayo'** 🏆 ↕↔ 60 cm; zwergige immergrüne Azalee; ❄❄❄ ㉙ *R.* **'Homebush'** 🏆 ↕↔ 1,5 m; sommergrüne Azalee; ❄❄❄ ㉚ *R.* **'Hydon Dawn'** 🏆 ↕↔ 1,5 m; immergrüner Strauch; ❄❄❄ ㉛ *R.* **'Irohayama'** 🏆 ↕↔ 60 cm; zwergige immergrüne Azalee; ❄❄❄ ㉜ *R.* **'John Cairns'** 🏆 ↕↔ 1,5 m; immergrüne Azalee; ❄❄❄ ㉝ *R.* **'Kirin'** ↕↔ 1,5 m; immergrüne Azalee; ❄❄❄ ㉞ *R.* **'Kure-no-yuki'** ↕↔ 1 m; immergrüne Azalee; ❄❄❄ ㉟ *R.* **'Lavender Girl'** 🏆 ↕↔ 2,5 m; immergrüner Strauch; ❄❄❄ ㊱ *R.* **'Linda'** 🏆 ↕↔ 1 m; immergrüner Strauch; ❄❄❄ ㊲ ***R. mucronatum*** ↕↔ 1,2–1,5 m; sommergrüner Strauch; ❄❄❄ ㊳ *R.* **Nobleanum-Gruppe** ↕↔ 5 m; Baum; ❄❄❄ ㊴ ***R. occidentale*** 🏆 ↕↔ 3 m; sommergrüner Strauch; ❄❄❄ ㊵ *R.* **'Pink Pearl'**

29

30

31

32

37

38

39

40

44

45

46

47

52

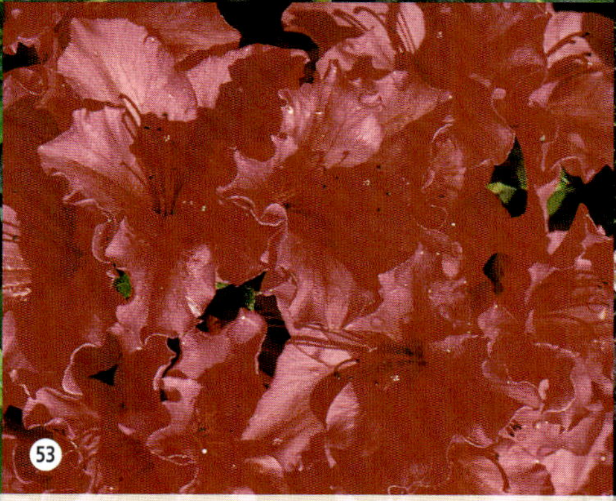
53

54

55

↕↔ 4 m; immergr. Strauch; ❄❄❄ ㊶ *R.* **'Polar Bear'** 🏆 ↕5 m ↔ 4 m; Baum; ❄❄❄ ㊷ *R.* **'President Roosevelt'** ↕↔ 2 m; immergr. Strauch; ❄❄❄ ㊸ *R.* **'Ptarmigan'** 🏆 ↕↔ 90 cm; zwergiger immergr. Strauch; ❄❄❄ ㊹ *R.* **'Purple Splendour'** 🏆 ↕↔ 3 m; immergr. Strauch; ❄❄❄ ㊺ ***R. rex* ssp. *ficto-lacteum*** 🏆 ↕↔ 12 m; Baum oder Strauch; ❄❄❄ ㊻ *R.* **'Saint Valentine'** ↕1,5 m ↔ 2 m; immergrüner Strauch; ❄ ㊼ *R.* **'Strawberry Ice'** 🏆 ↕↔ 2 m; sommergrüne Azalee; ❄❄❄ ㊽ *R.* **'Susan'** 🏆 ↕↔ 3 m; immergr. Strauch; ❄❄❄ ㊾ *R.* **'Temple Belle'** ↕↔ 2 m; immergr. Strauch; ❄❄❄ ㊿ ***R. thomsonii*** ↕↔ 6 m; immergr. Strauch; ❄❄❄ (51) ***R. veitchianum* Cubittii-Gruppe** ↕1,5 m ↔ 1 m; immergr. Strauch; ❄ (52) *R.* **'Vuyk's Rosyred'** 🏆 ↕75 cm ↔1,2 m; immergr. Azalee; ❄❄❄ (53) *R.* **'Vuyk's Scarlet'** 🏆 ↕75 cm ↔1,2 m; immergr. Azalee; ❄❄❄ (54) ***R. yakushimanum*** ↕↔ 2 m; immergr. Strauch; ❄❄❄ (55) ***R. yunnanense*** ↕6 m ↔ 4 m; immergr. Strauch; ❄❄❄.

Rhamnus

Kreuzdorn

Kreuzdorn, meist bedornt, wird wegen seines Laubs, das bei sommergrünen Arten eine schöne Herbstfärbung zeigt, kultiviert. In der Natur wachsen diese Pflanzen an Waldrändern sowie in Laub-, Misch- und Moorwäldern. Sie tragen kleine, becherförmige, oft duftende Blüten, die Bienen anziehen, besonders die des Faulbaums (*R. frangula*, heute *Frangula alnus*). Später folgen schwarze oder rote, giftige Früchte, die violett oder schwarz ausreifen. Sie bilden einen auffallenden Kontrast zum weiß panaschierten Laub der Sorte 'Argentovariegata' des Immergrünen Kreuzdorns (*R. alaternus*), die in kalten Regionen Schutz braucht. Pflanzen Sie Kreuzdorn in Rabatten, Wild- oder Waldgärten. Sie machen sich auch als natürliche Hecke gut.

Winterhärte: Voll frosthart ❄❄❄ bis frosthart ❄❄
Standort: Mäßig nährstoffreicher, recht feuchter Boden in Vollsonne oder Halbschatten.
Pflege: Störende Triebe im Spätwinter oder Vorfrühling herausschneiden; Heckenschnitt im Vorfrühling.
Vermehrung: Aussaat nach der Samenreife in Töpfen im Frühbeet; Grünstecklinge im Frühsommer schneiden; Absenker.

Frangula alnus **(früher *Rhamnus frangula*)**
↕↔ 5 m; buschige, ausladende Wuchsform; sommergrün; winzige grünlich weiße Blüten; Blätter färben sich im Herbst rot; ❄❄❄.

Rhaphiolepis

Traubenapfel

Diese immergrünen Sträucher tragen glänzende dunkelgrüne Blätter und duftende weiße oder rosafarbene Blüten, die Apfelblüten ähneln. Diese erscheinen in kleinen Büscheln inmitten der Blätter, wo sie zum Blickfang werden. Die Sträucher sind gute Nachbarn für kleinblütige Bäume wie Zierapfel (*Malus*, siehe S. 88) und Weißdorn (*Crataegus*, siehe S. 46). Traubenäpfel wachsen normalerweise dicht buschig und erreichen etwa 2 m Höhe und Breite; es gibt auch einige kleinere Sorten, die jedoch nicht so frosthart sind und den Schutz einer warmen, sonnigen Mauer benötigen. Kleinere Formen können Sie auch in Gefäßen ziehen und sie frostfrei unter Glas überwintern.

Winterhärte: Frosthart ❄❄ bis bedingt frosthart ❄
Standort: Feuchter, durchlässiger Boden in Vollsonne; vor kalten, trockenen Winden geschützt; für Gefäßbepflanzung gute Topferde.
Pflege: Gefäßpflanzen im Sommer mäßig gießen, monatlich Volldünger geben; nach der Blüte störende Triebe entfernen.
Vermehrung: Halb verholzte Stecklinge im Spätsommer schneiden, Absenker im Herbst.

Rhaphiolepis umbellata 🏆
↕↔ 1,5 m; langsamwüchsig; buschige, rundliche Wuchsform; Blüte im Frühsommer; Früchte nur nach langen, warmen Sommern; ❄❄.

Rhus

Essigbaum, Sumach

Diese Sträucher und Bäume werden wegen ihrer auffälligen stark gefiederten Blätter, die im Herbst in flammenden Rot-, Orange- und Goldtönen aufleuchten, kultiviert. Die winzigen Blüten erscheinen im Frühjahr oder Sommer in kerzenartigen Rispen. Eindrucksvoller sehen die samtig rotbraunen Fruchtstände aus, die sich an weiblichen Pflanzen bilden, wenn männliche und weibliche Bäume beieinander stehen. Sumach kommt am besten in einer Rabatte mit anderen Sträuchern oder in Waldgärten zur Geltung. Arten wie der Essigbaum (*R. typhina*) eignen sich auch als Strukturpflanzen in Einzelstellung.

Winterhärte: Voll frosthart ❄❄❄ bis frostempfindlich ❀
Standort: Mäßig nährstoffreicher, feuchter, durchlässiger Boden in Vollsonne (schönste Herbstfärbung).
Pflege: Störende Äste im Spätwinter oder Vorfrühling entfernen oder Triebe im Vorfrühling auf zwei bis drei Augen zurückschneiden; da sie stark wuchern, Ausläufer sofort entfernen; Rotpustelkrankheit mit orangeroten Pusteln auf absterbenden Ästen, befallenes Holz entfernen und vernichten.
Vermehrung: Aussaat im Herbst im Saatbeet; halb verholzte Stecklinge im Sommer, Wurzelschnittlinge im Winter schneiden; Ausläufer.

Rhus typhina
↕5 m ↔ 6 m; sommergrüner, überhängender Strauch oder Baum; Äste samtig überzogen, leuchtende Herbstfarben; Ausläufer; ❄❄❄.

Ribes
Johannisbeere

Die Zierformen der Johannisbeere sind eng mit den Obststräuchern verwandt. Diese altmodisch anmutenden, meist sommergrünen Pflanzen im Bauerngartenstil werden wegen ihrer reizvollen Frühlingsblüten kultiviert; die rosa bis rot blühende Blut-Johannisbeere (*R. sanguineum*) ist ein traditioneller Begleiter für gelbe Forsythien (*Forsythia*, siehe S. 58). Man trifft sie oft auch als Blütenhecke an. Es gibt Arten, die kirschrot, blassrosa, weiß oder grünlich gelb blühen. Die Früchte sind gewöhnlich nicht genießbar. Die meist sehr großen Sträucher lassen sich gut an Mauern ziehen; es gibt kompaktere Sorten, einige auch mit goldgelbem Laub.

Winterhärte: Voll frosthart ❄❄❄ bis frosthart ❄❄
Standort: Jeder durchlässige Gartenboden in Vollsonne; *R. laurifolium* verträgt Halbschatten.
Pflege: Nach der Blüte Blütentriebe bis zu kräftigen Augen oder Trieben zurückschneiden; ältere Pflanzen alle drei bis vier Jahre ausdünnen; bei an Mauern gezogenen Pflanzen nach der Blüte oder im Spätwinter Blütentriebe auf zwei bis vier Augen zurückschneiden; Heckenschnitt nach der Blüte.
Vermehrung: Steckhölzer bei sommergrünen Arten im Winter schneiden; Kopfstecklinge von Seitentrieben.

***Ribes sanguineum* 'Pulborough Scarlet'** 🏆
↕3 m ↔ 2,5 m; aufrechte, starkwüchsige Form; sommergrün; im Frühjahr Blüten mit weißer Mitte; blauschwarze Früchte; ❄❄❄.

Robinia
Robinie, Scheinakazie

Robinien sind sommergrüne Bäume und Sträucher, die ursprünglich aus den Laubmischwäldern Nordamerikas stammen. Sie sind meist bedornt und haben helle, grazile, lange Blätter; im Spätfrühling und Frühsommer tragen sie Trauben weißer oder rosafarbener Schmetterlingsblüten; später folgen große dunkelbraune Fruchthülsen. Pflanzen Sie die Bäume in Einzelstellung auf Rasenflächen, strauchige Arten in große Strauchbeete, am besten zwischen dunkel belaubte Gehölze. Die Goldakazie (*R. pseudoacacia* 'Frisia'), die man so als Strauch ziehen kann, dass sie vor allem Blätter bildet (siehe *Cornus*, S. 42–43), ist ein eindrucksvoller Begleiter für *Acer palmatum* 'Rubrum' (siehe S. 18–19) mit seinem dunkelpurpurnen Laub.

Winterhärte: Voll frosthart ❄❄❄
Standort: Nährstoffreicher, am besten feuchter, durchlässiger Boden in Vollsonne; trockene und karge Böden werden vertragen.
Pflege: Vor starken Winden schützen, da die Äste leicht brechen; störende Äste bei jungen Bäumen im Spätsommer oder Frühherbst herausnehmen; Ausläufer entfernen.
Vermehrung: Aussaat der reinen Arten im Herbst in Töpfen im Frühbeet; Ableger; Sorten überwiegend veredelt.

Ribes odoratum
↕↔ 2 m; aufrechter sommergrüner Strauch; aromatische Blüten; schwarze Früchte; rotes und purpurnes Herbstlaub; ❄❄❄.

Ribes laurifolium
↕1 m ↔ 1,5 m; ausladend; wintergrün; ledrige Blätter; Blüte im Spätwinter und Vorfrühling; verträgt Halbschatten; ❄❄.

***Robinia pseudoacacia* 'Frisia'** 🏆
↕15 m ↔ 8 m; schnellwüchsiger, Ausläufer bildender Baum; duftende Blüten; orangegelbes Herbstlaub (siehe kleines Bild).

Rosa

Rose

Siehe auch S. 150–151.

WEGEN IHRER PRÄCHTIGEN, oft stark duftenden Blüten im Sommer und Herbst gehören Rosen zu den beliebtesten Gartenpflanzen. Unter den Hunderten verschieder Sorten findet sich für fast jede Lage eine passende. Strauchrosen sehen am besten in einem Beet mit anderen Pflanzen aus; Miniatursorten eignen sich für Steingärten und große Töpfe. Die Blüten, die in Büscheln an den Enden aufrechter, manchmal bogiger oder hängender, stacheliger Triebe stehen, sind ausgezeichnete Schnittblumen. Die Vielfalt der Formen und Größen ist enorm – von kleinen einfachen oder gefüllten Blüten bis zu riesigen gefüllten Formen. Die Farbe variiert von reinstem Weiß über Gelb und Rosa bis hin zu Schwarzrot. Manche Rosen tragen im Herbst schöne rote Früchte (Hagebutten).

Winterhärte: Voll frosthart ✻✻✻
Standort: Nährstoffreicher, mit viel organischem Material angereicherter Boden in offener, sonniger Lage.
Pflege: Ballenlose Ware in der Ruheperiode von Spätherbst bis Vorfrühling, Containerware jederzeit pflanzen; im Frühjahr Volldünger geben und mit organischem Material mulchen; im Spätwinter oder Vorfrühling zurückschneiden; Welkes entfernen, um mehr Blüten anzuregen; Sternrußtau, Rosenrost und Echter Mehltau können auftreten; resistente Sorten sind erhältlich.
Vermehrung: Steckhölzer im Herbst; die Sorten werden in der Regel okuliert.

Beetrosen

↕ bis 1 m
↔ bis 1 m

Diese aufrechten Sträucher *sind kompakt und öfter blühend mit einfachen oder gefüllten Blüten. Sie tragen einzelne große Blüten (Teehybriden, Edelrosen) oder kleine Blüten in großen Büscheln (Floribunda- und Polyantha-Hybriden). Schneiden Sie die Haupttriebe von Teehybriden 20–25 cm, von Floribunda- und Polyantha-Hybriden 25–45 cm über dem Boden zurück; Seitentriebe werden auf zwei bis drei Augen eingekürzt.*

Zwergbuschrosen (Patiorosen)

↕ 60 cm
↔ 60 cm

Diese zwergigen *Floribunda-Hybriden sind kompakte Sträucher mit buschiger Wuchsform. Sie eignen sich für den vorderen Bereich von Rabatten, für Töpfe oder sogar Steingärten. Sie tragen im Sommer üppige Büschel einfacher oder gefüllter, manchmal duftender Blüten in vielen Farben. Nur leichter Schnitt erforderlich: Haupttrieb und Seitentriebe nur um ein Drittel oder um die Hälfte einkürzen.*

Bodendeckerrosen

↕ bis 60 cm
↔ bis 1 m

Diese kriechenden, *reich verzweigten Rosen tragen Büschel kleiner, gefüllter oder halb gefüllter, leicht duftender Blüten. Sie eignen sich als Bodendecker, für den Wegrand oder für Kübel. Rückschnitt ist nur dann nötig, wenn sie stark wuchern. Übermäßig wachsende Seitentriebe auf zwei bis drei Augen einkürzen. Alle drei bis vier Jahre das älteste Holz herausnehmen, um den Neuaustrieb zu fördern; radikaler Rückschnitt bei vernachlässigten Pflanzen.*

Hochstammrosen

↕ bis 2 m
↔ bis 1,5 m

Hochstammrosen sind *Beetrosen, die auf eine Unterlage veredelt wurden, und eignen sich für Töpfe und formale Pflanzungen oder bringen Höhe in Rabatten. Aus Ramblern (siehe S. 150–151) kann man hängende Hochstämme ziehen. Es gibt Fußstämme mit 40 cm, Halbstämme mit etwa 60 cm, Hochstämme mit 90 cm sowie Trauerrosen mit 140 cm Stammhöhe. Alle brauchen eine Stütze. Schnitt je nach Typ der Rose.*

Moderne Strauchrosen

↕ 1,2–2 m
↔ bis 2 m

Diese vielfältige *Gruppe variiert in Größe, Wuchsform und Blütentyp. Die meisten wachsen aufrecht, und die Blüten ähneln denen der Beetrosen; sie sind gute Solitärpflanzen. Manche blühen nur einmal im Jahr, andere öfter. Entfernen Sie nur totes oder krankes Holz, und kürzen Sie die Haupttriebe um ein Drittel, die Seitentriebe um die Hälfte. Jährlich jeden dritten alten Trieb bis zum Boden abschneiden.*

Alte Rosen

↕ 1,2–2 m
↔ bis 2 m

Vielfältige Gruppe *mit aufrechten oder überhängenden Rosen; meist einmal (Schnitt nach der Blüte), selten öfter blühend; meist mit halb gefüllten oder gefüllten, oft duftenden Blüten. Überhängende Formen so pflanzen, dass sie andere nicht überwuchern; leichter jährlicher Schnitt, dabei einige alte Triebe entfernen, für den Neuaustrieb. Bei aufrechten Formen gelegentlich dünne oder abgestorbene Triebe herausnehmen.*

①

②

⑦

⑧

⑫

⑬

⑱

⑲

① ***Rosa*** **'Amber Queen'** 🏆 ↕↔ 60 cm; Floribunda ② ***R.*** **'Angela Rippon'** ↕ 45 cm ↔ 30 cm; Miniaturbeetrose ③ ***R.*** **'Anna Ford'** 🏆 ↕↔ 45 cm; Patiorose ④ ***R.*** **'Ballerina'** 🏆 ↕ 1,5 m ↔ 1,2 m; Strauchrose ⑤ ***R.*** **'Belle de Crécy'** 🏆 ↕ 1,2 m ↔ 1 m; Alte Rose ⑥ ***R.*** **'Boule de Neige'** ↕ 1,5 m ↔ 1,2 m; Alte Rose ⑦ ***R.*** **'Bourbon Queen'** ↕ 2,5 m ↔ 1,5 m; Alte Rose ⑧ ***R.*** **'Buff Beauty'** 🏆 ↕↔ 1,2 m; Strauchrose ⑨ ***R.*** **'Cécile Brünner'** 🏆 ↕ 75 cm ↔ 60 cm; Alte Rose ⑩ ***R.*** **'Charles de**

Mills' 🏆 ↕↔ 1,2 m; Alte Rose ⑪ ***R.* 'Chinatown'** 🏆 ↕ 1,2 m ↔ 1 m; Strauchrose ⑫ ***R.* 'Conservation'** ↕↔ 45 cm; Patiorose ⑬ ***R.* 'Cornelia'** 🏆 ↕↔ 1,5 m; Strauchrose ⑭ ***R.* 'Crimson Glory'** ↕↔ 60 cm; Teehybride ⑮ ***R.* 'Doris Tysterman'** ↕ 1,2 m ↔ 75 cm; Teehybride ⑯ ***R.* 'Elizabeth Harkness'** ↕ 80 cm ↔ 60 cm; Teehybride ⑰ ***R.* 'English Garden'** ↕ 1 m ↔ 75 cm; Strauchrose ⑱ ***R.* 'English Miss'** 🏆 ↕ 75 cm ↔ 60 cm ; Floribunda ⑲ ***R.* 'Escapade'** 🏆 ↕ 75 cm ↔ 60 cm; Floribunda ⑳ ***R.* 'Fantin-Latour'** 🏆 ↕ 1,5 m ↔ 1,2 m; Alte Rose ㉑ ***R.* 'Felicia'** 🏆 ↕ 1,5 m ↔ 2,2 m; Strauchrose ㉒ ***R.* 'Fragrant Cloud'** ↕ 75 cm ↔ 60 cm; Teehybride ㉓ ***R.* 'Fru Dagmar Hastrup'** 🏆 ↕ 1 m ↔ 1,2 m; Alte Rose.

㉔ *Rosa* **'Frühlingsmorgen'** ↕2 m ↔ 1,5 m; Strauchrose ㉕ ***R. gallica*** **'Versicolor'** 🏆 ↕80 cm ↔ 1 m; Alte Rose ㉖ ***R.*** **'Geranium'** 🏆 ↕2,5 m ↔ 1,5 m; Alte Rose ㉗ ***R.*** **'Glenfiddich'** ↕80 cm ↔ 60 cm; Floribunda ㉘ ***R.*** **'Graham Thomas'** 🏆 ↕↔ 1,2–1,5 m; Strauchrose ㉙ ***R.*** **'Great Maiden's Blush'** ↕2 m ↔ 1,35 m; Alte Rose ㉚ ***R.*** **'Hannah Gordon'** ↕80 cm ↔ 60 cm ; Floribunda ㉛ ***R.*** **'Iceberg'** 🏆 ↕80 cm ↔ 65 cm; Floribunda ㉜ ***R.*** **'Ispahan'** 🏆 ↕1,5 m ↔ 1,2 m; Alte Rose ㉝ ***R.*** **'Julia's Rose'** ↕75 cm ↔ 45 cm; Teehybride ㉞ ***R.*** **'Just Joey'** 🏆 ↕↔ 75 cm; Teehybride ㉟ ***R.*** **'Laura Ashley'** ↕60 cm ↔ 1,2 m; Bodendeckerrose ㊱ ***R.*** **'Madame Isaac Pereire'** 🏆 ↕2,2 m ↔ 2 m; Alte Rose ㊲ ***R.*** **'Maiden's Blush'** 🏆 ↕1,2 m ↔ 90 cm; Alte Rose ㊳ ***R.*** **'Margaret Merril'** 🏆 ↕80 cm ↔ 60 cm; Floribunda ㊴ ***R.*** **'Mountbatten'** 🏆 ↕1,2 m ↔ 75 cm; Floribunda ㊵ ***R.*** **'National Trust'** ↕↔ 60 cm; Teehybride ㊶ ***R.*** **'Nevada'** 🏆 ↕↔ 2,2 m; Strauchrose

28

29

30

31

35

36

37

38

43

44

45

46

51

52

53

54

㊷ *R.* **'Peace'** 🏆 ↕1,2 m ↔ 1 m; Teehybride ㊸ *R.* **'Perle d'Or'** 🏆 ↕1,2 m ↔ 1 m; Alte Rose ㊹ *R.* **'Pink Favorite'** ↕↔ 75 cm; Teehybride ㊺ *R.* **'Polar Star'** ↕1 m ↔ 70 cm; Teehybride ㊻ *R.* **'Pretty Polly'** 🏆 ↕↔ 45 cm; Patiorose ㊼ *R.* **'Robin Redbreast'** ↕↔ 45–60 cm; Bodendeckerrose ㊽ *R.* **'Rosemary Harkness'** ↕↔ 80 cm; Teehybride ㊾ ***R. rugosa*** ↕↔ 1–2,5 m; Wildrose ㊿ *R.* **'Silver Jubilee'** 🏆 ↕1,1 m ↔ 60 cm; Teehybride (51) *R.* **'Souvenir de la Malmaison'** ↕↔ 1,5 m; Alte Rose (52) *R.* **'The Fairy'** 🏆 ↕↔ 60–90 cm; Floribunda (53) *R.* **'The Queen Elizabeth'** ↕2,2 m ↔ 1 m; Beetrose (54) *R.* **'Trumpeter'** 🏆 ↕↔ 60 cm; Floribunda.

Rosmarinus

Rosmarin

Die aromatisch duftenden immergrünen Sträucher bringen Höhe und Struktur in Kräutergärten und gedeihen auch in Töpfen gut. Sie sind im Mittelmeergebiet heimisch und überstehen kalte, nasse Winter nicht, obwohl sie frosthart sind. Die aufrechten Formen fühlen sich an sonnigen Mauern wohl, die weniger frostharten, niederliegenden Pflanzen breiten sich lieber auf einer Kiesoberfläche oder einem steinigen Boden als auf feuchter Erde aus. Die Blätter sind dunkelgrün, die Triebe oft mit einem gräulichen Flaum bedeckt. Von Mitte Frühling bis Frühsommer, hin und wieder auch im Spätsommer, erscheinen an den Triebenden blaue, violette oder weiße Röhrenblüten.

Winterhärte: Frosthart ❄❄; *R. officinalis* und Sorten halten auf durchlässigem Boden bis –10 °C aus.
Standort: Durchlässiger bis trockener, karger Boden in Vollsonne.
Pflege: Regelmäßig leicht zurückschneiden, um die buschige Form zu erhalten und junge Triebe (am schmackhaftesten) zu fördern.
Vermehrung: Aussaat im Frühjahr in Töpfen im Frühbeet, langwierig; Kopfstecklinge im August.

① *Rosmarinus officinalis* ↕↔ 1,5 m ② *R. officinalis* 'McConnell's Blue' 🏆 ↕↔ 1,5 m ③ *R. officinalis* Prostratus-Gruppe ↕ 15 cm ↔ 1,5 m ④ *R. officinalis* 'Roseus' ↕↔ 1,5 m.

Rubus

Brombeere, Himbeere

↕↔ 3 m

Diese überhängenden Sträucher tragen im Frühsommer einfache, rosenähnliche Blüten in Weiß, Rot, Purpur oder Rosa. Bei manchen Sorten wie 'Benenden' (ohne Stacheln) und der leuchtenden Pracht-Himbeere (*R. spectabilis* 'Olympic Double') ist die Blütenpracht die Hauptattraktion; sie passen zu Wild- oder Waldgärten. Gold-Himbeere (*R. biflorus*), Tangutische Himbeere (*R. cockburnianus*) und Tibet-Himbeere (*R. thibetanus*) werden auch wegen ihrer stacheligen Triebe, die im Winter mit weißem Flaum überzogen sind, kultiviert. Sie sollten stark zurückgeschnitten werden.

Winterhärte: Voll frosthart ❄❄❄
Standort: Durchlässiger, recht nährstoffreicher Boden in Vollsonne (für die schönsten Wintertriebe).
Pflege: Bei blühenden Formen Blütentriebe bis zu darunter liegenden kräftigen Augen oder Trieben einkürzen; Formen für Wintertriebe im zeitigen Frühjahr auf drei Augen zurückschneiden, danach düngen und mulchen.
Vermehrung: Brombeeren durch Absenker oder Stecklinge; Himbeeren durch Ausläufer.

Rubus cockburnianus
↕↔ 2,5 m; bildet Dickichte, im Sommer kleine purpurne Blüten; schwarze, dekorative, aber ungenießbare Früchte.

Salix

Weide

Diese grosse und vielfältige Gattung umfasst Laub abwerfende Bäume und Sträucher. Die Kätzchen, die im Frühling erscheinen, sind sehr auffallend, aber Weiden haben auch attraktive Wuchsformen und manchmal dekorative Stämme zu bieten. In der Natur wachsen oft riesige Bäume, aber es gibt auch viele kleine und mittelhohe Formen – z. B. die hängende Sal-Weide (*S. caprea* 'Kilmarnock') als Blickfang auf kleinen Rasenflächen oder in Rabatten. Einige der größeren Arten können als Sträucher kultiviert werden, wenn man sie jedes Jahr zurückschneidet, um eine kompakte Form zu erhalten und farbige Wintertriebe zu fördern. *S. alba* 'Britzensis' passt sehr gut zu Mahonie (*Mahonia*, siehe S. 87), Fleischbeere (*Sarcococca*, siehe S. 116) und Hartriegel (*Cornus*, siehe S. 42–43).

Winterhärte: Voll frosthart ❄❄❄
Standort: Jeder tiefgründige, feuchte, durchlässige Boden, außer Kalkböden, in Vollsonne.
Pflege: Schnitt selten nötig, nur für farbige Wintertriebe im Vorfrühling Triebe auf drei bis vier Augen kürzen (siehe rechts).
Vermehrung: Grünstecklinge im Frühsommer; Steckhölzer im Winter; bewurzeln sich leicht.

Salix helvetica 🏆
↕ 60 cm ↔ 40 cm; aufrechter, buschiger Strauch, Blätter oberseits graugrün, unterseits silbrig weiß; im Vorfrühling Kätzchen.

***Salix caprea* 'Kilmarnock'**
↕1,5–2 m ↔ 2 m; hängende Triebe, auf aufrechter Unterlage veredelt; Kätzchen im Frühling (Mitte und spät); dunkelgrünes Laub.

***Salix gracilistyla* 'Melanostachys'**
↕3 m ↔ 4 m; aufrechter Strauch; seidig behaarte graugrüne, später glänzend grüne Blätter; schwarze Kätzchen im Frühling.

WEIDENSCHNITT Viele Weidenarten kann man im Frühjahr bis zum Grund zurückschneiden; dadurch entwickeln sich leuchtend gefärbte Wintertriebe.

***Salix alba* 'Britzensis'** ♡
↕25 m ↔ 10 m; normalerweise ein großer Baum, durch jährlichen Schnitt im Zaum gehalten; mattgrünes Laub; Kätzchen im Frühling.

Sambucus

Holunder

DIESE SOMMERGRÜNEN Sträucher und Bäume werden wegen ihrer Blüten und der dekorativen Blätter kultiviert. Von Frühling bis Frühsommer erscheinen dichte, flache Dolden weißer oder cremegelber Blüten, denen schwarze oder glänzend rote Früchte folgen. Die Blätter können schwarzviolett, dunkelgrün oder goldgelb sein und sind stark gefiedert, bei manchen Sorten stark gefranst. Holunder eignet sich für Strauch- oder gemischte Beete oder als Solitär. Dunkel und gelb belaubte Formen bilden einen schönen Kontrast. Frasers Glanzmispel (*Photinia* × *fraseri* 'Red Robin', siehe S. 95) mit ihrem roten jungen Laub ist ein guter Nachbar.

Winterhärte: Voll frosthart ❄❄❄
Standort: Recht nährstoffreicher, feuchter, durchlässiger Boden in Vollsonne oder Halbschatten; Blattfarbe bei Vollsonne intensiver, diese hält aber bei lichtem Schatten besser.
Pflege: Im Winter oder Vorfrühling nur störende Triebe entfernen; für schöne Blattfärbung Triebe im Vorfrühling auf zwei bis drei Augen einkürzen; radikaler Rückschnitt, um den Wuchs zu begrenzen; schwarze Blattläuse befallen junge Triebe.
Vermehrung: Aussaat im Herbst in Töpfen im Frühbeet; Steckhölzer im Winter; Grünstecklinge im Frühsommer.

***Sambucus racemosa* 'Plumosa Aurea'**
↕↔ 3 m; buschiger Strauch; junges Laub bronzefarben (siehe kleines Bild), kann bei Vollsonne verbrennen; Blüte Mitte Frühling.

SANTOLINA

Heiligenkraut

↕15–75 cm
↔20–100 cm

DIESE KOMPAKTEN, rundlichen immergrünen Sträucher und Halbsträucher eignen sich für niedrige Hecken oder zur Umrandung von Rabatten. Die in trockenen Lagen heimischen Pflanzen sind auch ideal für Steingärten. Sie werden hauptsächlich wegen ihrer feinen, aromatisch riechenden Blätter gezogen. Die langstieligen Blütenstände sind knopfartig, gelb oder cremegelb und werden von zahlreichen ähnlich gefärbten Hochblättern umgeben. Heiligenkraut breitet sich auf dem Boden aus und unterdrückt Unkraut. Zusammen mit anderen aromatisch riechenden Pflanzen wie Lavendel (*Lavandula*, siehe S. 80–81) und Rosmarin (*Rosmarinus*, siehe S. 114) erzeugen sie eine betörende Duftmischung.

Winterhärte: Frosthart ❄❄
Standort: Karger bis fruchtbarer, durchlässiger Boden in Vollsonne.
Pflege: Blütentriebe im Frühjahr etwa um ein Drittel zurückschneiden.
Vermehrung: Aussaat im Herbst oder Frühjahr in Töpfen im Frühbeet; halb verholzte Stecklinge im Spätsommer im Minigewächshaus mit Bodenwärme ziehen.

RÜCKSCHNITT Schneiden Sie Heiligenkraut nur bis zu dem Punkt zurück, an dem der Neuaustrieb aus dem alten Holz sprießt.

Santolina pinnata **'Sulphurea'**
↕75 cm ↔ 100 cm; federige, fein zerteilte graugrüne Blätter; Blüte im Hochsommer.

SARCOCOCCA

Fleischbeere

DIESE ROBUSTEN IMMERGRÜNEN Sträucher sind im Winter von unschätzbarem Wert für den Garten. Ihre dichte Form mit den glänzenden dunkelgrünen Blättern wird im Winter durch weiße Winterblüten ergänzt, denen runde, glänzende Früchte folgen. Die Hauptattraktion ist jedoch ihr Duft: Die eher unauffälligen Blüten riechen sehr intensiv süßlich, sogar an den kältesten Tagen und bis in die Ferne. Schon einige Zweige erfüllen einen Raum mit ihrem Duft. Pflanzen Sie Fleischbeeren neben andere winterblühende Pflanzen wie Bodnant-Schneeball (*Viburnum* × *bodnantense* 'Dawn', siehe S. 126–127) und Christrose (*Helleborus niger*, siehe S. 256–257) oder als natürliche Hecke.

Winterhärte: Voll frosthart ❄❄❄
Standort: Nährstoffreicher, feuchter, durchlässiger, mit viel organischem Material angereicherter Boden im Schatten oder Halbschatten; bei recht feuchten Böden wird Sonne vertragen.
Pflege: Störende Triebe nach der Blüte etwas zurückschneiden; starker Schnitt hat weniger Blüten zur Folge.
Vermehrung: Aussaat im Herbst oder Frühjahr in Töpfen im Freien; halb verholzte Stecklinge im Spätsommer; Ausläufer im Spätwinter.

Sarcococca confusa 🏆
↕2 m ↔ 1 m; dichter, runder, langsamwüchsiger Strauch; sehr gut geeignet für recht trockene Schattenbereiche.

SENECIO CINERARIA

Silber-Greiskraut

Siehe auch S. 325.

↕↔bis 60 cm

DIESE BUSCHIGEN immergrünen Halbsträucher werden wegen ihrer weichen, filzigen Blätter kultiviert. Sie sind tief gelappt, geschlitzt oder gebuchtet und völlig mit einem dichten weißlich grauen Haarfilz überzogen. Gelbe Blütenstände erscheinen im zweiten Jahr nach der Aussaat, aber die Pflanzen werden meist nach einer Saison weggeworfen. Die Blüten sind nicht sehr dekorativ und die Blätter am schönsten, wenn die Pflanze noch jung ist. Sie gedeihen in Strauchrabatten, werden aber hauptsächlich auf Beeten kultiviert, wo ihr Laub als Hintergrund für blühende Gewächse dienen kann. Eine klassische Kombination ist Silberblatt mit rotem Feuer-Salbei (*Salvia*, siehe S. 318–319).

Winterhärte: Frosthart ❄❄
Standort: Nährstoffreicher Boden in Vollsonne.
Pflege: Nur leicht zurückschneiden, um die Form zu bewahren; rostanfällig, befallene Beetpflanzen entfernen, um die Ausbreitung zu verhindern.
Vermehrung: Aussaat ab Februar bei 16–18 °C, pikieren und dann bei etwa 10 °C weiterkultivieren.

① *Senecio cineraria* **'Silver Dust'** 🏆 ↕↔30 cm; besonders leuchtendes Laub ② *S. cineraria* **'White Diamond'** ↕30–40 cm ↔ 30 cm; meist mehrjährig kultiviert.

Skimmia
Skimmie

Diese immergrünen Sträucher und Bäume variieren stark in der Größe. Es gibt viele kompakte Sorten für kleinere Gärten. Büschel sternförmiger Blüten, manchmal duftend, öffnen sich im Frühjahr, aber die unterschiedlichen Knospenformen fallen im Winter auf. Den Blüten folgen fleischige, runde, schwarze, rote oder weiße Früchte; bei manchen Skimmien gibt es männliche und weibliche Pflanzen, sodass sie nur fruchten, wenn beide beieinander stehen. Die spitzen, dunkelgrünen, glänzenden Blätter riechen aromatisch. Skimmien eignen sich hervorragend für Winterarrangements.

Winterhärte: Voll frosthart ❄❄❄
Standort: Nährstoffreicher, feuchter durchlässiger Boden, mit organischem Material angereichert in Sonne oder Halbschatten; *S.confusa* 'Kew Green' toleriert volle Sonne.
Pflege: Schnitt nur wenn notwendig.
Vermehrung: Aussaat in Töpfen im Frühbeet im Herbst; halb verholzte Stecklinge im Spätsommer.

***Skimmia japonica* 'Rubella'** 🏆
↔ bis 6 m; männliche Pflanze, also keine Früchte, dafür aber zarte rote Knospen im Herbst und Winter; Blüte im Frühling (Mitte und spät).

Skimmia japonica
↔ bis 6 m; variable Form; duftende weiße Blüten im Frühling (Mitte und spät); männliche und weibliche Formen.

***Skimmia × confusa* 'Kew Green'** 🏆
↕0,5–3 m ↔ 1,5 m; männliche Sorte mit aromatisch riechenden Blättern und duftenden weißen Blüten im Frühjahr.

Sophora
Schnurbaum

Diese Bäume und Sträucher werden wegen ihrer feinen Blätter und ihrer leuchtenden Blüten kultiviert. Sie blühen erst nach zwölf Jahren und brauchen dazu auch lange, warme Sommer. Es lohnt sich jedoch, sie nur wegen des Laubs zu pflanzen. Die Blätter setzen sich aus kleinen Fiederblättchen zusammen und sind an einem langen Stiel elegant angeordnet. Es gibt immergrüne und sommergrüne Formen. Die Schmetterlingsblüten stehen in Büscheln an den Triebenden und können violettblau bis weiß oder goldgelb sein. Der Schnurbaum sieht in Strauchrabatten oder in kälteren Regionen an geschützten Mauern gut aus. Ziehen Sie weniger frostharte Formen in kalten Gebieten in Töpfen, die unter Glas frostfrei überwintern können.

Winterhärte: Voll frosthart ❄❄❄ bis frosthart ❄❄; Jungpflanzen spätfrostgefährdet.
Standort: Nährstoffreicher, durchlässiger Boden in Vollsonne; bei Gefäßbepflanzung gute Topferde.
Pflege: Topfpflanzen im Sommer gut wässern, monatlich Volldünger geben; störende Äste bei jungen Bäumen im Spätwinter oder Vorfrühling herausnehmen, damit ein gesundes Astgerüst entsteht.
Vermehrung: Aussaat nach der Samenreife in Töpfen im Frühbeet.

Sophora davidii
↕2,5 m ↔ 3 m; buschiger oder ausladender Strauch oder Baum; bei ausgewachsenen Pflanzen Blüte im Spätsommer oder Frühherbst.

Sorbus
Eberesche

Diese aufrechten, säulenförmigen oder ausladenden Bäume und Sträucher haben eine schöne Aststruktur sowie attraktive Blüten im Frühjahr oder Sommer. Das dekorative Laub weist viele Formen und oft eine schöne Herbstfärbung auf. Die Rinde ausgewachsener Pflanzen ist strukturiert, aber die Hauptattraktion bilden die Früchte im Herbst, die viele Vögel anlocken. Sie sind meist rot, orange oder gelb, manchmal auch weiß und rosa übertönt wie bei der Himalaya-Eberesche (*S. cashmiriana*). Die strauchartig wachsende *S. reducta* bildet Dickichte und trägt rote Früchte, die im Herbst weiß werden, wenn sich die Blätter rot und purpurn färben. Pflanzen Sie Ebereschen in Einzelstellung oder in eine Rabatte neben Weißdorn (*Crataegus*, siehe S. 46) oder Felsenbirne (*Amelanchier*, siehe S. 22).

Winterhärte: Voll frosthart ❄❄❄
Standort: Nährstoffreicher, feuchter, durchlässiger Boden in Vollsonne oder lichtem Schatten.
Pflege: Störende Äste im Spätwinter oder Vorfrühling bei Bedarf herausschneiden.
Vermehrung: Aussaat der reinen Arten im Herbst in Töpfen im Frühbeet; Sorten meist veredelt.

① *Sorbus aria* 'Lutescens' 🏆 ↕10 m; braun gesprenkelte rote Früchte ② *S. aucuparia* ↕15 m ③ *S.* 'Joseph Rock' ↕10 m ④ *S. sargentiana* 🏆 ↔10 m.

Spartium junceum
Binsenginster

↔ bis 3 m

Diese Pflanze ist nah verwandt mit Besenginster (*Cytisus*, siehe S. 47) und Ginster (*Genista*, siehe S. 65). Der Binsenginster ist eine ausgezeichnete Pflanze für küstennahe Gärten und eignet sich für Strauchrabatten oder lässt sich an einer warmen, sonnigen Mauer erziehen. Der aufrechte Strauch trägt schlanke dunkelgrüne Triebe und ist wenig belaubt. Von Frühsommer bis Frühherbst erscheinen massenhaft duftende Schmetterlingsblüten, denen flache dunkelbraune Fruchthülsen folgen. Das intensive Gelb der Blüten bildet einen lebhaften Kontrast zu den ähnlich geformten sattblauen Blüten des Schnurbaums (*Sophora davidii*, siehe S. 117).

Winterhärte: Frosthart ❄❄
Standort: Nährstoffreicher, durchlässiger Boden in Vollsonne; auch in Küstennähe und auf Kalkböden.
Pflege: Störende Triebe im Frühling etwas einkürzen; bei älteren Pflanzen Verjüngungsschnitt im Frühjahr.
Vermehrung: Aussaat im Frühjahr oder Herbst in Töpfen im Frühbeet; oft Selbstaussaat.

Spartium junceum 🏆
Pflanzen in geschützter Lage können hoch und dünntriebig werden; in exponierten Küstengärten bleibt der Wuchs dicht.

Spiraea
Spierstrauch

Diese vielfältige Gattung sommergrüner Sträucher umfasst zahlreiche elegante und einfach zu kultivierende Pflanzen in verschiedenen Größen. Daher gibt es fast für jeden Bereich im Garten einen Spierstrauch. Sie werden hauptsächlich wegen ihrer dichten Dolden kleiner, teller- oder schalenförmiger Blüten, die im Frühjahr und Sommer an den Triebenden erscheinen, gepflanzt. Die Blütenfarbe reicht von Weiß, Rosa und Gelb bis zu Purpurrot. Manche Pflanzen haben gelbbunt gefärbtes Laub, das z. B. bei *S. japonica* 'Goldflame' zuerst bronzefarben ist, dann leuchtend gelb und später mittelgrün wird; dazu kommen dunkelrosa Blüten.

Winterhärte: Voll frosthart ❄❄❄; junge Triebe sind oft frostanfällig.
Standort: Jeder durchlässige, fruchtbare Gartenboden in Vollsonne.
Pflege: Schnitt bei den meisten Arten, die am vorjährigen Holz blühen, nach der Blüte, Blütentriebe bis zum Ansatz zurückschneiden; ältere Pflanzen alle drei bis vier Jahre ausdünnen, dazu jeden dritten oder vierten Trieb herausnehmen; *S. japonica* und Sorten, die an diesjährigem Holz blühen, im zeitigen Frühjahr etwas einkürzen.
Vermehrung: Grünstecklinge im Sommer schneiden; Steckhölzer; Teilung.

EINE NIEDRIGE HECKE
'Snowmound' hat einen dichten Wuchs und bildet eine kompakte Hecke. Gleich nach der Blüte zurückschneiden.

Spiraea nipponica 'Snowmound' 🏆
↕↔ 1,2–2,5 m; schnellwüchsiger sommergrüner Strauch, der im Frühsommer mit weißen Blüten geschmückt ist.

***Spiraea japonica* 'Golden Princess'** ♀
↕ 2 m ↔ 1,5 m; sommergrün; das junge bronzefarbene Laub wird später hellgelb und im Herbst rot; purpurrosa Blüten.

***Spiraea japonica* 'Anthony Waterer'**
↕ bis 1,5 m ↔ 1,5 m; sommergrün; junges bronzefarbenes Laub, oft rosa oder weiß umsäumt; Blüte im Hoch- und Spätsommer.

FORMALE PFLANZEN
Starkwüchsige Formen wie diese sind meist zu groß für kleine Gärten, können aber durch regelmäßigen Formschnitt im Zaum gehalten werden.

Spiraea* × *vanhouttei
↕ 2 m ↔ 1,5 m; ein graziler, überhängender sommergrüner Strauch; üppige Blüten bedecken im Frühsommer das Laub fast vollständig.

STACHYURUS

Perlschweif

DIESE KLEINE GATTUNG umfasst sommergrüne Sträucher, die wegen ihrer frühen Blüten kultiviert werden. Im Spätwinter und Vorfrühling erscheinen kleine blassgelbe Glockenblüten. Die gelben Knospen entwickeln sich im Herbst an kahlen Trieben und öffnen sich im Frühjahr, bevor die Blätter erscheinen. Nur der Chinesische (*S. chinensis*) und der Japanische Perlschweif (*S. praecox*) gedeihen zuverlässig und werden häufig gepflanzt. Der Chinesische Perlschweif ist kleiner, während vom Japanischen Perlschweif eine beliebte Sorte namens 'Magpie' erhältlich ist. Beide tragen spitze dunkelgrüne Blätter an den überhängenden, schlanken, glänzenden Zweigen, die beim Japanischen Perlschweif rotbraun und beim Chinesischen Perlschweif purpurn sind.

Winterhärte: Voll frosthart ✲✲✲ bis bedingt frosthart ✲
Standort: Leichter, feuchter, durchlässiger, saurer Boden in Vollsonne oder Halbschatten.
Pflege: Vor kalten, austrocknenden Winden schützen; störende Triebe nach der Blüte herausnehmen; ältere Pflanzen bei Bedarf verjüngen, dazu Triebe nach der Blüte bis zur Basis zurückschneiden.
Vermehrung: Aussaat im Herbst im Frühbeet; Kopfstecklinge im Sommer.

Stachyurus praecox ♀
↕ 1–4 m ↔ bis 3 m; einer der ersten Sträucher, die im Spätwinter und Vorfrühling blühen.

STEWARTIA

Scheinkamelie

DIESE GROSSEN sommergrünen Bäume und Sträucher sind wegen ihrer unermüdlich erscheinenden Sommerblüten, der schönen Herbstfarben und der interessanten Rinde der älteren Exemplaren von unschätzbarem Wert. Die rosenähnlichen weißen Blüten haben cremefarbene oder weiße Staubblätter und erschienen einzeln oder paarweise. Die Pflanzen sind verwandt mit Kamelien (*Camellia*, siehe S. 32–33) und stellen weitgehend ähnliche Ansprüche. Die Scheinkamelie macht sich sehr gut als Solitär in Waldgärten oder schattigen Rabatten. Pflanzen Sie sie neben Scheinulmen (*Eucryphia*, siehe S. 55), die je nach Art zu verschiedenen Jahreszeiten ähnliche offene weiße Blüten tragen.

Winterhärte: Voll frosthart ❄❄❄ bis frosthart ❄❄
Standort: Feuchter, durchlässiger, recht nährstoffreicher, neutraler bis saurer Boden in Vollsonne oder Halbschatten.
Pflege: Vor kalten, starken Winden schützen; Containerware pflanzen, Standort gut auswählen, verträgt keine Wurzelstörung.
Vermehrung: Grünstecklinge im Frühsommer; halb verholzte Stecklinge von Hoch- bis Spätsommer schneiden; Absenker im Herbst.

STYRAX

Storaxbaum

DIESE GROSSE GATTUNG umfasst sommergrüne oder immergrüne Sträucher und kleine Bäume, die meist so kompakt sind, dass sie fast in jedem Garten Platz finden. Die zierlichen, duftenden Glockenblüten sind reinweiß oder rosa überhaucht und erscheinen im Sommer an kurzen vorjährigen Trieben. Die Blätter sind unterschiedlich geformt und nehmen bei manchen Exemplaren eine schöne Herbstfärbung an. Die Sträucher eignen sich für Rabatten mit Pfeifenstrauch (*Philadelphus*, siehe S. 93), Weigelie (*Weigelia*, siehe S. 128) und Fingerkraut (*Potentilla*, siehe S. 99); pflanzen Sie Bäume so, dass die Blüten von unten zu sehen sind.

Winterhärte: Voll frosthart ❄❄❄
Standort: Feuchter, durchlässiger, neutraler bis saurer, mit organischem Material angereicherter Boden in Vollsonne bis Halbschatten.
Pflege: Vor kalten, austrocknenden Winden schützen; störende Triebe bei Sträuchern oder jungen Bäumen im Spätwinter oder Vorfrühling herausnehmen.
Vermehrung: Aussaat nach der Samenreife, drei Monate bei 15 °C, danach Jungpflanzen frostfrei halten, bis sie eingewachsen sind; Grünstecklinge im Sommer schneiden.

SYMPHORICARPOS

Schneebeere

DIESE SOMMERGRÜNEN Sträucher werden wegen ihrer Früchte kultiviert; diese erscheinen im Herbst und Winter, sind gewöhnlich weiß oder rosa, bei manchen Arten aber auch dunkelblau-violett. Im Sommer werden Büschel kleiner Glockenblüten gebildet, die Bienen und andere nützliche Insekten anlocken. Die Früchte halten lange bis in den Winter, wenn die Tiere sie nicht fressen; da sie Giftstoffe enthalten, können sie die Haut reizen und sollten keinesfalls gegessen werden. Diese besonders frostharten Pflanzen bilden oft Dickichte und vertragen auch karge Böden und Stadtklima. Sie wirken am besten in Wildgärten als Sichtschutz oder natürliche Hecke neben anderen Sträuchern wie z. B. Weißdorn (*Crataegus*, siehe S. 46).

Winterhärte: Voll frosthart ❄❄❄
Standort: Jeder Gartenboden, am besten nährstoffreich und durchlässig, in Vollsonne oder Halbschatten.
Pflege: Störende Triebe im Spätwinter oder Vorfrühling herausschneiden; Blütentriebe nach der Blüte bis auf kräftige Triebe zurückschneiden, um die Größe zu begrenzen.
Vermehrung: Große Pflanzen im Herbst teilen; Grünstecklinge im Sommer; Steckhölzer im Herbst.

Stewartia pseudocamellia ♀
↕20 m ↔ 8 m; abschilfernde Rinde (kleines Bild); Blätter werden gelb, dann rot; Blüte im Hochsommer; ❄❄❄.

Styrax obassia ♀
↕12 m ↔ 7 m; breiter säulenförmiger Baum; die flaumig behaarten Blätter sind im Herbst gelb und rot; Blüte im Früh- und Hochsommer.

Symphoricarpos × doorenbosii 'White Hedge'
↕1,5 m ↔ unbestimmt; aufrechter Strauch, der Dickichte bildet; Blüte im Hoch- und Spätsommer; dichte Büschel mit Früchten.

SYRINGA

Flieder

DIESE SOMMERGRÜNEN Sträucher sind wegen ihrer schönen und herrlich duftenden Blüten bekannt; diese erscheinen im Frühsommer und sind traditionell lila, können aber auch weiß, cremefarben, hellgelb, rosa, lilarot und weinrot sein. In unseren Gärten wachsen vor allem die Sorten des Gewöhnlichen Flieders (*S. vulgaris*), die eine relativ kurze, aber intensive Blütezeit haben; ihre Blüten stehen in charakteristischen kegelförmigen Rispen. Sorten mit gefüllten Blüten sind oft duftlos. Flieder kann sehr groß werden, darf aber auch stark zurückgeschnitten werden. Andere Sorten wie z. B. *S. meyeri* 'Palibin' können sogar als Hochstamm erzogen werden.

Winterhärte: Voll frosthart ✻✻✻; junge Triebe sind frostgefährdet.
Standort: Nährstoffreicher, neutraler bis alkalischer, mit organischem Material angereicherter Boden in Vollsonne.
Pflege: Welkes entfernen, damit die Pflanzen keine Energie für Samenbildung aufwenden; störende Äste im Spätwinter oder Vorfrühling entfernen; bei *S. vulgaris* und Sorten kräftiger Verjüngungsschnitt möglich; Wildtriebe regelmäßig aus der Unterlage entfernen.
Vermehrung: Aussaat bei unveredelten Pflanzen möglich; Sorten meist veredelt.

***Syringa meyeri* 'Palibin'** 🏆
↕ 1,5–2 m ↔ 1,2 m; langsamwüchsiger, rundlicher Strauch; kleinere, aber üppigere Blütenrispen im Spätfrühling und Frühsommer.

VERJÜNGUNGSSCHNITT
Nach einem radikalen Schnitt treiben alte Sträucher stark aus und müssen ausgedünnt werden. Sie blühen dann im dritten Jahr wieder.

***Syringa vulgaris* 'Alba'**
↕↔ 7 m; weiß blühende Form dieses ausladenden Strauchs oder kleinen Baums, der sonst lilablaue duftende Blüten trägt.

***Syringa × josiflexa* 'Bellicent'** 🏆
↕ 4 m ↔ 5 m; aufrechter Strauch; Blütenrispen sind bis zu 20 cm lang und erscheinen im Spätfrühling und Frühsommer.

***Syringa vulgaris* 'Primrose'**
↕↔ 7 m; ausladender Strauch oder kleiner Baum; kleine Blütenrispen in ungewöhnlicher Farbe im Spätfrühling und Frühsommer.

***Syringa pubescens* 'Superba'** 🏆
↕ bis 6 m ↔ 6 m; aufrechter, buschiger Strauch; kleine Blütenrispen im Frühsommer, dann periodisch bis Herbst.

TAMARIX

Tamariske

DIESE GRAZILEN SOMMERGRÜNEN Sträucher oder kleinen Bäume mit rotbraunen, überhängenden Trieben sind in küstennahen Gärten von unschätzbarem Wert. Die rosa Blüten stehen in dichten Trauben. Tamarisken, ursprünglich in Küstennähe heimisch, halten salzige Winde aus. Sie tragen winzige, schuppenförmige Blätter, über die wenig Wasser verdunsten kann; dadurch werden diese Pflanzen in Gegenden ohne kalte Winde zum idealen Windbrecher oder Sichtschutz. In geschützter Lage wachsen sie dünntriebig, wenn nicht regelmäßig nachgeschnitten wird. Am häufigsten werden die von April bis Mai blühende Frühlings-Tamariske (*T. parviflora*) und die von Juli bis September blühende Sommer-Tamariske (*T. ramosissima*) gepflanzt.

Winterhärte: Voll frosthart ❄❄❄
Standort: Durchlässiger, trockener, möglichst kalkhaltiger Boden in Vollsonne.
Pflege: Anspruchslos und genügsam; gelegentlich etwas auslichten oder zu lange Triebe einkürzen; radikaler Rückschnitt wird nicht vertragen.
Vermehrung: Steckhölzer im Winter; halb verholzte Stecklinge im Sommer.

TAXUS

Eibe

EIBEN SIND VIELSEITIGE Nadelgehölze, die wegen ihrer hübschen Nadeln und ihres variablen Wuchses kultiviert werden. Sie haben rötlich braune, oft abschilfernde Rinde und schmale, ganz dunkelgrüne Nadeln. Es gibt aber auch gelbnadelige Sorten. Die weiblichen Pflanzen tragen im Herbst rote Früchte. Eiben können als Einzelbäume wachsen oder bilden schöne in Form geschnittene formale Hecken; niederliegende Formen sind gute Bodendecker. Eiben wachsen schnell und bilden in weniger als zehn Jahren eine dichte Hecke. Anders als die meisten Koniferen kann man sie bis zum alten Holz schneiden und bei übermäßigem Wuchs oder nach Schäden verjüngen. Alle Pflanzenteile mit Ausnahme des roten Samenmantels sind hochgiftig.

Winterhärte: Voll frosthart ❄❄❄
Standort: Jeder Boden (außer nasser) von Vollsonne bis Schatten.
Pflege: Hecken und formal geschnittene Pflanzen im Sommer und Frühherbst stutzen; Verjüngungsschnitt im Herbst bis Vorfrühling.
Vermehrung: Aussaat nach der Samenreife im Frühbeet oder Saatbeet, Keimdauer zwei Jahre oder länger; halb verholzte Stecklinge im Spätsommer nur von aufrechten Trieben (außer bei niederliegenden Formen), sonst kein aufrechter Hauptstamm.

Taxus baccata 'Fastigiata'
↕10 m ↔ 6 m; ist in der Jugend besonders schmal und wächst als ältere Pflanze auffallend säulenförmig (kleines Bild).

Tamarix ramosissima 'Pink Cascade'
↕↔ 5 m; Blüten in dichten Trauben im Spätsommer und Frühherbst.

Taxus baccata 'Fastigiata Aureomarginata' 🏆
↕3–5 m ↔ 1,2 m; breit kegelförmiger Baum; Sorte mit gelbrandigen Nadeln, die auch in kleinsten Gärten Platz hat.

Taxus baccata 'Dovastonii Aurea'
↕3–5 m ↔ 2 m; ausladender Baum mit charakteristisch hängenden Trieben.

Teucrium
Gamander

Diese kleinen immergrünen Halbsträucher werden wegen ihres aromatisch riechenden Laubs und der attraktiven Sommerblüten kultiviert; sie gehören einer großen Gattung an, die auch krautige Pflanzen umfasst. Die Blätter sind oft graugrün, unterseits silbrig, die Lippenblüten in Rosa, Gelb oder Blau erscheinen im Sommer in Büscheln. In kalten Regionen benötigen die Sträucher eine geschützte Rabatte oder eine sonnige Mauer, der Edel-Gamander (*T. chamaedrys*) macht sich jedoch in mildem Klima als Hecke oder Randbepflanzung gut. Pflanzen Sie Gamander neben andere sommerblühende Sträucher, die ähnliche Ansprüche stellen, z. B. Lavendel (*Lavandula*, siehe S. 80–81), Beifuß (*Artemisia*, siehe S. 25) und Rosmarin (*Rosmarinus*, siehe S. 114).

Winterhärte: Frosthart ✱✱ bis bedingt frosthart ✱
Standort: Durchlässiger, leicht alkalischer Boden in Vollsonne; kleinere Arten brauchen sehr durchlässigen Boden.
Pflege: Schnitt im Frühjahr oder Herbst, um die Form zu erhalten.
Vermehrung: Teilung oder Aussaat im Frühjahr; Stecklinge im Mai/Juni schneiden.

Teucrium polium
↕↔ 30 cm; kissenartig wachsender Halbstrauch; üppige Blüte im Sommer; ✱✱✱.

Thuja
Lebensbaum

Diese kleinen und großen Nadelgewächse eignen sich als Einzelbäume und Hecken, da sie sich gut schneiden lassen. Die schuppenförmigen, gewöhnlich aromatisch riechenden Nadeln sitzen den abgeflachten Zweigen dicht auf. Der kegelig wachsende Abendländische Lebensbaum (*T. occidentalis*) kann 20 m hoch werden und besticht mit seiner abschilfernden orangebraunen Rinde. Es gibt viele Formen, stark variierende Farben und Größen. 'Caespitosa' z. B. wächst polsterartig und langsam und eignet sich mit 30 cm Höhe für Steingärten. Der Riesenlebensbaum (*T. plicata*), als Hecke beliebt, eignet sich sonst nur für große Gärten; es gibt auch kleinere Formen wie die blaugrüne 'Hillieri', die nur 2 m hoch wird. Lebensbäume enthalten in den Trieben und Früchten starke Giftstoffe.

Winterhärte: Voll frosthart ✱✱✱
Standort: Tiefgründiger, feuchter, durchlässiger Boden in Vollsonne.
Pflege: Vor kalten, austrocknenden Winden schützen; Heckenschnitt im Frühjahr und Spätsommer; anfällig für Blatt- und Schildläuse, nur bei starkem Befall Insektizide verwenden.
Vermehrung: Aussaat der reinen Arten im Spätwinter in Töpfen im Frühbeet; halb verholzte Stecklinge im Spätsommer schneiden.

① ***T. occidentalis* 'Rheingold'** ♡ ↕1–2 m ↔ bis 1–1,2 m; gelbe Blätter, jung rosa übertönt ② ***T. plicata*** ↕20–35 m ↔ 6–9 m.

Thymus
Thymian

↕bis 30 cm
↔bis 60 cm

Diese niederwüchsigen immergrünen Sträucher und Halbsträucher mit kleinen, aromatisch duftenden Blättern und hübschen Blüten locken Bienen und andere Nutzinsekten in den Garten. Im Sommer bilden sie Büschel winziger Blüten, gewöhnlich in Rosa, Violett oder Weiß. Außer Nässe verträgt der Thymian fast jeden Boden und kann neben Beetpflanzen oder anderen dekorativen Kräutern wie Lavendel (*Lavandula*, siehe S. 80–81) und Schnittlauch wachsen. Er eignet sich für den vorderen Bereich oder den Rand von Beeten; Matten bildende Formen können in Spalten von Bodenplatten gepflanzt werden, wo sie beim Betreten ihren Duft verströmen.

Winterhärte: Voll frosthart ✱✱✱ bis frosthart ✱✱
Standort: Neutraler bis alkalischer, durchlässiger Boden in Vollsonne.
Pflege: Nach der Blüte etwa um ein Drittel zurückschneiden, um die Form zu bewahren.
Vermehrung: Aussaat im Frühjahr in Töpfen im Frühbeet; Teilung im Frühjahr; Grünstecklinge im Hoch- bis Spätsommer schneiden.

① ***T. doerfleri* 'Bressingham'** ↕10 cm ② ***T.* 'Doone Valley'** ↕13 cm ③ ***T.* 'Peter Davis'** ↕15 cm ④ ***T. pulegioides* 'Bertram Anderson'** ♡ ↕bis 30 cm; alle ✱✱✱.

Tilia

Linde

LINDEN SIND MÄCHTIGE sommergrüne Bäume, die wegen ihrer Wuchsform, ihres Laubs und ihrer duftenden Blüten gepflanzt werden. Sie tragen breit ovale bis rundliche, hell- oder dunkelgrüne Blätter, die sich im Herbst gelb verfärben. Im Sommer erscheinen hängende Büschel cremeweißer oder blassgelber Blüten, die bestäubende Insekten, besonders Bienen, in den Garten locken. Den Blüten folgen kleine, nicht essbare Früchte. Im Alter bekommt die graue Rinde Furchen. Linden eignen sich als Solitärbäume, gedeihen aber nur in sehr großen Gärten.

Winterhärte: Voll frosthart ❄❄❄
Standort: Tiefgründiger, feuchter, durchlässiger, alkalischer oder neutraler Boden in Vollsonne oder Halbschatten; saure Böden werden vertragen; nasse oder sehr trockene und starken, kalten Winden ausgesetzte Lagen meiden.
Pflege: Bei Jungbäumen im Spätwinter oder Vorfrühling störende Äste herausnehmen; Blattlausbefall kann lästig werden, da die zuckerhaltigen flüssigen Ausscheidungen der Blattläuse (Honigtau) im Sommer herabtropfen, daher Linden nicht an Wegen oder Autostellplätzen pflanzen.
Vermehrung: Aussaat im Frühjahr in Töpfen im Frühbeet, als Kaltkeimer Samen davor drei bis fünf Monate Kälte aussetzen.

Tilia henryana
↕↔ bis 25 m; ein ausladender Baum; junge Blätter rot übertönt; Blüte im Spätsommer bis Frühherbst.

Tilia oliveri
↕15 m ↔ 10 m; Blüte im Hochsommer; diese Art wird von Blattläusen weniger befallen als andere Linden.

Tilia platyphyllos
↕30 m ↔ 20 m; breit säulenförmiger Baum; Blätter bis zu 15 cm lang; Blüte im Hochsommer.

Trachycarpus

Hanfpalme

DIESE IMMERGRÜNEN Palmen tragen dunkelgrüne Blätter aus vielen spitzen Segmenten, die eine Fächerform bilden. Gewöhnlich haben sie einen einzigen Hauptstamm wie bei der Chinesischen Hanfpalme (*T. fortunei*). Kleine gelbe Blüten erscheinen im Sommer an älteren Pflanzen in großen, hängenden Rispen, die sich dicht an der Basis der Blätter entwickeln. Männliche und weibliche Blüten werden im Frühsommer an getrennten Pflanzen gebildet; wenn beide beieinander stehen, erscheinen runde blauschwarze Früchte. Hanfpalmen sind gute Strukturpflanzen, die in Kübeln kultiviert werden können und frostfrei überwintern müssen. Zusammen mit Bambus und Ziergräsern (siehe S. 340–355) oder Farnen (siehe S. 356–365) bilden sie in einem geschützten Innenhof fast einen Dschungel.

Winterhärte: Frosthart ❄❄
Standort: Durchlässiger, nährstoffreicher Boden in Vollsonne oder Halbschatten; geschützt vor kalten, trockenen Winden.
Pflege: Schnitt nicht erforderlich, nur welke Blätter nicht zu nah am Stamm entfernen.
Vermehrung: Aussaat im Frühjahr oder Herbst bei 24 °C.

Trachycarpus fortunei 🏆
↕bis 20 m ↔ 2,5 m; diese Höhe wird in gemäßigten Breiten selten erreicht, der Baum bleibt im Allgemeinen klein.

Tsuga
Hemlocktanne

Eine grazile Form, gewöhnlich breit kegelförmig mit ausladenden, weit überhängenden Ästen, ist die Hauptattraktion dieser immergrünen Nadelbäume. Sie kommen in allen möglichen Größen vor – von 30 cm bis 30 m Höhe. Alle tragen kurze Nadeln in Hellgrün bis Blau- oder Silbergrau, oft unterseits weiß leuchtend, sodass es für fast jeden Garten eine passende Hemlocktanne gibt; die Westliche Hemlocktanne (*T. heterophylla*) macht sich auch als Hecke gut. Alle Arten gedeihen im Schatten. Männliche und weibliche Blüten erscheinen an getrennten Büscheln auf einer Pflanze. Die kleinen, hängenden Zapfen reifen in dem Jahr heran, in dem sie gebildet werden.

Winterhärte: Voll frosthart ✲✲✲
Standort: Feuchter, durchlässiger, neutraler bis leicht saurer Boden in Sonne oder Halbschatten; Schutz vor kalten, trockenen Winden.
Pflege: Bei der Pflanzung in den Boden reichlich organisches Material einarbeiten; Schnitt nicht erforderlich, nur beschädigte Äste entfernen; Heckenschnitt von Früh- bis Spätsommer.
Vermehrung: Aussaat der reinen Arten im Frühjahr in Töpfen im Frühbeet; halb verholzte Stecklinge im Spätsommer oder Frühherbst.

Tsuga canadensis
↕ bis 25 m ↔ bis 10 m; eine gute Wahl bei leicht alkalischem Boden; viele kleinere Sorten erhältlich.

Ulex
Stechginster

Der immergrüne und bedornte Stechginster eignet sich hervorragend für robuste Hecken, die als Barriere dienen. Der Gewöhnliche Stechginster (*U. europaeus*) ist ein aufrechter, rundlicher bis buschiger Strauch mit grünen, an den Spitzen stacheligen Trieben. Die Blätter sind dünnnadelig und stechend spitz, sodass der Strauch regelrecht undurchdringlich ist. Die Hauptblütezeit liegt im Frühling, aber in mildem Klima erscheinen die Blüten einzeln oder in Büscheln das ganze Jahr über. Die gelben Schmetterlingsblüten riechen streng. Die ebenfalls bedornte Zwergart *U. gallii* hat eine ausladendere Form, wird nur 2 m hoch und blüht ab dem Spätsommer. Beide Arten eignen sich für warme Rabatten oder sonnige Hänge, wo nichts anderes als robuste, Trockenheit vertragende Sträucher wachsen.

Winterhärte: Frosthart ✲✲
Standort: Karger, saurer bis neutraler, durchlässiger Sandboden in Vollsonne; in fruchtbaren Böden werden die Pflanzen dünntriebig.
Pflege: Blütentriebe alle zwei bis drei Jahre nach der Blüte oder Mitte Frühling 2,5 cm ins alte Holz zurückschneiden.
Vermehrung: Halb verholzte Stecklinge im Sommer schneiden.

***Ulex europaeus* 'Flore Pleno'** 🏆
↕ bis 2,5 m ↔ 2 m; gefüllte Blüten; setzt keine Samen an.

Ulmus
Ulme

Diese Laub abwerfenden Bäume haben schöne Blätter, die sich im Herbst goldgelb verfärben, und eine attraktive Wuchsform. Sie bilden Büschel winziger, rot getönter Glockenblüten, gewöhnlich im Frühjahr, manchmal im Herbst, gefolgt von geflügelten grünen Nussfrüchten. Große Ulmen wie die Sibirische Ulme (*U. pumila*) machen sich in großen Gärten als Solitärbäume gut. Die Sorte 'Jacqueline Hillier' der Feld-Ulme (*U. minor*) wächst strauchig, wird nur 2,5 m hoch und eignet sich für Hecken.

Winterhärte: Voll frosthart ✲✲✲
Standort: Tiefgründiger, nährstoffreicher Boden in sonniger bis halbschattiger Lage.
Pflege: Im Spätwinter oder Vorfrühling störende Äste entfernen; ein Problem ist das durch Pilze verursachte Ulmensterben, aber es gibt mittlerweile widerstandfähige bzw. völlig resistente Sorten, besonders von den hier vorgestellten Arten sowie von *U.* × *hollandica* und *U. parvifolia*.
Vermehrung: Aussaat der reinen Arten im Frühjahr oder Herbst im Freien; Grünstecklinge im Sommer schneiden; Sorten sind veredelt.

Ulmus pumila
↕ 20–30 m ↔ 12 m; trägt im Vorfrühling winzige rote Blüten und lanzettliche Blätter.

Viburnum

Schneeball

Die immergrünen, wintergrünen und sommergrünen Sträucher und Bäume dieser grossen und vielfältigen Gattung tragen Blüten, Früchte und Blätter, die sie zu unschätzbaren Gartenpflanzen machen. Die Blüten sind rosa, weiß mit einem rosa Hauch oder cremefarben und bei manchen Arten stark duftend. Sie erscheinen im Winter, Frühling oder Sommer, oft in rundlichen Dolden an den Triebenden. Die roten oder schwarzen, ungenießbaren bis giftigen Früchte sind oft ebenfalls dekorativ; wenn Sie genug Platz haben, pflanzen Sie mehrere Exemplare derselben Art zusammen, um eine gute Bestäubung zu garantieren und üppigeren Fruchtschmuck zu erhalten. Die Früchte des Gewöhnlichen Schneeballs (*V. opulus*) locken Tiere in den Garten. Auch das Laub ist attraktiv. Die Blätter mancher Arten sind grob strukturiert, bei anderen sind sie glatt und glänzend oder auffallend geädert. Die meisten sommergrünen Arten zeigen eine leuchtende Herbstfärbung. Schneeball wird gewöhnlich in Strauchrabatten, gemischten Beeten oder in Waldlandschaften kultiviert; der Chinesische Schnellball (*V. macrocephalum*) ist weniger frosthart und gedeiht am besten an einer Mauer.

Winterhärte: Voll frosthart ❄❄❄ bis frosthart ❄❄
Standort: Jeder gute, feuchte, durchlässige Boden in Vollsonne oder Halbschatten.
Pflege: In stark frostgefährdeten Regionen vor kalten, trockenen Winden schützen; bei sommergrünen Arten störende Triebe nach der Blüte etwas zurückschneiden; die meisten sommergrünen Formen und der immergrüne *V. tinus* vertragen radikalen Rückschnitt; bei immergrünen Arten störende Triebe im Spätwinter oder Vorfrühling herausnehmen, um ein gutes Grundgerüst zu erhalten; bei Befall mit Weißer Fliege können sich bei *V. tinus* Rußtaupilze auf den Blättern ansiedeln, bei Bedarf mit einem milden Insektizid bekämpfen; bei Blattfleckenkrankheit befallene Blätter entfernen.
Vermehrung: Aussaat im Herbst in Töpfen im Frühbeet; Grünstecklinge; Absenker.

Mit Schneeball gestalten

Rabatten *Schneeball ist der ideale Strauch für Hecken oder gemischte Rabatten, denn viele wie* V. opulus *haben eine schöne rundliche Wuchsform und benötigen kaum Schnitt; 'Compactum' sieht besonders gepflegt aus. Andere besitzen eine Struktur gebende Form, z.B.* V. plicatum *'Mariesii'.* V. davidii *ist ein Immergrün für den Schatten.*

Hochstamm *Der Immergrüne Schneeball (*V. tinus*) lässt sich als Hochstamm erziehen und kann außerhalb der eigenen Blühperiode unterpflanzt werden. Die Erziehung dauert drei oder vier Jahre. Lassen Sie den Haupttrieb die gewünschte Höhe erreichen und kneifen Sie dann die Spitze aus. Kneifen Sie später auch die Spitzen der Seitentriebe aus, damit die Krone dicht und rund wird bzw. bleibt.*

① ***Viburnum acerifolium*** ↕1–2 m ↔ 1,2 m; sommergrün ② ***V. × bodnantense*** **'Charles Lamont'** 🏆 ↕3 m ↔ 2 m; sommergrün ③ ***V. × bodnantense*** **'Dawn'** 🏆 ↕3 m ↔ 2 m; sommergrün ④ ***V. × burkwoodii*** ↕↔ 2,5 m; sommergrün ⑤ ***V. × burkwoodii*** **'Anne Russell'** 🏆 ↕2 m ↔ 1,5 m; sommergrün ⑥ ***V. × carlcephalum*** 🏆 ↕↔ 3 m; sommergrün ⑦ ***V. carlesii*** **'Aurora'** 🏆 ↕↔ 2 m; sommergrün ⑧ ***V.*** **'Chesapeake'** ↕2 m ↔ 3 m; wintergrün ⑨ ***V. davidii*** 🏆 ↕↔ 1–1,5 m; immergrün

3

4

5

6

9

10

11

12

15

16

17

18

21

22

23

24

⑩ ***V. dentatum*** 🏆 ↕↔ 3 m; sommergrün ⑪ ***V. farreri*** 🏆 ↕ 3 m ↔ 2,5 m; sommergrün ⑫ ***V. × globosum*** 'Jermyns Globe' ↕ 2,5 m ↔ 3 m; immergrün ⑬ ***V. × juddii*** 🏆 ↕ 1,2 m ↔ 1,5 m; sommergrün ⑭ ***V. macrocephalum*** ↕↔ 5 m; sommergrün ⑮ ***V. opulus*** 'Compactum' 🏆 ↕↔ 1,5 m; sommergrün ⑯ ***V. opulus*** 'Xanthocarpum' 🏆 ↕ 5 m ↔ 4 m; sommergrün ⑰ ***V. plicatum*** 'Mariesii' 🏆 ↕ 3 m ↔ 4 m; sommergrün ⑱ ***V. plicatum*** 'Pink Beauty' 🏆 ↕ 3 m ↔ 4 m; sommergrün ⑲ ***V.*** 'Pragense' 🏆 ↕↔ 3 m ; immergrün ⑳ ***V. rhytidophyllum*** ↕ 5 m ↔ 4 m; immergrün ㉑ ***V. sargentii*** ↕↔ 3 m; sommergrün ㉒ ***V. sieboldii*** ↕ 4 m ↔ 6 m; sommergrün ㉓ ***V. tinus*** 'Eve Price' 🏆 ↕↔ 3 m; immergrün ㉔ ***V. tinus*** 'Variegatum' ↕↔ 3 m; immergrün.

WEIGELA

Weigelie

WEIGELIEN SIND STRÄUCHER, die im Frühjahr oder Sommer zuverlässig blühen. Die trichter- oder glockenförmigen Blüten kommen in Rosa bis Rot, gelegentlich auch in reinem Weiß oder Gelb vor. Die sommergrünen Sträucher werden meist etwa 1,5 m hoch, sodass sie sich auch für kleine Innenhöfe eignen. Sie gedeihen in jedem guten Gartenboden und brauchen keine ständige Pflege. Bei ausreichend Platz sollten sie zusammen mit anderen Sträuchern, die zur gleichen Zeit blühen, z. B. Fingerkraut (*Potentilla*, siehe S. 99) oder Pfeifenstrauch (*Philadelphus*, siehe S. 93), gepflanzt werden. Weigelien müssen genug Platz für ihre überhängenden Triebe haben.

Winterhärte: Voll frosthart ***
Standort: Nährstoffreicher, durchlässiger Boden, panaschierte Sorten in Vollsonne, gelbblättrige Formen im Halbschatten.
Pflege: Blütentriebe nach der Blüte auf einen kräftigen Seitentrieb auf der Oberseite zurückschneiden; ältere Pflanzen alle paar Jahre ausdünnen, um den Neuaustrieb aus der Basis zu fördern, dazu einige alte Triebe herausnehmen.
Vermehrung: Grünstecklinge im Frühsommer, halb verholzte Stecklinge im Hochsommer schneiden, Steckhölzer von Herbst bis Winter.

***Weigela florida* 'Foliis Purpureis'** 🏆
↕1 m ↔1,5 m; niedrige, ausladende Wuchsform; rauchhart; bevorzugt warme, sonnige Lagen; Blüte im Spätfrühling und Frühsommer.

***Weigela* 'Looymansii Aurea'**
↕↔ 1,5 m; langsamwüchsig; überhängende Form; Laubfarbe am besten im Halbschatten; Blüte im Spätfrühling und Frühsommer.

***Weigela* 'Eva Rathke'**
↕↔ 1,5 m; kompakter, eher aufrechter Strauch; rubinrote Knospen öffnen sich im Spätfrühling und Frühsommer zu rosa Blüten.

***Weigela* 'Florida Variegata'** 🏆
↕↔ 2–2,5 m; großer, dichter und buschiger Strauch; verträgt Stadtklima; üppige Blüte im Spätfrühling und Frühsommer.

YUCCA
Palmlilie, Yucca

PALMLILIEN SIND ALLGEMEIN als Zimmerpflanzen bekannt, sehen im Garten aber als Strukturpflanzen sehr eindrucksvoll aus. Diese Gattung umfasst gut 40 immergrüne Sträucher und Bäume, die in heißen, trockenen Wüsten und Ebenen heimisch sind. Sie besitzen einen kräftigen, aufrechten Stamm, der sich im Alter oft verzweigt. Die schwertförmigen Blätter sind mittel- bis dunkelgrün oder blaugrün; manche sind cremefarben oder gelb umsäumt. Aufrechte Rispen glockenförmiger, gewöhnlich weißer Blüten überragen im Sommer und Herbst die Blätter. In milden Küstenregionen gedeihen und blühen sie besonders gut. In kalten, frostigen Gebieten müssen sie frostfrei überwintern.

Winterhärte: In milden Gebieten voll frosthart ❄❄❄ bis frostempfindlich ❀
Standort: Durchlässiger Boden in Vollsonne; bei Gefäßbepflanzung gute Topferde verwenden.
Pflege: Töpfe im Sommer viel gießen und monatlich düngen.
Vermehrung: Aussaat im Frühjahr bei 13–18 °C; Wurzelschnittlinge im Winter.

Yucca gloriosa 🏆
↕↔ 2 m; lange blaugrüne, im Alter dunkelgrüne Blätter; ausgewachsene Pflanzen blühen im Spätsommer; ❄❄.

ZAUSCHNERIA (EPILOBIUM)
Kalifornisches Weidenröschen

DIESER EXOTISCH AUSSEHENDE Halbstrauch wurde früher als eine eigene Gattung angesehen, wird heute aber als eine Art des bekannten Weidenröschens (*Epilobium*) aufgefasst. Er bringt noch im späten Gartenjahr Farbe in den Garten. Er ist in seiner Heimat Kalifornien immergrün, kann in gemäßigten Breiten zurückfrieren, treibt aber wieder aus. An den Triebenden erscheinen im Spätsommer und Herbst auffällige schmale Trompetenblüten. Die Pflanzen gedeihen an warmen, sonnigen, durchlässigen Standorten, Steingärten oder Steinmauern bieten die ideale Lage. Sie können auch in Stauden- oder gemischten Rabatten neben spät blühenden Pflanzen wie frostharten Fuchsien (*Fuchsia*, siehe S. 60–63), Sonnenhut (*Rudbeckia*, siehe S. 317) und Astern (siehe S. 192–193) stehen.

Winterhärte: Voll frosthart ❄❄❄ bis frosthart ❄❄
Standort: Recht nährstoffreicher, durchlässiger Boden in Vollsonne.
Pflege: Vor kalten, trockenen Winden schützen; in kalten Regionen Sprossteil im Winter zum Schutz vor starken Frösten mit organischem Material mulchen.
Vermehrung: Teilung im Frühjahr; Stecklinge von Seitentrieben im Sommer.

***Epilobium canum* ssp. *angustifolium* (früher *Zauschneria. californica*)** ↕ bis 30 cm ↔ 50 cm; immergrün oder wintergrün; horstartig wachsend; ❄❄❄ (Grenzwert).

ZELKOVA
Zelkove

DIESE STATTLICHEN BÄUME haben einen charakteristischen aufrechten, später ausladenden Wuchs und dunkelgrüne Blätter, die sich im Herbst glühend gelb, orange und rot färben. Die Gattung umfasst etwa fünf Arten, die ihr Laub abwerfen und oft mit ihren nahen Verwandten, den Ulmen (*Ulmus*, siehe S. 125), verwechselt werden. Im Frühjahr erscheinen winzige grüne Blüten, denen kleine grüne Früchte folgen. Zelkoven eignen sich als Einzelbäume für große Gärten. Gute Begleiter sind Linden (*Tilia*, siehe S. 124) und Birken (*Betula*, siehe S. 28). *Z. abelicea* wird bis zu 5 m hoch und 7 m breit und findet in kleineren Gärten Platz; Zwergsorten der Japanischen Zelkove (*Z. serrata*) wie 'Goblin' sind mit 1 m Höhe buschige Sträucher.

Winterhärte: Voll frosthart ❄❄❄
Standort: Tiefgründiger, nährstoffreicher, feuchter, durchlässiger Boden in Vollsonne oder Halbschatten.
Pflege: In frostgefährdeten Gebieten vor kalten, trockenen Winden schützen; bei jungen Bäumen im Spätwinter oder Vorfrühling störende Äste entfernen.
Vermehrung: Aussaat im Herbst in Töpfen im Freien; Grünstecklinge im Sommer schneiden.

Zelkova serrata 🏆
↕ bis 30 m ↔ 18 m; ausladende Wuchsform; glatte graue, abschilfernde Rinde, darunter Flecken in Orange; reiche Herbstfärbung.

Kletterpflanzen

Kletterpflanzen im Garten

Bei der Pflanzenauswahl für Ihren Garten sollten Sie Kletterpflanzen nicht vergessen. Sie bringen Höhe in Beete und Rabatten, wenn sie an einem frei stehenden Gerüst oder an Bäumen und Sträuchern emporwachsen. In kleinen Gärten sorgen sie oft alleine für Höhe oder Sichtschutz, da es hier wenig Platz für Bäume oder große Sträucher gibt. An einer Mauer oder einem Zaun stellen sie ihre Blätter und Blüten zur Schau oder bilden einen Hintergrund, der sich mit den Jahreszeiten verändert.

Gestaltungsmöglichkeiten mit Kletterpflanzen

Kletterpflanzen eignen sich sehr gut, um kahle oder unansehnliche Bereiche zu kaschieren und zusätzliche interessante Elemente zu schaffen. Ihre leuchtenden Blüten und formreichen Blätter lenken den Blick nach oben; der gesamte Raum wird genutzt, und der Garten wirkt größer.

Clematis (*Clematis*, siehe S. 136–139) und Rosen (*Rosa*, siehe S. 150–151) bieten eine Riesenauswahl an Blütenfarben und -größen. Kombinieren Sie zwei oder mehrere Kletterpflanzen miteinander, damit Sie lange Zeit einen schönen Anblick genießen können. Die immergrüne *Clematis cirrhosa* z. B. bleibt das ganze Jahr über ansehnlich, blüht aber im Vorfrühling und passt daher zu der Rose 'New Dawn' mit rosa Sommerblüten. Für die Duftkomponente können Sie Geißblatt (*Lonicera*, siehe S. 146–147), für lebhafte Blattfärbung im Herbst Jungfernrebe (*Parthenocissus*, siehe S. 148) pflanzen. Wenn Sie eine immergrüne Pflanzendecke wünschen, dann entscheiden Sie sich für Efeu (*Hedera*, siehe S. 142–143).

Wählen Sie nur Pflanzen, die sich für die Größe des Klettergerüsts eignen. Kletterrosen, speziell Climber, sind hier die klassische Wahl, da Ramblerrosen meist zu groß sind, aber eine Rebe (*Vitis*, siehe S. 155) sieht an einer großen Pergola ebenfalls gut aus.

Von Blauregen umrahmt Kletterpflanzen können eine Aussicht unterstreichen oder das Auge auf einen Blickfang wie eine Statue oder Urne lenken. Dieses Metallgerüst ist mit Chinesischem Blauregen (*Wisteria sinensis*) bewachsen; er bringt im Frühsommer massenhaft Blüten hervor, die herabhängen und ihren Duft verströmen.

Haben Sie keinen Platz für eine Pergola oder Laube, dann können Sie eine Kletterpflanze an einer Säule oder einem Obelisken in einem Beet oder sogar in einem großen Kübel ziehen, um die Gestaltung zu variieren und einen Blickfang zu schaffen. Auch hier muss man die Endgröße der Pflanze beachten, damit sie die Stütze nicht überragt; niedrige oder mittelhohe Gewächse wie Duft-Wicken (*Lathyrus odoratus*, siehe S. 145) eignen sich sehr gut.

Kletterpflanzen wirken natürlich, wenn sie sich durch große Bäume und Sträucher schlängeln, und können z. B. Koniferen Farbe verleihen. Besonders für Kletterpflanzen mit wucherndem Wuchs wie die Italienische Waldrebe (*Clematis viticella*) und Sorten ist das eine gute Möglichkeit.

Wenn Sie einen Sichtschutz brauchen, lassen Sie Kletterpflanzen an einem Zaun oder Spalier hochwachsen – eine dekorative und schnelle Lösung.

Entscheiden Sie sich für eine Kletterpflanze, die sich in eine schöne Form schneiden und erziehen lässt.

Was ist eine Kletterpflanze?

Kletterpflanzen wachsen in der Natur an anderen Gewächsen zum Licht hin. Die meisten sind mehrjährig; manche verholzen und sind Teil einer dauerhaften Struktur im Garten; andere krautige Arten sterben im Winter ab. Es gibt auch einjährige Arten, die man jedes Jahr aus Samen ziehen muss. Einige Kletterer sind immergrün. Kletterpflanzen können Wurzelkletterer, Spreizklimmer, Schlinger oder Ranker sein.

Wurzelkletterer und Selbstklimmer bilden an den Trieben Haftwurzeln oder -scheiben aus, mit denen sie sich direkt an der Unterlage festhalten. Manche klettern mithilfe von Sprossranken und brauchen keine Kletterhilfe.

Die biegsamen Triebe der Schling- oder Windepflanzen ranken sich um die Stütze herum. Manche wie Clematis (*Clematis*, siehe S. 136–139) und Kapuzinerkresse (*Tropaeolum*, siehe S. 154) halten sich mit Blattstielranken fest. Spreizklimmer halten sich mit Stacheln, Dornen oder anderen widerhakenähnlichen Organen an der Unterlage fest. Sie sind gewöhnlich sehr starkwüchsig.

Nach der Pflanzung benötigen alle Kletterpflanzen eine Stütze, damit sie anfangen können zu klettern. Stecken Sie neben die Pflanze einen Stab, den Sie Richtung Klettergerüst neigen und an dem Sie die Triebe festbinden.

Haftwurzeln werden an den Trieben ausgebildet (hier Efeu) und halten sich an Mauern und Bäumen fest. Wenn Sie Wurzelkletterer an Mauern ziehen, muss das Mauerwerk intakt sein.

Wickelranken wie diese Passionsblume (*Passiflora*) und Duftwicken nehmen beim Klettern ihre Ranken zur Hilfe. Diese rollen sich rasch um alle Unterlagen, mit denen sie in Berührung kommen.

Blattstielranken (hier an Clematis) winden sich um das Klettergerüst auf eine ähnliche Weise wie Wickelranken. Windende Kletterpflanzen bevorzugen eine dauerhafte Kletterhilfe, an der sie hochwachsen.

Standort und Wirkung

Bewachsener Baum Kletterpflanzen mit Haftwurzeln oder rankende Arten eignen sich hervorragend, um den Stamm großer, ausgewachsener Bäume bewachsen zu lassen. Sie bieten zusätzliche Blütenpracht und können später die Äste umschlingen.

In Bezug auf den Standort müssen Sie die Bodenverhältnisse berücksichtigen. Der Boden am Fuß einer hohen Mauer oder eines Zauns kann oft extrem trocken sein, da er sich im Regenschatten befindet. Das Gleiche gilt auch für die Basis eines Baums oder eines großen Strauchs. In solchen Lagen muss vor der Pflanzung reichlich verrottetes organisches Material in den Boden eingearbeitet werden, um die Feuchtigkeit besser zu halten. Dann setzt man die Kletterpflanze 30–45 cm von der Mauer oder vom Rand einer Baumkrone entfernt ein, da dort der Boden meist weniger trocken ist.

Viele frostharte Klettergewächse gedeihen ohne jeglichen Schutz und halten große Kälte aus. Eine Ziegel- oder Steinmauer bietet jedoch Schutz vor Frost, was empfindlicheren Pflanzen, die sich auf der Südseite wohl fühlen, zugute kommt. Setzen Sie früh blühende Arten nicht an Standorte mit Morgensonne; wenn sie bei Frost blühen, kann das rasche Tauen Knospen und Blüten schädigen.

Befindet sich der Standort die meiste Zeit des Tages im Schatten, ist die Pflanzenauswahl begrenzt, besonders, wenn es sich auch noch um eine kalte Nordlage handelt.

Gefäße

Viele Kletterpflanzen, besonders krautige und kleinere verholzende Arten, fühlen sich in Töpfen wohl. In Gefäßen kultivierte Klettergewächse eignen sich für Innenhöfe oder Terrassen und können in gleicher Weise an Spalieren erzogen werden wie ihre Artgenossen im Garten. Auch können Sie ein frei stehendes Klettergerüst aus Stäben oder einen Obelisken in einen großen Topf integrieren, sodass ein mobiles Gartenelement entsteht. Vor allem für weniger frostharte Kletterpflanzen wie manchen Jasmin ist die Gefäßkultur ideal, da sie so im Gewächshaus oder Wintergarten überwintern können.

Kübelpflanzen müssen regelmäßig gedüngt und bei trockenem Wetter sogar täglich ein- bis zweimal gegossen werden.

Schnell in Form Erziehen Sie eine kleine Kletterpflanze wie diese Passionsblume oder einen Efeu an einem Drahtgerüst, das in einen Topf gesteckt wurde. Verwenden Sie fertige Gerüste oder schaffen Sie Ihre eigene Form.

Actinidia

Strahlengriffel

Die Attraktion dieser großen Kletterpflanzen sind das sommergrüne Laub und in warmem Klima die Blüten und Früchte. Sie schlingen sich durch Maschendraht oder straffe Drähte an einer sonnigen Mauer. Die großen, einfachen Blätter panaschierter Formen sehen aus, als seien sie in weiße, manchmal rosa Farbe getaucht worden. Sie wirken wie riesige Blütenblätter, sehen genauso hübsch aus, halten aber viel länger als Blüten. Weiße, oft duftende Blüten erscheinen im Frühsommer, gefolgt von essbaren Früchten, vorausgesetzt es handelt sich um eine selbstfruchtbare Sorte oder Sie haben je eine männliche und weibliche Pflanze zusammengepflanzt. Viel Sonne ist notwendig, damit Früchte angesetzt werden und heranreifen. Kiwi (*A. deliciosa*) ist die einzige kommerziell angebaute Art.

Winterhärte: Voll frosthart ❄❄❄ bis frosthart ❄❄
Standort: Nährstoffreicher, durchlässiger Boden in sonniger, geschützter Lage; Vollsonne fördert die Fruchtbildung.
Pflege: Im Spätwinter schneiden, um den Wuchs zu begrenzen.
Vermehrung: Aussaat im Frühjahr oder Herbst in Töpfen im Frühbeet; Steckhölzer.

Actinidia kolomikta 🏆
↕5 m oder höher; Blätter entfalten sich purpurn und werden später im oberen Bereich weiß, dann rosa; ❄❄❄.

Akebia

Akebie

Diese schlingenden, verholzenden Kletterpflanzen tragen bräunlich purpurne Blüten, die im Frühling in langen Trauben von den Zweigen herabhängen. Nach langen, heißen Sommern folgen imposante, würstchenförmige Früchte, die von Grün zu Violett heranreifen. In milderem Klima fallen die Blätter der wintergrünen Fingerblättrigen Akebie (*A. quinata*) im Winter nicht ab und färben sich bei kaltem Wetter purpurn. Im Frühjahr bietet das junge Laub der sommergrünen Kleeblättrigen Akebie (*A. trifoliata*), das auffallend bronzefarben ist, einen interessanten Anblick. Akebien eignen sich hervorragend für Pergolen oder Laubengänge, wo man sich an dem würzigen Duft der Blüten erfreuen kann. Sie werden sehr groß und brauchen eine stabile Stütze.

Winterhärte: Voll frosthart ❄❄❄; Blüten für Spätfröste anfällig.
Standort: Jeder feuchte, durchlässige Boden in Sonne oder Halbschatten.
Pflege: Nur wenig schneiden, nach der Blüte etwas zurücknehmen, um den Wuchs zu begrenzen.
Vermehrung: Aussaat nach den Samenreife in Töpfen im Frühbeet oder auf dem Fensterbrett; halb verholzte Stecklinge im Sommer.

Akebia quinata
↕10 m; die Unterseiten der Blätter sind blaugrün; in mildem Klima wintergrün; ❄❄❄.

Ampelopsis

Scheinrebe

↕5–12 m

Diese attraktiven sommergrünen Kletterpflanzen wachsen mithilfe ihrer Ranken an Mauern oder Zäunen empor und können auch an Pergolen erzogen werden. Sie werden wegen ihrer großen Blätter, die sich im Herbst leuchtend verfärben, gepflanzt. Panaschierte Sorten wie *A. brevipedunculata* var. *maximowiczii* 'Elegans' sind weniger starkwüchsig als die Arten; außerdem zaubern weiße und rosa Sprenkel Farbe an trübe Mauern. In warmen Regionen folgen den winzigen Blüten im Spätsommer Massen von dekorativen Früchten in Rosa, Blau, Schwarz oder Orange.

Winterhärte: Frosthart ❄❄; *A. brevipedunculata* var. *maximowiczii* 'Elegans' gedeiht an einer geschützten warmen Mauer besser.
Standort: Jeder feuchte, durchlässige Boden in Sonne oder Halbschatten; Fruchtbildung erfolgt bei Sonne oder bei begrenztem Wurzelraum in einem Kübel üppiger.
Pflege: Rückschnitt im Frühjahr; die Ranken von Dachziegeln und -rinnen fern halten.
Vermehrung: Aussaat im Herbst im Frühbeet; Kopfstecklinge im Sommer schneiden.

Ampelopsis brevipedunculata
↕5 m; rosa oder violette Früchte werden himmelblau, wenn sie heranreifen; ❄❄❄.

BERBERIDOPSIS CORALLINA

Korallenstrauch

DIESE IMMERGRÜNE, VERHOLZENDE Pflanze hat lange, herzförmige Blätter, die am Rand winzige Stacheln tragen. Sie wird aber hauptsächlich wegen der fuchsienähnlichen Blüten, die im Sommer und Frühherbst von den Trieben herabhängen, kultiviert. Der Korallenstrauch gedeiht ausgezeichnet an Bäumen, die ihm den nötigen Schutz und lichten Schatten bieten. Felsenbirne (*Amelanchier*, siehe S. 22) oder Eberesche (*Sorbus*, siehe S. 118) bilden gute Kletterhilfen, da die roten Blüten des Korallenstrauchs die Zeit zwischen den Frühlingsblüten und der Herbstfärbung der Bäume überbrücken. Sie können ihn auch an einer beschatteten, geschützten Mauer kultivieren.

Winterhärte: Frosthart ✻✻
Standort: Neutraler oder saurer, mit reichlich organischem Material versorgter Boden in schattiger, vor kalten Winden geschützter Lage.
Pflege: Wurzelbereich im Winter dick mulchen; junge Triebe aufbinden; im Spätwinter oder Vorfrühling zurückschneiden, wenn die Pflanze zu groß wird.
Vermehrung: Aussaat im Frühjahr im Frühbeet; halb verholzte Stecklinge im Spätsommer; Absenker im Herbst.

Berberidopsis corallina
↕5 m.

CAMPSIS

Trompetenblume, Klettertrompete

↕10 m

AUS DER KREUZUNG der Amerikanischen Trompetenblume (*C. radicans*) und der Chinesischen Trompetenblume (*C. grandiflora*) stammt die beliebte Hybride *C.* × *tagliabuana*. Von Spätsommer bis Herbst erscheinen exotische Trichterblüten in kleinen Trugdolden, gewöhnlich in Gelb, Orange oder Rot inmitten von dunkelgrünem Laub. Diese verholzende Pflanze klettert mithilfe von Haftwurzeln, braucht aber etwas Stütze. An Mauern, Zäunen oder an einem großen Baum sieht die Trompetenblume sehr eindrucksvoll aus.

Winterhärte: Voll frosthart ✻✻✻ bis frosthart ✻✻
Standort: Feuchter, durchlässiger Boden in sonniger Lage.
Pflege: In Regionen mit starken Frösten an einer warmen, sonnigen Mauer ziehen; junge Triebe auseinander breiten, um die Stütze gleichmäßig zu bedecken; störende Triebe abschneiden; es dauert zwei bis drei Jahre, bis sich ein Hauptgerüst aus Ästen gebildet hat; junge Triebe anbinden, bis sich die Haftwurzeln festhalten können; später Blütentriebe jedes Jahr nach der Blüte auf zwei bis drei Augen zurückschneiden; von Dachziegeln und -rinnen fern halten.
Vermehrung: Aussaat im Herbst in Töpfen; halb verholzte Stecklinge im Sommer schneiden; Sorten meist veredelt.

***Campsis* × *tagliabuana* 'Madame Galen' ♈**
↕10 m; die am häufigsten gepflanzte und beliebteste Sorte dieser Gattung; ✻✻.

CELASTRUS

Baumwürger

DER BAUMWÜRGER ERREICHT im Herbst seinen Höhepunkt. Wenn viele andere Pflanzen sich allmählich verabschieden, trägt er gelbe Früchte, die bei Reife platzen und rosa oder karminrote Samen, die wie winzige Granatäpfel aussehen, hervorbringen. Die Früchte entwickeln sich aus unscheinbaren grünen Blüten, die getrennt an männlichen und weiblichen Pflanzen erscheinen. Haben Sie keine selbstfruchtbare Sorte gepflanzt, brauchen Sie daher für den Fruchtansatz beide Exemplare. Am häufigsten werden der Amerikanische Baumwürger (*C. scandens*) und der Rundblättrige Baumwürger (*C. orbiculatus*) sowie ihre Sorten kultiviert.

Winterhärte: Voll frosthart ✻✻✻ bis frosthart ✻✻
Standort: Jeder durchlässige Boden in Vollsonne, verträgt aber Halbschatten.
Pflege: Stabile Kletterhilfe erforderlich; ein stützender Baum sollte mindestens 10 m hoch sein; Pflegeschnitt im Spätwinter oder Vorfrühling; störende Wurzelausläufer abstechen; Triebe, die die Baumrinde einschnüren, entfernen.
Vermehrung: Aussaat nach der Samenreife oder im Frühjahr; halb verholzte Stecklinge im Sommer schneiden.

Celastrus scandens
↕10 m; trägt gelbe Früchte mit roten Samen; ✻✻✻.

Clematis

Clematis, Waldrebe

Siehe auch S. 214.

Die Clematis wird oft als die Königin der Kletterpflanzen bezeichnet und gehört wegen ihrer schönen Blüten schon seit langer Zeit zu den Favoriten der Gartenfreunde. Es gibt Hunderte von Sorten mit unterschiedlicher Wuchsform – von Horste bildenden, krautigen Pflanzen bis zu immergrünen Kletterern von bis zu 15 m oder mehr Höhe, die große Bäume bewachsen können. Die meisten von ihnen sind nicht so starkwüchsig und hervorragend dazu geeignet, sie an Zäunen oder durch Sträucher hindurchwachsen zu lassen. Die Blüten variieren sehr stark in Größe, Form und Farbe – von großen, flachen Blüten bis zu kleinen nickenden Glocken in zarten oder auffallenden Schattierungen von Weiß, Gelb, Orange und Blau bis Rosa und Scharlachrot, oft mit kontrastierenden Staubgefäßen. Das Laub variiert ebenfalls, ist aber zierlich geformt. Manche Arten wie die Mongolische Waldrebe (*C. tangutica*) tragen dekorative seidige Samenstände.

Winterhärte: Voll frosthart ✽✽✽ bis bedingt frosthart ✽
Standort: gut vorbereiteter Boden mit reichlich organischem Material in Sonne oder Halbschatten.
Pflege: Tief pflanzen, Wurzelballen etwa 8 cm unterhalb der Erdoberfläche, um Clematiswelke vorzubeugen, dabei stirbt die Pflanze plötzlich bis zum Boden ab, die Triebe können aber aus unterirdischen Augen neu austreiben; nach dem Pflanzen an einem Stab festbinden und zur eigentlichen Stütze hin neigen, damit die Pflanze ranken kann; werden nach Art des Rückschnitts in Gruppen eingeteilt (siehe unten).
Vermehrung: Aussaat der reinen Arten nach der Samenreife im Herbst im Frühbeet; Grünstecklinge im Frühjahr, halb verholzte Stecklinge im Sommer schneiden; Hybriden meist veredelt.

Gruppe 1

Diese Gruppe *bildet im Frühjahr Blüten an den Trieben des Vorjahrs. Die Blüten sind meist glockenförmig oder einfach und 2–5 cm lang oder tellerförmig mit einem Durchmesser von 4–5 cm. Nach der Blüte abgestorbene oder beschädigte Triebe entfernen, andere Triebe einkürzen. Dadurch wird der Neuaustrieb im Sommer angeregt, der im folgenden Frühjahr Blüten trägt. Wenn sie eingewachsen sind, müssen Montana-Typen nur noch zur Begrenzung der Wuchshöhe geschnitten werden.*

Gruppe 2

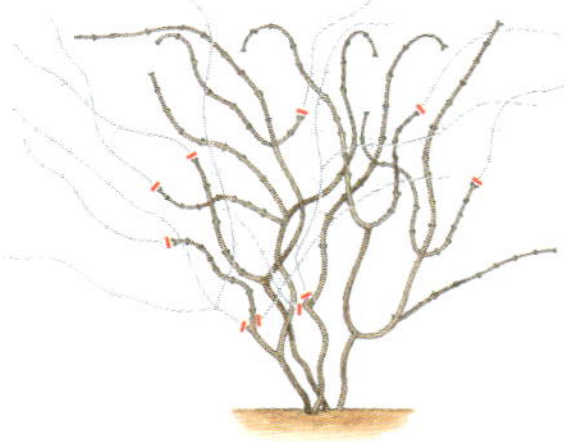

Diese großblütigen *Sorten blühen im Spätfrühling und Frühsommer an vorjährigen Trieben. Der Flor setzt sich aber durch Bildung neuer Blütentriebe den Sommer über fort oder erscheint im Herbst nochmals als Nachblüte. Die Hybriden dieser Gruppe sind sommergrün. Ihre Blüten stehen aufrecht und können einfach, halb gefüllt oder gefüllt sein; sie haben einen Durchmesser von 10–20 cm und sind meist tellerförmig. Im Spätwinter oder zeitigen Frühjahr schwache oder beschädigte Triebe um etwa 10–20 cm zurück schneiden; abgestorbene Triebe müssen unbedingt entfernt werden.*

Gruppe 3

Alle Vertreter *dieser Gruppe bilden ihre Blüten an diesjährigen Trieben. Großblumige Sorten sind sommergrün und tragen von Sommer bis Spätherbst einfache, tellerförmige Blüten von 8–15 cm Durchmesser. Arten und kleinblumige Sorten blühen von Sommer bis Spätherbst. Ihre Blüten können einfach oder gefüllt, stern-, glocken- oder röhrenförmig sein und 1–10 cm Durchmesser haben. Der Rückschnitt erfolgt im Spätwinter oder zeitigen Frühjahr. Dabei wird das alte Holz etwa 30 cm über dem Boden gerade über einem Paar gesunder, kräftiger Knospen zurückgeschnitten; abgestorbene Triebe müssen vollständig entfernt werden.*

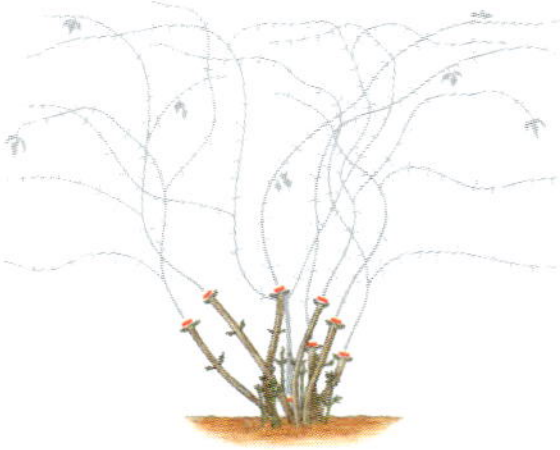

①

②

⑦

⑧

⑫

⑬

⑱

⑲

① ***Clematis* 'Abundance'** 🏆 ↕3 m ↔ 1 m; Gruppe 3 ② ***C.* 'Alba Luxurians'** 🏆 ↕1,5 m ↔ 1 m; Gruppe 3 ③ ***C. alpina*** 🏆 ↕2–3 m ↔ 1,5 m; Gruppe 1; flaumige Samenstände ④ ***C. alpina* 'Frances Rivis'** 🏆 ↕2–3 m ↔ 1,5 m; Gruppe 1; flaumige Samenstände ⑤ ***C. armandii*** ↕3–5 m ↔ 2–3 m; Gruppe 1, immergrün; ✽✽ ⑥ ***C.* 'Ascotiensis'** ↕3–4 m ↔ 1 m; Gruppe 3 ⑦ ***C.* 'Beauty of Worcester'** ↕2,5 m ↔ 1 m; Gruppe 2; ✽✽ ⑧ ***C.* 'Bees' Jubilee'** ↕2,5 m ↔ 1 m; Gruppe 2; Halb-

3

4

5

6

9

10

11

14

15

16

17

20

21

22

23

schatten ⑨ *C.* **'Bill MacKenzie'** 🏆 ↕7 m ↔ 2–3 m; Gruppe 3; flaumige Samenstände ⑩ ***C. cirrhosa*** ↕2,5–3 m ↔ 1,5 m; Gruppe 1; immergrün; seidige Samenstände; ❄❄ ⑪ *C.* **'Comtesse de Bouchaud'** 🏆 ↕2–3 m ↔ 1 m; Gruppe 3 ⑫ *C.* **'Doctor Ruppel'** ↕2,5 m ↔ 1 m; Gruppe 2 ⑬ *C.* **'Duchess of Albany'** ↕2,5 m ↔ 1 m; Gruppe 3 ⑭ *C.* **'Elsa Späth'** ↕2–3 m ↔ 1 m; Gruppe 2 ⑮ *C.* **'Etoile Rose'** ↕2,5 m ↔ 1 m; Gruppe 3 ⑯ *C.* **'Etoile Violette'** 🏆 ↕3–5 m ↔ 1,5 m; Gruppe 3 ⑰ ***C. flammula*** ↕6 m ↔ 1 m; Gruppe 3; bevorzugt Sonnenschutz; ❄❄ ⑱ ***C. florida*** **'Sieboldii'** ↕2,5 m; Gruppe 2; für Gefäße geeignet ⑲ *C.* **'Gravetye Beauty'** ↕2,5 m ↔ 1 m; Gruppe 3 ⑳ *C.* **'Hagley Hybrid'** ↕2 m ↔ 1 m; Gruppe 3; verblasst in der Sonne ㉑ *C.* **'Henryi'** 🏆 ↕3 m ↔ 1 m; Gruppe 2 ㉒ *C.* **'H.F. Young'** ↕2,5 m ↔ 1 m; Gruppe 2 ㉓ *C.* **'Huldine'** 🏆 ↕5 m ↔ 2 m; Gruppe 3.

㉔ *Clematis* 'Hybrida Sieboldii' ↕3 m; Gruppe 2; bevorzugt Vollsonne ㉕ *C.* × *jackmanii* 🏆 ↕3 m; Gruppe 3 ㉖ *C.* 'John Warren' ↕3 m; Gruppe 2 ㉗ *C.* 'Kathleen Dunford' ↕2,5 m; Gruppe 2 ㉘ *C.* 'Lasurstern' 🏆 ↕2,5 m; Gruppe 2 ㉙ *C.* 'Lincoln Star' ↕2,5 m; Gruppe 2; Blüten verblassen in der Sonne ㉚ *C. macropetala* ↕3 m; Gruppe 1; dekorative Samenstände ㉛ *C. macropetala* 'Markham's Pink' 🏆 ↕3 m; Gruppe 1; dekorative Samenstände ㉜ *C.* 'Madame Edouard André' ↕2,5 m; Gruppe 2 ㉝ *C.* 'Madame Julia Correvon' 🏆 ↕3 m; Gruppe 3 ㉞ *C.* 'Minuet' 🏆 ↕3 m; Gruppe 3 ㉟ *C. montana* ↕5–14 m; Gruppe 1 ㊱ *C. montana* 'Grandiflora' 🏆 ↕10 m; Gruppe 1 ㊲ *C. montana* 'Rubens' ↕10 m; Gruppe 1 ㊳ *C. montana* 'Tetrarose' 🏆 ↕5 m; Gruppe 1 ㊴ *C.* 'Mrs George Jackman' 🏆 ↕2,5 m; Gruppe 2 ㊵ *C.* 'Nelly Moser' 🏆 ↕3 m; Gruppe 2; verblasst bei Vollsonne ㊶ *C.* 'Niobe' ↕2–3 m;

Gruppe 2; verblasst bei Vollsonne ㊷ ***C.* ‘Paul Farges’** 🏆 ↕9 m; Gruppe 3 ㊸ ***C.* ‘Perle d’Azur’** ↕3 m; Gruppe 3 ㊹ ***C.* ‘Proteus’** ↕3 m; Gruppe 2 ㊺ ***C.* ‘Pruinina’** ↕2–3 m; Gruppe 1; dekorative Samenstände ㊻ ***C. rehderiana*** 🏆 ↕7 m; Gruppe 3 ㊼ ***C.* ‘Richard Pennell’** 🏆 ↕3 m; Gruppe 2 ㊽ ***C.* ‘Rouge Cardinal’** ↕3 m; Gruppe 3; bevorzugt Vollsonne ㊾ ***C. tangutica*** ↕6 m; Gruppe 3; dekorative Samenstände ㊿ ***C.* ‘The President’** 🏆 ↕3 m; Gruppe 2 (51) ***C. tibetana*** ↕2–3 m; Gruppe 3; leuchtend gelbe Glockenblüten; bevorzugt Sonne (52) ***C.* ‘Venosa Violacea’** 🏆 ↕3 m; Gruppe 3 (53) ***C.* ‘Ville de Lyon’** ↕3 m; Gruppe 3; am besten an immergrünen Sträuchern, da untere Blätter verbrennen können (54) ***C. viticella* ‘Purpurea Plena Elegans’** 🏆 ↕3 m; Gruppe 3 (55) ***C.* ‘Vyvyan Pennell’** ↕3 m; Gruppe 2.

Clianthus

Ruhmesblume

Diese rankenden Pflanzen werden wegen ihrer Sommerblüten kultiviert und lassen sich sehr leicht zum Klettern anregen, wenn man sie regelmäßig an ihren Stützen festbindet. Die Queensland-Ruhmesblume (*C. formosus*) ist in warmem Klima mehrjährig, in gemäßigten Breiten jedoch frostempfindlich und sollte einjährig gezogen werden. Ruhmesblumen eignen sich hervorragend für Hängekörbe. Die Kakadu-Ruhmesblume (*C. puniceus*), die in ihrer Heimat Neuseeland wegen der einer Hummerschere ähnelnden Blüten »Lobster Claw« genannt wird, verträgt leichten Frost, besonders im Schutz einer warmen Südmauer, und bringt eine tropische Atmosphäre in den Garten.

Winterhärte: Frosthart ❄❄ bis frostempfindlich ❅
Standort: Bei Gefäßbepflanzung kieshaltige Topferde; im Freien durchlässiger, nährstoffreicher Boden in Vollsonne.
Pflege: Topfpflanzen unter Glas überwintern; Freilandpflanzen vor kalten Winden schützen, im Winter eine dicke, trockene Mulchschicht ausbringen; *C. puniceus* kann trotzdem absterben, treibt aber meist an der Basis wieder aus; nach der Blüte die Triebe nur bei Bedarf etwa um ein Drittel zurückschneiden.
Vermehrung: Aussaat im Frühjahr bei 18 °C.

Clianthus formosus
↕20 cm ↔ 1 m; ❅.

Cobaea

Glockenrebe

Aus dieser Gattung wird nur die Glockenrebe (*C. scandens*) häufig kultiviert. Die in ihrer Heimat Mexiko ausdauernde Kletterpflanze ist frostempfindlich und wird bei uns einjährig gezogen. Sie trägt sattgrüne Blätter und cremefarbene, duftende Blüten, die später violett werden. Es gibt auch Sorten, die weiß bleiben. Lassen Sie diese reizende Pflanze an einer Laube oder an einem Laubengang emporranken, wo man den Duft der Blüten besser genießen kann, oder erziehen Sie sie an einer sonnigen Mauer. In kälteren Regionen können Sie die Glockenrebe an einem Baum oder Strauch klettern lassen, sodass am Ende des Gartenjahres keine unansehnliche kahle Stütze zurückbleibt. Sie können Sie auch in Töpfe und Hängekörbe pflanzen und die Triebe über den Rand herabhängen lassen.

Winterhärte: Frostempfindlich ❅; *C. scandens* verträgt Temperaturen bis 0 °C.
Standort: Nährstoffreicher, durchlässiger Boden in geschützter vollsonniger Lage.
Vermehrung: Aussaat im Frühjahr bei 18 °C, Sämlinge nach den letzten Frösten auspflanzen; Grünstecklinge im Sommer bewurzeln lassen.

Cobaea scandens 🏆
↕10–20 m; in einjähriger Kultur wesentlich weniger wüchsig.

Dicentra

Tränendes Herz, Herzblume

Siehe auch S. 228–229.

↕1 m (3ft)

Diese ausdauernden Kletterpflanzen tragen ungewöhnliche Blüten, die an rankenden, schlanken Trieben im Sommer erscheinen. Mit den nicht kletternden, sich ausbreitenden oder Horste bildenden Arten haben sie die Blüten gemein, die wie leicht aufgebläht aussehen. Es gibt zwei häufiger kultivierte kletternde Arten: *D. macrocapnos* mit farnartigem Laub und gelben Blüten bis zum Spätherbst sowie *D. scandens*, die tief gelappte mittelgrüne Blätter trägt. Beide eignen sich hervorragend für Mauern oder Zäune im Hintergrund einer Rabatte und lassen sich an Sträuchern oder Hecken erziehen.

Winterhärte: Voll frosthart ❄❄❄; junge Triebe sind frostanfällig.
Standort: Feuchter, leicht alkalischer, humusreicher Boden im Halbschatten; sehr gut geeignet für Waldgärten oder andere Schattenbereiche, verträgt aber mehr Sonne in recht feuchten Böden.
Pflege: Schnecken fressen große Löcher in die Blätter, deshalb Jungpflanzen davor schützen.
Vermehrung: Aussaat nach der Samenreife oder im Frühjahr in Töpfen im Frühbeet.

Dicentra scandens
↕1 m; Blüten können auch weiß oder an den Zipfeln rosa getönt sein; ❄❄❄.

ECCREMOCARPUS SCABER
Schönranke

VON DIESER SCHNELLWÜCHSIGEN immergrünen Kletterpflanze gibt es zahlreiche Sorten. Von Spätfrühling bis Herbst erscheinen exotisch aussehende, leuchtend gefärbte Blüten. An einem Zaun, an Mauern, an einem großen Strauch oder über einem Bogen werden sie zum Blickfang. Die Wirkung wird zusätzlich unterstrichen, wenn Schönranken mit anderen Kletterpflanzen wie Prunkwinde (*Ipomoea*, siehe S. 144) kombiniert werden. Die hellgrünen oder grau übertönten Blätter setzen sich aus hübschen Fiederblättchen zusammen. In kälteren Regionen sollte diese Pflanze einjährig oder in Gefäßen kultiviert werden, sie kann aber in warmen Gebieten als kurzlebiger Halbstrauch oder Staude wachsen.

Winterhärte: Frosthart ❄❄ bis frostempfindlich ❄
Standort: Nährstoffreicher, durchlässiger Boden in sonniger Lage; bei Gefäßbepflanzung gute Topferde verwenden.
Pflege: Topfpflanzen unter Glas überwintern; regelmäßig am Gerüst aufbinden, bis die Ranken sich festhalten können; mehrjährig gezogene Pflanzen im Frühjahr in Form schneiden.
Vermehrung: Aussaat im Spätwinter oder zeitigen Frühjahr bei 13–16 °C; Grünstecklinge im Frühjahr oder Sommer im Minigewächshaus bewurzeln lassen.

***Eccremocarpus scaber* Anglia-Hybriden**
↕3–5 m; bei diesen Sorten handelt es sich um eine Mischung mit roten, rosa, orangefarbenen oder gelben Blüten; ❄❄.

FALLOPIA
Flügelknöterich, Schlingknöterich

DER FLÜGELKNÖTERICH WÄCHST so schnell, dass er eine riesige kahle Mauer oder ein unansehnliches Element wie einen Schuppen in kürzester Zeit vollständig bewachsen kann. Aber achten Sie vor dem Kauf darauf, ob Sie ausreichend Platz für diese wuchernde Pflanze haben; bei begrenzter Fläche muss er ständig zurückgeschnitten werden, um ihn im Zaum zu halten. Dieser sommergrüne, verholzende Kletterstrauch trägt attraktives Laub und von Spätsommer bis Herbst große Rispen winziger weißer Blüten, denen rosa-weiße Früchte folgen. Alle Arten des Flügelknöterichs sind starkwüchsig, aber der Japanische Flügelknöterich (*F. japonica*) ist ein lästiges Unkraut. Seine unterirdischen Ausläufer breiten sich so schnell aus, dass sie rasch Ihren Garten und den Ihres Nachbarn überwuchern.

Winterhärte: Voll frosthart ❄❄❄
Standort: Fast jeder Boden in Vollsonne oder Halbschatten.
Pflege: Stabiles, langlebiges Klettergerüst erforderlich; im zeitigen Frühjahr zurückschneiden, wenn die Pflanze zu groß wird.
Vermehrung: Langwierige Aussaat im Frühjahr oder nach der Samenreife in Töpfen im Frühbeet; halb verholzte Stecklinge im Sommer; Steckhölzer im Herbst bewurzeln lassen.

Fallopia baldschuanica
↕12 m; wird heute mit der ebenfalls beliebten *F. aubertii* zu einer Art zusammengefasst.

GELSEMIUM SEMPERVIRENS
Gelbe Jasminwurzel

↕3–6m (10–20ft)

DIESER IMMERGRÜNE Kletterstrauch ist die einzige Zierart dieser Gattung, die häufig kultiviert wird. Er trägt schönes glänzendes Laub und von Frühling bis Spätsommer gelbe, duftende Blüten. In frostgefährdeten Gebieten gedeiht er nur im Schutz einer warmen Mauer, kann aber auch in einem Gefäß gezogen werden und unter Glas überwintern. In wärmeren Regionen sieht er gut an Pergolen oder Bögen aus, wo Sie den süßen Duft der Blüten genießen können. Alle Pflanzenteile sind giftig und wurden früher als Gift verwendet.

Winterhärte: Frostempfindlich ❄; überlebt kurzfristige Temperaturen bis 0 °C.
Standort: Durchlässiger Boden in Vollsonne oder Halbschatten; bei Gefäßbepflanzung gute Topferde verwenden.
Pflege: Vor kalten, trockenen Winden schützen; in kalten Regionen in Gefäßen ziehen und unter Glas überwintern; jährlich umtopfen oder Substrat oberflächlich erneuern; welkende Blütentriebe herausschneiden.
Vermehrung: Aussaat im Frühjahr bei 13–18 °C; halb verholzte Stecklinge im Sommer schneiden.

Gelsemium sempervirens

Hedera

Efeu

Siehe auch S. 69.

Das Laub des Efeus weist verschiedene Formen und Grüntöne auf und ist manchmal leuchtend golden oder silbrig panaschiert, sodass es die trübsten Ecken aufhellt. Jungpflanzen kriechen mit ihren Haftwurzeln flach auf dem Boden, wachsen aber im Alter baumartig in die Höhe und bieten vielen Tieren einen Lebensraum. Im Sommer bilden ältere Pflanzen winzige Blüten, denen Dolden giftiger, dekorativer kugeliger, schwarzer, orangefarbener oder gelber Früchte folgen. Diese verholzenden immergrünen Kletterpflanzen variieren stark in Größe, Winterhärte und Schattenverträglichkeit, sodass Sie immer eine geeignete für Ihren Garten finden. Efeu kann Mauern oder Bäume bewachsen oder auf der Erde kriechen. Anders als oft angenommen beschädigt er Mauern nicht, wenn diese ohne Risse sind.

Winterhärte: Voll frosthart *** bis frosthart **
Standort: Nährstoffreicher, feuchter, alkalischer Boden; grünblättrige Formen im Schatten, panaschierte Sorten in der Sonne.
Pflege: Vor kalten Winden schützen; Rückschnitt zur Begrenzung der Wuchshöhe jederzeit möglich; von Dachziegeln und -rinnen fern halten.
Vermehrung: Stecklinge von jungen Trieben mit Haftwurzeln im Sommer schneiden.

Hedera helix 'Anne Marie'
↕1,2 m; eine kleine Sorte, die am besten an einer geschützten Mauer gedeiht; Blattdurchmesser 4–6 cm; **.

Hedera hibernica 🏆
↕10 m; diese starkwüchsige Pflanze kann als Bodendecker wachsen oder Mauern bedecken; Blattdurchmesser 5–8 cm; **.

Hedera helix 'Buttercup'
↕2 m; kompakt; goldene Blätter, in schönem Kontrast zur kupferfarbenen Rinde (kleines Bild); Blattdurchmesser 6 cm oder mehr; ***.

Hedera helix 'Pedata'
↕4 m; ausgezeichneter Wandbewuchs; Blattdurchmesser 4–6 cm; ***.

Hedera colchica 'Dentata Variegata' ♕
↕5 m; als Bodendecker pflanzen oder an Mauern ziehen; Blattdurchmesser 15 cm; ✻✻✻.

Humulus

Hopfen

Der Gewöhnliche Hopfen (*H. lupulus*) ist eine schlingende mehrjährige Kletterpflanze mit weich behaarten Trieben, die im Winter absterben. Er wird wegen seiner großen, dekorativen Blätter, die oft weiß oder gelb gezeichnet sind, kultiviert. Im Sommer erscheinen männliche und weibliche Blüten an getrennten Pflanzen – die männlichen in Büscheln, die weiblichen in ungewöhnlichen Ähren, die papierartigen Kiefernzapfen ähneln. Hopfen ist starkwüchsig, wuchert jedoch nicht und ist daher eine gute Wahl für Spaliere oder Maschendrähte. Neben dem Gewöhnlichen Hopfen gibt es noch den Japanischen Hopfen (*H. japonicus*), eine einjährige, raschwüchsige Schlingpflanze, die sich zur Begrünung von Wänden, Lauben und Zäunen und als Wind- und Sichtschutz eignet.

Winterhärte: Voll frosthart ✻✻✻
Standort: Feuchter, durchlässiger Boden in Sonne oder Halbschatten.
Pflege: Abgestorbene Triebe im Winter, in kalten Gebieten im Frühjahr zurückschneiden.
Vermehrung: Aussaat ab März; Grünstecklinge im Frühjahr bewurzeln lassen.

Hydrangea

Hortensie

Siehe auch S. 72–73.

↕15 m

Kletterhortensien sind vor allem wegen ihrer üppigen großen weißen Blüten, die im Sommer erscheinen, beliebt. Immergrüne Arten wie *H. seemannii* und *H. serratifolia* sind lediglich frosthart, aber mit ihren großen, ledrigen Blättern das ganze Jahr über schön. Die sommergrüne Kletter-Hortensie (*H. anomala* ssp. *petiolaris*) wird in kühleren Regionen häufig kultiviert und trägt Blätter, die sich im Herbst goldgelb färben. Diese robusten Pflanzen klettern mithilfe von Haftwurzeln und begrünen große Mauern, Zäune oder sogar alte Baumstümpfe sehr rasch, besonders auch schattige Nord- oder Ostmauern, wo sonst kaum etwas anderes wächst.

Winterhärte: Voll frosthart ✻✻✻ bis frosthart ✻✻
Standort: Jeder feuchte, durchlässige Boden in Sonne oder Schatten.
Pflege: Nach der Blüte leicht zurückschneiden; Mehltau und Grauschimmel können zum Problem werden; befallene Teile bis zum gesund aussehenden Holz zurückschneiden und vernichten, nicht auf den Kompost geben!
Vermehrung: Grünstecklinge im Frühsommer, Steckhölzer im Herbst, Absenker im Frühjahr bewurzeln lassen.

Hedera helix 'Little Diamond'
↕30 cm; sehr kleiner, langsamwüchsiger Efeu; ideal für den Steingarten; Blattdurchmesser 4–6 cm; ✻✻.

Humulus lupulus 'Aureus' ♕
↕6 m; die goldgelben Blätter leuchten bei Vollsonne am besten; duftende Blüten.

ABSENKER Einen Trieb mit den Haftwurzeln nach unten am Boden befestigen, etwa 15 cm davon mit Erde abdecken. Nach dem Bewurzeln von der Elternpflanze abtrennen und wieder einpflanzen.

Hydrangea anomala ssp. *petiolaris* ♕
↕15 m; Blütenstände können einen beeindruckenden Durchmesser von 25 cm erreichen; ✻✻✻.

Ipomoea

Prunkwinde

Diese ein- und mehrjährigen Kletterpflanzen können in warmem Klima das ganze Jahr über blühen. In kälteren Regionen werden sie einjährig gepflanzt, während man ausdauernde Arten in Gefäßen kultiviert und frostfrei überwintert. Sie sind meist schnellwüchsige, schlingende Kletter- oder Hängepflanzen. Sie bringen trompeten- oder röhrenförmigen Blüten in leuchtenden Rot- und Violetttönen sowie in Weiß und Rosa hervor. Die mittel- bis dunkelgrünen Blätter haben unterschiedliche Formen. Ziehen Sie Prunkwinden an einem Spalier in sonniger Lage oder an einem Obelisken zusammen mit anderen Kletterpflanzen wie Duft-Wicke (*Lathyrus odoratus*, siehe gegenüber). Sie kann auch Sträucher, die im Sommer nicht blühen, beleben.

Winterhärte: Frostempfindlich ❀
Standort: Durchlässiger Boden in Vollsonne.
Pflege: Vor kalten, trockenen Winden schützen; Triebe frühzeitig am Gerüst festbinden; Mehrjährige im Frühjahr nur zurückschneiden, wenn sie zu groß werden.
Vermehrung: Aussaat im Frühjahr bei 18 °C, Samen einritzen, für eine bessere Keimung 24 Stunden in Wasser einweichen, einzeln in Töpfe säen.

① *Ipomoea lobata* ↕2–5 m; mehrjährig ② *I. purpurea* ↕3 m; einjährig ③ *I. tricolor* 'Heavenly Blue' ↕4 m; einjährig ④ *I. tricolor* 'Milky Way' ↕4 m; einjährig.

Jasminum

Jasmin

Siehe auch S. 76.

↕2–12 m

Viele der kletternden Jasminarten sind frostempfindlich, aber es lohnt sich, sie wegen ihrer süßlich duftenden weißen oder gelben Blüten zu kultivieren. Sie sehen an jedem Standort reizend aus, aber in frostgefährdeten Gebieten benötigen sogar die frosthärteren Arten den Schutz einer sonnigen Mauer. In kälteren Regionen sollte man vorsorglich Stecklinge ziehen, falls der Winter sehr streng wird; in sehr kaltem Klima wird Jasmin in Gefäßen kultiviert und unter Glas überwintert. Echter Jasmin (*J. officinale*), *J. beesianum* und *J. × stephanense* sind recht frosthart und tragen im Sommer intensiv duftende Blüten. Der Echte Jasmin ist starkwüchsig und kann ein Spalier beranken.

Winterhärte: Frosthart ✲✲ bis frostempfindlich ❀
Standort: Nährstoffreicher, durchlässiger Boden in Vollsonne; bei Gefäßbepflanzung gute Topferde verwenden.
Pflege: Bei *J. mesnyi* nach der Blüte Blütentriebe auf zwei bis drei Augen vom alten Holz zurückschneiden; ältere Exemplare von *J. officinale* nach der Blüte ausdünnen.
Vermehrung: Halb verholzte Stecklinge im Sommer schneiden.

Jasminum mesnyi
↕3 m ↔ 1–2 m; die natürliche Wuchsform ist ein offener Strauch, *J. mesnyi* wird aber gewöhnlich als Kletterpflanze erzogen; ✲.

Lapageria rosea

Chileglöckchen

↕5 m

Dieser verholzende Schlinger trägt immergrüne, ledrige dunkelgrüne Blätter und ist wegen seiner exotischen, fleischigen himbeerroten Blüten, die im Sommer und Spätherbst erscheinen, beliebt. Sorten mit leuchtend weißen und rosa Blüten sind ebenfalls erhältlich. Das Chileglöckchen ist in dichten Wäldern heimisch und bevorzugt in Kultur einen ähnlichen schattigen Standort. Eine geschützte, absonnige Lage in Hausnähe, was zusätzlich für Wärme sorgt, ist ideal. In kalten Regionen sollte die Pflanze im Gefäß kultiviert werden und unter Glas überwintern.

Winterhärte: Frosthart ✲✲ (Grenzwert)
Standort: Durchlässiger, leicht saurer Boden, der mit reichlich organischem Material verbessert wurde; bei Gefäßbepflanzung Azaleenerde.
Pflege: Im Winter den Wurzelbereich dick mulchen, besonders in kaltem Klima; überlange Triebe einkürzen, sonst nicht schneiden.
Vermehrung: Aussaat im Frühjahr bei 13–18 °C; halb verholzte Stecklinge im Sommer bewurzeln lassen.

Lapageria rosea 🏆

Lathyrus odoratus

Duft-Wicke, Duftende Platterbse

Siehe auch S. 269.

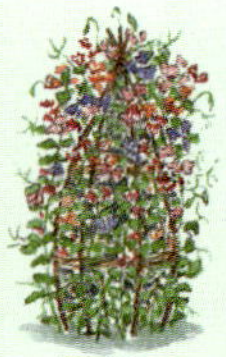

↕2–2,5 m

DUFT-WICKEN, die am häufigsten kultivierten Kletterpflanzen dieser Gattung, sind wegen ihrer prächtigen, ungewöhnlich duftenden Blüten in satten Rot-, Rosa-, Violett- und Blautönen sowie in Weiß beliebt. Wird Abgeblühtes regelmäßig entfernt und für ausreichend Nährstoffe gesorgt, dann blühen Duft-Wicken von Sommer bis Spätherbst. Die kletternden Vertreter dieser Gattung sind sehr vielseitig zu verwenden: Sie wachsen mithilfe ihrer Ranken, die sich eng um jede beliebige Stütze winden, in die Höhe. Es gibt andere mehrjährige Arten wie die Breitblättrige Platterbse (*L. latifolius*), die ebenfalls kräftig gefärbte, süßlich duftende Blüten tragen.

Winterhärte: Voll frosthart ❄❄❄ bis frosthart ❄❄
Standort: Nährstoffreicher Boden in Vollsonne oder Halbschatten.
Pflege: Boden mit organischem Material anreichern; alle 14 Tage düngen; Abgeblühtes regelmäßig entfernen, um mehr Blüten anzuregen; Schnecken- und Blattlausbefall kommen häufig vor.
Vermehrung: Aussaat im zeitigen Frühjahr in einzelnen Torfanzucht-Töpfen im Frühbeet oder am Standort unter Folie, für frühe Blüte im Herbst direkt ins Frühbeet säen.

Lathyrus odoratus 'Bridget'
↕2 m oder höher; süßlicher Duft; ❄❄.

Lathyrus odoratus 'Nimbus'
↕2 m oder höher; zarter Duft; ❄❄.

Lathyrus odoratus 'Mars'
↕2 m oder höher; süßlicher Duft; ❄❄.

DIE SAMEN IN EINZELTÖPFE säen, um Wurzelstörung zu vermeiden, und 1 cm dick mit Erde bedecken; später den ganzen Topf auspflanzen.

Lathyrus odoratus 'Anniversary'
↕2 m oder höher; leichter Duft; ❄❄.

Lathyrus odoratus 'Midnight'
↕2 m oder höher; leichter Duft; ❄❄.

Lonicera

Geißblatt

Siehe auch S. 84–85.

Das Geissblatt zählt zu den klassischen Bauerngartenpflanzen und wird wegen seiner abends und nachts duftenden Blüten geschätzt. Die kletternden Arten sind besonders beliebt. Sie sind sehr anpassungsfähig und können an Mauern, großen Sträuchern oder Bäumen gezogen werden oder als Bodendecker auf dem Grund wachsen. Besonders in der Nähe von Sitzplätzen macht sich das Geißblatt wegen seines Dufts gut. Es gibt viele Formen, die in verschiedenen Farben blühen. Schneeweiß und Cremegelb sind die klassischen Blütenfarben, aber auch exotische, sattrot, korallenfarben und goldgelb blühende Geißblätter sind erhältlich. Die roten oder schwarzen Beeren sind für Menschen schwach bis stark giftig, jedoch nicht für Vögel.

Winterhärte: Voll frosthart ❄❄❄ bis bedingt frosthart ❄
Standort: Feuchter, durchlässiger Boden in Vollsonne oder bevorzugt im Halbschatten, am besten beschatteter Fuß.
Pflege: Im Frühjahr oder nach der Blüte zurückschneiden, um den Wuchs zu begrenzen; größere Exemplare mit der Heckenschere schneiden; Blattläuse können auftreten.
Vermehrung: Aussaat nach der Samenreife im Frühbeet; Stecklinge; Steckhölzer.

***Lonicera japonica* 'Halliana'** 🏆
↕ 10 m; starkwüchsig; immer- oder wintergrün; stark duftende Blüten von Spätfrühling bis Spätsommer; rote Beeren im Herbst; ❄❄❄.

Lonicera × americana
↕ 7 m; sommergrün; stark duftende Blüten im Sommer und Frühherbst; rote Beeren im Herbst; ❄❄❄.

***Lonicera × brownii* 'Dropmore Scarlet'**
↕ 4 m; kompakt; sommergrün; leicht duftende Blüten den ganzen Sommer über; rote Beeren im Herbst; am besten im Halbschatten; ❄❄❄.

GEISSBLATT ERZIEHEN Helfen Sie neuen Trieben beim Klettern, indem Sie sie um die Stütze winden, hier Drähte, die am Pfosten einer Pergola angebracht wurden.

Lonicera × tellmanniana
↕ 5 m; sommergrün; Blüte von Spätfrühling bis Hochsommer; Blätter unterseits bläulich weiß; ❄❄❄.

Lonicera periclymenum 'Serotina' 🏆
↕7 m; sommergrün; stark duftende Blüten im Hoch- und Spätsommer; rote Beeren; ✻✻✻.

Lonicera periclymenum 'Graham Thomas' 🏆
↕7 m; sommergrün; stark duftende Blüten im Hoch- und Spätsommer; rote Beeren; ✻✻✻.

Lophospermum

Klettergloxinie

Diese kleine Gattung ausdauernder Kletterpflanzen umfasst immergrüne und sommergrüne Arten. Die Trompetenblüten erscheinen den ganzen Sommer und Herbst. Sie sind rosarot, gelegentlich auch weiß oder violett und werden durch das samtige, frischgrüne Laub zusätzlich hervorgehoben. Die Pflanzen klettern mithilfe ihrer Blattstielranken an ihren Stützen hoch und können in warmen Regionen Sträucher und Bäume oder Obelisken und Spaliere bewachsen. Ohne Kletterhilfe entwickeln sie sich als Bodendecker. In gemäßigten Breiten sollten die frostempfindlichen Pflanzen einjährig oder in Gefäßen kultiviert werden und unter Glas überwintern.

Winterhärte: Bedingt frosthart ✻ bis frostempfindlich ❅
Standort: Feuchter, sehr durchlässiger Boden in Vollsonne.
Pflege: In schwere Böden etwas Kies einarbeiten, um die Durchlässigkeit zu verbessern; bei Gefäßpflanzung der Einheitserde etwas Sand oder Kies beimischen.
Vermehrung: Aussaat im Frühjahr bei 19–24 °C; halb verholzte Stecklinge im Sommer schneiden.

Lophospermum erubescens 🏆
↕1,2–3 m; immergrün; meist einjährig kultiviert; ❅.

Maurandella antirrhiniflora

Purpurnes Windendes Löwenmaul

↕1–2 m

Diese krautige, mehrjährige Schlingpflanze hat üppiges, leuchtend grünes Laub, das einen schönen Hintergrund für die Blüten, die eigentliche Attraktion, bildet. Sie erscheinen in großer Fülle den ganzen Sommer und Herbst und sind normalerweise violett, manchmal auch purpurn oder weiß. Die Pflanze kann an Spalieren, straffen Drähten oder Netzen, die an vertikalen Oberflächen angebracht wurden, emporklettern. In kälteren Regionen wird sie einjährig kultiviert, aber in den kurzen Sommern kann sie nicht zur vollen Größe wachsen. Kombinieren Sie sie mit anderen Kletterpflanzen, um größere Flächen bewachsen zu lassen und die Blütenpracht zu verlängern.

Winterhärte: Bedingt frosthart ✻
Standort: Feuchter, durchlässiger Boden in lichtem Schatten oder in Sonne mit Mittagsschatten; vor kalten, trockenen Winden schützen.
Pflege: Welkes regelmäßig entfernen; bei mehrjähriger Kultur am Ende des Gartenjahres abgestorbene Sprossteile abschneiden.
Vermehrung: Aussaat im Frühjahr bei 13–18 °C; Grünstecklinge im Frühjahr im Minigewächshaus bewurzeln lassen.

Maurandella antirrhiniflora
Die Blütenzipfel sind violett, purpurn oder manchmal rosa.

Parthenocissus

Jungfernrebe, Wilder Wein

Jungfernreben können mithilfe der winzigen Haftscheiben an den Enden ihrer Ranken fast an jeder Unterlage hochwachsen. Diese sommergrünen Kletterpflanzen werden wegen ihrer dekorativen Blätter, die sich im Herbst in glühenden Farben zeigen, kultiviert. Außerdem bietet das dichte Laub Lebensraum für viele nützliche Tiere im Garten. Winzigen Sommerblüten können schwachgiftige schwarze Beeren folgen. Die starkwüchsige Jungfernrebe kann Mauern, Zäune oder unansehnliche Gartenelemente wie einen Schuppen bedecken oder einen großen Baum bewachsen. Sie lässt sich problemlos im Zaum halten; ihre Haftscheiben hinterlassen allerdings unschöne Spuren.

Winterhärte: Voll frosthart ❄❄❄; *P. henryana* frosthart ❄❄, außer sie wächst an einer Mauer.
Standort: Nährstoffreicher, durchlässiger Boden in Sonne oder Schatten, *P. henryana* im Halbschatten.
Pflege: Junge Pflanzen stützen, bis sie allein hochklettern können; im Winter und Sommer zurückschneiden, um die Wuchshöhe zu begrenzen; von Dachziegeln und -rinnen fern halten.
Vermehrung: Aussaat im Herbst in Töpfen im Frühbeet; Grünstecklinge im Sommer; Steckhölzer im Winter; Pflanzen sind gewöhnlich veredelt.

Passiflora

Passionsblume

Trotz ihres tropischen Aussehens kann manche dieser meist immergrünen Kletterpflanzen wie die Blaue Passionsblume (*P. caerulea*) in gemäßigten Breiten im Freien wachsen. Sie klettern mithilfe ihrer Ranken in die Höhe und brauchen daher die Hilfe von straffen Drähten, Netzen, Spalieren oder großen Sträuchern. Passionsblumen sind rundum interessante Pflanzen mit hübschem Laub und ungewöhnlichen, exotischen Blüten, die im Sommer und Herbst erscheinen; ihnen folgen essbare, aber nicht immer schmackhafte Früchte. In warmen Regionen wachsen sie in fast allen Lagen, aber in kalten Gebieten sollten frostempfindliche Arten in Gefäßen kultiviert werden und im Herbst vor den ersten Frösten in ein Winterquartier umziehen.

Winterhärte: Bedingt frosthart ❄ bis frostempfindlich ❀; ausgereift können *P.* 'Amethyst', *P. manicata* und *P.* 'Star of Bristol' Frost überleben.
Standort: Feuchter, durchlässiger Boden in Vollsonne oder Halbschatten; bei Gefäßbepflanzung Topferde verwenden.
Pflege: Vor kalten, trockenen Winden schützen; in kalten Regionen im Freien im Winter mulchen.
Vermehrung: Aussaat im Frühjahr; halb verholzte Stecklinge im Sommer bewurzeln lassen.

Passiflora caerulea 🏆
↕ bis 10 m; Blüte von Sommer bis Herbst; orangegelbe Früchte; ❄.

① *Parthenocissus henryana* 🏆 ↕ 10 m ② *P. tricuspidata* 🏆 ↕ 20 m ③ *P. tricuspidata* 'Lowii' ↕ 20 m ④ *P. tricuspidata* 'Veitchii' ↕ 20 m.

Passiflora 'Star of Bristol' 🏆
↕ bis 4 m; Blüte von Sommer bis Herbst; leuchtend orangefarbene Früchte; ❀.

Passiflora caerulea 'Constance Elliot'
↕ bis 10 m; duftende Blüten von Sommer bis Herbst; orangegelbe Früchte; ❄.

Passiflora × exoniensis 🏆
↕ bis 6 m; behaarte sattgrüne Blätter; Blüte im Sommer, gefolgt von gelben, bananenförmigen Früchten; ❀.

Passiflora 'Amethyst' 🏆
↕ bis 4 m; Blüte von Spätsommer bis Herbst; orangefarbene Früchte; ❄.

Pileostegia viburnoides

Schneeballhortensie

Diese verholzende Kletterpflanze wird wegen der sternförmigen cremeweißen Blüten, die von Spätsommer bis Herbst erscheinen, sowie der ledrigen immergrünen, bis zu 15 cm langen Blätter geschätzt. Die starkwüchsige Pflanze hält sich mithilfe ihrer Haftwurzeln an Unterlagen fest und kann in kurzer Zeit Zäune oder Mauern bedecken. Sie wächst auch an einer stabilen Pergola. Nutzen Sie das sattgrüne Laub im Frühling und Sommer als Hintergrund für Einjährige mit auffälligen Blüten wie Prunkwinde (*Ipomoea*, siehe S. 144) und Duft-Wicke (*Lathyrus odoratus*, siehe S. 145). Schneeballhortensien lassen sich mit sommergrünen Kletterpflanzen wie Clematis (*Clematis*, siehe S. 136–139) kombinieren und sind für Nord- und Ostmauern von unschätzbarem Wert.

Winterhärte: Frosthart ❄❄
Standort: Jeder Boden in Sonne oder Schatten.
Pflege: Im zeitigen Frühjahr zurückschneiden, um die Wuchshöhe zu begrenzen.
Vermehrung: Halb verholzte Stecklinge im Sommer bewurzeln lassen; Absenker im Frühjahr.

Pileostegia viburnoides
↕ 6 m; die Blütenrispen haben einen Durchmesser von bis zu 15 cm.

Plumbago

Bleiwurz

Bleiwurz wird wegen der einfachen, flachen Blüten kultiviert. Die Gattung umfasst ein- und mehrjährige sowie strauchige Arten, von denen die immergrünen Kletterer am häufigsten kultiviert werden. Die leuchtend mattgrünen Blätter bilden den perfekten Hintergrund für die himmelblauen, reinweißen oder tiefrosaroten Blüten. Im milden Klima können Sie Bleiwurz an Pergolen, Bögen oder an Mauern erziehen. In kühleren Gebieten mit Temperaturen unter 7 °C sollten sie jedoch im Topf an einem geschützten, sonnigen Ort wachsen und die kalten Wintermonate unter Glas verbringen.

Winterhärte: Bedingt frosthart ❄ bis frostempfindlich ❀
Standort: Nährstoffreicher, durchlässiger Boden in Vollsonne; bei Gefäßbepflanzung gute Topferde verwenden.
Pflege: Gefäßpflanzen im Frühjahr umtopfen oder das Substrat oberflächlich erneuern; junge Triebe aufbinden, damit ein wohlgeformtes Grundgerüst entsteht; bei eingewachsenen Exemplaren Seitentriebe im zeitigen Frühjahr bis auf zwei oder drei Augen zurückschneiden; Weiße Fliege bei Gewächshauspflanzen oder im Winterquartier möglich.
Vermehrung: Aussaat im Frühjahr bei 13–18 °C; halb verholzte Stecklinge im Hochsommer schneiden.

Plumbago auriculata 🏆
↕ 3–6 m ↔ 1–3 m; Blütentrauben von bis zu 15 cm Durchmesser von Sommer bis Spätherbst; ❄.

Rosa

Kletterrosen

Siehe auch S. 110–113.

Die Blütenpracht, die Kletterrosen bieten, zählt zu den Höhepunkten des sommerlichen Gartens, die stacheligen, überhängenden Triebe müssen jedoch meist an einer Kletterhilfe erzogen und in den meisten Fällen regelmäßig aufgebunden werden. Climber bilden kräftige, aufrechte, stark bestachelte Triebe, an denen oft duftende Blüten einzeln oder in Büscheln stehen. Manche bringen ihren Hauptflor am vorjährigen Holz hervor, während andere unermüdlich an diesjährigen Trieben blühen. Rambler sind im Allgemeinen starkwüchsiger und haben biegsamere Triebe. Die teils duftenden Blüten erscheinen in einem Hauptflor an vorjährigem Holz. Beide Formen können an Mauern oder Zäunen sowie an Pergolen oder anderen dekorativen Strukturen erzogen werden.

Winterhärte: Voll frosthart ❄❄❄ bis frosthart ❄❄
Standort: Nährstoffreicher Boden in sonniger Lage, aber die meisten Bedingungen werden vertragen.
Pflege: Ballenlose Ware in der Vegetationsruhe von Spätherbst bis Vorfrühling, Containerware jederzeit außerhalb der Frostperiode pflanzen; nach der Pflanzung und bis zum Einwachsen wässern; Seitentriebe von älteren Climbern im Herbst oder Frühjahr auf zwei bis drei Augen zurückschneiden; Pflanzen alle drei bis vier Jahre auslichten, dazu einen bis zwei alte Triebe bis zum Boden zurückschneiden, um den Neuaustrieb zu fördern; Rambler treiben an der Basis aus, daher jedes Jahr nach der Blüte jeden dritten Trieb herausnehmen; Mehltau, Sternrußtau oder Rosenrost können auftreten, möglichst resistente Sorten wählen, Luftzirkulation an der Pflanze verbessern, nur bei starkem Befall Fungizide einsetzen.
Vermehrung: Steckhölzer im Herbst; die Sorten werden in der Regel okuliert.

Einen Rosenbogen gestalten

***Kletterrosen, Climber wie Rambler**, sehen an einem Bogen besonders eindrucksvoll aus; hier kann man sich auch mehr am Duft der Blüten erfreuen. Der Bogen muss stabil genug sein, um das Gewicht der Pflanze tragen zu können. Achten Sie darauf, dass er fest im Boden verankert wird. Binden Sie die Triebe auf, sobald sie austreiben, und breiten Sie sie gleichmäßig über das Gerüst aus. Das ist leicht zu bewältigen, solange die Triebe noch jung und biegsam sind, besonders bei Climberrosen. Entfernen Sie Welkes regelmäßig, um bei öfter blühenden Rosen mehr Blüten anzuregen.*

Ramblerrosen an einem Baum erziehen

***Rambler mit** biegsamen, weit reichenden Trieben klettern dekorativ an Bäumen hoch. Kontrollieren Sie, ob der Baum die Triebe, besonders bei wüchsigen Sorten, tragen kann. Pflanzen Sie die Rose mindestens 1–1,2 m vom Stamm entfernt ein, und geben Sie in das Pflanzloch viel organisches Material, um die Feuchtigkeit zu halten. Setzen Sie die Rose auf der Windseite ein, damit die Triebe zum Baum hin gedrückt werden. Lassen Sie sie an einer Schnur, die von einem Stab neben der Rose zu einem niedrigen Ast am Baum führt, ranken. Schützen Sie die Baumrinde mit einem Stück Schlauch.*

Climberrosen an Säulen oder Obelisken

***Rosen, die an Strukturen** wie Säulen oder Obelisken wachsen, bringen zusätzliche Höhe in Beete und Rabatten. Wählen Sie eine nicht starkwüchsige Sorte, damit Sie weniger schneiden müssen. Wenn die Triebe fast waagerecht erzogen werden, wird die Entwicklung von Seitentrieben, die Blüten tragen, gefördert; befestigen Sie daher die Triebe um das Gerüst herum möglichst spiralig. Binden Sie sie regelmäßig auf, während sie jung und biegsam sind. Sobald sie fester werden, brechen sie leicht ab. Schneiden Sie störende oder zu lange Triebe heraus.*

① *Rosa* **'Albertine'** 🏆 ↕5 m ↔ 4 m; Rambler ② ***R.* 'Aloha'** 🏆 ↕3 m ↔ 2,5 m; Climber ③ ***R.* 'American Pillar'** ↕5 m ↔ 4 m; Rambler ④ ***R. banksiae* 'Lutea'** 🏆 ↕↔ 6 m; Rambler; ❄❄ ⑤ ***R.* 'Breath of Life'** ↕2,5 m ↔ 2,2 m; Climber ⑥ ***R.* 'Chaplin's Pink Climber'** ↕5 m ↔ 2,5 m; Climber ⑦ ***R.* 'Climbing Iceberg'** 🏆 ↕↔ 3 m; Climber ⑧ ***R.* 'Compassion'** 🏆 ↕3 m ↔ 2,5 m; Climber ⑨ ***R.* 'Danse du Feu'** ↕↔ 2,5 m; Climber ⑩ ***R.* 'Dortmund'** 🏆 ↕3 m ↔ 2 m; Climber

⑪ *R.* **'Dublin Bay'** 🏆 ↕↔ 2,2 m; Climber ⑫ *R.* **'Félicité Perpétué'** 🏆 ↕5 m ↔ 4 m; Rambler ⑬ *R. filipes* **'Kiftsgate'** 🏆 ↕10 m ↔ 6 m; Rambler ⑭ *R.* **'Gloire de Dijon'** ↕5 m ↔ 4 m; Climber ⑮ *R.* **'Golden Showers'** 🏆 ↕3 m ↔ 2 m; Climber ⑯ *R.* **'Händel'** 🏆 ↕3 m ↔ 2,2 m; Climber ⑰ *R.* **'Madame Grégoire Staechelin'** 🏆 ↕6 m ↔ 4 m; Climber ⑱ *R.* **'New Dawn'** 🏆 ↕3 m ↔ 2,5 m; Climber ⑲ *R.* **'Paul's Lemon Pillar'** ↕4 m ↔ 3 m; Climber ⑳ *R.* **'Pink Perpétué'** ↕3 m ↔ 2,5 m; Climber ㉑ *R.* **'Rosy Mantle'** ↕2,5 m ↔ 2 m; Climber ㉒ *R.* **'Sander's White Rambler'** 🏆 ↕↔ 4 m; Rambler ㉓ *R.* **'Zéphirine Drouhin'** 🏆 ↕3 m ↔ 2 m; Climber ohne Stacheln.

RUBUS

Brombeere, Himbeere

Siehe auch S. 114.

↕6 m

DIESE GROSSE GATTUNG umfasst Kletterpflanzen und Sträucher, zu denen auch Brombeeren und Himbeeren gehören. Die rankenden Zierformen sind meist schlanke, stachelige Immergrüne. Die schönen dunkelgrünen Blätter sind unterseits weißfilzig. Die flachen, gewöhnlich rosa Blüten, die im Sommer erscheinen, ähneln denen der Wildrosen; später folgen glänzende Früchte. Manche Arten sind sehr starkwüchsig und eignen sich für Wild- und Waldgärten. Andere werden nicht so groß und lassen sich mit anderen Kletterpflanzen wie Jasmin (*Jasminum*, siehe S. 144) ausgezeichnet kombinieren.

Winterhärte: Voll frosthart ❄❄❄ bis frosthart ❄❄
Standort: Durchlässiger Boden in Sonne oder Halbschatten.
Pflege: Junge Triebe regelmäßig aufbinden, damit sie ordentlich wachsen; große Arten nach der Blüte nur zurückschneiden, um den Wuchs begrenzen; Grauschimmel kann alle Pflanzenteile befallen, betroffene Teile entfernen, um die Ausbreitung zu verhindern.
Vermehrung: Halb verholzte Stecklinge bei immergrünen Arten im Sommer; Steckhölzer bei sommergrünen Arten im Frühwinter.

Rubus henryi* var. *bambusarum
↕6 m; sommergrün; weiß behaarte Triebe mit scharfen Stacheln; schwarze Früchte im Herbst; ❄❄❄.

SCHISANDRA

Beerentraube, Spaltkörbchen

↕3–10 m

DIE VIELSEITIGE Beerentraube mit ihren attraktiven Blüten, Blättern und Früchten eignet sich gut, wenn Sie große Flächen bewachsen lassen wollen. Diese verholzenden, meist sommergrünen Windepflanzen tragen glänzende mittelgrüne Blätter und im Frühjahr und Sommer weiße oder rote Blüten, denen leuchtend rosa und rote Früchte folgen, wenn eine männliche und eine weibliche Pflanze beieinander wachsen. Lassen Sie sie an Bäumen, Spalieren, Mauern oder an Zäunen emporklettern. Kombinieren Sie Beerentrauben mit Pflanzen wie Hopfen (*Humulus lupulus* 'Aureus', siehe S. 143), um auffällige Farbkontraste zu schaffen.

Winterhärte: Voll frosthart ❄❄❄
Standort: Nährstoffreicher, durchlässiger Boden in Sonne oder Halbschatten.
Pflege: Triebe junger Pflanzen aufbinden, bis sie sich winden, um ein gleichmäßiges Gerüst zu formen; danach Seitentriebe jedes Frühjahr bis auf drei bis vier Augen einkürzen.
Vermehrung: Aussaat nach der Samenreife in Töpfen im Frühbeet; halb verholzte Stecklinge im Sommer bewurzeln lassen.

Schisandra grandiflora* var. *rubriflora
↕10 m; starkwüchsige Art; rote Jungtriebe; Blüte im Spätfrühling und Sommer; fleischige Früchte im Herbst (kleines Bild).

SCHIZOPHRAGMA

Spalthortensie

DIESE VERHOLZENDEN sommergrünen Kletterpflanzen gehören derselben Familie wie Hortensien (*Hydrangea*, siehe S. 143) an. Die Verwandtschaft erkennt man an den riesigen, flachen, cremeweißen, zart duftenden Blütenständen. Im Hochsommer erscheinen sie in großer Fülle vor einem Hintergrund aus dunkelgrünen Blättern. Das Laub mancher Sorten ist silbrig gesprenkelt oder rosa umsäumt. Diese panaschierten Formen bilden ungewöhnliche Bodendecker, wenn sie ohne Stütze im lichten Schatten sommergrüner Bäume oder Sträucher wachsen. Erziehen Sie Spalthortensien an Mauern oder großen Baumstümpfen, an denen sie sich mithilfe ihrer Haftwurzeln festhalten. Da ausgewachsene Pflanzen sehr schwer sind, wählen Sie ein robustes Klettergerüst, das unter dem Gewicht nicht zusammenbricht.

Winterhärte: Voll frosthart ❄❄❄ bis frosthart ❄❄
Standort: Feuchter, durchlässiger, humusreicher Boden in Sonne oder Halbschatten.
Pflege: Junge Pflanzen aufbinden, bis die Haftwurzeln sich am Gerüst festhalten; übermäßigen Wuchs im Frühjahr zurücknehmen.
Vermehrung: Halb verholzte Stecklinge im Spätsommer bewurzeln lassen.

Schizophragma integrifolium 🏆
↕12 m; ❄❄.

Solanum
Nachtschatten

Diese grosse Gattung umfasst Einjährige, Stauden, Sträucher und Bäume, aber die kletternden Vertreter sind besonders beliebt. Sie werden wegen ihrer glocken- oder trompetenförmigen Blüten in prächtigen Blau- und Violetttönen oder in reinem Weiß kultiviert. Diese erscheinen von Frühling bis in den Herbst, und in manchen Jahren folgen glänzende runde Früchte. Obwohl Kartoffel und Aubergine ebenfalls zu dieser Gattung zählen, sind die meisten Zierarten giftig bis hochgiftig. Manche tragen Früchte, die sehr anziehend auf Kinder wirken, daher Vorsicht! Nachtschatten brauchen eine warme, sonnige Mauer, um in gemäßigten Breiten zu gedeihen. Kombinieren Sie sie mit anderen Sonnenanbetern wie Jasmin (*Jasminum*, siehe S. 144) und Rosen (*Rosa*, siehe S. 150–151).

Winterhärte: Frosthart ✲✲ bis frostempfindlich ❀
Standort: Durchlässiger Boden in Vollsonne.
Pflege: Im Winter vor allem Jungpflanzen mulchen; in kalten Regionen in Töpfe pflanzen und frostfrei überwintern; Triebe regelmäßig aufbinden; Seitentriebe im Spätwinter auf zwei bis drei Augen zurückschneiden.
Vermehrung: Aussaat im Frühjahr bei 18–20 °C; halb verholzte Stecklinge im Sommer im Minigewächshaus kultivieren.

① *Solanum crispum* 'Glasnevin' 🏆 ↕6 m; ✲✲
② *Lycianthes rantonnetii* (früher *S. rantonnetii*) 'Royal Robe' ↕1–2 m; ✲✲ – beide blühen von Sommer bis Herbst.

Thunbergia
Thunbergie, Schwarzäugige Susanne

Diese tropischen Kletterpflanzen, die wegen ihrer exotischen, leuchtend gefärbten Blüten beliebt sind, werden in kalten Regionen einjährig oder in Gefäßen kultiviert und können unter Glas überwintern. Die Blüten in Goldgelb, Orange oder Blau erscheinen vor einem Hintergrund aus zartgrünen Blättern. Die schlanken, schlingenden Triebe können sich um einen frei stehenden Bogen oder Obelisken winden oder an einem Strauch hochklettern. Auch Spaliere oder Drähte an Zäunen oder Mauern bilden gute Kletterhilfen. Durch Kombination von Thunbergien mit anderen einjährigen Kletterpflanzen wie Duft-Wicken (*Lathyrus odoratus*, siehe S. 145) an einem Klettergerüst können Sie eine sommerliche Blütenpracht schaffen.

Winterhärte: Bedingt frosthart ✲ bis frostempfindlich ❀
Standort: Feuchter, durchlässiger Boden in geschützter, vollsonniger Lage; bei Gefäßbepflanzung gute Topferde.
Pflege: Junge Pflanzen am Gerüst aufbinden; übermäßig gewachsene mehrjährige Kulturen im Frühjahr zurückschneiden.
Vermehrung: Aussaat bei 16–18 °C; halb verholzte Stecklinge im Sommer schneiden.

Thunbergia mysorensis 🏆
↕6 m; Blüte im Frühjahr; ❀.

Thunbergia alata
↕1,5–2 m als Einjährige, 2,5 m als Mehrjährige; Blüte von Sommer bis Herbst; oft aus Samen gezogen; ❀.

Thunbergia grandiflora 🏆
↕5–10 m; Blüten gelegentlich weiß; ❀.

TRACHELOSPERMUM

Sternjasmin

↕6–9 m

DIESE VERHOLZENDEN immergrünen Kletterpflanzen sind wegen ihrer glänzenden dunkelgrünen Blätter und makellos weißen, duftenden Blüten beliebt, die im Hoch- und Spätsommer erscheinen und beim Japanischen Sternjasmin (*T. asiaticum*) im Alter gelb werden. Erziehen Sie die Pflanzen in frostgefährdeten Gebieten an warmen Mauern: Spaliere oder waagerechte Drähte, 5 cm von der Mauer entfernt angebracht, bieten den rankenden Trieben Halt. In sehr kalten Regionen sollten sie in Gefäßen wachsen und unter Glas überwintern. Ältere Exemplare können als Stütze für frühlings- und sommerblühende Einjährige wie Kapuzinerkresse (*Tropaeolum*, siehe rechts) dienen.

Winterhärte: Frosthart ❄❄
Standort: Nährstoffreicher, durchlässiger Boden in sonniger oder halbschattiger, vor kalten Winden geschützter Lage; bei Gefäßbepflanzung gute Topferde verwenden.
Pflege: Im Winter besonders Jungpflanzen mulchen; zu lange, störende Triebe im Frühjahr zurückschneiden.
Vermehrung: Halb verholzte Stecklinge im Sommer schneiden.

TROPAEOLUM

Kapuzinerkresse

Siehe auch S. 333.

KLETTERNDE FORMEN der Kapuzinerkresse wachsen mithilfe ihrer Blattstielranken an Zäunen, Spalieren oder Pergolen in die Höhe. Sie können auch an Sträuchern hochklettern oder sich ohne Stütze als Bodendecker ausbreiten. Im Sommer werden sie von leuchtenden Blüten, meist in glühenden Rot- und Gelbtönen, geschmückt. Manche Sorten tragen panaschierte Blätter. Viele Arten sind frostempfindlich, und auch Mehrjährige können in kalten Regionen einjährig kultiviert werden. Die Große Kapuzinerkresse (*T. majus*) und manche Sorten blühen am besten in kargem Boden und sind ausgezeichnete Lückenfüller für vernachlässigte Bereiche. Blätter und Blüten einjähriger Arten sind essbar und können als würzige Zutaten Salaten beigemischt werden.

Winterhärte: Frosthart ❄❄ bis frostempfindlich ❀
Standort: Feuchter, durchlässiger Boden in Vollsonne.
Pflege: Junge Triebe aufbinden, damit sie in die richtige Richtung wachsen; schwarze Blattläuse an den Trieben abspritzen.
Vermehrung: Aussaat bei mehrjährigen Arten nach der Samenreife in Töpfen im Frühbeet, bei einjährigen Arten im zeitigen Frühjahr bei 13–16 °C oder Mitte Frühling direkt an Ort und Stelle.

Tropaeolum speciosum 🏆
↕3 m; mehrjährig; bevorzugt sauren Boden; den Blüten folgen blaue Früchte mit roter, papierartiger Umhüllung; im Winter mulchen; ❄❄.

Trachelospermum jasminoides 🏆
↕9 m; ältere Blüten reinweiß; bronzefarbenes Winterlaub.

Tropaeolum peregrinum
↕2,5–4 m; einjährig; Blüten ähneln fliegenden Kanarienvögeln; ❀.

***Tropaeolum tuberosum* 'Ken Aslet'** 🏆
↕2–4 m; mehrjährig; Knollen im Herbst ausgraben und frostfrei überwintern (wie bei Dahlien); ❄.

Vitis

Rebe

↕7–15 m

Die Zierarten dieser Gattung werden nicht wie die Weinrebe wegen ihrer Früchte gepflanzt, sondern wegen ihrer großen Blätter, sich im Herbst leuchtend rot und violettbraun färben. Sie tragen kleine blauschwarze Beeren, die nicht zum Verzehr geeignet sind. Mithilfe kräftiger Ranken halten sich die starkwüchsigen, verholzenden sommergrünen Kletterpflanzen an ihren Unterlagen fest. Lassen Sie die Reben an Mauern, Zäunen oder großen Sträuchern hochwachsen. Sie bedecken Bögen oder Pergolen auf sehr dekorative Weise, besonders an Sitz- und Essplätzen, da das Blätterdach für kühlen Schatten sorgt.

Winterhärte: Voll frosthart ❄❄❄
Standort: Durchlässiger, neutraler bis alkalischer Boden in Vollsonne oder Halbschatten.
Pflege: Bei übermäßigem Wuchs im Winter und erneut im Sommer zurückschneiden; bei formal erzogenen Pflanzen Seitentriebe im Winter auf zwei bis drei Augen einkürzen; Mehltau kann auftreten.
Vermehrung: Aussaat im Herbst oder Frühjahr im Frühbeet; Steckhölzer im Winter schneiden.

Wisteria

Blauregen, Glyzine

Wegen ihrer eleganten Blütentrauben zählen Blauregen zu den beliebtesten Kletterpflanzen. Achten Sie beim Kauf darauf, dass die Veredelungsstelle gesund ist; aus Samen gezogene Pflanzen brauchen viele Jahre, bis sie blühen und tragen nur wenig Blüten. Die stark duftenden Blüten erschienen im Frühjahr oder Frühsommer in langen Trauben, gelegentlich gefolgt von grünen, bohnenähnlichen, giftigen Hülsenfrüchten. Diese verholzenden sommergrünen Schlinger können an robusten Bögen oder Pergolen erzogen werden; sie wachsen auch an Mauern. Blauregen sind sehr langlebig und können in nährstoffreichem Boden sehr groß werden. Schneiden Sie die Pflanzen zweimal im Jahr zurück, um mehr Blüten anzuregen. Pflegeleicht sind Exemplare an großen Bäumen, da sie keinen Schnitt benötigen.

Winterhärte: Voll frosthart ❄❄❄; Spätfröste können Knospen schädigen.
Standort: Feuchter, durchlässiger Boden in Sonne bis Halbschatten.
Pflege: Triebe aufbinden, um ein Gerüst zu formen; Haupttriebe waagerecht wachsen lassen; Seitentriebe im Spätsommer bis auf vier bis sechs Blätter oder 15 cm von Hauptästen, im Winter erneut auf zwei bis drei Augen einkürzen; Blattfleckenkrankheit kann zum Problem werden.
Vermehrung: Nur bei nicht veredelten Pflanzen über Stecklinge.

Wisteria floribunda 'Alba'
↕9 m oder höher; bis zu 60 cm lange Blütentrauben, die sich von der Basis zu Spitze hin öffnen; samtige grüne Hülsenfrüchte.

Vitis coignetiae 🏆
↕15 m; häufig kultiviert; dunkelgrüne, bis zu 30 cm lange Blätter (hier Herbstfärbung).

Wisteria floribunda 'Multijuga' 🏆
↕9 m oder höher; bis zu 30 cm lange Blütentrauben, die sich von der Basis zu Spitze hin öffnen; samtige grüne Hülsenfrüchte.

Wisteria brachybotrys 'Shiro-kapitan'
↕9 m oder höher; weich behaarte Blätter; bis zu 15 cm lange Blütentrauben, gelegentlich gefüllte Blüten.

Blumen

Mit blühenden Pflanzen gestalten

Blühende Pflanzen sind das wichtigste Gestaltungselement im Garten. Auf Beeten und Rabatten spielen sie die Hauptrolle und bilden eine abwechslungsreiche Ergänzung zu den dauerhafteren Bäumen und Sträuchern. Dieses Kapitel umfasst die riesige Gruppe nicht verholzender (krautiger) Pflanzen, ausgenommen Gräser (siehe S. 340–355) und Farne (siehe S. 356–365), also Stauden, Einjährige, Zweijährige, Zwiebel- und Knollenpflanzen, alpine Pflanzen, manche Sukkulenten, Gartenorchideen und Gewürzkräuter.

Eine Pflanze für jeden Bereich

Vor der Pflanzenauswahl ist es wichtig zu wissen, wie der Gartenboden beschaffen ist und welche Bedingungen in verschiedenen Gartenbereichen herrschen – ob der Boden trocken oder feucht, alkalisch oder sauer ist und wie viel Sonne oder Schatten jeder Gartenabschnitt erhält. Es ist einfacher, die für die vorherrschenden Bedingungen geeigneten Pflanzen zu kultivieren, als zu versuchen, diese den Pflanzen anzupassen.

Die meisten Blütengewächse gedeihen nahezu auf jedem Boden, manche jedoch stellen besondere Ansprüche. Rhododendren z. B. brauchen einen sauren (kalkfreien) Boden, sonst werden die Blätter gelb, und die Pflanzen gehen schließlich ein. Heidekrautgewächse benötigen ebenfalls einen sauren Boden, und wenn Schnee-Heide (*Erica carnea*) und ihre Sorten auch einen leicht alkalischen (kalkhaltigen) Boden vertragen, gedeihen sie dennoch am besten in saurer Erde.

Die Intensität von Sonne und Schatten in den verschiedenen Bereichen Ihres Gartens bestimmt auch, welche Pflanzen Sie wo einsetzen können. Schatten kann durch vorhandene Gebäude oder große Bäume und Sträucher entstehen. Die meisten Stauden und Einjährigen brauchen Vollsonne, während Blattschmuckpflanzen wie Funkie (*Hosta*) und Lungenkraut (*Pulmonaria*) sowie viele Zwiebel- und Knollengewächse Schatten vertragen.

Wie trocken oder nass Ihr Gartenboden ist, beeinflusst die Pflanzenauswahl ebenfalls. Sie können in schattigen feuchten Bereichen in Teich- oder Bachnähe Feuchtigkeit liebende Pflanzen wie Primeln einsetzen, während Gewächse wie Lavendel einen trockenen Boden in einer, sonnigen Lage brauchen.

Die meisten Blütengewächse haben ihren Höhepunkt im Sommer, aber bei durchdachter Auswahl können Sie sich fast zwölf Monate im Jahr an Blüten erfreuen.

Manche Gartenbesitzer betrachten Schattenbereiche als Problemzonen, aber es gibt eine sehr große Auswahl an Pflanzen, mit denen man schattige Stellen natürlich und reizvoll gestalten kann. Hier unter den Bäumen an einem Teich bildet das auffällige Laub von *Hosta sieboldiana* einen interessanten Kontrast zu den schmaleren Blättern und weißen Blüten von *Primula pulverulenta* 'Bartley'.

Ein Pflanzschema kreieren

Eine Gartenpflanzung gestaltet man am besten, indem man sich für seine bevorzugten Pflanzen entscheidet und dann die Sorten nach den Farben, die vorherrschen sollen, auswählt. Farbe ist immer ein wichtiges Element (siehe rechts), aber berücksichtigen Sie auch die Struktur und Form der Blätter und Stängel. Je nach Pflanzenauswahl können Sie unterschiedliche Stimmungen schaffen. So erzeugen z. B. viele leuchtende Farben und kleine Blätter eine Bauerngartenatmosphäre, während großblättrige Pflanzen und blasse Farbtöne moderner wirken.

Beachten Sie vor dem Einsetzen die endgültige Wuchshöhe und -breite jeder Pflanze. Den nötigen Abstand zwischen zwei Pflanzen können Sie ausrechnen, indem Sie die Breite beider Arten addieren und durch zwei teilen. Im Allgemeinen eignen sich höhere Pflanzen am besten für den Hintergrund und niedrige für den vorderen Bereich einer Rabatte.

Pflanzen Sie auch einige früh blühende Zwiebel- und Knollengewächse und Herbstblüher wie Astern und Sonnenhut, um die Blütenschau zu verlängern.

Strukturpflanzen Strukturpflanzen mit strengen Konturen eignen sich hervorragend als Solitärpflanzen oder für große wirkungsvolle Gruppen. Hier spiegelt ein moderner formaler Wasserfall die klaren Formen der Blätter und Blüten der Zimmerkalla wider.

In Gruppen pflanzen Setzen Sie Pflanzen in Rabatten in Gruppen von drei, fünf oder sieben Exemplaren ein. Dadurch entstehen auffallende Farbansammlungen, die viel wirkungsvoller sind als die Kombination einzelner Pflanzen einer Sorte.

Form und Struktur Wenn Sie die richtige Pflanzenkombination wählen, können Sie herrliche Kontraste in Farbe, Form und Struktur schaffen. Hier ragen die schwertförmigen Blätter und die orangefarbenen Blüten der Montbretie (*Crocosmia*) in die Höhe und bilden einen schönen Kontrast zu dem rundlichen, weichen Laub und den limonengelben Blüten des Frauenmantels (*Alchemilla mollis*).

Mit Farben gestalten

Probieren Sie verschiedene Farbkombinationen auf einem Beet aus. Sie können ein harmonisches Bild schaffen, indem Sie Schattierungen gleicher oder ähnlicher Farben verwenden oder mit sehr unterschiedlichen Farbtönen einen aufregenden, jedoch ausgewogenen Kontrast kreieren.

Rot, Gelb und Orange sind lebhafte, warme Farben, die eine Rabatte beleben. Für eine kühle, zurückhaltende Stimmung wählen Sie verschiedene Schattierungen von Weiß, Blau und Violett. Farben beeinflussen auch die scheinbare Größe einer Rabatte oder eines Gartens. Kräftige Farbtöne ziehen den Blick auf sich, sodass Entfernungen kürzer erscheinen. Kühle Farbtöne treten weiter in den Hintergrund und lassen ein Beet länger aussehen.

Licht, Jahreszeit und Tageszeit verändern die Wirkung von Farben. Oft sehen weiße und Pastelltöne inmitten von leuchtenden Farben verloren aus und wirken bei starkem Sonnenlicht verwaschen, scheinen in der Abenddämmerung aber beinahe zu leuchten.

Zarte Töne Die sich ergänzenden Blau- und Lilatöne der Edeldistel (*Eryngium bourgatii*) und des Ziests bringen eine kühle Atmosphäre in die Rabatte. Die stacheligen Blätter der Edeldistel bildet einen Kontrast zu dem weicheren Laub des Ziests.

Schriller Kontrast Kombinieren Sie große Gruppen von Pflanzen in warmen Farben. Hier schreit roter Salbei aus einer kontrastierenden Gruppe *Heliotropium* 'Blue Wonder' förmlich heraus.

Duftende Blüten

Duft verleiht vielen Blütenpflanzen eine zusätzliche Dimension. Blütendüfte können von der köstlichen Frische der Duft-Wicke bis zum Moschusaroma des Phloxes reichen. Manche Pflanzen tragen duftendes Laub, z. B. Beifuß, Minze und Duftpelargonien. Viele Gerüche entfalten sich in der Kühle des Abends stärker und können in geschützten Bereichen intensiver sein; errichten Sie hier einen Sitzplatz, um das volle Aroma zu genießen.

Mehr Anziehungskraft Der Geruch vieler Pflanzen (hier Majoran) lockt Schmetterlinge, Bienen und andere Insekten in den Garten. Viele sind nützliche Bestäuber. Weitere Pflanzen, die Insekten anziehen, sind Rote Spornblume (*Centranthus ruber*), Heliotrop (*Heliotropium*), Pflaumenduft-Iris (*Iris graminea*), Nachtkerze (*Oenothera biennis*), Levkoje (*Matthiola*) und Zier-Tabak (*Nicotiana*).

Stauden

Was sind Stauden?

Stauden oder ausdauernde Pflanzen sind nicht verholzende, mehrjährige Arten. Manche Stauden sind immergrün, aber bei den meisten sterben die oberirdischen Teile im Winter ab, während die Wurzeln überleben. Im Frühjahr entwickelt sich der Neuaustrieb am Grund oder Spross der Pflanze. Die meisten Stauden sind ausdauernde Pflanzen, während manche wie Lein (*Linum*) kurzlebig sind und nach drei oder vier Jahren absterben. Diese kurzlebigen Arten säen sich im ganzen Garten selbst aus.

Stauden weisen eine erstaunliche Vielfalt an Größen, Formen, Farben, Düften, Strukturen und Wuchsformen auf und gehören zu den vielseitigsten Gartenpflanzen. Sie umfassen hohe Gewächse wie den Großen Schuppenkopf (*Cephalaria gigantea*), der in einem Jahr bis zu 2 m Höhe erreicht, sowie niedrige Pflanzen wie manche winterharte Storchschnabelarten, die nicht höher als 15 cm werden und gute Bodendecker sind.

Zu den Stauden zählen nicht nur die herkömmlichen Rabattenpflanzen, sondern auch Alpenpflanzen, Steingartengewächse, Wasserpflanzen und Sukkulenten.

Große Stauden Manche Stauden wie diese Lupinen zeigen in einem Jahr enormes Wachstum und bilden große Strukturpflanzen, die einen Hauch von Höhe und Dramatik in den Garten bringen. Großblütige Sorten können kopflastig sein und müssen gestützt werden, damit die Triebe nicht auseinander fallen oder ihre brüchigen Stängel im Wind nicht umknicken.

Zierliche Alpenpflanzen Dieser Mannsschild (*Androsace carnea*), der nie mehr als einige Zentimeter hoch wird, wirkt gut in einem mit Kies ausgelegten erhöhten Beet oder Steingarten.

Auswahl der Stauden für den Garten

Da Stauden so vielseitig sind, sollte es Ihnen möglich sein, für jeden Zweck oder Bereich eine Art von entsprechender Höhe und Breite zu finden. Sie können gefällige Kombinationen schaffen, wenn Sie Arten mit unterschiedlichen Wuchsformen pflanzen.

Eine ausladende Staude bildet einen schönen Kontrast zu einer anderen mit einem strengen, aufrechten Wuchs, während eher rundlich wachsende Pflanzen in der Rabatte eine weichere, zartere Wirkung erzeugen. Dicht wachsende Farbtupfer kann man sehr gut mit luftigen Blütenwolken wie denen des Schleierkrauts kombinieren. Es gibt Teppiche bildende Stauden, die man als Bodendecker unter andere Stauden oder Sträucher wie Rosen pflanzen kann. Die meisten Stauden werden vor allem wegen ihrer Blüten geschätzt: Diese bringen die meiste Zeit des Jahres Farbe in den Garten. Im Allgemeinen sind die Blüten der reinen Arten zarter in der Erscheinung, während die Sorten größere und auffälligere Blüten tragen.

Dekoratives Laub Hier bilden verschiedene Funkien (*Hosta* 'Fortunei', *H.* 'Fortunei Obscura' und *H.* 'Carol') eine auffallende Blattkombination, bei der die buntblättrigen Formen durch die einfarbig grünen hervorgehoben werden.

Manche Stauden wählt man hauptsächlich wegen ihres Laubs aus. Die Blätter sind in der Regel langlebiger als die Blüten, deshalb sollten Sie sich über die Blattform, -größe und -struktur in Ihrer Pflanzung Gedanken machen, damit der Garten länger einen schönen Anblick bietet. Nehmen Sie Sorten mit panaschierten Blättern und versuchen Sie, Kontraste zwischen glänzenden und matten sowie behaarten und wachsartigen Strukturen zu schaffen. Kombinieren Sie kleinblättrige Pflanzen mit solchen, die große oder streng geformte Blätter tragen, oder auch die schwertförmigen Irisblätter mit dem sternförmigen Laub der Sterndolde.

Hängende Wuchsform Hängende Stauden wie diese Felsen-Steinkresse (*Aurinia saxatilis* 'Dudley Nevill') schaffen einen Hauch von Natürlichkeit und mildern strenge Formen ab.

Auf Beeten und Rabatten

Ursprünglich wurden Stauden jede für sich auf langen formalen Rabatten vor einer Hecke oder einem Zaun kultiviert. Das Ergebnis war zufrieden stellend, wenn man einen großen Garten mit reichlich Platz hatte, um Stauden, Bäume und Sträucher getrennt zu pflanzen. Heutzutage, da Gärten immer kleiner werden, bevorzugen wir gemischte Rabatten, auf denen Stauden mit Bäumen, Sträuchern und vielleicht auch einigen Kletterpflanzen sowie Einjährigen kombiniert werden.

Formale Staudenbeete haben normalerweise gerade Ränder und die Pflanzung ist abgestuft – die niedrigen Gewächse vorne, die höheren hinten. In gemischten Rabatten erzielt man mit einer weniger formalen Anordnung eine natürliche Wirkung. Bei dieser Art von Gestaltung werden Stauden oft eingesetzt, um die Lücken zwischen den Sträuchern zu füllen, solange diese noch klein sind, und die Abstufung der Pflanzenhöhe wird weniger streng befolgt.

Inselbeete sind eine moderne Art, Stauden zu pflanzen. Sie werden von Rasen, Pflaster oder Kies umgeben, sodass man sie von allen Seiten betrachten kann. Sie werden gewöhnlich in der Mitte mit höheren Gewächsen bestückt, während die niedrigeren Arten den Randbereich zieren. Pflanzen gedeihen hier besser, da sie in einer offeneren Lage stehen. Planen Sie auch einige auffallende Solitärpflanzen wie Blumenrohr oder Palmlilie ein.

Staudenrabatte Auf dieser traditionell bepflanzten Rabatte wachsen Wolfsmilch, Taglilien (*Hemerocallis*), Phlox und Lilien. Sie wurde so gestaltet, dass die Blütenpracht ihren Höhepunkt im Hochsommer hat. Alle Pflanzen sind einfach zu kultivieren und wurden in Gruppen von drei bis fünf Exemplaren arrangiert. Einige der höheren Arten wachsen im vorderen Bereich, um die Höhe etwas dynamischer zu gestalten.

Bauerngärten Diese Art der Bepflanzung ist locker und zwanglos und umfasst Einjährige wie Stauden, die sich nach Herzenslust selbst aussäen dürfen. Auf diesem Beet wachsen klassische Bauerngartenpflanzen wie Akelei, Wolfsmilch, Fenchel, Schwertlilien und Skabiose. Hier braucht man sich über die Höhe und Breite der einzelnen Arten keine Gedanken zu machen, da der Zufall den Charme ausmacht.

Nicht nur im Sommer schön

Wir erwarten, dass Stauden den Garten im Sommer in ein Farbenmeer tauchen. Aber sie können auch im Frühling, Herbst und sogar Winter, wenn sie nicht in Blüte stehen, einen schönen Anblick bieten.

Frisches Laub, das sich nach einem langen Winter aus dem kahlen Boden entwickelt, ist ein willkommener Anblick und ein Vorgeschmack auf das, was folgen wird. Am Ende des Sommers tragen viele Stauden interessante Samenstände und manche bilden Beeren. Schneiden Sie die alten Triebe nicht zu bald ab – Vögel schätzen die Samen, und die alten Stängel können mit Raureif überzogen sehr ungewöhnlich aussehen.

Sommerschönheit Die aufrechte und nach Anis riechende Duftnessel (*Agastache foeniculum*) trägt ab Mitte Sommer purpurne Blüten.

Herbstreife Im Herbst verfärben sich die langgestielten Samenstände pergamentbraun und bringen Struktur in die Rabatten.

Winterfrost Im tiefen Winter überzieht schimmernder weißer Frost die Samenstände und verändert ihr Aussehen erneut.

Natürliche Bepflanzungen

Manche Stauden, vor allem solche, bei denen es sich um Arten und nicht um Sorten handelt, sehen in natürlicher Anordnung besonders gut aus, da sie den Anschein vermitteln, als würden sie wild wachsen. Sie können unter Bäumen einen Waldgarten und auf dem Rasen eine Wiese gestalten oder eine Rabatte ganz natürlich bepflanzen. Solche Arrangements müssen sorgfältig geplant werden, um die gewünschte Wirkung zu erzielen. Legen Sie Beete in natürlichen, unregelmäßigen Formen an, um sie an die Umgebung anzupassen.

Pflanzen Sie Gruppen an, die sich mit anderen Gewächsen vermischen, um die Natur nachzuahmen.

Waldgarten Hier bildet das Laub des Mammutblatts (*Gunnera manicata*) einen eindrucksvollen Hintergrund für die dunklen, schwarzviolettenBlätter und die roten Blüten der *Lobelia* 'Queen Victoria'.

Ein- und zweijährige Pflanzen

Was sind einjährige und zweijährige Pflanzen?

Einjährige sind Pflanzen, die ihre Entwicklung von der Keimung der Samen bis zur Blüte und Reifung neuer Samen in einer Vegetationsperiode, also in einem Jahr durchlaufen und danach absterben. Frostharte Pflanzen vertragen Minustemperaturen. Bedingt frostharte Einjährige erleiden bei Frost Schäden oder sterben ab. Sie werden entweder ab dem Frühjahr nach Ende der Frostperiode kultiviert oder unter Glas vorgezogen und ausgepflanzt, wenn die Frostgefahr vorüber ist.

Zweijährige Pflanzen benötigen zwei Vegetationsperioden für ihre volle Entwicklung. Im ersten Jahr entwickeln sich die Blätter, im darauf folgenden Jahr die Blüten. Empfindliche Pflanzen, die im Winter Frostschutz benötigen, werden in kühleren Regionen oft als Einjährige kultiviert, um eine Überwinterung zu vermeiden. Da die kurzlebigen Pflanzen innerhalb eines Jahres blühen, eignen sie sich sehr gut, um schnell und preiswert Farbe in den Garten zu bringen. Sie bieten auch eine enorme Vielfalt an Blüten- und Wuchsformen.

Der einjährige Mohn ist in den schönsten Tönen von Scharlachrot, Orange, Rosa und Weiß erhältlich. Säen Sie die Samen in flache Rillen oder breitwürfig aus und decken Sie sie nur leicht ab. Dünnen Sie die Sämlinge aus, sobald diese 2,5 cm groß sind. Wenn Sie die Samenstände nicht abschneiden, sät sich Mohn im ganzen Garten selbst aus.

Der zweijährige Fingerhut benötigt zwei Jahre bis zur Blütenreife. Die langen Blütenähren erscheinen in den unterschiedlichsten Farben und verleihen Rabatten Bauerngarten-Flair.

Beete und Rabatten mit Einjährigen gestalten

Formales Beet Ein formales Beet ist bei richtiger Gestaltung eine Bereicherung für den Garten. Sie können Ihre eigenen Pflanzen ziehen oder im Gartencenter Jungpflanzen kaufen. Dieses auffällige, fließende Design besteht aus Hahnenkamm 'New Look' inmitten von Petunien 'Pink Wave'. Um die Blühdauer zu verlängern und neue Blütenbildung anzuregen, wird Verblühtes regelmäßig entfernt.

Ein Beet oder eine Rabatte mit Ein- und Zweijährigen, formal oder natürlich bepflanzt, ist ein einziges Blumenmeer – und da es lediglich ein Jahr hält, können Sie ruhig experimentieren. Für ein natürliches Beet wählen Sie nur eine begrenzte Zahl von Farben wie Rot und Orange oder Rosa, Violett und Blau. Säen Sie großzügige Gruppen aus, die sich vermischen. Sie können die Samen auch vorher mischen, um eine vollkommen zufällige Farbverteilung zu erhalten.

Formale Beete setzen sich meist aus bedingt frostharten Einjährigen und Zweijährigen zusammen, die in symmetrischen oder stilisierten Mustern gepflanzt werden. Solche Beete sieht man am häufigsten in öffentlichen Parks, aber in kleinerem Maßstab können sie auch im eigenen Garten zum Blickfang werden. Entscheiden Sie sich für eine oder zwei Farben und ein einfaches Muster wie Halbmond, Wellenform oder Schachbrett. Entwerfen Sie es entweder auf dem Millimeterpapier oder zeichnen Sie es mit etwas Sand auf dem Boden vor. Bei formalen Beeten müssen Sie etwas Ordnung halten, damit das Muster hübsch aussieht; aber es lohnt sich.

Welche Art von Beet oder Rabatte Sie auch bevorzugen, planen Sie die Gestaltung sorgfältig, bevor Sie aussäen, damit sich die Blütezeiten der verschiedenen Pflanzen überlappen und die Blütenpracht länger anhält. Bedingt frostharte Einjährige, die ihren Höhepunkt überschritten haben, können durch selbst gezogene oder gekaufte Pflanzen ersetzt werden.

Ein- und Zweijährige im Garten

Einjährige sehen in gemischten Rabatten inmitten von Stauden, Bäumen und Sträuchern sehr gut aus. Da sie nur geringe oder gar keine Ansprüche an den Boden stellen und sehr kurzlebig sind, beeinträchtigen sie das Wachstum der Nachbarpflanzen kaum.

Pflanzen Sie auch hängende Einjährige wie Kapuzinerkresse und Zweijährige wie den im Frühjahr blühenden Goldlack, um den Boden rasch zu bedecken und mehr Vielfalt in eine eingewachsene Rabatte zu bringen. Sie können auch in einem gemischten Beet Bereiche frei lassen und jedes Jahr andere Ein- und Zweijährige hinzufügen.

Übernehmen Sie einen spärlich bepflanzten Garten, so können Sie mit einer Auswahl an einjährigen Pflanzen schnell und preiswert buntes Leben hineinbringen, während Sie die dauerhafteren Elemente und Pflanzungen planen. Neue Bäume, Sträucher und Stauden brauchen mehrere Jahre, bis sie so weit gediehen sind, dass die Rabatten üppig bewachsen erscheinen.

Natürliche Bepflanzung Mit ungezwungenen Arrangements möchte man eine fröhliche Mischung scheinbar natürlich wachsender Pflanzen schaffen. Bei der Wahl des Standorts sollten Sie vorsichtig sein – an einem formalen Teich könnten sie z. B. etwas seltsam aussehen. Diese Anordnung aus traditionellen Ein- und Zweijährigen setzt sich aus Sonnenblumen, Fingerhut und Mohn zusammen.

Randbepflanzung mit Einjährigen Diese Ringelblumen dienen als Randbepflanzung eines Gemüsegartens. Die leuchtenden Blumen locken nützliche Insekten in den Garten, die bei der Bestäubung helfen und Schädlinge vernichten.

Schnittblumen

Fast alle Einjährigen sind hervorragende Schnittblumen. Wenn Sie einen Gemüsegarten oder ein abgelegenes Fleckchen Erde haben, säen Sie dort Sommerblumen aus, die Sie beliebig abschneiden können. Im Wasser an einem kühlen Ort halten sie oft tage- oder sogar wochenlang. Manche Arten wie Meerlavendel (*Limonium*) und Strohblumen kann man in einem luftigen Raum aufhängen und für Blumensträuße trocknen lassen.

Schnittblumen Zinnien (*Zinnia elegans* 'Whirligig') sind leuchtende Blumen auf hohen Stielen und eignen sich daher sehr gut als Schnittblumen. Schneiden Sie die Blüten, wenn sie sich gerade öffnen, damit sie in der Vase länger halten.

Ein- und zweijährige Pflanzen in Gefäßen

Wegen der kurzen Entwicklungszeit eignen sich Ein- und Zweijährige sowie nicht frostharte Stauden sehr gut für Arrangements in Gefäßen – allein oder in Begleitung anderer Gewächse. Bepflanzte Gefäße werden schnell zum Blickfang, da man sie von allen Seiten betrachten kann und die Pflanzen sich immer vorteilhaft präsentieren; außerdem sind sie die idealen Lückenfüller für Rabatten.

Alle Gefäße sind dafür geeignet – vom Blumentopf oder -kasten bis hin zu Blumenampeln oder Hängekörben, vorausgesetzt der Gefäßboden ist mit Abzugslöchern versehen. Für welche Pflanzen Sie sich entscheiden, hängt von der Sonneneinstrahlung am Standort ab. Wählen Sie ein Gefäß, das zur Umgebung und zu den Pflanzen, die Sie kultivieren wollen, passt. Bepflanzte Gefäße trocknen an sonnigen Stellen oder in exponierten windigen Lagen sehr schnell aus. Bei warmem Wetter müssen sie jeden Tag gewässert werden, also berücksichtigen Sie diesen Punkt bei der Wahl des Standorts. Falls nötig, pflanzen Sie Sorten mit kompaktem Wuchs ein, die bei Wind nicht leicht umknicken.

Als hängende Pflanzen eignen sich Pelargonien (aufrechte und hängende), Fuchsien und Fleißiges Lieschen sowie Petunien, Tagetes, Lobelien und Steinkraut (*Alyssum*).

Topf voller Charme In diesem Gefäß fließen die Stiefmütterchen förmlich über. Diese herrlichen Einjährigen blühen wochenlang und können unter frostfreien Bedingungen überwintert werden.

Hängekörbe Eine Fülle unterschiedlicher Rosatöne sowie auffallender und zarter Blüten – diesen Hängekorb schmücken Elfensporn, Lobelien, Pelargonien, Phlox und Verbenen.

Zwiebel- und Knollenpflanzen

Definition

Zwiebel- und Knollenpflanzen sind Stauden, die ein Speicherorgan – verdickter Teil des Sprosses oder der Wurzel – haben, das es der Pflanze ermöglicht, ungünstige Jahreszeiten zu überdauern. Diese Pflanzengruppe umfasst verschiedene Formen von Speicherorganen – Zwiebeln, Knollen (Zwiebel-, Spross- und Wurzelknollen) sowie Rhizome.

Eine Zwiebel besteht aus dicht gepackten umgewandelten Blättern auf einer gestauchten Sprossachse. Knollen sind verdickte Sprosse, die durch Umwandlung von Wurzeln oder eines bestimmten Sprossabschnitts entstehen. Eine weitere Art von Speicherorgan sind unter der Erdoberfläche kriechende Stängel, die man Rhizome nennt. Sie können dick und gedrungen oder lang und dünn sein.

Schalenzwiebel (Narzisse)

Schuppenzwiebel (Lilie)

Zwiebel Es gibt zwei Formen: Zwiebeln aus dicht gepackten Blättern und einer trockenen, papierartigen Hülle sowie Zwiebeln aus vielen lockeren, fleischigen Schuppen, die schneller austrocknen.

Sprossknolle (Alpenveilchen)

Knollen Bei Sprossknollen entwickeln sich die Triebe aus den Knospen auf der Knolle. Sie tragen mehr und größere Knospen als Wurzelknollen, die jedes Jahr durch neue ersetzt werden.

Zwiebelknolle (Zeitlose)

Mutter- und Tochterknollen (Gladiole)

Zwiebelknolle Auf der Oberseite der Knolle erheben sich eine oder zwei Knospen. An der Sprossbasis entwickelt sich jedes Jahr eine neue Knolle. Tochterknollen bilden sich an der Mutterknolle.

Mit Zwiebel- und Knollenpflanzen gestalten

Sommerschönheiten Viele sommerblühende Zwiebel- und Knollenpflanzen, darunter Lilien und Montbretien (*Crocosmia*), sind hoch wachsende Pflanzen mit auffallenden Blüten, die sich sehr gut für gemischte Staudenbeete eignen. Diese Rabatte im Hochsommer zeigt einen Hauch von Dramatik, die durch die außergewöhnlich prächtigen Blütenstände des Zierlauchs zustande kommt. Sie bilden einen schönen Kontrast zu den zarteren Blüten der Akelei (*Aquilegia*) und der Katzenminze (*Nepeta*).

Diese Pflanzengruppe stellt keine besonderen Ansprüche an den Boden, wenn er nur durchlässig ist. Viele der Zwiebel- und Knollenpflanzen sind frosthart. Sie können sie außer im tiefen Schatten in jeder Lage kultivieren. Viele bevorzugen warme, sonnige Orte, aber Arten, die in Wäldern heimisch sind, gedeihen in lichtem Schatten besser. Die frostharten Alpenveilchen vertragen sogar trockenen Schatten. Manche Zwiebel- und Knollenpflanzen sind niedrig genug für den Steingarten.

Die beste Wirkung erzielt man, wenn diese Pflanzen in Gruppen einsetzt werden, besonders, wenn man ein formales Beet mit Frühlingsblühern in verschiedenen Farben bepflanzt. Nach dem Einziehen der Blätter gräbt man die Zwiebeln aus und bewahrt sie an einem kühlen, dunklen Ort auf, um Sommerpflanzen Platz zu machen. Für eine natürliche Gestaltung setzen Sie die Zwiebeln zwischen andere Stauden, sodass ihr einziehendes Laub kaschiert wird.

Formale Pflanzung Pflanzen Sie Frühlingsblüher wie diese Tulpen in großen Gruppen. Auch in Kombination mit Goldlack (*Erysimum*) und Vergissmeinnicht (*Myosotis*) sehen sie gut aus.

Zwiebel- und Knollenpflanzen verwildern

Viele Zwiebel- und Knollenpflanzen vermehren sich und bilden große bunte Flecken, später richtige Wiesen, wenn sie an einer geeigneten Stelle ungestört im Boden verbleiben können. Durch das Verwildern bringen Sie auf eine einfache Art Farbe in einen anderen Bereich des Gartens. Einmal gepflanzt, erscheinen die Pflanzen ohne besondere Pflege Jahr für Jahr wieder. Das Verwildern gelingt am leichtesten auf einem Rasen. Nach der Blüte darf das Gras etwa sechs Wochen nicht geschnitten werden, damit die Blätter einziehen können. In dieser Zeit holt das Speicherorgan Energie aus dem Laub, baut Reservenährstoffe auf und legt Blütenknospen für das folgende Jahr an.

Ein Meer aus Narzissen Hier blühen leuchtend gelbe Narzissen unter einer Zierkirsche (*Prunus* × *yedoensis*) in Vollblüte, wodurch ein hübsches Frühlingsbild entsteht. Die herrlichen Blüten von Narzissensorten sehen unter allein stehenden Bäumen im Garten sensationell aus, während die zarteren Blüten der Arten in natürlichen Waldgärten, unter kleinen Sträuchern, Obst- oder Nussbäumen besser wirken.

Früh blühende Arten wie Schneeglöckchen eignen sich für einen Rasen, der ab dem Frühjahr geschnitten wird. Später blühende Zwiebelpflanzen wie Narzissen sollten auf Rasenflächen verwildert werden, die man längere Zeit nicht mäht, z. B. auf Rasenkanten oder einer Grasböschung. Manche Arten wie die Schachbrettblume (*Fritillaria meleagris*) gedeihen auf Wildblumenwiesen, die bis zum Spätsommer oder Frühherbst nicht gemäht werden.

Suchen Sie kräftige Zwiebeln aus, da sie sich gegen die Graswurzeln behaupten müssen. Verstreuen Sie die Zwiebeln und pflanzen Sie sie dort ein, wo sie zufällig landen. Solange sie im Abstand von mindestens 20 cm stehen, werden sie üppig blühen.

Im Frühjahr und Herbst blühende Arten können auch unter Laub abwerfenden Bäumen gepflanzt werden, wo sie blühen können, bevor die Blätterkrone sich voll entwickelt hat bzw. nachdem sie nicht mehr so dicht ist.

Im Waldgarten Manche Zwiebel- und Knollenpflanzen sehen in einem Waldgarten am natürlichsten aus. Verwandeln Sie den Boden mit niedrigen Arten in einen Teppich, der von einigen hohen Pflanzen wie dieser Riesenlilie, die feuchten Schatten liebt, überragt wird.

Zwiebel- und Knollenpflanzen in Gefäßen

Die meisten Zwiebeln und Knollen entwickeln sich in Blumenkästen und anderen Gefäßen sehr gut, da sie durchlässige Erde schätzen. Achten Sie bei der Auswahl des Gefäßes darauf, dass es der Größe der Pflanzen entspricht. Eine Lilie beispielsweise braucht einen tiefen Topf, damit sie nicht umkippt, wenn sie die volle Höhe erreicht hat, während niedrige Arten wie Krokusse in weiten, flachen Schalen besser aussehen.

In einem Gefäß mit verschiedenen Arten setzen Sie die größeren Zwiebeln tiefer und die kleineren weiter oben in die Erde, damit die Blüten nacheinander erscheinen. Die Frühlingsblüher sind meist die ersten, platzieren Sie deshalb diese Gefäße dort, wo sie gut zu sehen sind, z. B. am Eingang oder vor dem Fenster. Gefäße mit duftenden Arten wie Hyazinthen sollten in Hausnähe stehen, damit Sie sich an ihrem Geruch erfreuen können.

Sobald die Blüte vorbei ist, stellen Sie die Töpfe dorthin, wo sie nicht auffallen, oder holen Sie die Zwiebeln heraus und setzen Sie sie vorübergehend irgendwo in ein Beet ein, solange die Blätter einziehen. Inzwischen können Sie die Gefäße erneut bepflanzen. Nach dem Einziehen werden die Zwiebeln gelagert oder in eine Rabatte gepflanzt.

Klassische Schönheit Manche Zwiebel- und Knollenpflanzen haben elegante Blüten und Blätter. Dieses Terrakottagefäß vor einer Hainbuchenhecke wurde ganz schlicht mit Tulpen bepflanzt.

Zwiebeln vortreiben

Wenn Sie in der kalten und dunklen Jahreszeit Farbe und Duft ins Haus bringen wollen, können Sie Zwiebeln und Knollen vortreiben (siehe auch S. 288). Die Kultur unter relativ warmen Bedingungen im Haus lässt sie früher als gewöhnlich blühen. Ritterstern (*Hippeastrum*) mit den riesigen exotischen Blüten, duftende Hyazinthen und Narzissen eignen sich dafür.

Setzen Sie die Zwiebeln oder Knollen im Herbst in Anzuchterde. Bewahren Sie sie einige Wochen mäßig feucht an einem kühlen, dunklen Ort auf, bis sich ein kräftiges Wurzelsystem gebildet hat. Stellen Sie die Pflanzen hell, wenn sie etwa 2,5 cm hoch sind.

Acaena

Stachelnüsschen

Diese niedrige, kriechende Staude bildet mithilfe von Ausläufern dichte Teppiche aus immergrünen Blättern und eignet sich gut als Bodendecker für Steingärten oder den vorderen Bereich eines Blumenbeets. Die Pflanze kann stark wuchern. Im Sommer wird das Laub von runden Blütenköpfen überragt, aus denen sich später für diese Pflanze charakteristische stachelige, klettenartige rote Früchte entwickeln. Die Pflanze wird vor allem wegen ihres bunten Laubs geschätzt: *A. caesiiglauca* trägt graublaue Blätter, *A. microphylla* ‘Kupferteppich’ hat bronzefarbene Blätter und leuchtend rote Stachelfrüchte. Andere Teppiche bildende Pflanzen, die sich gut mit Stachelnüsschen kombinieren lassen, sind u. a. *Sedum rupestre* und *S. obtusatum*.

Winterhärte: Voll frosthart ❄❄❄
Standort: Mäßig nährstoffreicher Boden in vollsonniger oder halbschattiger Lage.
Pflege: Falls nötig, wuchernde Pflanzen durch Entfernen unerwünschter bewurzelter Triebe in Zaum halten; weitgehend frei von Schädlingen und Krankheiten.
Vermehrung: Aussaat in Töpfen unter Glas; Ausläufer im Herbst oder Vorfrühling abnehmen.

Acaena saccaticupula **‘Blue Haze’**
↕10–15 cm ↔ 1 m; das stahlblaue Laub hält das ganze Jahr und wird im Sommer von dunkelroten Blütenköpfen überragt.

Acanthus

Akanthus, Bärenklau

Mit seinen hohen, ungewöhnlichen Blütenähren, die sich über den auffallend gefiederten dunkelgrünen Blättern erheben, ist der Bärenklau eine gute Strukturpflanze für Staudenbeete oder gemischte Rabatten. Die einzelnen Blüten von 5 cm Länge kommen in Kombinationen von Weiß, Grün, Gelb, Rosa oder Violett vor und stehen in bis zu 1,2 m hohen Ähren. Sie erscheinen von Spätfrühling bis Hochsommer und sind gute Schnitt- und Trockenblumen. Lassen Sie jedoch einige Blütenähren im Winter an der Pflanze, da sie von Frost überzogen sehr dekorativ aussehen. Der sehr wüchsige Bärenklau lässt sich mit anderen Stauden wie winterhartem Storchschnabel (*Geranium*, siehe S. 250–251) und Phlox (siehe S. 306–307) gut kombinieren.

Winterhärte: Voll frosthart ❄❄❄ bis frostempfindlich ❄❄
Standort: Bevorzugt mäßig nährstoffreichen, durchlässigen Boden in sonniger bis halbschattiger Lage.
Pflege: Welke Blätter und Blütenähren im Spätwinter oder Vorfrühling entfernen; bei Trockenheit befällt Echter Mehltau die Blätter.
Vermehrung: Aussaat im Frühjahr unter Glas; Teilung der Pflanze im Frühjahr oder Herbst; Wurzelschnittlinge im Winter schneiden.

① ***Acanthus hirsutus*** ↕15–35 cm; ❄❄❄ ② ***A. hungaricus*** ↕60–120 cm; ❄❄❄ ③ ***A. mollis*** ↕1,5 m; ❄❄❄
④ ***A. spinosus*** 🏆 ↕1,5 m; ❄❄❄.

Achillea

Schafgarbe

Das farnartige, graugrüne Laub und die flachen, schirmartigen Blütenstände der Schafgarbe sind wichtige Elemente für einen Bauerngarten oder ein Staudenbeet. Niedrige Formen eignen sich gut für Steingärten. Die Stauden breiten sich rasch aus, vertragen Trockenheit und gedeihen fast auf jedem, auch auf kalkigem und kieshaltigem Boden. Blüten in vielen Farben ziehen im Sommer Bienen, Schmetterlinge und andere nützliche Insekten an und sind daher die ideale Wahl für ein Beet mit Wildblumen. Die Blütenstände lassen sich gut trocknen. Kombinieren Sie Schafgarbe mit anderen Stauden wie Weiderich (*Lythrum*, siehe S. 283), Phlox (siehe S. 307) und Präriemalve (*Sidalcea*, siehe S. 325). Kontakt mit dem Laub kann Hautallergien verursachen.

Winterhärte: Voll frosthart ❄❄❄
Standort: Feuchter, durchlässige Boden in offener, vollsonniger Lage, aber die meisten Arten vertragen alle Böden und Bedingungen.
Pflege: Abgeblühtes entfernen, um neue Blüten anzuregen; bei Trockenheit und dichtem Wuchs Echter Mehltau auf den Blättern.
Vermehrung: Aussaat direkt ins Freie am Standort; Teilung der Horste alle zwei bis drei Jahre im Frühjahr.

Achillea **‘Moonshine’** 🏆
↕↔ 60 cm; sobald die ersten leuchtend gelben Blüten im Sommer erscheinen, hält die Pracht von ‘Moonshine’ bis in den Herbst an.

Achillea 'Forncett Candy'
↕85 cm ↔ 45 cm; die hellrosa Blüten verblassen später fast zu Weiß.

Achillea × lewisii 'King Edward' 🏆
↕8–13 cm ↔ 23 cm oder mehr; eine niedrige Schafgarbe mit blassgelben Blütenständen ab dem Frühsommer; ideal für Steingärten.

Achillea 'Fanal'
↕75 cm ↔ 60 cm; die auffälligen karminroten Blütenstände eignen sich als Schnittblumen; guter Kontrast zu grauen/silbrigen Pflanzen.

Achillea filipendulina 'Gold Plate' 🏆
↕1,2 m ↔ 45 cm; klassische Sorte mit goldgelben Blütenständen, die den ganzen Sommer erscheinen; eine der hochwüchsigsten.

Achillea nobilis ssp. *neilreichii*
↕30–45 cm ↔ 45 cm oder mehr; die elfenbeinfarbenen Blütenstände über dem duftendem grauen Laub sind sehr langlebig.

ACONITUM

Eisenhut

DER EISENHUT VERDANKT seinen Namen den Ritterhelmen ähnelnden Blüten, die in blauen, violetten und blassgelben Tönen vorkommen. Sie stehen in hohen Rispen, die die handförmig gelappten grünen Blätter weit überragen. Die Blüten, die je nach Sorte von Früh- bis Spätsommer erscheinen, können nur von Hummeln bestäubt werden. Eisenhut ist eine sich ausbreitende Staude, die sich auf Beeten und Rabatten mit feuchtem Boden von ihrer besten Seite zeigt. Er lässt sich mit anderen Stauden wie Schafgarbe (*Achillea*, siehe S. 166–167), Taglilie (*Hemerocallis*, siehe S. 258), Phlox (siehe S. 306–307) und Rittersporn (*Delphinium*, siehe S. 224–225) gut kombinieren. Vorsicht: Alle Pflanzenteile sind giftig!

Winterhärte: Voll frosthart ✻✻✻
Standort: Bevorzugt feuchten, fruchtbaren Boden im Halbschatten, aber auch fast auf jedem Boden bei Sonne und ausreichender Feuchte.
Pflege: Höhere Arten stützen, damit sie nicht umfallen; vorjährige Triebe im Spätwinter oder Vorfrühling abschneiden.
Vermehrung: Aussaat im Frühjahr in Töpfen im Frühbeet; Teilung alle drei Jahre im Herbst oder Spätwinter, erhält auch die Wuchskraft.

Aconitum × cammarum 'Bicolor' 🏆
↕ bis 1,2 m ↔ 30 cm; eine ungewöhnliche Sorte, die sorgfältig platziert werden muss, damit die zarten Blüten zur Geltung kommen.

Aconitum carmichaelii 'Arendsii'
↕ bis 1,2 m ↔ 30 cm; eine spät blühende Sorte, deren üppige blaue Blüten Farbe in den herbstlichen Garten bringen.

Aconitum 'Ivorine'
↕ 90 cm ↔ 45 cm; eine Sorte für einen kühlen, feuchten Standort; die cremefarbenen Blüten wirken im Schatten besonders gut.

Aconitum 'Bressingham Spire' 🏆
↕ 90–100 cm ↔ 30 cm; eine lange, von Hochsommer bis Herbst blühende Pflanze; etwas niedriger als die meisten Eisenhutsorten.

Actaea

Christophskraut

Diese Pflanzengattung, zu der von einigen Botanikern auch die sehr ähnliche Gattung *Cimicifuga* (Silberkerze) gestellt wird, umfasst eine Reihe von Horste bildenden Stauden für Waldgärten, schattige Rabatten oder für das Bachufer. Die kleinen weißen oder rosa getönten Blütenähren erscheinen von Hoch- bis Spätsommer bzw. im Herbst über dem Laub. Arten wie *A. alba*, *A. rubra* und *A. spicata* bilden Trauben aus leuchtend weißen, roten oder schwarzen Beeren, die hochgiftig sind. Die geteilten Blätter sind normalerweise grün, wenn auch einige Arten wie *C. simplex* 'Brunette' wegen ihres bronzefarben oder purpurnen Laubs geschätzt werden. Kombinieren Sie Silberkerzen mit Präriemalve (*Sidalcea*, siehe S. 325), Goldrute (*Solidago*, siehe S. 327) und Sonnenhut (*Rudbeckia*, siehe S. 317).

Winterhärte: Voll frosthart ✻✻✻
Standort: Feuchter, fruchtbarer, mit reifem Kompost oder Mist angereicherter Boden im Halbschatten.
Pflege: In Trockenperioden reichlich gießen.
Vermehrung: Aussaat im Herbst in Töpfen unter Glas; Teilung im Frühjahr.

Actaea rubra 🏆
↕45 cm ↔ 30 cm; die weißen Blüten sowie die darauf folgenden roten Beeren beleben leicht schattige Bereiche eines Waldgartens.

Cimicifuga simplex
↕1–1,2 m ↔ 60 cm; die federartigen Blütenähren erscheinen im Spätsommer und Herbst.

Cimicifuga simplex 'Brunette' 🏆
↕1–1,2 m ↔ 60 cm; eine hübsche Blattpflanze, die Blütenähren wie *C. simplex* trägt, die jedoch rosa angehaucht sind.

Adonis

Adonisröschen

Die auffallenden Blüten dieser Horste bildenden Stauden und Einjährigen haben eine zarte, anemonenähnliche Erscheinung. Manche wie *A. amurensis* bringen von Spätwinter bis Frühjahr Blüten hervor, bevor sich das feine, farnartige Laub entwickelt. *A. brevistyla* und *A. vernalis* blühen ebenfalls im Frühjahr und kommen in verschiedenen Weiß- und Gelbtönen vor. Geeignete früh blühende Begleiter sind Alpenveilchen (*Cyclamen*, siehe S. 221) und Schneeglöckchen (*Galanthus*, siehe S. 247). Die rot blühende *A. aestivalis* ist eine Einjährige, die ihre Blüten im Hochsommer öffnet. Adonisröschen stellen sehr unterschiedliche Kulturansprüche und eignen sich entweder für kühle, schattige Waldgärten oder sonnige, offene Lagen.

Winterhärte: Voll frosthart ✻✻✻
Standort: Für *A. amurensis* und *A. brevisyla* kühler, humusreicher, saurer (kalkfreier) Boden im Schatten, für *A. aestivalis* durchlässiger, alkalischer Boden in Sonnenlage.
Pflege: Schnecken können im Frühjahr zur Plage werden.
Vermehrung: Aussaat bei Samenreife im Frühbeet (langsamer Keimvorgang); Mehrjährige gedeihen nach einer Teilung nicht gut.

Adonis brevistyla
↕20–40 cm ↔ 20 cm; ein Hauch von Blassblau auf der Außenseite der Blütenblätter verleiht diesem Adonisröschen zusätzlichen Charme.

Aegopodium podagraria

Giersch

Die meisten Gierscharten sind wuchernde Unkräuter, die sich durch Rhizome ausbreiten, panaschierte Sorten gelten jedoch als Gartenzierpflanzen. *A. podagraria* 'Variegatum' ist ein dekorativer Bodendecker, der sich in feuchten, schattigen Bereichen des Gartens, wo sonst kaum etwas anderes gedeiht, ausbreitet. Die Blätter werden bis zu 10 cm breit. Im Frühsommer erscheinen Büschel weißer Blüten, doch wird diese Sorte hauptsächlich wegen ihres Laubs geschätzt. Kultiviert man diese Staude auf einem nährstoffarmen Boden, wird sie nicht zu stark wuchern. Sie können sie auch allein auf einem Inselbeet pflanzen. Andere Pflanzen, die ähnliche Bedingungen lieben, sind Bergenien (siehe S. 198) und winterharter Storchschnabel (*Geranium*, siehe S. 250–251).

Winterhärte: Voll frosthart ❄❄❄
Standort: Jeder, auch karger Boden im Voll- oder Halbschatten.
Pflege: Welke Blüten entfernen, bevor sie Samen bilden; wuchernde Triebe mit dem Spaten abstechen, um die Ausbreitung zu verhindern.
Vermehrung: Teilung der Rhizome im Herbst oder Frühjahr.

***Aegopodium podagraria* 'Variegatum'**
↕30–60 cm ↔ unbestimmt.

Aethionema

Steintäschel

Diese einjährigen bzw. immergrünen oder wintergrünen zwergigen Halbsträucher werden hauptsächlich wegen ihrer dichten, zierlichen Blütentrauben in Rot-, Rosa- und Cremetönen sowie in reinem Weiß kultiviert. Die Blüten erscheinen von Frühjahr bis Frühsommer auf kurzen Stielen. Die kleinen, meist nicht gestielten Blätter sind ziemlich fleischig. Die kurzlebigen Pflanzen werden am besten alle zwei bis drei Jahre durch Stecklinge vermehrt, damit sie einen stets schönen Anblick bieten. Sie eignen sich sehr gut für den vorderen Bereich eines Staudenbeets oder für den Steingarten. Kombinieren Sie sie mit Tränenden Herzen (*Dicentra*, siehe S. 228), Goldwolfsmilch (*Euphorbia*, siehe S. 242) und Gämswurz (*Doronicum*, siehe S. 231).

Winterhärte: Voll frosthart ❄❄❄ (bei guter Durchlässigkeit).
Standort: Nährstoffreicher, durchlässiger, alkalischer (kalkhaltiger) Boden in Vollsonne, aber auch karge, saure (kalkfreie) Böden.
Pflege: Mit lockerer Reisigdecke vor Winternässe schützen.
Vermehrung: Aussaat im Frühjahr in Töpfen unter Glas; Einjährige im Herbst direkt am Standort aussäen; Grünstecklinge im Spätfrühling oder Frühsommer abschneiden.

1

2

① ***Aethionema armenum*** ↕15–20 cm; mehrjährig; Blüte im Spätfrühling ② ***A. grandiflorum*** 🏆 ↕20–30 cm; mehrjährig; Blüte im Spätfrühling und Frühsommer.

Agapanthus

Schmucklilie

Diese wuchskräftige und Horste bildende, hohe Staude trägt ihre tiefblauen, violetten oder weißen, glockenförmigen Blüten in runden oder hängenden Köpfen, die von Hochsommer bis Frühherbst erscheinen. Die hübschen Blätter sind riemenförmig und graugrün. Die meisten Sorten sind sommergrün, einige Arten immergrün. Die Blüten ergeben hervorragende Schnittblumen; verbleiben sie an der Pflanze, folgen dekorative Samenstände. Sie sehen auch in großen Kübeln sehr attraktiv aus.

Winterhärte: Voll frosthart ❄❄❄ bis bedingt frosthart ❄
Standort: Nährstoffreicher, feuchter, jedoch durchlässiger Boden in vollsonniger Lage; für Gefäßbepflanzung Topferde verwenden.
Pflege: Im Herbst mulchen, in kalten Regionen mit organischem Material; Gefäßpflanzen im Sommer reichlich, im Winter sparsam gießen; im Sommer bis zum Beginn der Blüte einen Volldünger verabreichen; *A. campanulatus* 'Albovittatus' in kalten Regionen unter Glas überwintern.
Vermehrung: Aussaat bei Samenreife oder im Frühjahr; Sämlinge im ersten Winter im frostfreien Frühbeet ziehen; die meisten Sämlinge sind mit den Elternpflanzen nicht identisch; Teilung großer Horste im Frühjahr (siehe unten).

WURZELSTOCK TEILEN
Entfernen Sie verletztes Wurzelgewebe und alte Triebe mit einem scharfen Messer.

Agapanthus campanulatus
↕60–120 cm ↔ 45 cm; sommergrün; graugrüne Blätter; Blüten – manchmal weiß – im Hoch- und Spätsommer; ❄❄❄.

Agapanthus 'Blue Giant'
↕1,2 m ↔ 60 cm; Blüte im Hoch- bis Spätsommer; ✻✻✻.

Agapanthus 'Bressingham White'
↕90 cm ↔ 60 cm; Blüte im Hoch- und Spätsommer; ✻✻✻.

Agapanthus campanulatus 'Albovittatus'
↕60–120 cm ↔ 45 cm; breite Blätter mit auffallenden Streifen; Blüte im Hoch- und Spätsommer; ✻✻.

Agastache

Diese Staude wird hauptsächlich wegen ihrer langlebigen Ähren kleiner, röhrenförmiger Blüten kultiviert. Die bis zu 30 cm hohen Blütenstände erscheinen von Mitte Sommer bis Herbst. Die aufrechte, buschige Pflanze trägt lanzettliche bis ovale, aromatische Blätter. *A. barberi* 'Tutti-Frutti' hat stark duftende Blätter und rosarote Blüten; in Regionen mit strengen Wintern kann sie wie die rosa blühende *A. mexicana* einjährig gezogen werden. Die für Staudenbeete und gemischte Rabatten geeignete Pflanze lässt sich gut mit Stauden wie Schafgarbe (*Achillea*, siehe S. 166–167) und Phlox (siehe S. 306–307) kombinieren.

Winterhärte: Voll frosthart ✻✻✻ bis bedingt frosthart ✻
Standort: Nährstoffreicher, durchlässiger Boden in vollsonniger Lage.
Pflege: In warmen Regionen überleben empfindlichere Arten den Winter im Freien, wenn der Standort geschützt ist; in kaltem Klima Jungpflanzen frostfrei überwintern; im Sommer ausgiebig gießen; in trockenen Sommern können die Blätter von Echtem Mehltau befallen werden, daher die Blätter nicht benetzen.
Vermehrung: Aussaat im zeitigen Frühjahr; halb verholzte Stecklinge im Spätsommer abschneiden.

Agastache foeniculum
↕90–150 cm ↔ 30 cm; Blüte von Mitte Sommer bis Frühherbst; ✻✻.

Agrostemma

Kornrade

↕60–90 cm
↔30 cm

Früher war die Kornrade ein häufiges Getreideunkraut, aber heute bringt diese hübsche Einjährige die Farbe des Sommers in den Garten. Die hellpurpurnen bis rotvioletten oder weißen Blüten erscheinen an schlanken, behaarten Stängeln und werden durch die schmalen, langen graugrünen Blätter hervorgehoben. Die zierlich und locker wirkende Kornrade kommt am besten in Bauerngärten, auf Wildwiesen oder Sommerbeeten mit Einjährigen zur Geltung, sieht aber auch in Gefäßen gut aus. Wenn Sie Kornrade neben anderen Einjährigen pflanzen, entsteht ein leuchtend bunter Teppich. Die Blüten werden gerne von Bienen besucht und eignen sich gut als Schnittblumen.

Winterhärte: Voll frosthart ❄❄❄
Standort: Karger, durchlässiger Boden in vollsonniger Lage; nährstoffreicher Boden begünstigt Blattwuchs auf Kosten der Blüten.
Pflege: Pflanzen etwas stützen; Abgeblühtes regelmäßig entfernen, um die Blühdauer zu verlängern.
Vermehrung: Aussaat im Vorfrühling oder Herbst direkt am Standort; Sämlinge auf 30 cm Abstand ausdünnen.

***Agrostemma githago* 'Milas'**
↕60–90 cm ↔30 cm; eine der zahlreichen Sorten, die aus Samen gezogen werden; Blüten mit bis zu 5 cm Durchmesser.

Ajuga

Günsel

Günsel ist ein ausgezeichneter Bodendecker für schattige oder halbschattige Bereiche, besonders auf feuchten Böden. Mit seinem dichten und ausladenden Wuchs kann er rasch große Flächen bedecken, lässt sich aber leicht herausziehen, wenn er zu wuchern beginnt. Die meisten Gartensorten sind immergrüne oder wintergrüne Stauden. Das Laub mancher Günsel schimmert metallisch, wenn Sie jedoch mehr Farbe wünschen, wählen Sie Sorten mit bronzefarben oder purpurrot gefärbten bzw. cremefarben oder rosa gesprenkelten Blättern. Von Spätfrühling bis Frühsommer wird das Blattwerk von kurzen Kerzen blauer oder malvenfarbener Blüten überragt. Der anspruchslose Günsel eignet sich als Randbepflanzung schattiger Rabatten.

Winterhärte: Voll frosthart ❄❄❄
Standort: Jeder feuchte, aber durchlässige Boden im Halbschatten, bei buntblättrigen Sorten in der Sonne; *A. reptans* und Sorten auch auf kargem Boden und im Schatten.
Pflege: Nach der Blüte alte Blütentriebe und übermäßigen Wuchs entfernen; dichter Wuchs und Trockenheit begünstigt Echten Mehltau.
Vermehrung: Teilung und Abtrennung der Ausläufer im Frühjahr oder Herbst; Grünstecklinge im Frühsommer schneiden.

***Ajuga reptans* 'Multicolor'**
↕15 cm ↔60–90 cm; eine Sorte, die Schatten verträgt, aber Sonne braucht, um diese reizvollen Blattfarben zu entwickeln.

***Ajuga reptans* 'Catlin's Giant'** 🏆
↕15 cm ↔60–90 cm; die dunkelblauen Blütenstände dieses großblättrigen immergrünen Günsels werden bis zu 20 cm hoch.

***Ajuga reptans* 'Atropurpurea'**
↕15 cm ↔60–90 cm; die glänzenden immergrünen Blätter wirken neben Schatten liebenden Primeln besonders gut.

ALCEA

Stockrose, Stockmalve

DIE STOCKROSE ist eine kurzlebige Staude, Zweijährige oder Einjährige. Die prächtigen Blütentriebe von bis zu 2,5 m Höhe erscheinen in Weiß, Gelb, verschiedenen Rosa- und Rottönen bis Schwarzrot. Die Blüten, vor allem einfache, werden gerne von Schmetterlingen und Bienen besucht. Im Hintergrund einer Rabatte, an einem Zaun oder an einer Mauer sieht die Stockrose am eindrucksvollsten aus. Sie lässt sich gut mit anderen Bauerngartenblumen wie Kletterrosen (siehe S. 150–151) und Flieder (*Syringa*, siehe S. 121) kombinieren. Die leuchtendsten Sorten können Sie mit hoch wachsendem, blauem Rittersporn mischen.

Winterhärte: Voll frosthart ✻✻✻
Standort: Mäßig nährstoffreicher, durchlässiger Boden in Vollsonne.
Pflege: An exponierten Stellen die Triebe stützen; als Ein- oder Zweijährige ziehen (Aussaat im ersten Jahr, Blüte im zweiten), um die Ausbreitung von Rost, der häufigsten Krankheit dieser Pflanze, die auf den Blättern orangebraune Pusteln verursacht, einzugrenzen; gegen Rost resistente Sorten sind erhältlich.
Vermehrung: Aussaat von Einjährigen im Spätwinter bei 13 °C oder im Frühjahr direkt am Standort, von Zweijährigen im Hochsommer am Standort; Sämlinge im Herbst ausdünnen und umpflanzen.

① *Alcea rosea* 'Chater's Double' ↕2–2,5 m ↔ bis 60 cm; wuchskräftig; pomponartige Blüten in leuchtenden oder blassen Tönen ② *A. rosea* 'Nigra' ↕bis 2 m ↔ bis 60 cm.

ALCHEMILLA

Frauenmantel

↕5–60 cm
↔20–75 cm

DIE AM HÄUFIGSTEN kultivierte Art dieser Staudengattung – alle graugrün belaubt und mit schleierartigen, leuchtend gelben Blüten – ist *A. mollis*. Sie bildet Horste und verträgt Trockenheit und ist daher ein ausgezeichneter Bodendecker. Die Blüten erscheinen ab dem Frühsommer für lange Zeit und sind gute Schnitt- und Trockenblumen. Frauenmantel sät sich selbst aus, wenn Abgeblühtes nicht vor der Samenbildung entfernt wird. Die meisten anderen Arten, wie *A. erythropoda*, sind niedriger. Frauenmantel ist ein guter Begleiter für Rosen (siehe S. 110–113) und Bartfaden (*Penstemon*, siehe S. 304) und bildet einen schönen Kontrast zu tiefblauen Blüten.

Winterhärte: Voll frosthart ✻✻✻ bis frosthart ✻✻
Standort: Mäßig nährstoffreicher Boden in Sonne bis Halbschatten.
Pflege: Bei *A. mollis* Abgeblühtes regelmäßig entfernen und das Laub nach der Blüte zurückschneiden, um den Neuaustrieb zu fördern.
Vermehrung: Aussaat im Frühjahr in Töpfen oder Schalen unter Glas; Teilung der Pflanzen im Frühjahr oder Herbst.

Alchemilla alpina
↕8–12 cm ↔ bis 50 cm; Teppiche bildende Pflanze; Blätter mit silbriger Unterseite; für Steingärten geeignet; ✻✻✻.

SCHIMMERNDE TROPFEN
Tau- und Regentropfen bleiben auf dem behaarten Laub hängen.

Alchemilla mollis 🏆
↕60 cm ↔ 75 cm; samtige graugrüne Blätter und gelbgrüne Blüten, die den perfekten Hintergrund für viele Pflanzen bilden; ✻✻✻.

ALLIUM

Zierlauch

DIESE CHARAKTERISTISCHEN mehrjährigen Zwiebelpflanzen tragen glocken- oder sternförmige, zu kugeligen oder hängenden Dolden angeordnete Blüten, die im Frühjahr oder Sommer erscheinen. Manche können einen Durchmesser von bis zu 30 cm haben; einige Arten lassen sich gut für Sträuße trocknen. Zierlauch variiert von niedrigen Arten für Steingärten bis hin zu 2 m hohen Riesen, aber die meisten Pflanzen werden 30–90 cm hoch. Ihre auffallenden Blüten kommen am besten in Rabatten mit anderen Blütenstauden oder Gräsern zur Geltung. Schnittlauch (*A. schoenoprasum*) und *A. cernuum* eignen sich als Randbepflanzung. Die riemenförmigen oder zylindrischen Blätter verströmen beim Zerreiben einen unangenehmen Zwiebelgeruch.

Winterhärte: Voll frosthart ❄❄❄ bis frosthart ❄❄
Standort: Nährstoffreicher, durchlässiger Boden in vollsonniger Lage.
Pflege: Zwiebeln im Herbst zwei- bis dreimal so tief wie die Zwiebelhöhe einsetzen; anfällig für Falschen Mehltau (bei viel Feuchtigkeit welken die Blätter, Zwiebeln faulen; Pflanzen in großem Abstand einsetzen) und Zwiebelfliege (befallene Zwiebeln vernichten).
Vermehrung: Tochterzwiebeln im Herbst abtrennen; Horste im Frühjahr teilen.

Allium cristophii 🏆
↕30–60 cm ↔ 15–19 cm; im Frühsommer Blütendolden mit bis zu 20 cm Durchmesser; graugrüne Grundblätter; ❄❄.

Allium karataviense 🏆
↕10–25 cm ↔ 10 cm; breite, flache Blätter, purpur- oder graugrün mit rotem Saum; im Sommer mittelgroße Blütendolden; ❄❄❄.

Allium moly
↕15–25 cm ↔ 5 cm; graugrüne, flache Blätter; mittelgroße Blütendolden im Sommer; verwildern schnell in Gruppen; ❄❄❄.

ABGEBLÜHTES ENTFERNEN
Samenstände belässt man als Schmuck oder schneidet sie zum Trocknen am Grund ab. Das Ausputzen vor der Samenbildung hilft der Zwiebel, Energie fürs nächste Jahr zu speichern.

***Allium* 'Globemaster'** 🏆
↕80 cm ↔ 20 cm; graugrüne Grundblätter; im Sommer auffallende Blütendolden mit 15–20 cm Durchmesser; ❄❄❄.

Allium cernuum
↕30–60 cm ↔ 5 cm; kräftige, schmale dunkelgrüne Blätter und feste Stängel; im Sommer mittel- bis tiefrosa Blüten; ❄❄❄.

Allium caeruleum 🏆
↕60 cm ↔ 2,5 cm; mittelgrüne Blätter umschließen die Stängel, die verwelken, bevor die kleinen Blütendolden erscheinen; ❄❄.

Allium flavum 🏆
↕10–35 cm ↔ 5 cm; graublaue Blätter umschließen die Stängel; im Sommer kleine Dolden winziger hängender Blüten; ❄❄❄.

Allium unifolium 🏆
↕30 cm ↔ 5 cm; kurze graugrüne Grundblätter, die verwelken, bevor die kleinen Blütendolden im Frühjahr erscheinen; ❄❄.

ALSTROEMERIA

Inkalilie

DIESE WUCHSKRÄFTIGEN STAUDEN mit fleischigen Knollen, die hauptsächlich als Schnittblume kultiviert werden, eignen sich für gemischte Rabatten und Staudenbeete. Die Blüten erscheinen im Sommer in doldenähnlichen Blütenständen an den Triebenden. Sie sind in so vielen Farbtönen erhältlich, dass Sie mit Sicherheit für jedes Beet die passende Farbe finden. Die langen, riemenförmigen Blätter sind mittel- bis graugrün. Kombinieren Sie Inkalilien mit Strauchrosen (siehe S. 110–113), Sonnenblumen (*Helianthus*, siehe S. 256) und Phlox (siehe S. 306–307).

Winterhärte: Frosthart bis –10°C ❄❄❄, *A. aurea* und *A. ligtu* halten kurzzeitig bis –15°C aus.
Standort: Feuchter, aber durchlässiger Boden in sonniger bis halbschattiger Lage.
Pflege: Rhizome im Spätsommer oder Frühherbst vorsichtig 20 cm tief einsetzen, da sie leicht brechen; Pflanzen mögen keine Störung, daher im Boden belassen, damit sie große Horste bilden; Winterschutz durch trockene Mulchschicht aus organischem Material; Schneckenbefall möglich; an Viren erkranktes Laub entfernen und vernichten.
Vermehrung: Aussaat bei Samenreife in Töpfen unter Glas, Sämlinge in kleine Töpfe umpflanzen und dann ausplanzen, um die Wurzeln nicht zu stören; große Horste im Herbst oder Vorfrühling teilen.

① ***Alstroemeria aurea*** ↕1 m ↔ 45 cm ② ***A.-ligtu-Hybriden*** ↕50 cm ↔ 75 cm ③ ***A. pelegrina*** ↕↔ bis 60 cm ④ ***A. psittacina*** ↕1 m ↔ 45 cm.

ALTHAEA

Eibisch

↕1,5 m ↔45 cm

DIESE AM GRUND VERHOLZENDEN Stauden und Einjährigen ähneln der Stockrose (*Alcea*, siehe S. 173), tragen aber kleinere Blüten, die gestielt sind. Die Blüten erscheinen von Hochsommer bis Frühherbst in Flieder-, Tiefrosa- oder Hellrosatönen, manchmal mit dunkleren Augen. Die dunkelgrünen Blätter sind am Rand gelappt oder gezähnt und unterseits heller. Die kräftigen, drahtigen Triebe benötigen selten Stütze. Eibische eignen sich für gemischte Rabatten oder Staudenbeete sowie Wildblumengärten. Kombinieren Sie sie mit anderen sommerblühenden Stauden wie Taglilien (*Hemerocallis*, siehe S. 258) und Felberich (*Lysimachia*, siehe S. 283).

Winterhärte: Voll frosthart ❄❄❄
Standort: Fast jeder Boden, aber bevorzugt nährstoffreiche, feuchte, doch durchlässige Böden.
Pflege: Das Laub kann von Rost befallen werden (orangebraune Flecken), Blätter entfernen und vernichten, *A. rosea* ist weniger anfällig.
Vermehrung: Stauden im Hochsommer in Reihen im Freien aussäen, Sämlinge im Frühherbst umpflanzen; Einjährige im Spätwinter in Töpfe oder Mitte Frühling direkt ins Freie säen.

Althaea cannabina
↕2 m ↔60 cm; Staude

ALYSSUM

Steinkraut

DIE NIEDRIGEN IMMERGRÜNEN Stauden und manchmal aufrecht wachsenden Einjährigen mit den üppigen, leuchtend bunten Blüten bilden große Teppiche. Die Blüten erscheinen im Frühsommer in den Schattierungen von Blass- bis Goldgelb, Blass- bis Tiefrosa oder Weiß und duften manchmal nach Honig. Die kleinen Blätter bilden Rosetten und sind grau bis silbergrau gefärbt, manchmal weiß behaart. Steinkraut breitet sich aus, ohne zu wuchern und kann deshalb vielseitig verwendet werden. Pflanzen Sie es im vorderen Bereich einer Rabatte, im Steingarten oder sogar in Mauerspalten. In Kombination mit anderen Polsterpflanzen, z.B. *Arabis* × *arendsii* (Gänsekresse), die rosa Blüten trägt, wirkt es besonders gut.

Winterhärte: Voll frosthart ❄❄❄
Standort: Nährstoffreicher, durchlässiger Boden, dem Kies eingearbeitet wurde, in vollsonniger Lage.
Pflege: Leichter Rückschnitt nach der Blüte, um die kompakte Form zu erhalten.
Vermehrung: Aussaat im Herbst oder Frühjahr in Gefäßen; Grünstecklinge (neue Triebe, die zu verholzen beginnen) im Frühsommer schneiden.

Alyssum wulfenianum
↕10–15 cm ↔ bis 50 cm, aufrecht oder niederliegend; immergrün.

AMARANTHUS

Amarant, Fuchsschwanz

↕30 cm–1,5 m ↔30–75 cm

DIESE AUFRECHTEN oder niederliegenden, buschigen Einjährigen oder kurzlebigen Stauden haben rote, purpurne oder grüne Triebe und große, wohlgeformte Blätter – manche, besonders die Sorten von *A. tricolor*, in leuchtenden Purpur-, Braun-, Bronze-, Gold- und Rottönen. Von Sommer bis Frühherbst erscheinen herabhängende, bis zu 60 cm lange Blütenähren in Karminrot, Braun, Gold, Rosa oder Creme, die an Fuchsschwänze erinnern. Im Herbst folgen bunte Samenstände. Amarant wird häufig in Sommerbeete integriert. Er sieht neben Pflanzen mit großen Blättern oder Blüten in stark kontrastierenden Farben sehr eindrucksvoll aus. Manche Formen eignen sich auch für Kübel und für Blumenampeln.

Winterhärte: Bedingt frosthart ❄
Standort: Nährstoffreicher, feuchter, durchlässiger Boden in vollsonniger Lage.
Pflege: In Trockenperioden im Sommer ausgiebig wässern, um die Blüte zu verlängern.
Vermehrung: Aussaat Mitte Frühling in Töpfen oder bei mildem Klima direkt am Standort; Sämlinge auf 60 cm Abstand ausdünnen.

SAMEN GEWINNEN
Wenn die Blüten ihre Farbe verändern, berühren Sie die Samenstände, sodass die Samen herausfallen.

Amaranthus caudatus (Love-lies-bleeding, Tassel flower)
↕1–1,5 m ↔45–75 cm, ein- oder mehrjährig; Blätter bis zu 15 cm lang; verträgt magere Böden.

Amaranthus caudatus 'Viridis'
↕1–1.5m (3–5ft) ↔ 45–75cm (18–30in), green flowers fade to cream as they age

x Amarygia parkeri

↕90 cm
↔30 cm

DIE ELTERN DIESER HYBRIDE sind *Amaryllis bella-donna* (siehe rechts) und *Brunsvigia*. Die großen rosa oder weißen Blüten erscheinen an den kahlen Trieben noch vor den Blättern und werden zum Blickfang im sommerlichen Garten. Die Blätter mit einer beachtlichen Länge von bis zu 45 cm sind grundständig, halb aufrecht und riemenförmig. In kalten Gegenden braucht die Pflanze den Schutz einer warmen Mauer. Kombinieren Sie sie mit Hakenlilie (*Crinum* siehe S. 218) und Schafgarbe (*Achillea*, siehe S. 166-167).

Winterhärte: Frosthart ✲✲
Standort: Sandiger, mit reifem Kompost angereicherter Boden in vollsonniger Lage.
Pflege: Zwiebeln von Früh- bis Spätsommer so pflanzen, dass die Hälse direkt über der Erde bleiben; im Sommer ausgiebig wässern und monatlich einen Volldünger verabreichen; Blätter verbrennen leicht; wenn keine Blüten entstehen, kann die Zwiebel von Zwiebelfliegen und Älchen befallen sein, betroffene Pflanzen vernichten.
Vermehrung: Tochterzwiebeln von der Mutterzwiebel abtrennen, bevor sie im Sommer zu treiben beginnen, und wieder einpflanzen.

× *Amarygia parkeri* 'Alba'

Amaryllis bella-donna

Belladonnenlilie

DIE PRÄCHTIGEN GROSSEN und auffallenden Blüten dieser Zwiebelpflanze erscheinen im Herbst in Büscheln an den kräftigen Trieben. Sie trägt riemenförmige, fleischige Blätter, die bis zu 40 cm lang sind und sich nach der Blüte entwickeln. Im warmen Klima ohne Frost kann diese Pflanze an einer sonnigen, geschützten Mauer wachsen. In Regionen mit Wintertemperaturen unter –5 °C sollte sie am besten in einem kalten Gewächshaus oder Wintergarten kultiviert werden. Die Belladonnenlilie lässt sich gut mit Sonnenhut (*Rudbeckia,* siehe S. 317) und Zeitlosen (*Colchicum,* siehe S. 215) kombinieren.

Winterhärte: Frosthart ✲✲
Standort: Nährstoffreicher, durchlässiger Boden in vollsonniger Lage; für Gefäßbepflanzung mit Sand oder Kies gemischte Topferde verwenden, volles Licht.
Pflege: Zwiebeln in der Vegetationsruhe im Spätsommer oder Frühjahr direkt unter der Boden- oder Substratoberfläche pflanzen; in der Vegetationszeit reichlich gießen und monatlich einen Volldünger verabreichen; im Winter Frostschutz; anfällig für Schneckenbefall.
Vermehrung: Tochterzwiebeln im Frühjahr abtrennen und im Topf ein bis zwei Jahre kultivieren, dann auspflanzen.

Amaryllis belladonna
↕60 cm ↔ 10 cm, jede Blüte mit einem Durchmesser von bis zu 10 cm.

ANACYCLUS

Ringblume, Bertram

↕↔ 30 cm

DIE MARGERITENÄHNLICHEN Blüten und das federartige Laub machen diese kriechenden, niedrig wachsenden Einjährigen und Stauden zu attraktiven Gartenpflanzen. Die Blüten, weiß mit gelber Mitte, erscheinen im Sommer auf kurzen Stielen direkt über dem niedrigen Laub. Die Blätter sind fein zerteilt und sehen sehr dekorativ aus. Die Ringblume mag keine Kälte und Nässe und fühlt sich in einem Steingarten, auf einem erhöhten Beet oder in einem alpinen Trog wohl; eine Lage Kies über der Erde hält die Nässe von den Trieben fern und hebt das mediterrane Aussehen dieses Sonnenanbeters hervor.

Winterhärte: Frosthart ✽✽, verträgt aber bei Schutz vor Winternässe bis –5 °C.
Standort: Sandiger, gut durchlässiger Boden in vollsonniger Lage; für Gefäßbepflanzung ein Gemisch aus Topferde, Laubkompost und Sand oder Kies zu gleichen Teilen verwenden.
Pflege: Durch Folie vor heftigen Winterregen schützen.
Vermehrung: Aussaat im Herbst im offenen Frühbeet; Grünstecklinge im Frühjahr oder Frühsommer schneiden.

ANAGALLIS

Gauchheil

↕ bis 20 cm
↔ bis 40 cm

DIE TIEFBLAUEN ODER TIEFROSA Blüten dieser Einjährigen bzw. immergrünen Stauden erscheinen im Spätfrühling und Sommer so üppig, dass sie die Blätter beinahe vollständig verdecken. Die Blüten sind offen und schalenförmig. Der Gauchheil ist eine niederliegende, Teppiche bildende Pflanze mit verzweigten Trieben und mittelgrünen Blättern. Die größten Arten werden nur etwa 25 cm hoch und sehen in Steingärten oder im vorderen Bereich einer Rabatte gut aus. Winzige Sorten wie *A. tenella* 'Studland' eignen sich hervorragend für flache Töpfe und Schalen.

Winterhärte: Voll frosthart ✽✽✽ bis frosthart ✽✽
Standort: Nährstoffreicher, feuchter, aber durchlässiger Boden in vollsonniger Lage; für Gefäßbepflanzung sandhaltiges Substrat.
Pflege: Jungpflanzen im frostfreien Gewächshaus oder Wintergarten überwintern und erst nach den Frösten auspflanzen.
Vermehrung: Den kurzlebigen Gauchheil alle drei bis vier Jahre vermehren; Aussaat im Frühjahr in einem Gefäß im Frühbeet; Teilung im Frühjahr; Sorten im Frühjahr oder Frühsommer durch Kopfstecklinge vermehren.

Anagallis monellii 🏆
↕ 10–20 cm ↔ bis 40 cm; mehrjährig; blaue Blüten; Sorten mit roten und rosa Blüten erhältlich; ✽✽.

Anacyclus pyrethrum* var. *depressus
↕ 2,5–5 cm oder mehr ↔ 10 cm; mehrjährig; graugrünes Laub, einzelne Blüten auf kurzen Stängeln; Blütenblätter unterseits rosa.

***Anagallis tenella* 'Studland'**
↕ 5–10 cm ↔ bis 40 cm; mehrjährig; die hellgrünen Blätter verstecken sich unter den duftenden Blüten; ✽✽✽.

Anaphalis

Perlpfötchen

DIESE MITTELHOHEN, AUSLADENDEN oder aufrechten Stauden tragen grau behaarte Blätter und von Hochsommer bis Herbst Büschel papierartiger weißer Blüten, die sehr lange halten und gute Schnitt- bzw. Trockenblumen sind. Die niedrigeren Sorten eignen sich für Steingärten, die aufrecht wachsenden Sorten sind gute Begleitstauden für sonnige Beete. Das Perlpfötchen ist perfekt für einen Garten in Weiß, da die Blüten und das silberne Laub monatelang für Farbe sorgen. Es eignet sich besonders gut für Standorte, die zu feucht für andere silber- oder graublättrige Pflanzen sind, die meist durchlässigere Böden bevorzugen. Zum Trocknen schneiden Sie die Blüten kurz nach dem Öffnen und hängen sie in Büscheln mit dem Kopf nach unten an einem hellen, luftigen Ort auf.

Winterhärte: Voll frosthart ❄❄❄

Standort: Jeder mäßig nährstoffreiche, durchlässige Boden, der in Trockenperioden im Sommer nicht austrocknet; vollsonnige bis halbschattige Lage.

Pflege: Im Spätherbst zurückschneiden.

Vermehrung: Aussaat im Frühjahr in Töpfen unter Glas; Teilung im Vorfrühling; Triebstecklinge im Frühsommer abschneiden.

① ***Anaphalis margaritacea*** ↕↔ 60 cm; Blüte von Hochsommer bis Frühherbst ② ***A. triplinervis*** 🏆 ↕80–90 cm ↔ 45–60 cm; Blüte im Hoch- und Spätsommer.

Anchusa

Ochsenzunge

DIE KLEINEN, ZAHLREICHEN Blüten sind von einem so tiefen Blau, wie man es bei anderen Pflanzen selten findet. Sie erscheinen in Indigo-, Enzian- oder Marineblau, manchmal mit weißer Mitte, im Frühjahr und Frühsommer auf verzweigten Trieben. Diese wachsen bei höheren Sorten aufrecht, bei zwergigen, Polster bildenden Formen niederliegend. Die Ochsenzunge wird gerne von Bienen besucht. Ihre Blätter sind lang und schmal, derb und oft borstig behaart. Es gibt einjährige, zweijährige oder mehrjährige Arten. Die höheren Formen verleihen einer gemischten Rabatte oder einem Staudenbeet eine lebhafte Note.

Winterhärte: Voll frosthart ❄❄❄ bis frosthart ❄❄

Standort: Feuchter, aber durchlässiger, mäßig nährstoffreicher Boden in vollsonniger Lage; die meisten Arten mögen keine Winternässe; für zwergige Formen durchlässiger Boden oder sandiges Substrat.

Pflege: Höhere Formen stützen; nach dem ersten Flor Abgeblühtes entfernen, um weitere Blütenbildung anzuregen; nach der Blüte zurückschneiden, um den überwinternden Neuaustrieb zu fördern; kann von Mehltau befallen werden.

Vermehrung: Aussaat im Frühjahr in Töpfen unter Glas; Grundstecklinge im Frühjahr, Wurzelschnittlinge im Winter schneiden.

***Anchusa capensis* 'Blue Angel'**
↕20 cm ↔ 15 cm; zweijährig; meist einjährig kultiviert; borstige Blätter; Blüte im Sommer; ❄❄.

***Anchusa azurea* 'Loddon Royalist'** 🏆
↕90 cm ↔ 60 cm; mehrjährig; bildet kompakte, dicht blühende Horste; braucht selten Stütze; Blüte im Frühsommer; ❄❄❄.

Anchusa cespitosa 🏆
↕5–10 cm ↔ 15–20 cm; mehrjährig; Bodendecker; Blüte im Frühjahr; ❄❄❄.

ANDROSACE

Mannsschild

DIESE HÜBSCHEN STAUDEN bilden dichte Polster oder Matten aus immergrünem Laub, das von kleinen rosa oder weißen Blüten bedeckt wird. Die primelähnlichen Blüten erscheinen einzeln oder in Dolden von Spätfrühling bis Spätsommer. Polster bildende Arten aus dem Hochgebirge passen gut in ein alpines Gewächshaus (unbeheizt, gute Belüftung), wo sie vor Winternässe geschützt sind. Andere Arten eignen sich für Steingärten, Trockenmauern sowie alpine Tröge und sehen neben anderen Polster bildenden Pflanzen wie Steinbrech (*Saxifraga*, siehe S. 320–321) gut aus.

Winterhärte: Voll frosthart ✻✻✻
Standort: Senkrechte Mauerspalten mit feuchter, durchlässiger Erde in vollsonniger Lage; für Gefäßbepflanzung der Topferde Kies beimischen.
Pflege: Vor dem Pflanzen das Pflanzloch mit Kies auslegen, um den Wasserabfluss zu verbessern; Substratoberfläche mit Kies bedecken, um Nässe, die Pilzkrankheiten verursacht, zu verhindern; von unten gießen, um das Benetzen der Rosetten zu vermeiden.
Vermehrung: Aussaat bei Samenreife oder im Herbst im Frühbeet; einzelne Rosetten im Früh- bis Hochsommer als Stecklinge abtrennen.

ANEMONE

Anemone, Windröschen

DIESE GROSSE UND VIELSEITIGE Staudengattung weist eine große Vielfalt an Wuchsformen, Größen und Ansprüchen auf. Die Blüten variieren von Rosa, Blau und Violett bis hin zu Rot und Gelb. Normalerweise sind sie schalenförmig, in der Mitte mit einem dichten Kranz aus Staubblättern, und erscheinen einzeln oder in Büscheln. Die Blätter sind mittel- bis dunkelgrün und am Rand stark gesägt. Anemonen werden in drei Hauptgruppen eingeteilt: im Frühjahr blühende Wald- und Wiesenanemonen, manche mit Knollen oder Rhizomen; mediterrane Arten mit Knollen, die im Frühjahr oder Frühsommer blühen; größere, hohe Stauden, die im Spätsommer und Herbst blühen.

Winterhärte: Voll frosthart ✻✻✻ bis frosthart ✻
Standort: Feuchter, durchlässiger Boden in sonniger bis halbschattiger Lage.
Pflege: Im Herbst oder Frühjahr pflanzen; Mulchschicht aus reifem Kompost als Winterschutz; Echter Mehltau kann die Blätter befallen.
Vermehrung: Aussaat bei Samenreife in Gefäßen unter Glas, Keimung oft langsam und vereinzelt; im Herbst blühende Arten im Herbst oder Frühjahr, Knollen und Rhizome bildende Formen im Sommer während der Vegetationsruhe teilen.

***Anemone × hybrida* 'Max Vogel'**
↕1,2–1,5 m ↔ unbestimmt; bevorzugt feuchte, humusreiche Böden in Sonne oder lichtem Schatten; Blüte Spätsommer bis Mitte Herbst.

① ***Androsace carnea* ssp. *laggeri*** 🏆 ↕5 cm
② ***A. lanuginosa*** 🏆 ↕bis 10 cm ③ ***A. pyrenaica*** ↕4–5 cm
④ ***A. villosa* var. *jacquemontii*** ↕bis 4 cm.

Anemone pavonina
↕25 cm ↔ 15 cm; Knollen bildend mit roten, rosa oder purpurnen Blüten im Frühjahr; braucht Sonne und durchlässigen Boden; ✻✻✻.

Anemone nemorosa 🏆
↕8–15 cm ↔ 30 cm oder mehr; diese kriechende, im Frühjahr blühende Art wächst unter Hecken oder sommergrünen Bäumen; ✻✻✻.

HOHE ARTEN STÜTZEN
Hochwüchsige Anemonen fallen leicht um. Stecken Sie frühzeitig Stützen tief in den Boden, die Sie etwas herausziehen, wenn die Pflanzen wachsen.

Anemone vitifolia
↕1 m ↔ unbestimmt; die weißen Blüten erscheinen im Spätsommer und Frühherbst; am besten in lichtem Schatten; ❄❄❄ (Grenzwert).

***Anemone hupehensis* 'Bressingham Glow'**
↕60–90 cm ↔ 40 cm; von Hochsommer bis Frühherbst blühende Anemone, die sich ausbreitet, wenn sie sich eingewöhnt hat; ❄❄❄.

ANETHUM GRAVEOLENS

Dill

DIE AROMATISCHEN GRÜNEN und blaugrünen Blätter sind das charakteristische Merkmal des Dills, das im Hochsommer von lockeren Dolden grünlich gelber oder gelber Blüten ergänzt wird. Dill ist einjährig und besitzt hohle, gefurchte Stängel und intensiv duftende Blätter, die fein gefiedert sind. Sowohl Samen als auch Blätter sind wertvolle Küchengewürze, die auch als Heilmittel verwendet werden. Dill kommt zusammen mit anderen Kräutern in einem Kräuterbeet am besten zur Geltung, aber das feine Laub bildet auch einen herrlichen Kontrast zu auffälligeren Blättern wie denen der Funkie (*Hosta*, siehe S. 260–261). Die zwergige Sorte *A. graveolens* 'Fern Leaved' wird nur 45 cm hoch und eignet sich für Töpfe auf dem Fensterbrett.

Winterhärte: Voll frosthart ❄❄❄
Standort: Mäßig nährstoffreicher, durchlässiger Boden in Vollsonne.
Pflege: Schutz vor starken, kalten Winden; in Trockenzeiten im Sommer ausgiebig wässern, um das Schossen zu verhindern.
Vermehrung: Aussaat von Frühjahr bis Mitte Sommer für stets frische Ernte, Jungpflanzen nicht umsetzen, auf 10 cm Abstand ausdünnen; bei wenig Platz in einem großen Topf aussäen und auf Balkon oder Terrasse ziehen.

***Anemone blanda* 'Radar'** ♡
↕↔ 15 cm; mit knolligem Wurzelstock; bevorzugt Sonne oder Halbschatten und durchlässigen Boden; Blüte im Frühjahr; ❄❄❄.

***Anemone blanda* 'White Splendour'** ♡
↕↔ 15 cm; bis auf die weißen Blüten wie 'Radar' (siehe links); in Massen gepflanzt kann sie atemberaubend aussehen; ❄❄❄.

Anethum graveolens
↕60 cm oder mehr ↔ 30 cm.

Angelica

Angelika, Engelwurz

↕1–2,5 m
↔1–1,2 m

Die Engelwurz bringt Höhe und Dramatik in den Garten. Die majestätischen Stängel der Horste bildenden Stauden und Zweijährigen tragen am Ende schirmförmige Blütendolden, denen attraktive Samenstände folgen. Die Blüten von *A. archangelica* sind grünlich gelb und öffnen sich im Frühsommer, die von *A. gigas* erscheinen im Spätsommer und sind wie die Stängel auffallend rötlich purpurn. Pflanzen Sie Engelwurz in Rabatten oder als Solitärpflanze in Waldlandschaften. Sie gedeiht auch auf feuchtem Boden am Bach- oder Teichufer.

Winterhärte: Voll frosthart ***
Standort: Tiefgründiger, feuchter, nährstoffreicher Boden in vollsonniger bis halbschattiger Lage.
Pflege: *A. archangelica* stirbt nach der Blüte ab; wird Abgeblühtes vor der Samenbildung abgeschnitten, kann sie überleben und noch ein weiteres Jahr blühen; Schnecken können zur Plage werden.
Vermehrung: Aussaat bei Samenreife (starke Selbstaussaat) in Töpfen unter Glas, Samen nicht mit Erde bedecken (Lichtkeimer); Sämlinge umsetzen, während sie klein sind, da große Pflanzen Störung der Wurzeln übel nehmen; Blüte zwei Jahre nach der Aussaat.

Angelica archangelica
↕2 m ↔ 1,2 m; die Blattstiele dieser aromatischen Pflanze können kandiert für Süßigkeiten und als Tortendekoration verwendet werden.

Anomatheca

Goldblatt

↕15–30 cm
↔5 cm

Diese Gattung kleiner Stauden, die mit Freesien nah verwandt ist, trägt zarte Blüten in Rot- und Grüntönen sowie in reinem Weiß. Sie erscheinen im Spätfrühling und Frühsommer, gefolgt von braunen Samenstände mit scharlachroten Samen. Die Pflanzen entwickeln sich aus Knollen und sollten wie Freesien in Regionen mit Winterfrost in einem Gefäß in einem unbeheizten oder kühlen Gewächshaus oder Wintergarten stehen. In frostfreien Gebieten können sie im vorderen Bereich einer geschützten Rabatte wachsen. Sie sind ausgezeichnete Begleiter für spät blühende Tulpen.

Winterhärte: Bedingt frosthart *, verträgt aber gelegentlich Temperaturen bis zu –5 °C.
Standort: Durchlässiger, sandiger, mäßig nährstoffreicher Boden in vollsonniger Lage; bei Gefäßbepflanzung Topferde verwenden.
Pflege: Knollen im Frühjahr 5 cm tief einsetzen; ausgiebig wässern und während der Vegetationsperiode monatlich einen Volldünger verabreichen; Knollen während der Vegetationsruhe trocken lagern.
Vermehrung: Aussaat im Frühjahr bei 13–16 °C, Sämlinge benötigen zwei Jahre bis zur Blüte; Horste im Frühjahr teilen.

Anomatheca laxa
↕15–30 cm ↔ 5 m; jede Knolle bringt im Frühsommer bis zu sechs Blüten hervor.

Anthemis

Hundskamille

Das aromatische Laub und die margeritenähnlichen Blüten sind die Hauptmerkmale dieser Horste und Teppiche bildenden Ein-, Zwei- oder Mehrjährigen. Die gelben oder weißen Blüten mit gelber Mitte erscheinen unermüdlich von Vorfrühling bis Spätsommer und sind meist ausgezeichnete Schnittblumen. Hundskamillen lieben Sonne und durchlässige Böden, deshalb eignen sich niedrigere Arten wie *A. punctata* sehr gut für Steingärten. In Rabatten sieht das fein gefiederte, manchmal silbergraue Laub neben anderen Pflanzen mit filigranen Blättern wie Beifuß (*Artemisia*, siehe S. 25 und 188–189) und Strauchmargeriten (*Argyranthemum*, siehe S. 24) sehr wirkungsvoll aus.

Winterhärte: Voll frosthart *** bis frosthart **
Standort: Normaler, durchlässiger Boden in vollsonniger Lage.
Pflege: Die kurzlebigen *A. sancti-johannis* und *A. tinctoria* nach der Blüte bis zu den neuen Trieben am Grund zurückschneiden, um weiteren Neuaustrieb zu fördern und die Lebensdauer zu verlängern.
Vermehrung: Aussaat im Frühjahr in Töpfen unter Glas; Teilung im Frühjahr oder Spätsommer.

***Anthemis tinctoria* 'E.C. Buxton'**
↕45–70 cm ↔ 60–90 m; bei regelmäßigem Ausputzen erscheinen die Blüten den ganzen Sommer über in Hülle und Fülle; ***.

Anthemis sancti-johannis
↕60–90 cm ↔ 60 m; eine kurzlebige, aber üppig blühende Pflanze; an exponierten Lagen mit dünnen Zweigen stützen; ❄❄❄.

ANTHERICUM

Graslilie

DIESE RHIZOME BILDENDEN Pflanzen mit ihren anmutigen schmalen Blättern von bis zu 40 cm Länge eignen sich sehr gut zum Verwildern. Im Spätfrühling und Frühsommer erheben sich aus den Horsten mittel- oder graugrüner Blätter zarte, lilienähnliche weiße Blüten, die in kleinen Trauben an den schlanken Trieben stehen. Bei *A. liliago* var. *major* haben die größten Blüten einen Durchmesser von bis zu 3 cm. Im Herbst folgen dekorative braune Samenstände. Die Graslilie lässt sich zusammen mit anderen Wildblumen hervorragend verwildern, sieht aber auch in einem Staudenbeet oder in gemischten Rabatten sehr gut aus. Neben früh blühendem Mohn (*Papaver*, siehe S. 299) zeigt sie große Wirkung. Gute Schnittblumen.

Winterhärte: Voll frosthart ❄❄❄ bis frosthart ❄❄
Standort: Nährstoffreicher, durchlässiger Boden in vollsonniger Lage.
Pflege: In heißen Sommern wässern, Boden darf nicht austrocknen.
Vermehrung: Aussaat im Herbst oder Frühjahr in Töpfen unter Glas, Sämlinge benötigen bis zu drei Jahr bis zur Blüte; Teilung des Wurzelstocks im Frühjahr oder zu Beginn des Neuaustriebs, die neuen Pflanzen blühen oft erst im folgenden Jahr.

Anthericum liliago
↕60–90 m ↔ 30 m; diese vielseitige Pflanze lässt sich sehr gut verwildern und eignet sich für ausgefallene Gestaltungen; ❄❄❄.

ANTHRISCUS

Kerbel

DIE ZIERLICHEN BLÜTENDOLDEN und das gefiederte Laub des Wiesen-Kerbels (*A. sylvestris*) bringen von Mitte Frühling bis Frühsommer einen natürlichen Charme in den Garten. Er ist die am häufigsten kultivierte Zierform der ein- und mehrjährigen Arten dieser Gattung, während der Garten-Kerbel (*A. cerefolium*) wegen seines Aromas geschätzt wird. Den winzigen weißen oder cremefarbenen Blüten des Wiesen-Kerbels folgen flache Samenstände (starke Selbstaussaat). *A. sylvestris* 'Ravenswing' mit den hübschen dunklen Blättern trägt rosa getönte Blütenstände. Der mehrjährige Wiesen-Kerbel fühlt sich in wiesenähnlichen Gärten sehr wohl. In einem Staudenbeet können Sie ihn mit Ziest (*Stachys*, siehe S. 328) oder Ehrenpreis (*Veronica*, siehe S. 337) kombinieren.

Winterhärte: Voll frosthart ❄❄❄
Standort: Jeder feuchte, aber durchlässige Boden in vollsonniger bis halbschattiger Lage.
Pflege: Reichlich gießen.
Vermehrung: Aussaat im Frühjahr oder Herbst in Töpfen unter Glas; bei großen Abständen bildet 'Ravenswing' dunkelblättrige Sämlinge.

***Anthriscus sylvestris* 'Ravenswing'**
↕1 m ↔ 30 cm; sät sich wie alle Kerbelarten selbst aus, aber wählen Sie nur die mit braunrotem Laub aus.

ANTIRRHINUM

Löwenmaul

DRÜCKT MAN DIE EINZELBLÜTE des Löwenmauls leicht zusammen, öffnet sie sich wie ein Mäulchen. Diese ungewöhnliche Form macht diese Gartenblume besonders reizvoll. Sie gehört zu einer Gattung ein- und mehrjähriger Pflanzen, die von Frühsommer bis Herbst blühen. Besonders beliebt sind die Einjährigen, die man in Sommerbeeten und Bauerngärten kultiviert. Die ursprünglich kurzlebigen Stauden bringen im ersten Jahr die schönsten Blüten hervor und sollten daher jedes Jahr durch gekaufte oder selbst gezogene Pflanzen ersetzt werden. In Gruppen oder dicht mit anderen Sommerblumen zusammengepflanzt, wird das dunkelgrüne Laub von den Blüten fast völlig verdeckt. Es gibt auch hängende Formen.

Winterhärte: Voll frosthart ✻✻✻ bis bedingt frosthart ✻
Standort: Jeder nährstoffreiche, durchlässige Boden in vollsonniger Lage; strauchige Arten brauchen gut durchlässigen Boden.
Pflege: Strauchige Arten vor starken, kalten Winden schützen; Abgeblühtes entfernen, um die Blüte zu verlängern.
Vermehrung: Aussaat von *A.-majus*-Sorten im Vorfrühling bei 16–18 °C, strauchige Arten im Herbst oder Frühjahr in Gefäßen.

Antirrhinum pulverulentum
↕15–20 cm ↔ 20–30 cm; sehr niedrig und kriechend; braucht Schutz und mag keine Kälte und Feuchtigkeit; ✻✻✻ (Grenzwert).

Antirrhinum hispanicum
↕20 cm ↔ 45 cm; halbstrauchig wachsende, kompakte Pflanze; für kleine Steingärten oder alpine Tröge; mag keine Winternässe; ✻✻✻.

Antirrhinum majus Madame-Butterfly-Serie
↕60–75 cm ↔ 45 cm; einjährig kultivierte Staude; gute, langlebige Schnittblumen mit langen Stielen; ✻.

Antirrhinum braun-blanquetii
↕↔ 45 cm; Beetpflanze mit sehr dicht stehenden Blüten; für Gefäße sehr gut geeignet; ✻✻✻.

Aquilegia

Akelei

Die nickenden, haubenartigen Blüten der Akelei werden vor allem in natürlichen Pflanzungen, von sonnigen Bauerngärten bis leicht schattigen Waldgärten, sehr geschätzt. Von Spätfrühling bis manchmal Spätsommer erscheinen die glockenförmigen, gespornten Blüten einzeln oder in lockeren Trauben an langen Stielen. Akeleien sind aufrechte, wuchskräftige Stauden; die höher wachsenden Arten wie *A. vulgaris* lieben Halbschatten und sehen in großen Gruppen neben aufrechten Pflanzen wie Lupinen (siehe S. 280–281) oder Rittersporn (*Delphinium*, siehe S. 224–225) sehr gut aus. Die Alpen-Akelei gedeiht am besten in Steingärten mit sehr durchlässigem Boden.

Winterhärte: Voll frosthart ***
Standort: Höhere Formen auf nährstoffreichem, feuchtem, aber durchlässigem Boden in vollsonniger bis halbschattiger Lage, Steingartenarten auf gut durchlässigem Boden in Vollsonne.
Pflege: Bei Steingartenarten Mulchschicht aus Kies auftragen.
Vermehrung: Aussaat bei Samenreife in Gefäßen unter Glas; die Samen der Alpen-Akelei brauchen oft zwei Jahre zur Keimung; bleiben die Samen an der Pflanze, erfolgt starke Selbstaussaat, schneiden Sie daher die Triebe nicht zu bald ab.

***Aquilegia* McKana-Gruppe**
↕75 cm ↔ 60 cm; Blüte von Spätfrühling bis Hochsommer; wuchskräftig; kurzlebig.

Aquilegia fragrans
↕15–40 cm ↔ 15–20 cm; duftende Blüten im Frühsommer, evtl. blau getönt; braucht nährstoffreichen Boden; verträgt lichten Schatten.

***Aquilegia vulgaris* 'Nivea'** 🏆
↕90 cm ↔ 45 cm; graugrüne Blätter; Blüte im Spätfrühling und Frühsommer.

***Aquilegia vulgaris* 'Nora Barlow'** 🏆
↕90 cm ↔ 45 cm; wuchskräftig; gefüllte Pompon-Blüten untypischerweise ohne Sporne; für Bauerngärten geeignet.

Aquilegia alpina
↕45 cm, manchmal mehr ↔ bis 30 cm; Blüten im Spätfrühling; bevorzugt nährstoffreichen Boden in Sonne oder Halbschatten.

ARABIS

Gänsekresse

DIESE KLEINE, POLSTER BILDENDE immergrüne oder wintergrüne Staude kann an nährstoffarmen oder trockenen Stellen, an denen sonst keine andere Pflanzen überleben würde, für Farbe sorgen. Lockere Trauben aus Kreuzblüten erscheinen im Spätfrühling und Frühsommer an schlanken Trieben. Die Blätter sind oft behaart und bei manchen Sorten weiß oder gelb panaschiert. Gänsekresse lässt sich ganz einfach ziehen; *A. caucasica* eignet sich gut als Bodendecker für trockenen Grund. Da sie sich stark ausbreitet, wird sie oft in Steingärten gepflanzt – am Rand einer Rabatte oder in Mauerspalten.

Winterhärte: Voll frosthart ***
Standort: Jeder durchlässige Boden in vollsonniger Lage, verträgt auch karge, trockene Böden und Hitze.
Pflege: *A. blepharophylla* 'Frühlingszauber' vor Winternässe schützen; pflanzen Sie starkwüchsige Arten wie *A. caucasica* vorsichtig, da sie kleinere Arten überwuchern können; nach der Blüte zurückschneiden, um die dichte, hübsche Form zu erhalten.
Vermehrung: Aussaat im Herbst in Gefäßen, Sämlinge im Schutz eines Frühbeets ziehen; Grünstecklinge im Sommer schneiden.

Arabis procurrens **'Variegata'** 🏆
↕5–8 cm ↔ 30–40 cm; immergrün; alle Triebe mit nicht panaschierten Blättern entfernen.

ARCTOTIS

Bärenohr

DIESE IN SÜDAFRIKA BEHEIMATETEN ein-, zwei- oder mehrjährigen Pflanzen mögen es besonders warm. An den langen, kräftigen Trieben tragen sie silberne Blätter und gerberaähnliche Blüten, die sich von Hochsommer bis Herbst öffnen. Diese sind leuchtend orange, weiß oder cremegelb gefärbt, während die Blütenblätter nahe der Basis kontrastreich gezeichnet sind. Die Blüten öffnen sich nur bei hellem, sonnigem Wetter und meist nur bis nachmittags; modernere Züchtungen bleiben auch länger geöffnet. Bärenohr wird oft in Sommerbeete gesetzt und sieht in Kiesgärten oder Kübeln sehr hübsch aus. Bei uns werden mehrjährige Arten einjährig kultiviert oder ausgehoben und frostfrei überwintert.

Winterhärte: Frostempfindlich *
Standort: Besonders durchlässiger, aber bevorzugt feuchter Boden in vollsonniger, geschützter Lage.
Pflege: Mit Laubkompost mulchen.
Vermehrung: Aussaat im Vorfrühling oder Herbst bei 16–18 °C, Keimlinge einzeln in 10-cm-Töpfe pikieren, um Wurzelstörung vor dem Auspflanzen zu vermeiden; Triebstecklinge jederzeit möglich, vor allem bei Sorten sinnvoll, da Sämlinge nicht mit der Mutterpflanze identisch sind.

Arabis caucasica **'Variegata'**
↕15 cm ↔ 50 cm oder mehr; wenn die duftenden Blüten welken, ziehen die cremefarben umsäumten Blätter Blicke auf sich.

Arabis blepharophylla **'Frühlingszauber'** 🏆
↕10 cm ↔ 20 cm; Teppiche oder Polster bildende immergrüne Pflanze, die vor allem bei Winternässe kurzlebig sein kann.

Arctotis fastuosa
↕30–60 cm ↔ 30 cm; in kalten Regionen als bedingt frostharte Sommerpflanze behandeln; Blüten mit 10 cm Durchmesser.

Arctotis fastuosa 'Zulu Prince'
↕30–60 cm ↔ 30 cm; silbernes Laub, kombiniert mit leuchtend gezeichneten weißen Blüten, wird zum Blickfang.

Arenaria
Sandkraut

Die meisten Sandkrautarten sind niedrig wachsende oder sich ausbreitende Stauden; manche sind immergrün, einige wenige Arten einjährig. Alle tragen graugrünes Laub an drahtigen Trieben, die lockere Teppiche oder dichte Polster bilden können. Von Spätfrühling bis Frühsommer erscheint eine Fülle von kleinen, kelchförmigen, gewöhnlich weißen Blüten. Das Sandkraut, das im Gebirge heimisch ist, gedeiht in Steingärten oder in Spalten von Trockenmauern. Es eignet sich auch als Fugenpflanzung zwischen den Bodenplatten, um harte Kanten abzumildern, und verwandelt einen kahlen Hof in ein Blütenmeer, wenn es zusammen mit anderen Teppiche bildenden Gewächsen wie Blaukissen (*Aubrieta*, siehe S. 195) und Gänsekresse (*Arabis*, siehe S. 186) gepflanzt wird.

Winterhärte: Voll frosthart ❄❄❄
Standort: Feuchter, aber durchlässiger, sandiger oder magerer Boden in vollsonniger Lage; *A. balearica* gedeiht gut im Halbschatten, *A. tetraquetra* braucht sehr durchlässigen Boden.
Pflege: Mit einer Folie vor Winternässe schützen.
Vermehrung: Aussaat im Herbst im Frühbeet; Teilung im Vorfrühling; Neuaustriebe im Frühsommer als Grünstecklinge kultivieren.

① ***Arenaria balearica*** ↕1 cm ↔ 30 cm oder mehr
② ***A. montana*** 🏆 ↕2–5 cm ↔ 30 cm; Blüten nur im Frühsommer.

Argemone
Stachelmohn

↕1–1,5 m
↔ bis 40 cm

Wie der Name schon sagt, ähnelt der Stachelmohn einer Kreuzung aus Distel und Mohn. Diese Gattung einjähriger und kurzlebiger mehrjähriger Pflanzen bildet Horste graugrüner, oft stark bestachelter Blätter. Aber die Hauptattraktion sind die hauchdünnen weißen, gelben oder purpurnen Blüten, die von Sommer bis in den Herbst erscheinen und denen stachelige Samenkapseln folgen. Ergänzen Sie die Farben des Stachelmohns durch Kombination mit anderen, silberblättrigen Pflanzen wie Beifuß (*Artemisia*, siehe S. 25 und 188–189) oder Königskerze (*Verbascum*, siehe S. 336) in einem warmen, sonnigen Beet oder in einem Kiesgarten. Alle Arten säen sich reichlich selbst aus.

Winterhärte: Bedingt frosthart ❄
Standort: Karger, kiesiger oder steiniger Boden in vollsonniger Lage.
Pflege: Welkes regelmäßig entfernen, um die Blütezeit zu verlängern.
Vermehrung: Aussaat im Vorfrühling bei 18 °C; Sämlinge in 10-cm-Töpfe pikieren, vor dem Auspflanzen im Frühbeet abhärten und möglichst bald nach dem letzten Frost auspflanzen, da ältere Pflanzen die Störung der Wurzeln übel nehmen.

Argemone mexicana
↕1 m ↔ 30–40 cm; leicht duftende Blüten von bis zu 8 cm Durchmesser erscheinen im Spätsommer und Frühherbst.

Armeria

Grasnelke

Grasnelken sind Horste bildende Stauden, die manchen Gartenfreunden als Küstenpflanzen bekannt sind. Sie werden vor allem wegen ihrer kleinen, bauschigen, runden Blütenstände geschätzt, die von Spätfrühling bis Sommer auf den schlanken Stängeln über den grasartigen Blättern erscheinen. Die Blütenfarbe variiert von Weiß zu Blass- und Dunkelrosa. Ob im Landesinnern oder am Meer, Grasnelken sind ideale Pflanzen für Steingärten oder für den Rand einer gemischten Rabatte. Sie eignen sich auch zur Bepflanzung von Wegrändern und gedeihen in den Fugen und Rissen von Bodenplatten. Setzen Sie Grasnelken in einen Trog zusammen mit anderen kleinen Steingartenpflanzen wie Haberlee (*Haberlea*, siehe S. 254) und Rosenwurz (*Rhodiola*, siehe S. 316).

Winterhärte: Voll frosthart ❄❄❄
Standort: Karger bis mäßig nährstoffreicher, durchlässiger Boden in offener, vollsonniger Lage.
Pflege: Mit einer Folie vor Winternässe schützen.
Vermehrung: Aussaat im Frühjahr oder Herbst in Töpfen oder Schalen unter Glas; Teilung der Pflanzen im zeitigen Frühjahr, auch von innen verkahlte Pflanzen durch Teilung verjüngen.

① *Armeria maritima* 'Splendens' ↕ bis 20 cm ↔ bis 30 cm
② *A. pseudarmeria* ↕ bis 50 cm ↔ 30 cm.

Arnebia pulchra

Prophetenblume

Das flaumig behaarte Laub dieser Sommerblume hat gewisse Ähnlichkeit mit dem des Lungenkrauts (*Pulmonaria*, siehe S. 314), aber die Pflanze wird hauptsächlich wegen der kleinen, lockeren Trauben trompetenförmiger Blüten kultiviert. Sie sind goldgelb mit purpurschwarzen Flecken an der Basis der Blütenblätter, die später verblassen. *A. pulchra* ist eine kurzlebige, Horste bildende Staude und einfach zu kultivieren. Sie eignet sich für verschiedene Standorte – von Steingärten bis zum Rand einer gemischten Rabatte. Kombinieren Sie sie mit anderen Stauden wie Nachtkerze (*Oenothera*, siehe S. 294), Sandkraut (*Arenaria*, siehe S. 187) und Grasnelke (*Armeria*, siehe links).

Winterhärte: Voll frosthart ❄❄❄
Standort: Feuchter, aber durchlässiger Boden im Halbschatten, verträgt volle Sonne, solange der Boden ziemlich feucht ist.
Pflege: Im Sommer gut wässern, damit die Erde nicht austrocknet.
Vermehrung: Aussaat bei Samenreife in Töpfen unter Glas; Teilung der Pflanzen im Frühjahr; Wurzelschnittlinge im Winter abschneiden.

Arnebia pulchra
↕↔ bis 30 cm.

Artemisia

Beifuß, Edelraute

Siehe auch S. 25.

Gartenfreunde schätzen vor allem das silbrig grüne, aromatische, farnartige Laub des Beifußes, das neben Pflanzen mit auffälligen oder einfarbigen Blättern besser zur Geltung kommt. Die meisten Arten haben eine buschige Wuchsform, aber es gibt auch kriechende oder sich ausbreitende Formen wie *A. stelleriana* 'Boughton Silver', die gute Bodendecker sind. Die meisten Arten sind mehrjährig, einige werden zu den Sträuchern gezählt (siehe S. 25). Sollten die kleinen, unscheinbaren Blüten das allgemeine Erscheinungsbild stören, kneifen Sie sie aus, sobald sie sich entwickeln. Beifußarten sind prächtige Begleiter für viele Pflanzen wie silberblättrige Sträucher, z. B. Lavendel (siehe S. 80–81), und Gewächse mit purpurnen, rosa oder roten Blüten.

Winterhärte: Voll frosthart ❄❄❄ bis frosthart ❄❄
Standort: Durchlässiger Boden in vollsonniger Lage.
Pflege: Schwere Böden mit reichlich grobem Kies verbessern; Rückschnitt im Frühjahr, um den kompakten Wuchs zu erhalten.
Vermehrung: Aussaat im Frühjahr in Töpfen unter Glas; Teilung der Pflanzen im Frühjahr oder Herbst; Grünstecklinge im Sommer, Triebstecklinge etwas später schneiden, wenn die Triebe etwas fester sind.

Artemisia schmidtiana 'Nana' 🏆
↕ 8 cm ↔ 30 cm; niedrige, kompakte Pflanze mit samtigem, silbrigem Laub, das sich sehr gut für Steingärten und Tröge eignet; ❄❄❄.

Artemisia 'Powis Castle' 🏆
↕60 cm ↔ 90 cm; diese silbrige Art bildet eine schöne wogende Laubdecke, überlebt aber strenge Winter nicht; ✻✻.

Artemisia pontica
↕40–80 cm ↔ 90 cm; bildet eine dichte Bodendeckung das ganze Jahr über, kann aber für kleine Gärten zu starkwüchsig sein; ✻✻✻.

Artemisia stelleriana 'Boughton Silver'
↕bis 15 cm ↔ 30–45 cm; guter Bodendecker für durchlässige Böden und dekorative Pflanze für große Töpfe; ✻✻✻.

Arthropodium

Felsenlilie

Die grasartigen blauen oder graugrünen Blätter und die kleinen Sternblüten, die im Hochsommer erscheinen, sind die Hauptattraktionen dieser wenig bekannten immer- bzw. sommergrünen Stauden. Sie entwickeln sich aus kurzen Rhizomen und bilden bis zu 25 cm lange Blätter. Die nickenden weißen, blassvioletten oder blauen Blüten erscheinen in lockeren Rispen auf drahtigen Stängeln. *A. candidum* und *A. milleflorum* sind die am häufigsten kultivierten Arten dieser Gattung. Sie eignen sich für sonnige Steingärten oder geschützte Staudenbeete sowie für gemischte Rabatten. Neben Blattgewächsen wie Dreimasterpflanze (*Tradescantia*, siehe S. 331) kommen sie besonders gut zur Geltung.

Winterhärte: Frosthart ✻✻; übersteht bei guter Durchlässigkeit Temperaturen bis zu –10 °C.
Standort: Nährstoffreicher, durchlässiger, kiesiger Boden in vollsonniger Lage.
Pflege: Im kalten Klima an einer warmen, geschützten Mauer oder im kalten Gewächshaus ziehen; junge Triebe anfällig für Schneckenbefall.
Vermehrung: Aussaat im Herbst oder Vorfrühling in Töpfen unter Glas; Teilung im Vorfrühling; Jungpflanzen frostfrei überwintern.

Arthropodium milleflorum
↕bis 50 cm ↔ bis 20 cm; die bläulich oder gräulich grünen Blätter werden im Hochsommer mit Blüten geschmückt.

Arum
Aronstab

↕15–50 cm
↔15 cm

MIT IHREN SPIESSFÖRMIGEN Blättern, die sich im Spätherbst und Winter entfalten, stellen diese Knollenpflanzen in der kalten Jahreszeit attraktive Blattpflanzen dar. Die bis 35 cm langen Blätter können glänzend grün sein und blassgrüne oder cremefarbene Zeichnungen aufweisen. Den ganzen Frühling erscheinen kolbenartige Blütenstände, die jeweils von einem großen Hüllblatt in Blassgrün, Weiß oder Gelb umgeben sind. Aus den weiblichen Blüten entwickeln sich im Sommer attraktive leuchtend orangerote Beeren. Im lichten Schatten entfalten sich die dekorativsten Blätter, aber für eine üppige Blüte braucht die Pflanze eine offene, sonnige Lage. Alle Pflanzenteile sind giftig!

Winterhärte: Voll frosthart ✻✻✻ bis bedingt frosthart ✻
Standort: Durchlässiger, mit organischem Material angereicherter Boden in geschützter Lage.
Pflege: Knollen im Herbst oder Frühjahr 15 cm tief einsetzen; in rauen Lagen für Winterschutz aus Reisig sorgen.
Vermehrung: Teilung nach der Blüte.

Arum italicum 'Marmoratum' 🏆
↕30 cm ↔15 cm; hübsch gezeichnetes Laub von Vor- bis Spätfrühling, den Blüten folgen Beeren, die bis zum Herbst halten; ✻✻✻.

Aruncus
Geißbart

↕bis 2 m
↔bis 1,2 m

FEDERARTIGE BLÜTENRISPEN erscheinen von Früh- bis Hochsommer über den großen, hübschen, stark geäderten Blättern. Geißbart, dessen Gattung nur wenige mehrjährige Arten umfasst, gehört zur selben Familie wie Mädesüß (*Filipendula*, siehe S. 244) und Spierstrauch (*Spirea*, siehe S. 118–119). Die Pflanzen sind zweihäusig, d. h., sie tragen nur männliche (cremefarben und grazil) oder nur weibliche Blüten (reinweiß und etwas plumper). Aus den weiblichen Blüten entwickeln sich kleine grüne Samenstände, die ihre Samen großzügig verstreuen, wenn die welken Blüten nicht entfernt werden. Im Garten gedeiht diese Horste bildende Pflanze auf feuchtem Boden und eignet sich für Teichufer.

Winterhärte: Voll frosthart ✻✻✻
Standort: Feuchter, nährstoffreicher Boden im Halbschatten.
Pflege: Im Herbst oder Vorfrühling ausplanzen; Winterschutz aus Reisig.
Vermehrung: Aussaat in Töpfen im Frühbeet; zur Erhaltung der Wuchskraft alle zwei oder drei Jahre im Frühjahr oder Herbst teilen.

Aruncus dioicus 🏆
↕2 m ↔1,2 m; verträgt trockenere Bedingungen eher als andere Arten, bevorzugt aber relativ feuchte Standorte.

Asarina procumbens
Felsenlöwenmaul

↕5 cm ↔bis 60 cm

DIE ZARTEN BLASSGELBEN Blüten dieser hängenden immergrünen Staude ähneln sehr stark denen des Löwenmauls (*Antirrhinum* siehe S. 184). Die Blüten mit tiefgelbem Schlund und hellpurpurner Äderung erscheinen von Frühsommer bis Frühherbst und werden 3,5 cm lang. Sie überragen graugrüne, weiche, behaarte und etwas klebrige Blätter. Wegen ihrer hängenden Wuchsform eignet sich das Felsenlöwenmaul sehr gut als Bodendecker, der über eine schattige Mauerkante wächst, für ein erhöhtes Beet oder für die felsigen Hänge eines Steingartens. Die Pflanze ist kurzlebig, sät sich aber im Garten selbst aus.

Winterhärte: Frosthart bis –10 °C ✻✻✻
Standort: Durchlässiger, mit reifem Kompost angereicherter Boden in sonniger bis halbschattiger Lage.
Pflege: In Trockenzeiten ausgiebig gießen.
Vermehrung: Aussaat im zeitigen Frühjahr bei 16 °C; Jungpflanzen ab Spätfrühling auspflanzen.

Asarina procumbens

Asclepias
Seidenpflanze

Diese Stauden (und einige Sträucher) entwickeln ihre bunten Blütendolden in so großer Fülle, dass unzählige Bienen und Schmetterlinge von ihnen angezogen werden, besonders von der Knolligen Seidenpflanze (*A. tuberosa*). Die Blütenfarbe variiert von Purpurrosa, Tiefrosa und Orangerot bis Gelb. Die Blüten erscheinen von Hochsommer bis Herbst, gefolgt von Fruchthülsen, die lange, seidig behaarte Samen (deutscher Name!) hervorbringen. Die Blätter und die Triebspitzen enthalten einen milchigen Saft, der die Haut reizen kann. Seidenpflanzen gedeihen an verschiedenen Standorten – von sonnigen Rabatten und Wildblumenbeeten bis zu Teichufern. Manche Arten, z. B. *A. hallii* und *A. syriaca*, breiten sich über unterirdische Ausläufer rasch aus und können wuchern.

Winterhärte: Voll frosthart ❄❄❄ bis frostempfindlich ❀
Standort: Nährstoffreicher, durchlässiger Boden in vollsonniger Lage; *A. incarnata* bevorzugt relativ feuchte Böden.
Pflege: In frostgefährdeten Regionen empfindliche Arten im kühlen Gewächshaus oder Wintergarten kultivieren.
Vermehrung: Aussaat im Frühjahr in Töpfen unter Glas; Teilung im Frühjahr.

Asclepias incarnata
↕1,2 m ↔ 60 cm; liebt feuchte Lagen und gedeiht in Bach- und Teichnähe besonders gut; ❄❄❄.

Asphodeline
Junkerlilie

↕1–1,5 m
↔30 cm

Auffallende keulenförmige Trauben gelber oder weißer Sternblüten erscheinen im Frühjahr und Sommer und erheben sich über den Rosetten blaugrüner, grasartiger Blätter. Die im Mittelmeerraum heimischen Stauden entwickeln sich aus verdickten, fleischigen Wurzeln (Rhizomen), mit deren Hilfe sie Trockenheit überstehen. Sie gedeihen in trockenen, sonnigen Lagen wie Böschungen und durchlässigen Beeten und Rabatten. Gute Begleitpflanzen sind verschiedene Einjährige wie Saat-Wucherblume (*Xanthophthalmum segetum*, früher *Chrysanthemum segetum*), Edeldistel (*Eryngium*, siehe S. 238–239) sowie andere Mittelmeerpflanzen wie Rosmarin (S. 114) und Brandkraut (*Phlomis*, siehe S. 306).

Winterhärte: Voll frosthart ❄❄❄
Standort: Mäßig nährstoffreicher, durchlässiger Boden in vollsonniger Lage.
Pflege: Im Spätherbst Winterschutz aus einer dicken Mulchschicht aus Stroh, Rindenhäcksel oder anderen organischen Materialien.
Vermehrung: Aussaat im Frühjahr in Töpfen unter Glas; Teilung im Spätsommer oder Frühherbst, ohne die Wurzeln zu beschädigen.

Asphodeline lutea
↕1,5 m ↔ 30 cm; duftende Blüten im Spätfrühling; dekorative Fruchtstände mit kugeligen Samen.

Asphodelus
Affodill

Der mit den Junkerlilien (siehe links) eng verwandte Affodill wird hauptsächlich wegen der langen, zarten Blütentrauben in Weiß oder Rosatönen kultiviert und eignet sich hervorragend für trockene, sonnige Rabatten. Die Gartenformen sind meist mehrjährig, aber es gibt auch einjährige Pflanzen. Die Blüten öffnen sich im Spätfrühling und Frühsommer und zeigen oft hübsche Zeichnungen in Kontrastfarben. Die hohen Blütenschäfte erheben sich aus der Mitte kompakter, grasartiger Blätter. Der auf warmen, durchlässigen, manchmal völlig kahlen Böden heimische Affodill braucht einen geschützten Standort und in kalten Regionen mit nassen Wintern einen besonders durchlässigen Boden. Er ist eine schöne, auffallende Pflanze für naturnahe Bepflanzungen.

Winterhärte: Voll frosthart ❄❄❄
Standort: Durchlässiger Boden in vollsonniger Lage.
Pflege: In heißen Sommern ausreichend gießen.
Vermehrung: Aussaat im Frühjahr in Töpfen unter Glas; *A. fistulosis* wird einjährig kultiviert und jedes Jahr aus Samen gezogen; Teilung nach der Blüte, Wurzeln nicht beschädigen.

Asphodelus albus
↕90 cm ↔ 30 cm; Horste bildende Staude; Blüte im Spätfrühling und Frühsommer.

Aster

Aster

Mit ihren unzähligen Blüten bringen Astern gute Laune in jeden spätsommerlichen und herbstlichen Garten. Die Blütenfarbe variiert von Himmelblau bis Scharlachrot, Rosa und Lavendelblau sowie Weiß, alle mit leuchtend goldgelber Mitte. Die Körbchenblüten stehen einzeln oder in Rispen an den Triebspitzen. Astern sind meist mehrjährig, aber es gibt auch ein- und zweijährige sowie strauchige Formen. Sie reichen von der winzigen Alpen-Aster, die nicht höher als 15 cm wird, bis zu aufrechten Formen von 1,2 m Höhe oder mehr. Es gibt Astern für fast jede Lage im Garten, da sie in der Natur in feuchten Wäldern und auf gebirgigen Arealen heimisch sind. Pflanzen Sie niedrigere Astern im vorderen Bereich von Rabatten oder in Steingärten; die höheren Formen sehen in gemischten Beeten am besten aus. Die Blütezeit variiert etwas. Manche Arten wie *A.* × *frikartii* und *A. thomsonii* blühen besonders lange.

Winterhärte: Stauden meist frosthart ❄❄❄, strauchige Formen frostempfindlich ❄
Standort: Verschiedene Standorte von offener, sonniger bis zur halbschattiger Lage; Pflanzung entsprechend der Kulturgruppe, zu der sie gehören – Gruppe 1: feuchter, fruchtbarer, gut bearbeiteter Boden in Sonne oder Halbschatten; Gruppe 2: offener, durchlässiger, mäßig fruchtbarer Boden in vollsonniger Lage; Gruppe 3: feuchter, mäßig fruchtbarer Boden im Halbschatten.
Pflege: Höheren Formen stützen, damit sie nicht umfallen (siehe unten), am besten im zeitigen Frühjahr; alte Triebe im Herbst zurückschneiden, um das Mulchen im Winter zu erleichtern, oder erst im Winter oder Vorfrühling abschneiden; Pflanzen können von Grauschimmel und Echtem Mehltau befallen werden, besonders *A. novi-belgii*-Sorten, befallene Teile sofort entfernen, auf Fungizide weitgehend verzichten. *A. amellus* und *A.* × *frikartii* sind im Allgemeinen frei von Krankheiten.
Vermehrung: Aussaat im Frühjahr oder Herbst im Frühbeet; zur Erhaltung der Wuchskraft Pflanzen alle drei bis vier Jahre teilen, besonders *A. novae-angliae*- und *A. novi-belgii*-Sorten.

Astern abstützen

Stützstäbe und Schüre *Bei dieser preiswerten Methode stecken Sie mehrere Stäbe gleichmäßig um und zwischen die Pflanzen, um die Sie eine Schnur spannen, die den Pflanzen Halt bietet. Das zunächst unansehnliche Stützgerüst wird mit der Zeit von den Blättern und Blüten verdeckt. Versehen Sie die Stäbe mit Schutzkappen. Im Fachhandel erhältliche Stützstäbe, die man aneinander stecken und je nach Pflanzengrößen beliebig erweitern kann, sind eine gute Alternative und einfach zu lagern.*

Zweige *Dünne Zweige, die man um die Pflanzen in die Erde steckt, sind eine gute Stützmethode. In der ersten Zeit kann der Garten etwas wild wirken, aber die Zweige werden schon bald von den wachsenden Pflanzen verdeckt werden. Die Enden lassen sich umbiegen, um den Pflanzen, die hindurchwachsen, eine zusätzliche Stütze zu bieten. Die Zweige sollten mehrere Jahre halten. Sie können auch abgeschnittene Äste von hohen Sträuchern wie Buddleja (siehe S. 29) verwenden.*

Mitwachsende Pflanzenhalter *Der im Handel erhältliche Pflanzenhalter ist ein ringförmiges Gitter aus stabilem Kunststoff, das von vier Füßen gestützt wird. Der Stützring wird einfach über der Pflanze platziert, die durch das Gitter wachsen kann. Mitwachsende Pflanzenhalter können nach und nach erhöht werden, wenn die Pflanze größer wird. Man muss sie anbringen, wenn die Pflanze etwa 30 cm gewachsen ist. Beim Rückschnitt alter Triebe im Herbst können sie leicht entfernt werden.*

① *Aster alpinus* 🏆 ↕25 cm ↔45 cm; Gr. 2 ② ***A. amellus*** **'King George'** 🏆 ↕↔45 cm; Gr. 2 ③ ***A. cordifolius*** **'Silver Spray'** ↕1,2 m ↔45 cm; Gr. 3 ④ ***A.* × *frikartii*** **'Mönch'** 🏆 ↕70 cm ↔35–40 cm; Gr. 2 ⑤ ***A.* × *frikartii*** **'Wunder von Stäfa'** 🏆 ↕70 cm ↔35–40 cm; Gr. 2 ⑥ ***A. lateriflorus*** **'Horizontalis'** 🏆 ↕60 cm ↔30 cm; Gr. 3 ⑦ ***A. novae-angliae*** **'Harrington's Pink'** 🏆 ↕1,2 m ↔60 cm; Gr. 1 ⑧ ***A. novi-belgii*** **'Carnival'** ↕60 cm ↔90 cm; Gr. 1 ⑨ ***A. novi-belgii***

3

4

5

6

14

9

10

11

15

16

17

20

21

22

23

'Chequers' ↕60 cm ↔ 90 cm; Gr. 1 ⑩ *A. novi-belgii* 'Jenny' ↕30 cm ↔ 45 cm; Gr. 1 ⑪ *A. novi-belgii* 'Kristina' ↕30 cm ↔ 45 cm; Gr. 1 ⑫ *A. novi-belgii* 'Lady in Blue' ↕30 cm ↔ 50 cm; Gr. 1 ⑬ *A. novi-belgii* 'Little Pink Lady' ↕40 cm ↔ 50 cm; Gr. 1 ⑭ *A. novi-belgii* 'Marie Ballard' ↕90 cm ↔ 60 cm; Gr. 1 ⑮ *A. novi-belgii* 'Patricia Ballard' ↕90 cm ↔ 60 cm; Gr. 1 ⑯ *A. novi-belgii* 'Schöne von Dietlikon' ↕bis 1 m ↔ 45 cm; Gr. 1 ⑰ *A. novi-belgii* 'Snowsprite' ↕25–30 cm ↔ 45 cm; Gr. 3 ⑱ *A. pilosus* var. *demotus* 🏆 ↕1,2 m ↔ 45 cm; Gr. 3 ⑲ *A. pilosus* 'Monte Cassino' 🏆 ↕1 m ↔ 30 cm; Gr. 1 oder 3 ⑳ *A. pyrenaeus* 'Lutetia' ↕60 cm ↔ bis 1 m; Gr. 2 ㉑ *A. sedifolius* ↕1,2 m ↔ 60 cm; Gr. 2 ㉒ *A. thomsonii* 'Nanus' ↕45 cm ↔ 25 cm; Gr. 3 ㉓ *A. turbinellus* ↕1,2 m ↔ 60 cm; Gr. 2.

Astilbe

Prachtspiere, Astilbe

Mit ihren federartigen Rispen aus winzigen Sternblüten bringen die Prachtspieren Eleganz und Struktur in den Garten. Die Blüten in Weiß, Creme, Rosa- und Rottönen erscheinen den ganzen Sommer; sie färben sich intensiv rostbraun und bieten bis in den Winter hinein einen interessanten Anblick, wenn man welke Blütenstände nicht abschneidet. Die hübschen mittel- bis dunkelgrünen, gefiederten Blätter dieser Horst bildenden Stauden tragen zusätzlich zum dekorativen Aussehen bei. Astilben fühlen sich in feuchten Lagen in der Nähe eines Baches oder Teiches oder in Sumpfgärten besonders wohl. Sie können sie gut mit Taglilien (*Hemerocallis*, siehe S. 258), Farnen (siehe S. 356–365) und Gräsern (siehe S. 340–355) kombinieren.

Winterhärte: Voll frosthart ❄❄❄
Standort: Feuchter, mit reifem Kompost angereicherter Boden, der nicht austrocknen darf; halbschattige bis schattige Lage.
Pflege: Blüten und junge Blätter können frostanfällig sein; Echter Mehltau (grauweißer Belag) kann das Laub befallen, wenn der Standort zu trocken ist.
Vermehrung: Alle drei oder vier Jahre im Spätwinter oder Vorfrühling Wurzelstöcke teilen, um die Wuchskraft zu erhalten.

Astilbe 'Straußenfeder' 🏆
↕ 90 cm ↔ 60 cm; lachsrosa im Spätsommer und Frühherbst; junge Blätter sind bronzefarben getönt; braucht viel Feuchtigkeit.

Astilbe × arendsii 'Fanal' 🏆
↕ 60 cm ↔ 45 cm; granatrote Blütenrispen erscheinen im Frühsommer.

Astilbe chinensis 'Purpurlanze'
↕ 1,2 m ↔ 90 cm; wuchskräftig; Blüten im Spätsommer und Frühherbst; verträgt trockenere Bedingungen besser als andere Arten.

Astilbe × arendsii 'Irrlicht'
↕↔ 50 cm; Blüten im Spätfrühling und Frühsommer; niedriger als die meisten Astilben.

Astrantia

Sterndolde, Sternblume

Die zarten und charakteristischen Blüten, die diese Horste bildenden Staude so anmutig erscheinen lassen, setzen sich in Wirklichkeit aus einem äußeren Kranz papierartiger Hüllblätter (umgewandelte Laubblätter) und dem eigentlichen Blütenstand in der Mitte zusammen. Im Früh- und Hochsommer erscheinen weiße, rosa und rote Blüten auf langen, straffen Stielen über den handförmig eingeschnittenen dunkelgrünen Blättern. *A.* 'Sunningdale Variegated' trägt auffallende cremegelb umsäumte Blätter. Sterndolden sind gute Begleitpflanzen für andere Stauden wie Astern (siehe S. 192–193), Astilben (siehe links) und Sonnenhut (*Rudbeckia*, siehe S. 317).

Winterhärte: Voll frosthart ❄❄❄
Standort: Feuchter, mit reifem Kompost angereicherter Boden in halbschattiger bis sonniger Lage; *A.* 'Sunningdale Variegated' braucht Vollsonne, um dekoratives buntes Laub zu entwickeln.
Pflege: Abgeblühtes entfernen, wenn Sie keine Selbstaussaat wünschen; bei Trockenheit oder bei zu dichtem Wuchs kann Echter Mehltau die Blätter befallen.
Vermehrung: Aussaat bei Samenreife in Töpfen unter Glas; Teilung der Pflanzen im Frühjahr.

***Astrantia major* 'Rubra'**
↕60 cm ↔ 45 cm; verträgt etwas trockenere Bedingungen.

Aubrieta

Blaukissen

Blaukissen bilden Teppiche oder Polster rosafarbener, roter, blauer bzw. violetter Blüten und sind beliebte Frühjahrsblüher für den Steingarten, auf Trockenmauern, in Mauerspalten und am Wegrand. Zur Blütezeit verdecken unzählige kleine Kreuzblüten, die einfach oder gefüllt sein können, das immergrüne Laub. Sorten mit silbrig oder golden panaschierten Blättern wie *A.* 'Argentovariegata' und 'Aureovariegata' bieten auch nach der Blüte einen schönen Anblick. Diese sich ausbreitende Staude ist in Kombination mit niedrig wachsenden Steingartenpflanzen wie Seifenkraut (*Saponaria*, siehe S. 319) oder Steinbrech (*Saxifraga*, siehe S. 320–321) besonders beliebt.

Winterhärte: Voll frosthart ❄❄❄
Standort: Gut nährstoffreicher, durchlässiger Boden, bevorzugt neutral oder alkalisch (kalkhaltig); vollsonnige Lage.
Pflege: Nach der Blüte stark zurückschneiden, um den kompakten Wuchs zu erhalten und das Verkahlen von innen heraus zu verhindern.
Vermehrung: Aussaat im Frühjahr oder Herbst im Frühbeet; Sorten zeigen selten die Merkmale der Mutterpflanze; Grünstecklinge im Frühsommer schneiden.

***Astrantia* 'Hadspen Blood'**
↕60 cm ↔ 45 cm; eine der dunkelsten Sterndolden; bringt farblich Tiefe in jedes Pflanzenarrangement.

***Astrantia major* 'Alba'**
↕60 cm ↔ 45 cm; die zarten weißen Blüten beleben schattige Ecken.

***Aubrieta* 'Joy'**
↕5 cm ↔ 60 cm; Polster bildende Sorte mit gefüllten Blüten im Frühjahr.

Baptisia

Färberhülse

Die Färberhülse ist eine wüchsige, Horste bildende Staude, die im Frühsommer hohe königsblaue, purpurne oder weiße, lupinienähnliche Blütenähren bildet, gefolgt von bauschigen Samenhülsen, die bis in den Herbst halten. Ihre natürliche Wuchsform bringt mehr Höhe in Wildblumengärten, sie gedeiht aber auch zwischen anderen Horste bildenden Stauden mittlerer Höhe, die ihr als Stütze dienen. Pflanzen Sie Färberhülsen in die Mitte einer klassischen Rabatte zusammen mit Lupinen (siehe S. 280), Edeldistel (*Eryngium*, siehe S. 238–239) und Türkischem Mohn (*Papaver orientale*, siehe S. 299), und kombinieren Sie sie mit hohen Gräsern wie Reitgras (*Calamagrostis*, siehe S. 344), Riesen-Federgras (*Stipa gigantea*, siehe S. 355) und Chinaschilf (*Miscanthus*, siehe S. 350).

Winterhärte: Voll frosthart ✲✲✲
Standort: Durchlässiger Boden in vollsonniger Lage; Wurzeln vertragen nach dem Einwachsen keine Störung.
Pflege: In offener oder windiger Lage abstützen.
Vermehrung: Aussaat nach der Samenreife unter Glas; Teilung der Pflanzen im zeitigen Frühjahr, die Wurzelballen sollten möglichst groß und unbeschädigt sein.

Baptisia australis 🏆
↕1,5 m ↔ 60 cm; aufrecht bis ausladend; Blüten im Frühsommer, gefolgt von Samenhülsen, beide als Schnittblumen geeignet.

Begonia

Begonie, Schiefblatt

Die meisten Gartenbegonien haben prächtige Blüten – entweder hinsichtlich der Größe einzelner Blüten oder ihrer Fülle – von Weiß, Gelb, Orange, Apricot und Rosa bis zu den leuchtendsten, sattesten Rottönen. Es gibt auch Formen, die wegen ihrer stark gezeichneten Blätter kultiviert werden. Die bekanntesten Begonien sind die kleinblütigen *Begonia-semperflorens*-Hybriden (Eisbegonien), die sehr häufig in Beete und Balkonkästen gepflanzt werden. Die großblumigen Formen eignen sich für Sommerbeete und Gefäße, Ampelbegonien passen am besten in Hängekörbe.

Winterhärte: Bedingt frosthart ✲ bis frostempfindlich ❀
Standort: Nährstoffreicher, durchlässiger Boden in halbschattiger bis sonniger Lage; für Gefäßbepflanzung Blumenerde verwenden.
Pflege: Ausreichend gießen und wöchentlich Tomatendünger verabreichen; Abgeblühtes regelmäßig entfernen, um die Blühdauer zu verlängern; *Begonia-semperflorens*-Hybriden im Herbst zurückschneiden, ausgraben und eintopfen, in einem kühlen Raum hell überwintern, sparsam gießen; Knollenbegonien vor dem ersten Frost ausgraben, säubern und trocken lagern, im Frühjahr eintopfen und wässern, um das Wachstum anzuregen.
Vermehrung: Aussaat im Spätwinter oder Vorfrühling bei 21 °C; im Frühjahr oder Sommer Kopfstecklinge schneiden.

Begonia sutherlandii 🏆
↕45 cm; Knollenbegonie; hängend; kleinblütig, aber reich blühend; Knollen ausgraben und trocken überwintern; ✲.

***Begonia* 'Illumination Orange'** 🏆
↕60 cm ↔ 30 cm; Knollenbegonie; hängende Wuchsform; im Sommer Riesenblüten; ❀ (mindestens 10 °C).

***Begonia* 'Can-can'**
↕90 cm ↔ 45 cm; Knollenbegonie; aufrechte Wuchsform; Blüten mit b zu 18 cm Durchmesser im Sommer; ❀ (mindestens 10 °C).

Begonia **'Apricot Delight'**
↕60 cm ↔ 45 cm; Knollenbegonie; aufrecht mit nickenden Blüten von Frühsommer bis Mitte Herbst; ❄ (mindestens 10 °C).

BELLIS

Gänseblümchen, Maßliebchen, Tausendschön

OBWOHL GÄNSEBLÜMCHEN eigentlich Stauden sind, werden sie meist zweijährig kultiviert. Zusammen mit Schöterich (*Erysimum*, siehe S. 239) und Vergissmeinnicht (*Myosotis*, siehe S. 287) zählen sie zu den Klassikern in einem Frühlingsbeet. Ihre kleinen, frechen Blütenköpfe (Durchmesser bis zu 8 cm) in Weiß, Rosa und Rot erscheinen von Vorfrühling bis Spätsommer. Die Zuchtsorten des wilden Gänseblümchens sind hervorragende Bauerngartenpflanzen und eignen sich ebenfalls für Töpfe und Balkonkästen. Auch die dicht gefüllten Pomponblüten können einen altmodischen Charme versprühen; pflanzen Sie sie in Gruppen, um einen Gemüse- oder Kräutergarten zu füllen, bevor sich Sommersalate oder Gewürzkräuter entfalten.

Winterhärte: Voll frosthart ❄❄❄
Standort: Durchlässiger Boden in sonniger bis halbschattiger Lage.
Pflege: Abgeblühtes entfernen, um die Blühdauer zu verlängern und die Selbstaussaat zu verhindern.
Vermehrung: Aussaat im Vorfrühling in Töpfen oder im Frühsommer direkt ins Freie am endgültigen Standort, bei Beetpflanzen fürs folgende Jahr im Saatbeet; Teilung von zweijährigen Kulturen nach der Blüte.

Begonia **'Crystal Brook'**
↕15 cm ↔ 1 m; Eisbegonie; klein; breitet sich aus; in Töpfen unter Glas überwintern; ❄.

Begonia **'Président Carnot'**
↕1,5 m ↔ 60 cm; rosa Blüten im Sommer; braucht viel Licht für lebhafte Blattfärbung; in Töpfen unter Glas überwintern; ❄.

Bellis perennis **Tasso-Serie**
↕↔ 5–20 cm; Blütendurchmesser bis 6 cm; Pflanzen im Frühsommer ziehen, damit sie im folgenden Frühjahr blühen.

Bergenia

Bergenie, Elefantenohr

Wie der Name Elefantenohr beschreibt, trägt die Bergenie große, glänzende oder ledrige Blätter; sie breitet sich stark aus und ist ein guter Bodendecker. Die immergrüne Staude bringt im Frühjahr und Frühsommer schirmartige Trugdolden creme-rosa- bis purpur-rosafarbener Blüten auf straffen Stielen hervor. Die eiförmigen bis rundlichen Blätter sind mittel- bis dunkelgrün, können sich aber bei manchen Arten und Sorten wie *B.* 'Ballawley' im Herbst und Winter bronzerot verfärben. Bergenien kann man im vorderen Bereich einer Rabatte pflanzen, muss sie aber zurückschneiden, wenn sie sich stark ausbreiten. Ideal sind jedoch trockene und schattige Bereiche an Mauern oder unter Sträuchern und Bäumen.

Winterhärte: Voll frosthart ✽✽✽ bis frosthart ✽✽
Standort: Durchlässiger, mit reifem Kompost angereicherter Boden in sonniger bis halbschattiger Lage; auf mageren Böden intensivere Winterfärbung des Laubs.
Pflege: Pflanzen mit Spaten durchtrennen, um übermäßigen Wuchs zu entfernen; von Blattfleckenkrankheit befallene Blätter entfernen.
Vermehrung: Alte, verkahlte Pflanzen alle drei bis fünf Jahre nach der Blüte oder im Herbst teilen.

① 'Ballawley' 🏆 ↕60 cm; Winterlaub abgebildet
② 'Silberlicht' 🏆 ↕30–45 cm ③ *B. stracheyi* ↕15–30 cm
④ *B.* 'Sunningdale' ↕30–45 cm.

Bidens ferulifolia

Zweizahn, Goldmarie

Diese beliebte Garten- und Balkonblume hat frisch grüne, stark geschlitzte Blätter und gelbe Blüten, die von Hochsommer bis Herbst unermüdlich erscheinen. Daneben gibt es auch orangefarbene und orangerote Formen. Der Zweizahn wächst ein- bis zweijährig, wird aber gewöhnlich einjährig kultiviert, da er sehr schnell wächst. Wegen der überhängenden Wuchsform eignet sich diese Pflanze gut für Ampeln und Wandgefäße, wo sie über den Rand herabwallen kann. Zusammen mit anderen Sommerblumen, die ebenfalls warme, durchlässige Böden lieben, wie Kapaster (siehe S. 244) und Tagetes (siehe S. 329) sorgt sie für gute Laune. Sie fühlt sich auch in einem Kiesgarten mit Zistrosen (siehe S. 40) sehr wohl.

Winterhärte: Frosthart ✽✽
Standort: Nährstoffreicher, feuchter, aber durchlässiger Boden in vollsonniger Lage.
Pflege: Gefäßpflanzen im Sommer regelmäßig gießen und wöchentlich einen Volldünger verabreichen; Pflanzen im Herbst zurückschneiden; frostfrei überwintern; bis Frühjahr trocken halten.
Vermehrung: Aussaat im Frühjahr bei 13–18 °C; Kopfstecklinge im Herbst nach der Blüte schneiden.

Bidens ferulifolia 🏆
↕bis 30 m ↔ bis 90 cm; schlanke, kriechende Triebe.

Bletilla

Chinaorchidee

Diese Orchidee ist in den gemäßigten Breiten Chinas und Japans beheimatet. Die zierlichen, glockenförmigen Blüten in Magentarot stehen in aufrechten Rispen mit jeweils bis zu zwölf Einzelblüten. Die schmalen mittelgrünen Blätter, die sich aus dem fleischigen Wurzelstock entwickeln, ziehen im Winter ein. Chinaorchideen sehen in einem geschützten Waldgarten neben anderen kleinen Frühlingsblühern wie Strahlen-Anemone (*Anemone blanda*, siehe S. 180–181) ganz entzückend aus. Man kann sie auch auf einem erhöhten Beet kultivieren, wodurch ihre exquisiten Blüten besser in den Blickpunkt gerückt werden. In frostgefährdeten Regionen benötigt sie Winterschutz.

Winterhärte: Bedingt frosthart ✽ bis frostempfindlich ❀
Standort: Feuchter, aber durchlässiger, mit organischem Material angereicherter Boden im Halbschatten; bei Gefäßbepflanzung mit Laubkompost gemischte Topferde verwenden.
Pflege: Im Herbst 5 cm dicke organische Mulchschicht als Frostschutz ausbringen oder Pflanze ausgraben und frostfrei überwintern.
Vermehrung: Teilung im zeitigen Frühjahr.

Bletilla striata
↕↔ 30–60 cm; fleischige, unterirdische Speicherorgane, die man als Pseudobulben bezeichnet; Blüte von Frühjahr bis Frühsommer; ✽.

Boltonia
Boltonie, Scheinkamille

↕bis 2 m
↔60 cm

Diese Staudengattung umfasst etwa acht Arten, die feuchte, sonnige Standorte lieben. Sie bilden Massen von gänseblümchenähnlichen Blüten in Weiß, Flieder oder Rosarot mit kanariengelber Mitte. Die Blüten werden durch blau- oder mittelgrüne, manchmal fein gezähnte Blätter hervorgehoben. Ihre lockere, natürliche Erscheinung passt sehr gut in einen Wildgarten, aber sie lassen auch Rabatten luftig und leicht erscheinen. Boltonien gedeihen auf fast jedem Gartenboden und vertragen auch Halbschatten. Kombinieren Sie sie mit anderen mehrjährigen Korbblütlern wie Astern (siehe S. 192–193) und Sonnenhut (*Rudbeckia*, siehe S. 317). Fetthennen (*Sedum*, siehe S. 324) sind ebenfalls gute Begleiter.

Winterhärte: Voll frosthart ✻✻✻
Standort: Relativ nährstoffreicher, feuchter, durchlässiger Boden in vollsonniger bis halbschattiger Lage.
Pflege: Bei Trockenheit kann Echter Mehltau zum Problem werden.
Vermehrung: Aussaat im Herbst in Gefäßen im Frühbeet; alle zwei bis drei Jahre im Frühjahr teilen, um die Wuchskraft zu erhalten.

Boltonia asteroides
↕2 m ↔1 m; blaugrünes Laub, das später grüner wird; Blüte von Spätsommer bis Mitte Herbst.

Borago
Borretsch, Gurkenkraut

Borretsch ist an steinigen Standorten West- und Südeuropas heimisch. Die robuste Pflanze mit behaarten Stängeln und Blättern bildet den ganzen Sommer lockere Blütenstände mit hängenden, leuchtend blauen, manchmal weißen, sternförmigen Blüten. *B. pygmaea*, die etwa 60 cm hoch und breit wird, ist eine Schatten liebende Staude, die sich für Stein- oder Kiesgärten eignet. *B. officinalis* ist eine einjährige Art, die Sonne braucht und trockene Lagen toleriert. Sie trägt Blätter mit Gurkengeschmack (Name!), die man zum Würzen von Salaten, Soßen und Eierspeisen verwendet. Neben Pfefferminze, Salbei und Goldkamille sieht Borretsch besonders hübsch aus, er kann aber in einem kleinen, adretten Kräutergarten zu derb wirken. Alle Arten säen sich stark selbst aus.

Winterhärte: Voll frosthart ✻✻✻ bis frosthart ✻✻
Standort: Mäßig durchlässiger Boden in Vollsonne oder Halbschatten.
Pflege: Gut feucht halten.
Vermehrung: Bei *B. officinalis* Aussaat im Frühjahr direkt am Standort; bei *B. pygmaea* junge Seitentriebe im Sommer als Stecklinge schneiden, Jungpflanzen im Frühbeet überwintern.

Borago officinalis
↕60 cm ↔45 cm; reich verzweigte Einjährige; Blüten bis zum ersten Frost, ziehen Bienen an; ✻✻✻.

Boykinia
Boykinie

Diese in feuchten Wäldern und Gebirgsregionen beheimatete, Horste bildende Staude trägt dunkelgrünes Laub, das anfangs oft bronzefarben überhaucht ist. Die Polster rundlicher bis nierenförmiger Blätter, die sich als Grundrosetten entwickeln, bilden gute Bodendecker. Im Frühjahr oder Sommer erheben sich lockere Rispen karminroter oder weißer Glockenblüten auf langen Stielen über dem Laub. *Boykinia* gedeiht in frischen, feuchten Böden im Halbschatten. Kombinieren Sie Boykinia mit Veilchen (*Viola*, siehe S. 338) oder mit anderen niedrigen, natürlich wirkenden Stauden, die nicht zu starkwüchsig sind und ähnliche Ansprüche stellen, z. B. Purpurglöckchen (*Heuchera*, siehe S. 259) und Herzblume (*Dicentra*, siehe S. 228–229). Kleine Arten eignen sich auch für Gefäße.

Winterhärte: Voll frosthart ✻✻✻
Standort: Kalkfreier (saurer) Boden; für Gefäßbepflanzung mit Kies gemischte Azaleenerde verwenden; Halbschatten.
Pflege: Ungestört wachsen lassen.
Vermehrung: Aussaat unter Glas, sobald die Samen reifen; Teilung im Frühjahr, auch zur Verjüngung.

Boykinia jamesii
↕↔15 cm; Blüte im Frühling; krause Blüten mit gelber Mitte.

Brachyscome iberidifolia

Blaues Gänseblümchen

Diese einjährigen Pflanzen werden wegen ihrer fröhlichen, duftenden margeritenähnlichen Blüten kultiviert. Diese erscheinen im Sommer und können weiß, rosa, blau oder violett mit goldgelber bzw. schwarzer Mitte (bei der Splendour-Serie) sein. Das weiche Laub ist grün oder flaumig grau, sehr fein eingeschnitten und federartig. Bepflanzen Sie mit dieser breitbuschigen Art Sommerbeete oder Balkonkästen und große Töpfe, in denen die Pflanzen über den Rand herabhängen können.

Winterhärte: Bedingt frosthart ✻
Standort: Nährstoffreicher, durchlässiger Boden in vollsonniger Lage; für Gefäßbepflanzung Topf- oder Balkonblumenerde verwenden.
Pflege: Gefäßpflanzen im Sommer reichlich gießen und wöchentlich einen Volldünger verabreichen; Triebspitzen junger Pflanzen auskneifen, um einen buschigen Wuchs und üppige Blüte anzuregen.
Vermehrung: Aussaat im Frühjahr bei 18°C, im Frühsommer nach den letzten Frösten auspflanzen.

Brachyscome iberidifolia
↕bis 45 cm ↔ 35 cm; gewöhnlich violettblaue Blüten, sie können aber auch weiß oder violettrosa sein.

Brodiaea

Brodiee

Diese mehrjährigen Knollenpflanzen bringen im Frühsommer trichterförmige Blüten in Violett, Flieder, Dunkelpurpur oder Rosa hervor. Die kurzgestielten Blüten stehen in großen, lockeren endständigen Dolden auf hohen Stängeln. Die riemenförmigen blaugrünen oder mittelgrünen Blätter sind grundständig und ziehen oft ein, bevor sich die Blüten entfalten. Brodieen ähneln Schmucklilien (*Agapanthus*, siehe S. 170–171), werden aber nicht so hoch. Pflanzen Sie sie bei mildem Klima in vorderen Bereichen von Rabatten, im Steingarten oder auf einem erhöhten Beet, in kälteren Regionen sollten Sie sie in flache Töpfe oder Schalen setzen und unter Glas überwintern.

Winterhärte: Frosthart ✻✻
Standort: Leichter, durchlässiger Boden in vollsonniger bis halbschattiger Lage.
Pflege: Zwiebeln im Herbst 8 cm tief pflanzen; im Wachstum viel gießen; nach dem Einziehen der Blätter warm und trocken halten; im rauen Klima als Winterschutz mit organischem Material mulchen; Topfpflanzen im Haus überwintern.
Vermehrung: Aussaat bei 13–16°C, sobald die Samen reifen; Brutzwiebeln während der Vegetationsruhe abtrennen.

Brodiaea californica
↕50 cm ↔ 8 cm; die Blüten dieser Art können violett, lila, rosa oder weiß sein.

Browallia

Browallie, Veilchenbusch

Diese Einjährigen bzw. Halbsträucher werden hauptsächlich wegen der Fülle von tiefblauen oder reinweißen Blüten, die im ersten Jahr sehr üppig erscheinen, gepflanzt und meist einjährig kultiviert. Die röhrenförmigen Blüten öffnen sich flach und können bei manchen Sorten einen Durchmesser von bis zu 8 cm erreichen. Sie erscheinen einzeln oder in kleinen Büscheln in den Blattachseln. Die Blätter sind schmal und spitz zulaufend und fühlen sich etwas klebrig an. Im Freien lässt sich diese Pflanze mit anderen Sommerblumen wie Heliotrop (siehe S. 70), Pelargonien (siehe S. 300–303) oder Tagetes (siehe S. 329) sehr gut kombinieren. Sie eignet sich auch für Gefäßbepflanzungen und ist im Winter eine beliebte Zimmerpflanze.

Winterhärte: Frostempfindlich ❀
Standort: Nährstoffreicher, durchlässiger Boden in vollsonniger bis halbschattiger Lage; für Gefäße Topf- oder Balkonblumenerde.
Pflege: Gefäßpflanzen im Sommer reichlich gießen und wöchentlich Volldünger verabreichen; unter Glas können Blattläuse und Weiße Fliegen zum Problem werden.
Vermehrung: Aussaat im Vorfrühling bei 18°C für Sommerblüte oder im Spätsommer für Winterblüte bei Topfpflanzen.

Browallia speciosa 'White Troll'
↕bis 25 cm ↔ 25 cm; nur halb so hoch wie die Art und bildet nur reinweiße Blüten.

Brunnera macrophylla

Kaukasusvergissmeinnicht

↕45 cm
↔60 cm

Diese Horste bildende Staude und ihre Sorten tragen zierliche Blüten und dekorative Blätter. Von Mitte bis Ende des Frühlings erscheinen Rispen kleiner, gewöhnlich hellblauer Blüten, die denen von Vergissmeinnicht (*Myosotis*, siehe S. 287) ähneln. Die weich behaarten Blätter sind breit lanzettlich bis herzförmig. Die Staude eignet sich hervorragend für Waldgärten unter sommergrünen Bäumen und Sträuchern, ist aber auch ein guter Bodendecker für Rabatten – besonders die Sorten mit panaschiertem Laub, die auch nach der Blüte die Blicke auf sich ziehen. Kombinieren Sie sie mit anderen Frühlingsblühern wie Gämswurz (*Doronicum*, siehe S. 231).

Winterhärte: Voll frosthart ❄❄❄
Standort: Frischer, nährstoffreicher, feuchter, aber durchlässiger Boden; bevorzugt kühle Lagen im Halbschatten.
Pflege: Bei der Pflanzung organisches Material einarbeiten.
Vermehrung: Aussaat im Vorfrühling unter Glas; Teilung älterer Pflanzen im Herbst; Wurzelschnittlinge im Winter schneiden.

Brunnera macrophylla **'Langtrees'**
Diese Sorte mit den silbrig gefleckten Blättern ist einfach zu kultivieren; sie verträgt veränderliche Bodenfeuchtigkeit und Morgensonne.

Buglossoides

Steinsame

Diese feinen, schnellwüchsigen Bodendecker sind ziemlich wuchskräftig; die Triebspitzen bilden rasch Wurzeln aus, sobald sie den Boden berühren, wodurch sich die Pflanze stark ausbreitet. Im Frühjahr oder Frühsommer erscheinen auf den aufrechten Blütentrieben dichte Trauben aus trichterförmigen Blüten. Sie sind beim Aufblühen purpurn, nehmen aber bald ein leuchtendes Enzianblau an. Die Gattung, die mittlerweile zu *Lithospermum* umbenannt wurde, umfasst Einjährige, Stauden und Halbsträucher. Die Blätter sind mittel- bis dunkelgrün, unterschiedlich geformt und meist rau behaart. Steinsame fühlt sich in Naturgärten oder in einer Rabatte mit anderen im Frühjahr blühenden Bodendeckern wie Blaukissen (*Aubrieta*, siehe S. 195) oder Zwiebelpflanzen heimisch.

Winterhärte: Voll frosthart ❄❄❄
Standort: Nährstoffreicher, durchlässiger, neutraler bis alkalischer Boden; Vollsonne, bevorzugt mit etwas Schatten am Mittag.
Pflege: Nur im Frühjahr pflanzen und anfangs oft gießen.
Vermehrung: Aussaat im Herbst oder Frühjahr unter Glas; Stauden im Vorfrühling teilen; bei Halbsträuchern im Sommer Kopfstecklinge schneiden.

Brunnera macrophylla **'Dawson's White'**
Die cremefarben umsäumten Blätter hellen leicht schattige Bereiche auf, in denen diese Pflanze am besten gedeiht; sie braucht nährstoffreicheren Boden als andere Sorten, die Kultur ist etwas anspruchsvoller.

Buglossides purpurocaerulea
↕bis 60 cm ↔variabel; mehrjährige Art mit unterirdischen Trieben oder Rhizomen; Blüte im Spätfrühling oder Frühsommer.

Bulbocodium vernum

Frühlings-Lichtblume

DIESE KNOLLENPFLANZE ÄHNELT Zeitlosen (*Colchicum*, siehe S. 215), blüht aber im Frühjahr, bei mildem Klima sogar bereits im Spätwinter. Die Blüten sind rosaviolett und zunächst trichterförmig, werden aber sternförmig, wenn sich die Blütenblätter öffnen. Kurz darauf folgen die Blätter, die ihre volle Länge von 15 cm erst nach der Blüte erreichen. Obwohl die Frühlings-Lichtblume voll frosthart ist, mag sie übermäßige Winternässe nicht. In sonnigen Steingärten, auf erhöhten Beeten und in Rabatten mit durchlässiger Erde gedeiht sie hingegen prächtig. Auch für Gefäßkultur eignet sie sich gut. Kombinieren Sie sie mit anderen im Frühjahr blühenden Zwiebelpflanzen wie Krokus (siehe S. 220) und niedrigen Narzissen (siehe S. 288–289).

Winterhärte: Voll frosthart ❄❄❄, aber vor übermäßiger Winternässe schützen.
Standort: Mit organischem Material angereicherter Boden in Sonne oder Halbschatten.
Pflege: Knollen im Herbst 8 cm tief pflanzen; in Trockenperioden regelmäßig wässern.
Vermehrung: Aussaat im Herbst oder Frühjahr unter Glas; im Sommer Tochterknollen abtrennen.

Bulbocodium vernum
↕4–8 cm ↔5 cm.

Buphthalmum salicifolium

Ochsenauge

OCHSENAUGEN, DEREN BLÜTEN Chrysanthemen ähneln, sind pflegeleichte Stauden, die in jedem, auch in kalkhaltigem Gartenboden gedeihen. Sie bringen von Frühsommer bis in den Herbst Massen von leuchtend gelben Blüten hervor, die das dunkelgrüne Laub fast vollständig bedecken. Sie sind langlebige Schnittblumen und lassen sich zu hübschen Sträußen arrangieren. Die Pflanze bildet Horste, die sich ausbreiten. Sie eignet sich für Wildblumenbeete, aber auch für den vorderen Bereich eines Staudenbeets neben anderen Stauden wie Schafgarbe (*Achillea*, siehe S. 166–167), Phlox (siehe S. 306–307) und Indianernessel (*Monarda*, siehe S. 286). Um leicht schattige Plätze aufzuhellen, setzen Sie sie inmitten von Funkien (*Hosta*, siehe S. 260–261).

Winterhärte: Voll frosthart ❄❄❄
Standort: Karger Boden in vollsonniger bis halbschattiger Lage.
Pflege: Hohe Pflanzen benötigen Stütze.
Vermehrung: Ältere Pflanzen im zeitigen Frühjahr teilen; Aussaat im Frühjahr in Gefäßen unter Glas.

Buphthalmum salicifolium
↕60 cm ↔45 cm.

Calandrinia

Kalandrine

DIESE EIN- UND MEHRJÄHRIGEN PFLANZEN bzw. Halbsträucher bilden mit ihren fleischigen Blättern Teppiche aus immergrünem Laub, das im Sommer von langlebigen, leuchtend rotvioletten, rosa und purpurnen Blüten überragt wird. *C. umbellata* ist die am häufigsten gepflanzte Art. Sie ist kurzlebig und wird meist ein- oder zweijährig kultiviert – wie bei Schöterich (*Erysimum*, siehe S. 239) wird im ersten Jahr ausgesät, im zweiten Jahr folgen die Blüten. Jede Blüte hält nur zwei Tage, aber es erscheinen laufend neue, sodass die Pracht bis in den Spätsommer anhält. Kalandrinen vertragen Trockenheit und eignen sich gut für Steingärten, besonders in Kombination mit niedrigen Gartennelken (*Dianthus*, siehe S. 226–227).

Winterhärte: Frosthart ❄❄, mag aber keine kalte Nässe.
Standort: Leicht saurer (kalkfreier), gut durchlässiger Boden in vollsonniger Lage.
Pflege: Im Winter Nässeschutz; Jungpflanzen vor Schnecken schützen.
Vermehrung: Aussaat unter Glas im Vorfrühling bei 16–18°C oder im Herbst, im folgenden Frühjahr auspflanzen; Kopfstecklinge im Frühjahr abschneiden; bei mehrjähriger Kultur regelmäßig Stecklinge gewinnen, da Pflanzen kurzlebig sind.

Calandrinia umbellata
↕↔15–20 cm; blau- oder graugrüne Blätter; im Sommer bis zu 2 cm große Blüten.

Calceolaria

Pantoffelblume

Die eigenwilligen Blüten der Pantoffelblume mit ihren lebhaften Farben und der blasig aufgetriebenen Form ziehen stets die Blicke auf sich. Diese Gattung umfasst Einjährige, Stauden, Halbsträucher und Sträucher, die je nach Aussaat den ganzen Frühling und Sommer blühen. Sie bilden Massen oder lockere Büschel roter, orangefarbener bis gelber, sogar satt brauner Blüten, die oft gezeichnet sind. Gartensorten wie 'Bright Bikini' sind kurzlebig und frostanfällig, eignen sich aber hervorragend für Arrangements in Gefäßen. Die winterhärteren mehrjährigen Arten sind ideale Pflanzen für Steingärten und Tröge.

Winterhärte: Voll frosthart ❄❄❄ bis frostempfindlich ❄
Standort: Nährstoffreicher Boden in sonniger bis halbschattiger Lage; alpine Arten wie *C. arachnoidea* in feuchtem, sandigem Boden; in Gefäßen Einheitserde verwenden.
Pflege: Für reiche Blüte kühl und feucht halten; Gefäßpflanzen viel gießen, regelmäßig niedrig dosiert düngen.
Vermehrung: Frostharte und alpine Arten im Herbst im Freien im Frühbeet aussäen (nicht über 15 °C!); Samen mit Kies abdecken. Gartenformen im Spätsommer oder Frühjahr bei 18 °C aussäen, nicht mit Erde bedecken, Gefäße abdecken, um die Feuchtigkeit zu erhalten (siehe rechts unten).

Calceolaria tenella 🏆
↕5 cm ↔ bis 30 cm; mehrjährig; bildet Teppiche aus hellen immergrünen Blättern; Blüte im Sommer; Steingartenpflanze; ❄❄❄.

Calceolaria arachnoidea
↕20–25 cm ↔ bis 15 cm; immergrüne alpine Staude; weiß behaarte Blätter; Blüte von Sommer bis Herbst; ❄❄.

***Calceolaria* 'Bright Bikini'**
↕20–45 cm ↔ 15–30 cm; zweijährige Gartensorte mit kompaktem Wuchs und dichten Blütenbüscheln im Sommer; ideal für Kübel und Balkonkästen; ❄.

SAMEN FEUCHT HALTEN
Samen auf Substratoberfläche säen, mit Folie abdecken, diese gleich nach der Keimung der Samen entfernen.

***Calceolaria* 'Walter Shrimpton'** 🏆
↕10 cm ↔ 23 cm; immergrüne Staude; glänzende dunkelgrüne Blattrosetten; Blüte im Sommer; ❄❄❄.

Calendula officinalis

Garten-Ringelblume

Diese ein- bis zweijährige Ringelblume gehört zu den am meisten gepflanzten Sommerblumen. Die schnellwüchsigen Pflanzen sind besonders einfach zu ziehen und bringen von Sommer bis Herbst unermüdlich leuchtend orangefarbene, gelbe, cremegelbe oder apricotfarbene Blüten hervor. Die unzähligen Sorten umfassen auch gefüllte und pomponartige Blüten sowie kompakte zwergige und hohe Wuchsformen. Alle Sorten sind gute Schnittblumen. Ohne Frost blühen Ringelblumen bis in den Winter. Die robusten Pflanzen eignen sich hervorragend für Rabatten mit winterharten Einjährigen, aber auch für Sommerbeete oder Gefäßbepflanzungen. Wegen der reichen Selbstaussaat kann man sich an Ringelblumen Jahr für Jahr erfreuen.

Winterhärte: Voll frosthart ✻✻✻
Standort: Nicht zu sandiger oder feuchter Boden in sonniger Lage.
Pflege: Mäßig gießen; Verblühtes regelmäßig entfernen, um die Blühdauer zu verlängern.
Vermehrung: Direktsaat an Ort und Stelle von April bis Juni oder im Herbst unter Glas, Jungpflanzen auf 15 cm Abstand vereinzeln.

Calendula officinalis
↕30–75 cm ↔ 30–45 cm; weich behaarte, aromatisch duftende Blätter; Blüten 10 cm groß.

Calla palustris

Sumpfkalla, Schlangenwurz

↕20–25 cm
↔15–50 cm

Diese einfach zu kultivierende Sumpfstaude fühlt sich im flachen Uferbereich stehender oder langsam fließender Gewässer am wohlsten. Wichtig ist, dass das kriechende Rhizom nie austrocknet. Daher bevorzugt die Sumpfkalla einen gleichmäßigen Wasserstand von 5–10 cm. Im Hochsommer erscheint ein großes weißes Hüllblatt, das einen walzenförmigen Blütenstand umhüllt, aus dem sich im Herbst leuchtend rote Beerenfrüchte entwickeln. In milden Wintern bleiben die Blätter erhalten. Die Berührung der Blätter kann Hautreizungen hervorrufen, daher sollten Sie im Umgang mit dieser Pflanze Handschuhe tragen.

Winterhärte: Voll frosthart ✻✻✻
Standort: Sehr feuchter, sumpfiger Boden am Teich- oder Bachufer bei allen Lichtverhältnissen, aber bei voller Sonne üppigere Blüte.
Pflege: Sumpfkalla in Pflanzkörbe mit Gartenerde oder Spezialsubstrat setzen oder direkt in den Grund flacher, stehender oder langsam fließender Gewässer pflanzen; bei starkem Wuchern Rhizome einkürzen.
Vermehrung: Teilung im Frühjahr, Rhizome vorsichtig abtrennen; Aussaat im Spätsommer in untergetauchten Gefäßen im Flachwasser.

Calendula officinalis 'Fiesta Gitana' 🏆
↕30 cm ↔ 30–45 cm; zwergwüchsige Einjährige; gefüllte Blüten in warmen Farbtönen, manchmal zweifarbig.

Calla palustris

Calochortus
Mormonentulpe

↕bis 70 cm

Die im Frühjahr und Sommer erscheinenden becherförmigen Blüten sind die Hauptattraktion dieser Zwiebelpflanze. Die Blütenfarbe variiert von Weißtönen bis zu Blassrosa oder Gelb, immer mit typischen kontrastierenden Zeichnungen auf der Innenseite der Blüten. Die langen und riemenförmigen Blätter sind mittel- bis graugrün. Die Mormonentulpe sieht in einem gemischten Beet neben anderen Zwiebelgewächsen wie spät blühenden Tulpen (siehe S. 334–335) sehr gut aus.

Winterhärte: Frosthart ❄❄
Standort: Gut durchlässiger Boden in vollsonniger Lage; bei schwerem Gartenboden oder in Regengebieten in Töpfe mit Topferde pflanzen, der zur besseren Durchlässigkeit Kies beigemischt wurde.
Pflege: Zwiebeln im Herbst 10–15 cm tief pflanzen; Töpfe im Frühbeet überwintern, da die Zwiebeln bei Winternässe faulen; Gefäße im Wachstum viel gießen, im Ruhezustand trocken halten.
Vermehrung: Aussaat unter Glas, sobald die Samen reifen; manche Arten bilden wie Lilien Brutzwiebeln in den Blattachseln (siehe S. 274), die im Spätfrühling oder Frühsommer weiterkultiviert werden können.

① ***Calochortus amabilis*** ↕20–50 cm; Blüte von Frühjahr bis Frühsommer ② ***C. umpquaensis*** ↕20–30 cm; Blüte im Spätfrühling.

Caltha palustris
Sumpf-Dotterblume

Diese Feuchtigkeit liebende Staude und ihre Sorten beeindrucken im Frühling und Frühsommer mit ihren auffälligen gelben oder weißen Blüten, aber auch die herzförmigen, bis zu 15 cm breiten Blätter sind sehenswert. Die Pflanze breitet sich mithilfe ihrer unterirdischen Rhizome aus und bevorzugt einen feuchten Boden am Wasserufer. Sie gedeiht aber auch außerhalb eines Wassergartens, solange der Boden relativ feucht bleibt. Die reinen Arten vertragen eine Wassertiefe von bis zu 15 cm, die Sorten nicht mehr als 5 cm. Alle bevorzugen jedoch Sumpfgärten. Kombinieren Sie sie mit Feuchtigkeit liebenden Pflanzen wie Gauklerblume (*Mimulus*, siehe S. 286) oder manchen Primelarten (siehe S. 312–313).

Winterhärte: Voll frosthart ❄❄❄
Standort: Nährstoffreiche Sumpfzone in sonniger bis halbschattiger Lage.
Pflege: Für Flachwasser in Pflanzkörbe setzen und mit Kies bedecken; bei Trockenheit anfällig für Echten Mehltau, besonders wenn die Pflanzen im Boden und nicht im Wasser wachsen.
Vermehrung: Teilung im Spätsommer nach der Blüte; reine Arten auch aus Samen, Aussaat im Spätherbst.

① ***Caltha palustris*** 🏆 ↕10–40 cm ↔45 cm
② ***C. palustris* 'Flore Pleno'** 🏆 ↕↔25 cm.

Camassia
Prärielilie

Diese Zwiebelgewächse werden wegen ihrer hohen Blütenkerzen in Himmelblau, Violettblau oder Weiß kultiviert. Sie erheben sich im Spätfrühling und Frühsommer aus der Mitte schmaler, deutlich geäderter graugrüner Blätter. Es gibt mehrere Arten zur Auswahl, aber sie sind sich sehr ähnlich. Ziehen Sie Prärielilien im vorderen Bereich oder in der Mitte einer Rabatte, in einer Wildblumenwiese oder in einem Kübel. Die langen Blütenkerzen kontrastieren mit den kugeligen Blütenköpfen von Zierlauch wie *Allium* 'Globemaster' (siehe S. 174), vielleicht unterpflanzt mit gelben Echten Schlüsselblumen (*Primula veris*, siehe S. 312–313). Die Blüten ergeben sehr gute Schnittblumen.

Winterhärte: Voll frosthart ❄❄❄ bis frosthart ❄❄
Standort: Feuchter, durchlässiger Boden (mit organischem Material anreichern) in sonniger bis halbschattiger Lage, in schwere Böden vor der Pflanzung zur Verbesserung der Durchlässigkeit Kies einarbeiten.
Pflege: In kalten Regionen im Winter leicht abdecken.
Vermehrung: Bei reinen Arten Aussaat nach der Samenreife unter Glas; auch durch Brutzwiebeln, die im Sommer in der Ruhephase abgetrennt werden, bei Sorten ist nur diese Methode möglich.

Camassia leichtlinii 🏆
↕60–130 cm; Blüte im Spätfrühling; ❄❄.

Campanula

Glockenblume

Mit ihren hübschen röhren-, glocken- oder sternförmigen Blüten gehören Glockenblumen seit jeher zu den beliebtesten Bauerngartenpflanzen. Ihre violetten, blauen, rosa oder weißen Blüten erscheinen in Büscheln, manchmal auch einzeln. Diese große Gattung umfasst Stauden, Zwei- und Einjährige mit sehr unterschiedlichen Wuchsformen – von Polsterbildnern, nicht höher als 5 cm, über Horste bildende oder hängende Pflanzen bis zu aufrechten Riesen von 1,5 m Höhe. Die niedrigen Arten eignen sich am besten für Steingärten oder erhöhte Beete. Hohe Formen setzen in einer gemischten Rabatte Akzente.

Winterhärte: Voll frosthart ❄❄❄ bis frostempfindlich ❄

Standort: Zur einfacheren Kultur werden Glockenblumen in Gruppen eingeteilt – Gruppe 1: nährstoffreicher, durchlässiger, leicht alkalischer Boden in Sonne oder Halbschatten; Gruppe 2 (Steingartenpflanzen): durchlässiger Boden in Sonne oder Halbschatten; Gruppe 3 und 4 (alpine oder frostempfindliche Arten): sehr anspruchsvoll, daher im Garten seltener kultiviert.

Pflege: Hohe Arten stützen; in Trockenzeiten wässern; Winterschutz für empfindliche Arten; braune Flecken auf Blättern und Trieben mancher Arten durch Rostpilze, befallene Teile vernichten.

Vermehrung: Aussaat nach der Samenreife; Teilung nach der Blüte.

Campanula alliariifolia
↕30–60 cm ↔ 45 cm; Horste bildende Staude; Blüte von Hochsommer bis Frühherbst; Kulturgruppe 1; ❄❄❄.

AUSSAAT Um die winzigen Samen gleichmäßig zu säen, mischt man sie mit feinem Gartensand. Nehmen Sie keinen Bausand, der chemische Stoffe enthalten kann, die die Keimung verhindern.

Campanula lactiflora 'Loddon Anna' 🏆
↕1,2–1,5 m ↔ 60 cm; aufrechte Staude; Blüte von Frühsommer bis Frühherbst; Kulturgruppe 1; ❄❄❄.

Campanula glomerata 'Superba' 🏆
↕60 cm ↔ unbestimmt; Staude; sich ausbreitende Horste aufrechter Triebe; Blüte den ganzen Sommer; Kulturgruppe 1; ❄❄❄.

Campanula persicifolia 'Telham Beauty'
↕↔ 90 cm; Rosetten bildende Staude mit aufrechten Trieben; Blüte im Früh- und Hochsommer; Kulturgruppe 1; ❄❄❄.

Campanula 'G. F. Wilson' ♈

↕bis 10 cm ↔ bis 20 cm; Polster bildende Staude; Blüte im Hoch- und Spätsommer; Kulturgruppe 2; ✲✲✲.

CANNA

Blumenrohr

↕bis 2,2 m ↔50 cm

DIESE BEEINDRUCKENDEN Stauden bringen in jeden Garten einen Hauch von Exotik sowie Höhe in sonst niedrig bepflanzte Rabatten. Sie tragen große, auffallende Blätter in ungewöhnlicher Farben – von frischem Grün über Purpurrot bis hin zu Bronzefarben, manchmal mit dekorativer Äderung. Die gladiolenartigen Blüten erscheinen von Hochsommer bis Mitte Herbst paarweise in leuchtenden Farben von Scharlachrot bis Goldgelb. Die Rhizome sind frostanfällig, deshalb werden sie in rauen Gegenden frostfrei überwintert oder einjährig kultiviert.

Winterhärte: Bedingt frosthart ✲ bis frostempfindlich ❀

Standort: Nährstoffreicher, durchlässiger Boden in windgeschützter, vollsonniger Lage.

Pflege: In gemäßigten Breiten im Frühsommer nach den Frösten auspflanzen; im Sommer regelmäßig gießen; alle zwei Wochen Volldünger verabreichen; Verblühtes regelmäßig entfernen, um die Blühdauer zu verlängern; Pflanzen im Herbst zurückschneiden, Rhizome ausgraben, trocken und frostfrei überwintern.

Vermehrung: Aussaat im Frühjahr oder Herbst bei 21 °C; Teilung der Rhizome im Vorfrühling, nur Teile mit gesunden Triebknospen verwenden.

Canna 'Durban'

↕1,2 m ↔ 50 cm; braunorange Blüten im Spätsommer; ✲.

Campanula carpatica 'Weiße Clips'

↕20 cm ↔ 30–60 cm; Horste bildende Staude; Blüte den ganzen Sommer; Kulturgruppe 2; ✲✲✲.

Canna 'Assaut'

↕2 m ↔ 50 cm; purpurbraune Blätter; Blüte von Hochsommer bis Herbst; ✲.

Canna 'Rosemond Coles'

↕1,5 m ↔ 50 cm; Blüte von Hochsommer bis Herbst; ✲.

Cardamine
Schaumkraut

Diese große Gattung umfasst sowohl zierliche, meist mehrjährige Gartenpflanzen als auch wuchernde, meist einjährige Unkräuter. Die Zierformen werden wegen ihrer vierzähligen Blüten, die im Spätfrühling und Frühsommer in Weiß bis Blassviolett erscheinen, kultiviert. Die gefiederten Blätter sind variabel – bei manchen Arten aus linealischen und gezähnten, bei anderen aus rundlichen oder eiförmigen Fiederblättchen zusammengesetzt. Die kleinen, kompakten Formen eignen sich für Steingärten oder für den vorderen Bereich einer Rabatte neben anderen im Spätfrühling blühenden Pflanzen wie Prärielilien (*Camassia*, siehe S. 205). Höhere Arten passen in Waldgärten oder an den Gewässerrand.

Winterhärte: Voll frosthart ✲✲✲
Standort: Feuchter, mit organischem Material angereicherter Boden in vollsonniger bis halbschattiger Lage.
Pflege: Pflanzen am Gewässerufer dürfen nicht im Wasser stehen.
Vermehrung: Teilung des Wurzelstocks im Frühjahr oder nach der Blüte; Aussaat im Herbst oder Frühjahr in Gefäßen unter Glas; sät sich meist selbst aus.

***Cardamine pratensis* 'Flore Pleno'**
↕20 cm ↔ 30 cm; glänzende dunkelgrüne Blätter; gefüllte Blüten im Spätfrühling; bildet zahlreiche Pflänzchen am Grund.

Cardiocrinum
Riesenlilie

Diese beliebte Pflanze erreicht unter Idealbedingungen wahrhaft gigantische Höhen bis zu 4 m! Deshalb sollte man den Standort sorgfältig wählen. Setzen Sie eine kleine Gruppe als Einzelpflanzung in einen Waldgarten oder in eine schattige Rabatte. Die mehrjährigen Zwiebelpflanzen sind mit Lilien (siehe S. 274–277) verwandt. Büschel duftender weißer Trompetenblüten mit purpurner Zeichnung am Schlund erscheinen im Sommer. Die kräftigen Stiele tragen dunkelgrüne, herzförmige Blätter. Die Zwiebel stirbt nach der Blüte ab und hinterlässt meist Tochterzwiebeln, die erst nach 4–5 Jahren blühen.

Winterhärte: Voll frosthart ✲✲✲; Neuaustrieb frostanfällig.
Standort: Nährstoffreicher, gut durchlässiger Boden in geschützter, halbschattiger Lage, gedeiht in der Sonne nicht gut.
Pflege: Zwiebel im Herbst flach einsetzen; während des Wachstums zwei- bis dreimal Volldünger verabreichen, um Bildung von Tochterzwiebeln anzuregen; im Herbst Bodennährstoffe mit Kompost ergänzen.
Vermehrung: Tochterzwiebeln im Herbst abnehmen und einpflanzen; Aussaat im Herbst in tiefen Schalen in kühler, schattiger Lage; aus Samen gezogene Pflanzen blühen erst nach sieben Jahren.

Cardiocrinum giganteum
↕1,5–4 m ↔ 45 cm; bis zu 20 stark duftende Blüten an jedem kräftigen Stiel (siehe kleines Bild).

Catananche
Rasselblume

Diese ein- und mehrjährigen Pflanzen werden vor allem wegen ihrer leuchtenden Sommerblüten kultiviert. Die Körbchenblüten (bis zu 5 cm Durchmesser) ähneln Kornblumen (*Centaurea*, siehe gegenüber) und eignen sich als Schnittblumen. Sie erscheinen von Hochsommer bis Frühherbst und können lilablau, gelb oder weiß mit purpurner Mitte sein. Die grundständigen Blätter sind grasartig und behaart. Kombinieren Sie einjährig gezogene *C. caerulea* mit anderen Sommerblumen wie Astern (siehe S. 192–193), Sonnenhut (*Rudbeckia*, siehe S. 317) und Fleißigen Lieschen (*Impatiens*, siehe S. 263). *C. caespitosa* ist eine Pflanze der Trockenwiesen; sie sollte in Töpfen kultiviert und unter Glas überwintert werden.

Winterhärte: Voll frosthart ✲✲✲
Standort: Jeder durchlässige Boden in vollsonniger Lage; *C. caespitosa* ist in schweren Böden kurzlebig.
Pflege: Abgeblühtes regelmäßig entfernen; Blätter nicht benetzen, um Befall mit Echtem Mehltau zu verhindern.
Vermehrung: Aussaat im zeitigen Frühjahr unter Glas oder Mitte Frühling in Reihen im Freien; Teilung von Stauden im Frühjahr; von Stauden im Winter Wurzelschnittlinge schneiden.

***Catananche caerulea* 'Bicolor'**
↕50–90 cm ↔ 30 cm; diese Zweijährige wird einjährig gezogen, da sie im ersten Jahr am schönsten blüht.

Celmisia

Die Stauden dieser großen Gattung eignen sich hervorragend für Steingärten. Sie werden vor allem wegen ihres hübschen immergrünen Laubs und der lustigen gänseblümchenähnlichen Blüten kultiviert. Im Frühjahr und Sommer blühen sie in großer Fülle, aber ihre langen, dünnen, ledrigen, silbrig grünen Blätter lassen sie auch den Rest des Jahres attraktiv aussehen. Die Blütenköpfe sind etwa 5 cm groß und stehen auf dichten, weißlichen, wollig behaarten Stielen. Sie sind weiß, manchmal rosa oder purpurn überhaucht mit gelber Mitte. Pflanzen Sie sie inmitten von Sträuchern wie Lavendel (*Lavandula*, siehe S. 80–81) und Heiligenkraut (*Santolina*, siehe S. 116).

Winterhärte: Voll frosthart ❄❄❄
Standort: Feuchter, aber durchlässiger, leicht saurer (kalkfreier) Boden in sonniger bis halbschattiger Lage; niedrige Arten im Gefäß mit kieshaltigem Substrat ziehen.
Pflege: Gefäßkulturen unter Glas überwintern.
Vermehrung: Pflanzen im Frühjahr teilen; Blattrosetten im Frühjahr wie Stecklinge pflanzen; Aussaat bei Samenreife unter Glas; im Garten entstehen zahlreiche Hybriden, die selten fertile Samen bilden.

Celmisia spectabilis
↕↔ bis 30 cm; büschelige, Horste bildende Staude, die im Frühsommer blüht.

Centaurea

Flockenblume, Kornblume

Leuchtende distelähnliche Blüten, die während des ganzen Sommers wochenlang halten, sind die Hauptattraktion dieser Pflanzengattung, die ein-, zwei- und mehrjährige Arten umfasst. Die charakteristischen rundlichen Blütenköpfe können purpurn, rosa, blau oder gelb sein, sind oft tief gefranst und manchmal dunkel umsäumt. Sie werden gerne von Bienen und Schmetterlingen besucht. Die unauffälligen Blätter sind oft gezähnt und unterseits graugrün. Pflanzen Sie Flockenblumen neben andere leuchtende Stauden wie Schafgarbe (*Achillea*, siehe S. 166–167), Taglilien (*Hemerocallis*, siehe S. 258), Phlox (siehe S. 306–307) oder Weiderich (*Lythrum*, siehe S. 283).

Winterhärte: Voll frosthart ❄❄❄ bis frosthart ❄❄
Standort: Nährstoffreicher, durchlässiger Boden in vollsonniger Lage; etwas Trockenheit wird toleriert; Sorten von *C. macrocephala* und *C. montana* in feuchtem, durchlässigem Boden in Sonne bis Halbschatten.
Pflege: Höher wachsende Sorten stützen; im Sommer kann Echter Mehltau auftreten, daher Blätter beim Gießen nicht benetzten.
Vermehrung: Mehrjährige im Frühjahr oder Herbst teilen; Aussaat im Frühjahr unter Glas bei 18 °C, Sämlinge im Frühsommer auspflanzen.

PFLANZEN ABSTÜTZEN
Stecken Sie um jede Pflanze mehrere Stäbe, um die Sie eine Schnur spannen. Das Stützgerüst wird bald vom Laub vollständig verdeckt.

Centaurea hypoleuca 'John Coutts'
↕60 cm ↔ 45 cm; Horste bildende Staude; langlebige, duftende Blüten im Sommer; ❄❄❄.

Centaurea dealbata 'Steenbergii'
↕↔ 60 cm; einfach zu kultivierende, Horste bildende Staude; braucht Stütze; Blüte im Hochsommer; sehr gute Schnittblumen; ❄❄❄.

Centaurea cyanus
↕20–80 cm ↔ 15 cm; aufrechte Einjährige; Blüte von Spätfrühling bis Hochsommer; auch weiße und rosa Formen; ❄❄❄.

Cerastium
Hornkraut

Diese meist Teppiche bildende, große Gattung umfasst Einjährige und wüchsige Stauden, die meisten gelten jedoch als Unkraut. Sie bilden Massen von kleinen Sternblüten, einzeln oder in Büscheln, und tragen gewöhnlich einfache, behaarte Blätter. Die wenigen im Garten kultivierten Arten, darunter die bekannteste, *C. tomentosum*, sind ausgezeichnete Bodendecker. Sie breiten sich aus, bedecken rasch große Flächen und können manchmal stark wuchern. Man kann sie aber gut im Zaum halten, indem man übermäßigen Wuchs ausreißt oder am Rand der Pflanzung mit einem Spaten absticht. Hornkraut überwächst und unterdrückt andere kleine Pflanzen. Pflanzen Sie es auf Trockenmauern, in Ritzen von Steinplatten oder in trockenen Bereichen, wo sonst wenig gedeiht.

Winterhärte: Voll frosthart ❄❄❄
Standort: Durchlässiger Boden in vollsonniger Lage; *C. tomentosum* auch auf magerem Boden.
Pflege: Verkahlende Pflanzen zurückschneiden.
Vermehrung: Eingewachsene Pflanzen im Herbst teilen; Aussaat im Herbst unter Glas; Triebstecklinge im Sommer schneiden.

Cerastium tomentosum
↕5–8 cm ↔ unbestimmt; wuchernde Staude; im Spätfrühling und Sommer mit weißen Blüten übersät.

Cerinthe
Wachsblume

Diese exotisch aussehenden, aber einfach zu ziehenden Pflanzen blühen von Spätfrühling bis Sommer und werden gerne von Bienen besucht. An den Triebenden stehen meist meerblaue Hüllblätter (umgewandelte Laubblätter), die kleine Büschel nickender Röhrenblüten in Purpurblau, Dunkelrot, Gelb oder Weiß, oft zweifarbig, umgeben. Die fleischigen blaugrünen Blätter und die Triebe sind oft weiß gesprenkelt. Diese kleine Gattung umfasst Ein- und Zweijährige sowie kurzlebige Stauden, die aber einjährig kultiviert werden. Setzen Sie Wachsblumen in Rabatten oder in Beete zusammen mit anderen Sommerblumen wie Astern (siehe S. 192–193), Begonien (siehe S. 196–197), Fleißigen Lieschen (*Impatiens*, siehe S. 263) und Tagetes (siehe S. 329).

Winterhärte: Frostempfindlich ❄
Standort: Jeder durchlässige Boden in vollsonniger Lage; auch als Zimmerpflanze geeignet.
Pflege: Bei Stauden Winterschutz, z. B. eine Mulchschicht.
Vermehrung: Aussaat im Frühjahr bei 20–30 °C; Jungpflanzen im Frühsommer nach den Frösten ausplanzen.

***Cerinthe* 'Golden Bouquet'**
↕35 cm ↔ 40 cm; in frostfreien Regionen gesprenkelte immergrüne Blätter; Blüte vom Hochsommer bis zu den ersten Frösten.

***Cerinthe major* 'Purpurascens'**
↕bis 60 cm ↔ 45 cm; Hüllblätter verändern sich von Frühjahr bis Frühsommer von Blaugrün zu Purpur, dann zu Tiefblau; *C. major* trägt gelbe Blüten mit purpurner Zeichnung.

Chamaemelum
Römische Kamille

Diese aromatischen, dichten Matten bildenden Stauden und Einjährigen tragen federartig zerteilte, behaarte, frisch grüne Blätter und im Sommer gänseblümchenähnliche weiße Blütenköpfe mit gelber Mitte. *C. nobile* ist die bekannteste Art und sieht in einem Staudenbeet, als Randbepflanzung oder in Ritzen von Steinplatten sehr gut aus. Beim Zerreiben oder Zerschneiden der Blätter entsteht ein intensiver Kamillenduft. Die nicht blühende Sorte 'Treneague' dient oft zur Anlage einer duftenden Rasenfläche; diese Art von Rasen muss zwar nicht gemäht werden, ist aber nicht strapazierfähig und daher ungeeignet für häufig begangene Bereiche.

Winterhärte: Voll frosthart ***
Standort: Durchlässiger Boden in vollsonniger, offener Lage.
Pflege: Pflanzen regelmäßig zurückschneiden oder im Frühjahr teilen, um den kompakten Wuchs zu erhalten; als Rasen angelegte Flächen regelmäßig wässern und das Unkraut jäten.
Vermehrung: Pflanzen im Frühjahr oder nach der Blüte teilen, geteilte Pflanzen im Abstand von 13–15 cm einsetzen, um einen Rasen zu bilden; Aussaat (nur bei blühenden Sorten) im zeitigen Frühjahr; im Frühsommer auspflanzen.

Chelone
Schildblume, Schlangenkopf

↕ bis 1,2 m
↔ bis 60 cm

Diese Stauden tragen seltsam geformte weiße, purpurne oder rosa Blüten, die in kurzen endständigen Trauben von Spätsommer bis Mitte Herbst erscheinen. Wenn viele andere Gewächse ihren Höhepunkt bereits überschritten haben, bringen sie immer noch leuchtende Blüten hervor. Die aufrechte Pflanze breitet sich über unterirdische Ausläufer aus und braucht daher etwas mehr Platz zum Wachsen. Sie ist ein guter Bodendecker und unterdrückt Unkraut. Die Blüten bleiben bis in den Herbst erhalten und bilden einen lebhaften Kontrast zu anderen spät blühenden Stauden wie Mädchenauge (*Coreopsis*, siehe S. 217), Montbretie (*Crocosmia*, siehe S. 219) und Sonnenhut (*Rudbeckia*, siehe S. 317).

Winterhärte: Voll frosthart ***
Standort: Tiefgründiger, nährstoffreicher, feuchter Boden in offener Lage oder im Halbschatten; auch Sumpfgärten und schwere Tonböden werden toleriert.
Pflege: Mitte Frühling mit reifem Kompost mulchen.
Vermehrung: Aussaat im zeitigen Frühjahr in Schalen unter Glas; im Spätfrühling oder Frühsommer Kopfstecklinge schneiden.

Chionodoxa
Schneeglanz, Schneestolz

↕ 10–20 cm
↔ 3 cm

Im Vorfrühling bringen diese Zwiebelgewächse blaue oder rosa Sternblüten mit weißen Augen hervor. Die glänzend grünen Blätter hängen gewöhnlich nach außen und lassen die Blüten in den Vordergrund rücken. Diese kleine Pflanzengattung ist mit dem später blühenden Blaustern (*Scilla*, siehe S. 323) verwandt. Setzen Sie Schneeglanz in den Steingarten oder ein erhöhtes Beet oder lassen Sie die Pflanzen im Rasen verwildern, wo sie sich stark selbst aussäen. Wie Alpenveilchen (*Cyclamen*, siehe S. 221) bilden sie unter Sträuchern ein buntes Blütenmeer und lenken die Blicke auf interessante winterliche Silhouetten wie die von *Coryllus avellana* 'Contorta' (siehe S. 44).

Winterhärte: Voll frosthart ***
Standort: Jeder durchlässige Boden in vollsonniger Lage.
Pflege: Zwiebeln im Herbst 8 cm tief pflanzen; *C. nana* vor Winternässe schützen.
Vermehrung: Aussaat nach Samenreife in Schalen unter Glas; im Sommer Tochterzwiebeln abtrennen; bei beiden Methoden erfolgt die Blüte nach etwa zwei bis drei Jahren.

***Chamaemelum nobile* 'Flore Pleno'**
↕ 15 cm ↔ 45 cm; gefüllte Blüten; niedriger als die Form mit einfachen Blüten; ideal für Randbepflanzungen.

Chelone obliqua
↕ 40–60 cm ↔ 30 cm; Trauben dunkelrosa oder purpurner Blüten, die bis zu 2 cm lang sind.

① ***Chinodoxa luciliae*** 🏆 Artnamen auf den Etiketten manchmal verwirrend, daher besser blühende Pflanzen kaufen ② **'Pink Giant'** Der Sortenname bezieht sich auf die Blütengröße.

Chrysanthemum

Chrysantheme, Winteraster, Margerite, Wucherblume

Die Mitglieder der Gattung *Chrysanthemum* unterliegen einer ständigen Namensänderung. Da die meisten Arten noch oft unter ihrem alten Namen angeboten werden, sind sie hier alle noch unter *Chrysanthemum* geführt. Die wegen ihrer leuchtenden Blüten beliebten aufrechten, buschigen Einjährigen und Stauden sind die Stars im Spätsommer und Herbst. Sie werden hauptsächlich für Rabatten- und Beetbepflanzungen, als Schnittblumen und für Ausstellungen kultiviert. Chrysanthemen gibt es in vielen leuchtenden Farben, von Elfenbein und Rosa bis zu Karminrot und Goldgelb. Die Blüten und Blütenblätter sind sehr verschieden in Form und Größe . Viele sind nicht frosthart. Sorten wie 'Clara Curtis' (Rubellum-Gruppe) gehören zu den einfach zu kultivierenden Chrysanthemen. Es gibt auch frostharte pomponblütige und verzweigte Sorten wie die 'Pennine'. Die einjährige Saat-Wucherblume (*C. segetum*, heute *Xanthophthalmum segetum*) und die Bunte Wucherblume (*C. carinatum*, heute *Ismelia carinata*) sind farbenfroh und blühen lange.

Winterhärte: Voll frosthart ✻✻✻ bis frostempfindlich ❀
Standort: Nährstoffreicher, frischer, durchlässiger Boden in geschützter, sonniger Lage.
Pflege: Ab Spätfrühling pflanzen; hohe Sorten stützen; verblühte Triebe regelmäßig abschneiden (siehe unten), um die Form zu erhalten und die Blüte zu verlängern; in Trockenzeiten ausgiebig gießen und ab Hochsommer wöchentlich Volldünger verabreichen, bis sich die Knospen öffnen; frostempfindliche Sorten ausgegraben und frostfrei überwintern, winterharte bleiben im Boden.
Vermehrung: Im Frühjahr teilen oder Grundstecklinge schneiden.

Auskneifen von Verblühtem

Das Auskneifen (Triebspitzen entfernen) regt die Pflanze dazu an, aus den Knospen in den Blattachseln zahlreiche Seitentriebe zu bilden. Dadurch bekommt die Pflanze nicht nur eine buschigere, schönere Form, sondern Arten wie Chrysanthemen und Fuchsien bringen auch mehr Blüten hervor. Je öfter die Triebspitzen entfernt werden, umso mehr Seitentriebe und Blüten werden gebildet. Diese Methode wird von Ausstellern häufig angewandt, aber sie lohnt sich auch im Garten, vor allem in Gefäßen, wo eine kompakte Form erwünscht ist. Am besten gedeihen die Pflanzen bei kräftigem Wuchs, deshalb müssen sie bei Bedarf gedüngt werden.

❶ *Sobald die Pflanze 15–20 cm hoch ist, kneifen Sie die Triebspitze mit Zeigefinger und Daumen direkt über einer Blattachsel aus. Entfernen Sie nur die kurze Triebspitze, um möglichst viele seitliche Blütentriebe anzuregen.*

❷ *Aus den Seitenknospen entwickeln sich Triebe. Haben diese vier Blätter gebildet, kneifen Sie die Spitzen erneut aus. Dadurch wird das Wachstum der Spitzentriebe sowie der tiefer am Stängel befindlichen Triebe angeregt.*

❸ *Fahren Sie mit dem Auskneifen fort, bis die Pflanze eine buschige Form hat. Entfernen Sie ab dem Frühherbst keine Triebe mehr, damit Blütentriebe gebildet werden. Diese Pflanzen haben sich zu prächtigen Exemplaren entwickelt.*

① *Chrysanthemum* 'Alison Kirk' ↕1,2 m ↔ 40 cm; ✻ ② *C.* 'Autumn Days' ↕1,2 m ↔ 75 cm; ✻
③ *C.* 'Brietner's Supreme' ↕1,2 m ↔ 75 cm; ✻✻ ④ *C.* 'Bronze Fairie' ↕↔ 60 cm; ✻✻✻
⑤ *C.* 'Bronze Hedgerow' ↕1,5 m ↔ 75–100 cm; ❀ ⑥ *C.* 'Bronze Yvonne Arnaud' ↕1,2 m ↔ 60–75 cm; ✻✻ ⑦ *C.* 'Buff Margaret' ↕1,2 m ↔ 60–75 cm; ✻✻✻
⑧ *C. Ismelia carinata* (früher *C. carinatum*) 'Court Jesters' ↕60 cm ↔ 30 cm; einjährig; ✻

⑨ *C.* **'Clara Curtis'** ↕75 cm ↔ 60 cm; Rubellum-Gruppe; ❄❄❄
⑩ *C.* **'George Griffith'** 🏆 ↕1,5 m ↔ 1 m; Ausstellungssorte; ❄❄
⑪ *C.* **'Madeleine'** ↕1,2 m ↔ 75 cm; ❄❄❄ ⑫ *C.* **'Maria'** ↕45 cm ↔ 30–60 cm; ❄❄❄
⑬ *C.* **'Marion'** ↕1,2 m ↔ 75 cm; ❄❄❄ ⑭ *C.* **'Marlene Jones'** ↕1 m ↔ 60 cm; ❄❄❄
⑮ *C.* **'Pavilion'** ↕1,3 m ↔ 60–75 cm; Ausstellungssorte; ❄ ⑯ *C.* **'Pennine Alfie'** ↕1,2 m ↔ 75 cm; ❄❄❄

⑰ *C.* **'Pennine Flute'** ↕1,2 m ↔ 75 cm; ❄❄❄ ⑱ *C.* **'Pennine Oriel'** ↕1,2 m ↔ 60–75 cm; ❄❄❄ ⑲ *C.* **'Purple Pennine Wine'** ↕1,2 m ↔ 75 cm; ❄❄❄ ⑳ *C.* **'Roy Coopland'** ↕1,4 m ↔ 60 cm; ❀ ㉑ *C.* **'Salmon Fairie'** ↕30–60 cm ↔ 60 cm; ❄❄❄ ㉒ *C.* **'Satin Pink Gin'** ↕1,2 m ↔ 75–100 cm; Ausstellungssorte; ❀ ㉓ *C.* **'Wendy'** ↕1,2 m ↔ 60–75 cm; ❄❄❄
㉔ *C.* **'Yvonne Arnaud'** ↕1,2 m ↔ 60–75 cm; ❄❄.

Cirsium

Kratzdistel

DIESE PFLANZEN MIT IHREN langen Blütenstielen sind sehr dekorative Gewächse für jeden Garten. Die Blütenfarbe variiert von tiefem Karminrot bis zu sattem Rot, Gelb und manchmal Weiß. Die bis zu 3 cm großen Blüten erscheinen im Sommer und Herbst am Triebende einzeln oder in kleinen Büscheln über dunkelgrünen, dornigen Blättern. *Cirsium* ist eine große Gattung zwei- und mehrjähriger Arten; manche bilden Horste, andere breiten sich über unterirdische Rhizome aus und können stark wuchern. Zwischen feinen Gräsern (siehe S. 340–355) oder neben anderen Sommerblühern wie Mädchenauge (*Coreopsis*, siehe S. 217), Phlox (siehe S. 306–307) und Storchschnabel (*Geranium*, siehe S. 250–251) sieht sie sehr eindrucksvoll aus. Sie passt auch in Wildblumengärten.

Winterhärte: Voll frosthart ❄❄❄
Standort: Feuchter, aber durchlässiger Boden in vollsonniger Lage.
Pflege: In formalen Gärten Abgeblühtes regelmäßig entfernen, um die Selbstaussaat zu verhindern.
Vermehrung: Aussaat im Frühjahr im Frühbeet; Pflanzen im Herbst oder Frühjahr teilen.

***Cirsium rivulare* 'Atropurpureum'**
↕1,2 m ↔ 60 cm; Horste bildende Staude; Blüte im Früh- und Hochsommer.

Clarkia

Clarkie, Mandelröschen

DIESE FROSTHARTE EINJÄHRIGE wird meist wegen ihrer seidigen, papierartigen Blüten gepflanzt, die im Sommer wochenlang in Hülle und Fülle erscheinen. Es gibt viele Arten und immer mehr Sorten, beide mit einfachen bzw. gefüllten Blüten in Pastelltönen und leuchtendem Rot, Purpur und Lachsrosa. Die buschige Pflanze ist einfach zu ziehen und wird bis zu 50 cm hoch und bis zu 30 cm breit. Sie trägt grüne bis graugrüne Blätter. Die Blüten sind gute Schnittblumen. Sie sehen auch neben anderen Einjährigen, z. B. Kornrade (*Agrostemma*, siehe S. 172), Goldmohn (*Eschscholzia*, siehe S. 241) und Garten-Ringelblumen (*Calendula*, siehe S. 204), gut aus.

Winterhärte: Voll frosthart ❄❄❄
Standort: Durchlässiger, leicht saurer und mäßig nährstoffreicher Boden in sonniger bis halbschattiger Lage, auf keinen Fall warme, feuchte Plätze.
Pflege: Magere Böden vor der Aussaat nicht düngen, denn dadurch wird der Blattwuchs auf Kosten der Blüten begünstigt.
Vermehrung: Aussaat im Frühjahr direkt am Standort in nicht zu tiefe Rillen, Sämlinge auf etwa 15 cm Abstand vereinzeln, Jungpflanzen mögen kein Umpflanzen.

***Clarkia* 'Sundowner'**
↕75 cm ↔ 45 cm; gute Schnittblumen; in vollsonniger Lage pflanzen.

Clematis

Waldrebe, Clematis

siehe auch S. 136–139.

ES GIBT WENIGE ZU DEN Stauden zählende Clematisarten, die am Grund verholzen und von Frühsommer bis Spätherbst zarte, oft duftende Blüten hervorbringen. Alle Arten tragen sehr hübsche, dunkel-, mittel- oder graugrüne Blätter, die verschiedene Formen aufweisen. Die weichen Triebe benötigen eine Stütze, damit sie unter dem Gewicht der Blüten nicht umfallen. Setzen Sie diese Clematisarten in große Töpfe oder in die Mitte von Staudenbeeten oder gemischten Rabatten zwischen andere Sommerblüher wie Schafgarbe (*Achillea*, siehe S. 166–167) und Storchschnabel (*Geranium*, siehe S. 250–251).

Winterhärte: Voll frosthart ❄❄❄ bis frosthart ❄❄
Standort: Nährstoffreicher, mit reifem Kompost angereicherter, durchlässiger Boden in vollsonniger Lage.
Pflege: Vorjährige Triebe im zeitigen Frühjahr vor dem Neuaustrieb bis auf zwei oder drei Knospen etwa 15–20 cm über dem Boden zurückschneiden; Triebe mit Zweigen oder Stäben abstützen; im Spätwinter mit reifen Kompost oder abgelagertem Mist mulchen.
Vermehrung: Im Frühjahr teilen; im Sommer halbreife Stecklinge abschneiden.

Clematis integrifolia
↕↔ 60 cm; Blüte im Sommer, gefolgt von silbrig braunen, seidigen Samenständen; ❄❄❄.

Clematis heracleifolia 'Wyevale'
↕75 cm ↔ 1 m; offener Busch; im Sommer duftende hell- bis mittelblaue Blüten von 4 cm Länge; ❄❄❄.

Clematis recta
↕1–2 m ↔ 75 cm; Horste bildende Pflanze; von Hochsommer bis Herbst stark duftende Blüten; dekorative Samenstände; ❄❄❄.

CLEOME

Spinnenpflanze

DIE AUS JEDER EINZELBLÜTE weit herausragenden Staubblätter ähneln langen Spinnenbeinen, die der Pflanze ihren deutschen Namen gaben. Von den zahlreichen Arten werden nur die buschigen Einjährigen kultiviert. Sie bilden aufrechte, bis zu 1,5 m hohe Triebe mit behaarten Blättern. Die Triebe tragen lange, dichte Trauben duftender weißer, rosafarbener, roter oder violetter Blüten, die von Frühsommer bis Frühherbst erscheinen. Die Spinnenpflanze ist ein guter Lückenfüller für Beete und Rabatten, in die sie bis in den Herbst Farbe bringt. Sie können sie auch in großen Töpfen ziehen oder zusammen mit anderen Einjährigen wie Clarkien (siehe gegenüber) und Sonnenhut (*Rudbeckia*, siehe S. 317) pflanzen.

Winterhärte: Frostempfindlich ❄
Standort: Leichter, nährstoffreicher, durchlässiger, vorzugsweise sandiger Boden in vollsonniger Lage; für Gefäßpflanzen Topferde.
Pflege: Bei warmem Wetter viel gießen; Topfpflanzen regelmäßig wässern und wöchentlich Volldünger verabreichen; Verblühtes regelmäßig entfernen, um die Blühdauer zu verlängern.
Vermehrung: Aussaat im Frühjahr in Töpfe bei 18°C, Jungpflanzen abhärten und nach den letzten Frösten auspflanzen.

Cleome hassleriana 'Colour Fountain'
↕1,2 m ↔ 45 cm; behaart; einjährig; im Sommer duftende rosaviolette, rosarote oder weiße Blütentrauben von 10 cm Durchmesser.

COLCHICUM

Zeitlose

DIE BLÜTENBECHER der Zeitlosen entfalten sich gegen Ende des Sommers oder im Herbst scheinbar aus dem Nichts, da die Blätter zu dieser Zeit schon abgestorben sind. Die Blüten duften manchmal und kommen in zarten Rosa- bis Violetttönen oder in Weiß vor. Die Größe kann variieren – von Sorten wie 'The Giant' mit 20 cm Höhe und 10 cm Breite bis zu der winzigen *C. kesselringii* mit 2,5 cm Höhe und Breite, die am besten im Steingarten gedeiht. Großblättrige Sorten wie 'Autumn Queen' leiden bei Wind und Regen und sollten im Schutz sommergrüner Sträucher wachsen. Andere wie *C. speciosum* und *C. autumnale* (Herbst-Zeitlose) lassen sich im Rasen verwildern. Alle Arten und Sorten sind hochgiftig!

Winterhärte: Voll frosthart ❄❄❄ bis bedingt frosthart ❄❄
Standort: Nährstoffreicher, durchlässiger Boden in sonniger Lage; Arten für den Steingarten in sehr durchlässigem Kiesboden.
Pflege: Knollen im Sommer oder Frühherbst 10 cm tief pflanzen; vor Wachstumsbeginn Dünger mit niedrigem Stickstoffgehalt geben.
Vermehrung: Große Horste im Sommer teilen.

① *Colchicum autumnale* 'Album' ↕10–15 cm; ❄❄❄ ② *C. byzantinum* 🏆 ↕13 cm; ❄❄❄ ③ *C. speciosum* 'Album' 🏆 ↕18 cm; ❄❄❄ ④ 'Waterlily' 🏆 ↕13 cm; ❄❄❄.

Consolida
Rittersporn

↕bis 1,2 m
↔bis 35 cm

Diese schlanken Einjährigen sind sehr eng mit dem mehrjährigen Rittersporn (*Delphinum*) verwandt, bringen im Sommer aber zartere Blütentrauben hervor, die mehrere Wochen lang halten. Die Blütenfarbe kann von Blau und Blauviolett bis Rosa oder Weiß variieren. Die Blüten eignen sich gut für den Schnitt, besonders die der langstieligen Formen, und auch zum Trocknen. Das Laub ist federartig und flaumig, gewöhnlich rundlich und mittel- bis dunkelgrün. Rittersporn lässt sich hervorragend mit anderen Einjährigen wie Garten-Ringelblumen (*Calendula*, siehe S. 204), Clarkie (siehe S. 214) und Sonnenhut (*Rudbeckia*, siehe S. 317) kombinieren. Er bringt in einen Bauerngarten zusätzlichen Charme.

Winterhärte: Voll frosthart ❄❄❄
Standort: Leichter, nährstoffreicher, durchlässiger Boden in Vollsonne.
Pflege: Hohe Pflanzen stützen; bei Trockenheit viel gießen, der Boden darf nicht austrocknen; Verblühtes regelmäßig entfernen, um die Blühdauer zu verlängern.
Vermehrung: Aussaat im Frühjahr oder Herbst direkt im Freiland, Herbstaussaaten im Winter leicht abdecken.

***Consolida* 'Frosted Skies'**
↕30–45 cm ↔ 15–23 cm; halb gefüllte Blüten; bevorzugt schwere Böden; benötigt Stütze.

Convallaria majalis
Maiglöckchen

Die wegen ihres intensiven Duftes berühmten zarten weißen Blüten erscheinen von Spätfrühling bis Frühsommer in Trauben an überhängenden Stängeln. Das Maiglöckchen, eine kleine, kriechende Staude, trägt mittel- bis dunkelgrüne Blätter und ist ein ausgezeichneter Bodendecker für Waldgärten oder feuchte, schattige Rabatten. Es breitet sich mithilfe von Rhizomen aus und bildet bei günstigen Bedingungen rasch große Kolonien. Damit diese Pflanzen bestens zur Geltung kommen, pflanzen Sie sie unter sommergrünen Sträuchern, sodass ihre Glöckchenblüten vor dem Hintergrund der jungen Frühlingsblätter besonders hervorgehoben werden. Es gibt auch Formen mit rosa Blüten oder panaschierten Blättern.

Winterhärte: Voll frosthart ❄❄❄
Standort: Feuchter, nährstoffreicher Boden im Schatten.
Pflege: Gelegentlich mit reifem Kompost versorgen; im Herbst einige Pflanzen eintopfen und im Haus kultivieren; nach der Blüte im Frühjahr wieder auspflanzen.
Vermehrung: Rhizome vor oder nach der Blüte teilen; Aussaat nach der Samenreife unter Glas.

Convallaria majalis 🏆
↕23 cm ↔ 30 cm; duftende Blüten reihen sich wie Perlen an einer Schnur zu zarten Trauben; gute Schnittblumen.

Convolvulus
Winde

Verwechseln Sie diese ein- und mehrjährigen Pflanzen nicht mit der Acker-Winde (*C. arvensis*), dem lästigen wuchernden Unkraut. Winden bringen Blüten in Weiß, Blau und Cremeweiß hervor und sind oft in der Mitte kontrastreich gefärbt. Sie eignen sich für gemischte Beete, Steingärten und sonnige Böschungen. Die kompakteren Formen werden nur etwa 30 cm hoch. *C. sabatius* bietet sich für Balkonkästen, Pflanzschalen und Ampeln an. Die mehrjährigen Arten sind kurzlebig und werden meist einjährig gezogen. Kombinieren Sie Winden mit Einjährigen wie Garten-Ringelblumen (*Calendula*, siehe S. 204) und Rittersporn (*Consolida*, siehe ganz links).

Winterhärte: Voll frosthart ❄❄❄ bis frosthart ❄❄
Standort: Magerer bis mäßig nährstoffreicher, durchlässiger Boden in vollsonniger, geschützter Lage; Gefäßbepflanzung in Topferde.
Pflege: Verblühtes regelmäßig entfernen, um die Blühdauer bis in den Herbst zu verlängern; Gefäßpflanzen bei trockenem Wetter häufig gießen und wöchentlich düngen.
Vermehrung: Einjährige Mitte Frühling oder Frühherbst (unter Abdeckung) direkt im Freien aussäen; bei *C. sabatius* im Frühherbst Kopfstecklinge schneiden.

***Convolvulus tricolor* 'Royal Ensign'**
↕30 cm ↔ 23–30 cm; buschige, kurzlebige Staude oder Einjährige; blüht den ganzen Sommer; ❄❄❄.

Convolvulus sabatius ♕
↕15 cm ↔ 50 cm; hängende Staude mit schlanken Trieben; blass- bis tieflavendelfarbene Blüten von Sommer bis Frühherbst; ❄❄.

Coreopsis

Mädchenauge, Schöngesicht

↕bis 75 cm
↔bis 60 cm

SOWOHL DIE MEHRJÄHRIGEN als auch die einjährigen Arten werden wegen ihrer leuchtenden Blütenkörbchen kultiviert, die den ganzen Sommer erscheinen. Massen von einfachen oder gefüllten Blüten in allen Schattierungen von Gelb stehen auf Stielen, die das feine Laub überragen. Diese Blumen eignen sind ausgezeichnet für Schnittblumen. Viele der mehrjährigen Arten sind ziemlich kurzlebig und werden einjährig gezogen; sie blühen meist im ersten Jahr nach der Frühjahrssaat sehr üppig. Kombinieren Sie Mädchenauge in einem Sonnenbeet mit Stauden wie Schafgarbe (*Achillea*, siehe S. 166–167) und Phlox (siehe S. 306–307).

Winterhärte: Voll frosthart ❄❄❄ bis frostempfindlich ❄
Standort: Nährstoffreicher, durchlässiger Boden in vollsonniger bis halbschattiger Lage.
Pflege: Höhere Pflanzen stützen; Verblühtes entfernen, um die Blühdauer zu verlängern.
Vermehrung: Aussaat im Frühjahr direkt ins Freie oder im Spätwinter bei 13–16°C unter Glas, für anhaltende Blüte in Folge säen; Stauden im Vorfrühling teilen oder Grundstecklinge gewinnen.

① *Coreopsis auriculata* 'Schnittgold' ↕80 cm ↔ 60 cm; Blüte im Früh- bis Hochsommer; ❄❄❄ ② *C.* 'Sunray' ↕45–90 cm ↔ 45 cm; Blüte Spätfrühling bis Spätsommer; ❄❄❄.

Corydalis

Lerchensporn

DIESE NIEDERWÜCHSIGEN und Horste bildenden Stauden, Ein- und Zweijährigen kommen in Gelb, Weiß, Blau und Rot vor und erscheinen im Frühjahr, Sommer oder Herbst in dichten Trauben über dem Laub. Die farnartig gefiederten Blätter sind gewöhnlich mittel- bis hellgrün: Die heute als eigene Gattung angesehenen *Pseudofumaria lutea* (früher *C. lutea*) und *P. alba* ssp. *alba* (früher *C. ochroleuca*) sind immergrün. Die Stauden haben knollige oder rhizomartige Wurzeln. Manche Arten säen sich stark selbst aus. Lerchensporn gedeiht am besten in einer Rabatte oder in einem Steingarten. Manche Arten benötigen eine Vegetationsruhe im Sommer und Schutz vor Winternässe und wachsen am besten in flachen Pflanzschalen in einem unbeheizten Gewächshaus oder im Frühbeet.

Winterhärte: Voll frosthart ❄❄❄ bis frosthart ❄❄
Standort: Mäßig nährstoffreicher, durchlässiger Boden in sonniger oder halbschattiger Lage.
Pflege: Gelegentlich mit verrottetem organischem Material versorgen.
Vermehrung: Aussaat bei Samenreife unter Glas; Frühlingsblüher im Herbst, Sommerblüher im Frühjahr teilen.

① *Corydalis flexuosa* ↕30 cm ↔ 20 cm ② *Pseudofumaria lutea* ↕40 cm ↔ 30 cm ③ *P. alba* ssp. *alba* ↕↔ 30 cm ④ *C. solida* 'George Baker' ♕ ↕25 cm ↔ 20 cm; alle ❄❄❄.

Cosmos
Schmuckkörbchen, Kosmee

Kosmeen werden in Naturgärten sehr geschätzt. Die Gattung umfasst einfach zu ziehende Knollen bildende Stauden und Einjährige, die wegen ihrer karminroten, rosafarbenen oder weißen Schalenblüten, die im Sommer auf langen, anmutigen Stielen erscheinen, beliebt sind. Die mehrjährige rotbraune *C. atrosanguineus* mit ihren rötlich braunen Stängeln und dem dunkelgrünen Laub trägt von Hochsommer bis Herbst samtige, nach Schokolade duftende rotbraune Blüten. Die etwas empfindliche Staude braucht Winterschutz, wenn die Blätter absterben. Kombinieren Sie sie mit anderen Stauden wie Phlox (siehe S. 306–307) und graublättrigen Pflanzen wie Heiligenkraut (*Santolina*, siehe S. 116) als Kontrast zu den dunklen Blüten. Säen Sie die einjährige *C. bipinnatus* in Gruppen aus.

Winterhärte: Frosthart ✻✻ bis frostempfindlich ❀
Standort: Nährstoffreicher, feuchter, durchlässiger Boden in Vollsonne.
Pflege: Abgeblühtes regelmäßig entfernen, um die Blüte zu verlängern; Knollen der Stauden im Herbst ausgraben, frostfrei lagern.
Vermehrung: Aussaat Einjähriger im Vorfrühling unter Glas oder im Spätfrühling direkt am Standort, Sämlinge auf 15 cm vereinzeln.

① *Cosmos atrosanguineus* ↕75 cm ↔ 45 cm; ✻✻
② *C. bipinnatus* 'Sea Shells' ↕bis 90 cm ↔ 45 cm; farnartiges Laub; gute Schnittblumen; ✻.

Crambe
Meerkohl

Diese am Grund verholzenden ein- oder mehrjährigen Pflanzen wachsen sehr hoch, wirken aber luftig. Sie werden wegen ihrer hübschen, am Rand gewellten Blätter und Rispen winziger, oft weißer, manchmal duftender Blüten kultiviert. Die von Spätfrühling bis Hochsommer erscheinenden Blüten ziehen Bienen an. Sie stehen auf kräftigen Stielen über dunkelgrünem oder blaugrauem Laub. Die anfangs dekorativen großen Blätter sterben gegen Spätsommer ab. Meerkohl sieht in gemischten Rabatten sehr eindrucksvoll aus, wobei die hohen Arten wie *C. cordifolia* viel Platz brauchen. Pflanzen Sie ihn neben Alte Rosen (siehe S. 110–113) und Pfeifenstrauch (*Philadelphus*, siehe S. 93).

Winterhärte: Voll frosthart ✻✻✻
Standort: Tiefgründiger, furchtbarer (auch magerer), durchlässiger Boden in vollsonniger bis halbschattiger Lage.
Pflege: Vor starken Winden schützen; Kohlhernie, eine bodenbürtige Krankheit, kann Meerkohl und andere Kohlarten befallen: die Wurzeln verdicken. Kranke Pflanzen entfernen und vernichten.
Vermehrung: Aussaat im Frühjahr oder Herbst unter Glas; Teilung der Pflanzen im Vorfrühling.

NEUE TRIEBE Die neuen Blätter des Meerkohls entwickeln sich aus verholzten Sprossen und sehen im Frühjahr interessant aus.

Crambe cordifolia 🏆
↕bis 2,5 m ↔ 1,5 m; mehrjährig; borstige Blätter, bis 35 cm im Durchmesser; Blüte von Spätfrühling bis Hochsommer; ✻✻✻.

Crinum
Hakenlilie

↕50 cm–1,5 m
↔15–30 cm

Die an Lilien erinnernde Hakenlilie gehört zu einer Gattung stattlicher sommer- bzw. immergrüner Zwiebelpflanzen. Sie werden hauptsächlich wegen ihrer prächtigen, manchmal duftenden Blüten in Weiß und Rosa kultiviert. Je nach Art erscheinen sie von Frühling bis Herbst auf langen, blattlosen Stängeln. Die langen, riemenförmigen Blätter sind glänzend hell- bis mittelgrün. Hakenlilien gedeihen am besten im Freien in einer warmen, geschützten Rabatte mit anderen Stauden wie *Anemone hupehensis*, Sorten von *A.* × *hybrida* (siehe S. 180–181), Phlox (siehe S. 306–307) und Taglilien (*Hemerocallis*, siehe S. 258).

Winterhärte: Voll frosthart ✻✻✻ (Grenzwert) bis frostempfindlich ❀
Standort: Tiefgründiger, nährstoffreicher, auch magerer, feuchter, durchlässiger Boden in vollsonniger bis halbschattiger Lage.
Pflege: Zwiebeln im Frühjahr pflanzen, der Zwiebelhals muss etwas aus der Erde herausragen; Boden mit reifem Kompost anreichern; im Wachstum viel gießen, während der Blüte feucht halten.
Vermehrung: Im Frühjahr Tochterzwiebeln abtrennen, ohne die fleischigen Wurzeln zu beschädigen.

HAKENLILIE TEILEN Graben Sie die Zwiebeln im Frühjahr aus. Trennen Sie gesunde Tochterzwiebeln ab und setzen Sie sie sofort wieder ein.

Crinum × *powellii* 'Album' 🏆
↕1,5 m ↔ 30 cm; sommergrün; von Spätsommer bis Herbst bis zu zehn duftende Blüten an einem Schaft; ✻✻✻ (Grenzwert).

Crocosmia

Montbretie

Diese auffallenden Stauden tragen überhängende Ähren, die üppig mit lebhaft scharlachroten, orangefarbenen und gelben sowie zweifarbig orange-roten Trichterblüten besetzt sind. Die langlebigen Blüten erscheinen von Hoch- bis Spätsommer auf drahtigen, verzweigten bzw. unverzweigten Trieben. Montbretien sind robust und bilden Horste aus flachen, schwertförmigen, oft gerippten Blättern, die straff aufrecht stehen, aber sich leicht fächerförmig ausbreiten. Eingewachsene Horste werden bis zu 60 cm breit. Setzen Sie Montbretien in eine Strauchrabatte oder kombinieren Sie sie Raublatt-Astern (*Aster novae-angliae*, siehe S. 192–193), Sonnenhut (*Rudbeckia*, siehe S. 317) und Fetthenne (*Sedum*, siehe S. 324).

Winterhärte: Voll frosthart ✻✻✻ bis frosthart ✻✻
Standort: Warmer, leichter, gut durchlässiger, mit reifem Kompost angereicherter Boden in geschützter, sonniger Lage.
Pflege: Knollen im Frühjahr 7–10 cm tief einsetzen, in frostgefährdeten Gärten an einer Mauer.
Vermehrung: Tochterknollen im Frühjahr abnehmen und einpflanzen; stark verdichtete Horste alle drei bis vier Jahre im Frühjahr oder Herbst teilen.

Crocosmia × *crocosmiiflora* 'Star of the East' 🏆
↕70 cm; Blüten erscheinen von Spätsommer bis Frühherbst auf verzweigten Trieben; ✻✻.

Crocosmia 'Lucifer' 🏆
↕1–1,2 m; 5 cm lange Blüten erscheinen im Hochsommer an mäßig verzweigten Ähren; ✻✻✻ (Grenzwert).

KNOLLENHAUFEN
Teilen Sie einen Knollenhaufen mit der Hand oder mit einem Spaten; setzen Sie gesunde Zwiebelknollen wieder ein.

Crocosmia masoniorum 🏆
↕1,2 m; gefältelte Blätter; im Hochsommer nach oben blickende Blüten an nicht verzweigten Ähren; ✻✻✻ (Grenzwert).

Crocosmia × *crocosmiiflora* 'Gerbe d'Or'
↕60–75 cm; auch als 'Golden Fleece' bekannt; Blüten erscheinen von Hoch- bis Spätsommer auf überhängenden Trieben; ✻✻✻.

Crocus

Krokus

KROKUSSE BLÜHEN NICHT NUR im Frühling, sondern manche von ihnen zeigen ihre Pracht erst im Herbst. Diese Zwergstauden, die sich aus Zwiebelknollen entwickeln, bringen ihre Blüten gleichzeitig mit den schmalen, grasartigen Blättern oder kurz davor hervor. Die Blüten kommen in lebhaften oder pastelligen Tönen von Gelb bis Flieder, Purpur und Weiß vor, manchmal gestreift oder mehrfarbig. Die mittelgrünen Blätter haben in der Mitte einen silbrig grünen Streifen. Krokusse sind einfach zu kultivieren. Kombinieren Sie sie mit anderen Frühlingsblühern wie Zwergnarzissen (siehe S. 288–289) oder im Herbst blühenden winterharten Alpenveilchen (siehe S. 221).

Winterhärte: Voll frosthart *** bis frosthart **
Standort: Meist sandiger, mäßig nährstoffreicher, durchlässiger Boden in sonniger Lage.
Pflege: Frühlingsblüher im Herbst, Herbstblüher im Spätsommer 5–10 cm tief einsetzen; Krokusse können auch im Haus vorgetrieben werden; zum Schutz vor Wühlmäusen, die die Zwiebelknollen anfressen an, diese erst mit Hasendraht, dann mit Erde abdecken.
Vermehrung: Tochterknollen in der Ruhezeit abtrennen und wieder einpflanzen; Aussaat nach Samenreife oder im Frühjahr.

Crocus chrysanthus 'Snow Bunting' ♡
↕8 cm ↔5 cm; bis zu vier duftende Blüten pro Pflanze erscheinen im Vorfrühling; ***.

Crocus speciosus ♡
↕10–15 cm ↔5 cm; im Herbst blühender Krokus, der schnell wächst; Blüten erscheinen vor den Blättern; ***.

Crocus chrysanthus 'Gipsy Girl'
↕8 cm ↔5 cm; Blüten erscheinen im Vorfrühling; ***.

Crocus sieberi 'Hubert Edelsten' ♡
↕5–8 cm ↔2,5 cm; Blüten erscheinen von Spätwinter bis Vorfrühling; ***.

Crocus sieberi 'Albus' ♡
↕5–8 cm ↔2,5 cm; die 3–4,5 cm langen Blüten mit tiefgelbem Schlund erscheinen im Vorfrühling; ***.

Cyclamen

Alpenveilchen

DIE ELEGANTEN BLÜTEN dieser mehrjährigen Knollenpflanzen stehen auf blattlosen Stängeln und erscheinen je nach Art von Herbst bis Spätwinter. Ihre Farbe variiert von Weiß bis Rosa und Karminrot. Die Blätter sind herzförmig bis rundlich und hübsch silbrig gezeichnet; sie halten den ganzen Winter und Frühling. Setzen Sie diese winterharten Alpenveilchen unter Bäume oder zusammen mit früh blühenden Zwiebelgewächsen wie Schneeglöckchen (*Galanthus*, siehe S. 247) und Frühlingskrokussen (siehe gegenüber) in eine Rabatte. Sie gedeihen auch in Steingärten, auf erhöhten Beeten oder in Gefäßen gut. Verwechseln Sie diese Alpenveilchen nicht mit den frostempfindlichen Sorten, die als Zimmerpflanzen angeboten werden.

Winterhärte: Voll frosthart ❄❄❄ bis frosthart ❄❄
Standort: Gut durchlässiger, humoser Boden im Halbschatten.
Pflege: Knollen 5–10 cm tief einsetzen; zum Schutz vor Wühlmäusen Knollen zuerst mit Hasendraht, dann mit Erde abdecken; nach Einziehen der Blätter jedes Jahr mit Laubkompost mulchen.
Vermehrung: Aussaat im Frühjahr unter Glas, später im Freiland.

Cyclamen cilicium ♀
↕5 cm ↔ 8 cm; im Herbst rosa oder weiße Blüten mit karminroter Färbung am Schlund; stark gezeichnete Blätter; ❄❄.

Cynara

Artischocke

↕1,5–2 m
↔1,2 m

DIESE EINDRUCKSVOLLEN Strukturpflanzen sind in einem Beet kaum zu übersehen. Die Horste bildenden Stauden bringen von Sommer bis Herbst große, distelartige Blütenköpfe in verschiedenen Violett- und Blautönen hervor. Die noch geschlossenen Knospen der Gemüse-Artischocke (*C. scolymus*) sind essbar, die Blüten lassen sich gut trocknen. Die auffallenden eingeschnittenen, silbrigen oder graugrünen Blätter hängen fontänenartig über. Daher eignen sich Artischocken als Blattpflanzen gut im Hintergrund einer gemischten Rabatte oder in einem Staudenbeet mit Ehrenpreis (*Veronica*, siehe S. 337), Salbei (*Salvia*, siehe S. 318–319) oder Taglilien (*Hemerocallis*, siehe S. 258).

Winterhärte: Voll frosthart ❄❄❄ bis frosthart ❄❄
Standort: Mäßig nährstoffreicher, durchlässiger Boden in Vollsonne.
Pflege: Bei kaltem Klima mit reifem Kompost mulchen; Blütenköpfe stützen; Neuaustrieb wird oft von Schnecken befallen.
Vermehrung: Aussaat im Frühjahr in Töpfen unter Glas; Teilung der Pflanze im Frühjahr; bewurzelte Nebentriebe abtrennen und weiterkultivieren.

PFLANZUNG
Für Blüten im ersten Jahr setzen Sie bewurzelte Knollen so ein, dass sie etwas herausragen. Decken Sie mit Erde ab und drücken Sie leicht an.

Cyclamen hederifolium ♀
↕10–13 cm ↔ 15 cm; manchmal duftende Blüten Mitte bis Ende Herbst vor den unterschiedlich gezeichneten Blättern; ❄❄❄.

Cyclamen coum ♀
↕5–8 cm ↔ 10 cm; kompakte weiße, rosa oder karminrote Blüten im Winter oder Vorfrühling; einfarbige oder gezeichnete Blätter; ❄❄❄.

Cynara cardunculus ♀
↕1,5 m ↔ 1,2 m; stachelige Blätter; wollig behaarte graue Stängel; Blüten Früh- bis Spätherbst; Stängel und Mittelrippe essbar; ❄❄❄.

Dahlia

Dahlie

Dahlien zählen mit Recht zu den beliebtesten Gartenpflanzen. Sie bieten von Hochsommer bis zu den ersten Herbstfrösten eine herrliche Blütenpracht in Weiß sowie in lebhaften Gelb-, Orange-, Scharlachrot-, Rosa-, und Purpurtönen. Sie bringen nicht nur Farbe in den Garten, wenn die meisten Sommerblumen schon welken, sondern sie sind auch ausgezeichnete Schnittblumen – einige Sorten mit schokoladenbraunem Laub. Dahlien sind frostempfindliche Knollenpflanzen. Bei strengerem Klima können Sie die Knollen nicht vor Spätfrühling oder Frühsommer einpflanzen. Die kleineren Formen werden meist nur einjährig kultiviert. Sie eignen sich gut als Beetumrandung oder für Gefäße. Die Blüten zeigen eine große Vielfalt an Form und Größe; sie bringen Gärten und Blumensträuße zum Leuchten und werden von Ausstellern hoch geschätzt. Die Sorten werden nach ihren Blütenformen in verschiedene Klassen eingeteilt. Sie umfassen einfach blühende Formen, halb gefüllte wie Halskrausendahlien, Päonienblütige und Anemonenblütige Dahlien sowie gefüllte Formen wie Pompondahlien, Balldahlien, Schmuckdahlien, Semikaktus- und Kaktusdahlien. Da Dahlien sehr schnell mutieren, kaufen Sie Ihre Pflanzen am besten in einer Gärtnerei, wo Sie unter einer Vielzahl von Sorten wählen können.

Winterhärte: Frosthart ❄❄ bis frostempfindlich ❄
Standort: Nährstoffreicher, mit verrottetem Stallmist angereicherter, durchlässiger Boden in sonniger Lage; Beetdahlien gedeihen auch auf weniger nährstoffreichem Boden.
Pflege: Knollen im Herbst ausgraben, trocknen lassen und frostfrei lagern; je nach Klima im Vor- oder Spätfrühling einpflanzen; hohe Sorten mit Stäben und Schnüren stützen, die beim Einpflanzen angebracht werden; neue Triebe regelmäßig aufbinden; in Trockenzeiten gut wässern; im Wachstum regelmäßig stickstoffreichen Dünger (Laubentwicklung), ab Hochsommer kaliumreichen Dünger (Blütenbildung) verabreichen; Abgeblühtes regelmäßig entfernen; Pflanze auf zwei oder drei Triebe reduzieren, um größere Blüten zu bekommen; Schnecken und Ohrwürmer fressen an Blättern und Blüten.
Vermehrung: Knollen im Frühjahr in Teilstücke mit mindestens einem Auge teilen und eintopfen.

Dahlien überwintern

❶ Schneiden Sie Mitte Herbst, am besten nachdem das Laub beim ersten Frost abgestorben ist, die alten Triebe zurück. Belassen Sie dabei aber an jeder Knolle ein 15 cm langes Triebstück. Nehmen Sie die Knollen vorsichtig aus dem Boden. Schütteln Sie überschüssige Erde ab und kennzeichnen Sie die Knollen.

❷ Lassen Sie die Knollen mit dem Kopf nach unten etwa drei Wochen frostfrei trocknen, damit die Feuchtigkeit aus den hohlen Stängelresten abzieht. Sind diese trocken, bedecken Sie die Knollen mit Rindenhäcksel und lagern sie kühl und frostfrei bis zum Frühjahr. Kontrollieren Sie gelegentlich auf Krankheiten.

❸ Im Frühjahr, etwa sechs Wochen vor den letzten Frösten, pflanzen Sie die ruhenden Knollen ein. Bei hohen Sorten stecken Sie einen 1 m langen stabilen Stab in das Pflanzloch. Bedecken Sie die Knollen mit Erde, sodass sich der Sprossansatz 2,5–5 cm unter der Erde befindet. Nach etwa sechs Wochen erscheint der Neuaustrieb.

① ***Dahlia* 'Bishop of Llandaff'** 🏆 ↕1,1 m ↔ 45 cm; Päonienblütige Dahlie; schokoladenbraunes Laub ② ***D.* 'Candy Cane'** ↕1–1,2 m ↔ 60 cm; Miniatur-Schmuckdahlie ③ ***D.* 'Clair de Lune'** 🏆 ↕1,1 m ↔ 60 cm; Halskrausendahlie ④ ***D.* 'Conway'** ↕1,1 m ↔ 60 cm; kleine Semikaktusdahlie ⑤ ***D.* 'Corton Olympic'** ↕1,2 m ↔ 60 cm; Riesen-Schmuckdahlie ⑥ ***D.* 'Davenport Sunlight'** ↕1,2 m ↔ 60 cm; Semikaktusdahlie ⑦ ***D.* 'David Howard'** 🏆 ↕↔ 90 cm; Miniatur-Schmuckdahlie

⑧ *D.* **'Fascination'** 🏆 ↕60 cm ↔45 cm; einjährige Beetdahlie ⑨ *D.* **'Hamari Accord'** 🏆 ↕1,2 m ↔60 cm; Semikaktusdahlie ⑩ *D.* **'Hamari Gold'** 🏆 ↕1,2 m ↔60 cm; Riesen-Schmuckdahlie ⑪ *D.* **'Hillcrest Royal'** 🏆 ↕1,1 m ↔60 cm; Kaktusdahlie ⑫ *D.* **'Nina Chester'** ↕1,1 m ↔60 cm; kleine Schmuckdahlie ⑬ *D.* **'Noreen'** ↕1 m ↔45 cm; Pompondahlie ⑭ **'Pontiac'** ↕1,2 m ↔60 cm; Semikaktusdahlie ⑮ *D.* **'Preston Park'** 🏆 ↕↔45 cm; einfach blühende Beetdahlie ⑯ *D.* **'Rhonda'** ↕1,1 m ↔60 cm; Pompondahlie ⑰ *D.* **'Rokesly Mini'** ↕1 m ↔45 cm; Semikaktusdahlie ⑱ *D.* **'Small World'** 🏆 ↕1,1 m ↔60 cm; Pompondahlie ⑲ *D.* **'So Dainty'** 🏆 ↕1,1 m ↔60 cm; Miniatur-Semikaktusdahlie ⑳ *D.* **'White Alva's'** 🏆 ↕1,2 m ↔60 cm; Riesen-Schmuckdahlie ㉑ *D.* **'Wootton Cupid'** 🏆 ↕1,1 m ↔60 cm; Miniatur-Balldahlie ㉒ *D.* **'Wootton Impact'** 🏆 ↕1,2 m ↔60 cm; Semikaktusdahlie ㉓ *D.* **'Zorro'** 🏆 ↕1,2 m ↔60 cm; Riesen-Schmuckdahlie.

Darmera peltata

Schildblatt

DIESE UNGEWÖHNLICHE STAUDE ist eine imposante Blattschmuckpflanze, die Wassernähe liebt. Im Spätfrühling erscheinen rosa oder weiße Blüten in Dolden auf kräftigen, behaarten Stängeln, die bis 1,2 m hoch werden können. Erst wenn die Blüten welken, treiben die schildförmigen (Name!), langgestielten Blätter aus. Das eindrucksvolle Laub färbt sich im Herbst rot, bevor es im Winter abstirbt. Das Schildblatt ist eine große Pflanze, die viel Platz beansprucht und sich in einem Sumpfgarten oder am Gewässerrand am wohlsten fühlt, aber auch in schattigen Rabatten gedeiht. Kombinieren Sie es mit anderen Feuchtigkeit liebenden Pflanzen wie Astilben (siehe S. 194) oder Primeln (siehe S. 312–313) oder pflanzen Sie es in Gruppen, um seine auffallende Form besonders hervorzuheben.

Winterhärte: Voll frosthart ❄❄❄, späte Fröste beschädigen Blüten.
Standort: Feuchter oder sumpfiger Boden in sonniger bis halbschattiger Lage; Wassertiefe bis 5 cm wird vertragen.
Pflege: Totes Laub im Spätwinter vor dem Neuaustrieb entfernen.
Vermehrung: Aussaat im Frühjahr oder Herbst unter Glas; Teilung des Wurzelstocks im Frühjahr.

HERBSTLAUB

Darmera peltata ♕
↕2 m ↔ 1 m oder mehr.

Delphinium

Rittersporn

MIT SEINEN LANGEN Blütentrauben bringt mehrjähriger Rittersporn in jede Rabatte Höhe und Form. Die Blüten erscheinen im Früh- und Hochsommer in verschiedenen Farben von Cremeweiß bis Rosa, Karminrot, Hellblau, Blauviolett und Violett. Die grundständigen Blätter sind mittelgrün und mehrfach handförmig geteilt. Da die Blütenähren kopflastig werden, können sie bei Wind umkippen und benötigen daher Stütze sowie einen geschützten Standort. Setzen Sie die Pflanzen im Hintergrund einer Rabatte an einer Mauer oder einem Zaun ein. Niedrigere Arten und Zwergformen eignen sich eher für exponierte Lagen. Belladonna-Hybriden sind einfach zu kultivieren.

Winterhärte: Voll frosthart ❄❄❄
Standort: Nährstoffreicher, tiefgründiger, durchlässiger Boden in vollsonniger, windgeschützter Lage.
Pflege: Mit Bambusstäben stützen (siehe gegenüber unten); Verblühtes regelmäßig entfernen, um im Spätsommer einen weiteren, jedoch weniger prächtigen Flor anzuregen; Schnecken sowie Echter Mehltau bei feuchtem Laub und trockenem Boden können zum Problem werden.
Vermehrung: Aussaat im Vorfrühling bei 13 °C unter Glas; Teilung im Herbst oder Frühjahr.

Delphinium 'Bruce' ♕
↕2 m ↔ 60–90 cm; Horste bildende Staude.

Delphinium 'Fanfare'
↕2,2 m ↔ 60–90 cm; Horste bildende Staude.

Delphinium 'Sungleam' ♕
↕1,5 m ↔ 60–90 cm; Horste bildende Staude.

Delphinium nudicaule
↕60–90 cm ↔ 20 cm; niedrige, einjährig kultivierte Staude; Blüte nur im Hochsommer.

***Delphinium* 'Emily Hawkins'** 🏆
↕1,7 m ↔ 60–90 cm; Horste bildende Staude.

TRIEBE STÜTZEN
Stecken Sie einen langen Stab in den Boden und binden Sie den Trieb mit einer Achterschlaufe fest, wenn er 30 cm hoch ist.

***Delphinium* Blue-Fountains-Gruppe**
↕60–90 cm ↔ 60–90 cm; Horste bildende Staude, geeignet für kleine oder windige Gärten.

***Delphinium* 'Blue Nile'** 🏆
↕1,7 m ↔ 60–90 cm; Horste bildende Staude.

***Delphinium* 'Mighty Atom'**
↕1,5 m ↔ 60–90 cm; Horste bildende Staude; Blüten und Stängel können sich verformen, wenn zu viele Blüten bestäubt werden.

Dianthus

Nelke

↕8–90cm
↔20–40cm

DIESE BELIEBTE GATTUNG LÄSST SICH in verschiedene Gruppen einteilen. Beetnelken sind Einjährige und immergrüne Stauden, die aufrecht wachsen und im Hochsommer einmal üppig blühen. Die immergrünen mehrjährigen Spraynelken werden unter Glas als Schnittblumen gezogen und blühen dort das ganze Jahr. Niedrige, ausladende Polster, aus denen sich im Sommer Folgen von Blüten erheben, sind für die immergrünen alten Gartennelken charakteristisch. Die immergrünen Gebirgsnelken hingegen bilden im Frühsommer Kissen oder Matten aus kleinen, duftenden Blüten. Nelkenblüten sind einfach oder gefüllt und erscheinen in vielen Schattierungen von Rosa, Weiß, Karmin, Lachs und Violett, oft mit dunkler, kontrastierender Zeichnung auf den Blütenblättern. Manche Sorten verströmen einen intensiven würzigen Duft.

Winterhärte: Voll frosthart ✲✲✲, Spraynelken bedingt frosthart ✲
Standort: Nährstoffreicher (mit reifem Kompost oder Stallmist angereicherter), durchlässiger, alkalischer bis neutraler Boden in sonniger Lage; bei alpinen Formen in Trögen und auf erhöhten Beeten sehr durchlässiges Substrat verwenden.
Pflege: Jungpflanzen im Frühjahr und Frühsommer auspflanzen; im Frühjahr Volldünger verabreichen; hohe Sorten mit Stäben und Schnüren stützen; welke Blüten regelmäßig entfernen, um die Blühfreudigkeit zu fördern und einen kompakten Wuchs zu erhalten; ein- und zweijährige Arten nach der Blüte wegwerfen.
Vermehrung: Aussaat im Vorfrühling in Töpfen unter Glas; Grünstecklinge (siehe unten) im Früh- bis Hochsommer gewinnen; Absenker (siehe unten) im Spätsommer.

Vermehrung durch Grünstecklinge

Durch Grünstecklinge *lassen sich alle Nelkenarten ganz einfach vermehren. Wählen Sie einen Trieb ohne Blüten, den Sie in Basisnähe festhalten und dann an der Spitze ziehen. Er bricht dann ganz leicht an der Blattachsel. So erhalten Sie einen Steckling von 8–10 cm Länge mit drei oder vier Blattpaaren. Entfernen Sie das unterste Blattpaar, und setzen Sie mehrere Stecklinge in einen Topf mit Erde und Sand zu gleichen Teilen. Diesen halten Sie an einem schattigen Ort feucht. Haben die Stecklinge nach drei oder vier Wochen Wurzeln gebildet, topfen Sie sie einzeln ein.*

Vermehrung von Beetnelken durch Absenker

1 *Lockern Sie die Erde um eine Pflanze herum und arbeiten Sie gleiche Teile Sand und torffreies Substrat ein. Wählen Sie Triebe ohne Blüten und entfernen Sie bis auf die oberen vier oder fünf alle Blätter. Schneiden Sie den Trieb unterhalb eines Auges der Länge nach einige Zentimeter schräg ein (kleines Bild). Das regt die Wurzelbildung an. Evtl. mit Bewurzelungshormon bestreichen.*

2 *Legen Sie die Einschnittstelle auf die vorbereitete Erde und befestigen Sie den Trieb mit einem gebogenen Draht. Binden Sie die Triebspitze an einem Stab fest, so dass sie aufrecht steht und der Einschnitt offen bleibt. Gießen Sie etwas an, häufeln Sie Erde über den Trieb und legen Sie einen Stein darauf, damit sie feucht bleibt. In fünf bis sechs Wochen bilden sich Wurzeln.*

① ***Dianthus alpinus*** **'Joan's Blood'** 🏆 ↕8 cm ↔ 10 cm; Gebirgsnelke ② ***D.*** **'Becky Robinson'** 🏆 ↕45 cm ↔ 40 cm; duftende Gartennelke ③ ***D.*** **'Bovey Belle'** 🏆 ↕45 cm ↔ 40 cm; duftende Gartennelke ④ ***D.*** **'Brympton Red'** ↕45 cm ↔ 30 cm; Gartennelke ⑤ ***D.*** **'Christine Hough'** ↕1,5 m ↔ 30 cm; Beetnelke ⑥ ***D.*** **'Christopher'** ↕38 cm ↔ 30 cm; Gartennelke ⑦ ***D.*** **'Dad's Favourite'** ↕45 cm ↔ 30 cm; Gartennelke ⑧ ***D.*** **'Dainty Dame'** 🏆 ↕10 cm ↔ 20 cm; Gebirgsnelke

⑨ ***D. deltoides*** **'Leuchtfunk'** ↕20 cm ↔ 30 cm; Gartennelke ⑩ ***D.*** **'Doris'** 🏆 ↕45 cm ↔ 40 cm; duftende Gartennelke ⑪ ***D.*** **'Forest Treasure'** ↕60 cm ↔ 40 cm; Beetnelke ⑫ ***D.*** **'Golden Cross'** 🏆 ↕60 cm ↔ 40 cm; Beetnelke ⑬ ***D.*** **'Gran's Favourite'** 🏆 ↕45 cm ↔ 40 cm; duftende Gartennelke ⑭ ***D.*** **'Haytor White'** 🏆 ↕45 cm ↔ 40 cm; duftende Gartennelke ⑮ ***D.*** **'Houndspool Ruby'** 🏆 ↕45 cm ↔ 40 cm; Gartennelke ⑯ ***D.*** **'La Bourboule'** ↕20 cm ↔ 30 cm; duftende Gebirgsnelke

⑰ ***D.*** **'Little Jock'** ↕20 cm ↔ 30 cm; duftende Gebirgsnelke ⑱ ***D.*** **'London Brocade'** 🏆 ↕↔ 45 cm; duftende Gartennelke ⑲ ***D.*** **'Mrs Sinkins'** ↕45 cm ↔ 30 cm; duftende Gartennelke ⑳ ***D.*** **'Musgrave's Pink'** ↕45 cm ↔ 30 cm; Gartennelke ㉑ ***D.*** **'Kobusa'** 🏆 ↕bis 1,5 m ↔ 30 cm; Spraynelke ㉒ ***D.*** **'Valda Wyatt'** 🏆 ↕45 cm ↔ 40 cm; duftende Gartennelke ㉓ ***D.*** **'Warden Hybrid'** ↕10 cm ↔ 20 cm; Gebirgsnelke.

Diascia

Doppelhörnchen

Allein wegen ihrer langen Blühzeit lohnt es sich, diese Einjährigen, Mehrjährigen und Halbsträucher im Garten zu haben. Lockere, dicht gepackte Blütentrauben erscheinen von Spätfrühling bis Mitte Herbst über den herzförmigen mittelgrünen Blättern. Der Hauptflor erstreckt sich über den Frühsommer, aber wenn Sie die Pflanzen danach zurückschneiden, bringen sie später im Sommer weitere Blüten hervor. Die Blütenfarbe variiert von Apricot, Lachsrosa, Tiefrosa bis Rosaviolett. Pflanzen Sie Doppelhörnchen im Vordergrund eines Staudenbeets, unter Rosen oder in Steingärten. Die meisten Arten sind kriechend oder Polster bildend, hängende eignen sich hervorragend für Gefäße. Schneiden Sie zur Sicherheit Stecklinge für das nächste Jahr.

Winterhärte: Meist frosthart bis –8 °C ✻✻
Standort: Feuchter, aber durchlässiger Boden in vollsonniger Lage.
Pflege: In Trockenperioden wässern.
Vermehrung: Aussaat bei Samenreife oder im Frühjahr bei 16 °C in Töpfen; Stecklinge im Spätsommer schneiden; Jungpflanzen frostfrei überwintern.

① *Diascia barberae* 'Blackthorn Apricot' ♀ ② *D. barberae* 'Fisher's Flora' ♀ ③ *D. fetcaniensis* – alle ↕25 cm ↔50 cm ④ *D. rigescens* ♀ ↕30 cm ↔60 cm.

Dicentra

Herzblume, Tränendes Herz

Siehe auch S. 140.

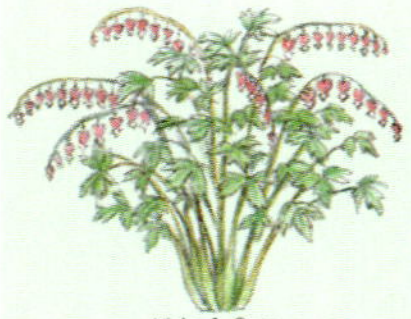

Diese beliebten Bauerngartenpflanzen werden sowohl wegen ihres fein gefiederten Laubs als auch wegen ihrer herzförmigen Blüten kultiviert. Die meisten Arten sind mehrjährig und bilden kompakte Horste mit farnartigen, oft graugrünen Blättern und überhängenden Trieben, an denen die Blüten hängen. Diese erscheinen von Frühling bis Spätsommer in verschiedenen Rot-, Purpur- und Tiefrosatönen sowie in Weiß oder Gelb. Sie fühlen sich in gemischten Rabatten genauso wohl wie in Bauern- oder Waldgärten. Ihre zarten Blüten und Blätter kontrastieren hübsch mit den Blättern der Funkie (*Hosta*, siehe S. 260–261).

Winterhärte: Voll frosthart ✻✻✻, Frostschäden an frühen Austrieben.
Standort: Nährstoffreicher, feuchter, leicht alkalischer (kalkfreier) Boden im Halbschatten; bei *D. chrysantha* trockener Boden in Sonne, *D. spectabilis* verträgt Sonne bei feuchtem Boden.
Pflege: Wurzelstock nicht zu tief setzen; bei Trockenheit gießen.
Vermehrung: Aussaat bei Samenreife oder im Frühjahr in Töpfen unter Glas; Teilung der Pflanze mit fleischigen Wurzeln im Frühjahr oder nach Absterben des Laubs; Grundstecklinge im Spätsommer.

Dicentra formosa
↕45 cm ↔60–90 cm; sich ausbreitende Staude; Blätter unterseits graublau; Blüten im Spätfrühling und Frühsommer, verblassen weiß.

Dicentra spectabilis ♀
↕bis 80 cm ↔45 cm; Horste bildende Staude mit hellgrünen Blättern; Blüte im Spätfrühling und Frühsommer.

FORM MIT ROSA BLÜTEN

Dicentra cucullaria
↕bis 20 cm ↔25 cm; Staude; bildet kompakte Horste; weiße oder rosa Blüten im Frühjahr; braucht Sandboden.

Dicentra spectabilis 'Alba' ♡
↕80 cm ↔ 45 cm; robuste, Horste bildende Staude mit hellgrünen Blättern; Blüte von Spätfrühling bis Hochsommer.

Dictamnus albus

Diptam, Brennender Busch

↕40–90 cm
↔60 cm

Diese hochwüchsige, am Grund verholzende Staude wird vor allem wegen ihrer dichten, duftenden Blütentrauben kultiviert, die im Sommer über den hellgrünen, ledrigen, gefiederten Blättern mit Zitronenaroma erscheinen. Den Namen Brennender Busch trägt die Pflanze, weil in großer Sommerhitze der geringste Funke genügt, die in großen Mengen verdunstenden ätherischen Öle der Blüten und Samenstände zu entzünden. Die Horste bildende Pflanze lässt sich gut mit anderen hohen Stauden wie Schafgarbe (*Achillea*, siehe S. 166–167), Phlox (siehe S. 306–307), Taglilien (*Hemerocallis*, siehe S. 258) und Weiderich (*Lythrum*, siehe S. 283) kombinieren.

Winterhärte: Voll frosthart ✻✻✻
Standort: Jeder durchlässige, mäßig nährstoffreiche Boden in vollsonniger bis halbschattiger Lage.
Pflege: Eingewachsene Pflanzen nicht stören.
Vermehrung: Aussaat nach Samenreife in Töpfen unter Glas; Teilung der Pflanzen im Herbst oder Frühjahr; die verholzten Wurzelstöcke benötigen einige Zeit, um wieder einzuwachsen.

① *Dictamnus albus*, weiße oder rosa-weiße Blüten
② *D. albus* 'Purpureus' ♡, purpurrosa Blüten.

Dierama

Trichterschwertel

Diese zierlichen Knollenpflanzen tragen ihre Blüten an langen, sanft überhängenden Trieben, die so schlank sind, dass sie sich bei jedem Windhauch bewegen. Die trichter- oder glockenförmigen Blüten in Rot, leuchtendem Rosa oder Purpurrosa erscheinen unermüdlich und hängen in einzelnen Büscheln von den Trieben herab. Die feinen, grasartigen grünen bis graugrünen Blätter dieser immergrünen Stauden sind grundständig und können bis zu 90 cm lang werden. Kombinieren Sie Trichterschwertel mit anderen sommerblühenden Stauden wie Akanthus (siehe S. 166), Bartfaden (*Penstemon*, siehe S. 304), Phlox (siehe S. 306–307) und Salbei (*Salvia*, siehe S. 318–319).

Winterhärte: Frosthart ✻✻ bis bedingt frosthart ✻; eingewachsene Horste vertragen Temperaturen bis –10 °C.
Standort: Durchlässiger, mit reifem Kompost angereicherter Boden in geschützter, sonniger Lage.
Pflege: Knollen im Frühjahr 5–8 cm tief einsetzen; Pflanzen im Sommer viel gießen; in frostgefährdeten Gebieten als Winterschutz eine trockene Mulchschicht ausbringen.
Vermehrung: Aussaat bei Samenreife unter Glas; Teilung der Knollen im Frühjahr; Jungpflanzen brauchen lange, um einzuwachsen.

Dierama pulcherrimum
↕1–1,5 m ↔ 60 cm; im Sommer blass- bis tiefmagentarosa, gelegentlich weiße oder purpurrote Blüten; ✻✻.

Digitalis

Fingerhut

Diese klassischen Bauergartenpflanzen bilden eine Gattung Zweijähriger und kurzlebiger Stauden. Ihre imposanten Blütentrauben kommen in verschiedenen Farbschattierungen vor – vom klassischem Purpurrot des Roten Fingerhuts (*D. purpurea*) bis hin zu Rosa, Weiß und Gelb. Sie erscheinen im zweiten Jahr den ganzen Frühling hindurch bis zum Hochsommer. Die auffallenden Pflanzen können 1,5 m oder höher wachsen. Fingerhut verleiht jeder gemischten Rabatte und jedem Staudenbeet mit anderen früh blühenden Stauden wie Herzblume (*Dicentra*, siehe S. 228–229) und Gämswurz (*Dornicum*, siehe gegenüber) Höhe. Er sät sich reichlich selbst aus. Alle Fingerhutarten sind giftig!

Winterhärte: Voll frosthart ❄❄❄ bis frosthart ❄❄
Standort: Jeder Boden und jede Lage, außer extreme Nässe oder Trockenheit.
Pflege: Boden mit reifem Kompost anreichern; Abgeblühtes sofort entfernen, damit nicht überall Sämlinge kommen; Blattfleckenkrankheit und Echter Mehltau können die Blätter verformen, beim Gießen nicht benetzen, befallene Blätter entfernen.
Vermehrung: Aussaat (Samen sammeln) im Spätfrühling unter Glas.

Digitalis davisiana
↕ bis 70 cm ↔ 45 cm; Staude mit unterirdischen Rhizomen; Blüte im Frühsommer; ❄❄.

Digitalis × mertonensis 🏆
↕ bis 90 cm ↔ 30 cm; Horste bildende Staude; Blüte im Spätfrühling und Frühsommer; ❄❄❄.

Digitalis grandiflora 🏆
↕ bis 90 cm ↔ 45 cm; Horste bildende Zweijährige oder Staude; geäderte, bis zu 25 cm lange Blätter; Blüte im Früh-/Hochsommer; ❄❄❄.

SELBSTAUSGESÄTE SÄMLINGE
Suchen Sie im Frühherbst unter jeder Pflanze nach Sämlingen, die Sie mit dem Wurzelballen ausgraben und in 30 cm Abständen wieder einsetzen.

***Digitalis purpurea* Excelsior-Hybriden**
↕ 90–200 cm ↔ bis 60 cm; zwei- oder mehrjährig, am besten einjährige Kultur aus Samen; gute Schnittblumen; ❄❄❄.

Dodecatheon

Götterblume, Flügelstern

↕bis 40 cm
↔25 cm

DIESE STAUDEN BIETEN im Frühjahr und Sommer ein eindrucksvolles Schauspiel. Sie gedeihen an Teichufern und am Rand von Sumpfgärten genauso gut wie in gemischten Rabatten und Staudenbeeten. Ihre alpenveilchenähnlichen Blüten in Purpurrosa, Hellrosa, Karminrot, Lavendelblau oder Weiß hängen in üppigen Dolden von langen, überhängenden Trieben herab. Die Pflanzen bilden grundständige Rosetten aus lanzettlichen bis länglich ovalen Blättern. Nach der Blüte im Sommer ziehen die Blätter ein. Kombinieren Sie die Götterblume mit anderen frühlings- und sommerblühenden Stauden wie Gämswurz (*Dornicum*, siehe rechts), Lupine (siehe S. 280–281) und Mohn (*Papaver*, siehe S. 299).

Winterhärte: Voll frosthart ❄❄❄
Standort: Durchlässiger, feuchter, aber nicht staunasser Boden (mit reifem Kompost angereichert) in halbschattiger bis sonniger Lage.
Pflege: Während der Wachstumsphase reichlich gießen; in sehr kalten Wintern mit Torf abdecken; Jungpflanzen vor Schnecken schützen.
Vermehrung: Aussaat (reine Arten und einige Sorten) bei Samenreife direkt ins Freie, Kaltkeimer; Teilung im Herbst.

① *Dodecatheon dentatum* 🏆 ↕↔ bis 20 cm; im Spätfrühling 2–5 weiße Blüten pro Trieb ② *D. pulchellum* 'Red Wings' ↕35 cm ↔ 20 cm; im Spätfrühling/Frühsommer 20 Blüten pro Trieb.

Doronicum

Gämswurz

GÄMSWURZ WIRD VOR ALLEM wegen der zarten gelben, einfachen oder gefüllten Blüten kultiviert. Sie erscheinen einzeln oder in kleinen Büscheln auf schlanken Stielen hoch über den Blättern. Die Stauden blühen im Frühjahr mehrere Wochen lang, können aber bei milder Witterung auch im Spätwinter in Blüte stehen. Manche Arten haben Knollen oder Rhizome (siehe S. 164). Gämswurz wirkt in Waldgärten sehr natürlich. Sie können ihn auch in einem Staudenbeet mit Narzissen (siehe S. 288–289), Lungenkraut (*Pulmonaria*, siehe S. 314) und Primeln (siehe S. 312–313) kombinieren. Er bietet gute Schnittblumen.

Winterhärte: Voll frosthart ❄❄❄
Standort: Feuchter, mit verrottetem organischem Material angereicherter Boden in sonniger bis halbschattiger Lage; in schwere Tonböden, die im Winter nass sind, reichlich Sand einarbeiten.
Pflege: In der Wachstumsperiode reichlich gießen; Abgeblühtes regelmäßig entfernen, um die Blüte zu verlängern; Echter Mehltau befällt die Blätter bei trockenem Boden, aber feuchter Luft, daher Blätter nicht benetzen; *D. orientale* und Sorten sind in schweren Tonböden anfällig für Wurzelfäule.
Vermehrung: Aussaat im Frühjahr unter Glas; Teilung im Frühherbst.

Doronicum 'Miss Mason' 🏆
↕15–60 cm ↔ 60 cm; Horste breiten sich über Rhizome aus; Blüte im Frühling.

Draba

Felsenblümchen, Hungerblümchen

DIESE ZARTEN PFLANZEN sind in Gebirgsregionen heimisch. Die Gartenformen dieser Gattung sind Teppiche oder Polster bildende Stauden, die im Frühling oder Frühsommer Massen von gelben oder weißen Blüten hervorbringen. Die winzigen grünen bis graugrünen Blätter bilden immergrüne oder wintergrüne Rosetten. Felsenblümchen gedeihen am besten in Steingärten, aber auch in Steinritzen, auf Trockenmauern und Mauerkronen. Manche Arten brauchen im Winter eine Abdeckung, da sie die winterliche Nässe nicht vertrage, bringen Sie daher rechtzeitig im Herbst einen Schutz an. Gefäßkulturen können in einem Frühbeet oder Kalthaus mit guter Belüftung überwintern.

Winterhärte: Voll frosthart ❄❄❄, aber Schutz vor Winternässe.
Standort: Sandiger, sehr durchlässiger Boden in vollsonniger Lage; für Gefäßbepflanzung mit Sand gemischte Topferde verwenden.
Pflege: Blätter vor Nässe schützen; mit Kies mulchen.
Vermehrung: Aussaat nach der Samenreife ins offene Frühbeet, Kaltkeimer; größere Arten im Frühling oder nach der Blüte teilen.

Draba mollissima
↕8 cm ↔ 20 cm; Polster bildend; wintergrün; graugrüne, behaarte Blätter; Blüte im Spätfrühling.

Dracocephalum
Drachenkopf

Die Einjährigen und Stauden dieser Gattung werden wegen ihrer salbeiähnlichen Blätter und ihrer Röhrenblüten in Weiß und Blau, selten Rosa kultiviert. Die Blüten erscheinen von Früh- bis Hochsommer in mindestens 30 cm langen Ähren. Die Blätter sind oft aromatisch. Die auf trockenen Magerwiesen und Waldsteppen heimischen Pflanzen bringen in durchlässige Beete oder Steingärten zusätzlich leuchtende Farbe. Sie lassen sich gut mit Mohn (*Papaver*, siehe S. 299) oder Storchschnabel (*Geranium*, siehe S. 250–251) kombinieren. Pflanzen Sie einjährige Arten neben Gräser oder füllen Sie mit ihnen Lücken in Rabatten.

Winterhärte: Voll frosthart ✱✱✱
Standort: Nährstoffreicher, durchlässiger Boden im Halbschatten, bei ausreichender Feuchtigkeit auch in der Sonne; bei *D. forrestii* sehr durchlässiger Boden; *D. ruyschiana* verträgt trockene Böden.
Pflege: Pflanzen im Winter vor Staunässe schützen.
Vermehrung: Aussaat von Einjährigen im Frühjahr direkt ins Freiland, von Stauden im Herbst oder Frühjahr in Töpfen unter Glas, Sämlinge auf 15 cm Abstand vereinzeln; Teilung reifer Pflanzen im Herbst oder Frühjahr; Mitte oder Ende des Frühlings neue Grundtriebe schneiden und wie Kopfstecklinge kultivieren.

Dracocephalum argunense
↕45 cm ↔30 cm; Horste bildende Staude; behaarte, bis 5–8 cm lange Blätter; Blüte im Hochsommer.

Dryas
Silberwurz

Immergrüne, Matten bildende Blätter kennzeichnen diese niederliegenden Sträucher bzw. Halbsträucher (verholzen am Grund). Die gestielten, ovalen, ledrigen Blätter sind dunkelgrün und unterseits weißfilzig überzogen. Die Silberwurz wird auch wegen ihrer weißen Schalenblüten, die von Frühjahr bis Frühsommer erscheinen, kultiviert. Sie stehen aufrecht oder nickend einzeln auf kurzen Stielen und zeigen in der Mitte einen Büschel leuchtend gelber Staubgefäße, gefolgt von federartigen silbrigen Samenständen. Diese einfach zu ziehenden Pflanzen eignen sich für offene, sonnige Stellen in Rabatten und kriechen über kleine Felsen in Steingärten oder über Trockenmauern.

Winterhärte: Voll frosthart ✱✱✱
Standort: Kalkhaltiger, durchlässiger, mit reifem Kompost angereicherter Boden in sonniger Lage; in den Boden reichlich Sand einarbeiten, um die Durchlässigkeit zu erhalten.
Pflege: Zu groß gewordene Pflanzen in Form schneiden.
Vermehrung: Aussaat nach der Samenreife in Töpfen unter Glas; im Spätsommer und Herbst Kopfstecklinge schneiden; im folgenden Frühjahr bewurzelte Triebe umsetzen.

Dryas octopetale 🏆
↕10 cm ↔1 m; Matten bildende Pflanze; Blüte im Spätfrühling oder Frühsommer; für Steingärten geeignet.

Echinacea
Sonnenhut

Der in den Prärien und lichten Wäldern der USA beheimatete Sonnenhut bietet mit seinen großen Körbchenblüten in Rosa, Rot oder Weiß in jedem spätsommerlichen Garten ein beeindruckendes Schauspiel. Die braungelbe bis braunrote, hoch aufgewölbte Blütenmitte wird von einem Kranz breiter, meist rötlicher Zungenblüten umgeben. Die Blütenköpfe können einen Durchmesser bis zu 15 cm erreichen und stehen auf straffen, aufrechten Stängeln. Die Blüten erscheinen etwa zwei Monate lang. Die Blätter werden bis zu 20 cm lang. Kombinieren Sie diese anspruchslosen Pflanzen mit anderen spätblühenden Stauden wie Fetthenne (*Sedum*, siehe S. 324) und Rudbeckia (siehe S. 317). Die Samenstände bieten bis in den Winter einen hübschen Anblick.

Winterhärte: Voll frosthart ✱✱✱
Standort: Tiefgründiger, nährstoffreicher, durchlässiger, mit reifem Kompost angereicherter Boden in sonniger bis halbschattiger Lage.
Pflege: Abgeblühtes abschneiden, um weitere Blüte anzuregen.
Vermehrung: Aussaat im Frühjahr; Teilung im Frühjahr oder Herbst; Wurzelschnittlinge im Spätherbst schneiden.

***Echinacea purpurea* 'Green Edge'**
↕1,5 m ↔45 cm; Blütenköpfe von 13 cm Durchmesser erscheinen von Hochsommer bis Frühherbst.

Echinacea purpurea
↕1,5 m ↔ 45 cm; Stängel manchmal rötlich überlaufen; Blütenköpfe von 13 cm Durchmesser von Hochsommer bis Frühherbst.

Echinacea purpurea 'White Lustre'
↕80 cm ↔ 45 cm; Blüte von Hochsommer bis Frühherbst.

Echinacea purpurea 'Magnus'
↕1,5 m ↔ 45 cm; extra große Blüten mit 18 cm Durchmesser erscheinen von Hochsommer bis Frühherbst.

Echinacea purpurea 'Kim's Knee High'
↕45–60 cm ↔ 30–60 cm; ungewöhnlich kompakter, zwergiger Wuchs; Blüte von Hochsommer bis Frühherbst; verträgt Trockenheit; kann in Gefäßen kultiviert werden.

Echinacea purpurea 'Robert Bloom'
↕1,2 m ↔ 50 cm; Blüte von Hochsommer bis Frühherbst.

ECHINOPS
Kugeldistel

DIESE STAUDEN UND EINJÄHRIGEN werden wegen ihrer distelähnlichen Blütenköpfe, die von Hochsommer bis Herbst erscheinen, kultiviert und sind besonders anspruchslos. Die blauen oder weißen Körbchenblüten können einen Durchmesser bis zu 4 cm haben, tragen oft stachelige Hüllblätter und stehen auf starren Stängeln. Die Kugeldistel bildet meist Horste und trägt fiedrig zerteilte Blätter, die bedornt und unterseits weiß- oder graufilzig sind. Sie ergibt gute Schnittblumen und eignet sich zum Trocknen. Setzen Sie Kugeldisteln in einen Wildgarten oder kombinieren Sie sie mit anderen Stauden wie Sonnenhut (*Echinacea*, siehe S. 232–233), Indianernessel (*Monarda*, siehe S. 286) und Phlox (siehe S. 306–307).

Winterhärte: Voll frosthart ✻✻✻ bis frosthart ✻✻
Standort: Magerer, durchlässiger, auch trockener Boden in sonniger Lage, aber auch jeder Gartenboden.
Pflege: Abgeblühtes regelmäßig entfernen, um Selbstaussaat zu verhindern; hohe Formen in windigen Lagen stützen.
Vermehrung: Aussaat (reiner Arten) Mitte Frühling direkt ins Freiland; Teilung eingewachsener Pflanzen im Spätherbst oder Frühjahr; Wurzelschnittlinge im Winter abschneiden.

Echinops ritro **'Veitch's Blue'**
↕ bis 90 cm ↔ 45 cm; kompakte Staude; Blätter unterseits weißfilzig; Blüte im Spätsommer; ✻✻✻.

ECHIUM
Natternkopf

DIESE GROSSE GATTUNG umfasst Ein- und Zweijährige sowie immergrüne Stauden und Sträucher mit attraktiven Blüten, die von Früh- bis Spätsommer erscheinen. Die blauvioletten, rosafarbenen, purpurroten oder weißen Blüten stehen in eindrucksvollen verzweigten Blütenständen dicht an den Trieben. Die weich behaarten Blätter bilden normalerweise grundständige Rosetten. Kombinieren Sie Natternkopf in Rabatten mit Sonnenhut (*Echinacea*, siehe S. 232–233), Chrysanthemen (siehe S. 212–213) und Phlox (siehe S. 306–307). Tragen Sie im Umgang mit dieser Pflanze Handschuhe, da der Kontakt mit dem behaarten Laub zu Hautreizungen führen kann.

Winterhärte: Voll frosthart ✻✻✻ bis frostempfindlich ❀
Standort: Karger bis mäßig nährstoffreicher, durchlässiger Boden in sonniger Lage.
Pflege: Stauden in frostgefährdeten Regionen im Winter mit Vlies abdecken; übermäßige Nässe vermeiden.
Vermehrung: Aussaat Einjähriger im Frühjahr direkt am Standort im Freien, sonst im Sommer bei 13–16 °C; Sämlinge frostfrei überwintern; bei Stauden im Sommer Stecklinge schneiden.

Echium vulgare **'Blue Bedder'**
↕ 45 cm ↔ 30 cm; Zweijährige mit aufrechter, buschiger Wuchsform; im Sommer hellblaue, später bläulich rosa Blüten; ✻✻✻.

EPILOBIUM
Weidenröschen

DIESE GROSSE GATTUNG Ein- und Zweijähriger, Stauden sowie Halbsträucher bringt vom Sommer bis in den Herbst mehrere Wochen lang rosa oder weiße Blüten hervor, die am Grund der Laubblätter erscheinen. Diese beliebten Bauerngartenpflanzen können wie ihre wild wachsenden Verwandten stark wuchern, wenn die Selbstaussaat nicht verhindert wird, sind aber durch regelmäßiges Entfernen von Abgeblühtem leicht zu zügeln. Die Höhe und Breite der Pflanzen variiert sehr stark: Manche werden rund 1,5 m hoch und bis zu 90 cm breit und sehen am besten in der Mitte der Rabatte aus. Die niedrigeren Formen mit 30 cm Höhe und Breite eignen sich für Steingärten.

Winterhärte: Voll frosthart ✻✻✻
Standort: Feuchter bis nasser, mit reifem Kompost angereicherter Boden in sonniger bis schattiger Lage (Steingartenarten).
Pflege: Welkes regelmäßig entfernen, um weiteren Flor anzuregen und Selbstaussaat zu verhindern; Schnecken und Echter Mehltau können zum Problem werden.
Vermehrung: Aussaat nach Samenreife oder im Frühjahr in Töpfen unter Glas; eingewachsene Pflanzen im Herbst oder Frühjahr teilen; im Frühjahr Grünstecklinge schneiden.

① *Epilobium angustifolium* **var.** *album* ↕ 1,5 m ↔ 90 cm; sich stark ausbreitende Staude ② *E. glabellum* ↕↔ 20 cm; Matten bildend; Blüten in Creme oder Rosa ; liebt kühlen, feuchten Schatten.

Epimedium

Elfenblume, Sockenblume

Diese Stauden werden wegen des attraktiven Laubs und der zarten Blumen kultiviert. Die mittel- bis hellgrünen Blätter werden bei einigen Arten im Herbst, bei anderen nach dem neuen Blattaustrieb abgeworfen. Manchmal färben sich die Spitzen der jungen Blätter im Frühjahr bronzefarben. Von Frühling bis Frühsommer erscheinen kleine Blüten in lockeren Rispen. Die cremefarbenen, goldgelben, weißen, rosa, karmin- oder purpurroten Blüten weisen je nach Art unterschiedlich lange Sporne auf. Elfenblumen sind ausgezeichnete Bodendecker.

Winterhärte: Voll frosthart ❄❄❄; starker Frost kann junge Blätter und Blüten beschädigen.
Standort: Nährstoffreicher, mit reifem Kompost angereicherter Boden in halbschattiger bis schattiger Lage.
Pflege: Vor kalten Winden schützen; im Frühjahr abgestorbenes Laub entfernen; sorgfältige Gartenhygiene betreiben, da Dickmaulrüssler (fressen an Blättern) und Mosaikvirus (Flecken auf den Blättern, verkümmerter Wuchs) zur Plage werden können, von Viren befallene Pflanzen vernichten.
Vermehrung: Aussaat nach Samenreife unter Glas; Teilung eingewachsener Pflanzen im Herbst oder gleich nach der Blüte.

FRÜHJAHRSSCHNITT Schneiden Sie, außer bei *E. perralderianum*, altes Laub im Spätwinter oder Vorfrühling, bevor die neuen Blütentriebe erscheinen, bis zum Boden zurück.

Epimedium acuminatum
↕30 cm ↔45 cm; Horste bildend; immergrün; Blattunterseiten wachsartig oder bemehlt; Blüte Mitte Frühling bis Frühsommer.

Epimedium pinnatum ssp. *colchicum* 🏆
↕30–40 cm ↔25 cm; langsam wachsend und Horste bildend; immergrün; junge Blätter weiß oder rot behaart; Blüte im Frühling.

Epimedium × youngianum 'Niveum' 🏆
↕20–30 cm ↔30 cm; Horste bildende Staude; wintergrün; rötliche Blattstiele; junge Blätter bunt gefärbt; Blüte Mitte bis später Frühling.

Epimedium 'Versicolor'
↕↔30 cm; Horste bildend; wintergrün; junges Laub kupferrot und braun (kleines Bild), später mittelgrün; Blüte im Frühling.

Epipactis
Sumpfwurz

Diese winterharte Orchidee, die streng unter Naturschutz steht, ist ursprünglich an Seeufern, auf Sumpfwiesen und nassen Waldflächen gemäßigter Zonen der nördlichen Hemisphäre beheimatet. Daher zählt sie zu den wenigen Orchideen, die man in gemäßigten Gärten – feuchte, halbschattige Rabatten oder Waldgärten – kultivieren kann. Sie hat fleischige Rhizome, aus denen sich aufrechte Stängel entwickeln, die von Frühling bis Frühsommer lockere oder dichte Trauben nickender Blüten tragen. Manche Blüten sind grünlich weiß, während andere rotbräunlich getönt sind und violett, weiß oder rosa gestreift sein können. Die Sumpfwurz trägt gerippte mittelgrüne Blätter, die bis zu 20 cm lang sind.

Winterhärte: Voll frosthart ***
Standort: Nährstoffreicher, leicht saurer, feuchter, durchlässiger Boden, aber auch jeder normaler Gartenboden in sonniger bis halbschattiger Lage.
Pflege: Jungpflanzen mit Erdballen einsetzen; Schnecken können Blüten und Triebe befallen.
Vermehrung: Horste im zeitigen Frühjahr teilen und wieder einpflanzen; Teilstücke müssen mindestens je ein gesundes Auge haben.

Epipactis gigantea
↕30–40 cm ↔ bis 1,5 m; lockere endständige Trauben mit bis zu 15 Blüten, die von Spätfrühling bis Frühsommer erscheinen.

Eranthis hyemalis
Kleiner Winterling

Blütenteppiche aus golden leuchtenden Winterlingen läuten das Ende des Winters ein. Die butterblumenähnlichen Blüten, die von Spätwinter bis Vorfrühling erscheinen, stehen einzeln über einer eleganten Halskrause aus fein zerteilten Blättern. Die Grundblätter sind breiter und tief gelappt. Diese Horste bildende Staude entwickelt sich aus Knollen, die an feuchten, schattigen Plätzen direkt unter die Erdoberfläche gesetzt werden. Winterlinge kommen am besten unter sommergrünen Bäumen und Sträuchern zu Geltung, wo sie sich rasch ausbreiten, besonders auf kalkhaltigen Böden. Sie verwildern auch im Rasen und lassen sich mit anderen Winter- oder Vorfrühlingsblühern wie Schneeglöckchen (*Galanthus*, siehe S. 247) gut kombinieren.

Winterhärte: Voll frosthart *** bis frosthart **
Standort: Fast jeder durchlässige Boden, der im Frühjahr nicht austrocknet; halbschattige Lage; *E. pinnatifida* braucht saure Erde.
Pflege: Knollen im Herbst 5 cm tief einsetzen; vertrocknete Knollen wachsen nicht an.
Vermehrung: Aussaat im Spätfrühling im Freien oder in Saatschalen; Tochterknollen abnehmen; große Horste nach der Blüte teilen.

Eranthis hyemalis 🏆
↕5–8 cm ↔ 5 cm; rasche Kolonienbildung, vor allem auf Kalkböden; Blüten von 2–3 cm Durchmesser.

Eremurus
Steppenkerze

Eindrucksvolle Blütenschäfte, die mit rosa, weißen oder goldgelben Sternblüten dicht gepackt sind, ragen im Frühling und Frühsommer in den Himmel. Diese Horste bildenden Stauden bringen gewöhnlich pro Blattknospe einen einzigen Blütenschaft hervor. Ihre langen, riemenförmigen Blätter gehen sehr schnell ein, sodass die Steppenkerze am besten in der Mitte oder im Hintergrund einer Rabatte mit Sträuchern oder Stauden platziert werden sollte. Die Blüten ergeben langlebige Schnittblumen. Ihre Wurzelknollen können unter feuchten Bedingungen leicht faulen.

Winterhärte: Voll frosthart ***; Neuaustriebe werden jedoch häufig durch Frost beschädigt.
Standort: Nährstoffreicher, durchlässiger Boden in sonniger, windgeschützter Lage; vor der Pflanzung Sandböden mit reifem Kompost anreichern, schwere Böden mit Sand auflockern.
Pflege: Pflanzen in exponierten Lagen stützen; Winterschutz aus trockenem Laub oder Reisig.
Vermehrung: Aussaat gleich nach der Samenreife unter Glas; die brüchigen Wurzelknollen nach der Blüte teilen.

① ***Eremurus himalaicus*** ↕1,2–2 m ↔ 60 cm; grüne Blätter; Blüte Spätfrühling bis Frühsommer ② ***E. robustus*** 🏆 ↕ 3 m ↔ 1,2 m; blaugrüne Blätter; Blüte im Früh- und Hochsommer.

ERIGERON

Feinstrahl, Berufskraut

LANGLEBIGE, EINFACHE ODER GEFÜLLTE gänseblümchenähnliche Blüten zieren im Sommer wochenlang diese ein-, zwei- oder mehrjährigen Pflanzen. Die Blüten sind weiß, rosa, purpurn, blau, gelb oder orange. Alle haben eine leuchtend gelbe Mitte und stehen einzeln oder in kleinen Büscheln. Die Blätter sind meist grundständig, länglich oval und mittel- oder hellgrün. Die Gattung umfasst niedrig wachsende Steingartenarten sowie mittelhohe, Horste bildende Pflanzen, die im Vordergrund einer Rabatte am besten wirken. Sie vertragen auch salzhaltigen Winde und sind daher wertvolle Gewächse für Küstengärten.

Winterhärte: Voll frosthart ***
Standort: Nährstoffreicher, durchlässiger Boden in sonniger Lage, der im Sommer nicht austrocknet; für Steingartenarten sehr durchlässige Erde.
Pflege: Steingartenarten vor Winternässe schützen; hohe Arten stützen; Abgeblühtes regelmäßig entfernen, um Blüten anzuregen; alte Triebe im Herbst abschneiden.
Vermehrung: Aussaat im Frühjahr bei 15–18 °C in Schalen unter Glas. Wurzelschnittlinge im Frühjahr (bewurzeln sich schlecht!) oder neue Triebe am Grund abtrennen und als Grünstecklinge kultivieren; Stauden alle zwei bis drei Jahre im Spätfrühling teilen.

Erigeron 'Dunkelste Aller'
↕60 cm ↔ 45 cm; Horste bildende Beetstaude; Blüte im Früh- und Hochsommer.

Erigeron 'Quakeress'
↕60 cm ↔ 45 cm; wuchskräftige, Horste bildende Beetstaude; Büschel einfacher Blüten im Früh- und Hochsommer.

Erigeron karvinskianus
↕15–30 cm ↔ 1 m oder mehr; wüchsige, Teppiche bildende Staude; für Spalten in Mauern oder Bodenplatten; weiße, später rosa Blüten.

Erigeron aureus 'Canary Bird'
↕bis 10 cm ↔ bis 15 cm; Staude mit behaarten Blättern; Blüten im Sommer; Schutz vor Winternässe.

Erinus

Alpenbalsam

Diese anspruchslosen Polsterstauden tragen zierliche Blüten in Rosa, Karminrot oder Weiß, die im Sommer in traubenähnlichen Blütenständen erscheinen. Die Gattung umfasst nur zwei Arten, die wintergrün und kurzlebig sind. Die weißfilzigen Blätter sind lanzettlich bis keilförmig, weich strukturiert und bilden Rosetten. Alpenbalsam wächst in Steingärten, Mauerspalten, auf Trockenmauern und zwischen Steinplatten. Wenn Sie Abgeblühtes nicht abschneiden, säen sich die Pflanzen im ganzen Garten selbst aus.

Winterhärte: Voll frosthart ✽✽✽
Standort: Mäßig nährstoffreicher, steiniger, gut durchlässiger und mäßig trockener, auf jeden Fall kalkhaltiger Boden in sonniger bis halbschattiger Lage.
Pflege: In harten Wintern mit einer leichten Reisigdecke schützen; zu üppig wachsende Pflanzen etwas zurückschneiden.
Vermehrung: Aussaat im Spätwinter oder Frühjahr in Saatschalen unter Glas; Teilung der Pflanzen nach der Blüte; Kopfstecklinge im Frühsommer.

Erinus alpinus 🏆
↕8 cm ↔ 10 cm; klebrige Blätter; rosa, purpurne oder weiße Blüten von Spätfrühling bis Sommer.

Erodium

Reiherschnabel

Die ein-, zwei- und mehrjährigen Arten des Reiherschnabels werden wegen des Laubs und der langen Blühdauer gerne gepflanzt. Die Blüten ähneln denen des Storchschnabels (*Geranium*, siehe S. 250–251) und erscheinen einzeln in den Blattachseln und an den Trieben oder in Büscheln an den Triebenden. Die Blütenfarbe variiert von Rosa bis Purpurrot und Violett, gelegentlich Gelb und Weiß. Den langen, schnabelartigen Samenständen verdankt die Pflanze ihren deutschen Namen. Pflanzen Sie die niedrigeren Arten in Steingärten, die höherwüchsigen in Rabatten mit Stauden wie Schafgarbe (*Achillea*, siehe S. 166–167), Storchschnabel, Phlox (siehe S. 306–307) oder inmitten von Strauchrosen (siehe S. 110–113).

Winterhärte: Voll frosthart ✽✽✽ bis frosthart ✽✽
Standort: Durchlässiger, neutraler bis alkalischer (kalkhaltiger) Boden in vollsonniger Lage.
Pflege: Niedrigere Arten vor Winternässe schützen, um Fäulnis vorzubeugen.
Vermehrung: Aussaat gleich nach der Samenreife in Schalen unter Glas; Teilung der Pflanzen im Frühjahr; Triebstecklinge im Spätfrühling oder Frühsommer schneiden.

① ***Erodium glandulosum*** 🏆 ↕10–20 cm ↔ 20 cm; mehrjährig; Blüte im Sommer; ✽✽✽ ② ***E. manescaui*** ↕20–45 cm ↔ 20 cm; Horste bildende Staude; Blüte Sommer bis Herbst; ✽✽✽.

Eryngium

Edeldistel, Mannstreu

Edeldisteln sind auffällige Strukturpflanzen, die für jedes Beet ein Gewinn sind; einige Arten lassen sich auch in Wildblumenwiesen verwildern. Diese große Gattung umfasst Zweijährige und Stauden. Die meisten bilden Grundrosetten aus stark zerteilten, oft stacheligen, silbrig weiß geäderten Blättern. Von Hochsommer bis Herbst erscheinen Blütenköpfe auf verzweigten Trieben. Sie setzen sich aus rundlichen bis walzenförmigen Blütenständen winziger Blüten, die von metallisch schimmernden Hüllblättern umgeben sind, zusammen. Niedrigere Arten eignen sich für Steingärten, die höherwüchsigen für Rabatten, wo ihre skelettartigen Formen bis in den Winter schön sind.

Winterhärte: Voll frosthart ✽✽✽ bis frosthart ✽✽
Standort: Tiefgründiger, gut durchlässiger, je nach Art feuchter bis trockener und karger bis nährstoffreicher Boden in vollsonniger Lage.
Pflege: Manche Arten vor Winternässe schützen; Schneckenbefall häufig.
Vermehrung: Aussaat reiner Arten und mancher Sorten im Herbst gleich nach der Samenreife ins Freien, Kaltkeimer; Wurzelschnittlinge bei Stauden im Winter; Teilung der Pflanzen wegen der Pfahlwurzeln kaum möglich.

Eryngium* × *oliverianum 🏆
↕90 cm ↔ 45 cm; Horste bildende Staude; dunkelgrüne, stachelige Blattrosetten; blaue Stängel; Blüte Hochsommer bis Frühherbst; ✽✽✽.

Eryngium alpinum ♀
↕70 cm ↔ 45 cm; Rosetten bildende Staude; mittelgrüne, stachelige, gezähnte Blätter; stahlblaue oder weiße Blüten im Hochsommer bis Frühherbst; Boden feucht halten; vor Winterregen schützen; ***.

Eryngium × tripartitum ♀
↕60–90 cm ↔ 50 cm; Horste bildende Staude; dunkelgrüne, gezähnte Blätter; Blüte im Hochsommer bis Frühherbst; ***.

Eryngium variifolium
↕30–40 cm ↔ 25 cm; Horste bildend; immergrün; Blüte im Hoch- bis Spätsommer; vor Winternässe schützen; ***.

Erysimum

Goldlack, Schöterich

Goldlack ist eine sehr beliebte Frühlings- bzw. Sommerstaude, die bei uns normalerweise zweijährig wächst. Die duftenden Blüten erscheinen in pastelligen und leuchtenden Tönen von Scharlachrot, Orange und Goldgelb mit etwas Purpur. Die nur 20 bis 60 cm breiten Pflanzen eignen sich sehr gut für Gefäße, Steingärten oder als Randbepflanzung für gemischte Rabatten. Kombinieren Sie Goldlack mit anderen Frühlingsblühern wie Vergissmeinnicht (*Myosotis*, siehe S. 287), Primeln (siehe S. 312–313) und Tulpen (siehe S. 334–335). Es gibt auch noch andere Schötericharten, die ähnlich verwendet werden.

Winterhärte: Voll frosthart *** bis frosthart **
Standort: Karger bis mäßig nährstoffreicher, durchlässiger, leicht kalkhaltiger Boden in vollsonniger Lage; bei Gefäßbepflanzung mit Sand oder Kies gemischte Topferde verwenden.
Pflege: Kurzlebige Stauden nach der Blüte zurückschneiden, um den kompakten Wuchs zu erhalten; anfällig für Kohlhernie, daher jedes Jahr an einer anderen Stelle pflanzen und auf Gartenhygiene achten.
Vermehrung: Aussaat von Zweijährigen im Frühsommer in Saatschalen unter Glas; im Herbst am Standort auspflanzen; von Halbsträuchern im Sommer Grünstecklinge schneiden.

① *Erysimum* 'Bowles' Mauve' ♀ ↕75 cm; *** ② *E.* 'Bredon' ♀ ↕30 cm; *** ③ *E.* 'John Codrington' ↕25 cm; *** ④ *E. linifolium* 'Variegatum' ↕45 cm ***.

ERYTHRONIUM

Hundszahn, Zahnlilie

DIE ELEGANTEN NICKENDEN Blüten dieser Zwiebelpflanze erscheinen von Frühling bis Frühsommer einzeln oder in Büscheln auf schlanken, aufrechten Stängeln. Sie tragen charakteristisch aufgeschwungene Blütenblätter in Purpur, Violett, Rosa, Gelb oder Weiß sowie auffallende Staubblätter. Die breiten, grundständigen Blätter können glänzend sein, sind blaugrün bis gelbgrün, bei manchen Arten wie Hundszahn (*E. dens-canis*) stark bronzefarben gefleckt. Den deutschen Namen verdankt die Pflanze ihren länglich eiförmigen, weißlichen Zwiebelknollen, die an den Eckzahn eines Hundes erinnern. Der in Wiesen und Wäldern heimische Hundszahn wächst in Steingärten und unter sommergrünen Bäumen. Er lässt sich auch mit anderen Zwiebelpflanzen verwildern.

Winterhärte: Voll frosthart ***
Standort: Nährstoffreicher, durchlässiger Boden in Halbschatten, der nicht austrocknet.
Pflege: Zwiebelknollen im Herbst etwa 10 cm tief einsetzen; wird nicht sofort gepflanzt, etwas feucht halten.
Vermehrung: Durch Tochterzwiebeln; Aussaat möglich, aber langwierig.

Erythronium 'Pagoda' 🏆
↕15–35 cm ↔ 10 cm; sehr wuchsstark; Blätter glänzend grün und bronzefarben gefleckt; im Frühjahr Büschel mit bis zu zehn Blüten.

HORSTE TEILEN
Graben Sie die Zwiebeln nach Einziehen des Laubs vorsichtig aus; trennen Sie die Tochterzwiebeln ab.

Erythronium californicum 'White Beauty' 🏆
↕15–35 cm ↔ 10 cm; wuchsstark, bildet schnell Horste; im Frühling Büschel mit bis zu drei Blüten.

Erythronium revolutum 🏆
↕20–30 cm ↔ 10 cm; Büschel mit bis zu vier Blüten erscheinen Mitte Frühling; wächst manchmal nur langsam ein, sät sich aber dann üppig selbst aus; Blätter stark bronzefarben gefleckt.

Erythronium dens-canis 🏆
↕10–15 cm ↔ 10 cm; im Frühjahr einzelne weiße, violette oder rosa Blüten mit blauen oder purpurnen Staubblättern; gut zu verwildern.

Eschscholzia

Goldmohn, Kappenmohn

Die seidig glänzenden Blüten in glühendem Orange, Gold und Scharlachrot, manchmal auch in Creme, Weiß, Rosa oder Purpur, stehen einzeln auf schlanken Stielen. Sie können einfach und schalenförmig, gefüllt oder sogar gekräuselt sein. Auch wenn die Blüten sich nur bei Sonne vollständig öffnen, sorgen sie ungeöffnet immer noch für reichlich Farbe, was sie zu guten Schnittblumen macht. Das farnartige Laub ist hell- bis blaugrün. Am häufigsten werden die einjährigen Sommerblumen kultiviert – meist in einem Beet mit anderen Einjährigen wie Clarkien (siehe S. 214) und einjährigem Phlox (siehe S. 306–307) oder in einem Steingarten. Die Sorten von *E. californica* gedeihen auch in Töpfen und Ampeln. Sie säen sich reichlich selbst aus zwischen Steinplatten.

Winterhärte: Voll frosthart ❄❄❄
Standort: Karger, durchlässiger Boden in vollsonniger Lage.
Pflege: Für eine lange Blühperiode Abgeblühtes regelmäßig entfernen.
Vermehrung: Aussaat im Frühjahr oder im Frühherbst direkt an Ort und Stelle, alle zwei bis drei Wochen wiederholen, um Blüten in Folge zu haben; Sämlinge auf 20 cm ausdünnen.

DRAHTSTÜTZE
Goldmohn fällt leicht auseinander. Eine Stütze aus Hasendraht schafft Abhilfe und wird bald vom Laub völlig verdeckt.

Eschscholzia caespitosa 🏆
↕↔ bis 15 cm; winzige, büschelige Einjährige; fadenartige Blätter; duftende Blüten im Sommer; geeignet für Randbepflanzungen.

Eschscholzia californica 🏆
↕ bis 30 cm ↔ bis 15 cm; sehr variable Wuchsform, fällt oft auseinander; im Sommer Blüten in Orange, Rot, Weiß und Goldgelb.

Eucomis

Schopflilie

↕ 15–75 cm
↔ 15–20 cm

Schopflilien werden wegen ihrer ungewöhnlichen Blütentrauben, die im Spätsommer oder Frühherbst erscheinen, manchmal auch »Ananasblumen« genannt. Der mit grünlich weißen bis cremefarbenen Blüten besetzte und von einem Schopf grüner Deckblätter gekrönte Blütenstand erinnert an diese Tropenfrucht. Den Blüten folgen langlebige Samenstände. An milden oder geschützten Stellen können diese Zwiebelpflanzen an einer warmen Mauer oder in einer sonnigen Rabatte stehen, wo die aufrechten Triebe und riemenförmigen Blätter mit auffälligen Blattpflanzen wie Funkien (*Hosta*, siehe S. 260–261) gut kontrastieren.

Winterhärte: Voll frosthart ❄❄❄ (Grenzwert) bis frostempfindlich ❄
Standort: Nährstoffreicher, durchlässiger Boden in vollsonniger Lage; bei Gefäßbepflanzung mit Sand oder Kies gemischte Topferde.
Pflege: Zwiebeln im Frühjahr 15 cm tief einpflanzen; im Winter eine Mulchschicht aus organischem Material ausbringen; Gefäße im Sommer reichlich, im Winter sparsam wässern.
Vermehrung: Aussaat im Herbst oder Frühjahr bei 16 °C unter Glas; im Frühjahr Tochterzwiebeln abtrennen.

Eucomis bicolor 🏆
↕ 30–60 cm ↔ 20 cm; violett gesäumte und getupfte lindgrüne Blüten und Blätter; ❄❄❄ (Grenzwert).

EUPATORIUM

Wasserdost

MIT IHREN DUFTIGEN BLÜTENSTÄNDEN locken diese riesigen Pflanzen Bienen und zahlreiche Schmetterlinge an. Die zahlreichen doldenartigen Blütentrauben in Weiß, Rosa, Violett oder Purpur auf aufrechten, beblätterten Trieben erscheinen von Sommer bis Frühherbst. Es gibt eine Reihe von mehrjährigen Arten mit unterschiedlich gefärbten und geformten Blättern, die für jeden Garten ein Gewinn sind. Die hochwüchsigen winterharten Stauden wie Gewöhnlicher Wasserdost (*E. cannabinum*) wirken in großen Rabatten mit Gräsern (siehe S. 340–355) oder in einem Waldgarten sehr üppig. *E. purpureum* wird sogar noch höher und hat ähnlich kräftige Triebe, die abgestützt werden müssen.

Winterhärte: Voll frosthart ✻✻✻ bis frostempfindlich ✻
Standort: Jeder feuchte, nährstoffreiche Boden in sonniger bis halbschattiger Lage.
Pflege: Abgeblühtes regelmäßig entfernen.
Vermehrung: Teilung winterharter Arten nach der Blüte; Triebstecklinge von empfindlichen Arten im Frühjahr schneiden; Kaltkeimer; Aussaat im Frühjahr.

EUPHORBIA

Wolfsmilch

Siehe auch Seite 57.

DIE LEUCHTENDEN GELBEN Hochblätter, die für viele Wolfsmilcharten charakteristisch sind, bilden einen starken Kontrast zu anderen Pflanzen und lassen die Wolfsmilch stets zum Blickfang werden. Sie umgeben winzige Blüten, die in Büscheln an den Triebspitzen stehen und neben Gelb auch in warmen Rot-, Orange-, Purpur- oder Brauntönen vorkommen. Die Blätter sind gewöhnlich grün bis blaugrün. Diese große und unglaublich vielfältige Gattung umfasst Einjährige, Zweijährige, Stauden, Halbsträucher, Sträucher sowie Bäume, von denen einige Sukkulenten sind; daher finden Sie fast für jeden Gartenbereich die passende Wolfsmilch. Sie können kurzlebig sein, besonders in nassen Böden, aber viele Arten wie *E. polychroma* säen sich leicht selbst aus.

Winterhärte: Voll frosthart ✻✻✻ bis frostempfindlich ✻
Standort: Entweder durchlässiger, leichter Boden in vollsonniger Lage oder feuchter, humusreicher Boden in lichtem Schatten.
Pflege: Empfindliche Arten und Sukkulenten im Gewächshaus oder Wintergarten überwintern.
Vermehrung: Aussaat in Töpfen unter Glas; Teilung der Pflanzen im Vorfrühling; Kopfstecklinge im Sommer schneiden.

Euphorbia schillingii ♡
↕1 m ↔ 30 cm; Horste bildende Staude für feuchte Böden im lichten Schatten; Blüte von Hochsommer bis Mitte Herbst; ✻✻✻.

Eupatorium purpureum
↕2,2 m ↔ 1 m; Horste bildende Staude; Blüte von Hochsommer bis Frühherbst; bevorzugt alkalischen Boden; ✻✻✻.

Euphorbia polychroma ♡
↕40 cm ↔ 60 cm; Staude; liebt Sonne; Blüte Mitte Frühling bis Hochsommer; guter Bodendecker, kann aber stark wuchern; ✻✻✻.

GIFTIGER MILCHSAFT
Alle Euphorbien sondern einen Milchsaft ab, der die Haut reizen kann; Handschuhe schützen davor.

***Euphorbia griffithii* 'Fireglow'**
↕75 cm ↔ 1 m; Staude für feuchte Böden; Herbstlaub in Rot und Gold; Blüte im Frühsommer; kann stark wuchern; ✻✻✻.

Exacum affine

Blaues Lieschen

Duftende Sommerblüten in Lavendelblau, selten Rosa oder Weiß, schmücken diese meist einjährig gezogene Zweijährige. Die kleine, buschige Pflanze mit den glänzenden Blättern wird maximal 30 cm hoch und breit. Blaues Lieschen wird oft als Zimmer- oder Gewächshauspflanze kultiviert; im Freien gedeiht es am besten im Sommer in Gefäßen und wird nach der Blüte weggeworfen bzw. im Gewächshaus überwintert. Bei mildem Klima kann es auch in Beete gepflanzt werden oder Lücken in gemischten Rabatten und Beeten füllen. Kombinieren Sie es mit Astern (siehe S. 192–193), Begonien (siehe S. 196–197) und Petunien (siehe S. 306).

Winterhärte: Frostempfindlich ❄
Standort: Mäßig nährstoffreicher, durchlässiger Boden in vollsonniger Lage; für Gefäßbepflanzung Blumenerde mit Sand mischen, um die Durchlässigkeit zu verbessern.
Pflege: Gefäßpflanzen ausgiebig gießen und im Sommer wöchentlich Volldünger verabreichen.
Vermehrung: Aussaat im zeitigen Frühjahr bei 18 °C für Blüten im gleichen Jahr oder im Spätsommer für Blüten im folgenden Jahr.

Euphorbia palustris 🏆
↕↔ 90 cm; wuchsstarke Staude für feuchte Lagen; Blätter verfärben sich im Herbst von Gelb zu Orange; Blüte im Spätfrühling; ❄❄❄.

Euphorbia dulcis 'Chameleon'
↕↔ 30 cm; kriechende Staude; verträgt trockenen Schatten; dunkelgrünes oder bronzefarbenes Laub; Blüte im Sommer; ❄❄❄.

Euphorbia myrsinites 🏆
↕ 10 cm ↔ 30 cm; wintergrün; fleischige Blätter; niederliegend; Blüte im Frühjahr; braucht durchlässigen Boden und Sonne; ❄❄❄.

Exacum affine
↕↔ 23–30 cm; Blüten von 2 cm Durchmesser.

Felicia amelloides

Kapaster

Eine Fülle von lavendelblauen, gelegentlich weißen, malven- oder fliederfarbenen Strahlenblüten zieren diese Stauden bzw. Halbsträucher den ganzen Sommer über. Bei uns werden sie wegen mangelnder Winterhärte einjährig gezogen. Sie eignen sich hervorragend für Beetpflanzungen und Gefäße, auch Hängekörbe. In milden, trockenen Wintern können die Pflanzen überleben und eine buschige Form von maximal 30–50 cm Höhe und Breite entwickeln. Die hübschen kleinen Blätter sind grau- oder mittelgrün, bei *F. amoena* 'Variegata' leuchtend cremeweiß umsäumt.

Winterhärte: Frosthart ❄❄❄ bis bedingt frosthart ❄
Standort: Karger bis mäßig nährstoffreicher, durchlässiger Boden in vollsonniger Lage; Kapaster gedeiht bei Feuchte nicht; für Gefäßbepflanzung Blumenerde verwenden.
Pflege: Junge Triebe regelmäßig auskneifen, um den buschigen Wuchs zu fördern; Abgeblühtes entfernen, um die Blühdauer zu verlängern; Gefäßpflanzen im Sommer ausgiebig gießen und wöchentlich Volldünger verabreichen.
Vermehrung: Aussaat im Frühjahr bei 10–18 °C; Kopfstecklinge im Spätsommer schneiden; Jungpflanzen frostfrei unter Glas überwintern.

***Felicia amelloides* 'Santa Anita'** 🏆
↕↔ 30–60 cm; Staude bis Halbstrauch, oft nur einjährig gezogen; dunkelgrüne Blätter; 5 cm große Blüten von Sommer bis Herbst; ❄❄.

Filipendula

Mädesüß

Diese Stauden tragen üppige Rispen flockiger weißer, cremefarbener und rosa sowie roter Blüten auf verzweigten Trieben, die im Spätfrühling und Sommer erscheinen. In der Nähe kann man ihren würzigen süßen Duft wahrnehmen. Da sie feuchte Böden bevorzugen, fühlen sie sich in Waldgärten und am Uferrand wohl. Kombinieren Sie Mädesüß mit Stauden, die ebenfalls Feuchtigkeit lieben, z. B. Wasserdost (*Eupatorium*, siehe S. 242) oder Funkien (*Hosta*, siehe S. 260–261). Das Kleine Mädesüß (*F. vulgaris*) verträgt mehr Trockenheit und bevorzugt kalkhaltige Böden in der Sonne; sein dunkelgrünes, farnartiges Laub kommt neben Lupinen (siehe S. 280–281) und Mohn (*Papaver*, siehe S. 299) gut zur Geltung.

Winterhärte: Voll frosthart ❄❄❄
Standort: Nährstoffreicher, feuchter, durchlässiger Boden in sonniger bis halbschattiger Lage; gelbblättrige Sorten entwickeln im Schatten dunkleres Laub.
Pflege: Außer *F. vulgaris* in Trockenzeiten wässern.
Vermehrung: Aussaat im Herbst unter Glas oder im Frühjahr bei 10–13 °C; Teilung im Herbst oder Frühjahr; Wurzelschnittlinge von Spätwinter bis Vorfrühling schneiden.

***Filipendula rubra* 'Venusta'** 🏆
↕2–2,5 m ↔ 1,2 m; große Horste bildend; Blüten im Früh- und Hochsommer, verblassen später.

Filipendula palmata
↕1,2 m ↔ 60 cm; Horste bildende Staude; bis zu 30 cm lange variable Blätter mit wolliger Unterseite; blass- bis tiefrosa Blütenrispen von 20 cm Durchmesser erscheinen im Hochsommer.

Foeniculum vulgare
Fenchel

Mit seinen grossen, schleierartigen Horsten aus grünem oder purpurnem Laub wird Fenchel zum Star jeder Rabatte, wo die fein gefiederten Blätter einen schönen Kontrast zu breitblättrigen Pflanzen oder luftigen Blumen bilden. Kombinieren Sie ihn mit den großen dunkelrosa Blüten des Türkischen Mohns 'Patty's Plum'. Fenchel ist eigentlich als Gemüse- und Gewürzpflanze mit intensivem Anisaroma bekannt. Diese zwei- bzw. mehrjährige Pflanze erreicht eine Höhe bis zu 2 m und wird etwa 45 cm breit. Im Hoch- und Spätsommer erscheinen große Dolden gelber Blüten, denen riesige aromatische Samenstände folgen. Sowohl Gewürz-Fenchel als auch die Zierformen eignen sich für Rabatten und Kräutergärten.

Winterhärte: Voll frosthart ✻✻✻; junge Triebe frostanfällig.
Standort: Nährstoffreicher, kalkhaltiger, feuchter, durchlässiger Boden in Sonne.
Pflege: Welke Blütenstände regelmäßig entfernen, um starke Selbstaussaat zu verhindern.
Vermehrung: Aussaat im Frühjahr bei 13–18°C oder direkt im Freien.

SAMENSTÄNDE Die Samen können Sie selbst sammeln. Fenchel kreuzt sich oft mit nahe verwandten Arten wie Dill, die in der Nähe wachsen, sodass Sie eventuell Pflanzen mit einem untypischen Aroma erhalten.

***Foeniculum vulgare* 'Purpureum'**
↕2 m ↔ 45 cm; zunächst bronzepurpurne Blätter, die später graugrün werden.

Fragaria
Erdbeere

Obwohl die schmackhaften Früchte, die im Frühsommer reifen, im Vordergrund stehen, sollte man auch den Zierformen mehrjähriger Erdbeerpflanzen genügend Beachtung schenken. Sie tragen von Spätfrühling bis Mitte Herbst Dolden aus bis zu zehn rosa oder weißen Blüten. *F. vesca* 'Variegata' hat hübsch panaschierte cremefarbene und graugrüne Blätter. Erdbeeren vermehren sich über Ausläufer, die an ihren Enden Jungpflanzen entwickeln. Sie breiten sich rasch aus, ohne zu wuchern – eine Eigenschaft, die sie zu guten Bodendeckern macht, die Unkraut unterdrücken. Erdbeeren sind wüchsige immergrüne (außer in strengen Wintern) Pflanzen. Sie eignen sich als Randbepflanzung für Beete und Rabatten, für Spalten in Steinplatten, Töpfe oder Ampeln.

Winterhärte: Voll frosthart ✻✻✻
Standort: Nährstoffreicher, frischer, durchlässiger, neutraler bis kalkhaltiger Boden in vollsonniger, geschützter Lage.
Pflege: Bei rauem Klima mit dünnem Laubschicht abdecken.
Vermehrung: Aussaat im Frühjahr bei 13–18°C; Ausläuferpflanzen im Spätsommer abtrennen und wieder einpflanzen.

***Fragaria* 'Pink Panda'**
↕10–15 cm ↔ unbestimmt; bis zu 2,5 cm große Blüten erscheinen von Spätfrühling bis Mitte Herbst; wenige Früchte.

Francoa
Brautkranz

Die meist als Schnittblumen kultivierten Pflanzen tragen anmutige, zierliche Trauben rosafarbener oder weißer Blüten, die jeder Rabatte eine luftige Atmosphäre verleihen. Die Hauptblütezeit dieser immergrünen Stauden ist der Sommer, aber oft bringen die Pflanzen im Herbst einen zweiten Flor hervor. Sie bilden dekorative breite Rosetten aus weich behaarten Blättern mit welligem Rand. Brautkranz sät sich üppig selbst aus, wuchert aber nicht. Kombinieren Sie ihn in gemischten Rabatten mit Pflanzen wie Knöterich (*Persicaria* bzw. *Bistorta*, siehe S. 305), Phlox (siehe S. 306–307) und Taglilien (*Hemerocallis*, siehe S. 258) oder ziehen Sie ihn in Gefäßen bzw. als Randbepflanzung.

Winterhärte: Frosthart ✻✻, überlebt aber bis –10°C.
Standort: Feuchter, aber durchlässiger, mit reifem Kompost oder Mist angereicherte Boden in sonniger bis halbschattiger Lage.
Pflege: Im Sommer ausgiebig gießen und monatlich Volldünger verabreichen.
Vermehrung: Teilung der Pflanzen im Frühjahr; Aussaat im Frühjahr bei 15–24°C.

Francoa sonchifolia
↕60–90 cm ↔ 45 cm.

FRITILLARIA

Fritillarie, Kaiserkrone, Schachbrettblume

DIE ELEGANTEN NICKENDEN Glockenblüten sind das charakteristische Merkmal dieser sehr vielfältigen Zwiebelgewächse. Die Blüten erscheinen im Frühling und Frühsommer einzeln oder in Büscheln in zartem Grün, Gelb, leuchtendem Orange, Rot und Purpur, oft mit auffallendem Muster. Fritillarien kommen als Winzlinge, die nur 8 cm hoch werden, bis zu robusteren Arten mit kräftigen, bis zu 1,5 m hohen Stängeln vor. Die majestätischen Kaiserkronen sind der Blickfang einer jeden Rabatte, während die eher zurückhaltende Schachbrettblume (*F. meleagaris*) auf Feuchtwiesen oder in lichtem Schatten unter Bäumen und Sträuchern verwildert werden kann.

Winterhärte: Voll frosthart ❄❄❄ bis frosthart ❄❄
Standort: Je nach Art unterschiedlich, meist jedoch nährstoffreicher, durchlässiger, Feuchtigkeit speichernder Boden in sonniger Lage oder feuchter, humusreicher Boden in lichtem Schatten.
Pflege: Abgeblühte Kaiserkronen bis zum Grund abschneiden; Schachbrettblume in strengen Wintern mit Reisig abdecken.
Vermehrung: Große Horste im Spätsommer teilen; kleinere Arten (z.B. *F. acmopetala*) bilden zahlreiche winzige Tochterzwiebeln, die wie Samen in Schalen kultiviert werden.

Fritillaria imperialis
↕1,5 m ↔ 25–30 cm; orangefarbene, rote oder gelbe Blüten im Frühsommer; nährstoffreicher Boden in Vollsonne; ❄❄❄.

Fritillaria meleagris
↕30 cm ↔ 5–8 cm; im Frühlinge purpurne oder weiße Blüten; braucht feuchten, lehmigen Boden in lichtem Schatten; ❄❄❄.

Fritillaria acmopetala 🏆
↕40 cm ↔ 5–8 cm; robust; Blüten im Spätfrühling; nährstoffreicher, durchlässiger Boden in vollsonniger Lage; ❄❄❄.

GAILLARDIA

Kokardenblume

DIESE PFLANZEN TRAGEN große Körbchenblüten, die den ganzen Sommer und Herbst über erscheinen. Die Blüten sind bis zu 14 cm groß und gelb, karminrot oder orange, die Blütenmitte in kontrastierendem Purpur, Braun, Rot oder Gelb. Sie stehen auf bis zu 90 cm hohen Stielen über den buschigen, weich behaarten, langen Blättern. Die Sorten der kurzlebigen mehrjährigen *Gaillardia × grandiflora* werden aus dieser Gruppe, die auch Ein- und Zweijährige umfasst, am häufigsten kultiviert. Sie eignen sich für Gefäße, gemischte Rabatten und Beete mit Einjährigen. Kombinieren Sie Kokardenblumen mit Gartennelken (*Dianthus*, siehe S. 226–227), Garten-Ringelblumen (*Calendula*, siehe S. 204) und Sonnenhut (*Rudbeckia*, siehe S. 317).

Winterhärte: Voll frosthart ❄❄❄ bis frosthart ❄❄
Standort: Humoser, durchlässiger Boden in vollsonniger Lage.
Pflege: Abgeblühtes regelmäßig entfernen, um mehr Blüte anzuregen; Pflanzen im Spätsommer auf etwa 15 cm zurückschneiden, um den Neuaustrieb am Grund zu fördern.
Vermehrung: Aussaat im Vorfrühling bei 15–18 °C, Einjährige im Spätfrühling oder Frühsommer direkt ins Freie; Stauden im Frühjahr teilen; Wurzelschnittlinge im Winter schneiden.

***Gaillardia* 'Dazzler'** 🏆
↕60–85 cm ↔ 45 cm; kurzlebige Staude; mittel- bis graugrüne Blätter; Blüte von Frühsommer bis Frühherbst; ❄❄❄.

Galanthus

Schneeglöckchen

Diese beliebten Blumen sind ein Lichtblick im Spätwinter und Vorfrühling und erscheinen, wenn noch kaum etwas blüht. Es gibt Hunderte von verschiedenen Arten mit nur winzigen Unterschieden an den Blütenblättern und den grünen Zeichnungen. Aus jeder Zwiebel entwickelt sich eine einzige weiße, nickende Blüte an einem überhängenden Blütenstiel, die bei manchen sogar duftet. Die meisten Schneeglöckchen sind starkwüchsig und einfach zu kultivieren; sie breiten sich durch Selbstaussaat aus. Im Gras verwildert sehen sie besonders hübsch aus.

Winterhärte: Voll frosthart ❄❄❄ bis frosthart ❄❄
Standort: Frischer, durchlässiger, humoser Boden in Sonne bis Schatten.
Pflege: Nicht düngen; ungestört wachsen lassen.
Vermehrung: Kolonien alle drei bis vier Jahre im Frühjahr nach der Blüte teilen, wenn sie zu dicht oder zu schwach wachsen; Tochterzwiebeln nach der Blüte abtrennen und wieder einpflanzen; da sie sich untereinander kreuzen, sehen die Nachkommen aus Samen oft anders aus als die Mutterpflanze.

Galanthus 'Atkinsii' 🏆
↕20 cm ↔ 8 cm; 3 cm lange Blüten erscheinen im Spätwinter; ❄❄❄.

SCHNEEGLÖCKCHEN TEILEN
Teilen Sie diese Pflanzen, bevor die Blätter einziehen und kurz nachdem die Blüten welk sind. Graben Sie sie mit einer Gabel vorsichtig aus, trennen Sie die Zwiebeln ab und pflanzen Sie diese einzeln oder in Gruppen wieder ein.

Galanthus 'S. Arnott' 🏆
↕20 cm ↔ 8 cm; stark nach Honig duftende, 2,5–3,5 cm lange Blüten im Spätwinter und Vorfrühling; ❄❄❄.

Galanthus nivalis 'Flore Pleno' 🏆
↕↔ 10 cm; robust; gefüllte, nach Honig duftende Blüten; breitet sich über Tochterzwiebeln rasch aus; unregelmäßige Blüte im Winter; ❄❄❄.

Galax urceolata

Bronzeblatt

Diese immergrüne Staude wird wegen ihrer eleganten weißen Blüten auf langen Stielen, die im Spätfrühling und Sommer erscheinen, kultiviert. Im Herbst färbt sich das üppige Laub rotbronzefarben. Die Blütenähren sind bis zu 25 cm hoch, die Blätter bis zu 8 cm groß. Bronzeblatt breitet sich durch Ausläufer aus und ist ein guter Bodendecker für schattige Rabatten unter Sträuchern oder für einen Waldgarten. In einem großen Steingarten fühlt es sich ebenfalls wohl. Kombinieren Sie es mit anderen Schatten liebenden, im Frühsommer blühenden Stauden wie Storchschnabel (*Geranium*, siehe S. 250–251), Lupinen (siehe S. 280–281) und Mohn (*Papaver*, siehe S. 299).

Winterhärte: Voll frosthart ❄❄❄
Standort: Feuchter, saurer (kalkfreier) Boden im Halbschatten.
Pflege: Wurzeln dürfen nicht austrocknen; jährlich im Frühjahr mit Tannennadeln oder Laubkompost mulchen.
Vermehrung: Aussaat im Herbst in Töpfen mit Azaleenerde (kalkfrei) ins offene Frühbeet; Ausläufer im Vorfrühling teilen, vorsichtig ausgraben, Sprossteile abschneiden, geteilte Stücke an gewünschter Stelle wieder einsetzen.

Galax urceolata
↕30 cm ↔ 1 m.

Galega
Geißraute

Die hohen, schlaffen Triebe dieser buschigen, ausladenden Stauden sehen sehr anmutig aus, fallen aber leicht auf andere Pflanzen, wenn sie nicht gestützt werden. Die Trauben wickenähnlicher Blüten kommen in Weiß, Blau und Violett, auch zweifarbig, vor. Die im Sommer, aber auch im Frühjahr oder Herbst blühende Geißraute kommt in einer Rabatte mit Sommerblühern wie Lichtnelke (*Lychnis*, siehe S. 282), Weiderich (*Lythrum*, siehe S. 283), Indianernessel (*Monarda*, siehe S. 287) und Sonnenblume (siehe S. 256) am besten zur Geltung. Sie lässt sich auch verwildern und ergibt gute Schnittblumen. Die Echte Geißraute (*G. officinalis*) wird im Garten am häufigsten kultiviert.

Winterhärte: Voll frosthart ❄❄❄
Standort: Jeder feuchte Boden in sonniger bis halbschattiger Lage.
Pflege: Abgeblühtes regelmäßig entfernen, um Selbstaussaat zu verhindern; nach der Blüte bis zum Grund zurückschneiden.
Vermehrung: Samen von Arten im Frühjahr über Nacht einweichen, in Töpfen unter Glas aussäen; Sorten zwischen Spätherbst und Frühjahr teilen.

Galtonia
Sommerhyazinthe, Galtonie

Einer spät blühenden Hyazinthe ähnlich entfaltet *G. candicans* ihre hohen, eleganten Trauben reinweißer, leicht duftender Blüten. Sie ist die einzige in Gärten häufig kultivierte Art und verdient mehr Beachtung, denn in dieser Jahreszeit blühen nur wenige so attraktive Zwiebelgewächse. Die graugrünen, riemenförmigen Blätter sind ziemlich fleischig. Diese anspruchslose Pflanze lässt sich gut mit Gräsern und anderen Stauden wie Herzblumen (*Dicentra*, siehe S. 228–229), Weiderich (*Lythrum*, siehe S. 283), Indianernessel (*Monarda*, siehe S. 286), Mohn (*Papaver*, siehe S. 299), Sonnenhut (*Rudbeckia*, siehe S. 317) und Fetthenne (*Sedum*, siehe S. 324–325) kombinieren. *G. viridiflora* hat blassgrüne, nickende Blüten.

Winterhärte: Voll frosthart ❄❄❄ bis frosthart ❄❄
Standort: Nährstoffreicher, durchlässiger Boden in sonniger Lage.
Pflege: Bei rauem Klima Zwiebeln im Spätherbst ausgraben und frostfrei überwintern oder mit einer dicken Mulchschicht bedeckt im Boden lassen.
Vermehrung: Aussaat bei Samenreife unter Glas; große Horste teilen und wieder einpflanzen.

Gaura lindheimeri
Prachtkerze

Die im Sommer und Herbst erscheinenden Blüten dieser Staude bzw. dieses Halbstrauches lassen mit ihrem luftigen, lockeren Wuchs jede Rabatte zart und anmutig aussehen. Jede Blüte schmiegt sich an die Innenseite der Blätter und ist kurzlebig, wird jedoch bald von einer anderen ersetzt; so hält die Blütenpracht mehrere Wochen an. Diese anspruchslose Pflanze bildet buschige Horste. Es sind mehrere hübsche Sorten erhältlich – 'Corrie's Gold' hat golden umsäumte Blätter und 'Siskiyou Pink' trägt rosa überhauchte Blüten. 'Whirling Butterflies' verdankt ihren Namen der Form der üppigen rötlichen Blüten. Prachtkerzen kontrastieren sehr schön mit spät blühenden Stauden wie Chrysanthemen (siehe S. 212–213), Sonnenhut (*Rudbeckia*, siehe S. 317) und Fetthenne (*Sedum*, siehe S. 324–325).

Winterhärte: Voll frosthart ❄❄❄
Standort: Nährstoffreicher, feuchter, aber durchlässiger Boden in vollsonniger Lage; Trockenheit und Halbschatten werden toleriert.
Pflege: Nach der Blüte bis auf den Boden zurückschneiden.
Vermehrung: Aussaat von Frühjahr bis Frühsommer unter Glas; Horste im Frühjahr teilen; Grünstecklinge im Frühjahr, Kopfstecklinge im Sommer abscheiden.

***Galega* 'His Majesty'**
↕bis 1,5 m ↔ 90 cm; Blüte von Frühsommer bis Frühherbst; 'Lady Wilson' 🏆 hat ähnliche Blüten, 'Alba' 🏆 ist eine weiße Form.

Galtonia candicans 🏆
↕1–1,2 m ↔ 10 cm; die Blüten öffnen sich im Spätsommer von unten nach oben; ❄❄❄.

Gaura lindheimeri 🏆
↕bis 1,5 m ↔ 90 cm; von Spätfrühling bis Frühherbst öffnen sich morgens zartrosa Knospen zu weißen Blüten, die später rosa werden.

Gazania

Gazanie, Mittagsgold

Die leuchtenden, sonnenblumenähnlichen Blüten dieser niedrigen Einjährigen, Zweijährigen, immergrünen Stauden und Halbsträucher zieht man in Regionen mit rauen Wintern in Sommerbeeten, Blumenkästen und Kübeln. Die Hybriden werden einjährig kultiviert und mit anderen Beetpflanzen wie Garten-Ringelblumen (*Calendula*, siehe S. 204) Tagetes (siehe S. 329) und Pelargonien (siehe S. 300–303) kombiniert. Diese Sommerblumen kommen in vielen auffallenden Farben vor, meist mit dunkler Mitte und Zeichnungen auf den Blütenblättern. Sie brauchen einen sonnigen Standort.

Winterhärte: Bedingt frosthart ✻✻ bis frostempfindlich ❀, die meisten vertragen kurzzeitig 0 °C.
Standort: Leichter, sandiger, durchlässiger Boden in vollsonniger Lage.
Pflege: Abgeblühtes regelmäßig entfernen, um die Blühdauer zu verlängern; reichlich düngen; bei frostfrei überwinterten Pflanzen können bei schlechter Belüftung Grauschimmel und Blattläuse auftreten, stark befallene Exemplare vernichten.
Vermehrung: Aussaat im Spätwinter oder Vorfrühling bei 18–20 °C; junge Grundtriebe im Spätsommer oder Frühherbst als Grünstecklinge schneiden.

***Gazania* 'Talent Yellow'**
↕↔ bis 25 cm; wüchsige immergrüne Staude; graufilzige Blätter; Blüte im Sommer; ✻.

***Gazania* Mini-Star-Serie** 🏆
↕ bis 20 cm ↔ bis 25 cm; kompakte, Büschel bildende immergrüne Staude; Blätter unterseits seidig behaart; Blüten in Gelb, Orange, Braunrot, Bronze, Weiß, Rosa und Creme; ✻.

Gentiana

Enzian

Enzian ist wegen seiner intensiv blauen Trichterblüten sehr beliebt, obwohl es auch weiß-, gelb- und selten rotblütige Formen gibt. Die Blütezeit variiert von Spätfrühling (*G. aucaulis*), Sommer (*G. saxosa*) und Spätsommer (*G. septemfida*) bis hin zum Herbst (*G. sino-ornata*). Aus dieser großen und vielfältigen Gattung werden meist nur mehrjährige Arten kultiviert. Sie können sommergrün, immergrün oder wintergrün sein, Matten bilden oder überhängen, Horste bilden oder eine aufrechte Form haben. Viele sind Alpenpflanzen und gedeihen nur in Steingärten; einige Arten wie der hochwüchsige, Schatten liebende Schwalbenwurz-Enzian (*G. asclepiadea*) mit Blüten im Spätsommer eignen sich für Staudenbeete.

Winterhärte: Voll frosthart ✻✻✻
Standort: Meist leichter, humoser, durchlässiger, feuchter Boden; unbedingt unterschiedliche Ansprüche an den Kalkgehalt des Bodens beachten; nur in Regionen mit kühlen Sommern in Vollsonne, in wärmerem Klima im Halbschatten.
Pflege: Bei Trockenheit häufig wässern; oft Reisig als Winterschutz.
Vermehrung: Aussaat der Arten bei Samenreife im Frühbeet; bewurzelte Ausläufer im Frühjahr vorsichtig abtrennen.

① ***Gentiana acaulis*** 🏆 ↕ 8 cm ↔ 30 cm ② ***G. saxosa*** ↕ 8 cm ↔ 10 cm ③ ***G. septemfida*** 🏆 ↕ 15–20 cm ↔ 30 cm ④ ***G. sino-ornata*** 🏆 ↕ bis 8 cm ↔ 15–30 cm.

Geranium

Storchschnabel

Nur wenige Pflanzen kann man im Garten so vielseitig einsetzen wie frostharte, einfach zu ziehende und blühfreudige Storchschnabelarten. Die Gattung umfasst etwa 300 Einjährige, Zweijährige und Stauden, manche wintergrün oder immergrün. Die zarten Blüten erscheinen üppig in Weiß, Rosa- und Purpurtönen sowie in Blau, oft mit kontrastierender Äderung. Die Blätter sind rundlich bis handförmig und duften oft aromatisch. Manche Formen tragen buntes Herbstlaub. Verwechseln Sie Storchschnabel wegen seines lateinischen Namens nicht mit den frostempfindlichen Pelargonien (siehe S. 300–303), die man volkstümlich als »Geranien« bezeichnet. Sie kommen in vielen Lebensräumen, außer in sehr nassen Regionen, vor und können fast überall im Garten und in Töpfen gedeihen. Es gibt kompakte, bis zu 15 cm hohe Sorten, die für Steingärten geeignet sind, und Pflanzen von 1,4 m oder mehr Höhe, die in gemischte Rabatten oder Staudenbeete passen. Matten bildende Arten wie *G. macrorrhizum* sind gute Bodendecker, auch an Hängen, wo das dichte Wurzelsystem Bodenerosion verhindert.

Winterhärte: Voll frosthart ❄❄❄ bis bedingt frosthart ❄

Standort: Hohe Arten und Sorten in nährstoffreichem Boden in vollsonniger bis halbschattiger Lage; niedrige Arten in durchlässigem Boden in Vollsonne; übermäßige Winternässe meiden.

Pflege: In Trockenzeiten wässern, monatlich Flüssigdünger verabreichen; Abgeblühtes und welkes Laub nach der ersten Blüte im Früh- oder Hochsommer abscheiden, um neue Blätter und einen weiteren Flor anzuregen.

Vermehrung: Aussaat bei frostharten Arten nach Samenreife oder im Frühjahr in Töpfen im Freien; bedingt frostharte Arten im Frühjahr bei 13–18 °C aussäen; dichte Horste im Frühjahr teilen; Grundstecklinge im Frühjahr schneiden.

Storchschnabel im Garten

◁ ***Waldgarten*** *Lockere, ausladende Formen und die Blütenfülle, sogar im lichten Schatten, machen Storchschnabelarten zu unschätzbaren Pflanzen für Waldgärten. Hier bilden die luftigen Blätter und zierlichen rosa Blüten von* G. endressii *einen eindrucksvollen Kontrast zu der robusten Form des Baumstamms.* G. endressii, G. himalayense, G. macrorrhizum *und ihre Sorten sowie* G. nodosum *gedeihen an jeder schattigen Stelle.*

▷ ***Bodendecker*** Geranium × magnificum *wurde hier unter Kletterrosen als Bodendecker gepflanzt. Die kräftige, ausbreitende Wuchsform des Storchschnabels verdeckt nackte Bodenflächen und kaschiert die kahlen Rosentriebe; außerdem bilden die flachen Blüten den richtigen Hintergrund für die auffallenderen Rosen. Die charakteristischen Blau-, Malven- und Rottöne harmonieren mit vielen Rosenfarben. Hier wird eine Fülle von sattvioletten Blüten zum Blickfang .*

①

②

⑦

⑧

⑬

⑭

⑱

⑲

① ***Geranium* 'Ann Folkard'** 🏆 ↕60 cm ↔1 m ② ***G. asphodeloides*** ↕30–45 cm ↔30 cm; immergrün ③ ***G. × cantabrigiense*** ↕30 cm ↔60 cm; immergrün, aromatisch duftend ④ ***G. × cantabrigiense* 'Biokovo'** ↕30 cm ↔75–90 cm; immergrün ⑤ ***G. cinereum* 'Ballerina'** 🏆 ↕15 cm ↔30 cm; immergrün; sehr durchlässiger Boden ⑥ ***G. cinereum* ssp. *subcaulescens*** 🏆 ↕15 cm ↔30 cm; immergrün; sehr durchlässiger Boden ⑦ ***G. clarkei* 'Kashmir White'** 🏆 ↕45 cm ↔ unbestimmt

⑧ ***G. dalmaticum*** 🏆 ↕15 cm ↔ 50 cm; immergrün ⑨ ***G. endressii*** 🏆 ↕45 cm ↔ 60 cm; immergrün ⑩ ***G. erianthum*** ↕45–60 cm ↔ 30 cm; schönes Herbstlaub ⑪ ***G. himalayense*** ↕30–45 cm ↔ 60 cm ⑫ ***G. himalayense*** 'Gravetye' 🏆 ↕30 cm ↔ 60 cm ⑬ ***G. ibericum*** ↕50 cm ↔ 60 cm ⑭ ***G. macrorrhizum*** ↕50 cm ↔ 60 cm; aromatisch duftend ⑮ ***G. macrorrhizum*** 'Ingwersen's Variety' 🏆 ↕50 cm ↔ 60 cm; wintergrün ⑯ ***G. maculatum*** ↕60–75 cm ↔ 45 cm ⑰ ***G. maderense*** 🏆 ↕↔ 1,2–1,5 m; immergrün ⑱ ***G. × magnificum*** 🏆 ↕↔ 60 cm ⑲ ***G. nodosum*** ↕30–50 cm ↔ 50 cm ⑳ ***G. orientalitibeticum*** ↕30 cm ↔ 1 m ㉑ ***G. × oxonianum*** ↕80 cm ↔ 60 cm; immergrün ㉒ ***G. × oxonianum*** 'Southcombe Star' ↕80 cm ↔ 60 cm; immergrün ㉓ ***G. × oxonianum*** 'Winscombe' ↕↔ 45 cm; immergrün.

Geum

Nelkenwurz

Die auffallenden Blüten der Nelkenwurz sehen wie Sumpfdotterblumen oder kleine Rosen aus und kommen in schönen Rot-, Orange- und Gelbtönen vor. Sie erscheinen von Spätfrühling bis Sommer und stehen über einem Teppich aus tiefgrünen, grob gezähnten Blättern. Die kleineren Nelkenwurzarten eignen sich für Steingärten, während die höherwüchsigen Pflanzen für sonnige Rabatten wie geschaffen sind. Kombinieren Sie sie mit anderen Stauden, z. B. dem nah verwandten Fingerkraut (*Potentilla*, siehe S. 311), das ähnlich geformte Blüten hat, und frostharten Storchschnabelarten (*Geranium*, siehe S. 250–251).

Winterhärte: Voll frosthart ❄❄❄
Standort: Meist nährstoffreicher, durchlässiger Boden in vollsonniger Lage; *G. rivale* und Sorten auf feuchterem, mit viel reifem Kompost angereichertem Boden kultivieren, ohne Staunässe im Winter.
Pflege: Abgeblühtes entfernen, um eine Nachblüte anzuregen; Sorten im Winter mit Reisig abdecken.
Vermehrung: Aussaat im Frühjahr oder Herbst im Frühbeet, nur einige Sorten, z. B. 'Lady Stratheden' und 'Mrs J. Bradshaw', zeigen bei Anzucht aus Samen die ursprünglichen Merkmale; andere Sorten im Frühjahr oder Spätsommer teilen.

Geum montanum 🏆
↕15 cm ↔ bis 30 cm; eine niedrige Art, die in einem Steingarten am besten gedeiht; sie blüht von Frühling bis Frühsommer.

Gladiolus

Gladiole, Siegwurz

Mit ihren hohen, streng aufrechten, im Sommer erscheinenden Blütenähren können Gladiolen in einem Blumenarrangement genauso auffallen wie im Garten. Die trichterförmigen Blütenkelche öffnen sich von unten nach oben und kommen in allen Farben außer Blau, Braun und Schwarz vor, auch zweifarbig und manchmal mit zarten Flecken auf den unteren Blütenblättern. Gladiolen entwickeln sich aus Knollen und tragen schwertförmige Blätter, die fächerartig angeordnet sind. Viele sind nicht frosthart und brauchen einen warmen, geschützten Standort. Gute Begleiter sind Stauden wie Taglilien (*Hemerocallis*, siehe S. 258) und Gräser (siehe S. 340–355).

Winterhärte: Voll frosthart ❄❄❄ bis frostempfindlich ❀
Standort: Nährstoffreicher, durchlässiger Boden in vollsonniger Lage.
Pflege: Knollen im Frühjahr 10–15 cm tief einsetzen; bei schweren Böden groben Sand in das Pflanzloch einarbeiten; großblütige Pflanzen stützen; in frostgefährdeten Gebieten Knollen aus dem Boden nehmen, sobald die Blätter gelb werden, trocknen und restliches Laub entfernen, alte, vertrocknete und dunkelbraune Knollen wegwerfen, Rest frostfrei, aber kühl lagern; gelegentlich auf Schimmel prüfen.
Vermehrung: Tochterknollen im Herbst abtrennen.

***Geum* 'Lady Stratheden'** 🏆
↕40–60 cm ↔ 60 cm; eine beliebte Sorte für sonnige Rabatten, wo die großen Blüten den ganzen Sommer über erscheinen.

***Geum* 'Red Wings'**
↕bis 60 cm ↔ bis 40 cm; halb gefüllte, leuchtend rote oder scharlachrote Blüten in großer Zahl den ganzen Sommer über.

***Gladiolus* 'Elvira'**
↕80 cm ↔ 8–10 cm; jede Knolle bringt im Frühsommer zwei oder drei schlanke Blütenschäfte hervor; ideale Schnittblumen; ❄.

Gladiolus tristis 🏆
↕45–150 cm ↔ 5 cm; blassgelbe oder cremeweiße Blüten im Frühling, abends mit intensivem Duft; ❄.

Gladiolus communis ssp. *byzantinus* 🏆
↕bis 1 m ↔ 8 cm; wuchsstark, breitet sich aus; Blüten im Frühsommer; in rauem Klima Wintermulch verwenden; ❄❄❄ (Grenzwert).

GLADIOLEN STÜTZEN
Hohe Sorten werden ab dem Hochsommer an Stäben befestigt. Binden Sie sie mit einer weichen Schnur alle 20 cm vorsichtig fest.

Gladiolus 'Anna Leorah'
↕1,6 m ↔ 15 cm; jede Blütenähre ist dicht bepackt mit rosa umsäumten Blüten, die von Früh- bis Spätsommer erscheinen; ❄.

Glechoma

Gundermann

Wegen ihrer kriechenden Wuchsform sind diese Stauden gute Bodendecker, besonders in halbschattigen Bereichen. Die kleinen, am Rand gekerbten Blätter erscheinen an langen, schlanken Trieben, die sich im Boden rasch bewurzeln. Manche Formen wuchern stark und müssen von Zeit zu Zeit ausgedünnt werden. Die kleinen blauvioletten Blüten entwickeln sich im Frühjahr und den ganzen Sommer über. Gute Begleiter sind Günsel (*Ajuga*, siehe S. 172), Lerchensporn (*Corydalis*, siehe S. 217), Taubnessel (*Lamium*, siehe S. 269), Stiefmütterchen (*Viola*, siehe S. 338) und Schneeglöckchen (*Galanthus*, siehe S. 247). Die weiß gezeichneten Blätter von *G. hederacea* 'Variegata' bilden im Beet einen guten Hintergrund für Sommerblüher wie Pelargonien (siehe S. 300–303) und in Gefäßen für Fuchsien (siehe S. 60–63).

Winterhärte: Voll frosthart ❄❄❄
Standort: Nährstoffreicher, durchlässiger Boden in halbschattiger Lage.
Pflege: Übermäßigen Wuchs durch Abstechen von Teilen begrenzen.
Vermehrung: Ausläufer im Frühjahr oder Herbst abtrennen; Aussaat reiner Arten im Herbst direkt am Standort.

Glechoma hederacea 'Variegata'
↕bis 15 cm ↔ bis 2 m oder mehr; das hängende Laub eignet sich für Ampeln und Blumenkästen.

Gunnera
Mammutblatt

Die Blätter des Mammutblatts sind eine wahre Sensation im Garten. Auch wenn es winzige, Matten bildende Arten wie *G. magellanica* gibt, die nicht höher als 15 cm werden, ist es die Riesenstaude *G. manicata*, durch die diese Gattung Berühmtheit erlangte. Diese Pflanze erreicht innerhalb einer Wachstumsperiode die majestätische Höhe von 2,5 m oder mehr. Die Unterseite der rhabarberähnlichen Blätter und ihre dicken Stiele sind grob bedornt. Einige Arten tragen auch sehr dekorative Blütenstände. Großblättrige Exemplare sind ausgezeichnete Strukturpflanzen für Teich- oder Bachufer, aber nur in großen Gärten. Sie lassen sich mit anderen Feuchtigkeit liebenden Pflanzen wie Astilben (siehe S. 194) gut kombinieren. Die kleinen Arten gedeihen am besten in Steingärten.

Winterhärte: Voll frosthart *** bis frosthart **
Standort: Tiefgründiger, ständig feuchter Boden in sonniger bis halbschattiger, geschützter Lage.
Pflege: Im Winter mit Falllaub abdecken.
Vermehrung: Bei großen Arten grundständige Knospen im Frühjahr als Stecklinge abtrennen; kleine Arten im Frühjahr teilen; Aussaat bei Samenreife in Töpfen unter Glas.

Gunnera tinctoria
↕1,5 m ↔ 2 m; die Blätter und die rostbraunen Blütenstände sind etwas kleiner als bei *G. manicata*; **.

Gypsophila
Schleierkraut, Gipskraut

Diese duftigen, lockeren Rispen kleiner weißer oder rosa Blüten kennt jeder, der Blumensträuße kauft. Sie bilden nicht nur ein hübsches luftiges Beiwerk für Blumenarrangements, sondern sind auch beliebte Begleitstauden im Garten. Niedrige Formen eignen sich für Steingärten oder Trockenmauern, über die sie herabhängen; einjährige und hohe mehrjährige Arten wie *G. paniculata* wachsen besser in Rabatten. Die Blütenschleier wirken zusammen mit anderen Stauden wie Mädchenauge (*Coreopsis*, siehe S. 217), Storchschnabel (*Geranium*, siehe S. 250) und Nelkenwurz (*Geum*, siehe S. 252) sehr dekorativ. Beliebte Sorten sind 'Bristol Fairy' und 'Perfecta' mit gefüllten weißen Blüten und 'Flamingo' mit rosavioletten gefüllten Blüten. Alle Sorten sind gute Schnittblumen.

Winterhärte: Voll frosthart *** bis frosthart **
Standort: Leichter, durchlässiger, kalkhaltiger Boden in sonniger Lage.
Pflege: Gelegentlich einen mineralischen Dünger verabreichen.
Vermehrung: Aussaat bei Einjährigen im Frühjahr direkt am Standort, bei Mehrjährigen im Frühjahr bei 13–18 °C; Sämlinge auf 15 cm ausdünnen; bei Stauden im Winter Kopfstecklinge schneiden.

***Gypsophila* 'Rosenschleier'** 🏆
↕40–50 cm ↔ 1 m; luftige, lockere Schleier aus zartrosa, halb gefüllten Blüten; ***.

Haberlea
Haberlee

Diese immergrünen Stauden gedeihen am besten in einem schattigen Steingarten. Ihre dunkelgrünen Blattrosetten bedecken allmählich den Boden und werden im Frühjahr und Frühsommer von lockeren Büscheln aus nickenden Trichterblüten geschmückt, die fliederblau und auch weiß sind. Diese Pflanzen, die nur etwa 15 cm hoch werden, wachsen zwischen Felsen und Steinen sowie in Mauerspalten, aber auch in einem gut belüfteten Gewächshaus. Sie lassen sich mit zahlreichen anderen Steingartengewächsen kombinieren.

Winterhärte: Voll frosthart ***
Standort: Feuchter, aber durchlässiger, kalkhaltiger Boden in sonniger bis halbschattiger Lage; im Gewächshaus durchlässige Topferde.
Pflege: Nicht umpflanzen, Wurzeln mögen keine Störung; vor extremer Winternässe schützen, mit Reisig abdecken; bei Freilandpflanzen können Schnecken zum Problem werden.
Vermehrung: Aussaat im Frühjahr bei 13–18 °C unter Glas; Nebenrosetten im Frühsommer abtrennen.

***Haberlea rhodopensis* 'Virginalis'**
↕15 cm ↔ bis 15 cm; Blätter weich behaart.

HACQUETIA EPIPACTIS

Goldteller

DIE WINZIGEN GOLDGELBEN BLÜTENDOLDEN dieser niedrigen, Horste bildenden Staude sind von großen, gelblich grünen Hüllblättern umgeben. Sie erscheinen von Spätwinter bis Mitte Frühling. Die glänzenden dunkelgrünen Blätter entwickeln sich erst nach der Blüte. Goldteller eignet sich für einen feuchten, schattigen Standort. Die ideale Lage ist ein feuchter Steingarten im Schatten oder eine waldähnliche Rabatte mit Pflanzen wie Schneeglöckchen (*Galanthus*, siehe S. 247), Zwergnarzissen (siehe S. 288–289), Anemonen (siehe S. 180–181) und Lerchensporn (*Corydalis*, siehe S. 217). Weitere gute Begleiter sind Christrose (*Helleborus*, siehe S. 257) und Elfenblume (*Epimedium*, siehe S. 235).

Winterhärte: Voll frosthart ✻✻✻
Standort: Feuchter, aber nicht staunasser, frischer, humusreicher Boden in halbschattiger bis schattiger Lage.
Pflege: Pflanzen nicht umsetzen, sie mögen keine Störung.
Vermehrung: Aussaat bei Samenreife oder im Herbst in Töpfen unter Glas; Teilung der Pflanzen im Frühjahr; Wurzelschnittlinge im Winter.

Hacquetia epipactis 🏆
↕5 cm ↔ bis 15 cm; eine faszinierende Farbkombination, die schattige Bereiche erhellt.

HELENIUM

Sonnenbraut

DIESE UNERMÜDLICH BLÜHENDEN Stauden zählen zu den wichtigsten Spätsommerblumen im Garten. Die Blütenköpfchen erscheinen in leuchtenden, warmen Farben von Sommer bis in den Herbst. Die relativ hochwüchsigen, Horste bildenden Stauden breiten sich allmählich aus und schaffen auffällige Farbinseln in Gelb-, Bronze-, Orange- und Rottönen. Die Blüten werden von Bienen sowie anderen nützlichen Insekten gerne besucht und ergeben gute Schnittblumen. Pflanzen Sie Sonnenbraut in Rabatten mit anderen spät blühenden Stauden wie Fetthenne (*Sedum*, siehe S. 324–325), Sonnenhut (*Rudbeckia*, siehe S. 317) und Astern (siehe S. 192–193) an. Der Kontakt mit den Blättern kann Hautallergien hervorrufen.

Winterhärte: Voll frosthart ✻✻✻ bis frosthart ✻✻
Standort: Nährstoffreicher, feuchter, aber durchlässiger Boden in vollsonniger Lage.
Pflege: Hohe Sorten stützen; bei Trockenheit wässern.
Vermehrung: Aussaat bei Arten im Frühjahr in Töpfen unter Glas; bei Sorten im Frühjahr Grundstecklinge schneiden; Horste alle paar Jahre teilen, um die Wuchskraft zu erhalten.

***Helenium* 'Crimson Beauty'**
↕90 cm ↔ 60 cm; die zottigen roten Blüten verfärben sich später etwas bräunlich; ✻✻✻.

***Helenium* 'Moerheim Beauty'** 🏆
↕90 cm ↔ 60 cm; Blüte von Früh- bis Spätsommer; ✻✻✻.

Helenium autumnale
↕bis 1,5 m ↔ 45 cm; Blüte von Spätsommer bis Mitte Herbst; Triebe mit Zweigen abstützen; ✻✻✻.

Helianthus

Sonnenblume

↕bis 5 m
↔bis 1,2 m

Diese beliebten ein- und mehrjährigen Pflanzen werden wegen der enormen Höhe, die sie erreichen können, und ihrer oft riesigen Blütenkörbe kultiviert. Sie erscheinen im Sommer und Herbst in den Farben Gelb, Rot, Bronze und Braun und stehen einzeln oder in lockeren Büscheln. Die Blütenscheiben von einigen Einjährigen können einen Durchmesser von bis zu 30 cm erreichen. Trotz ihrer derben Blätter sind Sonnenblumen eindrucksvolle Pflanzen für Rabatten; einige der einjährigen Zwergformen gedeihen auch in Töpfen. Alle sind gute Schnittblumen; sie locken viele bestäubende Insekten in den Garten, und die Samenstände bieten Vögeln Nahrung.

Winterhärte: Voll frosthart *** bis frosthart **
Standort: Nährstoffreicher, durchlässiger, neutraler bis alkalischer (kalkhaltiger) Boden in vollsonniger, geschützter Lage.
Pflege: Hohe Formen, besonders die großblütigen stützen.
Vermehrung: Aussaat bei Stauden im Frühjahr in Töpfen unter Glas, bei Einjährigen Mitte Frühling direkt an den Standort; Stauden im Frühjahr oder Herbst alle zwei bis drei Jahre teilen (erhält auch die Wuchskraft) und wieder einpflanzen.

① *Helianthus* 'Lemon Queen' ↕1,7 m; ***
② *H.* 'Monarch' ♡ ↕bis 2 m; ** ③ *H.* 'Soleil d'Or' ↕bis 2 m; *** ④ *H.* 'Velvet Queen' ↕1,5 m; ***.

Heliopsis

Sonnenauge

Diese Horste bildenden Stauden, die ursprünglich in den Prärien Nordamerikas beheimatet waren, werden wegen ihrer langen Blühdauer und geringen Ansprüche kultiviert. Ihre farbenfrohen goldgelben Blütenköpfe mit einem Durchmesser von bis zu 8 cm erscheinen ab dem Hochsommer bis in den Frühherbst. Sonnenaugen haben straffe, verzweigte, bis 1 m hohe Stiele, die mittel- bis dunkelgrüne Blätter tragen. Die Blüten können einfach oder gefüllt sein. Kombinieren Sie Sonnenaugen mit anderen farbenprächtigen Stauden, z. B. Schafgarbe (*Achillea*, siehe S. 166–167), Sonnenhut (*Rudbeckia*, siehe S. 317), Storchschnabel (*Geranium*, siehe S. 250–251) und Glockenblumen (*Campanula*, siehe S. 206–207).

Winterhärte: Voll frosthart ***
Standort: Nährstoffreicher, durchlässiger, mit reifem Kompost angereicherter Boden in vollsonniger Lage.
Pflege: Höhere Formen mit Stäben stützen; junge Triebe werden gerne von Schnecken gefressen.
Vermehrung: Aussaat im Frühjahr unter Glas; Grundstecklinge im Frühjahr schneiden; Pflanzen alle zwei bis drei Jahre teilen, um die Wuchskraft zu erhalten.

Heliopsis helianthoides 'Sommersonne'
↕90 cm ↔ 60 cm; tiefgoldgelbe Blüten, manchmal orange angehaucht; gute Schnittblumen.

Helleborus

Nieswurz, Christrose

Die Christrosen sind die Stars im winterlichen Garten. Diese Gattung meist immergrüner Stauden oder Halbsträucher wird wegen ihrer hübschen glänzenden Blätter geschätzt, die die erlesenen Blüten in feinen Schattierungen von Purpur, Rosa, Grün, Weiß und Creme, viele mit kontrastierenden Flecken, deutlicher hervorheben. Manche der extrem langlebigen Blüten deuten nach oben, andere neigen anmutig die Köpfe; einige duften. Nieswurzarten wirken am besten in Gruppen in gemischten Rabatten oder einem natürlichen Waldgarten. Kombinieren Sie sie mit winterblühenden Sträuchern wie Zaubernuss (*Hamamelis*, siehe S. 68), Fleischbeere (*Sarcococca*, siehe S. 116) und Schneeball (*Viburnum*, siehe S. 126–127).

Winterhärte: Voll forsthart *** bis frosthart **
Standort: Meist neutraler bis alkalischer Boden in sonniger bis schattiger Lage; trockene oder staunasse Böden meiden.
Pflege: Vor dem Pflanzen reichlich reifen Kompost einarbeiten; im Herbst organischen Mulch ausbringen.
Vermehrung: Aussaat nach der Samenreife unter Glas; Hybriden weisen oft andere Farben auf; starke Selbstaussaat; Teilung im Vorfrühling oder Spätsommer.

SÄMLINGE
Setzen Sie die selbstausgesäten Sämlinge unter den Pflanzen im Frühjahr um, sobald sie mindestens ein echtes Laubblatt tragen.

Helleborus foetidus ♡
↕bis 80 cm ↔ 45 cm; tief eingeschnittene Blätter, die beim Zerreiben unangenehm riechen; Blüte Mitte Winter bis Mitte Frühling; ***.

***Helleborus*-Hybriden**
↕↔ bis 45 cm; weiße, purpurne, gelbe, grüne oder rosa Blüten von Mitte Winter bis Mitte Frühling; alte Blätter vor dem Öffnen der Blütenknospen entfernen; ✻✻✻.

Helleborus argutifolius 🏆
↕ bis 1,2 m ↔ 90 cm; Blätter überwintern; flache blassgrüne Blüten im Spätwinter und Vorfrühling; ✻✻✻.

***Helleborus* 'Slaty blue'**
↕↔ 45 cm; gewöhnlich aus Samen gezogen; Blüte von Mitte Winter bis Mitte Frühling; ✻✻✻.

***Helleborus niger* 'Potter's Wheel'**
↕ bis 30 cm ↔ 45 cm; Blätter überwintern; besonders große Blüten von Frühwinter bis Vorfrühling; ✻✻✻.

***Helleborus* Ashwood-Garten-Hybriden**
↕↔ 45 cm; unterschiedlich gefleckte und gesprenkelte, halb gefüllte Blüten von Mitte Winter bis Mitte Frühling; ✻✻✻.

Hemerocallis

Taglilie

↕25 cm–1,2 m
↔30 cm–1,2 m

Die exotischen Blüten der Taglilien haben eine meist nur einen Tag währende Lebensdauer (daher der Name), die aber durch das ständige Öffnen weiterer Knospen wettgemacht wird. Es gibt Hunderte von Sorten, deren Blüten weißlich, gelb, orange, rosa, rot, braun, violett oder auch zweifarbig sind. Auch die Blütenform sieht je nach Sorte verschieden aus – von geschlossenen Glocken bis zu grazilen gefüllten Sternblüten. Taglilien sind sommergrüne, immergrüne oder wintergrüne, einfach zu kultivierende, Horste bildende Stauden, die von Frühling bis Spätsommer blühen und Rabatten Höhe und viel Farbe verleihen.

Winterhärte: Voll frosthart ***, manche immergrüne frosthart **
Standort: Nährstoffreicher, feuchter, durchlässiger Boden in vollsonniger bis halbschattiger Lage.
Pflege: Gallmücken können die Pflanzen befallen und frühe Knospen schädigen; stark verdickte Knospen vernichten.
Vermehrung: Teilung vor oder nach der Blüte, spätestens alle zwei bis drei Jahre teilen, um die Wuchskraft zu erhalten.

Hepatica

Leberblümchen

Diese kleine Gattung früh blühender Stauden ist mit den Anemonen (siehe S. 180) nah verwandt. Die schalen- oder sternförmigen Blüten öffnen sich von Spätwinter bis Vorfrühling, bevor sich die Blätter voll entwickelt haben. Die Blütenfarbe variiert von Weiß, Blassrosa bis Karminrot, Blassblau, Malvenblau und Purpur, oft mit Zeichnung. Die Blätter sind unterseits meist purpurn und manchmal silbrig oder weiß gezeichnet. Sie bilden Grundrosetten von etwa 13 cm Durchmesser und halten den ganzen Sommer, nachdem die Blüten verwelkt sind. Leberblümchen gedeihen gut in feuchtem Boden im Halbschatten.

Winterhärte: Voll frosthart ***
Standort: Lehmiger, humoser, kalkhaltiger Boden im Halbschatten, durchlässiger, mit gut verrottetem Kompost angereicherter Boden im Schatten wird toleriert.
Pflege: Im Frühjahr oder Herbst um die Pflanzen herum Laub- oder Gartenkompost ausbringen; verträgt keine Wurzelstörung, daher nicht umpflanzen.
Vermehrung: Aussaat von Arten nach der Samenreife im Frühbeet; Teilung der Pflanzen im Frühjahr, geteilte und wieder eingesetzte Wurzelstöcke wachsen langsam ein.

① *Hemerocallis* 'Gentle Shepherd' ↕65 cm; *** ② *H.* 'Golden Chimes' 🏆 ↕90 cm; *** ③ *H.* 'Lemon Bells' 🏆 ↕1,2 m; *** ④ *H.* 'Marion Vaughn' 🏆 ↕85 cm; ***.

Hepatica nobilis 🏆
↕10 cm ↔ 15 cm; langsamwüchsig; weiße, rosa, blaue oder purpurne Blüten im Vorfrühling.

Hepatica nobilis var. *japonica*
↕bis 8 cm ↔ 15 cm; langsamwüchsig; weiße, rosa oder blaue Blüten im Vorfrühling; für Tröge geeignet.

Hesperis matronalis

Gewöhnliche Nachtviole

↕bis 90 cm
↔45 cm

DIE SÜSSLICH DUFTENDEN Blüten der Nachtviole stehen an den Enden hoher Stängel über Rosetten behaarter dunkelgrüner Blätter. Gewöhnlich werden nur die zweijährige bis kurzlebige Staude, *H. matronalis*, und ihre Sorten kultiviert. Die Blüten sind violett bis purpurrot, selten weiß; sie erscheinen im Spätfrühling bis Sommer und verströmen am Abend einen würzigen Duft. Manche Sorten haben gefüllte Blüten, die gute Schnittblumen ergeben. Die Nachtviole wird zweijährig gezogen und sät sich üppig selbst aus. Sie passt in Bauerngärten, Staudenbeete oder Wildgärten neben andere Frühblüher wie Mohn (*Papaver*, siehe S. 299).

Winterhärte: Voll frosthart ❄❄❄
Standort: Nährstoffreicher, feuchter, aber durchlässiger, neutraler bis alkalischer (kalkhaltiger) Boden in sonniger bis halbschattiger Lage.
Pflege: Anfällig für Mehltau und Schnecken.
Vermehrung: Aussaat im Frühjahr oder Frühsommer direkt am Standort; Sämlinge im Herbst auspflanzen.

***Hesperis matronalis* 'Alba'**
Blüten von 3–4 cm Durchmesser; lockt Insekten an; Sämlinge blühen weiß, wenn keine anderen Nachtviolen in der Nähe wachsen.

Heuchera

Purpurglöckchen

DAS ÜPPIG BUNTE LAUB ist das Hauptmerkmal des Purpurglöckchens. Die immergrünen bzw. wintergrünen, gelappten, rundlichen Blätter sind oft bronzefarben oder purpurn getönt, häufig gefleckt oder gezeichnet und auffällig geädert. Sie bilden wohlgeformte Polster, über denen sich von Früh- bis Hochsommer schlanke Rispen luftiger und zierlicher Blüten in Weiß, Rosa und Rot erheben. Sie werden gerne von Bienen besucht. Meist werden sie in Rabatten und am Wegrand angepflanzt, wirken aber auch in Wald- und Steingärten gut. Sie passen gut zu Woll-Ziest (*Stachys byzantina*, siehe S. 328) oder Orangenblume (*Choisya ternata* 'Sundance', siehe S. 40).

Winterhärte: Voll frosthart ❄❄❄ bis frosthart ❄❄
Standort: Nährstoffreicher, feuchter, durchlässiger, neutraler Boden in sonniger bis halbschattiger, auf feuchtem Boden auch schattiger Lage.
Pflege: In rauen Wintern mit Reisig abdecken; jeden Herbst teilen, um das Herausragen des Wurzelstocks aus dem Boden zu verhindern; an den Wurzeln fressen Larven des Dickmaulrüsslers, die Pflanzen gehen daran ein, befallene Pflanzen sofort vernichten.
Vermehrung: Aussaat von Arten im Frühjahr in Töpfen unter Glas; Teilung nach der Blüte.

***Heuchera cylindrica* 'Greenfinch'**
↕bis 90 cm ↔ 60 cm; bildet Polster; oft behaarte Blätter; Blüte von Mitte Frühling bis Hochsommer; ❄❄❄.

TEILEN SIE die Horste des Purpurglöckchens jedes Jahr, damit sie nicht stark verholzen und in der Mitte verkahlen.

***Heuchera micrantha* 'Palace Purple'**
↕↔ 45–60 m; bildet Polster oder Horste; Blätter bis 15 cm lang; üppige Blüte im Frühsommer; rosa Samenstände; ❄❄❄.

***Heuchera* 'Red Spangles'**
↕50 cm ↔ 25 cm; Horste bildend; runde bis nierenförmige dunkelgrüne Blätter mit hellgrüner Zeichnung; Blüte im Sommer; ❄❄❄.

Hosta

Funkie

Funkien zählen zu den eindrucksvollsten Blattpflanzen, die gerippte, manchmal riesige Blätter in Grün, Gelb, Blaugrün und Blaugrau tragen. Bei vielen Sorten sind sie weiß oder cremefarben umsäumt oder gebändert. Im Sommer erscheinen über dem Laub Trauben trichterförmiger Blüten. Diese Stauden sind ursprünglich an felsigen Flussufern sowie auf Wald- und Bergwiesen heimisch. Die meisten bilden Horste, während einige sich über unterirdische Ausläufer ausbreiten. Alle Funkien sind ausgezeichnete Bodendecker, da die dicht wachsenden, sich überlappenden Blätter kein Licht durchlassen, sodass die Keimung von Unkrautsamen im Boden verhindert wird. Sie sind auch die idealen Gewächse für Schattenbereiche. Wenn Sie Funkien unter Bäumen pflanzen, müssen Sie dem Boden reifen Kompost zusetzen, um die Feuchtigkeit zu speichern. Diese Blattpflanzen sehen auch in Gefäßen eindrucksvoll aus und können so vor Schneckenfraß bewahrt werden. Ihr üppiges Laub wirkt an Bächen oder Teichen, aber auch mit kontrastierenden hohen Pflanzen wie Gräsern ebenfalls sehr reizvoll. Die kleinblättrigen Sorten eignen sich für Steingärten.

Winterhärte: Voll frosthart ❄❄❄
Standort: Nährstoffreicher, feuchter, aber durchlässiger Boden in halbschattiger bis schattiger Lage, der vor kalten Winden geschützt ist; gelbblättrige oder panaschierte Formen besser in sonniger Lage.
Pflege: Boden darf nicht austrocknen, daher in Trockenzeiten ausgiebig wässern; vor zu starker Sonne schützen, da die Blätter verbrennen können; im Frühjahr den Boden um die Pflanzen herum mulchen, um Feuchtigkeit zu speichern; sehr anfällig für Schneckenfraß, Schutzmaßnahmen unbedingt erforderlich (siehe unten); Topfpflanzen werden oft von Larven des Dickmaulrüsslers befallen.
Vermehrung: Teilung vor oder nach der Blüte.

Schutz vor Schnecken

Schnecken fressen in Funkienblätter unregelmäßige Löcher und hinterlassen ihre typische Schleimspur. Es kommt nicht selten vor, dass Blätter in einer Nacht völlig kahl gefressen werden. Es gibt verschiedene Möglichkeiten, Schnecken abzuwehren, ohne das für nützliche Tiere wie Vögel und Igel giftige Schneckenkorn einzusetzen. Bierfallen können Sie im Gartencenter kaufen oder selbst basteln (siehe unten). Versenken Sie z. B. einen Joghurtbecher in den Boden und füllen Sie ihn mit Bier, dessen Duft die Schnecken anlockt. Streuen Sie Kies, groben Sand, zerbrochene Eierschalen oder Sägemehl um die Pflanzen. Schnecken meiden diese Bereiche, da sie raue Oberflächen nicht mögen. Bringen Sie diese Materialien aus, bevor die Blätter sich im Frühjahr entwickeln. Sammeln Sie die Schnecken in den Abendstunden, besonders bei feuchtem Wetter, ab.

Kupferband *Töpfe können Funkien einen gewissen Schutz bieten. Als weitere Barriere dient ein selbstklebendes Kupferband, erhältlich im guten Fachhandel, das am Topfrand angebracht wird. Das Kupfer erzeugt eine natürliche elektrische Ladung, auf die Schnecken empfindlich reagieren.*

Bierfalle *Schnecken werden vom Duft des Bieres angelockt, fallen in den Behälter und ertrinken. Versenken Sie den Becher so in den Boden, dass ein Rand von 2,5 cm über der Bodenebene bleibt, damit nützliche Kleintiere wie z. B. viele Laufkäfer nicht hineinfallen.*

① *Hosta* **'Aureomarginata'** ↕50 cm ↔ 1 m; verträgt Sonne oder Halbschatten ② *H.* **'Blue Blush'** ↕20 cm ↔ 35–40 cm; lavendelblaue Blüten ③ *H.* **'Emerald Tiara'** ↕35 cm ↔ 65 cm; violette Blüten ④ *H.* **'Fortunei Albopicta'** 🏆 ↕55 cm ↔ 1 m ⑤ *H.* **'Fortunei Aureomarginata'** 🏆 ↕55 cm ↔ 1 m; verträgt Sonne oder Halbschatten ⑥ *H.* **'Francee'** 🏆 ↕55 cm ↔ 1 m ⑦ *H.* **'Frances Williams'** ↕60 cm ↔ 1 m; gräulich weiße Blüten ⑧ *H.* **'Golden Prayers'** ↕35 cm ↔ 60 cm

⑨ *H.* **'Halcyon'** 🏆 ↕35–40 cm ↔ 70 cm; lavendelgraue Blüten ⑩ *H.* **'Honeybells'** 🏆 ↕75 cm ↔ 1,2 m; duftende weiße oder lavendelblau gestreifte Blüten ⑪ ***H. lancifolia*** 🏆 ↕45 cm ↔ 75 cm; purpurne Blüten; rot gefleckte Stängel ⑫ *H.* **'Love Pat'** 🏆 ↕45 cm ↔ 1 m; weißliche Blüten ⑬ *H.* **'Regal Splendor'** ↕75 cm ↔ 1 m ⑭ *H.* **'Royal Standard'** 🏆 ↕60 cm ↔ 1,2 m; duftend ⑮ *H.* **'September Sun'** ↕65 cm ↔ 1 m ⑯ *H.* **'Shade Fanfare'** 🏆 ↕45 cm ↔ 60 cm ⑰ ***H. sieboldiana*** **'Elegans'** 🏆 ↕1 m ↔ 1,2 m ⑱ *H.* **'Sum and Substance'** 🏆 ↕75 cm ↔ 1,2 m; blasslila Blüten ⑲ ***H. undulata*** ↕1 m ↔ 45 cm; malvenfarbene Blüten ⑳ *H.* **'Undulata Univittata'** 🏆 ↕45 cm ↔ 70 cm ㉑ ***H. ventricosa*** 🏆 ↕50 cm ↔ 1 m ㉒ ***H. venusta*** 🏆 ↕5 cm ↔ 25 cm ㉓ *H.* **'Wide Brim'** 🏆 ↕45 cm ↔ 1 m.

Hyacinthoides

Hasenglöckchen

Hasenglöckchen kennen wir als leuchtend blaue Blütenteppiche, die im Spätfrühling in Wäldern anzutreffen sind. Sie wuchern oft, lassen sich aber durch Ausgraben unerwünschter Zwiebeln leicht zügeln. Die kleinen blauvioletten, selten auch weißen oder rosa Blüten stehen auf kräftigen Stielen über riemenförmigen mittelgrünen Blättern. Pflanzen Sie das Atlantische Hasenglöckchen (*H. non-scripta*) in großen Gruppen unter sommergrünen Bäumen im lichten Schatten, damit die Blütenfarbe zur Geltung kommt. Kaufen Sie nur in Gärtnereien gezogene Zwiebeln, da diese Art unter Naturschutz steht. Das größere und robustere Spanische Hasenglöckchen (*H. hispanica*) toleriert Sonne und mehr Trockenheit. Es lässt sich in einem Naturgarten gut verwildern.

Winterhärte: Voll frosthart ✻✻✻
Standort: Nährstoffreicher, durchlässiger Boden im Halbschatten.
Pflege: Zwiebeln im Herbst 5–10 cm tief einsetzen; Abgeblühtes regelmäßig entfernen, um starke Selbstaussaat zu verhindern.
Vermehrung: Aussaat im Herbst direkt ins Freiland oder im Frühjahr unter Glas; Teilung der Bestände nach dem Vergilben der Blätter.

① ***Hyacinthoides hispanica*** ↕40 cm ② ***H. hispanica*** **'Excelsior'** ↕50–55 cm.

Hyacinthus

Hyazinthe

Hyazinthen sind wahrscheinlich die am süßlichsten riechenden Frühlingszwiebelpflanzen, die wegen ihrer dicht gepackten Blütenstände in Weiß, Rosa, Rot, Gelb und Purpurtönen gepflanzt werden. Jeder kräftige Blütenschaft erhebt sich aus der Mitte tiefgrüner, riemenförmiger Blätter. Alle Zuchtformen stammen von *H. orientalis* und werden 20–30 cm hoch. Die etwas unnatürlich wirkende Form dieser Blumen können Sie dazu nutzen, sie in ein formales Frühlingsbeet mit Primeln (siehe S. 312–313), winterblühenden Stiefmütterchen (*Viola*, siehe S. 338) und Tulpen (siehe S. 334–335) zu integrieren.

Winterhärte: Voll frosthart ✻✻✻ im Boden; Gefäßkulturen im Freien sind frostempfindlich.
Standort: Durchlässiger, humoser Boden in sonniger Lage.
Pflege: Zwiebeln im Herbst 10 cm tief mit 8 cm Abstand einsetzen; Gefäßkulturen vor Winternässe schützen; zum Vortreiben vorbereitete Zwiebeln im Herbst in spezielle Glasgefäße setzen, kühl und dunkel aufstellen, ins Helle und Warme bringen, wenn die Triebe 2,5 cm hoch sind; nach der Blüte ins Freie auspflanzen, wo sie weitere kleinere Blüten bilden.
Vermehrung: Im Sommer Tochterzwiebeln abtrennen, die im Herbst wieder eingepflanzt werden.

① ***Hyacinthus orientalis*** **'Blue Jacket'** 🏆; Blüte im Vorfrühling ② ***H. orientalis*** **'City of Haarlem'** 🏆; Blüte im Spätfrühling.

Iberis

Schleifenblume

Die Polster aus lanzettlichen dunkelgrünen Blättern der Schleifenblumen sind im Frühjahr von zahlreichen, oft duftenden Blütenständen übersät. Diese Polsterstauden, buschigen Einjährigen, Zweijährigen und Halbsträucher bringen von Spätfrühling bis Frühsommer Blüten in Weiß, Purpur, Rot oder Rosa hervor. Die Immergrüne Schleifenblume (*I. sempervirens*), 30 cm hoch, bildet kugelige, dicht gepackte Blütenstände weißer Blüten, während die kompakte Doldige Schleifenblume (*I. umbellata*) rosa und purpurne Blütenstände trägt. Die Stauden eignen sich für Steingärten und Mauern. Setzen Sie einjährige Pflanzen an den Rand einer Rabatte oder in Töpfe; gute Begleiter sind frostharte Einjährige wie Clarkien (siehe S. 214) und Schwarzkümmel (*Nigella*, siehe S. 291).

Winterhärte: Voll frosthart ✻✻✻ bis frosthart ✻✻
Standort: Karger bis mäßig nährstoffreicher, feuchter, doch durchlässiger Boden in vollsonniger Lage.
Pflege: Nach der Blüte Stauden zurückschneiden.
Vermehrung: Aussaat bei Einjährigen im Frühjahr oder Herbst direkt am Standort, bei Stauden im Herbst unter Glas; Kopfstecklinge im Spätfrühling, halb verholzte Stecklinge im Sommer abschneiden.

Iberis umbellata **Fairy-Serie**
↕15–30 cm ↔ bis 23 cm; einjährig; gemischte rosa, lilapurpurne und weiße, duftende Blüten.

Impatiens

Springkraut, Balsamine, Fleißiges Lieschen

Balsaminen sind auch im Schatten üppig blühende Pflanzen, die den ganzen Sommer viel Farbe in den Garten bringen. Sie bilden eine Fülle von Blüten in Rot, Purpur, Rosa und Weiß, oft zweifarbig, die von Frühsommer bis Herbst erscheinen. Die meisten Gartenformen sind entweder Einjährige oder empfindliche Stauden, die man einjährig kultiviert – sie werden in Sommerbeete gepflanzt und nach der Blüte weggeworfen. Alle haben brüchige, fast sukkulente Stängel mit fleischigen Blättern. Impatiens-Neu-Guinea-Hybriden und die Sorten des Fleißigen Lieschens (*I. walleriana*) sind für Beete und Gefäße in Schattenbereichen von unschätzbarem Wert. Pflanzen Sie ungewöhnliche Formen in Blumenkästen.

Winterhärte: Voll frosthart ✻✻✻ bis frostempfindlich ❅
Standort: Mit reifem Kompost angereicherter Boden in sonniger bis halbschattiger Lage; bei Gefäßbepflanzung normale Blumenerde.
Pflege: Vor kalten Winden schützen; Topfpflanzen reichlich gießen, wöchentlich Volldünger verabreichen; Fäule an den Knospen bei zu viel Feuchtigkeit, sofort entfernen, damit gesunde Knospen folgen.
Vermehrung: Aussaat im Vorfrühling bei 16–18 °C; Kopfstecklinge im Frühjahr und Sommer schneiden, mäßig warm überwintern.

① *Imaptiens balsamina* Tom-Thumb-Serie ↕ bis 30 cm; gefüllte Blüten; einjährig; ❅ ② *I. niamniamensis* 'Congo Cockatoo' ↕ 90 cm; aufrechte, kurzlebige Staude; ❅.

Inula

Alant

Diese robusten Stauden und Zweijährigen bilden Massen von gelben Strahlenblüten mit auffälliger gelber Mitte und schmalen, feinen Blütenblättern. Die Blüten erscheinen den ganzen Sommer einzeln oder in abgeflachten Büscheln. Die Blätter sind am Grund der Stängel groß und werden nach oben hin immer kleiner. Die Wuchshöhe variiert sehr stark – vom Schwertblättrigen Alant (*I. ensifolia* 'Compacta'), mit nur 15 cm Höhe ideal für Steingärten, bis zu hochwüchsigen Arten wie *I. magnifica*, die bis 2 m hoch wächst und mit ihren ziemlich derben Blättern im Hintergrund einer Rabatte oder in einem Wildgarten besser aufgehoben ist. Die mittelhohen Formen können in natürlich angelegte Beete mit farbenfrohen Sommerstauden integriert werden.

Winterhärte: Voll frosthart ✻✻✻ bis frosthart ✻✻
Standort: Tiefgründiger, nährstoffreicher, durchlässiger Boden in vollsonniger bis halbschattiger Lage.
Pflege: Hohe Arten stützen; bei Trockenheit kann Echter Mehltau auftreten.
Vermehrung: Aussaat im Frühjahr oder Herbst unter Glas; Teilung von Stauden nach der Blüte, auch zum Verjüngen.

Inula hookeri
↕ 60–75 cm ↔ 60 cm; weich behaarte Stängel und Blätter; Blüte von Spätsommer bis Mitte Herbst; ✻✻✻.

Ipheion

Sternblume, Frühlingsstern

Die sternförmigen Blüten dieser Pflanzen sehen im Frühling inmitten der grasartigen Blätter wie Juwelen aus. Diese kleine Gattung von Zwiebelgewächsen bringt blaue, violette oder weiße Blüten hervor, die oft intensiv nach Honig duften. Die meisten anderen Pflanzenteile riechen beim Zerreiben jedoch nach Zwiebeln. Die am häufigsten kultivierte Art, *I. uniflorum*, wächst meist niedrig, ist aber eine robuste, rasch Horste bildende Pflanze. Sie eignet sich hervorragend für Steingärten oder zum Unterpflanzen von Stauden wie Funkien (*Hosta*, siehe S. 260–261) und Pfingstrosen (*Paeonia*, siehe S. 298). In rauem Klima braucht sie Winterschutz.

Winterhärte: Frosthart ✻✻ bis frostempfindlich ❅
Standort: Mäßig nährstoffreicher, durchlässiger, mit reifem Kompost angereicherter Boden in sonniger, geschützter Lage; für Gefäßbepflanzung gute Topf- oder Blumenerde verwenden.
Pflege: Zwiebeln im Herbst 8 cm tief im Abstand von 5 cm einsetzen; in Wintern mit Temperaturen unter –10 °C mit Reisig bedecken oder mulchen.
Vermehrung: Teilung im Sommer in der Vegetationsruhe; Aussaat nach der Samenreife und im Frühjahr unter Glas.

Ipheion uniflorum 'Wisley Blue' 🏆
↕ 15–20 cm; Blätter entwickeln sich im Herbst; einzelne duftende Blüten im Frühling; ✻✻.

Iris

Schwertlilie, Iris

Die charakteristischen, hübschen Blüten der mehrjährigen Schwertlilien erscheinen von Mitte Winter bis Hochsommer an Pflanzen, deren Wuchshöhe stark variiert. Niedrige Formen wie *I. danfordiae* und *I. histrioides* entfalten ihre Blüten, wenn der Boden noch schneebedeckt ist. Es handelt sich hierbei um Mitglieder der großen Gruppe zwiebelbildender Irisarten, die alle vergleichsweise früh im Jahr blühen und vorzugsweise im Steingarten verwendet werden. Eine zweite große Gruppe umfasst die rhizombildenden Iris, von denen einige besonders für Freiflächen und andere für den Gewässerrand geeignet sind. Zu den ersten gehören u. a. die Bartiris. Sie wachsen mit ihren flach unter der Erdoberfläche verlaufenden Rhizomen zu dichten Horsten heran und sind durch einen charakteristischen, stets kontrastreichen Bart auf den hängenden Blütenblättern gekennzeichnet. Einige Rhizomiris bilden anstelle von Bärten hahnenkammähnliche Mittelstreifen aus. Sie werden als Kammiris bezeichnet. Zu den rhizombildenden Iris für den Gewässerrand zählen die Japanische Sumpf-Schwertlilie (*I. ensata*) sowie die Sibirische Schwertlilie (*I. sibirica*) und verwandte Arten, die alle bartlos sind und tiefer im Boden verlaufende Rhizome aufweisen.

Winterhärte: Voll frosthart *** bis frostempfindlich ❅
Standort: Die verschiedenen Irisarten haben unterschiedliche Ansprüche; lesen Sie daher beim Kauf die Etiketten sorgfältig; durchlässiger Boden in sonniger Lage (siehe unten); für Feuchtigkeit liebende Arten ständig nasser Boden, Sumpfgarten oder Teichrand; meist neutraler bis leicht saurer Boden, *I. laevigiata* saurer Boden, winterblühende *I. unguicularis* alkalischer Boden und geschützte Lage.
Pflege: Abgeblühtes und welke Stängel (z. B. Bartiris) entfernen oder wie bei *I. foetidissima* wegen dekorativer Samenstände stehen lassen; im Winter die meisten locker mit Laub oder Stroh abdecken; Bartiris in wenig durchlässigen Böden anfällig für Fäule.
Vermehrung: Teilung der Rhizome von Hochsommer bis Frühherbst (siehe unten); Teilung der Zwiebeln nach der Blüte; Tochterzwiebeln nach der Blüte abnehmen; Aussaat im Frühjahr oder Herbst in Töpfen (siehe unten).

Teilung der Rhizome

❶ *Graben Sie Iris (hier* I. pseudacorus*) aus, und befreien Sie die Wurzeln von Erde. Teilen Sie den Horst mit den Händen oder einem alten Messer. Achten Sie darauf, dass die Teilstücke gesund sind und Blätter und Wurzeln tragen.*

❷ *Schneiden Sie die Rhizomstücke mit einem scharfen Messer zurück, und entfernen Sie alle Teile ohne neue Triebe. Kürzen Sie die Wurzeln um ein Drittel ein, und schneiden Sie die Blätter auf 15 cm zurück.*

Iris pflanzen

***Sumpfiris** sollten in Pflanzkörbe gesetzt werden, wenn sie für den Teichrand oder nassen Grund bestimmt sind. Verwenden Sie spezielles Teichsubstrat, und legen Sie oben zur Befestigung Kies auf.*

***Pflanzen Sie Bartiris** so, dass Rhizome noch etwas aus der Erde herausragen. Drücken Sie den Boden fest, und gießen Sie an. Wässern Sie regelmäßig, bis die Rhizome eingewachsen sind.*

① ***Iris* 'Alcazar'** ↕60–90 cm; Bartiris ② ***I.* 'Annabel Jane'** ↕1,2 m; Bartiris; Spätfrühling ③ ***I. aucheri* 'Austrian Sky'** ↕40–45 cm; Zwiebeliris; Spätwinter oder Frühling ④ ***I.* 'Blue Denim'** ↕40–45 cm; Zwiebeliris, Spätwinter oder Frühling ⑤ ***I.* 'Braithwaite'** ↕60–90 cm; Bartiris; Frühsommer ⑥ ***I. bulleyana*** ↕35–45 cm; Sibirische Iris; Frühsommer ⑦ ***I.* 'Cantab'** ↕10–15 cm; Zwerg-Zwiebeliris; Spätwinter ⑧ ***I. chrysographes*** 🏆 ↕40–50 cm; Sibirische Iris; Frühsommer

3

4

5

6

8

9

10

11

14

15

16

17

20

21

22

23

⑨ ***I. confusa*** 🏆 ↕1 m; Kammiris; Mitte Frühling ⑩ ***I. danfordiae*** ↕8–15 cm; Zwerg-Zwiebeliris; Spätwinter ⑪ ***I. decora*** ↕30 cm; bartlos; am besten aus Samen; Frühsommer ⑫ ***I. delavayi*** 🏆 ↕1,5 m; Sibirische Iris; Sommer ⑬ ***I. douglasiana*** 🏆 ↕15–70 cm; bartlos; Spätfrühling ⑭ ***I. 'Early Light'*** 🏆 ↕1 m; Bartiris; Mitte Frühling ⑮ ***I. ensata*** 🏆 ↕90 cm; Sumpfiris; Hochsommer ⑯ ***I. 'Eyebright'*** 🏆 ↕30 cm; Bartiris; Vorfrühling ⑰ ***I. foetidissima*** 🏆 ↕30–90 cm; bartlos; Samenstände im Herbst; purpurne Blüten mit gelbem Hauch im Frühsommer ⑱ ***I. forrestii*** 🏆 ↕35–40 cm; Sibirische Iris; Frühsommer ⑲ ***I. 'George'*** 🏆 ↕13 cm; Zwiebeliris; Vorfrühling ⑳ ***I. graminea*** 🏆 ↕20–40 cm; bartlos; duftend; Spätfrühling ㉑ ***I. 'Harmony'*** ↕10–15 cm; Zwiebeliris; Spätwinter ㉒ ***I. histrioides* 'Major'** ↕10–15 cm; Zwerg-Zwiebeliris; Vorfrühling ㉓ ***I. innominata*** ↕15–25 cm; bartlos; Frühsommer.

㉔ *I.* **'Jane Phillips'** 🏆 ↕60–90 cm; Bartiris; Vorfrühling ㉕ *I.* **'Joyce'** ↕13 cm; Zwerg-Zwiebeliris; Vorfrühling ㉖ *I.* **'Katherine Hodgkin'** 🏆 ↕13 cm; Zwerg-Zwiebeliris; Spätwinter ㉗ ***I. kerneriana*** 🏆 ↕30–50 cm; bartlos; Frühsommer ㉘ ***I. lacustris*** 🏆 ↕5 cm; Kammiris; Spätfrühling ㉙ ***I. laevigata*** 🏆 ↕80 cm; bartlos; Sumpfiris; Frühsommer ㉚ ***I. laevigata*** **'Variegata'** 🏆 ↕80 cm; bartlos; Sumpfiris; Frühsommer ㉛ *I.* **'Langport Flame'** ↕30–45 cm; Bartiris; Mitte Frühling ㉜ ***I. magnifica*** 🏆 ↕30–60 cm; Zwiebeliris; Mitte Frühling ㉝ ***I. missouriensis*** 🏆 ↕20–50 cm; bartlos; Frühsommer ㉞ *I.* **'Natascha'** ↕13 cm; Zwiebeliris; Vorfrühling ㉟ ***I. orientalis*** ↕90 cm; bartlos; Spätfrühling ㊱ ***I. pallida*** **'Variegata'** 🏆 ↕1,2 m; Bartiris; Spätfrühling ㊲ *I.* **'Red Revival'** ↕60–90 cm; Bartiris; duftend; Spätfrühling, später weiterer Flor ㊳ ***I. prismatica*** ↕40–80 cm; bartlos; Frühsommer ㊴ ***I. pseudacorus*** 🏆 ↕90 cm–1,5 m; bartlos;

28

29

30

31

42

36

37

43

44

45

50

51

52

53

Sumpfiris; Hochsommer ㊵ *I.* **'Queechee'** ↕60–90 cm; Bartiris; Frühsommer ㊶ ***I. ruthenica*** ↕20 cm; bartlos; duftend; Spätfrühling ㊷ *I.* **'Sable'** ↕60–90 cm; Bartiris; Frühsommer ㊸ ***I. setosa*** 🏆 ↕15–90 cm; bartlos; Spätfrühling ㊹ ***I. sibirica*** **'Anniversary'** ↕75 cm; Sibirische Iris; Mitte Frühling ㊺ ***I. sibirica*** **'Butter and Sugar'** 🏆 ↕70 cm; Sibirische Iris; Mitte Frühling ㊻ ***I. sibirica*** **'Ruffled Velvet'** 🏆 ↕55 cm; Sibirische Iris; Frühsommer ㊼ ***I. sibirica*** **'Shirley Pope'** 🏆 ↕85 cm; Sibirische Iris; Frühsommer ㊽ ***I. sibirica*** **'Wisley White'** ↕1 m; Sibirische Iris; Frühsommer ㊾ ***I. tectorum*** ↕25–40 cm; Kammiris; Frühsommer ㊿ ***I. tenax*** ↕20–35 cm; bartlos; Mitte Frühling (51) ***I. unguicularis*** 🏆 ↕30 cm; bartlos; duftend; Spätwinter (52) ***I. unguicularis*** **'Mary Barnard'** 🏆 ↕30 cm; bartlos; Mitte Winter (53) ***I. variegata*** 🏆 ↕20–45 cm; Bartiris, Hochsommer.

Knautia

Witwenblume, Knautie

↕1,5 m
↔45 cm

Diese bezaubernden Pflanzen passen besonders gut in einen Bauern- oder Wildblumengarten, wo ihre üppige Wuchsform der Gesamtgestaltung eine gewisse Natürlichkeit verleiht. Die Gartenformen sind Stauden, aber es gibt auch einjährige Arten. Sie haben Grundrosetten aus einfachen, breiten Blättern, die den ganzen Winter halten, sowie hohe, schlanke Triebe. Von Sommer bis Herbst tragen diese zahlreiche langlebige, bläulich violette bis purpurfarbene Blüten, ähnlich denen der Skabiose (siehe S. 322). Sie wiegen sich im Wind und locken Bienen an. Haben die Pflanzen zwei bis drei Jahre lang reich geblüht, sollten sie gegen neue ausgetauscht werden.

Winterhärte: Voll frosthart ❄❄❄
Standort: Mäßig nährstoffreicher, durchlässiger, vorzugsweise alkalischer Boden in vollsonniger Lage; in schwere Böden ständig Sand einarbeiten oder die Bodenebene erhöhen, um den Abfluss zu verbessern; in nassen Böden im Winter gegen Fäule anfällig.
Pflege: Stütze erforderlich.
Vermehrung: Aussaat im Herbst in unter Glas; Grundstecklinge im Frühjahr schneiden.

Kniphofia

Fackellilie

Die leuchtenden Blütenkolben und die aufrechte Wuchsform dieser prächtigen Stauden sind der Grund, warum sie Fackellilien genannt werden. Die meisten bilden große Horste mit überhängenden, riemenförmigen hell- oder blaugrünen Blättern. Im Sommer erheben sich kräftige Triebe bis zu 2 m hoch und tragen Blütenstände aus vielen kleinen Röhrenblüten. Sie kommen in Scharlachrot, Orange, Gold, Weiß und grünlichem Weiß vor – manche Blütenstände sind auch zweifarbig. Es gibt auch Zwergformen, die nicht höher als 50 cm werden. Pflanzen Sie Fackellilien in Rabatten, um einen vertikalen Kontrast zu breitblättrigen Gewächsen wie Funkien (*Hosta*, siehe S. 260–261) zu schaffen.

Winterhärte: Voll frosthart ❄❄❄ bis frostempfindlich ❄
Standort: Nährstoffreicher, durchlässiger, bevorzugt sandiger Boden in sonniger bis halbschattiger Lage.
Pflege: Vor der Pflanzung reichlich organisches Material einarbeiten; sommergrüne Arten im ersten Winter mit Laub oder Stroh vor strengen Frösten schützen, bei wintergrünen Arten Triebe zusammenbinden.
Vermehrung: Aussaat im Frühjahr unter Glas; Teilung eingewachsener Horste im Spätfrühling.

Knautia macedonica
↕60–80 cm ↔45 cm; Blüten mit 1,5–3 cm Durchmesser im Hoch- bis Spätsommer.

***Kniphofia* 'Green Jade'**
↕bis 1,5 m ↔60–75 cm; wintergrün; Blüten verblassen im Spätsommer und Frühherbst zu Creme, dann zu Weiß; ❄❄❄.

***Kniphofia* 'Bees' Sunset'** 🏆
↕90 m ↔60 m; sommergrün; Blüte Früh- bis Spätsommer; ❄❄❄.

***Kniphofia* 'Ice Queen'**
↕ bis 1,5 m ↔ 75 cm; sommergrün; Blüten im Spätsommer bis Frühherbst erst primelgelb, dann elfenbeinfarben; ✲✲✲.

***Kniphofia* 'Royal Standard'** ♀
↕ 90–100 cm ↔ 60 cm; sommergrün; scharlachrote Knospen; Blüten in Hoch- und Spätsommer; ✲✲✲.

LAMIUM

Taubnessel

DIE EIN- UND MEHRJÄHRIGEN Arten dieser Gattung werden hauptsächlich wegen ihrer überaus dekorativen Blätter kultiviert. Taubnesseln sind gute Bodendecker für Bereiche unter Sträuchern und größeren Stauden. Die Blätter sind stark strukturiert und bei manchen Pflanzen gefleckt. Taubnesseln haben die charakteristischen quadratischen Stängel der Nesseln, aber zum Glück keine Brennhaare. Von Spätfrühling bis Sommer erscheinen Lippenblüten entweder einzeln oder in Quirlen in dichten Büscheln oder Trauben. Die schnellwüchsigen großen Arten können in sehr nährstoffreichen Böden stark wuchern. Ideal im vorderen Bereich einer Rabatte oder in einem Waldgarten.

Winterhärte: Voll frosthart ✲✲✲
Standort: Starkwüchsige Arten in feuchtem, durchlässigem Boden im Schatten, sonst in sehr durchlässigem Boden in sonniger bis halbschattiger Lage.
Pflege: Rhizome bei Bedarf ausgraben, um andere Pflanzen zu schützen; wirr wachsende Pflanzen im Vorfrühling oder nach der Blüte zurückschneiden.
Vermehrung: Aussaat im Herbst oder Frühjahr unter Glas; Kopfstecklinge im Frühsommer schneiden.

① ***Lamium galeobdolon* 'Hermann's Pride'** ↕ 60 cm ↔ unbestimmt ② ***L. maculatum*** ↕ 20 cm ↔ 1 m ③ ***L. maculatum* 'Album'** ④ ***L. m.* 'Beacon Silver'** beide ↕ 15 cm ↔ 60 cm.

LATHYRUS VERNUS

Frühlings-Platterbse

Siehe auch S. 145.

DIESE DICHTE, HORSTE BILDENDE Staude ist mit der kletternden Duft-Wicke (*Lathyrus odorata*) verwandt. Trotz des ähnlichen Aussehens klettert die Frühlings-Platterbse nicht. Im Frühjahr erscheinen einseitige Trauben aus drei bis sechs Blüten, die über den mittelgrünen Fiederblättchen stehen. Da die Frühlings-Platterbse nur 20–45 cm hoch und 45 cm breit wird, eignet sie sich gut für Steingärten und Waldlandschaften. Sie kann auch in gemischten Rabatten oder Staudenbeeten wachsen, sollte aber eher im hinteren Bereich platziert werden, um das bald unansehnlich werdende Laub zu kaschieren. Eine feine rosa- und weißblütige Form (*Lathyrus vernus* 'Alboroseus') ist ebenfalls erhältlich.

Winterhärte: Voll frosthart ✲✲✲
Standort: Durchlässiger Boden in vollsonniger bis halbschattiger Lage; karger Boden wird toleriert, Wurzelstörung nicht.
Pflege: Welke Blüten regelmäßig entfernen; im Spätherbst zurückschneiden.
Vermehrung: Aussaat im Frühjahr direkt am Standort; Teilung eingewachsener Horste im Frühjahr.

Lathyrus vernus ♀
Die Blüten sind 2 cm groß.

Lavatera

Bechermalve, Buschmalve

Siehe auch S. 81.

↕meist bis 1,2 m ↔60 cm

DIE EINJÄHRIGEN Bechermalven haben Blüten, die denen der strauchigen Formen sehr ähneln. In einer Saison bringen sie Massen von Blüten hervor, sterben aber ab, sobald sie Samen angesetzt haben. Die prächtigen offenen Trichterblüten erscheinen in Weiß, Rosarot oder Karminrosa und eignen sich gut als Schnittblumen. Die an der Basis herzförmigen Blätter sind mittel- bis dunkelgrün. Bechermalven wachsen in der Natur an trockenen, felsigen Standorten und gedeihen im Garten in sonnigen Staudenrabatten oder in Sommerblumenbeeten. Kombinieren Sie sie mit Garten-Ringelblumen (*Calendula*, siehe S. 204), Clarkien (siehe S. 214) und Kapuzinerkresse (*Tropaeolum*, siehe S. 333).

Winterhärte: Voll frosthart ❄❄❄ bis frosthart ❄❄
Standort: Mäßig nährstoffreicher Boden in sonniger Lage.
Pflege: Hochwüchsige Pflanzen in exponierten Lagen abstützen; bei Trockenheit ausreichend gießen, aber Staunässe vermeiden; Abgeblühtes regelmäßig entfernen, um die Blüte zu verlängern.
Vermehrung: Aussaat Mitte Frühling unter Glas oder etwas später direkt ins Freiland am Standort.

***Lavatera trimestris* 'Silver Cup'**
↕75 cm ↔45 cm; eine der leuchtendsten Sorten der Bechermalve; große Blüten im Sommer; ❄❄❄.

***Lavatera trimestris* 'Mont Blanc'**
↕50 cm ↔45 cm; kompakte Pflanze, die keine Stütze braucht; ganz dunkelgrünes Laub; Blüte im Sommer; ❄❄❄.

Lavatera cachemiriana
↕2,5 m ↔1,2 m; kurzlebige, verholzende Staude, die einjährig kultiviert wird; Blüte im Sommer; bietet guten Sichtschutz; ❄❄❄.

***Lavatera trimestris* 'Pink Beauty'**
↕bis 60 cm ↔bis 45 cm; weich behaarte Blätter; Blütendurchmesser 8–10 cm, Blüte von Frühsommer bis Frühherbst; ausgezeichnete Schnittblumen; einfache Kultur aus Samen; ❄❄❄.

Leucanthemum

Margerite

Diese robusten, Horste bildenden Stauden und zweijährige Pflanzen blühen den ganzen Sommer und im Frühherbst. Die dichten Körbchenblüten stehen einzeln oder in lockeren Trugdolden am Ende langer Stiele über dem Laub und ergeben ausgezeichnete Schnittblumen. Die dunkelgrünen Blätter sind lang und gezähnt. Die Magerwiesen-Margerite (*L. vulgare*) ist eine klassische Pflanze für Wiesen und Wildgärten; Garten-Margeriten (*L.-x-superbum*-Hybriden, früher *Chrysanthemum maximum*) bilden ebenfalls weiße Blüten, deren Blütenblätter aber auffallender geformt sind. Pflanzen Sie diese Margeriten in Wildgärten oder natürlich gestalteten Bereichen. Sie können sie auch in gemischte Rabatten integrieren, in denen sattere Farben vorherrschen, um diese etwas aufzuhellen.

Winterhärte: Voll frosthart *** bis frosthart **
Standort: Nährstoffreicher, durchlässiger Boden in vollsonniger Lage.
Pflege: Hohe Formen stützen; für reiche Blüte Kompost oder Mist einarbeiten; sommerblühende Arten nach der Blüte zurückschneiden.
Vermehrung: Teilung von Stauden im Vorfrühling oder Spätsommer; Aussaat von Einjährigen im Frühjahr direkt am Standort, von Stauden im Frühjahr oder Herbst unter Glas.

***Leucanthemum* × *superbum* 'Phyllis Smith'**
↕90 cm ↔ 60 cm; kräftige Staude mit einfachen Blüten mit 10–13 cm Durchmesser; ausgezeichnete Schnittblumen; ***.

***Leucanthemum* × *superbum* 'Wirral Supreme'** ♕
↕90 cm ↔ 75 cm; langstielige Staude mit glänzendem Laub und dichten gefüllten Blütenköpfchen; ***.

***Leucanthemum* × *superbum* 'Cobham Gold'**
↕60 cm ↔ 75 cm; robuste Staude; gefüllte Blütenköpfe auf kurzen Stielen; dunkelgrünes Laub; ***.

Leucojum

Knotenblume, Märzenbecher

Diese den Schneeglöckchen ähnelnden, doch etwas größeren Zwiebelpflanzen blühen zu verschiedenen Jahreszeiten. Die einzelnen Zipfel der weißen Glockenblüten werden von grünen Flecken geschmückt. Die schmalen, riemenförmigen Blätter entwickeln sich direkt aus den Zwiebeln. Die höheren Arten eignen sich für Rabatten oder Wassernähe, während die niedrigeren Arten ideale Pflanzen für Steingärten oder Tröge sind. Märzenbecher (*L. vernum*) und Sommer-Knotenblume (*L. aestivum*), beides Frühlingsblüher, lassen sich gut mit Krokussen (siehe S. 220) und Narzissen (siehe S. 288–289) kombinieren. Herbst-Knotenblume (*L. autumnale*) und *L. roseum*, beide niedrige Herbstblüher, passen gut zu Spaltgriffel (*Schizostylis*, siehe S. 323).

Winterhärte: Voll frosthart *** bis frosthart **
Standort: Trockener bis feuchter, durchlässiger Boden in vollsonniger bis schattiger Lage; *L. aestivum* und *L. vernum* mögen feuchtigkeitsspeichernden Boden, viel organisches Material einarbeiten.
Pflege: Zwiebeln 8–10 cm tief pflanzen; *L. autumnale* im Winter mit Laub und Reisig abdecken.
Vermehrung: Aussaat nach Samenreife unter Glas oder direkt ins Freie; Tochterzwiebeln nach Einziehen der Blätter abtrennen.

***Leucojum aestivum* 'Gravetye Giant'** ♕
↕90 cm ↔ 8 cm; die größten unter den Knotenblumen; nach Schokolade duftende Blüten im Frühjahr; liebt feuchte Bedingungen.

Lewisia

Bitterwurz, Lewisie

DIESE BELIEBTEN FROSTHARTEN Pflanzen werden wegen ihrer schönen, oft leuchtend gefärbten Blüten kultiviert. Es gibt sommergrüne und immergrüne Arten, die entweder Rosetten oder Büschel fleischiger Blätter bilden. Die sommergrünen Arten sind auf Gebirgswiesen oder in Graslandschaften heimisch und sterben nach der Blüte ab. Die immergrünen Arten finden sich in schattigen Felsspalten. Bitterwurz bringt im Frühjahr und Sommer vielzählige Blüten in Rosa, Rot, Purpur, Gelb oder Weiß hervor, die oft gestreift sind. Pflanzen Sie Bitterwurz in Steingärten oder Mauerspalten, zusammen mit anderen Steingartenpflanzen und eventuell Blaukissen (*Aubrieta*, siehe S. 195).

Winterhärte: Voll frosthart ***
Standort: Sehr gut durchlässiger, kalkfreier Boden in absonniger bis halbschattiger Lage; bei Gefäßbepflanzung Gemisch aus Topferde, Laubkompost und Sand zu gleichen Teilen verwenden.
Pflege: Alle Arten vor Winternässe und Schneckenbefall schützen.
Vermehrung: Aussaat nach der Samenreife unter Glas; aus Samen von *L.-cotyledon*-Hybriden gezogene Pflanzen können anders als die Eltern aussehen; Immergrüne bilden Pflänzchen an den Rosetten, die man im Frühsommer wie Stecklinge abnimmt und eintopft.

Lewisia brachycalyx 🏆
↕↔ bis 8 cm; sommergrüne Staude; Blüten oft hellrosa getönt, auf kurzen, blattlosen Stielen im Spätfrühling und Frühsommer.

Liatris

Prachtscharte

DIE HOHEN ÄHREN der Prachtscharten blühen – ganz ungewöhnlich – von oben nach unten auf, wodurch sie ein flaschenbürstenartiges Aussehen erhalten, das durch die dicht gepackten fädigen Blüten noch verstärkt wird. Die Blütenstände in Violett, Rot- oder Blauviolett oder Weiß stehen auf straffen Stielen und werden gerne von Bienen besucht. Prachtscharten sind in Feuchtwiesen und offenen Waldflächen Nordamerikas heimisch. Im Garten bringen sie im Spätsommer leuchtende Farben in die Rabatten und eignen sich auch gut als Schnittblumen. Kombinieren Sie Prachtscharten mit Stauden, die wie Feinstrahl (*Erigeron*, siehe S. 237), Mädchenauge (*Coreopsis*, siehe S. 217) und Nelkenwurz (*Geum*, siehe S. 252) offene Blüten tragen, um ihre ungewöhnliche Form hervorzuheben.

Winterhärte: Voll frosthart ***
Standort: Nährstoffreicher, feuchter, aber durchlässiger Boden in sonniger Lage.
Pflege: In schweren Böden in das Pflanzloch Dränageschicht aus Kies oder Sand einbringen, um den Abfluss zu verbessern und Winterfäule zu verhindern; anfällig für Schneckenbefall und Spinnmilben.
Vermehrung: Aussaat im Herbst unter Glas; Teilung im Frühjahr.

***Lewisia-cotyledon*-Hybride**
↕15–30 cm ↔ 20–40 cm; immergrüne Staude; gelbe, orangefarbene, rote oder rosa Blüten von Spätfrühling bis Sommer.

***Lewisia* 'George Henley'**
↕10 cm ↔ 10 cm; immergrüne Staude; kleine Rosetten, aber hohe Blütenstiele mit vielen Blüten von Spätfrühling bis Sommer.

***Liatris spicata* 'Kobold'**
↕bis 1,5 m ↔ 45 cm; breite, langlebige Blütenähren im Spätsommer und Frühherbst.

Libertia

Andeniris, Schwertelglocke

Diese wegen ihrer auffallenden Formen geschätzten Stauden tragen straffe, schmale immergrüne Blätter, die das ganze Jahr einen schönen Anblick bieten. Die Grundblätter sind ledrig und lang, die eher vereinzelten Blätter an den Trieben kleiner. Im Spätfrühling und Sommer erscheinen schlanke Rispen offener weißer, gelbweißer oder blauer Blüten, gefolgt von leuchtenden hellbraunen Samenständen, die man für Blumenarrangements verwenden kann. Die Blätter und Samen von *L. ixioides* sind im Spätherbst und Winter orange gefärbt. Diese Horste bildenden Pflanzen gedeihen im vorderen Bereich einer gemischten Rabatte oder eines Staudenbeets; sie passen ideal zur Dreimasterblume (*Tradescantia*, siehe S. 331).

Winterhärte: Voll frosthart ✲✲✲ (Grenzwert) bis frosthart ✲✲, nur mit Schutz, sehr strenge Winter überstehen sie nicht.
Standort: Nährstoffreicher, mit organischem Material angereicherter Boden in vollsonniger Lage.
Pflege: In frostgefährdeten Regionen Winterschutz mittels dicker Schicht organischen Materials.
Vermehrung: Teilung im Frühjahr; Aussaat nach der Samenreife in Töpfen im Freien.

Ligularia

Ligularie, Goldkolben

Diese Strukturpflanzen sind robuste, Horste bildende Riesenstauden, die wegen ihrer pyramidenförmigen Blütenähren, die von Hochsommer bis Frühherbst in Gelb- und Orangetönen erscheinen, kultiviert werden. Die Einzelblüten sind kleine Körbchenblüten, oft mit kontrastierender Mitte. Auch die großen, rundlichen oder nierenförmigen mittelgrünen Blätter stechen ins Auge. Inmitten von gemischten Rabatten oder anderen Feuchtigkeit liebenden Stauden wie Astilben (siehe S. 194), Taglilien (*Hemerocallis*, siehe S. 258) und Phlox (siehe S. 306–307) sehen Ligularien besonders eindrucksvoll aus. Hohe Arten wie *L. przewalskii* sollten immer als Hintergrund dienen. Auch am Bach- oder Teichrand zeigen sie große Wirkung.

Winterhärte: Voll frosthart ✲✲✲
Standort: Feuchter bis nasser, nährstoffreicher Boden in vollsonniger bis schattiger Lage.
Pflege: Hohe Arten abstützen oder vor starken Winden schützen; bei Trockenheit ausgiebig gießen.
Vermehrung: Teilung im Frühjahr oder nach der Blüte; Aussaat von Arten im Herbst oder Frühjahr im Freien.

***Ligularia* 'Gregynog Gold'** 🏆
↕ bis 2 m ↔ 1 m; rundliche bis herzförmige Blätter; Blüten mit brauner Mitte im Spätsommer und Frühherbst.

Libertia grandiflora 🏆
↕ bis 90 cm ↔ 60 cm; bildet dichte Horste; Blüte von Vorfrühling bis Frühsommer; ✲✲✲ (Grenzwert).

***Ligularia* 'The Rocket'** 🏆
↕ 2 m ↔ 1 m; feste schwarze Triebe; große, auffällig gezähnte Blätter mit purpurner Äderung; hohe »Kerzen« aus Blüten mit orangegelber Mitte im Früh- und Spätsommer.

Lilium

Lilie

Unbestritten bildet die Blütezeit der Lilien einen Höhepunkt im Garten. Das Besondere an ihnen sind die üppigen, meist duftenden Blüten, oft mit bis zu 8 cm Durchmesser und über 10 cm Länge, die im Sommer erscheinen. Es gibt an die 100 Lilienarten – alle mehrjährige Zwiebelgewächse. Einige der am frühesten im Jahr blühenden zählen zu den anspruchsvollsten Lilien, z. B. die Madonnen-Lilie (*L. candidum*), die krankheitsanfällig sein kann. Andere haben bestimmte Vorlieben für saure oder alkalische Böden. Moderne Hybriden sind jedoch robust, gegen Krankheiten weitgehend resistent und stellen keine besonderen Bodenansprüche. Lilien sind in allen Farben außer Blau erhältlich; die Blüten weisen vier typische Formen auf: Trompeten, Trichter, Schalen sowie den so genannten Türkenbund aus stark zurückgeschlagenen Blütenblättern. Am einfachsten lassen sich Lilien in Töpfen auf der Terrasse kultivieren. Die meisten gedeihen auch in sonnigen Beeten gut, während manche wie die Türkenbund-Lilie (*L. martagon*) den lichten Schatten eines Waldgartens bevorzugen.

Winterhärte: Voll frosthart ✲✲✲ bis bedingt frosthart ✲; junge Triebe frostanfällig.
Standort: Jeder durchlässige, mit verrottetem organischem Material angereicherte Boden; schwere Böden vor der Pflanzung mit grobem Kies mischen; für Gefäßbepflanzung gute Topferde verwenden; die meisten Arten brauchen sonnige Lagen, einige tolerieren Halbschatten.
Pflege: Zwiebeln im Herbst oder Frühjahr etwa zwei- bis dreimal tiefer als die Zwiebelhöhe einpflanzen, Abstand etwa das Dreifache des Zwiebeldurchmessers; im Sommer regelmäßig wässern und kaliumreichen Dünger verabreichen; hohe Arten stützen; Abgeblühtes vor der Samenbildung entfernen, um die Wuchskraft zu erhalten; Schnecken und Lilienhähnchen (leuchtend orangefarbene Käfer) fressen ganze Pflanzen mitsamt den Blüten ab, beide absammeln und vernichten.
Vermehrung: Aussaat nach der Samenreife unter Glas; Vermehrung durch Zwiebelschuppen im Sommer; Brutzwiebeln im Herbst.

Vermehrung durch Stängelbulben

Arten wie L. auratum, L. longiflorum *und* L. speciosum *bilden oberhalb der Zwiebel einjährige unterirdische Stängelwurzeln, an denen Stängelbulben entstehen. Graben Sie die Mutterpflanze im Herbst aus und trennen Sie die Stängelbulben ab; pflanzen Sie die Mutterzwiebel wieder ein. Setzen Sie die Stängelbulben in kleine Töpfe mit feuchter Topferde zweimal so tief wie die eigene Höhe und decken Sie sie mit Kies ab. Die Töpfe werden frostfrei überwintert, die jungen Lilien im folgenden Herbst ausplanzt.*

Vermehrung durch Bulbillen

Bulbillen sind *kleine Brutzwiebeln, die bei Arten wie* L. bulbiferum, L. chalcedonium, L. lancifolium, L. × testaceum *sowie ihren Sorten in den Blattachseln gebildet werden. Sie reifen im Sommer heran und können sich in drei bis vier Jahren zu blühreifen Pflanzen entwickeln. Nehmen Sie nur Bulbillen gesunder Pflanzen ab, um keine Krankheiten zu übertragen. Füllen Sie in ein Gefäß gute Topferde und drücken Sie die Bulbillen in die Erde; decken Sie sie mit grobem Sand ab und stellen Sie den Topf an einen frostfreien Ort.*

① ***Lilium*** **African-Queen-Gruppe** ♈ ↕1,5–2 m; duftend; ✲✲ ② ***L.*** **'Angela North'** ↕70–120 cm; ✲✲✲ ③ ***L.*** **'Ariadne'** ↕80–140 cm; duftend; ✲✲✲ ④ ***L. auratum*** **var.** ***platyphyllum*** ↕1,5 m; duftend; ✲✲✲ ⑤ ***L.*** **Bellingham Group** ↕2–2,2 m; vermehrt sich rasch; saurer Boden; Halbschatten; ✲✲✲ ⑥ ***L.*** **'Black Beauty'** ↕1,4–2 m; duftend; ✲✲✲ ⑦ ***L.*** **'Bright Star'** ↕1–1,5 m; duftend; kalkverträglich; ✲✲✲ ⑧ ***L. bulbiferum*** **var.** ***croceum*** ↕40–150 cm; ✲✲✲

⑨ *L. canadense* ↕ 1–1,6 m; ❄❄❄ ⑩ *L. candidum* 🏆 ↕ 1–2 m; duftend; neutraler bis alkalischer Boden; ❄❄❄ ⑪ *L.* **'Casa Blanca'** 🏆 ↕ 1–1,2 m; duftend; ❄❄❄ ⑫ *L. chalcedonicum* ↕ 60–150 cm; riecht unangenehm; wächst in jedem Boden; Sonne oder Schatten; ❄❄❄ ⑬ *L.* **Citronella-Gruppe** ↕ 1–1,5 m; ❄❄❄ ⑭ *L.* **'Connecticut King'** ↕ 1 m; ❄❄❄ ⑮ *L.* × **dalhansonii** ↕ 1–1,5 m; unangenehmer Geruch; ❄❄❄ ⑯ *L. davidii* **var.** *willmottiae* ↕ 2 m; ❄❄❄ ⑰ *L. duchartrei* ↕ 60–100 cm; duftend; ❄❄❄ ⑱ *L.* **'Enchantment'** ↕ 60–100 cm; einfache Kultur; gute Schnittblumen; ❄❄❄ ⑲ *L.* **'Fire King'** ↕ 1–1,2 m; gut für Gefäßkultur; ❄❄❄ ⑳ *L. formosanum* **var.** *pricei* ↕ 10–30 cm; duftend; ❄❄ ㉑ *L.* **Golden-Splendor-Gruppe** 🏆 ↕ 1,2–2 m; duftend; ❄❄❄ ㉒ *L.* **'Grand Paradiso'** ↕ 90 cm; ❄❄❄ ㉓ *L. grayi* ↕ 1–1,7 m; duftend; braucht feuchten, sauren Boden; ❄❄❄.

㉔ ***L. hansonii*** ↕1–1,5 m; duftend; Halbschatten; Frühsommer; ✻✻✻ ㉕ ***L. henryi*** 🏆 ↕1–3 m; neutraler bis alkalischer Boden; Halbschatten; Spätsommer; ✻✻✻ ㉖ ***L.* 'Journey's End'** ↕1–2 m; Spätsommer; ✻✻✻ ㉗ ***L.* 'Lady Bowes Lyon'** ↕1–1,2 m; ✻✻✻ ㉘ ***L. lancifolium*** ↕60–150 cm; saurer Boden; verträgt aber etwas Kalk; Spätsommer und Frühherbst; ✻✻✻ ㉙ ***L. longiflorum*** 🏆 ↕40–100 cm; kalkverträglich; Halbschatten; ✻ ㉚ ***L. mackliniae*** ↕30–60 cm; ✻✻✻ ㉛ ***L.* 'Magic Pink'** ↕1,2 m; ✻✻✻ ㉜ ***L. martagon*** 🏆 ↕90–200 cm; intensiv duftend; durchlässiger Boden; Sonne oder Halbschatten; ✻✻✻ ㉝ ***L. martagon* var. *album*** 🏆 ↕90–200 cm; intensiv duftend; durchlässiger Boden; Sonne oder Halbschatten; ✻✻✻ ㉞ ***L. medeoloides*** ↕45–75 cm; saurer Boden; Halbschatten; ✻✻✻ ㉟ ***L. monadelphum*** ↕1–1,5 m; duftend; Frühsommer; ✻✻✻ ㊱ ***L.* 'Mont Blanc'** ↕60–70 cm; ✻✻✻ ㊲ ***L. nanum*** ↕6–30 cm; duftend; saurer Boden; Halbschatten; ✻✻✻ ㊳ ***L. nepa-***

28

29

30

31

35

43

36

37

42

44

45

50

51

52

53

lense ↕60–100 cm; saurer Boden; Halbschatten; Früh- bis Hochsommer; ✻ ㊴ *L. pardalinum* 🏆 ↕1,5–2,5 m; ✻✻✻ ㊵ *L.* **'Peggy North'** ↕1,2–1 5 m; ✻✻✻ ㊶ *L.* **Pink-Perfection-Gruppe** 🏆 ↕1,5–2 m; duftend; ✻✻✻ ㊷ *L. pomponium* ↕1 m; intensiv duftend; alkalischer Boden; ✻✻✻ ㊸ *L. pyrenaicum* ↕30–100 cm; intensiv duftend; neutraler bis alkalischer Boden; ✻✻✻ ㊹ *L.* **'Red Night'** ↕70–100 cm; ✻✻✻ ㊺ *L. regale* 🏆 ↕60–200 cm; duftend: Vollsonne; Hochsommer; ✻✻✻ ㊻ *L.* **'Rosemary North'** ↕90–100 cm; ✻✻✻ ㊼ *L. rubellum* ↕30–80 cm; saurer Boden; Halbschatten; Frühsommer; ✻✻✻ ㊽ *L. speciosum* var. *rubrum* ↕1–1,7 m; duftend; saurer Boden; Halbschatten; Spätsommer und Frühherbst; ✻✻✻ ㊾ *L.* **'Star Gazer'** ↕1–1,5 m; ✻✻✻ ㊿ *L.* **'Sterling Star'** ↕1–1,2 m; ✻✻✻ (51) *L.* **'Sun Ray'** ↕1 m; ✻✻✻ (52) *L. superbum* ↕1,5–3 m; saurer Boden; Spätsommer und Frühherbst; ✻✻✻ (53) *L. tsingtauense* ↕70–100 cm; saurer Boden; ✻✻✻.

Limnanthes douglasii
Sumpfblume

Diese schnellwüchsige Einjährige trägt von Sommer bis Herbst süßlich duftende Blüten, die denen der Sumpf-Dotterblume ähneln. Die glänzenden Blüten sind gelb mit weißen Zipfeln. Da sich die Sumpfblume stark selbst aussät, wird sie, einmal gepflanzt, immer wieder von allein erscheinen. Die Blüten sind reich an Nektar und werden gerne von Bienen und den nützlichen Schwebfliegen besucht, deren Larven sich im Sommer von Blattläusen ernähren. Die Sumpfblume sorgt im vorderen Bereich von Rabatten, am Wegrand oder zwischen Steinplatten für frische und leuchtende Farbe – vielleicht zusammen mit anderen lebhaft gefärbten Einjährigen wie Garten-Ringelblumen (*Calendula*, siehe S. 204) und Kapuzinerkresse (*Tropaeolum*, siehe S. 333).

Winterhärte: Voll frosthart ✻✻✻
Standort: Nährstoffreicher, feuchter, durchlässiger Boden in vollsonniger Lage.
Pflege: Wurzeln kühl halten.
Vermehrung: Aussaat im Frühjahr oder Herbst direkt am Standort; Herbstsaat in frostgefährdetem Klima mit Folie schützen.

Limnanthes douglasii 🏆
↕↔ 15 cm oder mehr; wuchernde Wuchsform; farnartiges gelbgrünes Laub.

Linaria
Leinkraut

Die ein-, zwei- und mehrjährigen Pflanzen dieser großen Gattung haben Triebe, die aufrecht, hängend oder verzweigt sein können und mit winzigen löwenmaulähnlichen Blüten übersät sind. Diese erscheinen von Frühling bis Herbst in Weiß, Rosa, Rot, Violett, Orange und Gelb. Die niedrigeren Arten eignen sich für Steingärten, Geröllbeete (ein sehr durchlässiges Beet aus grobem und feinem Steinmaterial und einer dünnen Erdschicht) oder Mauerspalten. Höherwüchsige Einjährige und Stauden wie *L. vulgaris* sind im Vordergrund einer Rabatte sehr beliebt, wo sie als Hintergrund für auffälligere Blüten dienen; sie wirken und gedeihen auch in Kiesbeeten gut.

Winterhärte: Voll frosthart ✻✻✻ bis bedingt frosthart ✻; alle unten abgebildeten Pflanzen sind voll frosthart.
Standort: Karger bis mäßig nährstoffreicher, gut durchlässiger Boden in vollsonniger Lage.
Pflege: Mauer- oder Felsspalten vor dem Pflanzen gut gießen.
Vermehrung: Stauden im Vorfrühling teilen; Aussaat Einjähriger im Vorfrühling direkt am Standort; Sämlinge auf 15 cm vereinzeln; Aussaat von Stauden im Vorfrühling unter Glas; von Stauden im Frühjahr Triebstecklinge schneiden.

① ***Linaria alpina*** ↕ ↔ 15 cm ② ***L. dalmatica*** ↕ 1 m ↔ 20 cm
③ ***L. purpurea* 'Canon Went'** ↕ bis 90 cm ↔ 30 cm
④ ***L. vulgaris*** ↕ bis 90 cm ↔ 30 cm.

Linum
Lein, Flachs

Siehe auch S. 83.

Diese Ein-, Zwei- und Mehrjährigen bilden leuchtend bunte Schalenblüten am Ende anmutiger, drahtiger Stängel. Die Blüten erscheinen wochenlang von Früh- bis Spätsommer, hauptsächlich in hellem Gelb, Blau, Rot oder Weiß. Die Einzelblüten von *L. perenne* halten nur einen Tag, werden aber am nächsten Tag von noch mehr Blüten ersetzt. Die Stauden sind meist kurzlebig, lassen sich aber einfach durch Samen vermehren. Die niedrigeren Leinarten sind in Steingärten heimisch, während die höheren Arten in Gruppen in einer Rabatte am besten zur Geltung kommen. Pflanzen Sie sie inmitten von anderen Stauden mit weichen Umrissen wie Storchschnabel (*Geranium*, siehe S. 250–251) und Indianernessel (*Monarda*, siehe S. 286).

Winterhärte: Voll frosthart ✻✻✻ bis frosthart ✻✻
Standort: Durchlässiger, kalkhaltiger Boden in vollsonniger Lage.
Pflege: Arten wie *L. alpinum* vor Winternässe schützen.
Vermehrung: Aussaat im Frühjahr oder Herbst, Einjährige direkt am Standort, Stauden unter Glas; Kopfstecklinge von Stauden im Frühsommer schneiden.

Linum perenne
↕ 10–60 cm ↔ 30 m; kurzlebige Staude, die sich aber stark selbst aussät; ✻✻✻.

***Linum flavum* 'Compactum'**
↕↔ 15 cm; aufrechte Staude; dunkelgrüne Blätter; dichte Blüten, die sich in der Sommersonne öffnen; ❄❄❄.

LOBELIA

Lobelie, Männertreu

DIE EINJÄHRIGEN LOBELIEN haben Massen an Blüten in den bekannten Blautönen, aber auch in Rosa, Violett und Weiß. Gestalten Sie mit Lobelien Sommerbeete und Beeteinfassungen oder lassen Sie sie aus Ampeln und Blumenkästen herabfließen. Am Gefäßrand sind sie perfekte Begleiter für Fuchsien (siehe S. 60–63) und andere Sommerblumen. Es gibt auch frosthärtere, ausdauerndere Lobelien, die in Lebensräumen wie Wiesen, Flussufern und Wäldern heimisch sind. Sie tragen ihre Blüten in aufrechten Ähren, die in Azurblau, Violett, Karmin- und Scharlachrot leuchten. Mehrjährige eignen sich für Rabatten, die Kardinals-Lobelie (*L. cardinalis*) für Sumpfgärten.

Winterhärte: Voll frosthart ❄❄❄ bis frostempfindlich ❀
Standort: Tiefgründiger, relativ feuchter Boden in sonniger oder halbschattiger Lage; einjährige Arten blühen im Schatten länger.
Pflege: *L. cardinalis* in Körben 8–10 cm tief ins Wasser setzen; Gefäßpflanzen wöchentlich düngen; Stauden in Frostgebieten mit dickem Wintermulch schützen; anfällig für Schneckenbefall.
Vermehrung: Stauden im Frühjahr, Wasserformen im Sommer teilen; Aussaat von Stauden nach der Samenreife, von Einjährigen im Spätwinter bei 13–18 °C.

***Lobelia* 'Bees' Flame'**
↕75 cm ↔ 30 cm; Horste bildende Staude; dunkle Blätter; hohe Blütenähren im Hoch- und Spätsommer; ❄❄❄.

LOBULARIA

Duftsteinrich

DUFTSTEINRICH BILDET VON SOMMER bis Frühherbst dichte Blütenpolster in Weiß, Rosa, Rosarot und Violett, die bei manchen Sorten nach Honig duften. Diese Gattung umfasst ein- und mehrjährige Pflanzen, die wegen ihrer Blühfreudigkeit und der farbenfrohen Blüten beliebte Gartenblumen sind. Sie sind ursprünglich im Mittelmeergebiet heimisch und gedeihen in Gärten unter ähnlichen Bedingungen – leichter Boden und vollsonnige Lage. Duftsteinrich eignet sich hervorragend zur Umrandung von Rabatten und erhöhten Beeten; weiß blühende Sorten werden oft zusammen mit Hängelobelien gepflanzt, um ein mediterranes Flair zu schaffen. Sie gedeihen auch in Mauerspalten und Kiesbeeten und säen sich in solchen sonnigen Nischen selbst aus.

Winterhärte: Voll frosthart ❄❄❄
Standort: Mäßig nährstoffreicher, durchlässiger, kalkhaltiger Boden in vollsonniger Lage.
Pflege: Nach der ersten Blüte Pflanzen zurückschneiden, um einen zweiten Flor anzuregen.
Vermehrung: Aussaat im Spätfrühling an Ort und Stelle.

***Lobularia* 'Royal Carpet'**
↕10 cm ↔ 30 cm; in Töpfen oder erhöhten Beeten ziehen, um den süßen Duft besser genießen zu können.

Lunaria

Silberling, Silberblatt

An den Pflanzen dieser kleinen Gattung ist alles sehr dekorativ – Blüten, Samenstände und Blätter. Die purpurnen oder weißen Blüten erscheinen im Spätfrühling und Frühsommer, gefolgt von flachen silbrigen oder beigefarbenen Samenständen, die seitlich auseinander fallen und eine dünne, seidige Scheidewand freigeben. Die Samenstände halten bis zum Herbst, können aber im Spätsommer abgeschnitten und geschützt für Blumenarrangements getrocknet werden. Die Blätter haben eine variable Form und sind am Rand gezähnt. Einjährige, Zweijährige und Stauden säen sich selbst aus und verwildern in Naturgärten. Sie eignen sich auch für Rabatten mit Sträuchern oder Stauden wie Akelei (*Aquilegia*, siehe S. 185), Lupinen (siehe rechts) und Mohn (*Papaver*, siehe S. 299).

Winterhärte: Voll frosthart ✻✻✻
Standort: Leichter, feuchter Boden in sonniger bis halbschattiger Lage.
Pflege: In sonniger Lage regelmäßig gießen; anfällig für Kohlhernie, eine bodenbürtige Krankheit, die zu verkümmerten Pflanzen mit verdickten, missgebildeten Wurzeln führt, befallene Pflanzen vernichten.
Vermehrung: Aussaat direkt am Standort, *L. rediviva* im Frühjahr, *L. annua* im Frühsommer; Teilung von *L. rediviva* im Frühjahr.

SAMEN SAMMELN
Werden die Hüllen der Schoten dünn und papierartig, sind die Samen reif. Ziehen Sie die Hüllen ab und holen Sie die Samen heraus.

***Lunaria annua* 'Alba Variegata'**
↕bis 90 cm ↔ bis 30 cm; weißen Blüten folgen Samenstände, die innen und außen silbrig sind.

Lupinus

Lupine

Die stets beliebten Lupinen bringen mit ihren hohen Blütenkerzen die wahrscheinlich leuchtendsten Farben in den frühsommerlichen Garten. Die Auswahl ist sehr groß – Blüten in fast jeder Farbe, sogar zweifarbig, sind erhältlich; sie sind langlebige Schnittblumen. Die attraktiven Blätter sind mittelgrün mit lanzettlichen Fiederblättchen. Die meisten Gartenlupinen sind stattliche, ausdauernde Pflanzen, die sich gut mit anderen klassischen Stauden wie Rittersporn (*Delphinium*, siehe S. 224–225) und Türkischem Mohn (*Papaver orientale*, siehe S. 299) kombinieren lassen. Es gibt aber auch niedrig wachsende einjährige Arten, die kleinblütiger sind und natürlicher wirken.

Winterhärte: Voll frosthart ✻✻✻ bis bedingt frosthart ✻
Standort: Mäßig nährstoffreicher, durchlässiger, leicht saurer Boden in vollsonniger bis halbschattiger Lage.
Pflege: Abgeblühtes entfernen, um einen zweiten Flor anzuregen; sehr beliebt bei Schnecken, daher vorbeugende Maßnahmen treffen.
Vermehrung: Samen 24 Stunden in Wasser einweichen, im Frühjahr oder Herbst im Freien oder unter Glas aussäen; von Sorten Mitte Frühling Triebstecklinge schneiden.

Lunaria rediviva
↕60–90 cm ↔ 30 cm; duftende Blüten; die Samenstände dieser Art sind eher rehbraun als silbrig.

***Lunaria annua* 'Variegata'**
↕bis 90 cm ↔ bis 30 cm; weiß umsäumte Blätter; dunklere Blüten als *L. annua*.

***Lupinus* 'The Chatelaine'**
↕90 cm ↔ 75 cm; beliebte Sorte, eine der besonders leuchtend gefärbten zweifarbigen Formen.

Lupinus 'Beryl, Viscountess Cowdray'
↕90 cm ↔ 75 cm; eine seltene Sorte, wegen ihrer sattroten Blüten lohnt sich jedoch die Suche.

Lupinus Russell-Hybriden
↕90 cm ↔ 75 cm; eine der frühesten und zuverlässigsten Sortengruppe in zahlreichen Farben.

Lupinus 'Noble Maiden'
↕90 cm ↔ 75 cm; die dicht gepackten Blüten sehen in Rabatten sehr eindrucksvoll aus.

Lupinus 'Chandelier'
↕90 cm ↔ 75 cm; zurückhaltend cremegelbe Blütenkerzen bringen die Blätter zum Leuchten.

Lupinus 'The Page'
↕90 cm ↔ 75 cm; wegen ihrer offeneren Blütenstände passt diese Sorte gut in eine natürlich wirkende Umgebung.

Lychnis

Lichtnelke

Die zwei- oder mehrjährigen Lichtnelken werden mittlerweile zur Gattung Silene gestellt, auch wenn sie noch oft unter ihrem alten Namen zu kaufen sind. Sie tragen leuchtende Sommerblüten in lebhaftem Scharlachrot, Purpur und Rosa sowie in Weiß. Die Blüten sind röhren- oder sternförmig und erscheinen einzeln oder in kleinen flachen Schirmdolden. Wegen ihrer aufrechten Stiele sind sie ideale Schnittblumen. Die Blätter können behaart sein. Die niedrigen Arten eignen sich für Steingärten, während die höheren Pflanzen in natürlichen Rabatten neben anderen Stauden wie Akelei (*Aquilegia*, siehe S. 185), Lupinen (siehe S. 280–281) und Türkischem Mohn (*Papaver orientale*, siehe S. 299) am besten zur Geltung kommen.

Winterhärte: Voll frosthart ❄❄❄
Standort: Nährstoffreicher, durchlässiger Boden in vollsonniger bis halbschattiger Lage; graublättrige Arten entfalten die schönsten Blattfarben bei Vollsonne.
Pflege: Abgeblühtes regelmäßig entfernen.
Vermehrung: Aussaat nach der Samenreife oder im Frühjahr unter Glas; Teilung der Pflanzen im Frühjahr; neue Grundtriebe im Frühjahr als Stecklinge schneiden.

Silene (früher ***Lychnis***) ***chalcedonica***
↕90 cm ↔30 cm; mehrjährig; Blüte im Früh- und Hochsommer; starke Selbstaussaat.

Silene (früher ***Lychnis***) ***coronaria***
↕80 cm ↔45 cm; zweijährige oder kurzlebige Staude; Blüte im Spätsommer; starke Selbstaussaat.

Lysichiton

Scheinkalla

Diese auffälligen, farbenfrohen Stauden blühen im Vorfrühling. Dichte Kolben winziger grünlicher Blüten werden von elegant geschwungenen Hochblättern umhüllt. Nach der Blüte erscheinen direkt an der Basis große, glänzende mittel- bis dunkelgrüne Blätter. Die Gelbe Scheinkalla (*L. americanus*) wird größer als die Weiße Scheinkalla (*L. camtschatcensis*). Beide Arten verströmen einen moschusartigen, für viele Menschen unangenehmen Duft. Ihr ursprünglicher Lebensraum ist in Wassernähe, pflanzen Sie sie deshalb am Teich- oder Bachufer mit Sumpf-Dotterblumen (*Caltha palustris*, siehe S. 205) oder anderen Feuchtigkeit liebenden Pflanzen.

Winterhärte: Voll frosthart ❄❄❄
Standort: Tiefgründiger, feuchter bis nasser Boden in sonniger bis halbschattiger Lage.
Pflege: Beim Pflanzen reichlich Abstand lassen, damit andere Gewächse nicht überwuchert werden.
Vermehrung: Ausläufer im Frühjahr oder Sommer vom Haupttrieb abtrennen; Aussaat im Frühjahr in feuchtem Substrat.

Lysichiton americanus
↕↔50–70 cm; die gelben Hochblätter können bis zu 30 cm lang werden.

Lysimachia

Felberich, Gilbweiderich

Felberich ist eine grosse und mannigfaltige Staudengattung. Die Blüten erscheinen von Hoch- bis Spätsommer und können stern-, schalen- oder becherförmig sein; normalerweise sind sie weiß oder gelb, manchmal jedoch rosa oder purpurn. Hohe Arten eignen sich für feuchte Rabatten und gemischte Beete neben anderen Feuchtigkeit liebenden Stauden wie Astilben (siehe S. 194), Taglilien (*Hemerocallis*, siehe S. 258) und Phlox (siehe S. 306–307). Sie fühlen sich in Sumpfgärten oder am Teichufer wohl und sehen in einem Waldgarten ebenfalls sehr natürlich aus. Pfennigkraut (*L. nummularia*) ist ein guter Bodendecker. Der gelb blühende Gold-Felberich (*L. punctata*) kann stark wuchern und lästig werden, was sich aber auf trockenen Böden in Grenzen hält.

Winterhärte: Voll frosthart ✲✲✲ bis frostempfindlich ✲
Standort: Nährstoffreicher, frischer bis feuchter Boden, der im Sommer nicht austrocknet; sonnige bis halbschattige Lage.
Pflege: Hohe Arten abstützen.
Vermehrung: Aussaat im Frühjahr in Töpfen im Freien; Teilung der Pflanzen im Frühjahr oder Herbst.

Lysimachia nummularia
↕ bis 5 cm ↔ unbestimmt; Matten bildend; immergrün; breitet sich über Ausläufer aus; becherförmige gelbe Blüten im Sommer; ✲✲✲.

Lysimachia clethroides 🏆
↕ 90 cm ↔ 60 cm; Ausläufer bildend; behaarte Blätter; Blütenstände erscheinen im Hoch- bis Spätsommer, wachsen später aufrecht; ✲✲✲.

***Lysimachia ciliata* 'Firecracker'** 🏆
↕ 1,2 m ↔ 60 cm; Blüten im Hochsommer; ✲✲✲.

Lythrum

Weiderich

Diese aufrechten Einjährigen und Stauden blühen sogar noch länger als Felberich und werden wegen ihrer schlanken Blütenähren in Purpurrosa oder gelegentlich Weiß sehr geschätzt. Die Einzelblüten sind bis zu 2 cm groß und haben vier bis acht Blütenblätter; sie erscheinen im Sommer bis Herbst an den Enden spitz zulaufender, kantiger Stängel. Die Blätter werden bis 10 cm lang und zeigen manchmal eine gelbe Herbstfärbung. Manche Arten gedeihen am Teich- und Bachufer. Die Kombination mit anderen blühenden Pflanzen wie Astilben (siehe S. 194), Indianernessel (*Monarda*, siehe S. 286), Montbretien (*Crocosmia*, siehe S. 219) und Phlox (siehe S. 306–307) ergibt eine farbenfrohe, natürliche Pflanzung.

Winterhärte: Voll frosthart ✲✲✲
Standort: Jeder nährstoffreiche, feuchte Boden in sonniger bis halbschattiger Lage.
Pflege: Abgeblühtes entfernen, um Selbstaussaat zu verhindern.
Vermehrung: Aussaat im Frühjahr bei 13–18 °C; Pflanzen im Frühjahr teilen; Grundsteckling im Frühjahr oder Frühsommer vom Neuaustrieb schneiden.

***Lythrum virgatum* 'The Rocket'**
↕ 80 cm ↔ 45 cm; Horste bildende Staude; Blätter 10 cm lang; Blüte von Früh- bis Spätsommer.

Macleaya
Federmohn

Diese majestätisch aussehenden Stauden werden wegen ihres hübschen Laubs und der anmutigen Rispen aus winzigen, blütenblattlosen Blüten kultiviert. Die federbuschartigen Blütenrispen sind weiß, cremeoder zart apricot- bis korallenfarben und stehen von Früh- bis Hochsommer auf aufrechten blau- oder graugrünen Trieben. Die feinen Blätter sind graugrün bis olivgrün, tief gelappt und können einen Durchmesser von bis zu 25 cm haben. Federmohn kann bis zu 2,5 m hoch werden und sollte im Hintergrund einer Rabatte wachsen, wo er besser wahrgenommen wird; er kann aber stark wuchern. Pflanzen Sie Federmohn in große Rabatten zusammen mit anderen sommerblühenden Stauden; neben hohen Gräsern hat er eine besonders feine Ausstrahlung.

Winterhärte: Voll frosthart ✻✻✻, Neuaustrieb anfällig für Spätfrost.
Standort: Nährstoffreicher, mäßig trockener, durchlässiger Boden in halbschattiger bis sonniger Lage.
Pflege: Schutz vor kalten, austrocknenden Winden.
Vermehrung: Pflanzen im Frühjahr oder Herbst, Rhizome im Winter teilen; Aussaat im Frühjahr unter Glas; Wurzelschnittlinge im Winter schneiden.

Macleaya microcarpa **'Kelway's Coral Plume'** ♡
↕2,5 m ↔ 1 m; graugrüne, fünf- bis siebenfach gelappte Blätter; ocker- bis korallenfarbene Blüten im Früh- und Hochsommer.

Malva
Malve

↕20–120 cm
↔23–60 cm

Malven sind einfach zu kultivierende Pflanzen und gedeihen noch auf dem kargsten Boden. Die farbenfrohen Einjährigen, Zweijährigen und am Grund verholzenden Stauden (kurzlebig, säen sich aber selbst aus) bringen den ganzen Sommer rosa, purpurne, blaue oder weiße Blüten in den Achseln der oberen Blätter hervor. Die Blüten sind trichter- oder becherförmig und halten wochenlang. Pflanzen Sie sie als Lückenfüller zwischen andere Sommerblüher wie Glockenblumen (*Campanula*, siehe S. 206–207), Phlox (siehe S. 306–307) und Lilien (siehe S. 274–277) oder neben blühende Gräser wie Hasenschwanzgras (*Lagarus ovatus*, siehe S. 349).

Winterhärte: Voll frosthart ✻✻✻
Standort: Jeder feuchte, durchlässige Boden in vollsonniger Lage.
Pflege: Besonders in nährstoffreichen Böden abstützen.
Vermehrung: Aussaat von Einjährigen im Frühjahr oder Frühsommer direkt ins Freiland; bei Stauden im Frühjahr neue Triebe als Stecklinge schneiden.

① ***Malva moschata*** ↕90 cm ↔ 60 cm; aufrechte Staude
② ***M. sylvestris*** **'Primley Blue'** ↕bis 20 cm ↔ 30–60 cm; niederliegende Staude.

Matthiola
Levkoje

Levkojen umfassen die zierliche, einjährige, abends duftende Nacht-Levkoje (*Matthiola longipetala* ssp. *bicornis*) und die kompaktere Garten-Levkoje (*M. incana*), die man oft als Schnittblumen erhält – beide unverzichtbar für Bauerngärten. Die ursprünglich halbstrauchigen Garten-Levkojen werden bei uns einjährig kultiviert. Es gibt hochwüchsige und zwergige Formen mit einfachen oder gefüllten, stark duftenden Blüten, die weiß, gelb, rosa, rot, violett und lavendelfarben sein können. Zwergsorten sind gute Topfpflanzen. Nacht-Levkojen eignen sich ebenfalls für Gefäßkulturen, müssen aber direkt gesät werden. Stellen Sie die Gefäße an einen sonnigen Ort in der Nähe eines Sitzplatzes, um vom Duft der Blüten zu profitieren.

Winterhärte: Voll frosthart ✻✻✻ bis frosthart ✻✻
Standort: Jeder feuchte, doch durchlässige Boden in vollsonniger Lage; *M. incana* auch im Halbschatten.
Pflege: Hohe Formen abstützen.
Vermehrung: Aussaat von *M. incana* für Sommerblüten im Vorfrühling bei 10–18 °C, für Frühlingsblüten im Sommer im Freien; im Frühbeet überwintern, im nächsten Frühjahr auspflanzen; Aussaat von *M. longipetala* im Freien, auf 10–15 cm ausdünnen.

Matthiola incana **Cinderella-Serie**
↕20–25 cm ↔ bis 25 cm; gefüllte Blüten im Spätfrühling bis Sommer in dichten, 15 cm hohen Trauben; ✻✻.

MECONOPSIS
Scheinmohn, Keulenmohn

↕ bis 2,5 m
↔ bis 1 m

DIESE PFLANZENGATTUNG umfasst u. a. den leuchtend gelben Wald-Scheinmohn (*M. cambrica*) und den saphirblauen Tibet-Scheinmohn (*M. betonicifolia*). Letzterer sieht im Garten überaus prächtig aus, doch die andere Art ist einfacher zu kultivieren. Wenn Sie aber den richtigen Standort wählen – einen kühlen, feuchten Waldgarten oder eine geschützte, mit Humus oder Laubkompost angereicherte Rabatte –, dann können Sie jeden Scheinmohn ziehen – in herrlichem Türkis, blassem Blau, Granatrot und leuchtendem Gelb. Seine seidigen Blüten mit gelben oder cremefarbenen Staubblättern erscheinen von Früh- bis Hochsommer. Die Pflanzen sind oft kurzlebig; einige säen sich selbst aus.

Winterhärte: Voll frosthart ❄❄❄, Neuaustrieb frostanfällig.
Standort: Feuchter, doch durchlässiger, leicht saurer (kalkfreier) Boden im Halbschatten.
Pflege: Vor kalten Winden schützen.
Vermehrung: Eingewachsene Pflanzen nach der Blüte teilen; Aussaat (dünn auf der Substratoberfläche) im Frühjahr oder nach der Samenreife unter Glas; Sämlinge im Frühbeet überwintern.

① *Meconopsis betonicifolia* 🏆 ↕ 1,2 m
② *M. cambrica* ↕ 45 cm; ③ *M. napaulensis* ↕ 2,5 m; immergrün ④ *M.* × *sheldonii* ↕ 1,2–1,4 m.

MELISSA OFFICINALIS
Zitronen-Melisse

↕ bis 1,2 m
↔ bis 45 cm

DIE BLÄTTER DIESES BELIEBTEN Gewürzkrauts verströmen beim Zerreiben oder Berühren ein frisches Zitronenaroma. Abgesehen von ihrem Duft wird diese buschige, aufrechte Staude hauptsächlich wegen ihres nesselartigen Laubs kultiviert. Die Blätter sind behaart und hell- bis gelblich grün, bei panaschierten Formen goldgelb gefleckt. Die jungen Blätter und Triebe werden gerne zum Würzen von Speisen verwendet, getrocknete Blätter als Tee aufgebrüht. Im Sommer erscheinen weißliche Blüten in Scheinquirlen, die Bienen anlocken. Pflanzen Sie Zitronen-Melisse im Kräutergarten oder in einem Staudenbeet an.

Winterhärte: Voll frosthart ❄❄❄
Standort: Karger Boden in sonniger bis halbschattiger Lage.
Pflege: Vor heftigen Winterregen schützen; nach der Blüte zurückschneiden, um den Neuaustrieb anzuregen und die Selbstaussaat zu verhindern; bunte Sorten für leuchtendere Blätter vor der Blüte zurückschneiden (siehe unten).
Vermehrung: Im Frühjahr vor dem Austrieb oder im Herbst teilen; Aussaat im Frühjahr unter Glas oder selbstausgesäte Sämlinge umpflanzen.

RÜCKSCHNITT
Durch Abernten der Triebspitzen wird der Wuchs von neuen Blättern gefördert und die Selbstaussaat verhindert.

Melissa officinalis 'Aurea'
Behaarte Stängel, weißliche Blüten im Sommer.

MELITTIS MELISSOPHYLLUM
Immenblatt

↕ 20–70 cm
↔ 50 cm

DIESE STAUDE wird wegen ihrer Röhrenblüten, die im Spätfrühling und Frühsommer erscheinen, kultiviert. Sie sind rosa, purpurrot, weiß oder cremeweiß mit rosafarbener oder roter Zeichnung und stehen in den Blattachseln. Die ovalen Blätter sind behaart und deutlich geädert; sie duften aromatisch bzw. nach Honig. Pflanzen Sie Immenblatt in kühlen Rabatten mit anderen Halbschatten liebenden Pflanzen wie Bergenien (siehe S. 198) und Akelei (*Aquilegia*, siehe S. 185) oder in Waldgärten an. Seine Blüten locken Bienen und andere bestäubende Insekten an.

Winterhärte: Voll frosthart ❄❄❄
Standort: Nährstoffreicher, feuchter, durchlässiger Boden im Halbschatten.
Pflege: Zu dicht und wirr wachsende Pflanzen nach der Blüte zurückschneiden.
Vermehrung: Teilung im Frühjahr vor dem Neuaustrieb; Aussaat nach der Samenreife im Frühbeet oder im Frühjahr unter Glas.

Melittis melissophylum
Eine Waldpflanze, die fast in ganz Europa heimisch ist.

MIMULUS

Gauklerblume, Affenblume

DIE ZAHLREICHEN *Mimulus*-Hybriden werden einjährig kultiviert. Ihre kräftig gefärbten Blüten bringen Gefäße und Rabatten von Frühsommer bis in den Herbst zum Leuchten. Sie ähneln Löwenmäulchen und sind trompeten- oder röhrenförmig; sie kommen in vielen Farbvariationen vor und sind meist kontrastreich gefleckt. Die blass- bis dunkelgrünen Blätter sind oft silbrig behaart. Mehrjährige Gauklerblumen sowie die Hybriden wachsen meist aufrecht. Die Mehrzahl bevorzugt feuchte oder sogar sumpfige Böden. Die teils niederliegend wachsende Gelbe Gauklerblume (*M. luteus*) und die Blaue Gauklerblume (*M. ringens*) gedeihen im Flachwasser am Teichufer.

Winterhärte: Voll frosthart ❄❄❄ bis frostempfindlich ❀
Standort: Sehr feuchter Boden in sonniger bis halbschattiger Lage; *M. cardinalis* verträgt mehr Trockenheit; für Hybriden und *M. aurantiacus* durchlässiger Boden und Sonne.
Pflege: Boden darf nicht austrocknen; vor Schnecken schützen.
Vermehrung: Frostharte Arten im Herbst oder Frühjahr in Töpfen im Frühbeet, empfindliche Sorten im Frühjahr bei 6–12 °C aussäen; Triebstecklinge im Frühsommer bewurzeln; Stauden im Frühjahr teilen.

1

2

3

4

① ***Mimulus aurantiacus*** 🏆 ↕↔ 1 m; ❄❄ ② ***M. cardinalis*** 🏆 ↕ 1 m ↔ 60 cm; ❄❄❄ ③ ***M. lewisii*** 🏆 ↕ 60 cm ↔ 45 cm; ❄❄ ④ ***M. luteus*** ↕ 30 cm ↔ 60 cm; ❄❄❄.

MOLUCCELLA LAEVIS

Muschelblume

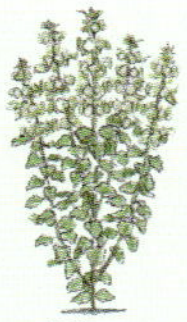
↕ 90 cm
↔ 23 cm

DIE AUSSERGEWÖHNLICHEN trichterförmigen Hochblätter und das blassgrüne Laub sind die Hauptattraktionen dieser einjährigen Pflanze, die in unseren Gärten bisher wenig angepflanzt wird; sie ist allerdings bei Floristen sehr beliebt. Im Spätsommer erscheinen bis zu 30 cm hohe, unverzweigte Stängel, an denen die Hochblätter dicht gedrängt wie Glocken sitzen und winzige weiße oder rosa Blüten umhüllen, die kaum auffallen. Sobald sich die Samen entwickeln, werden die Hochblätter weiß geädert und papierartig und können für Trockenblumensträuße verwendet werden. Die Blüten duften. Muschelblumen sind eine wertvolle Bereicherung für Rabatten mit eher klassischen Sommerblumen wie Tagetes (siehe S. 329) oder auch Heliotrop (siehe S. 70).

Winterhärte: Bedingt frosthart ❄
Standort: Jeder feuchte, doch durchlässige Boden in sonniger Lage.
Pflege: Gelegentlich düngen, damit lange Blütenstiele entstehen.
Vermehrung: Aussaat im zeitigen Frühjahr oder Mitte Frühling bei 13–18 °C oder im Spätfrühling direkt an Ort und Stelle.

Moluccella laevis

MONARDA

Indianernessel

↕ 90 cm
↔ 45 cm

INDIANERNESSELN BEREICHERN mit ihren spinnenartigen Blüten und dem üppigen Laub jeden Garten. Am häufigsten werden Horste bildende Stauden angepflanzt, es gibt aber auch einige einjährige Arten. Von Hochsommer bis Frühherbst bringen sie Quirle röhrenförmiger Blüten in Karminrot, Rosa, Weiß oder Violett hervor, die an den Triebenden stehen. Die Blätter sind mittel- bis dunkelgrün und dunkel geädert, oft auch purpurn überhaucht. Indianernesseln sind sehr aromatisch; Blätter und Blüten werden in der Parfümherstellung verwendet. Setzen Sie die prächtigen Pflanzen in Rabatten ein, damit Bienen und andere bestäubende Insekten in den Garten gelockt werden.

Winterhärte: Voll frosthart ❄❄❄
Standort: Jeder feuchte, doch durchlässige Boden, der im Sommer nicht austrocknet; vollsonnige bis halbschattige Lage.
Pflege: In Trockenzeiten ausgiebig wässern; bei Trockenheit kann Echter Mehltau zum Problem werden, resistente Sorten sind erhältlich; vor Schneckenbefall im Frühjahr schützen.
Vermehrung: Teilung im Frühjahr vor dem Neuaustrieb.

1

2

① ***Monarda* 'Cambridge Scarlet'** 🏆 ↕ 90 cm ↔ 45 cm; Horste bildende Staude ② ***M.* 'Croftway Pink'** 🏆 ↕ 90 cm ↔ 45 cm; Horste bildende Staude.

Muscari
Traubenhyazinthe

Diese Zwiebelpflanzen sind, obwohl selten höher als 20 cm, sehr vielseitig einzusetzen. Im Frühjahr, gelegentlich auch im Herbst, tragen sie dichte Trauben winziger Blüten, die meist blau, manchmal gelb, weiß, purpurn oder sogar schwarz sind. Die Blütentrauben stehen über Rosetten fleischiger mittel-, blau- oder graugrüner Blätter. Pflanzen Sie Traubenhyazinthen in großen Gruppen in Rabatten oder als Teppiche unter sommergrünen Bäumen und Sträuchern an. Sie verwildern oft von allein im Gras neben anderen Frühlingsblühern wie Narzissen (siehe S. 288–299) und Tulpen (siehe S. 334–335). Manche Arten wuchern unter guten Bedingungen; achten Sie darauf, dass sie andere Pflanzen nicht verdrängen.

Winterhärte: Voll frosthart ✲✲✲ bis frosthart ✲✲
Standort: Durchlässiger Boden in sonniger bis halbschattiger Lage.
Pflege: Zwiebeln 10 cm tief einpflanzen; verkümmerte, verformte oder gelb gefleckte bzw. gezeichnete Pflanzen können an Viren erkrankt sein, befallene Pflanzen vernichten.
Vermehrung: Bestände im Sommer ausgraben und teilen, spätestens alle fünf bis sechs Jahre, um die Wuchskraft zu erhalten und die Blühfreudigkeit zu steigern; Aussaat im Herbst im Frühbeet.

Muscari macrocarpum
↕10–15 cm ↔ 8 cm; bildet rasch große Bestände; intensiv duftende Blüten im Frühjahr; bevorzugt heiße, trockene Sommer; ✲✲.

***Muscari armenicanum* 'Blue Spike'**
↕20 cm ↔ 5 cm; große Bestände, die wuchern können; mittelgrüne Blätter im Herbst; Blüte im Frühjahr; ✲✲✲.

Myosotis
Vergissmeinnicht

Diese grosse Gattung Einjähriger, Zweijähriger und kurzlebiger Stauden wird wegen ihrer entzückenden Blüten und behaarten Blätter kultiviert. Die meisten Vergissmeinnicht blühen in verschiedenen Blautönen mit weißer oder goldgelber Mitte, es gibt aber auch rosa, gelb oder weiß blühende Sorten. Das zweijährige Wald-Vergissmeinnicht (*M. sylvatica*) und seine Sorten werden vor allem in Sommerbeeten und Gefäßen angepflanzt. Das Feuchtigkeit liebende Sumpf-Vergissmeinnicht (*M. scorpioides*) fühlt sich in Sumpfgärten oder im Flachwasser am wohlsten. Niedrige, Matten bildende Arten wie das Alpen-Vergissmeinnicht (*M. alpestris*) bevorzugen sehr durchlässige Böden. Fast alle säen sich stark selbst aus.

Winterhärte: Voll frosthart ✲✲✲
Standort: Jeder feuchte, aber durchlässige, mäßig nährstoffreiche Boden in sonniger bis halbschattiger Lage.
Pflege: Bei strengem Frost mit Vlies oder Reisig abdecken; Echter Mehltau kann problematisch werden.
Vermehrung: Aussaat aller Arten im Frühjahr an Ort und Stelle, Ein- und Zweijährige auch im Sommer im Frühbeet für frühere Blüte im nächsten Jahr, *M. scorpioides* im Sumpfboden aussäen.

***Myosotis* 'Indigo'**
↕↔ 30 cm ↔ 15 cm; zweijährig; eine der dunkelsten Sorten; Blüte von Mitte Frühling bis Hochsommer.

NARCISSUS

Narzisse, Osterglocke

NARZISSEN SIND DIE VORBOTEN des Frühlings. Die farbenfrohen gelben, cremefarbenen und weißen, gelegentlich rosa oder grünlich überhauchten Blüten bieten nach einem langen Winter einen willkommenen Anblick. Die Zahl der Arten und Sorten geht in die Tausende, die in Höhe und Blütenform stark variieren; die Blüten stehen einzeln oder in Büscheln auf den Stängeln. Alle sind mehrjährige Zwiebelpflanzen. Die hohen, auffälligen Sorten sehen in Rabatten zwischen Sträuchern prächtig aus, können aber auch in einem Frühlingsbeet neben Gruppen von Primeln eindrucksvoll wirken. Die niedrigeren Formen eignen sich besser für natürliche Anpflanzungen und kommen in großen Gruppen im Rasen oder in einem Waldgarten am schönsten zur Geltung; hier breiten sie sich rasch aus, wenn man sie ungestört wachsen läst. Zwergformen eignen sich für Steingärten. Manche, wie die meisten der *Jonquilla-*, *Tazetta-* und *Poeticus*-Hybriden, duften. Pflanzen Sie diese Sorten dort an, wo Sie ihren Duft am besten genießen können, z. B. in einem Trog am Hauseingang oder in einem Blumenkasten. Manche Narzissen kann man vortreiben (siehe unten) und im Haus kultivieren; sie blühen dann ziemlich früh, meist in der Weihnachtszeit. Die meisten Narzissen sind ausgezeichnete Schnittblumen.

Winterhärte: Voll frosthart ❄❄❄ bis bedingt frosthart ❄
Standort: Unterschiedliche Bodenarten werden toleriert, meist jedoch nährstoffreicher, durchlässiger Boden, der in der Wachstumszeit feucht ist; vollsonnige bis halbschattige Lage.
Pflege: Im Herbst 10–20 cm tief einpflanzen, werden Zwiebeln nicht tief genug gepflanzt, erscheinen wenig oder keine Blüten, dann umpflanzen; spät blühende Arten in Trockenzeiten gießen, um die Blüte anzuregen; Abgeblühtes vor der Samenbildung entfernen; die Blätter sollen von selbst einziehen, dadurch speichert die Zwiebel mehr Nährstoffe für das folgende Jahr, die zur Anlage von Blütenknospen nötig sind; kaliumreichen Dünger verabreichen, bis das Laub einzieht, damit ständig neue Blüten erscheinen; wurden Narzissen im Gras verwildert, Rasen bis zum Einziehen der Blätter nicht mähen; verkümmerte oder gefleckte Blätter deuten auf Virusbefall hin, befallene Pflanzen vernichten.
Vermehrung: Bestände nach vier bis fünf Jahren teilen, wenn Blüten ausbleiben; Tochterzwiebeln abtrennen und wieder einpflanzen, sie beginnen nach drei bis vier Jahren zu blühen.

Narzissen treiben

❶ *Mischen Sie gewaschenen Kies mit etwas Holzkohle. Füllen Sie das Gefäß damit zu drei Vierteln. Bohren Sie mit dem Finger ein Loch und setzen Sie die Zwiebeln (hier 'Grand Soleil d'Or') mit dem Hals nach oben so ein, dass sie sich nicht berühren.*

❷ *Nach dem Pflanzen füllen Sie so viel Wasser ein, dass es gerade unterhalb der Zwiebelböden steht. Wenn Sie Zwiebeln vortreiben, die nicht hell stehen dürfen, bedecken Sie das Gefäß mit einer schwarzen Plastikfolie und stellen Sie es an einem kühlen, dunklen Ort auf.*

❸ *Kontrollieren Sie die Zwiebeln nach etwa vier Wochen, um zu sehen, ob sie mehr Wasser brauchen. Nach acht bis zehn Wochen sollten sie 1–2 cm gewachsen sein und können ins Licht. Binden Sie lange schwache Blätter und Triebe an ganz dünnen Stäben fest.*

① ***Narcissus* 'Actaea'** ♀ ↕45 cm; Spätfrühling; duftend ② ***N.* 'Baby Moon'** ↕25–30 cm; Spätfrühling ③ ***N. bulbocodium*** ♀ ↕10–15 cm; Mitte Frühling; kann im Rasen verwildert werden; für Steingärten geeignet ④ ***N.* 'Cassata'** ↕40 cm; Mitte Frühling ⑤ ***N.* 'Cheerfulness'** ♀ ↕40 cm; Mitte Frühling; duftend ⑥ ***N.* 'Dove Wings'** ♀ ↕30 cm; Vorfrühling ⑦ ***N.* 'February Gold'** ♀ ↕30 cm; Vorfrühling; kann im Rasen verwildert werden; zum Treiben geeignet ⑧ ***N.* 'Fortune'** ↕45 cm; Mitte

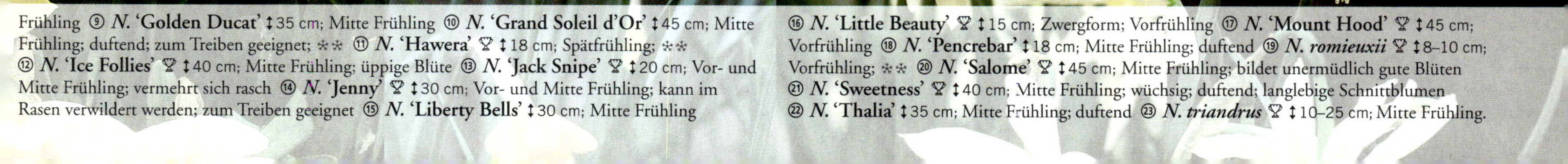

Frühling ⑨ *N.* **'Golden Ducat'** ↕35 cm; Mitte Frühling ⑩ *N.* **'Grand Soleil d'Or'** ↕45 cm; Mitte Frühling; duftend; zum Treiben geeignet; ✻✻ ⑪ *N.* **'Hawera'** 🏆 ↕18 cm; Spätfrühling; ✻✻ ⑫ *N.* **'Ice Follies'** 🏆 ↕40 cm; Mitte Frühling; üppige Blüte ⑬ *N.* **'Jack Snipe'** 🏆 ↕20 cm; Vor- und Mitte Frühling; vermehrt sich rasch ⑭ *N.* **'Jenny'** 🏆 ↕30 cm; Vor- und Mitte Frühling; kann im Rasen verwildert werden; zum Treiben geeignet ⑮ *N.* **'Liberty Bells'** ↕30 cm; Mitte Frühling

⑯ *N.* **'Little Beauty'** 🏆 ↕15 cm; Zwergform; Vorfrühling ⑰ *N.* **'Mount Hood'** 🏆 ↕45 cm; Vorfrühling ⑱ *N.* **'Pencrebar'** ↕18 cm; Mitte Frühling; duftend ⑲ ***N. romieuxii*** 🏆 ↕8–10 cm; Vorfrühling; ✻✻ ⑳ *N.* **'Salome'** 🏆 ↕45 cm; Mitte Frühling; bildet unermüdlich gute Blüten ㉑ *N.* **'Sweetness'** 🏆 ↕40 cm; Mitte Frühling; wüchsig; duftend; langlebige Schnittblumen ㉒ *N.* **'Thalia'** ↕35 cm; Mitte Frühling; duftend ㉓ ***N. triandrus*** 🏆 ↕10–25 cm; Mitte Frühling.

Nemesia
Nemesie, Elfenspiegel

Einjährige Nemesien sind in Sommerbeeten und Gefäßen sehr beliebt. Sie lassen sich einfach kultivieren und bilden Massen von leuchtenden Blüten in Blau-, Rot-, Rosa-, Gelb- und Orangetönen sowie in Weiß; viele sind auch zweifarbig. Die Mehrjährigen sind höherwüchsig und weniger auffällig, sie blühen hauptsächlich violett und weiß; strenge Winter überleben sie nur in Töpfen unter Glas. Einige der neueren Stauden vertragen tiefere Temperaturen und können in einer geschützten Lage auch im Freien überwintern, besonders unter einer schützenden Mulchschicht.

Winterhärte: Frosthart ✻✻ bis bedingt frosthart ✻
Standort: Jeder feuchte, durchlässige Boden in vollsonniger Lage.
Pflege: Staunässe vermeiden, kann Wurzelfäule verursachen; Triebspitzen von Einjährigen auskneifen, um einen buschigen Wuchs und mehr Blüten anzuregen; Gefäßpflanzen regelmäßig gießen.
Vermehrung: Aussaat von Vor- bis Spätfrühling bei 15 °C, im Frühsommer auspflanzen; im Spätsommer von Stauden Triebstecklinge schneiden; Jungpflanzen frostfrei überwintern.

① ***Nemesia denticulata*** 🏆 ↕25 cm; ✻✻✻, braucht aber Winterschutz ② ***N. strumosa*** **Carnival-Serie** ↕17–23 cm; zwergige Einjährige; große Blüten; ✻.

Nemophila
Hainblume

Die schlanken, fleischigen Triebe der Hainblume tragen große, flache Blütenschalen mit deutlich gezeichneten Blütenblättern; sie sind gewöhnlich blau oder weiß geädert, gefleckt oder mit einer Mitte in kontrastierendem Blau, Purpur, Weiß oder Gelb. Die auffälligen Blüten heben sich von fiedrig geteilten mittel- oder graugrünen Blättern ab. Hainblumen sind niedrig wachsende Einjährige, die im Früh- bis Hochsommer wochenlang blühen; unter kühlen, feuchten Bedingungen werden mehr Blüten gebildet. Sie eignen sich für Einfassungen oder sind gute Lückenfüller am Rand einer Rabatte. Ihr kompakter Wuchs macht sie zu guten Gefäßpflanzen oder zum Gewinn für einen Steingarten mit Wasser speicherndem Boden.

Winterhärte: Voll frosthart ✻✻✻
Standort: Jeder feuchte, durchlässige Boden in sonniger bis halbschattiger Lage; für Gefäßbepflanzung gute Blumenerde verwenden.
Pflege: In Trockenzeiten ausgiebig gießen, sonst wird die Blütenbildung eingestellt.
Vermehrung: Aussaat im Frühjahr oder Herbst direkt ins Freie, in flachen Rillen im Abstand von 15 cm, Sämlinge in den Reihen auf 15 cm ausdünnen; auch starke Selbstaussaat.

Nemophila maculata
↕↔ 15–30 cm; mit Flecken an den Zipfeln der Blüten, manchmal auch violett geädert.

Nepeta
Katzenminze

Die Katzenminze (*N. cataria*) ist bekannt für ihren herb-aromatischen Duft, der eine starke Anziehung auf Katzen ausübt. Aber es gibt auch andere Arten und Sorten, für die Katzen keine Vorliebe zeigen. Es sind Stauden mit weichem silbergrauem Laub und kleinen, aufrechten Blütenständen in Weiß sowie Blau- und Purpurtönen, manchmal auch in Gelb. Die meisten haben eine lockere, buschige Wuchsform und sind gute Bodendecker, da sie übermäßigen Wuchs von Unkraut unterdrücken. Mit ihnen lassen sich breite, sonnige Wege umsäumen. Manche der niedrigen Arten eignen sich für Steingärten, während höher wachsende Katzenminzen in einer gemischten Rabatte am besten zur Geltung kommen.

Winterhärte: Voll frosthart ✻✻✻ bis bedingt frosthart ✻
Standort: Jeder lockere, durchlässige Boden in vollsonniger bis halbschattiger Lage.
Pflege: Höhere Arten abstützen; Pflanzen nach der Blüte etwas zurückschneiden, um den buschigen Wuchs zu erhalten und weitere Blüten anzuregen.
Vermehrung: Teilung im Frühjahr oder Herbst; Aussaat im Herbst in Schalen im Frühbeet.

① ***Nepeta govaniana*** ↕90 cm ↔60 cm ② ***N. sibirica*** ↕90 cm ↔45 cm ③ ***N.* 'Six Hills Giant'** ↕90 cm ↔60 cm ④ ***N. subsessilis*** ↕bis 90 cm ↔30 cm.

Nerine

Nerine

DIESE ZWIEBELGEWÄCHSE tragen die ungewöhnlichsten Herbstblüten – Büschel zarter Trompetenblumen in leuchtendem Rosa, gelegentlich auch in Karmin- oder Orangerot. Sie bringen in einer Jahreszeit, in der sich die meisten anderen Pflanzen verabschieden, eine belebende, luftige Atmosphäre in den Garten. Nerinen gedeihen an einer Süd- oder Westmauer oder in einem geschützten Steingarten am besten. Meist entwickeln sich die riemenförmigen mittelgrünen Blätter erst, wenn die Blüten schon offen sind, und lassen diese dann noch eindrucksvoller wirken. Auf dunkler Erde oder vor hellen Steinen werden Nerinen zum Blickfang. Sie können sie auch mit spät blühenden Zwiebelgewächsen wie Spaltgriffel (*Schizostylis*, siehe S. 323) und Blaustern (*Scilla scilloides*, siehe S. 323) kombinieren.

Winterhärte: Voll frosthart ✻✻✻ bis bedingt frosthart ✻
Standort: Durchlässiger, trockener Boden in vollsonniger Lage.
Pflege: Zwiebeln im Vorfrühling dort einpflanzen, wo sie ungestört große Bestände bilden können; in rauen Gegenden als Winterschutz Stroh oder organisches Material ausbringen; vor Schnecken schützen.
Vermehrung: Aussaat im Herbst; Tochterzwiebeln im Herbst abtrennen.

Nerine bowdenii 🏆
↕45 cm ↔ 8 cm; robuste Pflanze; breite bis 30 cm lange Blätter; schwach duftende Blüten; ✻✻✻.

Nicotiana

Tabak, Zier-Tabak

DIE DUFTENDEN TROMPETENBLÜTEN sind die Hauptattraktion dieser ein-, zwei- und mehrjähriger Pflanzen, von denen es auch Halbsträucher und Sträucher gibt. Die weißen, cremefarbenen, gelbgrünen, rosa, roten oder violetten Blüten halten im Sommer und Herbst wochenlang. Sie öffnen sich normalerweise nur in den Abendstunden vollständig und verströmen dann ihren schweren Duft. Einige neuere Sorten blühen an einem halbschattigen Standort auch tagsüber. Die meisten Tabakpflanzen tragen klebrige mittelgrüne Blätter. Obwohl die meisten Arten Stauden sind, werden sie meist einjährig kultiviert und jedes Jahr neu aus Samen gezogen. Gruppenpflanzungen sehen am eindrucksvollsten aus. Die Berührung der Blätter kann Hautreizungen hervorrufen.

Winterhärte: Frosthart ✻✻ bis bedingt frosthart ✻
Standort: Feuchter, durchlässiger Boden in sonniger bis halbschattiger Lage.
Pflege: Hohe Pflanzen in exponierten Lagen abstützen.
Vermehrung: Aussaat im Frühjahr bei 18 °C, Samen nur dünn mit Substrat abdecken, da sie zum Keimen Licht brauchen.

① *Nicotiana* 'Lime Green' 🏆 ↕60 cm ↔ 25 cm; aufrechte Einjährige; Blüten 13 cm lang; ✻ ② *N. sylvestris* 🏆 ↕bis 1,5 m ↔ bis 60 cm; in mildem Klima mehrjährig; stark duftend; ✻.

Nigella

Jungfer im Grünen

JUNGFER IM GRÜNEN wird schon seit dem 16. Jahrhundert in unseren Gärten angepflanzt und ist heute in verschiedenen Farben – Weiß, Hell- und Tiefrosa, Violett, Gelb und natürliches Blau – erhältlich. Einige Mischungen wie 'Persische Juwelen' blühen in weißen, blauen und rosa Farbtönen. Diese buschigen Einjährigen gedeihen an felsigen Hängen sehr gut, wachsen aber auch auf fast jedem anderen Boden. Ihre zierlichen Sommerblüten sind von einem dichten Kranz fein geschlitzter Hochblätter umgeben, gefolgt von ebenso interessanten Fruchtständen aus Balgkapseln. Die himmelblau Sorte 'Miss Jekyll' bildet zu gelbem und orangefarbenem Goldmohn (*Eschscholzia*, siehe S. 241) einen feinen Kontrast. Die schnellwüchsigen Pflanzen säen sich stark selbst aus.

Winterhärte: Voll frosthart ✻✻✻
Sorte: Jeder durchlässige Boden in vollsonniger Lage.
Pflege: Welkes entfernen, wenn keine Selbstaussaat erwünscht ist.
Vermehrung: Aussaat im Frühjahr oder Herbst direkt ins Freiland in flache Rillen mit 15 cm Abstand, Sämlinge auf 15 cm ausdünnen, Herbstaussaat im Winter unter Folie schützen.

Nigella damascena 'Miss Jekyll'
↕bis 50 cm ↔ bis 23 cm; selbstausgesäte Pflanzen blühen oft in anderen Farben; gute Schnittblumen.

Nymphaea

Seerosen

MIT IHREN WUNDERSCHÖNEN, OFT DUFTENDEN Blüten und den attraktiven Blättern bringen Seerosen einen Hauch von Exotik in jeden Wassergarten. Diese mehrjährigen Schwimmblattpflanzen entwickeln sich aus Rhizomen. Es gibt frostharte bis -empfindliche Seerosen, die alle im Sommer blühen. Frostharte Arten und Sorten haben meist weiße, gelbe oder rote Blüten, die auf der Wasseroberfläche treiben und sich nur an sonnigen Tagen öffnen. Empfindliche tropische Seerosen blühen tagsüber oder nachts auf, und ihre Blüten, auch in Blautönen, stehen über dem Wasser. Seerosen sehen in großen Teichen sehr eindrucksvoll aus, in kleinen Wassergärten und Mini-Teichen wirken die Zwergformen besser. Die tropischen, in frostfreien Regionen mehrjährigen Seerosen werden bei uns einjährig kultiviert oder im Haus frostfrei überwintert. Seerosen brauchen ständige Aufmerksamkeit, damit sie reich blühen.

Winterhärte: Voll frosthart ❄❄❄ bis frostempfindlich ❀
Standort: Stehende Gewässer in vollsonniger Lage und mit entsprechender Tiefe für die jeweilige Art und Sorte; Seerosen gedeihen in fließenden und bewegten Gewässern nicht!
Pflege: Frostharte Formen im Sommer in Teichsubstrat oder Gartenerde in Pflanzkörben (mit Sackleinen ausgekleidet) einsetzen, Rhizome direkt unter der Oberfläche einpflanzen und mit Kies beschweren, den bepflanzten Korb etwa 15–25 cm tief ins Wasser tauchen, in tieferen Teichen kann er auf Ziegelsteinen platziert werden; nach Einwachsen der Pflanzen wird der Korb immer tiefer gesenkt (Blätter müssen jedes Mal über dem Wasser treiben), bis die richtige Tiefe erreicht ist; da Seerosen Tiefwasserpflanzen sind, wachsen die meisten gut in Tiefen von 60–150 cm, einige bevorzugen aber flachere Lagen (siehe unten); in einem natürlichen Lehmteich kann direkt in den Schlammboden gepflanzt werden; Abgeblühtes wenn möglich entfernen, um weitere Blüten anzuregen; vergilbte Blätter und solche mit Krankheitsanzeichen oder Fraßspuren regelmäßig entfernen; frostempfindliche Sorten und alle in Teichen mit weniger als 50 cm Wassertiefe im Herbst aus dem Teich holen, in eine große Wanne setzen und hell und kühl im Haus überwintern, dabei stets nass halten.
Vermehrung: Eingewachsene Pflanzen nach drei bis vier Jahren teilen.

Teilung von Seerosen

Die starkwüchsigen Seerosen können zu dichte Bestände bilden und sich erschöpfen. Ein sicheres Zeichen dafür sind Blätter, die aus dem Wasser ragen und nicht mehr auf der Wasseroberfläche liegen; außerdem werden weniger Blüten gebildet. In diesem Fall ist eine Teilung notwendig. Die beste Zeit dafür ist das Frühjahr zu Beginn des Neuaustriebs, wenn sich das Wasser erwärmt und mehr Tageslicht das Einwachsen der Pflanzen beschleunigt.

❶ *Graben Sie im Frühjahr, wenn das erste Laub sich zeigt, einen großen Horst aus. Legen Sie die Pflanze in sauberes Wasser, um die Wurzeln zu säubern.*

❷ *Teilen Sie das Rhizom mit einem scharfen Messer in Stücke mit je 2–3 Augen. Beschädigte Wurzeln einkürzen und jedes Stück extra eintopfen.*

❸ *Setzen Sie es schräg ein und bedecken Sie es nur leicht mit Erde. Mit Kies abdecken. Stellen Sie den Korb ins flache Wasser, bis die Pflanze eingewachsen ist.*

① ***Nymphaea alba*** ↔ 1,7 m; Wassertiefe 80–100 cm; ❄❄❄ ② ***N.* 'American Star'** ↔ 1,2–1,5 m; Wassertiefe 45–120 cm; ❄❄❄ ③ ***N.* 'Attraction'** ↔ 1,2–1,5 m; Wassertiefe 45–120 cm; ❄❄❄ ④ ***N.* 'Aurora'** ↔ 90–150 cm; ❄❄❄ ⑤ ***N.* 'Escarboucle'** 🏆 ↔ 1,2–1,5 m; Blütendurchmesser 15–18 cm; Wassertiefe 30–60 cm; ❄❄❄ ⑥ ***N.* 'Fabiola'** ↔ 1,5 cm; Wassertiefe 15–30 cm; ❄❄❄ ⑦ ***N.* 'Fire Crest'** ↔ 1,2 m; ❄❄❄ ⑧ ***N.* 'Froebelii'** ↔ 90 cm; Wassertiefe 15–30 cm; ❄❄❄

⑨ *N.* **'Gonnère'** 🏆 ↔ 90–120 cm; Wassertiefe 20–45 cm; ❄❄❄ ⑩ *N.* **'James Brydon'** 🏆 ↔ 90–120 cm; ❄❄❄ ⑪ *N.* **'Laydekeri Fulgens'** ↔ 1,2–1,5 m; ❄❄❄ ⑫ *N.* **'Marliacea Albida'** ↔ 90–120 cm; ❄❄❄ ⑬ *N.* **'Marliacea Carnea'** ↔ 1,2–1,5 m; ❄❄❄ ⑭ *N.* **'Marliacea Chromatella'** 🏆 ↔ 1,2–1,5 m; ❄❄❄ ⑮ *N.* **'Norma Gedye'** ↔ 1,2–1,5 m; Wassertiefe 30–90 cm; ❄❄❄ ⑯ *N.* **'Odorata Sulphurea Grandiflora'** ↔ 90–120 cm; ❄❄❄ ⑰ *N.* **'Pink Sensation'** ↔ 1,2 m; ❄❄❄ ⑱ *N.* **'Pygmaea Helvola'** 🏆 ↔ 25–40 cm; Blütendurchmesser 5–8 cm; Wassertiefe 8–15 cm; ❄❄ ⑲ *N.* **'René Gérard'** ↔ 1,5 m; ❄❄❄ ⑳ *N.* **'Rose Arey'** ↔ 1,2–1,5 m; ❄❄❄ ㉑ *N. tetragona* ↔ 25–40 cm; Wassertiefe 8–15 cm; ❄❄ ㉒ *N.* **'Vésuve'** ↔ 1,2 m; Blütendurchmesser 18 cm; ❄❄❄ ㉓ *N.* **'Virginalis'** ↔ 90–120 cm; ❄❄❄.

Oenothera

Nachtkerze

Die zarten, papierartigen Blüten der Nachtkerze zieren den Garten von Spätfrühling bis Ende Sommer. Auch wenn die Einzelblüten kurzlebig sind, entfalten sich unermüdlich neue Blüten, die ihren Platz einnehmen. Diese vielfältige Gattung umfasst Zweijährige, Stauden und Halbsträucher, die gelbe, weiße oder rosa Blüten hervorbringen. Manche weisen eine zusätzliche Attraktion auf: rote oder korallenfarbene Blütenknospen, die zu den geöffneten Blüten einen feinen Farbkontrast bilden. Es gibt niedrig wachsende Arten wie die Missouri-Nachtkerze (*O. macrocarpa*) für Steingärten oder erhöhte Beete sowie hochwüchsige, anmutige Formen wie die Gewöhnliche Nachtkerze (*O. biennis*), die 1–1,5 m hoch und bis zu 60 cm breit werden kann.

Winterhärte: Voll frosthart ❄❄❄ bis frosthart ❄❄
Standort: Durchlässiger Boden in sonniger Lage.
Pflege: Arten für Steingärten vor extremer Winternässe schützen.
Vermehrung: Stauden im Vorfrühling teilen; von Spätfrühling bis Hochsommer Triebstecklinge schneiden; Aussaat von Zweijährigen ab Juni am endgültigen Standort.

Oenothera macrocarpa 🏆
↕15 cm ↔50 cm; wüchsige Staude mit behaarten, verzweigten, rot getönten Trieben; Blüte im Spätfrühling; ❄❄❄.

Omphalodes

Gedenkemein

Die leuchtenden himmelblauen, manchmal auch weißen Blüten des Gedenkemeins ragen in lockeren Trauben über die frisch grünen Blätter heraus und bilden zu diesen einen zarten Kontrast. Die ein-, zwei- und mehrjährigen Pflanzen dieser kleinen Gattung, einige immergrün oder wintergrün, breiten sich über Ausläufer aus und sind daher gute Bodendecker. Manche eignen sich für schattige Rabatten, wo die Auswahl an Pflanzen begrenzt ist; gute Begleiter sind Funkien (*Hosta*, siehe S. 260–261), Seggen (*Carex*, siehe S. 345) oder Italienischer Aronstab (*Arum italicum* 'Pictum', siehe S. 190). *O. linifolia* bevorzugt sonnige Lagen: Pflanzen Sie diese Art in einem erhöhten Kiesbeet oder im Steingarten an.

Winterhärte: Voll frosthart ❄❄❄
Standort: *O. cappadocica* und *O. verna* in feuchtem, nährstoffreichem, für *O. verna* vorzugsweise kalkhaltigem Boden im Halbschatten; *O. linifolia* und *O. luciliae* in durchlässigem, für letztere kalkhaltigem Boden in Sonne.
Pflege: Vor Schnecken schützen.
Vermehrung: Aussaat von Einjährigen im Frühjahr ins Freie, Stauden unter Glas; Stauden im Vorfrühling teilen; Ausläufer abtrennen.

***Oenothera fruticosa* 'Fyrverkeri'** 🏆
↕30–90 cm ↔30 cm; Staude; purpurbraun überhauchte Blätter; Blüte von Spätfrühling bis Spätsommer; ❄❄❄.

***Oenothera speciosa* 'Rosea'**
↕↔30 cm; kriechende Staude; lange Blühperiode von Frühsommer bis Herbst; kann wuchern; mag keine Winternässe; ❄❄❄.

***Omphalodes cappadocica* 'Cherry Ingram'** 🏆
↕25 cm ↔40 cm; immergrüne Staude; Blüten, größer als die der Art, im Spätfrühling.

Ophiopogon

Schlangenbart

Die Farbe der grasartigen Blätter dieser Pflanze variiert von fast Schwarz bis Hellgrün mit cremefarbenen, gelben oder weißen Rändern. Im Sommer erscheinen kleine Trauben glockenförmiger, fliederfarbener oder weißer Blüten, gefolgt von glänzenden, runden, blauen oder schwarzen Samenständen. Diese ungewöhnlichen Farben harmonieren z. B. mit niedrigen Gräsern wie Hasenschwanzgras (*Lagarus ovatus*, siehe S. 349), Zittergras und Seggen. Der Blau-Schwingel (*Festuca glauca*, siehe S. 347) bildet einen auffälligen Kontrast zu der dunklen Sorte 'Nigrescens'. Schlangenbart ist ein guter Bodendecker. Auch wenn alle Arten wintergrüne Stauden sind, können sie jedes Jahr als Sommerpflanzen aus Samen gezogen werden.

Winterhärte: Voll frosthart ❄❄❄ bis bedingt frosthart ❄
Standort: Feuchter, doch durchlässiger, leicht saurer (kalkfreier) Boden in halbschattiger oder schattiger Lage.
Pflege: Junge Blätter vor Schneckenbefall schützen.
Vermehrung: Teilung der Pflanzen im Frühjahr, wenn der Neuaustrieb erscheint; Aussaat nach der Samenreife im Frühbeet.

***Ophiopogon planiscapus* 'Nigrescens'** 🏆
↕20 cm ↔ 15 cm; rötlich weiße Blüten erscheinen im Sommer, gefolgt von runden, dunkelblauen bis schwarzen Früchten; ❄❄❄.

***Ophiopogon jaburan* 'Vittatus'**
↕60 cm ↔ 30 cm; weiße, manchmal fliederfarbene Blüten im Spätsommer und längliche violettblaue Früchte; ❄❄.

Origanum

Oregano, Dost, Wilder Majoran

Siehe auch S. 91.

Origanum ist vor allem als Gewürzkraut bekannt. Mit seinen schönen Blüten, den aromatischen Blättern und der variablen Wuchsform ist er aber auch eine beliebte Zierpflanze. Diese Ein-, Zwei-, Mehrjährigen, Halbsträucher und Sträucher tragen winzige, gewöhnlich rosa Blüten, die von Hochblättern umhüllt sind; diese Hochblätter bestimmen die dominierende Farbe der Blüten – Purpur-, Rosa- oder Grüntöne. Die beliebte Sorte *O. laevigatum* 'Herrenhausen' trägt verzweigte, bis zu 45 cm lange Triebe, besetzt mit Blättern, die beim Entfalten rötlich überhaucht sind, und dichte Trugdolden mit purpurroten Hochblättern. Majoran (*O. majorana*), Französischer Majoran (*O. onites*) und Gewöhnlicher Dost (*O. vulgare*), von dem es auch eine gelb belaubte Form gibt, sind beliebte Küchenkräuter.

Winterhärte: Voll frosthart ❄❄❄ bis frosthart ❄❄
Standort: Durchlässiger, vorzugsweise alkalischer Boden in Sonne.
Pflege: Blütentriebe im Frühjahr zurückschneiden.
Vermehrung: Im Frühjahr teilen oder Stecklinge schneiden; Aussaat im Herbst in Töpfen oder im Frühjahr bei 10–13 °C.

① ***Origanum laevigatum*** 🏆 ↕50–60 cm ↔ 45 cm; am Grund verholzende Staude; ❄❄❄ ② ***O. vulgare*** ↕↔ 30–90 cm; am Grund verholzende Staude bis Halbstrauch; ❄❄❄.

Ornithogalum

Milchstern, Stern von Bethlehem

Glänzende, silbrig weisse Blüten, die in der Abenddämmerung leuchten, machen den eigentlichen Charme dieser Zwiebelpflanze aus. Die Blüten sind becher-, schalen- oder sternförmig, gelegentlich duftend, und erscheinen im Frühjahr und Sommer auf kräftigen Stielen. Die hübschen schmalen Blätter weisen manchmal einen silbernen Mittelstreifen auf. Die Pflanzenhöhe variiert stark – *O. lanceolatum* ist nur 5–10 cm hoch, während der Pyramiden-Milchstern (*O. pyramidale*) 1,2 m hoch werden kann. Niedrigere Arten eignen sich für Steingärten. Der Nickende Milchstern (*O. nutans*) und der Stern von Bethlehem (*O. umbellatum*) können wuchern; sie sollten am besten im kurzen Gras verwildert werden.

Winterhärte: Voll frosthart ❄❄❄ bis frostempfindlich ❁
Standort: Humusreicher, gut durchlässiger Boden in halbschattiger bis sonniger Lage.
Pflege: Frostharte und bedingt frostharte Zwiebeln im Herbst, empfindliche Arten im Frühjahr 10 cm tief pflanzen; bei schweren Böden vor der Pflanzung Kies in das Pflanzloch einarbeiten.
Vermehrung: Im Sommer in der Vegetationsruhe die Tochterzwiebeln abtrennen oder Bestände teilen.

Osteospermum

Kapmargerite

Zauberhafte Blüten von seidigem Glanz und weiches immergrünes Laub machen die Kapmargerite zu einer unverzichtbaren Zierpflanze für Rabatten. Jedes Jahr kommen mehrere neue Sorten in vielen Farben auf den Markt. Die manchmal löffelartigen Strahlenblüten sind entweder weiß und von zartem Violett, Rosa, Flieder oder Blau überzogen, oder sie erscheinen in einem satten Creme oder Magentarot bis Purpurviolett. Die Mitte jeder Blüte zeigt eine kontrastierende Farbe. Kapmargeriten blühen von Spätfrühling bis Herbst. Sie umfassen Einjährige und Halbsträucher, mehrjährige Formen werden am häufigsten angepflanzt, jedoch meist nur einjährig gezogen. Nach mehreren Jahren können sie etwas wirr aussehen, sie sind aber über Stecklinge ganz einfach zu erneuern.

Winterhärte: Voll frosthart ❄❄❄ bis bedingt frosthart ❄
Standort: Leichter, mäßig nährstoffreicher, durchlässiger Boden in geschützter, warmer Sonnenlage.
Pflege: Abgeblühtes regelmäßig entfernen.
Vermehrung: Triebstecklinge im Spätfrühling, halb verholzte Stecklinge im Spätsommer schneiden; Aussaat im Frühjahr bei 18 °C.

Osteospermum 'Nairobi Purple'
↕15 cm ↔ 90 cm; niederliegender Halbstrauch; Blüten unterseits weiß überhaucht; ❄.

① *Ornithogalum narbonense* ↕30–90 cm; lange graugrüne Blätter; Blüte Spätfrühling und Frühsommer; ❄❄❄
② *O. nutans* ♀ ↕20–60 cm; Blüte im Frühjahr; ❄❄❄.

Osteospermum 'Buttermilk' ♀
↕↔ 60 cm; aufrechter Halbstrauch; gezähnte mittelgrüne Blätter, die blassgelb umsäumt sind; Blüten unterseits bronzegelb; ❄❄.

Osteospermum jucundum ♀
↕10–50 cm ↔ 50–40 cm; Horste bildende Staude bis Halbstrauch; Blüten unterseits bronzefarben überhaucht; ❄❄❄ (Grenzwert).

Oxalis

Sauerklee

Niedrige Polster hübscher kleeähnlicher Blätter bilden einen feinen Hintergrund für die kleinen Blüten dieser Pflanzen, die im Frühjahr und Sommer erscheinen; sie können trichter-, becher- oder schalenförmig sein und kommen in Rosa, Rosarot oder Gelb vor. Bei trübem Wetter bleiben die Blüten geschlossen. Manche Sauerkleearten sind wuchernde Unkräuter; einige Zierformen sollten deshalb separat gepflanzt werden. Diese mehrjährigen Pflanzen entwickeln sich aus Rhizomen, Wurzelknöllchen oder richtigen Knollen. Viele von ihnen gedeihen in einem durchlässigen Steingarten oder in Gefäßen gut, während sich andere wie Wald-Sauerklee (*O. acetosella*) und *O. oregana* in Waldgärten oder an schattigen Stellen wohl fühlen.

Winterhärte: Voll frosthart ❄❄❄ bis frostempfindlich ❄
Standort: Waldarten in feuchtem, humus- und nährstoffreichen Boden in halbschattiger bis schattiger Lage, frostharte Arten in mäßig nähr-stoff- und humusreichen, durchlässigen Boden in Vollsonne; für Gefäßbepflanzungen mit Kies gemischte Topferde.
Pflege: Empfindlicher Arten im Winter mit Reisig abdecken.
Vermehrung: Aussaat im Spätwinter oder Vorfrühling bei 13–18 °C; Tochterknöllchen im Frühjahr.

Pachysandra

Ysander, Schattengrün

Diese niedrig wachsenden, buschigen Stauden bzw. Halbsträucher sind gute Bodendecker, die sich rasch ausbreiten und einen immergrünen Teppich aus dunkel- oder graugrünem Laub bilden. Die Blätter sind manchmal gezähnt und sitzen in Quirlen an den Enden aufrechter, fleischiger Triebe. Die Blätter von *P. terminalis* 'Variegata' sind weiß umsäumt. Im Frühjahr bis Frühsommer erscheinen kleine Ähren grünlich weißer weiblicher und weißer männlicher Blüten. Diese anspruchslosen Pflanzen fühlen sich in Schattenbereichen oder am Fuße blühender Sträucher, z. B. Rhododendren (siehe S. 104–107) und Kamelien (siehe S. 32–33), am wohlsten. Ysander breitet sich auf feuchtem Boden und bei viel Luftfeuchtigkeit besonders stark aus.

Winterhärte: Voll frosthart ❄❄❄
Standort: Alle außer sehr trockene Böden in halbschattiger bis schattiger Lage.
Pflege: Boden mit reichlich organischem Material anreichern.
Vermehrung: Eingewachsene Pflanzen im Frühsommer teilen; Kopfstecklinge im Frühsommer schneiden.

***Osteospermum* 'Whirlygig'** 🏆
↕↔ 60 cm; niederliegender Halbstrauch; B ütenblätter unterseits schieferblau, Blütenmitte ebenfalls schieferblau; ❄.

Oxalis adenophylla 🏆
↕ 10 cm ↔ bis 15 cm; Knollenpflanze; bevorzugt Sonne und durchlässigen Boden in einem erhöhten Beet oder Steingarten; ❄❄❄.

Pachysandra terminalis
↕ 20 cm ↔ unbestimmt; immergrün; Blätter bis 10 cm lang; männliche Blüten im Frühsommer.

Paeonia

Pfingstrose, Päonie

Siehe auch S. 92.

↕↔34–110 cm

Mit ihren prächtigen Blüten und dem üppigen Laub sind Pfingstrosen die klassischen Blumen für jede Rabatte. Die Blüten entfalten sich aus großen Knospen, meist im Frühsommer, und variieren von einfacher Becherform, manche mit goldgelben Staubblättern, bis zu den bauschigen, dicht gefüllten Prachtexemplaren. Ihr Durchmesser kann von 5 cm bis zu beachtlichen 20 cm betragen. Die Blätter dieser Horste bildenden Pflanzen sind gewöhnlich blau-, grau- oder dunkelgrün und tief eingeschnitten. Päonien sind langlebige Pflanzen, die nicht gerne umziehen.

Winterhärte: Voll frosthart ✻✻✻ bis frosthart ✻✻, frühe Blüten und junges Laub sind durch späte Fröste gefährdet.
Standort: Nährstoffreicher, feuchter, doch durchlässiger Boden in sonniger bis halbschattiger Lage.
Pflege: Vor dem Einpflanzen Kompost einarbeiten; großblütige Arten stützen; durch Päonien-Welke (braune Flecken oder grauer Pilzbelag am Grund der Triebe) werden Triebe schwarz und fallen um, befallene Triebe bis zum Boden zurückschneiden.
Vermehrung: Wurzelschnittlinge im Winter schneiden; knollige Wurzeln im Herbst oder zeitigen Frühjahr teilen.

RINGGERÜSTE sind gute Stützen für Riesenblüten. Lassen Sie die jungen Triebe einfach durch das Gitter wachsen.

Paeonia lactiflora 'Sarah Bernhardt' 🏆
↕↔90–100 cm; wuchsstarke Staude; mittelgrüne Blätter; aufrechte Triebe; duftende Blüten mit über 20 cm Durchmesser; ✻✻✻.

Paeonia cambessedesii 🏆
↕↔45–55 cm; Staude; Blätter unterseits purpurrot mit Äderung; Blüten bis zu 10 cm Durchmesser, Mitte/später Frühling; ✻✻✻.

Paeonia lactiflora 'Festiva Maxima' 🏆
↕↔90–100 cm; Staude mit üppigem mittelgrünem Laub; duftende Blüten mit über 20 cm Durchmesser auf kräftigen Trieben; ✻✻✻.

Paeonia mlokosewitschii 🏆
↕↔65–90 m; Staude; aufrechte Triebe; Blätter unterseits behaart; Blüten bis zu 23 cm Durchmesser, Spätfrühling/Frühsommer; ✻✻✻.

Papaver

Mohn

Diese beliebten Bauerngartenpflanzen werden wegen ihrer leuchtenden, papierartigen Sommerblüten geschätzt. Neben den klassischen blutroten Formen gibt es Pflanzen, die in leuchtendem Orange sowie in zarterem Rosa, Gelb und Weiß blühen, oft am Grund mit schwarzen Flecken. Die Blüten sind kurzlebig, aber es öffnen sich unaufhörlich immer wieder neue; ihnen folgen dekorative Samenkapseln. Die hell- bis mittelgrünen, oft behaarten oder borstigen, farnartigen Blätter sind ganz charakteristisch, sogar bei den Sämlingen. Die Blüten der Einjährigen sind meist zarter als die prächtigen Blüten des mehrjährigen Türkischen Mohns. Einjährige eignen sich für Stein- oder Kiesgärten und säen sich selbst aus.

Winterhärte: Voll frosthart ✻✻✻ bis frosthart ✻✻
Standort: Nährstoffreicher, durchlässiger Boden in vollsonniger Lage.
Pflege: Keinen stickstoffreichen Dünger geben (Blüten fallen früh ab); Türkischen Mohn nach Blüte zurückschneiden für einen zweiten Flor im Spätsommer; bei Staunässe kann Falscher Mehltau auftreten.
Vermehrung: Aussaat bei Einjährigen im Frühjahr ins Freiland, bei Stauden unter Glas; Stauden im Frühjahr teilen; im Herbst und Winter Wurzelschnittlinge schneiden.

MOHNKAPSELN verteilen ihre winzigen Samen wie ein Pfefferstreuer; sie halten bis zum Winter; zum Trocknen geeignet.

Papaver orientale 'Cedric Morris' ♡
↕45–90 cm ↔ 60–90 cm; Horste bildende Staude; behaartes graues Laub; Blüten (16 cm ø) im Spätfrühling bis Hochsommer; ✻✻✻.

Papaver rhoeas 'Mother of Pearl'
↕90 cm ↔ 30 cm; einjährig; flaumiges Laub; Sommerblüten in zarten Farben wie Creme, Rosa und Fliederblau; ✻✻✻.

Papaver orientale 'Black and White' ♡
↕45–90 cm ↔ 60–90 cm; Horste bildende Staude; große borstige Blätter; Blüten im Spätfrühling bis Hochsommer; ✻✻✻.

Papaver orientale 'Beauty of Livermere'
↕45–90 cm ↔ 60–90 cm; Horste bildende Staude; Blüten mit bis zu 20 cm Durchmesser im Spätfrühling bis Hochsommer; ✻✻✻.

Papaver rhoeas Shirley-Serie
↕90 cm ↔ 30 cm; einjährig; flaumiges Laub; im Sommer einfache bis gefüllte Blüten in Gelb, Rosa, Orange, Rosa und Rot; ✻✻✻.

Pelargonium

Pelargonie, volkstümlich Geranie

Diese beliebten Pflanzen werden häufig, wenn auch fälschlicherweise, als Geranien bezeichnet. Sie sind verwandt mit dem Storchschnabel (*Geranium*, siehe S. 250–251), unterscheiden sich von diesem aber vor allem darin, dass sie fast immer frostempfindlich sind. Es gibt eine Riesenauswahl, nicht nur mit schönen Blüten, sondern auch dekorativen mehrfarbigen und oft duftenden Blättern. Pelargonien werden bei uns hauptsächlich in Balkonkästen, Schalen und Töpfen kultiviert, Hängeformen auch in Ampeln. Die meisten Formen wachsen aufrecht und buschig, haben rundliche oder geteilte Blätter, manchmal mit auffälligen Ringzonen. Aufrechte Sorten sind auch ausgezeichnete Beet- und Rabattenpflanzen. Von Sommer bis Herbst bringen sie dichte Dolden leuchtender Blüten hervor. Die Form der Blüten variiert stark. Die Farbpalette ist ebenfalls groß – Orange bis Rosa, Rot oder Violett, in zarten, zurückhaltenden Pastelltönen oder leuchtenden, lebhaften Farben.

Winterhärte: Fast alle frostempfindlich ❄
Standort: Nährstoffreicher, durchlässiger Boden oder gute Blumenerde in vollsonniger bis halbschattiger Lage.
Pflege: Abgeblühtes regelmäßig entfernen; Volldüngergaben alle zwei Wochen sorgen für üppige Blüte; Pflanzen im Garten im Herbst ausgraben, eintopfen und frostfrei überwintern, im Spätwinter, wenn der Austrieb beginnt, Pflanzen um ein Drittel zurückschneiden und umtopfen; meist nicht anfällig für Schädlinge und Krankheiten, aber Topfpflanzen können von Dickmaulrüsslern oder Grauschimmel befallen werden, bei Grauschimmel betroffene Teile entfernen.
Vermehrung: Stecklinge im Frühjahr, Sommer und Herbst schneiden, frostfrei überwintern oder im Frühsommer Jungpflanzen (große Auswahl im Gartencenter) einsetzen; Aussaat im Frühjahr in Schalen bei Bodenwärme (20–22 °C).

Efeupelargonie

***Diese hängenden** mehrjährigen Pelargonien bieten in Balkonkästen und Ampeln ein prächtiges Bild; an geeigneter Stütze werden sie sogar zu kleinen Kletterpflanzen. Die Dolden einfacher oder gefüllter Blüten sind rot, lilarot, purpurn oder weiß. Wie der Name besagt, ähneln ihre festen Blätter in Wuchs und Form denen des Efeus; sie sind 2,5–13 cm lang, gelappt, gelegentlich auch spitz.*

Duftpelargonien

***Ziehen Sie** diese Pelargonien in Gefäßen in Ihrer Nähe, sodass Sie den Duft der Blätter genießen können. Jede Sorte verströmt ihren eigenen charakteristischen Duft, von süßlich bis würzig oder frisch wie Zitrusfrüchte. Die Blätter sind mittelgrün, manchmal panaschiert, 1,5–13 cm lang und weisen unterschiedliche Formen auf. Die lila- und rosafarbenen, purpurnen oder weißen Blüten sind meist nicht sehr groß.*

Edelpelargonien

***Diese buschigen** immergrünen Pflanzen werden meist in Kübeln in geschützter Lage kultiviert. Sie tragen dichte Dolden einfacher oder gefüllter Blüten (bis zu 4 cm Durchmesser) in Rot, Rosa, Purpur, Orange, Weiß oder rötlichem Schwarz, oft in mehreren Tönen. Die rundlichen Blätter werden bis zu 9 cm lang. Manche Pflanzen wachsen sehr hoch und sollten im Frühjahr zurückgeschnitten werden. Es gibt Sorten mit großen, geteilten, oft duftenden Blättern.*

Zonalpelargonien

***Die beliebtesten** Formen sind Zonalpelargonien, unverzichtbare Lieblinge für Balkonkästen oder Sommerbeete. Sie sind buschige, immergrüne Stauden mit dicht belaubten Trieben. Die rundlichen Blätter zeigen dunkle, bronzegrüne oder bräunliche Ringzonen; es gibt auch Sorten mit dreifarbiger Zeichnung – weiß oder grün, bronzefarben, silbrig oder golden. Die einfachen oder dicht gefüllten Blüten erscheinen in Weiß oder Orange-, Purpur-, Rosa- und Rottönen.*

① ***Pelargonium* 'Alberta'** ↕50 cm ↔25 cm; zonal ② ***P.* 'Amethyst'** ↕30 cm ↔25 cm; efeublättrig ③ ***P.* 'Ann Hoystead'** 🏆 ↕45 cm ↔25 cm; Edelpelargonie ④ ***P.* 'Apple Blossom Rosebud'** 🏆 ↕40 cm ↔25 cm; zonal ⑤ ***P.* 'Bird Dancer'** 🏆 ↕20 cm ↔15 cm; zonal ⑥ ***P.* 'Caligula'** ↕13 cm ↔10 cm; zonal ⑦ ***P.* 'Clorinda'** ↕50 cm ↔25 cm; Laub mit Zedernduft ⑧ ***P.* 'Coddenham'** ↕13 cm ↔10 cm; zonal ⑨ ***P. crispum* 'Variegatum'** 🏆 ↕35 cm ↔15 cm; Laub mit Zitronenduft

3

4

5

6

9

10

11

12

15

16

17

18

21

22

23

24

⑩ *P.* **'Crystal Palace Gem'** ↕45 cm ↔ 30 cm; zonal ⑪ *P.* **'Dale Queen'** ↕40 cm ↔ 20 cm; zonal ⑫ *P.* **'Dolly Varden'** 🏆 ↕30 cm ↔ 15 cm; zonal ⑬ *P.* **'Fair Ellen'** ↕40 cm ↔ 20 cm; Laub mit würzigem Duft ⑭ *P.* **'Flower of Spring'** 🏆 ↕60 cm ↔ 25 cm; zonal ⑮ *P.* **Fragrans-Gruppe** ↕25 cm ↔ 20 cm; Laub mit Ananasduft ⑯ *P.* **'Francis Parrett'** 🏆 ↕13 cm ↔ 10 cm; zonal ⑰ *P.* **'Freckles'** ↕↔ bis 30 cm; zonal ⑱ *P.* **'Friesdorf'** ↕20 cm ↔ 13 cm; zonal ⑲ *P.* **'Golden Wedding'** ↕↔ 60 cm; zonal ⑳ *P.* **'Graveolens'** ↕60 cm ↔ 40 cm; Laub mit Zitronen-Rosen-Duft ㉑ *P.* **'Happy Thought'** 🏆 ↕45 cm ↔ 25 cm; zonal ㉒ *P.* **'Irene'** ↕45 cm ↔ 30 cm; zonal ㉓ *P.* **'Ivalo'** 🏆 ↕30 cm ↔ 25 cm; zonal ㉔ *P.* **'Lachskönigin'** ↕30 cm ↔ 20 cm; efeublättrig.

㉕ ***Pelargonium* 'Lady Plymouth'** 🏆 ↕40 cm ↔ 20 cm; Laub mit Eukalyptusduft ㉖ ***P.* 'Lavender Grand Slam'** 🏆 ↕40 cm ↔ 20 cm; Edelpelargonie ㉗ ***P.* 'L'Elégante'** 🏆 ↕25 cm ↔ 20 cm; efeublättrig ㉘ ***P.* 'Lemon Fancy'** 🏆 ↕40 cm ↔ 20 cm; Laub mit Zitronenduft ㉙ ***P.* 'Leslie Judd'** ↕40 cm ↔ 20 cm; Edelpelargonie ㉚ ***P.* 'Mabel Grey'** 🏆 ↕35 cm ↔ 15 cm; Laub mit Zitronenduft ㉛ ***P.* 'Madame Fournier'** ↕13 cm ↔ 10 cm; zonal

㉜ ***P.* 'Mr Everaarts'** ↕20 cm ↔ 13 cm; zonal ㉝ ***P.* 'Mr Henry Cox'** 🏆 ↕30 cm ↔ 13 cm; zonal ㉞ ***P.* 'Mrs Pollock'** ↕ 30 cm ↔ 15 cm; zonal ㉟ ***P.* 'Mrs Quilter'** 🏆 ↕40 cm ↔ 15 cm; zonal ㊱ ***P.* Multibloom-Serie** 🏆 ↕↔ 30 cm; zonal ㊲ ***P.* 'Old Spice'** ↕30 cm ↔ 15 cm; Laub mit würzigem Duft ㊳ ***P.* 'Orsett'** 🏆 ↕70 cm ↔ 50 cm; Laub mit würzigem Pfefferminzduft ㊴ ***P.* 'Paton's Unique'** 🏆 ↕45 cm ↔ 20 cm; Edelpelargonie; großblättrig ㊵ ***P.* 'Paul Humphries'** ↕30 cm

29

30

31

32

37

38

39

40

44

45

46

47

52

53

54

55

↔ 20 cm; zonal ㊶ *P.* **'Pixie Rose'** ↕ 30 cm ↔ 20 cm; zonal ㊷ *P.* **'Polka'** ↕ 50 cm ↔ 25 cm; Edelpelargonie; großblättrig ㊸ *P.* **'Purple Emperor'** ↕ 40 cm ↔ 20 cm; Edelpelargonie ㊹ *P.* **'Robe'** ↕ 45 cm ↔ 20 cm; zonal ㊺ *P.* **'Rollisson's Unique'** ↕ 45 cm ↔ 20 cm; Edelpelargonie; großblättrig ㊻ *P.* **'Rouletta'** ↕ 60 cm ↔ 20 cm; efeublättrig ㊼ *P.* **'Royal Oak'** 🏆 ↕ 40 cm ↔ 30 cm; Laub mit würzigem Duft ㊽ *P.* **'Schöne Helena'** ↕ 40 cm ↔ 25 cm; zonal ㊾ *P.* **'Sefton'** 🏆 ↕ 40 cm ↔ 20 cm; Edelpelargonie ㊿ *P.* **'Strawberry Sundae'** ↕ 60 cm ↔ 30 cm; Edelpelargonie (51) *P.* **'The Boar'** 🏆 ↕ 60 cm ↔ 25 cm; hängend (52) *P.* **'Timothy Clifford'** ↕ 13 cm ↔ 10 cm; zonal (53) *P.* **'Tip Top Duet'** 🏆 ↕ 40 cm ↔ 20 cm; Edelpelargonie; kleinblättrig (54) ***P. tomentosum*** 🏆 ↕ 90 cm ↔ 75 cm; Laub mit Pfefferminzduft (55) *P.* **Tornado-Serie** ↕ 25 cm ↔ 20 cm; efeublättrig.

Penstemon

Bartfaden

DIESE LEUCHTENDEN PFLANZEN bringen von Hochsommer bis zu den ersten Frösten im Herbst viel Farbe in den Garten. An den aufrechten Trieben erscheinen unermüdlich röhrenförmige Blüten in sattem Purpur, Scharlachrot, Rosa, Gelb und Weiß, die denen des Fingerhuts ähneln. Diese große Gattung umfasst meist immergrüne, buschige, schön geformte Stauden, Halbsträucher und Sträucher, von 15 cm hohen Zwergformen, die für Steingärten geeignet sind, bis zu höheren Rabattenarten von 60 cm oder mehr Höhe, die einen Stütze benötigen (siehe unten). Die Blätter können schmal und bis zu 8 cm lang oder oval und etwa 13 cm lang sein.

Winterhärte: Voll frosthart ✻✻✻ bis bedingt frosthart ✻
Standort: Für hohe Formen nährstoffreicher, durchlässiger Boden in sonniger bis halbschattiger Lage; für Zwerg- oder Straucharten sandiger, sehr durchlässiger, eher karger Boden.
Pflege: In frostgefährdeten Regionen Mulchschicht als Winterschutz; Abgeblühtes entfernen, wenn keine Samen erwünscht sind.
Vermehrung: Aussaat im Spätwinter oder Frühjahr bei 13–18 °C; Kopfstecklinge oder halbreife Stecklinge im Hochsommer schneiden; Pflanzen im Frühjahr teilen.

Penstemon 'Chester Scarlet' 🏆
↕ 60 cm ↔ 45 cm; große Blätter und 5–8 cm lange Blüten von Hochsommer bis Mitte Herbst; ✻.

Penstemon 'Apple Blossom' 🏆
↕↔ 45–60 cm; schmale Blätter; Blüten mit weißem Schlund von Hochsommer bis Früh- oder Mitte Herbst; ✻✻✻ (Grenzwert).

Penstemon 'Evelyn' 🏆
↕ 45–60 cm ↔ 30 cm; buschige Pflanze; schmale Blätter; 2,5–3 cm lange, innen hellere Blüten von Hochsommer bis Mitte Herbst; ✻✻✻.

PFLANZEN STÜTZEN
Stützen Sie die Pflanzen mit Stäben und Schnur oder einem Metallgerüst. So können sie eine natürliche Wuchsform entwickeln.

Penstemon 'Stapleford Gem' 🏆
↕ bis 60 cm ↔ 45 cm; große Blätter; 5–8 cm lange Blüten von Hochsommer bis Mitte Herbst; ✻✻✻.

Penstemon 'Pennington Gem' 🏆
↕ bis 75 cm ↔ 45 cm; schmale Blätter; 5–8 cm lange Blüten von Hochsommer bis Früh- oder Mitte Herbst; ❄❄.

Penstemon 'White Bedder' 🏆
↕ 60 cm ↔ 45 cm; große Blätter; Blüten färben sich später leicht rosa, von Hochsommer bis Mitte Herbst; ❄❄.

Persicaria

Knöterich

Viele Gartenfreunde werden diese Gattung noch als *Polygonum* kennen. Mittlerweile wurde sie jedoch noch weiter unterteilt, sodass die korrekte Bezeichnung einiger Arten nun statt *Persicaria Bistorta* bzw. *Aconogonon* lautet. Ihre kurzen, bürstenartigen Ähren aus winzigen rosa, weißen oder roten Trichter- oder Glockenblüten erscheinen von Sommer bis Herbst auf kräftigen Stielen. Sie tragen auch hübsches Laub, nämlich schmal elliptische Blätter, die direkt an den Stängeln sitzen. Ihre Höhe kann von 5 cm bis 1,2 m variieren, wobei die meisten Arten mittelhoch sind und anspruchslose Bodendecker bilden, die das Wachstum von Unkräutern unterdrücken. Kombinieren Sie Knöterich mit Kapfuchsien (*Phygelius*, siehe S. 95) und Storchschnabel (*Geranium*, siehe S. 250–251).

Winterhärte: Voll frosthart ❄❄❄ bis frosthart ❄
Standort: Jeder feuchte (bei *Bistorta officinalis* ssp. *officinalis* auch trockene) Boden in vollsonniger (für die schönsten Blütenfarben) bis halbschattiger Lage.
Pflege: Bei Trockenheit intensiv wässern.
Vermehrung: Aussaat im Frühjahr unter Glas; Stauden im Frühjahr oder Herbst teilen.

Bistorta officinalis* ssp. *officinalis (früher ***Persicaria bistorta***) **'Superba'** 🏆 ↕ bis 90 cm ↔ 45 cm; wintergrün; Matten bildende Staude; Herbstlaub sattbraun; lange Blühdauer; ❄❄❄.

Petrorhagia

Felsennelke

Diese Stauden und Einjährigen, die mit Schleierkraut (*Gypsophila*, siehe S. 254) und Nelken (*Dianthus*, siehe S. 226–227) nah verwandt sind, werden wegen ihrer weißen, gelegentlich rosa oder gelben Blütendolden kultiviert. Die zarten Blüten, die den ganzen Sommer erscheinen, stehen an den Enden kräftiger Stiele über grasartigem Laub. Felsennelken gedeihen am besten in sonniger Lage am Rand einer gemischten Rabatte oder eines Staudenbeets, aber auch an einem sonnigen Hang oder an einer Mauer. Sie können sie auch im Steingarten mit anderen niedrig wachsenden Pflanzen wie Nelken oder Steinbrech (*Saxifraga*, siehe S. 320–321) kombinieren. Probieren Sie ebenfalls einmal, Felsennelken in einem Trog zu kultivieren, wo Triebe und Blüten über die harten Kanten fließen.

Winterhärte: Voll frosthart ❄❄❄ bei durchlässigem Boden.
Standort: Karger bis mäßig nährstoffreicher, durchlässiger Boden in vollsonniger Lage.
Pflege: Vor Schnecken schützen.
Vermehrung: Aussaat im Herbst unter Glas; Kopfstecklinge im Frühsommer schneiden.

Petrorhagia saxifraga 🏆
↕ 10 cm ↔ 20 cm; Matten bildende Staude; langlebige weiße oder rosa Blüten mit 1 cm Durchmesser im Sommer; ❄❄❄.

Petunia

Petunie

Die sehr beliebten Petunien werden wegen ihrer prächtigen samtigen Blüten, die von Spätfrühling bis Spätherbst erscheinen, angepflanzt. Ihre Blätter und Stängel sind behaart und klebrig. Die Blüten sind oft kontrastreich geädert oder gestreift; die Auswahl an Sorten wird jedes Jahr größer. Es gibt zwei Hauptformen: *Grandiflora*-Hybriden tragen größere Blüten mit einem Durchmesser von bis zu 10 cm und umfassen die wetterfesten Surfinia-Petunien und solche, die nicht wetterfest sind. Die buschigeren und oft robusteren *Multiflora*-Hybriden bringen Massen von kleineren Blüten mit einem Durchmesser von bis zu 5 cm hervor. Pflanzen Sie diese niedrigen Formen in Balkonkästen und Schalen sowie in Beete und Rabatten. Viele Petunien sind mehrjährig, werden aber einjährig gezogen.

Winterhärte: Bedingt frosthart ✲
Standort: Leichter, durchlässiger Boden oder gute Blumenerde in vollsonniger Lage.
Pflege: Gefäßpflanzen alle 10–14 Tage Tomatendünger verabreichen; Abgeblühtes regelmäßig entfernen, um die Blüte zu verlängern.
Vermehrung: Aussaat im Herbst oder Mitte Frühling bei 13–18 °C; Sämlinge frostfrei überwintern, nach letzten Frösten auspflanzen.

① *Petunia* 'Surfinia Purple' ↕23–40 cm ↔ 30–90 cm
② *P.* 'Surfinia White' ↕23–40 cm ↔ 30–90 cm; beide *Grandiflora*-Hybriden, dennoch nässeresistent.

Phlomis

Brandkraut, Strauchnessel

Siehe auch S. 94.

Diese Stauden sind das ganze Jahr über dekorativ. Wenn das silbrige oder graugrüne, salbeiähnliche Laub im Winter abstirbt, bieten die attraktiven Samenstände auch in den kahlsten Monaten des Jahres einen schönen Anblick. Im Frühjahr entwickeln sich weißwollige junge Triebe, die später aufrechte oder ausladende Horste bilden. Die helmförmigen Blüten, die ein wenig an Taubnesseln (*Lamium*, siehe S. 269) erinnern, stehen im Sommer auf hohen Stielen und sind gewöhnlich weiß, dunkelrosa oder zartgelb. Brandkraut ist die richtige Wahl für warme, trockene Bereiche, z. B. in einem Atrium- oder Kiesgarten. Es sieht auch in Gruppen reizvoll aus und bildet in einer warmen, sonnigen Rabatte zart getönte Hügel. Es gibt auch Halbsträucher und Sträucher.

Winterhärte: Voll frosthart ✲✲✲ bis frosthart ✲✲
Standort: Jeder fruchtbare, durchlässige Boden in Vollsonne; *P. russeliana* und *P. samia* vertragen etwas Schatten.
Pflege: Vor Nässe schützen.
Vermehrung: Aussaat im Frühjahr bei 13–18 °C; Teilung großer Horste am besten im Frühjahr, aber auch im Herbst.

Phlomis russeliana 🏆
↕90 cm ↔ 75 cm; aufrecht; behaarte, bis 20 cm lange Blätter; Blüte von Spätfrühling bis Frühherbst; ✲✲✲.

Phlox

Phlox, Flammenblume

Flammenblumen werden wegen ihrer flachen weißen, rosa, roten und violetten Blüten sehr geschätzt. Es gibt verschiedene Gruppen, die niedrige kriechende und hohe aufrechte Arten, immergrüne Stauden und einige Einjährige umfassen. Im Frühjahr blühende Zwergformen wie Polster-Phlox (*P. subulata*) eignen sich hervorragend für Steingärten; im Frühsommer blühende Sorten wie 'Chattahoochee' bevorzugen Waldgärten. Hohe, im Hochsommer blühende Arten wie der mehrjährige Wiesen-Phlox (*P. maculata*) oder der Stauden-Phlox (*P. paniculata*) bringen mehr Farbe in sonnige Rabatten.

Winterhärte: Voll frosthart ✲✲✲ bis bedingt frosthart ✲
Standort: Für Stauden-Phlox durchlässiger Boden in sonniger bis halbschattiger Lage, für Einjährige und Steingartenformen durchlässiger Boden in vollsonniger Lage, für Waldformen (z. B. *P. divaricata*) feuchter Boden im Schatten.
Pflege: *P. maculata* und *P. paniculata* regelmäßig ausputzen.
Vermehrung: Aussaat bei Einjährigen im Frühjahr bei 13–18 °C, bei Stauden nach der Samenreife oder im Frühjahr unter Glas; Teilung hoher Arten im Frühjahr oder Herbst; Wurzelschnittlinge im Herbst oder Winter schneiden.

***Phlox divaricata* 'Chattahoochee'** 🏆
↕15 cm ↔ 30 cm; kurzlebige wintergrüne Staude; niederliegend; rötliche Blätter; Blüte im Sommer und Frühherbst; ✲✲✲.

***Phlox* 'Kelly's Eye'** 🏆
↕10 cm ↔ 30 cm; immergrüne, Polster bildende Staude; lange, schmale Blätter; Blüte Spätfrühling bis Frühsommer; ***.

***Phlox maculata* 'Omega'** 🏆
↕90 cm ↔ 45 cm; Staude; duftende Blüten im Früh- und Hochsommer; ***.

***Phlox paniculata* 'Graf Zeppelin'**
↕1,2 m ↔ 60–100 cm; Staude; ideal für Rabatten; duftende Blüten von Sommer bis Mitte Herbst; ***.

***Phlox paniculata* 'Harlequin'**
↕1,2 m ↔ 60–100 cm; Staude; ideal für Rabatten; duftende Blüten von Sommer bis Mitte Herbst; ***.

TRIEBE AUSDÜNNEN
Kneifen Sie ein Drittel der Triebe am Grund aus, um Echtem Mehltau vorzubeugen sowie ein gesundes Wachstum zu fördern.

***Phlox paniculata* 'Windsor'** 🏆
↕1,2 m ↔ 60–100 cm; Staude; ideal für Rabatten; Blüte von Sommer bis Hochsommer; ***.

***Phlox subulata* 'Liliacina'**
↕5–15 cm ↔ 50 cm; dichte Polster bildende immergrüne Staude; Blüte im Spätfrühling und Frühsommer; ***.

Phuopsis stylosa

Baldriangesicht

Diese Matten bildende Staude mit schlanken, verzweigten Trieben trägt Quirle von bis zu acht schmalen, spitzen Blättern, die würzig duften. Im Sommer erscheinen monatelang Massen von endständigen, rundlichen rosa Blütenköpfen. Diese verströmen einen zarten Duft. Das Baldriangesicht breitet sich über Ausläufer aus und ist ein guter Bodendecker für den vorderen Bereich einer Rabatte oder für sonnige Hänge. Es passt auch in einen Steingarten zusammen Phlox (siehe S. 306–307) und Seifenkraut (*Saponaria*, siehe S. 319).

Winterhärte: Voll frosthart ❄❄❄
Standort: Mäßig nährstoffreicher, etwas feuchter, durchlässiger Boden in vollsonniger bis halbschattiger Lage.
Pflege: Pflanze nach der Blüte zurückschneiden, um die kompakte Wuchsform zu erhalten.
Vermehrung: Aussaat im Herbst in einem Topf im offenen Frühbeet; Teilung eingewachsener Pflanzen von Frühjahr bis Frühsommer; Kopfstecklinge von Frühjahr bis Frühsommer schneiden.

Phuopsis stylosa
↕15 cm ↔ 50 cm oder mehr; die Einzelblüten sind 1,5–2 cm lang.

Physalis

Lampionblume, Kapstachelbeere

↕60–75 cm
↔ 90 cm

Die aufrechten, buschigen Einjährigen und Stauden dieser Gattung bringen mit ihren auffälligen Samenständen viel Farbe in den herbstlichen Garten. Büschel winziger weißer oder cremefarbener Blüten erscheinen im Sommer, aber erst die Früchte lassen diese Pflanzen so eindrucksvoll aussehen. Lebhaft orangefarbene oder rote, laternenartige Kelche umhüllen leuchtend rote, goldgelbe oder purpurne Beeren. Diese Kelche behalten ihre Farbe auch nach dem Trocknen, können aber auch im Winter an der Pflanze bleiben, wo sie zerfallen und die Beeren freigeben. Die Blätter sind oft silbrig behaart.

Winterhärte: Voll frosthart ❄❄❄ bis frosthart ❄❄
Standort: Durchlässiger Boden in sonniger bis halbschattiger Lage; wuchern auf nährstoffreichen Böden.
Pflege: Wuchernde Pflanzen ausdünnen; wenn sich die Kelche färben, Stängel zum Trocknen abschneiden.
Vermehrung: Aussaat bei Stauden im Frühjahr unter Glas, bei Einjährigen Mitte Frühling im Freien; Stauden im Frühjahr teilen.

Physalis alkekengi 🏆
↕60–75 cm ↔ 90 cm; wuchsstarke Staude; breitet sich über unterirdische Ausläufer aus; Kelche mit 5 cm Durchmesser; ❄❄❄.

Physostegia

Gelenkblume

Diese aufrechten Stauden bilden dichte Horste und sind im Spätsommer von unschätzbarem Wert. Die trichterförmigen rosa, lila, roten oder weißen Blüten erscheinen in dichten, ährenartigen Kerzen. Die Einzelblüten sitzen wie auf Gelenken und lassen sich nach allen Seiten drehen, ohne abzubrechen, daher der Name Gelenkblume. Wie die mit ihnen verwandten Taubnesseln (*Lamium*, siehe S. 269) haben sie kantige Stängel. Die schmal lanzettlichen Blätter sind meist am Rand gesägt. Gelenkblumen breiten sich über Rhizome aus und können in nährstoffreichen Böden stark wuchern; in kargen Böden sind sie einfach zu handhaben. Kombinieren Sie sie mit Stauden wie Brandkraut (*Phlomis*, siehe S. 306) und Knöterich (*Persicaria*, siehe S. 305). Sie sind gute Schnittblumen.

Winterhärte: Voll frosthart ❄❄❄ bis frosthart ❄❄
Standort: Mäßig nährstoffreicher, relativ feuchter Boden in sonniger bis halbschattiger Lage.
Pflege: In Trockenzeiten wässern; in rauen Lagen im Winter mit Reisig bedecken; für eine üppige Blüte im Frühjahr Kompost einarbeiten.
Vermehrung: Aussaat im Herbst im Topf im Frühbeet; Pflanzen im Winter oder zeitigen Frühjahr vor dem Austrieb teilen.

Physostegia virginiana 'Vivid' 🏆
↕30–60 cm ↔ 30 cm; gesägte, bis zu 13 cm lange Blätter; Blüte von Hochsommer bis Frühherbst; ❄❄❄.

Platycodon grandiflorus

Ballonblume

GROSSE BLÜTENKNOSPEN, die kleinen Ballons ähneln, geben dieser Staude ihren deutschen Namen. Ihre verschiedenen Kulturformen werden wegen ihrer hübschen blauen, rosa, hellvioletten oder weißen Blüten im Spätsommer kultiviert. Ihre Wuchsform variiert je nach Sorte, die meisten bilden aber kompakte Horste mit gezähnten blaugrünen Blättern. Die reizvolle Ballonblume passt in große Steingärten oder in Rabatten und ergibt gute Schnittblumen. Pflanzen Sie sie mit anderen Stauden wie Schafgarbe (*Achillea*, siehe S. 166–167), Gelenkblume (*Physostegia*, siehe links) und Weiderich (*Lythrum*, siehe S. 283) zusammen. Sobald die Pflanzen eingewachsen sind, sollte man sie nicht mehr umsetzen, denn sie erholen sich nicht richtig, wenn die Wurzeln gestört werden.

Winterhärte: Voll frosthart ✲✲✲
Standort: Tiefgründiger, nährstoffreicher, durchlässiger, relativ feuchter Boden in sonniger bis halbschattiger Lage.
Pflege: In exponierten Lagen Triebe abstützen.
Vermehrung: Aussaat im Frühjahr unter Glas; Pflanzen im Sommer teilen; bewurzelte Grundtriebe im Frühsommer abnehmen.

Platycodon grandiflorus 🏆
↕ bis 60 cm ↔ 30 cm; kompakte Horste; Blütendurchmesser bis 5 cm.

Polemonium

Jakobsleiter, Himmelsleiter

TYPISCH FÜR DIESE MEIST Horste bildenden Stauden und Einjährigen sind die länglichen, gefiederten Blätter, die an eine Leiter erinnern. Sie bilden Rosetten, aus denen sich im Frühjahr aufrechte Triebe entwickeln. Die Blüten sind becher-, glocken- oder tellerförmig und erscheinen im Frühling und Sommer einzeln oder in kleinen endständigen Rispen. Sie sind gewöhnlich blau oder weiß, können aber auch violett, rosa oder gelb sein. Höhere Arten sehen in gemischten Rabatten neben anderen Frühlings- oder Sommerblühern wie Akelei (*Aquilegia*, siehe S. 185) oder Dreimasterblume (*Tradescantia*, siehe S. 331) gut aus, niedrigere kommen in Steingärten am besten zur Geltung. Die Blaue Himmelsleiter (*P. caeruleum*) kann in einem Wildblumengarten verwildert werden.

Winterhärte: Voll frosthart ✲✲✲
Standort: Höhere Arten in durchlässigem, aber feuchtem Boden in sonniger bis halbschattiger Lage; niedrigere Arten in sehr sandigem, sehr durchlässigem Boden in vollsonniger Lage.
Pflege: Welkes regelmäßig entfernen, um die Blüte zu verlängern.
Vermehrung: Aussaat im Herbst oder Frühjahr im Frühbeet; Pflanzen im Frühjahr teilen.

***Polemonium* 'Lambrook Mauve'** 🏆
↕↔ 45 cm; auch als 'Lambrook Manor' bekannt; rundliche Polster aus hübschen Blättern; üppige Blüte im Spätfrühling und Frühsommer.

Polemonium caeruleum
↕ 30–90 cm ↔ 30 cm; 40 cm lange Blätter; Blüten, selten weiß, erscheinen im Frühsommer an den Enden verzweigter Triebe.

Polemonium pauciflorum
↕↔ bis 50 cm; kurzlebig; bis 15 cm lange Blätter; rötlich angehauchte Blüten von Früh- bis Spätsommer einzeln oder in Rispen.

Polygala

Kreuzblümchen, Zwergbuchs

Die im Garten am häufigsten angepflanzte Art ist das Kalk-Kreuzblümchen (*P. calcarea*) mit seine sattblauen Blüten. Ungewöhnlich eindrucksvoll sehen die Blüten auf hellen Steinbrocken, dunklem Schiefer oder bunten Glassteinen aus. Der lateinische Name (»viel Milch«) stammt daher, dass man früher glaubte, diese kurzlebigen Pflanzen würden die Milchproduktion bei Mensch und Tier steigern. Der halbstrauchig wachsende Zwergbuchs (*P. chamaebuxus*) hat cremefarbene bis gelbe Blüten; es gibt auch weißblütige und zweifarbig blühende Formen. Alle Gartenformen sind immergrün und tragen kleine, ledrige Blätter; die Blüten erscheinen im Spätfrühling und Frühsommer. Pflanzen Sie Kreuzblümchen in einen Steingarten, einen alpinen Trog oder einen Senkgarten.

Winterhärte: Voll frosthart ✻✻✻ bis frostempfindlich ❄
Standort: Feuchter, aber durchlässiger Boden in sonniger bis halbschattiger Lage; für Gefäße Einheitserde, mit Kies bedecken.
Pflege: Topfpflanzen im Wachstum reichlich, sonst mäßig gießen.
Vermehrung: Aussaat im Herbst im Frühbeet; im Frühsommer Triebstecklinge, im Spätsommer halb verholzte Stecklinge schneiden.

Polygonatum

Salomonssiegel, Weißwurz

Bogig überhängende, beblätterte Triebe, an denen schlanke Glockenblüten hängen, sind ein charakteristisches Merkmal der meisten Salomonssiegel – wüchsige, Horste bildende Stauden mit kriechenden, fleischigen Wurzeln, die im Schatten gedeihen. Wegen ihrer überhängenden Form eignen sich auch die höheren Arten hervorragend für Waldgärten. Die leicht duftenden cremeweißen, manchmal rosa Blüten mit grüner Zeichnung zieren die Triebe im Frühling und Frühsommer, gefolgt von roten oder schwarzen Beeren. Setzen Sie diese Stauden zwischen Sträuchern oder unter Bäumen ein oder pflanzen Sie sie in Töpfe, die Sie mit Funkien (*Hosta*, siehe S. 260–261) und Farnen (siehe S. 356–365) arrangieren. Alle Pflanzenteile sind leicht giftig.

Winterhärte: Voll frosthart ✻✻✻ bis frosthart ✻✻
Standort: Feuchter Boden oder mit Kompost angereicherte Topferde für Gefäßbepflanzung im Halbschatten bis Schatten.
Pflege: In Trockenzeiten wässern.
Vermehrung: Hohe Arten im Frühjahr beim Austrieb teilen, ohne die brüchigen Jungtriebe zu verletzen; Aussaat (langwierig) im Herbst in Schalen im Frühbeet.

Polygonatum hirtum
↕1,2 m ↔ 60 cm; aufrechte Triebe; Blüte von Spätfrühling bis Hochsommer; blauschwarze Beeren; ✻✻✻.

Polygala chamaebuxus* var. *grandiflora 🏆
↕5–15 cm ↔ 30 cm; kriechend; immergrün; die purpurnen »Flügel« der Blüten sind bei der reinen Art gelb; ✻✻✻.

TIEF PFLANZEN
In tiefgründigem, humusreichem Boden fühlen sich diese Pflanzen am wohlsten.

Polygonatum hookeri
↕10 cm ↔ 30 cm; niedrige, kriechende Staude; Blüte im Spätfrühling und Frühsommer; braucht nährstoffreichen Boden; ✻✻✻.

***Polygonatum × hybridum* 'Striatum'**
↕90 cm ↔ 25 cm; erhellt dunkle Bereiche; Blüte im Spätfrühling; schwarze Beeren; ✻✻✻.

Potentilla

Fingerkraut

Siehe auch S. 99.

NAMENGEBEND IST DAS TYPISCHE gefingerte, aus kleinen elliptischen Teilblättchen zusammengesetzte, stark geäderte Laub, das etwas an die Blätter der Erdbeerpflanze erinnert. Die fünfzähligen Blüten dieser Ein- bis Mehrjährigen, Halbsträucher und Sträucher sind schalenförmig, einfach oder gefüllt und erscheinen den ganzen Sommer bis zum Frühherbst. Die niedrigen Formen eignen sich für Steingärten, während die höheren, Horste bildenden Pflanzen in Beeten, Rabatten und Bauerngärten beliebt sind. Dort wachsen sie gut neben anderen spät blühenden Arten wie Astern (siehe S. 192–193) und Chrysanthemen (siehe S. 212–213) und tauchen den allmählich verblühenden Herbstgarten mit ihren leuchtenden Rot-, Braunorange- und Goldtönen weiterhin in warme Farben.

Winterhärte: Voll frosthart ✲✲✲
Standort: Eher karger, durchlässiger Boden in vollsonniger Lage.
Pflege: Bei Steingartenarten etwas Sand oder Kies einarbeiten.
Vermehrung: Teilung oder Kopfstecklinge im Herbst oder Frühjahr; Aussaat bei reinen Arten und einigen Sorten im Herbst oder Frühjahr in Töpfen im Frühbeet.

***Potentilla* 'Monsieur Rouillard'**
↕45 cm ↔ 60 cm; trägt halb gefüllte, seidige Blüten von Früh- bis Spätsommer.

Polygonatum stewartianum
↕20–90 cm ↔ 25 cm; Blüte von Spätfrühling bis Hochsommer, gefolgt von roten Beeren mit weißen Flecken; ✲✲✲.

***Potentilla* 'Gibson's Scarlet'** ♀
↕45 cm ↔ 60 cm; sehr beliebt; Blütendurchmesser bis zu 3 cm; Blüte von Früh- bis Spätsommer.

Potentilla megalantha ♀
↕15–30 cm ↔ 15 cm; behaarte Blätter; Blüte von Hoch- bis Spätsommer.

PRIMULA

Primel

PRIMELN GIBT ES NAHEZU FÜR JEDEN STANDORT im Garten; die meisten sind einfach zu kultivieren und blühen lange. Die Stauden dieser vielfältigen Gattung besiedeln in der Natur unterschiedliche Lebensräume – von Sumpfgebieten bis zu Wäldern und Alpenlandschaften. Die meisten Arten blühen im zeitigen Frühjahr und Frühsommer, einige bereits ab dem Spätwinter. Ihre zarten Blütendolden erscheinen in den unterschiedlichsten Farben, von tiefem Purpur und Braun bis Rosa, Scharlachrot und in verschiedenen Gelbtönen, Creme und Weiß. Gelegentlich sind die Blüten, Stängel und Blätter weiß oder gelb bemehlt. Gartenprimeln werden in verschiedene Gruppen eingeteilt; die gebräuchlichen sind: Kandelaber- oder Etagen-Primeln, Auricula-Gruppe und Polyantha-Gruppe, wobei diese Gruppen nicht alle Arten umfassen. Die Kultur der Vertreter der Polyantha-Gruppe ist am einfachsten. Kompakte Sorten wachsen in Gefäßen gut, während robustere sich eher für Staudenrabatten oder Bauerngärten eignen, aber auch im Rasen verwildern. Viele Primeln mögen den lichten Schatten am Rand eines Waldgartens und gedeihen neben anderen Waldgartenpflanzen wie Lilien (siehe S. 274–277) und Dreiblatt (*Trillium*, siehe S. 332) sehr gut. Feuchtigkeit liebende Etagenprimeln wachsen in Sumpfgärten oder am Teich- oder Bachufer. Ziehen Sie frostempfindliche Arten im Gewächshaus oder Wintergarten.

Winterhärte: Voll frosthart ✲✲✲ bis frostempfindlich ❀
Standort: In vollsonniger bis halbschattiger Lage, die meisten in Feuchtigkeit speichernden Böden.
Pflege: Vor der Pflanzung reichlich verrottetes organisches Material (z. B. Laubkompost, Mist oder Kompost) einarbeiten, bei Alpenarten (brauchen hohe Durchlässigkeit) groben Kies oder Kompost einarbeiten; Pflanzen bei trockenem Wetter ausgiebig gießen; Abgeblühtes entfernen, um unerwünschte Selbstaussaat zu verhindern – außer, Samen werden benötigt; vor allem bei Topfpflanzen fressen Dickmaulrüsslerlarven an den Wurzeln.
Vermehrung: Aussaat sofort nach der Samenreife, frostharte Arten in Schalen aussäen und ins Frühbeet stellen; Hybriden und Sorten aus Samen sind nicht sortenecht, daher zwischen Herbst und Frühjahr teilen.

Etagenprimeln

***Diese Pflanzen** gedeihen am besten auf feuchten Böden, auf einer schattigen Lichtung oder am Teichrand. Die robusten Stauden bringen Blüten in vielen verschiedenen Farben an kräftigen Stängeln hervor. Die meisten Etagenprimeln sind sommergrün und sterben im Herbst ab. Nach dem Einwachsen säen sie sich reichlich selbst aus, sodass die Sämlinge rasch große, bunte Kolonien bilden. Unerwünschte Keimlinge lassen sich leicht entfernen oder werden in anderen Gartenbereichen eingepflanzt.*

Auricula-Gruppe

***Die hübschen Zeichnungen** und Farben vieler Aurikeln sind das Ergebnis jahrhundertelanger Züchtung. Ursprünglich für Ausstellungen gezogen, wurden diese immergrünen Primeln mit ziemlich derben Blättern immer weiter gezüchtet. Diese so genannten Show-Aurikeln müssen unter Glas wachsen wie viele Vertreter der Alpinen Auricula-Untergruppe, von denen einige auch im Steingarten gedeihen. Die Rabatten-Auricula-Untergruppe beinhaltet robuste Gartenpflanzen. Sie eignen sich für Bepflanzungen im Bauerngartenstil und sehen auch in Gefäßen gut aus.*

Juliae-Polyantha-Hybriden

***Diese Gruppe umfasst** viele verschiedene Pflanzen, die sehr unterschiedlich aussehen. Zur ihr zählen die zahlreichen Schlüsselblumen sowie die Kissenprimeln. Die Blüten der Juliae-Hybriden stehen meist einzeln zwischen den Blättern, während die Vertreter der Polyantha-Gruppe (links) langstielige Blütendolden bilden.*

① ***Primula* 'Adrian Jones'** ↕30 cm ↔25 cm; Alpine Auricula-Gruppe ② ***P. allionii*** 🏆 ↕10 cm ↔20 cm; immergrün; Blüte Spätwinter ③ ***P. auricula* var. *albocincta*** ↕20 cm ↔25 cm; immergrün ④ ***P. auricula* 'Blairside Yellow'** ↕50 cm ↔30 cm; Rabatten-Auricula-Gruppe ⑤ ***P. auricula* 'Orb'** ↕15 cm ↔25 cm; Show-Auricula-Gruppe ⑥ ***P. beesiana*** ↕↔60 cm; Etagenprimel ⑦ ***P.* 'Buckland Wine'** ↕10 cm ↔25 cm; Juliae-Polyantha-Gruppe ⑧ ***P. bulleyana*** 🏆 ↕↔60 cm;

Etagenprimel ⑨ *P.* **Crescendo-Serie** ↕↔ 15 cm; Juliae-Polyantha-Gruppe ⑩ ***P. denticulata*** **var.** ***alba*** ↕↔ 45 cm; Kugel-Primel ⑪ ***P. elatior*** 🏆 ↕ 30 cm ↔ 25 cm; Hohe Schlüsselblume; immergrün; für Waldgärten ⑫ ***P. flaccida*** ↕ 50 cm ↔ 30 cm ⑬ ***P. florindae*** 🏆 ↕ 1,2 m ↔ 90 cm; Tibet-Primel; duftend; für Sumpfgarten und Teichufer ⑭ ***P. frondosa*** ↕ 15 cm ↔ 25 cm ⑮ *P.* **Gold-laced-Gruppe** ↕ 25 cm ↔ 30 cm; Juliae-Polyantha-Gruppe ⑯ *P.* **'Guinevere'** 🏆 ↕ 13 cm ↔ 25 cm; Juliae-Polyantha-Gruppe ⑰ *P.* **'Inverewe'** 🏆 ↕↔ 60 cm; wintergrün; Etagenprimel ⑱ ***P. marginata*** **'Linda Pope'** 🏆 ↕ 15 cm ↔ 30 cm; immergrün ⑲ ***P. prolifera*** 🏆 ↕↔ 60 cm; Etagenprimel; meist Schatten ⑳ ***P. rosea*** 🏆 ↕↔ 20 cm ㉑ ***P. veris*** 🏆 ↕↔ 25 cm; Echte Schlüsselblume; immergrün; duftend ㉒ ***P. vialii*** 🏆 ↕ 60 cm ↔ 30 cm; meist Schatten ㉓ ***P. vulgaris*** **ssp.** ***sibthorpii*** 🏆 ↕ 20 cm ↔ 35 cm; für Waldgärten ㉔ *P.* **'Wanda'** 🏆 ↕ 15 cm ↔ 40 cm; immergrün; lang blühend.

Pulmonaria

Lungenkraut

↕15–45 cm
↔45–90 cm

NAMENGEBEND FÜR DIE Gattung war die lungenähnliche Form der oft weiß oder silbern gefleckten Blätter, von der man die Wirksamkeit gegen Lungenleiden ableitete. Tatsächlich enthält das Echte Lungenkraut (*P. officinalis*) Schleim lösende Stoffe, die heute noch, etwa gegen Erkältungen, Anwendung finden. Im Garten bildet das Laub des Lungenkrauts einen guten Bodendecker, der sich über seine Rhizome langsam ausbreitet. Die zierlichen Blüten bieten im Spätwinter einen hübschen Anblick und erscheinen oft bis Spätfrühling oder sogar Frühsommer. Sie sind blau, rosa, rot oder weiß und stehen in kleinen Trauben über dem Laub; sie werden von Bienen gerne besucht.

Winterhärte: Voll frosthart ❄❄❄
Standort: Feuchter, aber nicht nasser, humusreicher Boden in halbschattiger bis schattiger Lage; *P. officinalis* verträgt Sonne.
Pflege: Rückschnitt nach der Blüte für neuen Blattaustrieb; Echter Mehltau kann das Laub bei trockener Witterung befallen.
Vermehrung: Aussaat nach Samenreife, Sämlinge variieren; für gesunde Pflanzen alle drei bis vier Jahre teilen.

① *Pulmonaria* 'Lewis Palmer' 🏆 ↕↔40 cm ② *P. rubra* 'Redstart' ↕40 cm ↔90 cm ③ *P. saccharata* ↕30 cm ↔60 cm ④ *P.* 'Sissinghurst White' 🏆 ↕↔40 cm.

Pulsatilla

Küchenschelle, Kuhschelle

MIT IHREM FEINEN, stark gefiederten Laub, den großen, seidigen Blüten und rundlichen, federartigen Samenständen zählt die Küchenschelle zu den schönsten mehrjährigen Alpenpflanzen. Blätter, Knospen und Blütenblätter sind oft weich und silbrig behaart. Im Frühjahr und Frühsommer erscheinen weiße, gelbe, rosa oder violette Blüten – meist mit einer großen Mitte aus goldgelben Staubblättern. Während sich die Samenstände entwickeln, wachsen die Blütentriebe sogar noch höher. Ist der Boden durchlässig, so bilden Küchenschellen in Steingärten oder Rabatten neben anderen Frühlingsblühern wie Blaukissen (*Aubrieta*, siehe S. 195) oder Blaustern (*Scilla*, siehe S. 323) große Horste. Bei schweren Gartenböden kann man sie in Töpfen mit durchlässigem Substrat kultivieren.

Winterhärte: Voll frosthart ❄❄❄
Standort: Magerer, sehr durchlässiger, sandiger Boden in sonniger bis halbschattiger Lage.
Pflege: Da sie Wurzelstörung nicht mögen, Jungpflanzen auspflanzen und nicht mehr umsetzen.
Vermehrung: Aussaat nach der Samenreife im Frühbeet; Wurzelschnittlinge im Winter schneiden.

Pulsatilla halleri 🏆
↕20 cm ↔ 15 cm; im Spätfrühling violettrote bis lavendelblaue Blüten mit bis zu 9 cm Durchmesser.

Pulsatilla vernalis 🏆
↕↔ 10 cm; Blüten im Frühjahr mit bis zu 6 cm Durchmesser; sehr durchlässiger Boden; Schutz vor Winternässe.

Pulsatilla vulgaris 🏆
↕10–20 cm ↔ 20 cm; junges Laub behaart; blass- bis tiefviolette, selten weiße Blüten mit 4–9 cm Durchmesser im Frühjahr.

Puschkinia scilloides

Puschkinie, Kegelblume

Dieses kleine Zwiebelgewächs hat schneeglöckchenähnliche Blüten in Weiß oder Hellblau; jedes Blütenblatt ziert ein dunkelblauer Mittelstreifen. Die Blüten erscheinen im Frühjahr in dichten Trauben an überhängenden Stielen. Jede Zwiebel trägt zwei Blätter. Die Libanon-Puschkinie (*P. scilloides* var. *libanotica*) hat kleinere, reinweiße Blüten. Puschkinien breiten sich in Steingärten stark aus und können auch unter sommergrünen Bäumen und Sträuchern ein prächtiges Schauspiel bieten, bevor das Blätterdach dichter wird. In kurzem Gras, neben anderen Zwiebelpflanzen, lassen sie sich leicht verwildern und bilden im Frühjahr einen bunten Teppich. Puschkinien können Sie auch zusammen mit anderen Steingarten- oder Alpenpflanzen in Töpfen kultivieren; sie mögen durchlässiges Substrat.

Winterhärte: Voll frosthart ***
Standort: Durchlässiger Boden in sonniger bis halbschattiger Lage.
Pflege: Ungestört wachsen lassen, damit große Bestände entstehen.
Vermehrung: Aussaat im Frühjahr oder Herbst im Frühbeet, nur leicht bedecken, Sämlinge kommen nach drei bis vier Jahren zur Blüte; Tochterzwiebeln im Sommer nach Einziehen der Blätter abtrennen.

Puschkinia scilloides
↕20 cm ↔ 5 cm; große Bestände bilden sich in kurzer Zeit.

Ranunculus

Hahnenfuß, Ranunkel

Es gibt Hunderte von Hahnenfußarten, von denen manche ein- und zweijährig, die Mehrzahl aber ausdauernde Stauden sind, meist mit knollenartig verdichteten Wurzeln oder Rhizomen; es gibt auch immergrüne Arten. Die Wuchsform ist sehr variabel, die Ansprüche variieren stark. Die Blüten sind becherförmig mit auffälligen Staubblättern in der Mitte. Sie erscheinen im Frühjahr, Sommer oder Herbst und sind meist goldgelb; weiße, rosa-, orangefarbene oder scharlachrote Sorten sind auch erhältlich.

Winterhärte: Voll frosthart ***, Ranunkel (*R. asiaticus*) bedingt *
Standort: Die meisten Arten in nährstoffreichen, feuchten, aber durchlässigen Böden in sonniger bis halbschattiger Lage; Waldarten mit oft bronzefarbenen Blättern in nährstoffreichen, feuchten Böden im Schatten; die alpinen Arten mit großen Blüten sowie viele der knolligen Arten in sandigem, sehr durchlässigem Boden in sonniger Lage; Wasser- oder Sumpfarten mit üppigem, leuchtend grünem Laub in feuchtem Boden am Teich- oder Bachufer bzw. im Teich.
Pflege: *R. asiaticus* in der Blüte feucht halten.
Vermehrung: Aussaat bei den meisten Arten nach der Samenreife in Töpfen im Frühbeet; bei alpinen Arten unreife Samen aussäen, Keimung ungleichmäßig, kann viele Jahre dauern; Teilung aller Arten außer den alpinen im Frühjahr oder Herbst.

Ranunculus aconitifolius 'Flore Pleno' 🏆
↕60 cm ↔ 45 cm; Blüte im Spätfrühling und Frühsommer.

Ranunculus ficaria var. *albus*
↕5 cm ↔ 20 cm; Waldart; Blüten im Vorfrühling, verblassen von Hellgelb zu Weiß; breitet sich rasch aus.

Ranunculus ficaria 'Brazen Hussy'
↕5 cm ↔ 30 cm; Waldart; Blüten unterseits bronzefarben, erscheinen im Vorfrühling; kann sich stark ausbreiten.

Rheum
Rhabarber

↕1,2–2,5 m
↔60–200 cm

Diese eindrucksvollen, Horste bildenden Stauden tragen auffälliges Laub und federartige Blütenrispen. Die riesigen, rundlichen Blätter mit einem Durchmesser von bis zu 90 cm entwickeln sich im Frühjahr aus oft hellroten Knospen und sind anfangs purpurrot gefärbt. Sie werden dann glänzend dunkelgrün und behalten meist unterseits einen rötlichen Schimmer. Im Sommer erscheinen große Rispen winziger blassgrüner, rosa- oder cremefarbener Blüten, die an dicken, hohlen Stängeln über dem Laub stehen. Rhabarber mag feuchte Bedingungen; gestalten Sie damit eine üppige Bepflanzung am Teichufer oder in feuchten Rabatten. Der Verzehr der Zierformen kann zu Magenbeschwerden führen.

Winterhärte: Voll frosthart ❄❄❄
Standort: Tiefgründiger, nährstoffreicher Boden in sonniger bis halbschattiger Lage.
Pflege: Im Frühjahr mulchen, um die Bodenfeuchtigkeit zu erhalten.
Vermehrung: Aussaat im Herbst (sehr langwierig) in Töpfen im Frühbeet; Teilung des Wurzelstocks im zeitigen Frühjahr.

Rheum palmatum 'Atrosanguineum' ♡
↕2,5 m ↔2 m; bis zu 2 m hohe Blütenrispen erscheinen im Frühsommer.

Rhodiola
Rosenwurz

Wenn sie einen vollsonnigen Standort haben, gedeihen diese Stauden üppig und bringen subtile Farben und Strukturen in Stein- oder Kiesgärten, aber auch in den vorderen Bereich von Rabatten. Sie bilden Horste aufrechter Triebe, die fleischige graugrüne Blätter tragen und mit Pflanzen mit weißen Blüten oder silbrigem Laub wie Beifuß (*Artemisia*, siehe S. 25 und 188–189) harmonieren. Auf jedem Trieb steht ein flaumiger Blütenstand winziger gelber, grüner, orangefarbener oder roter Sternblüten. Neben den Blüten, die im Spätfrühling oder Sommer erscheinen, bieten auch Knospen und Samenstände ein hübschen Anblick.

Winterhärte: Voll frosthart ❄❄❄
Standort: Jeder relativ nährstoffreiche Boden in vollsonniger Lage.
Pflege: Anfällig für Blattläuse.
Vermehrung: Aussaat im Frühjahr oder Herbst unter Glas; Rhizome im Frühjahr oder Frühsommer teilen.

Rhodiola rosea
↕5–30 cm ↔20 cm; variable Wuchsform; bis zu 4 cm lange Blätter mit rötlich grünen Spitzen; Blüte im Sommer.

Rodgersia
Schaublatt, Rodgersie

↕90–200 cm
↔75–200 cm

Diese wuchsstarken, Horste bildenden Stauden sind eine gute Wahl für feuchte Böden und werden wegen ihres herrlichen Laubs und der hohen Blütenrispen angepflanzt. Die Riesenblätter haben oft einen Durchmesser von 90 cm, sind dunkelgrün und glänzend, oft auffällig geädert oder gefältelt, besonders junges Laub, und gelegentlich purpurn oder bronzefarben getönt. Manche Sorten zeigen auch eine satte rötlich braune Herbstfärbung. Die Blütentriebe sind oft dunkelrot und tragen im Sommer flaumige Rispen winziger, manchmal duftender Blüten in Rosa oder Weiß. Pflanzen Sie Rodgersien an den Rand von Gewässern oder in einen Sumpfgarten.

Winterhärte: Voll frosthart ❄❄❄, junges Laub anfällig bei Spätfrost.
Standort: Feuchter, mit organischem Material angereicherter Boden im Halbschatten bis Schatten, auch trockenere Böden im Schatten.
Pflege: Vor kalten, austrocknenden Winden schützen; im Frühjahr dicke Mulchschicht aus organischem Material ausbringen, um Feuchtigkeit zu erhalten.
Vermehrung: Aussaat im Frühjahr unter Glas; Teilung der Pflanzen im Frühjahr.

Rodgersia pinnata 'Superba' ♡
↕1,2 m ↔75 cm; junges bronzefarbenes Laub (wie abgebildet) wird später dunkelgrün, Stiele rötlich grün; Blüte Mitte- und Hochsommer.

Roscoea

Scheinorchis, Ingwerorchidee

Trotz ihres exotischen Aussehens gedeihen diese orchideenähnlichen Knollenpflanzen in kühlen Regionen. In feuchte, schattige Rabatten, die eigentlich Schatten liebenden Blattpflanzen wie Farnen (siehe S. 356–365), Funkien (*Hosta*, siehe 260–261) oder Salomonssiegel (*Polygonatum*, siehe S. 310–311) vorbehalten sind, bringen sie für lange Zeit viel Farbe. Die meisten Arten tragen den ganzen Sommer und bis in den Herbst hinein Blüten in Weiß und Gold- oder Purpurtönen, gelegentlich mit kontrastierender Zeichnung auf den Blütenblättern. Die Blüten erscheinen oft, bevor sich die überhängenden, bis zu 40 cm langen Blätter voll entwickeln.

Winterhärte: Voll frosthart ✻✻✻ bis frosthart ✻✻
Standort: Feuchter, doch durchlässiger, mäßig nährstoffreicher Boden in kühler, schattiger, geschützter Lage.
Pflege: Reichlich organisches Material einarbeiten; Knollen im Winter oder Vorfrühling 15 cm tief einpflanzen, in kalten Regionen tiefer, so halten sie Temperaturen bis –20 °C aus; in Frostgebieten im Winter dicke Mulchschicht ausbringen.
Vermehrung: Aussaat im Frühjahr unter Glas; Teilung der knolligen Rhizome im Frühjahr.

Rudbeckia

Sonnenhut, Rudbeckie

Diese grosse Gattung umfasst ein-, zwei- und mehrjährige Pflanzen, die wegen ihrer leuchtend bunten Blüten kultiviert werden. Sie blühen im Spätsommer und Herbst wochenlang in den Farben Goldgelb, Orange und Rotbraun, manche auch zweifarbig. Die hervorstehende, knopfartige Blütenmitte kann schwarz, braun oder grün sein. Sonnenhut bildet beblätterte Horste mit endständigen Blüten auf kräftigen, aufrechten Trieben. Die mehrjährige Art *R. hirta* und ihre Sorten werden gewöhnlich als einjährige Beetpflanzen kultiviert. Alle Arten sind einfach zu ziehen und bringen einen letzten Farbtupfer in den Garten. Kombinieren Sie sie mit Fetthenne (*Sedum*, siehe S. 324) und Raublatt-Astern (*Aster novae-angliae*, siehe S. 192–193).

Winterhärte: Voll frosthart ✻✻✻ bis bedingt frosthart ✻
Standort: Feuchter, mittelschwerer, doch durchlässiger, nährstoffreicher Boden in sonniger Lage.
Pflege: Höhere Arten manchmal stützen; Abgeblühtes entfernen, um die Blüte bis zum Frostbeginn zu verlängern.
Vermehrung: Aussaat von Mehrjährigen im Vorfrühling unter Glas, von Einjährigen im Frühjahr bei 16–18 °C, Sämlinge nach Frostende auspflanzen; große Pflanzen im Frühjahr oder Herbst teilen.

Rudbeckia laciniata
↕1,5 m ↔ 1 m; lockere Horste bildende Staude; Blüten mit 8–15 cm Durchmesser im Hochsommer bis Frühherbst; ✻✻✻.

Roscoea cautleyoides ♡
↕55 cm ↔ 15 cm; Blätter bei der Blüte 15 cm lang; gelbe, weiße oder purpurne Blüten im Hochsommer; ✻✻✻ (Grenzwert).

***Rudbeckia* 'Herbstsonne'**
↕2 m ↔ 90 cm; Rhizome bildende Staude; Blüten mit 10–13 cm Durchmesser im Hochsommer bis Frühherbst; ✻✻✻.

Rudbeckia maxima
↕1,5 m ↔ 45–60 cm; mehrjährig; große, wächserne graugrüne Blätter; Blüte von Hochsommer bis Herbst; ✻✻✻.

SALPIGLOSSIS

Trompetenzunge

↕bis 60 cm
↔bis 30 cm

DIESE EINJÄHRIGEN Pflanzen werden wegen ihrer bezaubernden Trichterblüten in warmen Farbtönen in Sommerbeeten und Gefäßen sehr geschätzt. Die Blüten sind stark geädert und auffällig gezeichnet und kommen in vielen leuchtenden Farben – Weiß, Gelb, Rosa, Rot, Bronze, Purpur und Violett – vor. Sie erscheinen in den Blattachseln schlanker, verzweigter Triebe und halten von Sommer bis zum Herbst. Kombinieren Sie Trompetenzunge mit anderen leuchtend gefärbten Sommerblumen wie Pelargonien (siehe S. 300–303) oder Salbei (siehe rechts) oder setzen Sie sie als Lückenfüller in Staudenbeete oder gemischte Rabatten.

Winterhärte: Bedingt frosthart ❄
Standort: Nährstoffreicher, feuchter, doch durchlässiger Boden in vollsonniger Lage; für Gefäßbepflanzung Topferde verwenden.
Pflege: Topfpflanzen im Sommer gießen, alle 14 Tage Volldünger geben; in offenen Lagen abstützen; Abgeblühtes entfernen, um die Samenbildung zu verhindern und die Blühdauer zu verlängern.
Vermehrung: Aussaat im Frühjahr oder Herbst bei 18–24 °C, in sehr mildem Klima auch direkt ins Freiland.

Salpiglossis Casino-Serie
↕bis 60 cm ↔ bis 30 cm; kompakt und verzweigt; Blüten mit bis zu 5 cm Durchmesser.

SALVIA

Salbei

DER FROSTHARTE ECHTE SALBEI (*S. officinalis*) ist ein Gewürz- und Heilkraut. Neben ein- und zweijährigen Arten gibt es auch Stauden und Halbsträucher; letztere sind bei uns meist nicht frosthart und werden daher vor allem als Kübelpflanzen verwendet, wo sich ihre eleganten Blütenquirle in Blau- und Rottönen gut entfalten. Die ein- und zweijährig kultivierten Arten werden in zwei große Gruppen eingeteilt: bedingt frostharte, leuchtend blühende Sommerblumen wie Feuer-Salbei (*S. splendens*) und frostharte, buschigere Pflanzen in zarteren Farben wie Muskateller-Salbei (*S. sclarea*). Behaarte und mehlige Salbeiarten sind anspruchsvoller und gedeihen am besten in Steingärten oder erhöhten Beeten.

Winterhärte: Voll frosthart ❄❄❄ bis frostempfindlich ❀
Standort: Nährstoffreicher, durchlässiger Boden in sonniger bis halbschattiger Lage, für niedrige Arten mit behaartem Laub sehr durchlässiger Boden in vollsonniger Lage.
Pflege: Niedrige Arten vor Winternässe schützen.
Vermehrung: Stauden im Frühjahr teilen; Grünstecklinge im Frühjahr oder Frühsommer schneiden; Aussaat bedingt frostharter Einjähriger im Frühjahr bei 16–18 °C, Aussaat frostharter Einjähriger im Frühjahr direkt ins Freiland.

Salvia argentea 🏆
↕90 cm ↔ 60 cm; Rosetten bildende Zweijährige oder Staude; wollige Blätter; vor Winternässe schützen; ❄❄❄ (Grenzwert).

Salvia coccinea 'Lady in Red'
↕40 cm ↔ bis 30 cm; aufrechte, buschige Ein- bis Mehrjährige; 2 cm lange Blüten von Sommer bis Herbst; ❄.

Salvia patens 'Cambridge Blue' 🏆
↕45–60 cm ↔ 45 cm; aufrechte Staude mit blauen Blüten von Hochsommer bis Mitte Herbst; ❄❄.

Salvia discolor 🏆
↕45 cm ↔ 30 cm; aufrechte Staude mit Quirlen tief dunkelblauer Blüten im Spätsommer und Frühherbst; ❄.

Salvia fulgens 🏆
↕50–100 cm ↔ 40–90 cm; am Grund verholzende Staude bis Strauch mit behaarten Blättern und Blüten im Sommer; ❄❄.

Sanguisorba

Wiesenknopf

DIESE HOCHWÜCHSIGEN STAUDEN bilden einen ungewöhnlichen Sommerhöhepunkt für feuchte Rabatten oder versteckte Ecken. Die drahtigen Triebe mit dekorativen Blättern tragen flaschenbürstenartige Ähren kleiner, flauschiger Blüten in Rot, Rosa, Weiß oder grünlichem Weiß mit auffallenden Staubblättern. Die Blätter setzen sich aus gezähnten Fiederblättchen zusammen, die stark geädert und manchmal gräulich sind. Der Wiesenknopf passt in gemischte Rabatten und Staudenbeete, lässt sich aber auch auf einer Feuchtwiese oder in einem Wildblumengarten verwildern, da er kriechende Horste bildet. Kombinieren Sie diese ausgezeichneten Schnittblumen mit anderen Stauden und hohen Ziergräsern (siehe S. 340–355).

Winterhärte: Voll frosthart ❄❄❄
Standort: Nährstoffreicher, feuchter, doch durchlässiger Boden in sonniger bis halbschattiger Lage.
Pflege: Hohe Arten brauchen Stütze; unter Idealbedingungen wuchert Wiesenknopf, durch regelmäßige Teilung im Frühjahr oder Herbst zügeln.
Vermehrung: Aussaat im Frühjahr oder Herbst unter Glas; Teilung im Frühjahr.

Sanguisorba canadensis
↕bis 2 m ↔ 1 m; behaarte Blätter; bis zu 20 cm lange Blütenstände von Hochsommer bis Mitte Herbst.

Saponaria

Seifenkraut

DER PFLANZENSAFT DES SEIFENKRAUTS wurde früher zum Wäschenwaschen und gegen Hautkrankheiten verwendet. Die kriechenden und aufrechten Stauden und Einjährigen werden heute wegen der Fülle winziger rosa- bis tiefrosa Blüten, die im Sommer und Herbst erscheinen, kultiviert; außerdem sind viele Arten gute Bodendecker, die Unkraut unterdrücken. Die Pflanzen gedeihen in sonnigen, trockenen Lagen. Niedrige, Polster bildende Arten eignen sich für den Rand von Rabatten, überwachsen Bodenplatten oder bedecken Steingärten. Pflanzen Sie die höheren Arten zusammen mit klassischen Stauden in Pastellfarben, z. B. Gartennelken (*Dianthus*, siehe S. 226–227).

Winterhärte: Voll frosthart ❄❄❄
Standort: Hohe Arten in mäßig nährstoffreichen, durchlässigen, neutralen bis alkalischen Böden in sonniger Lage, kompakte Arten wie *S. caespitosa* in sehr durchlässigem Boden.
Pflege: *S. ocymoides* nach der Blüte zurückschneiden, um die kompakte Form zu erhalten; Schnecken abwehren (z. B. Bierfallen).
Vermehrung: Hohe Stauden im Herbst oder Frühjahr teilen; Aussaat im Frühjahr oder Herbst unter Glas; Kopfstecklinge im Frühsommer schneiden.

Saponaria ocymoides 🏆
↕8 cm ↔ 45 cm; Polster bildende Staude, kann niedrige Pflanzen überwuchern; Blüte im Sommer.

Saxifraga

Steinbrech

Die meist niederwüchsigen Steinbrecharten, die dichte Blattpolster bilden, sind beliebte Steingartenpflanzen. Es gibt mehr als 400 Arten von immergrünen, wintergrünen oder sommergrünen Stauden, Zweijährigen und einigen Einjährigen, von denen viele in kalten Bergregionen heimisch sind. Massen von zierlichen, stern- oder tellerförmigen, weißen, gelben, rosa und blauen Blüten zieren die Pflanzen. Manche bilden auch sehr dekorative Blattrosetten. Außer im Steingarten gedeiht der Steinbrech auf erhöhten Beeten, in Trögen und in einem alpinen (unbeheizten, gut belüfteten) Gewächshaus. Sie können ihn auch anpflanzen, um Mauern und Bodenplatten zu begrünen (siehe unten). Einige der höherwüchsigen Formen wie Porzellanblümchen (*S.* × *urbium*) und Oktober-Steinbrech (*S. fortunei*) eignen sich für den Wegrand oder als Bodendecker in Rabatten und Waldgärten. Diese botanisch sehr vielfältige Gattung kann nach den Kulturansprüchen im Garten in vier Kulturgruppen eingeteilt werden (siehe unten).

Winterhärte: Voll frosthart ✲✲✲, *S. stolonifera* und Sorten frosthart ✲✲
Standort: Einteilung in vier Kulturgruppen – Gruppe 1: feuchter, durchlässiger Boden im Schatten oder Halbschatten; für Rabatten und Steingärten; Gruppe 2: humusreicher, mit reichlich Kompost angereicherter, sehr durchlässiger, neutraler bis kalkhaltiger Boden in lichtem Schatten; für Steingärten, Mauerspalten, Geröllbeete (Hänge, Boden mit Kies oder Steinbrocken bedeckt) oder alpines Gewächshaus; Gruppe 3: nährstoffreicher, wurzelfeuchter, durchlässiger, neutraler bis kalkhaltiger Boden; in kühlem Klima vollsonnige Lage; für Steingärten oder Tröge; Gruppe 4: nährstoffreicher, sehr durchlässiger, kalkhaltiger Boden in vollsonniger Lage; für Steingärten, Tröge und alpine Gewächshäuser; einige vertragen keine Winternässe.
Pflege: Meist anspruchslos.
Vermehrung: Aussaat im Herbst im Frühbeet; Teilung krautiger Formen im Frühjahr; Polster bildende Arten alle vier bis fünf Jahre teilen, um das Verkahlen von der Mitte her zu verhindern; Rosetten im Spätfrühling und Frühsommer abtrennen und wie Stecklinge weiterziehen.

Steinbrech zwischen Bodenplatten

***Lassen Sie beim Verlegen** der Steinplatten einige Lücken für robuste Steinbrecharten frei. Sie breiten sich über den Rand der Platten aus und lassen den Bodenbelag natürlich aussehen. Arbeiten Sie vor dem Einpflanzen etwas Kies in die Pflanzfläche ein, um die Wurzelbildung und Durchlässigkeit zu verbessern. Gut wässern.*

Mauerspalten bepflanzen

❶ *Mischen Sie gleiche Teile Erde, Kies und Laubkompost. Vergrößern Sie eine Mauerspalte, klemmen Sie unten einen Stein ein und füllen Sie sie mit 2,5 cm Substratgemisch auf. Setzen Sie die Pflanze ein und verteilen Sie noch einmal 2,5 cm Erde über die Wurzeln.*
❷ *Damit die Pflanze fest sitzt und die Erde nicht weggeschwemmt wird, mit einem weiteren kleinen Stein verkeilen. Im Abstand von 10 cm weitere Pflanzen einsetzten. Die Wurzeln der letzten Pflanze mit Erde bedecken, gut einschlämmen.*

① *Saxifraga* **'Apple Blossom'** ↕15 cm ↔ unbestimmt; für Fugen und Rabatten; Gruppe 4 ② *S.* **'Aureopunctata'** ↕30 cm ↔ unbestimmt; für Ampeln; Gruppe 3 oder 4 ③ ***S. burseriana*** ↕5 cm ↔ 15 cm; Gruppe 3 oder 4 ④ *S.* **'Cloth of Gold'** ↕10 cm ↔ 30 cm; Gruppe 2; im Schatten ⑤ ***S. fortunei*** 🏆 ↕↔ 30 cm; Gruppe 1 ⑥ ***S.* × *geum*** ↕↔ 20 cm; Gruppe 1 ⑦ ***S. granulata*** ↕20–35 cm ↔ 15 cm; Gruppe 1; verträgt in feuchtem Boden Vollsonne ⑧ *S.* **'Gregor Mendel'** 🏆

3

4

5

6

9

10

11

14

15

16

17

20

21

22

23

↕10 cm ↔ 30 cm; Gruppe 3; für Fugen ⑨ *S.* **'Hindhead Seedling'** ↕5 cm ↔ 15 cm; Gruppe 3 oder 4 ⑩ *S.* **'Jenkinsiae'** 🏆 ↕5 cm ↔ 20 cm; Gruppe 3 ⑪ *S.* **'Kathleen Pinsent'** 🏆 ↕↔ 20 cm; Gruppe 1 ⑫ *S.* **'Mount Nachi'** ↕15 cm ↔ unbestimmt; Gruppe 3 oder 4 ⑬ ***S. oppositifolia*** ↕2,5 cm ↔ 20 cm; Gruppe 3 ⑭ ***S. paniculata*** ↕15 cm ↔ 25 cm; Gruppe 4 ⑮ ***S. sancta*** ↕5 cm ↔ 20 cm; Gruppe 3 ⑯ ***S. sempervivum*** ↕10 cm ↔ 20 cm; Polster bildend; Gruppe 4 ⑰ *S.* **'Southside Seedling'** 🏆 ↕30 cm ↔ 20 cm; Gruppe 3 oder 4 ⑱ ***S. spathularis*** ↕50 cm ↔ unbestimmt; Gruppe 3 oder 4 ⑲ *S.* **'Stansfieldii'** ↕10 cm ↔ 20–23 cm; Gruppe 3 oder 4 ⑳ *S.* **'Tricolor'** 🏆 ↕↔ 30 cm; Gruppe 1; für Ampeln; ❄❄ ㉑ *S.* **'Tumbling Waters'** 🏆 ↕10 cm ↔ 30 cm; Gruppe 3 ㉒ *S.* **'Variegata'** ↕30 cm ↔ unbestimmt; Gruppe 3 oder 4 ㉓ *S.* **'Wisley'** 🏆 ↕10 cm ↔ 15 cm; Gruppe 4.

Scabiosa

Skabiose, Grindkraut

Die Blütenstände der Skabiosen, die wie Einzelblüten wirken, bestehen aus großen blauen, violetten oder weißen, gelegentlich auch karminroten Randblüten, die die dicht gedrängten Innenblüten umgeben, die oft an Nadelkissen erinnern. Diese ein-, zwei- oder mehrjährigen Pflanzen bringen von Sommer bis Herbst Massen von zarten, manchmal duftenden Blüten hervor. Die Blätter sind grundständig. Alle Skabiosearten locken Bienen und andere nützliche Insekten in den Garten. Höherwüchsige Arten wie Kaukasus-Skabiose (*S. caucasica*), die 60 cm hoch und breit wird, sind gute Schnittblumen. Skabiosen eignen sich für Natur- oder Bauerngärten, gemischte Beete oder Gefäße.

Winterhärte: Voll frosthart ❄❄❄ bis frosthart ❄❄
Standort: Durchlässiger, nährstoffreicher, neutraler bis leicht kalkhaltiger Boden in sonniger Lage.
Pflege: Vor extremer Winternässe schützen; Abgeblühtes rege mäßig entfernen, um weitere Blütenbildung anzuregen.
Vermehrung: Aussaat bei Einjährigen im Vorfrühling bei 6–12 °C oder Mitte Frühling direkt ins Freie; ältere Pflanzen nach der Blüte teilen; bei Stauden Kopfstecklinge im Frühjahr schneiden.

***Scabiosa caucasica* 'Miss Willmott'** 🏆
↕ 90 cm ↔ 60 cm; Horste bildende Staude; Blüte von Hoch- bis Spätsommer; ❄❄❄.

***Scabiosa* 'Butterfly Blue'**
↕↔ 40 cm; behaarte Staude mit verzweigten Trieben; bis zu 4 cm Blütendurchmesser; Blüten im Hoch- und Spätsommer; ❄❄❄.

Scaevola

Spaltglocke

Die ungewöhnlichen, fächerartig angeordneten Blüten dieser Pflanzen in Lilablau, Flieder oder Blau erscheinen im Frühling und Sommer. Sie stehen einzeln oder in Büscheln auf schlanken Stielen über breitlanzettlichen mittelgrünen Blättern. Die meisten Arten sind kurzlebige, hauptsächlich immergrüne Stauden. Im Allgemeinen werden im Garten die ausdauernde Blaue Spaltglocke (*S. aemula*) und ihre Sorten kultiviert. Sie ist die einzige Art, die in gemäßigten Breiten im Sommer im Freiland wächst, und wird einjährig gezogen. Pflanzen Sie Fächerblumen in gemischte Beete, Hängekörbe oder große Töpfe, wo sie als dekorative Solitäre wachsen und im Winter ins Haus umziehen können.

Winterhärte: Frostempfindlich ❄, einige halten auf durchlässigem Boden bis –3 °C aus.
Standort: Durchlässiger, nährstoffreicher, kalkfreier Boden in sonniger bis halbschattiger Lage; für Gefäßbepflanzung Einheitserde.
Pflege: Topfpflanzen im Sommer reichlich gießen; monatlich niedrig dosiert düngen.
Vermehrung: Aussaat in Frühjahr bei 19–24 °C; Grünstecklinge im Spätfrühling oder Frühsommer schneiden.

Scaevola aemula
↕↔ bis 50 cm; aufrechte oder niederliegende, behaarte Triebe; lilablaue Blüten mit 2,5 cm Durchmesser im Sommer.

Schizanthus

Spaltblume, Schmetterlingsblume

Die exotisch aussehenden, orchideenähnlichen Blüten bedecken die Pflanze fast vollständig und halten im Sommer wochenlang. Sie erscheinen in vielen Farben von Weiß, Gelb und Lachs bis Rot, Purpur und Violett und eignen sich auch gut als Schnittblumen. Die feinen, farnartigen Blätter der buschigen Pflanze setzen sich aus tief gelappten Fiederblättchen zusammen. Die meist einjährigen Arten gedeihen neben anderen Sommerblumen wie Garten-Ringelblumen (*Calendula*, siehe S. 204), Salbei (*Salvia*, siehe S. 318–319) oder Fuchsien (siehe S. 60–63) in gemischten Beeten oder in Gefäßen. Als Topfpflanzen eignen sie sich auch für Wintergärten.

Winterhärte: Frostempfindlich ❄
Standort: Nährstoffreicher, kalkhaltiger Boden in vollsonniger Lage; bei Gefäßbepflanzung Einheitsherde verwenden.
Pflege: Topfpflanzen in geschützter Lage im Sommer reichlich gießen, wöchentlich düngen; bei Bedarf Pflanzen abstützen; junge Triebe auskneifen, um buschigen Wuchs anzuregen.
Vermehrung: Aussaat im Frühjahr bei 16°C für Sommerblüten, in Schalen unter Glas im Spätsommer für Frühlingsblüten (Sämlinge frostfrei überwintern).

***Schizanthus* × *wisetonensis* 'Hit Parade'**
↕↔ 23–30 cm; einjährig; weiße, rosa, goldene, purpurne oder rote Blüte mit bis zu 8 cm Durchmesser von Frühjahr bis Sommer.

Schizostylis coccinea

Spaltgriffel, Kaffernlilie

Die zierlichen, leuchtenden Blüten in warmen Rot- oder Rosatönen sind ein echter Gewinn für jeden Garten. Sie ähneln Gladiolen und erscheinen an bis zu 60 cm hohen Trieben im Spätsommer, Herbst oder Frühwinter, wenn kaum etwas anderes blüht. Die ursprünglich in Südafrika heimische, Horste bildende Staude und ihre Sorten breiten sich über unterirdische Ausläufer (Rhizome) aus. Pflanzen Sie sie mit anderen Spätblühern wie Raublatt-Aster (*Aster novae-angliae*, siehe S. 192–193) oder Sonnenhut (*Rudbeckia*, siehe S. 317) in gemischte Beete, Gefäße, am erweiterten Gewässerrand oder an eine sonnige Mauer. Spaltgriffel sind ausgezeichnete Schnittblumen.

Winterhärte: Frosthart bis −10°C, Blütentriebe frostanfällig ❄❄
Standort: Feuchter, durchlässiger, nährstoffreicher Boden in vollsonniger Lage.
Pflege: Blütentriebe in exponierten Gärten abstützen; nach der Blüte als Schutz organischen Mulch ausbringen.
Vermehrung: Teilung der Horste im Frühjahr, auch zur Erhaltung der Wuchskraft; Aussaat im Frühjahr bei 13–16°C.

***Schizostylis coccinea* 'Major'** 🏆
↕60 cm ↔30 cm; Blütendurchmesser 5–6 cm, Blüten an straffen Trieben im Spätsommer.

Scilla

Blaustern

↕8–120 cm
↔5–10 cm

Die zierlichen, kleinen Blüten des Blausterns, oft mit kontrastierender Zeichnung, werden rasch zum Blickfang. Sie sind stern- oder glockenförmig, meist in Blautönen, aber auch in Violett oder Weiß und erscheinen im Frühjahr, Sommer und Herbst in lockeren bis dichten Trauben inmitten riemenförmiger Blätter. Diese Zwiebelgewächse stellen unterschiedliche Standortansprüche und säen sich stark selbst aus, wenn man sie lässt. Verwildern Sie Blausterne im Gras oder setzen Sie sie unter sommergrüne Bäume und Sträucher, wo sie viel Licht erhalten, bevor die Gehölze ihr Blätterdach entwickeln. Auch für Küstengärten geeignet.

Winterhärte: Voll frosthart ❄❄❄ bis frosthart ❄❄
Standort: Durchlässiger, nährstoffreicher, humoser Boden in sonniger bis schattiger Lage.
Pflege: Zwiebeln 8–10 cm tief einpflanzen; Pflanzstelle im Herbst oder zeitigen Frühjahr dünn mit reifem Kompost überziehen.
Vermehrung: Aussaat nach der Samenreife; Sämlinge blühen nach zwei bis drei Jahren; Tochterzwiebeln im Sommer in der Ruhephase abtrennen und wieder einpflanzen.

① ***Scilla bifolia*** 🏆 ↕8–15cm; ❄❄❄ ② ***S. peruviana* 'Alba'** ↕15–30 cm; ❄❄ ③ ***S. scilloides*** ↕15–20 cm; ❄❄❄ ④ ***S. siberica* 'Spring Beauty'** ↕20 cm; ❄❄❄.

Sedum

Fetthenne, Mauerpfeffer

FETTHENNEN BRINGEN VIELFÄLTIGE Strukturen und Formen in den Garten. Es gibt Hunderte von Einjährigen, Stauden und Halbsträuchern, von denen viele sukkulent sind. Sie können niederwüchsig und kriechend sein wie der Scharfe Mauerpfeffer (*S. acre*) mit seinen winzigen Blüten. Diese Arten gedeihen in Stein- oder Kiesgärten, in Mauerspalten, in den Fugen von Bodenplatten oder Steinmauern. Die hohen Arten wachsen horstartig und bilden große rosa oder weiße Blütenschirme, die im Spätsommer und Herbst Farbe in den Garten bringen und Schmetterlinge anziehen. Ihre braunroten Samenstände wirken lange dekorativ.

Winterhärte: Voll frosthart ❄❄❄ bis frostempfindlich ❄
Standort: Mäßig nährstoffreicher, neutraler bis kalkhaltiger Boden in vollsonniger Lage, wüchsige Arten auch in lichtem Schatten.
Pflege: Kriechende Arten nach der Blüte zurückschneiden, um die Form zu erhalten; Pflanzen mit schweren Blütenständen rechtzeitig abstützen, damit sie nicht umfallen; Fäulnis bei Nässe oder in schweren Böden.
Vermehrung: Im Herbst in Töpfen im Frühbeet aussäen; Grünstecklinge im Frühsommer abschneiden; große Pflanzen alle drei bis vier Jahre im Frühjahr teilen, um die Blühfreudigkeit zu verbessern.

GRABEN SIE FETTHENNEN vorsichtig aus, da die fleischigen Wurzeln brüchig sind. Setzen Sie die geteilten Stücke wieder ein; werfen Sie alte, verholzte Teile weg.

***Sedum* 'Ruby Glow'** 🏆
↕25 cm ↔45 cm; niedrige, kriechende sommergrüne Staude; Blüte von Hochsommer bis Frühherbst; ❄❄❄.

***Sedum spathulifolium* 'Cape Blanco'** 🏆
↕10 cm ↔60 cm; Rasen bildende immergrüne Staude; bemehltes Laub; Blüte im Sommer; verträgt lichten Schatten; ❄❄❄.

Sedum populifolium
↕20–30 cm ↔45 cm; sommergrüne Staude mit locker wachsenden Trieben; duftende Blüten im Spätsommer und Frühherbst; ❄❄❄.

***Sedum spathulifolium* 'Purpureum'** 🏆
↕10 cm ↔60 cm; wuchernde, Rasen bildende immergrüne Staude; goldgelbe Blüten im Sommer; verträgt lichten Schatten; ❄❄❄.

***Sedum spectabile* 'Brilliant'** 🏆
↕↔45 cm; Horste bildende sommergrüne Staude; Blütenstände mit 6 cm Durchmesser im Spätsommer; langlebige Samenstände; ❄❄❄.

Sempervivum

Hauswurz, Dachwurz

Diese immergrünen Sukkulenten werden wegen ihrer fleischigen Blattrosetten kultiviert; sie sind oft rot oder purpurn getönt und manchmal dicht behaart. Die Blätter der Sorten variieren in Größe und Form und sind unterschiedlich gefärbt. Die kleinen Einzelpflanzen breiten sich über Ausläufer aus, an denen Tochterrosetten entstehen, die dicht gepackt bald Matten bilden. Im Sommer erscheinen weiße, gelbe, rote oder purpurne Sternblüten auf kräftigen, fleischigen Trieben. Nach der Blüte stirbt jede Rosette ab, aber die Lücke wird rasch wieder geschlossen. Hauswurz wächst im flachen Boden und eignet sich für Stein- oder Kiesgärten, Mauerkronen sowie für Tröge zusammen mit Steinbrech (*Saxifraga*, siehe S. 320–321) oder Gartennelken (*Dianthus*, siehe S. 226–227).

Winterhärte: Voll frosthart ✻✻✻
Standort: Karger, sehr durchlässiger Boden in vollsonniger Lage.
Pflege: Reichlich Kies einarbeiten; behaarte Formen vor Winternässe schützen (Fäulnisgefahr).
Vermehrung: Aussaat im Frühjahr unter Glas; Tochterrosetten im Frühjahr oder Herbst abtrennen, wachsen bei indirekter Sonne schneller ein.

① ***S. arachnoideum*** 🏆 ↕8 cm ↔ 30 cm; rosa Blüten
② ***S. tectorum*** 🏆 ↕15 cm ↔ 50 cm; purpurrote Blüten.

Senecio

Kreuzkraut, Greiskraut

Siehe auch S. 116.

Es gibt Hunderte von Kreuzkrautarten, die Ein-, Zwei- und Mehrjährige, Sträucher, Bäume und Kletterpflanzen umfassen. Während die Sträucher im Garten oft wegen ihres Laubs kultiviert werden, schätzt man die Horste bildenden Einjährigen und Stauden am meisten wegen ihrer Korbblüten. Sie erscheinen von Frühsommer bis Spätherbst in Weiß, Gelb, Blau, Karminrot und Purpur, meist mit gelber Mitte. Da die Arten stark variieren, informieren Sie sich über die besonderen Ansprüche. Einjährige werden normalerweise in Sommerbeete oder Töpfe gepflanzt; niedrige Stauden eignen sich für Stein- und Kiesgärten und hohe Formen für Rabatten oder Wildblumenbeete. Manche Kreuzkrautarten sind frostempfindlich, können aber gut in Töpfen wachsen und im Haus überwintern.

Winterhärte: Voll frosthart ✻✻✻ bis frostempfindlich ❄
Standort: Sandiger oder feuchter, karger oder wenig nährstoffreicher, durchlässiger Boden in Vollsonne oder Halbschatten.
Pflege: Regelmäßige Kompostgaben.
Vermehrung: Aussaat im Frühjahr bei 19–24 °C, bei Sumpf- und Steingartenarten im Frühbeet; bei Stauden im Frühsommer Grünstecklinge schneiden.

Senecio pulcher
↕45–60 cm ↔ 50 cm; Staude; Blüte Mitte- bis Spätherbst; überlebt Winter in mildem Klima im Freien; ✻✻.

Sidalcea

Präriemalve

Diese Stauden zieren von Früh- bis Hochsommer hohe Blütenstände langlebiger Blumen, die denen der Malven ähneln. Die Blüten sind fein und seidig, manchmal am Rand gefranst und erscheinen in hellem Rosa, Rosarot oder Weiß. Präriemalven werden sehr geschätzt, da sie im Herbst einen zweiten Flor bilden, wenn Abgeblühtes vor der Samenbildung entfernt wird. Attraktiv sind auch die dichten Horste gelappter oder gesägter, rundlicher Blätter, die sich über den Boden ausbreiten und Unkraut unterdrücken. Mit Präriemalven bringen Sie etwas Höhe in Beete und Rabatten; sie sind auch gute Schnittblumen.

Winterhärte: Voll frosthart ✻✻✻
Standort: Nährstoffreicher, neutraler bis etwas kalkhaltiger, feuchter, durchlässiger, mit Kompost angereicherter Boden in vollsonniger Lage.
Pflege: Vor allem im Winter Staunässe vermeiden; in kalten Wintern mit Stroh oder Farnkraut mulchen; Pflanzen nach erster Blüte zurückschneiden; bei Rostbefall (orangebraune Pusteln) befallene Blätter entfernen, für mehr Luftzirkulation Laub ausdünnen.
Vermehrung: Aussaat im Frühjahr oder Herbst in Töpfen im Frühbeet; Teilung der Pflanzen im Frühjahr oder Herbst.

***Sidalcea* 'Oberon'**
↕1,2 m ↔ 45 cm; rundliche oder nierenförmige Blätter; Blüte im Früh- und Hochsommer.

Silene

Leimkraut, Pechnelke

DIESE GATTUNG UMFASST zahlreiche Ein- und Zweijährige sowie sommer- und immergrüne Stauden. Sie werden wegen ihrer hübschen Blüten mit den gefransten Blütenblättern kultiviert. Diese stehen im Sommer einzeln oder in Büscheln auf aufrechten Trieben in allen Schattierungen von Rosa bis Weiß. Die meisten Arten lassen sich einfach ziehen; viele säen sich stark selbst aus und sind daher ideale Pflanzen für Wildblumengärten. Wird Abgeblühtes regelmäßig entfernt, können niedrigere Formen in Stein- oder Kiesgärten angepflanzt werden; setzen Sie höhere Arten in Beete und Rabatten. Einjährige eignen sich für Sommerbeete.

Winterhärte: Voll frosthart *** bis bedingt frosthart *
Standort: Nährstoffreicher, neutraler bis kalkhaltiger, durchlässiger Boden in sonniger bis halbschattiger Lage, niedrige alpine Formen in sandigem, sehr durchlässigem, *S. hookeri* in kalkfreiem Boden.
Pflege: Jährlich gut düngen.
Vermehrung: Aussaat bei Stauden im Herbst im Frühbeet, bei frostharten Einjährigen im Herbst oder Frühjahr direkt ins Freie; bedingt frostharte Sorten im Frühjahr bei 16–19 °C abhärten, nach den letzten Frösten auspflanzen; junge Grundtriebe im Frühjahr als Stecklinge schneiden.

Silene schafta ♀
↕25 cm ↔ 30 cm; Horste bildende Staude; Blüte im Spätsommer und Herbst; für Steingärten geeignet; ***.

Silybum marianum

Mariendistel

↕1,5 m
↔60–90 cm

DIESE HOCHWÜCHSIGE, stachelige Ein- bis Zweijährige bildet eine eindrucksvolle Rosette aus glänzenden dunkelgrünen, bedornten Blättern, die im ersten Jahr bis 50 cm lang werden und sehr auffällig geädert und weiß gefleckt sind. Im zweiten Jahr erscheinen im Sommer und Herbst große, leicht duftende Blütenstände. Wenn Sie wollen, dass sich die Blätter von ihrer schönsten Seite zeigen und die Pflanze länger lebt, kneifen Sie die Blüten aus, sobald sie sich zeigen. Mariendisteln eignen sich in Gruppen gepflanzt hervorragend für Rabatten, wo das strukturierte Laub mit zarteren rundblättrigen Pflanzen kontrastiert.

Winterhärte: Voll frosthart ***
Standort: Durchlässiger, neutraler bis leicht kalkhaltiger Boden in vollsonniger Lage.
Pflege: Vor Winternässe schützen, um Fäule vorzubeugen.
Vermehrung: Aussaat im Frühjahr oder Frühsommer im Freien, Sämlinge auf 60 cm ausdünnen, bei Kultur als Blattpflanze im Spätwinter oder Vorfrühling unter Glas aussäen, Sämlinge in 9 cm Töpfe pflanzen, abhärten, im Frühling auspflanzen.

Silybum marianum

Sisyrinchium

Binsenlilie, Grasschwertel

DIESE STAUDEN BRINGEN im Frühjahr oder Sommer wochenlang eine Fülle von hübschen stern- oder becherförmigen Blüten hervor. Sie blühen in sattem Blau bis Violettblau oder in zartem Gelb bis Weiß und stehen einzeln an den Triebenden oder in hohen Blütenrispen. Die langen Blätter, manchmal cremeweiß gestreift, bilden grasartige, irisähnliche Horste. Die spitzen Blätter harmonieren mit Ziergräsern (siehe S. 340–355) oder bilden einen Strukturkontrast zu Pflanzen mit fedrigen oder breiten Blättern. Niedrigere Formen eignen sich für Stein- oder Kiesgärten, wo sie sich selbst aussäen und eine natürliche Wirkung erzielen; sie werden nicht überwuchert. Die hohen Binsenlilien können allein in einer Rabatte wachsen.

Winterhärte: Voll frosthart *** bis bedingt frosthart *
Standort: Karger bis mäßig nährstoffreicher, feuchter oder durchlässiger Boden in sonniger bis halbschattiger Lage; nicht frostharte Formen im Topf ziehen, in nassen Wintern ins Haus bringen; einige Arten sind Sumpf- und Moorpflanzen.
Pflege: Vor Winternässe schützen, um Wurzelfäule vorzubeugen.
Vermehrung: Aussaat im Frühjahr oder Herbst unter Glas; Horste im Frühjahr teilen.

PFLANZEN SIE BINSENLILIEN etwas erhöht an. So fließt das Wasser bei nasser Witterung schnell ab und die Fäulnisgefahr nimmt ab.

***Sisyrinchium striatum* 'Aunt May'**
↕50 cm ↔ 25 cm; Horste bildende Staude; Blüten mit 2,5 cm Durchmesser im Früh- bis Hochsommer; ***.

SMILACINA

Duftsiegel

DAS ÜPPIGE LAUB DIESER WÜCHSIGEN Stauden ähnelt dem des Salomonssiegels (*Polygonatum*, siehe S. 310–311). Aber die Ähnlichkeit hört auf, wenn Mitte Frühling bis Hochsommer die winzigen Sternblüten erscheinen; sie stehen in endständigen, dichten Trauben auf überhängenden Trieben. Die Blüten sind cremeweiß und verströmen einen zarten Duft, den man in feuchten Waldlandschaften wahrnehmen kann. Ihnen folgen grüne Beeren, die sich im Herbst rot färben, wenn die Blätter einen satten Gelbton annehmen. Unter Idealbedingungen kann die anspruchslose Pflanze wuchern, sie lässt sich aber leicht entfernen, wenn sie sich zu stark ausgebreitet hat. Kombinieren Sie Duftsiegel mit anderen Schatten liebenden Pflanzen, z. B. Farnen (siehe S. 356–365).

Winterhärte: Voll frosthart ***
Standort: Mäßig nährstoffreicher, vorzugsweise leicht saurer, mit Kompost oder Mist angereichertem Boden im Schatten oder Halbschatten.
Pflege: Vor kalten Winden schützen.
Vermehrung: Aussaat im Herbst in Töpfen im Frühbeet; Rhizome eingewachsener Pflanzen im Frühjahr teilen.

HERBSTLAUB

Smilacina racemosa 🏆
↕90 cm ↔60 cm; bildet Horste; Blätter unterseits flaumig; manchmal grünliche Blüten im Frühling (Mitte und spät).

SOLIDAGO

Goldrute

DIE GOLDEN LEUCHTENDEN Blütenrispen dieser starkwüchsigen, am Grund verholzenden Stauden erscheinen im Spätsommer und Herbst. Die Rispen sind dicht gepackt mit winzigen Blüten und stehen auf straffen, aufrechten Trieben. Die Blätter sind meist mittelgrün. Die Arten können sehr stark wuchern; auch wenn sie sich leicht zügeln lassen, sollten Goldruten in Wildblumengärten wachsen. Es gibt auch weniger wüchsige Sorten mit größeren Blütenrispen. Sie bringen viel Farbe in den Garten und ins Haus, denn sie sind auch gute Schnittblumen. Pflanzen Sie Goldruten mit anderen Herbstblumen wie Sonnenhut (*Rudbeckia*, siehe S. 317) und Astern (siehe S. 192–193) inmitten von früher blühenden Gewächsen an, um das Gartenjahr zu verlängern.

Winterhärte: Voll frosthart ***
Standort: Jeder Boden in sonniger bis halbschattiger Lage.
Pflege: Welkes regelmäßig entfernen, um Selbstaussaat zu verhindern; gelegentlich stützen; bei Trockenheit Echter Mehltau.
Vermehrung: Pflanzen alle drei bis vier Jahre im Frühjahr oder Herbst teilen, verholzte Teile nicht weiterverwenden.

Solidago 'Goldenmosa' 🏆
↕75 cm ↔45 cm; kompakter Busch; faltige Blätter; 30 cm lange Blütenrispen im Spätsommer und Frühherbst.

X SOLIDASTER LUTEUS

Goldrutenaster

↕90 cm
↔80 cm

DIESE GATTUNGSHYBRIDE ist eine Kreuzung zwischen einer Aster und einer Goldrute (*Solidago*). Wie zu erwarten vereinigt diese Hybride die Eigenschaften beider Pflanzen. Ähnlich wie die Goldrute trägt sie von Hochsommer bis Herbst eine Fülle kleiner Blüten in dichten Büscheln. Die Blüten selbst sind Körbchen und ähneln denen von Astern (siehe S. 192–193). Sie zeigen ein helles Cremegelb mit dunklerer Mitte, verblassen aber später. Die Pflanze bildet Horste mit aufrechten Trieben. Wie die Elternpflanzen ist auch diese Staude eine ausgezeichnete Wahl, um im Spätsommer Farbe in Rabatten zu bringen. Sie ergibt auch gute Schnittblumen.

Winterhärte: Voll frosthart ***
Standort: Mäßig nährstoffreicher, durchlässiger Boden in vollsonniger oder halbschattiger Lage.
Pflege: Boden nicht überdüngen, da so der Blattwuchs zum Nachteil von Blüten begünstigt wird; Echter Mehltau in trockenen Sommern.
Vermehrung: Junge Grundtriebe im Frühjahr als Stecklinge schneiden; Horste alle drei bis vier Jahre im Herbst oder Frühjahr teilen, um die Wuchskraft zu erhalten, verholzte Teile wegwerfen.

× *Solidaster luteus* 'Lemore' 🏆
↕↔80 cm; breitere Wuchsform und hellere Blütenfarbe als die Art.

Stachys

Ziest

TEPPICHE AUS GROSSEN, filzigen oder samtigen Blättern sind die Hauptattraktion dieser Pflanzen. Die kantigen Blattstiele sowie die Blätter sind meist fein behaart, bei manchen Arten aromatisch duftend. Diese Gattung umfasst viele Ein- und Zweijährige sowie kriechende Stauden, die ausgezeichnete Bodendecker sind wie z. B. Woll-Ziest (*S. byzantina*). Dessen nicht blühende Sorte 'Silver Carpet' eignet sich ideal für Einfassungen. Das silbrige Laub harmoniert mit vielen Rabattenpflanzen. Kombinieren Sie es mit Montbretien (*Crocosmia*, siehe S. 219), Bartfaden (*Penstemon*, siehe S. 304) und Strauchrosen (siehe S. 110–113). Die Blütenquirle in Weiß, Rosa- und Purpurtönen oder Gold erscheinen im Sommer; sie werden von nützlichen Insekten gerne besucht.

Winterhärte: Voll frosthart ❄❄❄ bis frosthart ❄❄
Standort: Durchlässiger, nährstoffreicher Boden in sonniger bis halbschattiger Lage, niedrige Formen in sehr durchlässigem Boden.
Pflege: Nach der Blüte verblühte Stängel zurückschneiden.
Vermehrung: Aussaat im Herbst oder Frühjahr in Töpfen im Frühbeet; Teilung der Pflanzen im Frühjahr oder bewurzelte Teile von außen her abtrennen und wieder einsetzen.

Stachys byzantina
↕45 cm ↔60 cm; Matten bildende Staude; wollige rosaviolette Blüten von Frühsommer bis Frühherbst; ❄❄❄.

Symphytum

Beinwell

↕↔30–200 cm oder mehr

DIESE BEHAARTE, Horste bildende Staude wird wegen ihrer Schattenverträglichkeit sehr geschätzt und ist ein guter Bodendecker für schattige Rabatten oder Waldgärten. Die eigentlich etwas derbe Pflanze trägt dekorative krause Blätter und hübsche, langlebige, röhren- oder glockenförmige Blüten, die in leuchtendem Blau, Blassblau, Creme, Hellgelb, Rotviolett oder Weiß in Trauben inmitten der Blätter von Spätfrühling bis Spätsommer erscheinen. Das Laub kann einfach grün, cremefarben oder goldgelb panaschiert sein. Wählen Sie den Standort gut, da alle buntblättrigen Formen wuchern können. Sie gedeihen unter Bäumen oder in Rabatten, wo sonst kaum etwas wächst.

Winterhärte: Voll frosthart ❄❄❄
Standort: Feuchter, nährstoffreicher Boden in sonniger bis schattiger Lage.
Pflege: Für schönere Blattfarben Blüten entfernen.
Vermehrung: Wurzelballen im Frühjahr teilen; aus kleinsten Rhizomstücken in der Erde entwickeln sich Pflanzen.

Stachys candida
↕15 cm ↔30 cm; kriechend; Blüte im Sommer; braucht sehr durchlässigen Boden und Schutz vor Winterregen; ❄❄❄.

***Stachys macrantha* 'Superba'**
↕60 cm ↔30 cm; aufrechte, behaarte Staude; dunkelgrüne Blattrosetten; Blüte von Frühsommer bis Frühherbst.

***Symphytum* 'Hidcote Blue'**
↕↔45 cm; behaarte, aufrechte, später lockere Triebe; rote Knospen; bis 1,5 lange Blüten Mitte bis später Frühling, die später verblassen.

Symphytum caucasicum 🏆
↕↔ 60 cm; Horste bildende, behaarte Staude; aufrechte, später lockere Triebe; Blattrosetten; Blüte von Früh- bis Spätsommer.

Tagetes

Studentenblume, Tagetes

MIT IHREN LANGLEBIGEN Blüten in leuchtenden Farben haben Tagetes wenig Konkurrenz und sind ausgezeichnete Pflanzen für formale Beetgestaltung. Die ein- und mehrjährigen Sommerblumen werden als bedingt frostharte Einjährige kultiviert und im Frühjahr aus Samen gezogen. Nach schneller Keimung erscheinen schon wenige Wochen später die ersten Blüten in Gelb, Orange, Rotbraun, auch zweifarbig, und halten von Frühsommer bis zu den ersten Frösten. Es gibt einfach und gefüllt blühende, klein- und großblütige Sorten. Das zart gefiederte Laub hat einen herben Duft. Die Hohen Tagetes (*Tagetes erecta*) mit kugeligen Blüten gedeihen am besten in Rabatten, während *Tagetes patula* sich sowohl in Töpfen als auch in Rabatten wohl fühlt.

Winterhärte: Bedingt frosthart ❄
Standort: Jeder durchlässige Boden in vollsonniger Lage.
Pflege: Abgeblühtes regelmäßig entfernen, um die Blühdauer zu verlängern; bei Trockenheit reichlich gießen; Gefäßpflanzen ausgiebig wässern, wöchentlich düngen.
Vermehrung: Aussaat im Frühjahr bei 21 °C.

Tagetes 'Lemon Gem'
↕23 cm ↔ bis 40 cm; Blüten mit bis zu 2,5 cm Durchmesser von Spätfrühling bis Frühherbst.

Tanacetum

Rainfarn, Margerite, Mutterkraut

DIE MEISTEN ARTEN dieser, vielfältigen Gattung Einjähriger und Stauden tragen zart gefiederte, häufig aromatische Blätter und Körbchenblüten, die im Früh- und Hochsommer erscheinen. Manche Blüten haben eine auffällige Mitte, andere sind kleine, kugelige Pompons. Das gefiederte Laub ist sehr dekorativ. Balsamkraut (*T. balsamita*) duftet nach Minze. Manche Arten wie Silbergefieder (*T. haradjanii*) eignen sich für Steingärten, während andere wie Mutterkraut (*T. parthenium*) in Kräutergärten oder als Einfassung für Rabatten oder Beete angepflanzt werden. Rainfarn (*T. vulgare*) ist auch für erhöhte Beete und Gefäße geeignet.

Winterhärte: Voll frosthart ❄❄❄ bis bedingt frosthart ❄
Standort: Jeder durchlässige Boden in vollsonniger Lage; zwergige und silberblättrige Formen in sehr durchlässigem Boden.
Pflege: Blütentriebe der Bunten Margerite (*T. coccineum*) nach der Blüte zurückschneiden, um weiteren Flor anzuregen; anfällig für Wurzelälchen, Blätter werden braun, sterben von der Basis her ab, befallene Pflanzen vernichten.
Vermehrung: Aussaat im Vorfrühling bei 10–13 °C (auch reiche Selbstaussaat); Stauden im Frühjahr teilen; junge Grundtriebe im Frühjahr als Stecklinge schneiden.

① ***Tanacetum haradjanii*** ↕bis 15 cm; Matten bildend; immergrün; winzige gelbe Blüten im Spätsommer; ❄❄❄ ② ***T. parthenium*** ↕45–60 cm; buschige Einjährige; Blüte im Sommer; ❄❄❄.

Thalictrum

Wiesenraute

↕2,5 m
↔60 cm

Wiesenrauten bilden eine große Gattung Feuchtigkeit liebender Stauden mit zierlichem graugrünem Laub und einer luftigen Wolke aus winzigen Blüten, die von Früh- bis Spätsommer erscheinen. Die unzähligen Blüten sind weiß, rosa bis violett oder gelb, oft mit auffallenden Staubblättern, die aus der Ferne flauschig wirken. Die Blätter setzen sich aus vielen fein strukturierten Fiederblättchen zusammen. Die Pflanzen wachsen meist aufrecht, einige jedoch wie *T. kiusianum* bilden richtige Polster. Hohe Arten kommen in gemischten Rabatten und Beeten mit Stauden wie Schafgarbe (*Achillea*, siehe S. 166–167), Präriemalve (*Sidalcea*, siehe S. 325) und Goldrute (*Solidago*, siehe S. 327) gut zur Geltung.

Winterhärte: Voll frosthart ❄❄❄ bis frostempfindlich ❄
Standort: Feuchter, durchlässiger Boden in Sonne bis Halbschatten, für niedrige Formen kühler Boden im Halbschatten.
Pflege: Hohe Pflanzen abstützen; Echter Mehltau bei Trockenheit.
Vermehrung: Aussaat nach der Samenreife oder im zeitigen Frühjahr; Teilung der Pflanzen im Frühjahr vor dem Neuaustrieb.

***Thalictrum delavayi* 'Album'**
↕1,2 m oder mehr ↔ 60 cm; aufrechte Horste; Blätter bis zu 35 cm lang; Blüte von Hochsommer bis Frühherbst; ❄❄❄.

Thalictrum aquilegiifolium
↕bis 1 m ↔ 45 cm; aufrechte Horste; Blätter bis zu 30 cm lang; Blüte im Frühsommer; ❄❄❄.

***Thalictrum delavayi* 'Hewitt's Double'** 🏆
↕1,2 m oder mehr ↔ 60 cm; Blätter bis zu 35 cm lang; langlebige Blüten von Hochsommer bis Frühherbst; ❄❄❄.

Tiarella

Schaumblüte

Wie duftige Wolken schweben die winzigen Blüten über dem Laub dieser Stauden. Trauben weißer oder rosa-weißer Blüten erscheinen von Spätfrühling bis Frühsommer. Die ebenfalls sehr dekorativen Blätter sind oval bis herzförmig, hell- bis mittelgrün und borstig behaart. Im Herbst nimmt das Laub einen rötlich kupferfarbenen Ton an. Wegen ihres dichten Laubs und der kriechenden Wuchsform mancher Arten sind Schaumblüten ausgezeichnete Bodendecker, besonders für schattige Rabatten oder Waldgärten. Sie harmonieren gut mit anderen Schatten oder Feuchtigkeit liebenden Stauden wie Purpurglöckchen (*Heuchera*, siehe S. 259), Funkien (*Hosta*, siehe S. 260–261) und Ehrenpreis (*Veronica*, siehe S. 337).

Winterhärte: Voll frosthart ❄❄❄
Standort: Jeder feuchte, mit verrottetem organischem Material angereicherte Boden in halbschattiger bis schattiger Lage.
Pflege: Vor Winternässe schützen.
Vermehrung: Aussaat nach der Samenreife in Töpfen im Frühbeet; Teilung der Pflanzen oder Abtrennen bewurzelter Ausläufer nach der Blüte.

Tiarella cordifolia 🏆
↕10–30 cm ↔ bis 30 cm; wintergrün; behaarte, im Herbst bronzerote Blätter; 10–30 cm hohe Blütentrauben im Sommer.

Tolmiea menziesii

Henne mit Küken

↕30–60 cm
↔1–2 m

Der Reiz dieser schnellwüchsigen, Horste bildenden Pflanze liegt in ihrem Laub. Die weich behaarten, meist hellgrünen Blätter bringen am Blattgrund neue Pflänzchen hervor. Von Spätfrühling bis Frühsommer erscheinen lange Ähren mit bis zu 50 leicht duftenden rotbraunen Blüten. Diese Staude und ihre Sorten breiten sich über Ausläufer aus und sind daher gute Bodendecker für Waldlandschaften mit Stauden wie Purpurglöckchen (*Heuchera*, siehe S. 259) und Schaumblüten (*Tiarella*, siehe S. 330).

Winterhärte: Bedingt frosthart ✲ bis frostempfindlich ❀
Standort: Feuchter Boden in Halbschatten oder Schatten; für Gefäßbepflanzung Topferde verwenden.
Pflege: Vor praller Sonne schützen, Blätter können verbrennen; Topfpflanzen im Wachstum reichlich gießen, wöchentlich Volldünger verabreichen.
Vermehrung: Aussaat im Herbst in Töpfen im Frühbeet; Teilung der Pflanzen im Frühjahr; Jungpflanzen am Blattgrund abtrennen, wie Stecklinge bewurzeln lassen.

JUNGPFLANZEN
Schneiden Sie im Sommer ein Pflänzchen unterhalb des Blatts ab und falten Sie das Blatt wie gezeigt. Stecken Sie es so in die Erde.

Tolmiea menziesii 'Taff's Gold' ♡
Bis zu 13 cm lange Blätter, die an der Sonne sehr schnell verbrennen.

Tradescantia

Dreimasterblume, Tradeskantie

Die frostharten Dreimasterblumen sind sehr beliebte, Horste bildende Stauden. Die einzelnen Blüten sind zwar kurzlebig, sie werden aber den ganzen Sommer und auch im Herbst in Massen gebildet. Die blauen, violetten, rosaroten oder weißen Blüten zieren Hügel aus mattgrünen oder manchmal rötlich gefärbten, grasartigen Blättern. Pflanzen Sie diese einfach zu kultivierenden Gewächse in gemischte Rabatten, zusammen mit Ziergräsern wie Japangras (*Hakonechloa macra*, siehe S. 348) oder anderen Stauden. Die frostempfindlichen Arten sind beliebte Zimmerpflanzen mit hängenden Trieben und immergrünen, oft gestreiften oder purpurnen Blättern. Man kann sie im Sommer auch ins Freiland setzen, z. B. neben Fuchsien oder Fleißigen Lieschen, oder in einen Hängekorb.

Winterhärte: Voll frosthart ✲✲✲ bis frostempfindlich ❀
Standort: Frostharte Arten in feuchtem, nährstoffreichem Boden in sonniger bis halbschattiger Lage.
Pflege: Nach der Blüte zurückschneiden, um Samenbildung zu verhindern und zweiten Flor anzuregen.
Vermehrung: Frostharte Arten im Frühjahr oder Herbst teilen.

① *Tradescantia* 'J.C. Weguelin' ♡ ↕40–60 cm ↔45–60 cm; ✲✲✲ ② *T.* 'Purewell Giant' ↕↔45 cm; ✲✲✲; beide blühen von Frühsommer bis Frühherbst.

Tricyrtis

Krötenlilie

Krötenlilien haben prächtige Blüten in Weiß mit einem Hauch von Rosa sowie in Weiß oder Gelb mit grünlichem Ton, die oft mit kontrastierendem Violett oder Lila gefleckt bzw. gepunktet sind. Die Stern- oder Trichterblüten erscheinen im Sommer und Herbst einzeln oder in Büscheln. Die Blätter sind meist glänzend, dunkel- bis hellgrün und umfassen die aufrechten oder überhängenden Triebe. Manche Blätter sind gefleckt oder deutlich geädert. Krötenlilien sind Stauden, die sich sehr gut für Waldgärten und schattige Rabatten eignen. Kombinieren Sie sie mit anderen Stauden, die feuchte, schattige Standorte lieben, z. B. Salomonssiegel (*Polygonatum*, siehe S. 310).

Winterhärte: Voll frosthart ✲✲✲
Standort: Feuchter, durchlässiger, humusreicher Boden im Halbschatten.
Pflege: Spät blühende Arten in kalten Regionen in warme Rabatten setzen, vor kalten Winden und Frost schützen, den Bereich als Winterschutz mit organischem Material dick mulchen.
Vermehrung: Aussaat nach der Samenreife im Frühbeet, Sämlinge frostfrei überwintern; Teilung der Pflanzen im Vorfrühling, noch in der Vegetationsruhe.

① *Tricyrtis formosana* ♡ ↕bis 80 cm ② *T. hirta* 'Alba' ↕bis 80 cm ③ *T. macrantha* ssp. *macranthopsis* ↕40–80 cm ④ *T. ohsumiensis* ↕bis 50 cm.

Trillium

Dreiblatt, Dreizipfellilie

Der Name Dreiblatt kommt nicht von ungefähr. Alle oberirdischen Organe dieser Waldstauden sind dreiteilig angelegt. Die drei waagerecht abstehenden Blätter bilden fast ein Tablett für die Blüten in ihrer Mitte, die aus drei Hüll- und drei Kronblättern zusammengesetzt sind. Die weißen, rosa, dunkelroten oder gelben Blüten stehen im Frühling und Sommer auf schlanken Stielen. Die satt- oder dunkelgrünen Blätter sind oft silbern oder purpurn gezeichnet. Dreizipfellilien brauchen einige Zeit, um sich einzugewöhnen und nehmen die Störung ihrer Rhizome übel; wählen Sie daher von Anfang an einen optimalen Standort. Sie eignen sich für feuchte, schattige Rabatten oder Waldgärten in Begleitung von Gewächsen wie Funkien (*Hosta*, siehe S. 260–261).

Winterhärte: Voll frosthart ***
Standort: Feuchter, leicht saurer Boden im Halbschatten oder Schatten.
Pflege: Im Sommer mit Rindenhäcksel mulchen, um ein Austrocknen der Erde zu verhindern; junge Blätter vor Schnecken schützen, Bierfalle aufstellen oder absammeln.
Vermehrung: Teilung nach der Blüte, Horstmitte nicht stören; Aussaat nach der Samenreife im Frühbeet; Blüte nach etwa sieben Jahren.

Trillium cernuum
↕ bis 60 cm ↔ bis 25 cm; hängende Blüten mit auffälliger Mitte, Blüte im Frühling.

Trillium chloropetalum 🏆
↕ bis 40 cm ↔ bis 20 cm; mit dicken rotgrünen Stielen und duftenden Blüten im Frühling.

Trillium luteum 🏆
↕ bis 40 cm ↔ bis 30 cm; Blätter hell gefleckt; stiellose, süßlich duftende Frühlingsblüten.

Trillium grandiflorum 🏆
↕ bis 40 cm ↔ bis 30 cm; starkwüchsig; sehr große, bis zu 8 cm lange Blüten im Frühling und Sommer.

Trillium rivale 🏆
↕ bis 13 cm ↔ bis 15 cm; Zwergart; Blätter nur 3 cm lang; Blüte im Frühjahr.

Trillium sessile
↕ bis 30 cm ↔ bis 20 cm; gezeichnete Blätter und dunkle, stiellose Blüten im Spätfrühling.

Trollius

Trollblume

Die mit der Sumpf-Dotterblume verwandten Trollblumen sind Feuchtigkeit liebende Stauden mit kugeligen, leuchtend gelben, manchmal auch creme- bis orangefarbenen Blüten. Diese können einfach, halb gefüllt oder gefüllt sein und erscheinen von Spätfrühling bis Frühsommer auf hohen Stielen; einfache Blüten tragen auffällige Staubblätter. Die Rosetten bildenden mittelgrünen Blätter sind handförmig geteilt, oft tief eingeschnitten und können glänzend sein. Trollblumen passen in feuchte Rabatten, Sumpfgärten oder an den Rand von Teichen oder Bächen, zusammen mit Pflanzen wie Sumpf-Dotterblume (*Caltha palustris*, siehe S. 205) oder Scheinkalla (*Lysichiton*, siehe S. 282).

Winterhärte: Voll frosthart ❄❄❄
Standort: Sehr feuchter Boden in sonniger bis halbschattiger Lage.
Pflege: Triebe nach der Blüte zurückschneiden, um einen zweiten Flor anzuregen.
Vermehrung: Pflanzen vor dem Neuaustrieb oder nach der Blüte teilen; Aussaat nach der Samenreife oder im Frühjahr in Töpfen im Frühbeet; Keimung kann bis zu zwei Jahre dauern.

Trollius × cultorum 'Orange Princess' 🏆
↕ bis 90 cm ↔ 45 cm; glänzende Blätter, die am Pflanzengrund größer sind; Blüte im Spätfrühling und Frühsommer.

Tropaeolum

Kapuzinerkresse

Siehe auch S. 154.

Die Kapuzinerkresse zählt zu den bekanntesten und beliebtesten Zierpflanzen. Diese wüchsigen, kletternden Einjährigen, Zweijährigen und bedingt frostharten Stauden werden wegen ihrer farbenfrohen gespornten Blüten kultiviert. Die Trompetenblüten erscheinen vom Sommer bis zu den ersten Herbstfrösten in warmen Farben – von Rot bis Orange und Gelb, viele zweifarbig oder mit kontrastierender Zeichnung. Die runden oder gelappten, hell- bis mittelgrünen Blätter sitzen auf langen Stielen. Die buschigen Pflanzen gedeihen am besten zusammen mit anderen Einjährigen oder als Lückenfüller in Rabatten. Kriechende Sorten breiten sich über den Boden aus oder klettern empor. Halb hängende Formen eignen sich für Ampelpflanzungen. Frostempfindliche Arten unter Glas überwintern.

Winterhärte: Frosthart ❄❄ bis frostempfindlich ❅
Standort: Feuchter, durchlässiger Boden in vollsonniger Lage.
Pflege: Gefäßpflanzen im Sommer reichlich gießen und wöchentlich Volldünger verabreichen; sehr anfällig für Blattläuse.
Vermehrung: Aussaat bei Einjährigen Mitte Frühling an Ort und Stelle, bei Stauden nach der Samenreife im Frühbeet.

① *Tropaeolum majus* **Alaska-Serie** 🏆 ↕ bis 30 cm; einjährig; buntblättrig; ❅ ② *T. polyphyllum* ↕ 5–8 cm; hängende Staude; blaugrüne Blätter; Blüte den ganzen Sommer; ❄❄.

TULIPA

Tulpe

↕min. 10 cm
↕max. 75 cm

TULPEN WERDEN SEIT JAHRHUNDERTEN wegen ihrer leuchtend bunten Blüten geschätzt und sind beliebte Frühlingsblüher. In ihrer Heimat Asien reifen die Zwiebeln in der warmen Erde durch die Sommersonne heran und bilden Knospen, aus denen sich im folgenden Jahr die Blüten entwickeln. Die einfachen oder gefüllten Blüten kommen in einer unvorstellbar großen Farbpalette vor und sind oft mit anderen Farbtönen überhaucht oder gestreift. Die Blütenblätter können gefranst, kraus, wellig oder lilienblütig sein, spitz zulaufen oder grün gestreift bzw. geflammt sein wie bei Viridiflora-Tulpen, z. B. 'Spring Green'. Arten wie *T. sprengeri*, *T. tarda* und die Greigii-Hybriden zählen zu den kleinsten Tulpen, die auch am einfachsten zu kultivieren sind. Sie passen in Rabatten und Steingärten. Die höherwüchsigen Zuchtformen werden stets zum Blickfang; aber die Blüten können im Laufe der Jahre kleiner werden und sollten aufgenommen (siehe unten) oder einjährig kultiviert werden.

Winterhärte: Voll frosthart ✲✲✲
Standort: Nährstoffreicher, durchlässiger Boden in vollsonniger Lage, Tulpen mögen keine schweren, feuchten Böden.
Pflege: Zwiebeln im Spätherbst 10–15 cm tief einpflanzen; Abgeblühtes regelmäßig entfernen, um Samenbildung zu verhindern und damit die Pflanze ihre gesamte Energie in die Entwicklung der Zwiebel und der Blütenknospen für das folgende Jahr stecken kann; Zwiebeln außer bei reinen Arten sowie Greigii- und Kaufmannia-Hybriden ausgraben, kleine Nebenzwiebeln wegwerfen oder abtrennen, an einer abgelegenen Stelle im Garten weiterziehen, bis sie Blühgröße erlangen (bis zu sieben Jahre); große Zwiebeln im Spätherbst wieder einsetzen; Blattläuse übertragen Virosen, die die Blütenblätter deformieren oder verfärben.
Vermehrung: Nebenzwiebeln abtrennen (siehe oben Pflege).

Tulpenzwiebeln in Körbe pflanzen

Die meisten hochwüchsigen Tulpenhybriden werden ausgegraben, sobald das Laub eingezogen ist, getrocknet und bis zum Herbst gelagert. Dieser Vorgang entspricht weitgehend dem Entwicklungsprozess in der Natur und ermöglicht, dass die Zwiebeln jahrelang blühen, besonders in schweren Böden. Tulpenarten sowie Greigii- und Kaufmanniana-Hybriden können im Boden bleiben.

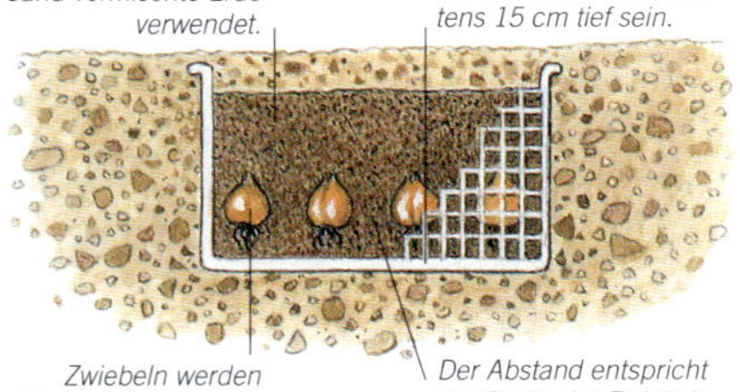

◁❶ *Werden die Zwiebeln in einen Korb gepflanzt, kann man sie nach der Blüte leicht ausgraben und in der Ruheperiode lagern. Nehmen Sie einen Korb, der mehrere Abflusslöcher hat – ein Pflanzkorb für Teiche ist ideal. Heben Sie ihn vorsichtig aus dem Boden, um die Wurzeln, die aus dem Korb herausgewachsen sind, nicht zu verletzen. Graben Sie den Korb im Garten so ein, dass er direkt unter der Erdoberfläche liegt. Beschriften Sie ihn und gießen Sie gründlich.*

▷❷ *Direkt eingepflanzte Zwiebeln kann man vorsichtig mit der Grabgabel ausgraben. Zwiebeln mit Anzeichen von Krankheiten wegwerfen. Schütteln Sie die Erde ab und lassen Sie die Zwiebeln an einem trockenen, kühlen, dunklen Ort trocknen. Entfernen Sie nach dem Trocknen alte Erde, welkes Laub und abgeschälte Haut. Prüfen Sie sie gelegentlich, um die Ausbreitung möglicher Krankheiten zu verhindern. Setzen Sie die Zwiebeln im Herbst wieder ein.*

1

2

7

8

13

14

19

20

① ***Tulipa acuminata*** ↕50 cm; Vor- und Mitte Frühling ② ***T.* 'Ancilla'** ♕ ↕15 cm; Mitte Frühling; für Steingärten geeignet ③ ***T.* 'Angélique'** ♕ ↕30 cm; Mitte Frühling; für Beete und Rabatten geeignet ④ ***T.* 'Apeldoorn'** ↕60 cm; Mitte Frühling ⑤ ***T. biflora*** ↕10 cm; Spätwinter bis Frühjahr; duftend ⑥ ***T.* 'Carnaval de Nice'** ♕ ↕40 cm; Spätfrühling ⑦ ***T.* 'China Pink'** ♕ ↕50 cm; Spätfrühling ⑧ ***T. clusiana* var. *chrysantha*** ♕ ↕30 cm; Vor- und Mitte Frühling ⑨ ***T.* 'Douglas Bader'**

3

4

5

6

9

10

11

12

15

16

17

18

21

22

23

24

↕45 cm; Spätfrühling ⑩ ***T. linifolia*** 🏆 ↕20 cm; Vor- und Mitte Frühling ⑪ ***T. linifolia* Batalinii-Gruppe** 🏆 ↕35 cm; Spätwinter bis Spätfrühling ⑫ **T. 'Madame Lefeber'** ↕35 cm; Vorfrühling; große Blüten, eventuell stützen ⑬ **T. 'Mount Tacoma'** ↕40 cm; Spätfrühling ⑭ **T. 'Oriental Splendour'** 🏆 ↕30 cm; Vorfrühling; Blätter violett gezeichnet ⑮ ***T. praestans*** **'Van Tubergen's Variety'** ↕50 cm; Vor- und Mitte Frühling; einfache Kultur ⑯ **T. 'Prinses Irene'** 🏆 ↕35 cm; Mitte Frühling; gute Schnittblumen ⑰ **T. 'Purissima'** 🏆 ↕35 cm; Mitte Frühling ⑱ **T. 'Queen of Night'** ↕60 cm; Spätfrühling ⑲ ***T. sprengeri*** 🏆 ↕50 cm; Frühsommer; Selbstaussaat in Sonne oder Halbschatten ⑳ **T. 'Spring Green'** 🏆 ↕40 cm; Spätfrühling ㉑ ***T. tarda*** 🏆 ↕15 cm; Vor- und Mitte Frühling ㉒ ***T. turkestanica*** 🏆 ↕30 cm; Vor- und Mitte Frühling; unangenehmer Duft ㉓ **T. 'West Point'** 🏆 ↕50 cm; Spätfrühling ㉔ **T. 'White Parrot'** ↕55 cm; Spätfrühling.

Verbascum

Königskerze, Wollkraut

Diese stattlichen Pflanzen werden wegen ihrer mächtigen Blütenkerzen, die von Sommer bis Herbst mit tellerförmigen Blüten besetzt sind, kultiviert. Die kurzstieligen Blüten sind gewöhnlich gelb, gelegentlich auch purpurn, scharlachrot, braunrot oder weiß. Die Einzelblüten haben zwar eine kurze Lebensdauer, aber ständig öffnen sich neue Blüten. Die meisten Königskerzen sind starkwüchsige, Rosetten bildende Pflanzen, die sich für Rabatten eignen, besonders in Kies- und Bauerngärten. Die oft wollig behaarten Blattrosetten bleiben bis zum Winter dekorativ. Königskerzen sind zweijährige Pflanzen sowie kurzlebige Stauden. Alle säen sich stark selbst aus, aber die Sämlinge sind meist nicht sortenecht.

Winterhärte: Voll frosthart ❄❄❄ bis frosthart ❄❄
Standort: Durchlässiger, kalkhaltiger Boden in sonniger Lage.
Pflege: Hohe Pflanzen brauchen Stütze, besonders auf nährstoffreichem Boden.
Vermehrung: Aussaat bei Stauden im Spätfrühling oder Frühsommer in Töpfen im Frühbeet, bei Zweijährigen im Frühsommer für Blüten im folgenden Jahr; Teilung von Stauden im Frühjahr; Wurzelschnittlinge im Winter schneiden.

***Verbascum* 'Cotswold Queen'**
↕1,2 m ↔ 30 cm; aufrechte Staude mit graugrünen Blättern; Blüte von Früh- bis Spätsommer; ❄❄❄.

***Verbascum* 'Gainsborough'** 🏆
↕bis 1,2 m ↔ bis 30 cm; Staude; graugrüne Blattrosetten; hohe Blütenkerzen von Früh- bis Spätsommer; ❄❄❄.

***Verbascum chaixii* 'Album'** 🏆
↕90 cm ↔ 45 cm; Rosetten bildende Staude; Blütenkerzen bis zu 40 cm, Mitte bis später Sommer; ❄❄❄.

***Verbascum* 'Letitia'** 🏆
↕bis 25 cm ↔ bis 30 cm; dicht und buschig wachsend; bis zu 10 cm hohe Blütenkerzen im Sommer; sehr durchlässiger Boden; ❄❄❄.

Verbascum nigrum
↕90 cm ↔ 60 cm; Rosetten bildende, zwei- bis mehrjährige Staude; Blüte von Hochsommer bis Frühherbst; ❄❄❄.

Verbena

Verbene, Eisenkraut

Die ein- und mehrjährigen Arten dieser großen Gattung dürfen in keinem Sommergarten fehlen. Sie bilden dichte Trugdolden kleiner Blüten in Rot, Blau, Rosa, Lila und Violett, die auf straffen, kantigen Stängeln stehen. Alle Verbenen haben eine lange Blühperiode, aber nur wenige sind frosthart. Sie werden in zwei Hauptgruppen eingeteilt: Frostharte Stauden wie *V. bonariensis* wachsen rasch und bringen Höhe und eine luftige Atmosphäre in Rabatten, während die niedrigen, bedingt frostharten Stauden sich eher ausbreiten. Kombinieren Sie die Stauden mit hohen Pflanzen wie Cardy (*Cynara cardunculus*, siehe S. 221) und Einjährige mit Sommerblumen wie Pelargonien (siehe S. 300–303).

Winterhärte: Voll frosthart ✻✻✻ bis frostempfindlich ❀
Standort: Humoser, durchlässiger Boden in vollsonniger Lage; bei Gefäßbepflanzung Blumenerde verwenden.
Pflege: Gefäßpflanzen im Sommer reichlich gießen, wöchentlich Volldünger verabreichen; Echter Mehltau kann lästig werden.
Vermehrung: Aussaat im Vorfrühling bei 18–21 °C; Teilung von Stauden im Frühjahr; Kopfstecklinge im Spätsommer schneiden.

Veronica

Ehrenpreis, Veronika

Die schlanken, anmutigen Blütenkerzen tragen kleine, nach außen gedrehte Blüten in intensiven oder pastelligen Tönen von Blau, Rosa, Violett oder Weiß. Die zahlreichen Ein-, Zwei- und Mehrjährigen sowie Halbsträucher dieser Gattung sind meist Polster bildende Pflanzen, aber manche wachsen auch aufrecht und verzweigt. Ihre langen oder rundlichen Blätter sind gezähnt und mittel- bis dunkelgrün, manchmal filzig. Ehrenpreisarten blühen von Frühling bis Herbst und sind ausgezeichnete Gartenpflanzen, besonders für den Rand sonniger Rabatten. Sie sind gute Begleiter für strauchige Pflanzen wie Lavendel (siehe S. 80) und Storchschnabel (*Geranium*, siehe S. 250–251). Die niedrigen Formen eignen sich gut für Steingärten.

Winterhärte: Voll frosthart ✻✻✻ bis frosthart ✻✻
Standort: Alpenarten in sehr durchlässigem, kargem bis mäßig nährstoffreichem Boden in vollsonniger Lage, andere in jedem nährstoffreichen Boden in sonniger bis halbschattiger Lage.
Pflege: Alpenarten mit filzigem Laub vor Winternässe schützen; bei trockener Witterung Echter Mehltau, befallene Teile entfernen.
Vermehrung: Aussaat im Herbst in Töpfen im Frühbeet; Stauden im Frühjahr oder Herbst teilen.

***Veronica austriaca* 'Kapitän'**
↕ bis 30 cm ↔ bis 40 cm, Polster bildende Staude; 10–15 cm hohe Blütenkerzen im Sommer; ✻✻✻.

① ***Verbena bonariensis*** 🏆 ↕ bis 2 m; Einjährige bis Staude; Blüte Spätsommer bis Herbst; ✻✻ ② ***V.* 'Peaches and Cream'** 🏆 ↕ bis 45 cm; einjährig kultivierte Staude; ✻.

Veronica gentianoides 🏆
↕↔ bis 45 cm; Polster bildende Staude; dunkelgrünes Laub; blassblaue oder seltener weiße Blüten im Frühsommer; ✻✻✻.

***Pseudolysimachion spicatum* ssp. *spicatum* (früher *Veronica spicata*) 'Rotfuchs'**
↕↔ bis 30 cm; Polster bildende Staude; Blüte im Sommer; ✻✻✻.

Viola

Veilchen, Stiefmütterchen

MIT IHRER VIELFÄLTIGEN Farben und Zeichnungen gehören diese Pflanzen zu den beliebtesten Garten- und Balkonpflanzen. Es gibt Hunderte von Sorten, die Blüten in Goldgelb, Orange, Karminrot, Violett, Schwarz, Blau, Lila und Weiß hervorbringen; viele sind zwei- oder sogar dreifarbig. Die klassischen Veilchen sind kompakte, büschelige Stauden mit zierlichen, oft duftenden Blüten wie das März-Veilchen (*V. odorata*). Diese Staude riecht intensiv süßlich und ist ein guter Bodendecker für Schattenbereiche. Garten-Stiefmütterchen sind großblütige Hybriden, die meist nicht duften; sie werden als Beet- und Balkonpflanzen kultiviert, zum Teil winterblühend. Es gibt auch Einjährige. Stiefmütterchen sehen als Einfassung von Rabatten und in Gefäßen sehr hübsch aus.

Winterhärte: Voll frosthart ✻✻✻ bis bedingt frosthart ✻
Standort: Nährstoff- und humusreicher, feuchter, durchlässiger Boden in sonniger bis halbschattiger Lage
Pflege: Kurzlebige Pflanzen, regelmäßig Nachwuchs ziehen.
Vermehrung: Aussaat im Spätwinter für Sommerblüten oder im Sommer für Winter- oder Frühlingsblüten; Grünstecklinge von Stauden im Frühjahr oder Spätsommer schneiden.

***Viola* 'Nellie Britton'** 🏆
↕15 cm ↔ 30 cm; Horste bildende, kurzlebige Staude; üppige Blüten mit 2,5 cm Durchmesser den ganzen Sommer; ✻✻✻.

***Viola* 'Jeannie Bellew'**
↕20–23 cm ↔ 25–30 cm; buschige, kriechende Staude; Blüte von Mitte Frühling bis Mitte Herbst; ✻✻✻.

***Viola* 'Jackanapes'** 🏆
↕13 cm ↔ 30 cm; Horste bildende, kurzlebige Staude; Blüten mit 2 cm Durchmesser im Spätfrühling und Sommer; ✻✻✻.

***Viola* 'Rebecca'**
↕10 cm ↔ 25 cm; kriechende Staude; stark duftende Blüten – bei Kälte blau getönt – erscheinen im Sommer; ✻✻✻.

ABGEBLÜHTES entfernen, um die Blüte zu verlängern. Schneiden Sie die welken Blüten am Stielgrund ab, um neue Triebe anzuregen.

Viola tricolor
↕8–13 cm ↔ 10–15 cm; Einjährige, Zweijährige oder kurzlebige Staude; Blüte von Frühjahr bis Herbst; ✻✻✻.

Waldsteinia

Golderdbeere, Waldsteinie

Diese exzellenten Bodendecker für Schattenbereiche bilden rasch Teppiche aus üppigem grünen Laub, das an die Blätter der Erdbeerpflanze (*Fragaria*, siehe S. 245) erinnert. Das Laub zieren leuchtend gelbe Blüten, die einzeln oder in kleinen, lockeren Büscheln von Spätfrühling bis Frühsommer erscheinen. Diese anspruchslose wintergrüne Staude breitet sich über unterirdische Rhizome aus und bildet Teppiche, die das Wachstum von Unkräutern unterdrücken. Unter optimalen Bedingungen können Golderdbeeren stark wuchern – wählen Sie den Standort daher mit Sorgfalt. Diese Pflanzen fühlen sich in Waldgärten, am Rand von schattigen Rabatten oder Staudenbeeten sowie unter Bäumen und Büschen sehr wohl.

Winterhärte: Voll frosthart ❄❄❄
Standort: Jeder mäßig nährstoffreiche Boden im Halbschatten bis Schatten.
Pflege: Bis zur Bildung von Teppichen Unkraut zwischen den Pflanzen sorgfältig entfernen.
Vermehrung: Ausgereifte Pflanzen im Vorfrühling teilen; Aussaat im Frühjahr oder Herbst in Schalen; im Frühbeet überwintern.

Waldsteinia ternata
↕10 cm ↔ 60 cm; wuchernde wintergrüne Staude; bis zu 6 cm lange Blätter; Blütendurchmesser bis zu 1,5 cm.

Zantedeschia

Zimmerkalla

Diese imposanten Strukturpflanzen tragen üppiges Laub und elegante Trichterblüten. Die Blüten erscheinen im Frühling und Sommer auf bis zu 90 cm hohen Stängeln und sind gewöhnlich hellgelb, aber es gibt auch Formen mit weißen, rosa, lila und violetten Blüten. Die großen mittel- bis dunkelgrünen Blätter sind pfeilförmig und manchmal gefleckt. Die Weiße Kalla (*Z. aethiopica*) kann in feuchten Rabatten kultiviert werden; hier bildet sie große Horste. Sie gedeiht auch am Gewässerrand in bis zu 30 cm Wassertiefe, wenn sie in 25–30 cm tiefe Pflanzkörbe mit Teichsubstrat gepflanzt wird.

Winterhärte: Voll frosthart ❄❄❄ bis frostempfindlich ❀
Standort: *Z. aethiopica* in feuchtem, mit organischem Material angereichertem Boden in vollsonniger Lage, *Z. elliottiana* im Gefäß mit Blumenerde
Pflege: *Z. aethiopica* in frostgefährdeten Regionen dick mulchen; *Z. elliottiana* nur im Sommer ins Freiland stellen, unter Glas frostfrei überwintern, Topfpflanzen in der Blüte wöchentlich düngen.
Vermehrung: Pflanzen im Frühjahr teilen; Aussaat bei 21–27 °C.

***Zantedeschia aethiopica* 'Green Goddess'** 🏆
↕90 cm ↔ 60 cm; Horste bildende Staude; in mildem Klima immergrün; 15–20 cm lange Blüten von Spätfrühling bis Hochsommer; ❄❄.

Zantedeschia elliottiana 🏆
↕60–90 cm ↔ 20 cm; aufrechte Wuchsform; Blätter bis zu 45 cm lang; 15 cm lange Blüten im Sommer; ❀.

Gräser und Bambusarten

Gestaltung mit Gräsern

Die meisten Gärtner haben einen Rasen oder eine Grasfläche in ihrem Garten, aber es gibt auch viele prächtige Ziergräser, mit denen man Rabatten bepflanzen kann. Diese Gräser sind Strukturpflanzen mit überhängenden oder aufrechten Halmen, federartigen oder büscheligen Blüten- und Samenständen in gedeckten Farben. Ihre Kultur ist einfach, und sie bringen Bewegung und Anmut sowie beruhigende Geräusche in den Garten, wenn sie sich im Wind wiegen. Viele von ihnen bleiben auch im Herbst und Winter attraktiv.

Was sind Gräser?

Ziergräser umfassen verschiedene Gruppen grasähnlicher Pflanzen. Zu den Echten Gräsern oder Süßgräsern zählen auch Rasengräser; sie können einjährig oder ausdauernd sein und bilden meist Blütenstände aus winzigen Blüten in Rispen oder Ähren. Bambusgräser sind hochwüchsige, dekorative, immergrüne, oft sehr wuchsstarke Gräser, die sich über große Flächen ausbreiten, wenn sie eingewachsen sind. Die grasähnlichen Seggen (Sauergräser) und Binsen wachsen gewöhnlich niedriger und tragen oft buntes oder panaschiertes Laub.

Viele Gräser gedeihen an den verschiedensten Standorten. Echte Gräser vertragen oft sehr trockene Bedingungen, während Binsen und Seggen feuchte Böden bevorzugen. In trockene Böden sollte man zur Verbesserung der Wasserversorgung vor dem Einpflanzen reichlich abgelagertes organisches Material einarbeiten. Schweren Tonböden mischt man groben Kies bei.

Süßgräser wie dieses Wollige Honiggras (*Holus lanatus*) variieren stark in Farbe und Wuchsform und werden wegen ihrer Blüten- und Samenstände und bunten Halme kultiviert.

Bambusgräser wie *Bambusa multiplex* zählen zu den Süßgräsern, haben aber holzige, gegliederte Stängel oder Halme sowie bis zu 20 Paar langer, dünner, geteilter Blätter.

Binsen tragen dicht gepackte, aufrechte Blätter, die gerade aus dem Boden wachsen. Sie bevorzugen feuchte Böden wie diese Schwanenblume (*Butomus umbellatus*).

Die Seggen wie *Carex* 'Silver Sceptre' sind niederwüchsig, meist ausdauernd und immergrün und werden wegen ihrer Blätter geschätzt. Ihre Stängel sind dreikantig und gerillt.

Gestaltungsideen

Ziergräser, Bambusgräser, Seggen und Binsen kann man auf die verschiedensten Arten pflanzen. Hohe Gräser wie Pampasgras (*Cortaderia*, siehe S. 346) und Riesen-Federgras (*Stipa gigantea*, siehe S. 355) sind ausgezeichnete Solitärpflanzen. Es lassen sich auch hübsche Kontraste in Blattfarbe, Form und Höhe schaffen, wenn Sie sie in große Gruppen setzen. Bringen Sie mehr Schwung in die Gestaltung, indem Sie hohe, auffällige Gräser neben feinblättrige Arten setzen.

Gräser und Seggen sehen auch in einer gemischten Rabatte oder in einem Staudenbeet gut aus. Sie bilden den perfekten Hintergrund für die breiten Blätter von Funkien oder die leuchtenden Farben von Sommerblumen und Blütenstauden wie Kratzdistel (*Cirsium*, siehe S. 214). Durch ihre schlanken Halme wirken Gräser halbtransparent, sodass sie den Blick auf andere Blütenpflanzen freigeben. Hohe Gräser kann man in Abständen als Horste einpflanzen, damit sie in einem Beet zum Blickfang werden, aber auch als Solitärpflanzen oder Sichtschutz – Bambusse mit bunten Halmen sind eine gute Wahl – einsetzen.

In einem Gefäß Viele Gräser gedeihen auch in Kübeln. Wählen Sie ein Gefäß aus, das zur Farbe der Blätter passt – hier unterstreicht der Bronzeton eines Eimers die ähnlich gefärbte Segge.

Im Hochbeet Niedrige Gräser sehen in einem erhöhten Beet besonders gut aus: Schwingel, Weiches Honiggras (*Holcus mollis*) und Kalmus in Grau- und Blautönen neben Astilben und Ziest.

In einer gemischten Rabatte Gräser können in einer Rabatte inmitten von Stauden besonders gut aussehen. Das feinere Laub der Gräser bildet einen hübschen Kontrast zu den eher statischen Formen und auffälligeren Farben der Blütenstauden und Sträucher. Zwerggräser wie Schwingel eignen sich auch als Randbepflanzung für eine Rabatte.

Das Gartenjahr verlängern

Einer der Vorteile von Ziergräsern ist, dass viele von ihnen spät blühen und mit ihren lockeren oder federartigen Blütenständen bis in den Herbst einen schönen Anblick bieten. Die Blätter mancher Arten färben sich im Herbst bronzefarben oder braun; diese Rosttöne halten oft bis zum Winter und verleihen dem Garten in den trübsten Monaten des Jahres ein interessantes Aussehen. Auch die Blütenstände sind langlebig und wirken sehr grazil, wenn sie Samen bilden. Sind sie von Frost überzogen, sehen sie geradezu märchenhaft aus. Die meisten Gräser werden im Frühjahr zurückgeschnitten, sodass Sie die Lücken mit früh blühenden Zwiebelpflanzen füllen können, bis sie wieder treiben.

Schneiden Sie die Gräser vor dem Winter nicht zurück, sind die Samen eine wertvolle Nahrungsquelle für Vögel. Nützliche Insekten wie Käfer finden zwischen den Gräsern Schutz.

Winterpracht Chinaschilf (hier *Miscanthus sinensis* 'Zebrinus') ist eine hochwüchsige Solitärpflanze, die im Winter genauso gut aussieht wie im Sommer. Die dunkelgrün und gelb gebänderten Blätter färben sich zart bronzefarben, die braunen Blütenstände verblassen zu Silber und die locker wachsenden Halme halten auch den Winterwinden stand.

Bambus im Zaum halten

Wenn Sie einen kleinen Garten besitzen, sollten Sie Bambus mit Sorgfalt auswählen. Manche Arten haben ein faseriges Wurzelsystem, das kompakte Horste bildet. Andere breiten sich über unterirdische Ausläufer oder Rhizome aus und verdrängen andere Pflanzen in einer Rabatte. Solche Bambusse sollte man am besten allein in ein Inselbeet pflanzen, damit ihre Rhizome beim Schnitt des umgebenden Rasens im Zaum gehalten werden. Sie können den Wurzelraum auch durch eine so genannte Rhizomsperre – eine widerstandsfähige Gummimatte, die man ringförmig in den Boden stellt – begrenzen. Manchmal ist es einfacher, die Ausläufer mit dem Spaten abzustechen.

Ausläufer mit dem Spaten abstechen Graben Sie einen 30 cm tiefen Graben um die Pflanze herum, um die Wurzeln freizulegen. Stechen Sie die Rhizome und unerwünschte Ausläufer mit einem scharfen Spaten an der inneren Wand des Grabens ab und entfernen Sie sie. Füllen Sie in den Graben Sand, damit Sie diese Arbeit im nächsten Jahr leichter bewältigen können.

ALOPECURUS

Fuchsschwanzgras

DAS FUCHSSCHWANZGRAS bildet niedrige, lockere Horste aus flachen Blättern und trägt im Frühling und Sommer dichte, schmale, behaarte Blütenrispen, die an einen Fuchsschwanz erinnern. Trotz seiner Ausläufer wuchert es nicht und eignet sich daher gut für Rabatten und Steingärten. Mit seinen hohen Blütentrieben ist es auch eine interessante Kübelpflanze. Das blaugrüne, ausdauernde Fuchsschwanzgras *A. lanatus* mit fein behaarten Blättern verträgt keine Winternässe und ist eine Pflanze für Steingärten mit alpinem Charakter. Die feinen, gestreiften Blätter von *A. pratensis* 'Aureovariegatus' bilden den perfekten Kontrast zu Pflanzen mit großen, flachen Blättern wie Funkien (*Hosta*, siehe S. 260–261). Es gibt auch ein- und zweijährige Arten.

Winterhärte: Voll frosthart ***
Standort: Sandiger, durchlässiger Boden in Sonne oder Halbschatten; schweren Tonböden groben Sand beimischen, um die Durchlässigkeit zu verbessern.
Pflege: Altes Laub im Frühjahr zurückschneiden, um den Neuaustrieb zu fördern.
Vermehrung: Aussaat nach der Samenreife oder im Frühjahr im Frühbeet; Teilung der Pflanzen im Frühjahr oder Frühsommer.

Alopecurus pratensis **'Aureovariegatus'**
↕ bis 1,2 m ↔ 40 cm; blassgrüne bis purpurne Blütenrispen erscheinen von Mitte Frühling bis Hochsommer.

BRIZA

Zittergras

↕ bis 90 cm
↔ 30 cm

DAS ZARTE SCHIMMERN des Zittergrases entsteht durch die hängenden Blütenstände, die beim leisesten Windhauch Bewegung in den Garten bringen und der Pflanze ihren deutschen Namen geben. Die hopfenähnlichen Einzelblüten sind erst rotbraun oder purpurn getönt und färben sich im Herbst strohfarben. Sie werden gerne für Trockenblumensträuße verwendet – naturfarben oder gefärbt. Die Farbe der lockeren Blattbüschel variiert von hellgrün bis blaugrün. Am häufigsten werden drei Arten kultiviert: Das mittlere Zittergras (*B. media*) wird 60–90 cm hoch und wächst ausdauernd, während das Größte Zittergras (*B. maxima*, siehe unten) und das Kleine Zittergras (*B. minor*, etwa 45 cm hoch) einjährig sind.

Winterhärte: Voll frosthart ***
Standort: Durchlässiger Boden; einjährige Arten in vollsonniger Lage, mehrjährige Arten in Sonne oder Halbschatten.
Pflege: *B. minor* bei Trockenheit häufig gießen.
Vermehrung: Aussaat von Einjährigen im Frühjahr an Ort und Stelle; Mehrjährige von Mitte Frühjahr bis Hochsommer teilen.

Briza maxima
↕ 45–60 cm ↔ 25 cm; Blütenstände erscheinen von Spätfrühling bis Spätsommer.

CALAMAGROSTIS

Reitgras

DIE AM HÄUFIGSTEN kultivierten Reitgräser sind Sorten des Moor-Reitgrases (*Calamagrostis* × *acutiflora*). Diese ausdauernden Gräser breiten sich im Allgemeinen langsam aus und bilden Horste, die besonders weiche und elegante Blütenrispen in zurückhaltenden Farben tragen. Ihr aufrechter Wuchs bringt zusätzliche Höhe in gemischte Rabatten, während ihre offene Form einen Blick auf die Pflanzen dahinter erlaubt. Sie bieten fast das ganze Jahr einen schönen Anblick – sie treiben früh aus und tragen im Sommer federige Blütenrispen, die sich langsam zu schmalen Samenständen entwickeln, die den ganzen Herbst halten. 'Karl Foerster' hat rosa-bronzefarbene Blüten, die später verblassen, 'Stricta' trägt rotbraune Blüten und 'Overdam' bildet rötliche Sommerblüten, die zu Graurosa verblassen.

Winterhärte: Voll frosthart ***
Standort: Feuchter Boden, am besten mit organischem Material angereichert, aber auch magere Böden.
Pflege: Triebe über Winter als Dekoration stehen lassen; Rückschnitt erst im zeitigen Frühjahr vor dem Austrieb.
Vermehrung: Übermäßig große Horste im Frühjahr teilen.

Calamagrostis × *acutiflora* **'Overdam'**
↕ bis 1,2 m ↔ 60 cm; blassgelb umsäumte und gestreifte Blätter, die später zu einem rosa überhauchten Weiß verblassen.

Carex

Segge

Diese grasartigen Stauden werden hauptsächlich wegen ihrer Wuchsform und den Farben bzw. Zeichnungen ihrer langen, schmalen Blätter kultiviert. Viele Seggen zeigen einen Bronze- oder Rostton, andere sind goldgelb oder silberweiß gestreift. Gemischte Gruppen – z. B. die sattgelbe Steife Segge (*C. elata* 'Aurea') neben der rotbraunen *C. flagellifera* – schaffen ungewöhnliche Farbkontraste. Manche tragen hübsche Blütenähren, bei der Hänge-Segge (*C. pendula*) hängend, oder stachelige Samenstände wie bei der Morgenstern-Segge (*C. grayi*).

Winterhärte: Alle hier beschrieben Seggen sind voll frosthart ✻✻✻; Arten aus Japan wie *C. conica*, *C. morrowii* und aus Neuseeland wie *C. comans* 'Frosted Curls' sind frosthart ✻✻ und brauchen Wintermulch.
Standort: Seggen kann man nach ihren Kulturansprüchen in Gruppen einteilen – Gruppe 1: jeder Boden in Sonne oder Halbschatten; Gruppe 2: feuchter, fruchtbarer, durchlässiger, alkalischer Boden in Sonne oder Halbschatten; Gruppe 3: *C. flagellifera* und *C. siderosticha* 'Variegata' auf fruchtbarem, feuchtem oder nassem Boden in Sonne oder Halbschatten.
Pflege: Sommergrüne Arten im Frühjahr zurückschneiden; bei immergrünen Arten altes Laub im Sommer abschneiden; Blattläuse können den Stängelgrund befallen.
Vermehrung: Teilung Mitte Frühling bis Frühsommer.

Carex oshimensis 'Evergold' 🏆
↕ 30 cm ↔ 35 cm; Gruppe 2; immergrün.

EINE MULCHSCHICHT aus Kies oder Rindenhäcksel sieht dekorativ aus und schützt weniger frostharte Sorten. Verteilen Sie den Mulch bei mildem, feuchtem Herbstwetter über den Wurzelbereich.

Carex elata 'Aurea' 🏆
↕ bis 70 cm ↔ 45 cm; Gruppe 3; sommergrün.

Carex testacea
↕ bis 1,5 m ↔ 60 cm; Gruppe 1; immergrün.

Carex pendula
↕ bis 1,4 m ↔ bis 1,5 m; Gruppe 1; immergrün.

Chusquea

Chusquee

Diese Bambusse bilden dichte Horste aus glänzenden, festen Halmen. Sie eignen sich als auffallende Solitärpflanzen auf einer Rasenfläche oder in einem Waldgarten, können aber auch neben große Farne wie den Europäischen Kettenfarn (*Woodwardia radicans*, siehe S. 365) gepflanzt werden, um einen Blattkontrast zu schaffen. Diese Bambusse sind eine gute Wahl für Küstengärten. Frostharte Formen, am beliebtesten *C. culeou*, erreichen 6 m Höhe. Die Halme sind gelblich mit langen, spitz zulaufenden, papierartigen Scheiden. Diese verbleiben im ersten Jahr an der Pflanze und verleihen den jungen Halmen ein dekoratives gestreiftes Aussehen. An den Knoten erscheinen büschelartige Seitentriebe mit zahlreichen dünnen mittelgrünen Blätter.

Winterhärte: Voll frosthart ✻✻✻ bis frostempfindlich ✻
Standort: Durchlässiger, mit gut abgelagertem organischem Material angereicherter Boden in sonniger oder halbschattiger Lage.
Pflege: Vor kalten, austrocknenden Winden schützen.
Vermehrung: Horste im Frühjahr teilen.

Cortaderia

Pampasgras

Diese stattlichen immergrünen Gräser werden wegen ihrer überhängenden, dekorativen Blätter und der federbuschartigen Blütenschöpfe in Silber- und Weißtönen kultiviert. Sie bilden dichte Horste aus steifen, schmalen Blättern mit scharfen Kanten (Vorsicht in Familiengärten!), die von Blüten auf kräftigen, aufrechten Trieben überragt werden. Die Blütentriebe ergeben frisch oder getrocknet hervorragenden Vasenschmuck. Obwohl das Pampasgras auf einer Rasenfläche oder im Vordergarten eventuell etwas kitschig aussieht, kommt es am Ende einer Rabatte, vielleicht vor einer dunkelgrünen Hecke, die seine silbernen Blütenstände unterstreicht, gut zur Geltung. Auch bringt es oft Höhe und Dramatik in eine moderne Gestaltung aus Stauden und Gräsern.

Winterhärte: Voll frosthart ✻✻✻ bis frosthart ✻✻
Standort: Nährstoffreicher, durchlässiger Boden in Vollsonne.
Pflege: Junge Pflanzen im ersten Winter mit einer Haube oder Folie, in kalten Gegenden alle Pflanzen mit einer Mulchschicht schützen; alte und tote Triebe im Spätwinter oder Vorfrühling zurückschneiden (auf die scharfen Blattkanten achten).
Vermehrung: Aussaat im Frühjahr bei Bodenwärme; Teilung im Frühjahr.

RÜCKSCHNITT Tragen Sie im Frühjahr beim Rückschnitt der alten Triebe Handschuhe. Den Neuaustrieb nicht verletzen!

Cortaderia selloana **'Sunningdale Silver'** ♀
↕ 3 m oder mehr ↔ bis 2,5 m; wetterbeständige Blütenstände erscheinen im Spätsommer; ✻✻✻.

Chusquea culeou ♀
↕ bis 6 m ↔ 2,5 m; haben einen Durchmesser bis zu 3 cm; ✻✻✻.

Cortaderia selloana 'Pumila' ♀
↕ bis 1,5 m ↔ bis 1,2 m; Blütenstände erscheinen im Spätsommer; ✻✻✻.

Cortaderia selloana
↕ 2,5–3 m ↔ 1,5 m; die Blütenschöpfe, oft rosa oder purpurn übertönt, erscheinen ab dem Spätsommer; ✻✻✻.

DESCHAMPSIA
Schmiele

DIESES AUSDAUERNDE Gras mit seinen luftigen Blütenständen hat schmale Blätter, die Büschel bilden, und kann immergrün oder sommergrün sein. Hierzulande wachsen meist Sorten der Rasen-Schmiele (*D. cespitosa*) mit Blüten von silbrigem Rotbraun bis zu Goldgelb, die später im Herbst ihre Farbe verändern. Diese Art wird bis zu 2 m hoch, aber es gibt auch viele kompakte Sorten. Die Draht-Schmiele (*D. flexuosa*), etwa 60 cm hoch, eignet sich vor allem für kleine Gärten. Alle Formen sind reizvolle Begleiter für Pflanzen mit offenen Blütenrispen wie z. B. die Riesen-Dolden-Glockenblume (*Campanula lactiflora*, siehe S. 206); ihre Sorte 'Loddon Anna' bildet mit den zart lila-rosafarbenen Blüten einen schönen Kontrast zu den goldgelben Blüten von *D. cespitosa* 'Goldtau'.

Winterhärte: Voll frosthart ❄❄❄
Standort: Am besten neutraler bis saurer Boden in Sonne oder Halbschatten; in leichte Sandböden viel organisches Material einarbeiten, um die Feuchtigkeit zu halten.
Pflege: Alte Blütenstände vor dem Neuaustrieb abschneiden.
Vermehrung: Aussaat im Frühjahr oder Herbst am Standort; Teilung im Frühjahr oder Frühsommer.

***Deschampsia cespitosa* 'Goldtau'**
↕↔ bis 75 cm; die rötlich silbernen jungen Blütenstände reifen von Früh- bis Spätsommer zu Goldgelb.

FARGESIA
Schirmbambus

DIESE HORSTE BILDENDEN Bambusse haben schlanke, überhängende Halme und lanzettliche Blätter, die sich aus purpurnen Halmscheiden entwickeln. Muriels Schirmbambus (*F. murieliae*) ist groß und auffällig und bildet so einen hübschen Blickfang oder eine frostharte Hecke bzw. einen guten Sichtschutz. Die jungen Halme sind stark bemehlt, werden später gelbgrün, dann gelb. Sie hängen unter dem Gewicht der Blätter, die bis zu 15 cm lang sind, über. Die Halmscheiden verfärben sich im Alter hellbraun. Wollen Sie einen Blattkontrast schaffen, dann pflanzen Sie Schirmbambus neben Mammutblatt (*Gunnera*, siehe S. 254); Sie benötigen dazu jedoch viel Platz. Der ähnlich hohe Fontänen-Schirmbambus (*F. nitida*) trägt sehr schlanke purpurne Halme und lange, schmale Blätter, die der frostharten Pflanze ein luftiges, zartes Aussehen verleihen.

Winterhärte: Voll frosthart ❄❄❄ bis bedingt frosthart ❄
Standort: Nährstoffreicher, Feuchtigkeit haltender Boden; *F. nitida* im lichten Schatten, *F. murieliae* in Sonne (verträgt Wind).
Pflege: *F. nitida* vor Wind schützen; bei Trockenheit viel wässern.
Vermehrung: Teilung im Frühjahr; Wurzelstecklinge im Frühjahr.

Fargesia murielae 🏆
↕ bis 4 m ↔ bis 1,5 m; ❄❄❄.

FESTUCA
Schwingel

SCHWINGEL, EINE GROSSE GRUPPE sommer- und immergrüner Gräser, eignen sich meist für sonnige Lagen. Sie werden hauptsächlich wegen ihrer schmalen, überhängenden Blätter kultiviert, tragen aber auch hübsche Blütenstände. Der immergrüne Blau-Schwingel (*F. glauca*) und seine zahlreichen Sorten sind besonders beliebt. Der größere Amethyst-Schwingel (*F. amethystina*), der sich nach der Blüte purpurn verfärbt, ist ebenfalls sehr attraktiv. Setzen Sie Schwingel als Randbepflanzung oder als Kontrast zu anderen niedrigen Pflanzen mit auffälligem Laub ein; die meisten Arten sind als Solitärpflanze zu klein. Die blauen Blüten der Kapaster (siehe S. 244) ergänzen das Stahlblau des Blau-Schwingels, silbernes Laub wie beim Woll-Ziest (*Stachys byzantina*, siehe S. 328) bildet einen schönen Kontrast.

Winterhärte: Voll frosthart ❄❄❄
Standort: Eher karger, durchlässiger Boden in vollsonniger Lage.
Pflege: Anspruchslos.
Vermehrung: Aussaat von Herbst bis Frühjahr in Töpfen im Frühbeet; alle zwei bis drei Jahre im Frühjahr teilen, um Blattfarbe und Wuchskraft zu erhalten.

Festuca glauca
↕ bis 30 cm ↔ 25 cm; immergrün; violette bis blaugrüne Blütenstände im Früh- und Hochsommer.

Glyceria maxima

Wasser-Schwaden

Dieses dichte, wuchskräftige, ausdauernde Gras wächst in der Natur nicht nur an feuchten Teich- und Flussufern, sondern auch im Flachwasser bis zu einer Tiefe von 20 cm, was ungewöhnlich ist. Es gibt viele Formen, aber in Gärten wird der Bunte Wasser-Schaden (*G. maxima* 'Variegata') am häufigsten kultiviert. Diese Sorte trägt schmale, riemenförmige Blätter, die im Frühjahr, wenn sie sich entfalten, rosa übertönt, später dunkelgrün und weiß gestreift sind. Rispen grüner bis violett-grüner Blüten erscheinen im Hoch- und Spätsommer an schilfähnlichen Halmen. Wasser-Schwaden ist von Nutzen, um den Rand eines großen Teichs zu beschatten und weicher zu gestalten, oder auf problematischen nassen Böden. Wegen seines wuchernden Wuchses sollte er jedoch in einen Kübel oder Pflanzkorb gesetzt werden.

Winterhärte: Voll frosthart ✲✲✲
Standort: Jeder Feuchtigkeit haltende Boden oder Flachwasser bis 20 cm Tiefe in vollsonniger bis halbschattiger Lage.
Pflege: Bei trockenem Boden häufig und ausgiebig gießen.
Vermehrung: Im Frühjahr teilen.

Glyceria maxima 'Variegata'
↕80 cm ↔ unbestimmt; kann in Teichen und auf feuchten Böden stark wuchern.

Hakonechloa macra

Japangras

Dieses leuchtend gefärbte Gras bringt in eine niedrige Pflanzung oder in den vorderen Bereich einer Rabatte Wärme und Licht. Es bildet dichte Polster aus schmalen, überhängenden blassgrünen Blättern und trägt im Sommer rötlich braune Blütenrispen. Das sommergrüne, ausdauernde Gras verfärbt sich im Herbst orange- oder rostfarben und breitet sich langsam zu einem Teppich aus. Die Blätter fallen bis in den Winter hinein nicht ab und behalten oft ihre Farbe, die den winterlichen Garten leuchten lässt. Japangras zählt auch zu den attraktivsten Ziergräsern für Kübel. Es bildet einen hübschen Schopf sanft überhängender Blätter, die das Gefäß fast vollständig bedecken. Es gibt zahlreiche Sorten mit unterschiedlicher Panaschierung.

Winterhärte: Voll frosthart ✲✲✲
Standort: Nährstoffreicher, mit organischem Material angereicherter Boden in Vollsonne oder Halbschatten; für Gefäße Topferde.
Pflege: Altes Laub im Herbst abschneiden, wenn Winterdekoration nicht erwünscht ist, sonst im Frühjahr.
Vermehrung: Teilung im Frühjahr.

Hakonechloa macra 'Aureola' 🏆
↕35 cm ↔ 40 cm; Blätter im Herbst rot überhaucht; gedeiht am besten im Halbschatten.

Helictotrichon

Wiesenhafer

Diese Gräser, die Laubhorste in Blaugrau oder Hellgrün bilden, sind ursprünglich auf steinigen Magerwiesen heimisch. Sie fühlen sich in einem Stein- oder Kiesgarten besonders wohl, gedeihen aber auch in Rabatten mit durchlässigem Boden. Es gibt zahlreiche sommergrüne und immergrüne Arten, die alle ausdauernd sind. Im Sommer erscheinen aufrechte oder nickende strohfarbene Blütenrispen. Der Blaustrahl-Wiesenhafer (*H. sempervirens*), der dichte Horste aus eingerollten Blättern bildet, ist besonders beliebt. Seine abgeflachten Blütenrispen, die purpurn überhaucht sind, wachsen grazil und nickend. Der Wiesenhafer eignet sich gut als Solitärpflanze und harmoniert mit purpur- oder silberblättrigen Pflanzen.

Winterhärte: Voll frosthart ✲✲✲
Standort: Durchlässiger, karger bis mäßig nährstoffreicher, am besten kalkhaltiger Boden in vollsonniger Lage.
Pflege: Altes Laub und Verblühtes im Frühjahr zurückschneiden; Rostpilze werden vor allem in feuchten Sommern zu Problem, befallene Teile entfernen, Schachtelhalmbrühe spritzen.
Vermehrung: Aussaat im Frühjahr in Töpfen im Frühbeet oder auf dem Fensterbrett; Teilung im Frühjahr.

Helictotrichon sempervirens 🏆
↕bis 1,4 m ↔ 60 cm; immergrün; graublaue Blätter, die im Herbst verblassen (siehe oben); Blütenrispen im Früh- und Hochsommer.

HCRDEUM
Gerste

DIESE GRÄSERGATTUNG umfasst an die 20 einjährige und mehrjährige Zierarten sowie die bekannte Getreidegerste. Die schmalen Blätter können flach oder eingerollt sein und variieren von Hell- bis Mittelgrün oder Blaugrün. Die Blüten erscheinen in dichten, zylindrischen oder abgeflachten Ähren mit sehr langen Grannen. In Gärten wird hauptsächlich die Mähnen-Gerste (*H. jubatum*) kultiviert, deren Ähren aus silbrigen Blüten und langen Grannen bis zu 13 cm lang werden. Sie wird oft einjährig gezogen, z. B. zusammen mit frostharten einjährigen Wildblumen wie Kornblumen (*Centaurea*, siehe S. 209). Viele Arten eignen sich für Trockenblumenarrangements. In einem Wildgarten, auf einer Wiese oder inmitten von blauen Glockenblumen (*Campanula*, siehe S. 206–207) sieht Gerste ebenfalls gut aus.

Winterhärte: Voll frosthart ❄❄❄
Standort: Mäßig nährstoffreicher, durchlässiger Boden in Vollsonne.
Pflege: Blütenstände zum Trocknen abschneiden, bevor sie ausreifen; in längeren Trockenperioden öfter wässern.
Vermehrung: Aussaat im Frühjahr oder Herbst am endgültigen Standort.

LAGURUS OVATUS
Hasenschwanzgras

↕bis 50 cm
↔30 cm

DIESES EIN- BIS ZWEIJÄHRIGE Gras ist auf offenen Flächen im Mittelmeerraum heimisch. Es wird vor allem wegen seiner weich behaarten Blütenbüschel, die tatsächlich wie Hasenschwänzchen aussehen, geschätzt. Diese sind blassgrün und purpurn getönt und nehmen im Spätsommer und Herbst einen creme- bis lohfarbenen Ton an. Die flachen, schmalen Blätter sind blassgrün. Es gedeiht am besten in größeren Gruppen oder inmitten von anderen frostharten Einjährigen wie Garten-Ringelblumen (*Calendula*, siehe S. 204) und Chrysanthemen (siehe S. 212–213). Es eignet sich auch als Lückenfüller in Staudenbeeten. Die Blütenstände kann man frisch oder getrocknet in Blumensträußen verwenden.

Winterhärte: Voll frosthart ❄❄❄
Standort: Leichter, durchlässiger, mäßig nährstoffreicher Sandboden in vollsonniger Lage.
Pflege: Blütenstände zum Trocknen vor der Reife abschneiden.
Vermehrung: Aussaat im Frühjahr direkt im Freien oder im Herbst in Töpfen im Frühbeet.

LUZULA
Hainsimse, Marbel

DIE HAINSIMSE WIRD SEHR GESCHÄTZT, weil sie Schatten verträgt und ein guter Bodendecker für Waldgärten und gemischte Rabatten ist. Die meist immergrüne, ausdauernde Pflanze der Heide-, Moor- und Waldlandschaften bildet Horste aus grasartigen Blättern, die vor allem an den Rändern weiß behaart sind. Dichte Büschel winziger Blüten erscheinen im Frühling oder Sommer. Die Wald-Hainsimse (*L. sylvatica*) gedeiht in trockenem Schatten und ist ein ausgezeichneter Bodendecker, der das Wachstum von Unkraut unterdrückt. Sie trägt glänzende dunkelgrüne Blätter und von Mitte Frühling bis Sommer kastanienbraune rispige Blütenstände. Die Schneeweiße Hainsimse (*L. nivea*) hat reinweiße Blüten, die im Früh- und Hochsommer erscheinen.

Winterhärte: Voll frosthart ❄❄❄
Standort: Karger bis mäßig nährstoffreicher, durchlässiger Boden in Halbschatten oder Schatten, auf feuchten Böden auch in Vollsonne.
Pflege: Im Frühjahr die Horste ausputzen; gelegentlich halbreifen Kompost ausbringen.
Vermehrung: Aussaat im Frühjahr oder Herbst in Töpfen; Teilung von Frühjahr bis Frühsommer.

Hordeum jubatum
↕50 cm ↔ 30 cm; ein- oder zweijährig; rot oder purpurn getönte Blüten von Früh- bis Hochsommer, verblassen später zu Beige.

Lagurus ovatus 🏆

***Luzula sylvatica* 'Aurea'**
↕bis 70–80 cm ↔ 45 cm; gelbgrüne Blätter werden im Winter glänzend gelb; braucht lichten Schatten.

Milium
Flattergras

DIESE KLEINE GATTUNG umfasst ein- und mehrjährige Gräser, die meist Waldpflanzen sind. Die Blätter sind manchmal sehr breit und gelb- bis hellgrün. Offene, zierliche Blütenrispen erscheinen von Frühling bis Hochsommer. Das Flattergras bringt leuchtende Farbe in Staudenbeete oder schattige Bereiche am Rand von Waldgärten. Pflanzen mit dunkelgrünem Laub wie Astilben (siehe S. 194) oder einige Funkien (*Hosta*, siehe S. 260–261) heben die hellen Blätter noch hervor. Das Wald-Flattergras (*M. effusum* 'Aureum') hat im Vorfrühling glatte, flache, überhängende goldgelbe Blätter, die im Laufe des Sommer etwas verblassen. Flattergras harmoniert gut mit anderen Gräsern wie Lampenputzergras (*Pennisetum*, siehe gegenüber) oder Hainsimsen (*Luzula*, siehe S. 349).

Winterhärte: Voll frosthart ❄❄❄
Standort: Nährstoffreicher, feuchter, durchlässiger Boden im Halbschatten, bei ständiger Feuchtigkeit auch in sonniger Lage.
Pflege: Boden mit viel organischem Material anreichern.
Vermehrung: Aussaat im Frühjahr im Freien; Teilung im Vorfrühling und Frühsommer.

Miscanthus
Chinaschilf

DIESE PRÄCHTIGEN GRÄSER, die sich sehr gut als Solitärpflanzen auf Rasenflächen oder Rabatten eignen, bringen zusätzlich Höhe in den Garten, ohne andere Pflanzen zu erdrücken. Sie sorgen für Bewegung und rascheln beim kleinsten Windhauch; auch wenn sie zierlich aussehen, halten die Blütenstände dem Wind stand. Manche Arten entwickeln eine schöne Herbstfärbung. Chinaschilf bildet große Horste aus überhängenden, schmalen hellgrünen Blättern. Meist werden die zahlreichen Sorten von *M. sinensis* kultiviert. Im Spätsommer und Herbst bringen sie große, typische Büschel seidiger, behaarter Blüten – manche rot, andere silbern getönt – hervor. Chinaschilf ist sommergrün, das abgestorbene Laub vieler Formen färbt sich im Herbst jedoch rostfarben oder golden.

Winterhärte: Voll frosthart ❄❄❄ bis frosthart ❄❄
Standort: Alle Standorte, aber bevorzugt nährstoffreiche, feuchte, durchlässige Böden in vollsonniger Lage.
Pflege: Wächst langsam ein; vor heftigen Winterregen schützen; altes Laub im Vorfrühling vor dem Austrieb zurückschneiden.
Vermehrung: Aussaat im Frühjahr im Frühbeet oder auf dem Fensterbrett; Teilung im Frühjahr, wenn der Austrieb beginnt.

***Miscanthus sinensis* 'Zebrinus'**
↕ bis 1,2 m ↔ 1,2 m; die am weitesten verbreitete gestreifte Sorte; im Sommer hellere Bänder auf den Blättern; ❄❄❄.

***Milium effusum* 'Aureum'** 🏆
↕ bis 60 cm ↔ 30 cm; mehrjährig; schlanke, nickende goldgelbe Blüten von Spätfrühling bis Hochsommer.

GROSSE HORSTE TEILEN
Durch Teilung des Wurzelballens wird die Mitte des Horstes verjüngt und die Ausbreitung begrenzt. Für hartnäckige Wurzeln braucht man oft eine Säge.

***Miscanthus sinensis* 'Gracillimus'**
↕ 1,3 m ↔ 1,2 m; dichte, feine Blätter mit bronzefarbene Herbstfärbung; in kühlen Sommern oft keine Blüte; ❄❄❄.

***Miscanthus sinensis* 'Silberfeder'**
↕ bis 2,5 m ↔ 1,2 m; üppige Blütenstände bis in den Winter hinein, die sich im Alter silbern färben; mag keine nassen Böden; ❄❄❄.

Molinia caerulea

Blaues Pfeifengras

In unseren Gärten wird zwar meist diese eine Art kultiviert, aber es sind zahlreiche Unterarten und Sorten erhältlich. Diese hohen, schlanken Gräser sind ausgezeichnete Strukturpflanzen für gemischte Rabatten oder für den äußersten Rand eines Naturteichs. Sie bilden Horste aus schmalen dunkelgrünen Blättern und werden wegen ihrer attraktiven Wuchsform und den dichten purpurfarbenen Blütenrispen, die von Frühling bis Herbst auf überhängenden goldenen Halmen erscheinen, kultiviert. Die Blütenstände und Blätter mancher Sorten färben sich im Herbst goldgelb, aber die Blütenrispen halten nicht bis zum Winter. Vor blassblauem Rittersporn (*Delphinium*, siehe S. 224–225) kommen die purpurnen Blüten und gelb überlaufenen Halme gut zur Geltung.

Winterhärte: Voll frosthart ✻✻✻
Standort: Jeder feuchte, durchlässige, am besten saure bis neutrale Boden in Vollsonne oder Halbschatten.
Pflege: Bei Trockenheit gründlich wässern.
Vermehrung: Aussaat im Frühjahr in Töpfen im Frühbeet oder auf dem Fensterbrett; im Frühjahr teilen, eintopfen und nach dem Eingewöhnen wieder einpflanzen.

Molinia arundinacea
↕ bis 1,5 m ↔ 40 cm; diese Arte sowie ihre Sorten sind für die schöne Herbstfärbung bekannt.

Pennisetum

Lampenputzergras, Federborstengras

Diese Ziergräser werden wegen ihrer flauschigen, ährenförmigen Blütenstände oder der überhängenden Halme, die sich im Sommer und Herbst entwickeln, kultiviert. Von diesen Horste bildenden ein-, zwei- und mehrjährigen Gräsern sind verschiedene Arten erhältlich. Das Japanische Federborstengras (*P. alopecuroides*) wird bis zu 1,5 m hoch und trägt flache dunkelgrüne Blätter und gelblich grüne bis dunkelpurpurne Blütenstände mit langen Borsten, die dadurch wie Flaschenputzer aussehen. Das kleinere sommergrüne Orientalische Lampenputzergras (*P. orientale*) hat rosafarbene Blütenstände und lässt sich gut mit mediterranen Pflanzen wie Lavendel (*Lavendula*, siehe S. 80) kombinieren. Das ausdauernde Weiße Lampenputzergras (*P. villosum*) wird in kalten Regionen einjährig gezogen.

Winterhärte: Voll frosthart ✻✻✻ bis frostempfindlich ✻
Standort: Sandiger, nährstoffreicher Boden in vollsonniger Lage.
Pflege: Abgestorbene Triebe im Frühjahr zurückschneiden.
Vermehrung: Warme Aussaat nur der reinen Arten im Vorfrühling; Teilung im Spätfrühling oder Frühsommer.

***Pennisetum alopecuroides* 'Hameln'**
↕↔ 50 cm; kompakt und früh blühend; dunkelgrüne Blätter färben sich im Herbst gelb; überlebt kalte, nasse Winter meist nicht; ✻✻.

Pennisetum villosum 🏆
↕↔ 60 cm; flache Blätter; weiche Blütenstände im Spätsommer und Frühherbst, die sich später purpurn färben; ✻✻.

Phalaris arundinacea

Rohr-Glanzgras

Dieses immergrüne, ausdauernde Gras und seine Sorten werden häufig gepflanzt. Es breitet sich rasenartig aus, trägt flache Blätter und von Früh- bis Hochsommer schlanke, seidige blassgrüne Blütenrispen, die später lohfarben werden. Dieser gute Bodendecker unterdrückt Unkraut und wirkt an einem Teich oder Bach sehr natürlich. Rohr-Glanzgras kann stark wuchern und braucht daher viel Platz oder muss stark begrenzt werden: In kleinen Gärten oder gemischten Rabatten wird die Pflanze regelmäßig ausgegraben und geteilt. Auch viele panaschierte Sorten sind erhältlich. Neben der auffälligen Ballonblume (*Platycodon grandiflorus*, siehe S. 309) sehen sie sehr gut aus.

Winterhärte: Voll frosthart ❄❄❄
Standort: Jeder Boden in Vollsonne oder Halbschatten; in versenktes Halbfass ohne Boden pflanzen, um das Ausbreiten zu verhindern.
Pflege: Altes Laub im Frühjahr zurückschneiden; panaschierte Formen schlagen oft zu einfarbigen Pflanzen zurück; im Frühsommer alle Triebe bis auf die jungen abschneiden, um neue bunte Blätter zu fördern.
Vermehrung: Teilung von Mitte Frühling bis Hochsommer.

Phyllostachys

Rohrbambus, Unrund

Diese mittelhohen bis hohen immergrünen Bambusse werden wegen ihrer grazilen Form, der feinen Halme und der raschelnden Blätter geschätzt. Sie breiten sich über unterirdische Ausläufer (Rhizome) aus und bilden langsam größer werdende Horste, können bei mildem Klima aber wuchern. Unrundarten kann man in Strauchrabatten oder in Kübeln im Freien ziehen. Sie gedeihen auch in Waldgärten und sind eine elegante Alternative zu klassischen Heckenpflanzen. Diese Bambusse sind besonders wegen ihrer gefurchten, attraktiv gefärbten Halme beliebt: Leuchtend gelb bei *P. aureosulcata* 'Aureocaulis' oder purpurfarben bei *P. violascens*. Die Halme wachsen oft zickzackartig gebogen.

Winterhärte: Voll frosthart ❄❄❄
Standort: Durchlässiger, mit organischem Material angereicherter Boden in Vollsonne oder lichtem Schatten; für Gefäße Topferde.
Pflege: Kübelpflanzen monatlich Flüssigdünger geben; vor kalten, austrocknenden Winden (die Blätter verbrennen) schützen; alte Halme jährlich abschneiden.
Vermehrung: Horste im Frühjahr teilen.

***Phalaris arundinacea* 'Picta'**
↕ bis 1 m ↔ unbestimmt; variable, weiß gestreifte Blätter; bei viel Platz klassische Pflanze für Teich- oder Bachufer.

Phyllostachys aurea 🏆
↕ 2–10 m ↔ unbestimmt; steif aufrechte, leuchtend grüne bis mittelgrüne junge Halme, die bräunlich gelb ausreifen.

Phyllostachys nigra 🏆
↕ 3–5 m ↔ 2–3 m; überhängende, grüne junge Halme, die sich im Laufe von zwei Jahren leuchtend schwarz färben.

Pleioblastus

Buschbambus

Die meisten Buschbambusarten sind im Vergleich zu anderen Bambussen zwergwüchsig und werden »nur« 1–1,5 m hoch; der Dichtbüschelbambus (*P. pygmaeus*) wird sogar nicht höher als 40 cm. Wegen ihres niedrigen Wuchses eignen sich diese Bambusse sehr gut für Kübel, da sie nicht kopflastig werden. Die Gefäßbepflanzung hat auch den Vorteil, dass ihre Wuchsfreudigkeit leichter im Zaum gehalten werden kann. Der Gelbbunte Buschbambus (*P. auricomus*) und *P. variegatus* breiten sich normalerweise nicht so stark aus, besonders in kühleren Regionen. Sie bilden Dickichte aus aufrechten, beblätterten Halmen und gedeihen auf Waldlichtungen im Schutz der Bäume gut, sollten in Rabatten jedoch nur wohl überlegt gepflanzt werden.

Winterhärte: Voll frosthart ❄❄❄
Standort: Feuchter, durchlässiger, mit organischem Material angereicherter Boden in Vollsonne oder Halbschatten
Pflege: Vor kalten, austrocknenden Winden (die Blätter verbrennen) schützen; Rhizomsperre (siehe S. 343) verwenden.
Vermehrung: Wurzelstecklinge im Frühjahr abschneiden, mit genügend Abstand ins Freie pflanzen, bis zur Eingewöhnung feucht halten.

① ***Pleioblastus auricomus*** 🏆 ↕bis 1,5 m ↔ 1,5 m; Blätter am Rand behaart ② ***P. variegatus*** 🏆 ↕75 cm ↔ 1,2 m; behaarte Blätter; blassgrüne Halme.

Pseudosasa

Pfeilbambus

Diese robusten, dichte Büsche bildenden Bambusse werden wegen ihrer aufrechten, verholzenden Halme kultiviert und brauchen eine Menge Platz, z. B. in einem Wald- oder Wildgarten. Sie sind ausgezeichnete Schichtschutzpflanzen. In kühlerem Klima wachsen sie eher horstartig und wuchern nicht stark. *P. amabilis* sieht recht zerzaust aus, wenn sie nicht windgeschützt steht. Die Halmscheiden bleiben längere Zeit an der Pflanze, sodass diese ein gestreiftes Aussehen bekommt. Die Blätter sind im Allgemeinen groß, lanzettlich und mittel- oder dunkelgrün. Selten erscheinen lockere Büschel kleiner, ährenartiger grüner Blüten. Anders als andere Bambusarten überleben diese Pflanzen manchmal die Blüte, gehen jedoch geschwächt aus ihr hervor.

Winterhärte: Voll frosthart ❄❄❄
Standort: Feuchter, durchlässiger, nährstoffreicher Boden in Sonne oder Halbschatten, *P. japonica* auch auf mageren, trockenen oder nassen Böden.
Pflege: Blühende Pflanzen zurückschneiden, düngen, dick mulchen.
Vermehrung: Im Frühjahr teilen, Teile bis zum Einwachsen feucht halten.

Pseudosasa japonica 🏆
↕6 m ↔ unbestimmt; junge Halme sind olivgrün, werden später hellbeige; halten dem Wind stand.

Sasa

Zwergbambus

↕bis 2 m
↔ unbestimmt

Diese niedrigen bis mittelhohen Bambusse bilden dichte Büsche und werden wegen ihrer hübschen Blätter und Halme gepflanzt. Die großen Blätter trocknen ab dem Herbst am Rand ein und werden weiß, wodurch sie wie panaschiert aussehen. Zwergbambus ist ein beliebter Bodendecker und eignet sich für Hecken, wenn ausreichend Platz vorhanden ist. Der Weißrand-Zwergbambus (*S. veitchii*) gedeiht sehr gut unter Bäumen, da er Schatten verträgt. Sein natürlicher Lebensraum sind feuchte Bergwälder. Wuchsfreudiger ist der Breitblättrige Zwergbambus (*S. palmata*). Die purpurn gestreiften Halme von *S. palmata* 'Nebulosa' sind sehr dekorativ; diesen Bambus sollte man aber nur dorthin pflanzen, wo viel Platz ist.

Winterhärte: Voll frosthart ❄❄❄
Standort: Fast alle Standorte, außer trockene Böden in Vollsonne.
Pflege: Vor der Pflanzung viel organisches Material einarbeiten; gegen übermäßige Ausbreitung hilft eine Rhizomsperre (siehe S. 343).
Vermehrung: Im Frühjahr teilen oder unterirdische Ausläufer in Stücke (als Stecklinge) schneiden.

Sasa veitchii
↕1,2–2 m ↔ unbestimmt; schlanke, purpurne, glatte Halme mit feinem Flaum; behaarte Halmscheiden schützen neue Blätter.

Schoenoplectus

Teichsimse

DIESE GRUPPE der Sauergräser umfasst einjährige und ausdauernde immergrüne Arten, die sich für Sumpfgärten sowie für stille oder langsam fließende Gewässer eignen. Sie werden vor allem wegen ihrer Halme und der grasartigen Blätter geschätzt. Am Teichrand (in Pflanzkörbe einsetzen) bilden ihre schmalen Blätter einen interessanten Strukturkontrast zu den breiteren Blättern der Iris (siehe S. 264–267). Die braunen Blüten, die von Früh- bis Spätsommer in Büscheln erscheinen, sind nicht unbedingt die Hauptattraktion dieser Pflanzen. Zu den am häufigsten kultivierten Formen zählt die Zebrasimse *S. tabernaemontani* 'Zebrinus'; die auffallend gebänderten Halme erinnern an Wasserstandsanzeiger, die aus dem Wasser ragen.

Winterhärte: Voll frosthart ❄❄❄
Standort: Nährstoffreicher, nasser Boden oder Flachwasser bis zu 30 cm Tiefe in vollsonniger Lage.
Pflege: In kleinen Teichen Wurzeln jährlich einkürzen, um die Ausbreitung zu begrenzen; bei panaschierten Formen alle einfarbig grünen Halme abschneiden.
Vermehrung: Rhizome teilen, Stücke von Mitte Frühling bis Hochsommer einpflanzen.

Schoenoplectus tabernaemontani 'Zebrinus'
↕1 m ↔ 60 cm; ausdauernd; nahezu blattlose Halme entwickeln sich in Abständen aus den Ausläufern.

Semiarundinaria

Narihirabambus

↕7 m ↔2 m

DIESE GROSSEN, aufrechten Bambusse bilden in warmem Klima dichte Büsche, in kühleren Regionen Horste. Die in Wäldern heimischen Pflanzen sind elegante Begleiter für schlanke, kleinblättrige Bäume wie Birken (*Betula*, siehe S. 28). Dank ihrer kerzengerade wachsenden Halme bilden sie einen natürlichen Sichtschutz, wenn sie viel Platz haben. Die Halmscheiden hängen, nur an der Basis haltend, oft eine Zeitlang herab, bis sie abfallen. Der Narihirabambus (*S. fastuosa*) ist am weitesten verbreitet. Im unteren Bereich sind die Halme unbeblättert, sodass Sie diesen Bambus inmitten von niedrigen Sträuchern pflanzen können. Die glänzenden mittelgrünen Halme haben purpurbraune Streifen.

Winterhärte: Voll frosthart ❄❄❄ bis frosthart ❄❄
Standort: Durchlässiger, nährstoffreicher Boden in Vollsonne oder lichtem Schatten.
Pflege: Halme bei Bedarf im Frühjahr vor dem Austrieb einkürzen; junge Halme werden gerne von Schnecken gefressen.
Vermehrung: Im Frühjahr teilen oder Rhizomstücke einpflanzen.

Semiarundinaria fastuosa 🏆
↕bis 7 m ↔ 2 m oder mehr; glänzende mittelgrüne Blätter; die Scheiden sind im Innern tiefrot, wenn sie sich öffnen; ❄❄❄.

Spartina

Schlickgras, Seilgras

DIESE MEHRJÄHRIGEN, anpassungsfähigen Gräser kommen in der Natur in Süßwassersümpfen, feuchten Prärien und Salzwassermarschen Nordamerikas vor. Sie werden wegen ihrer überhängenden Blätter kultiviert und sind gute Bodendecker für den Teichrand. In feuchtem Boden breiten sie sich über unterirdische Ausläufer rasch aus; sie gedeihen auf allen Böden, außer auf sehr trockenen, und je trockener die Erde ist, umso leichter kann man sie im Zaum halten. Da das Schlickgras Salz verträgt, ist es auch eine geeignete Pflanze für Küstengärten. Pflanzen Sie das Kamm-Schlickgras (*S. pectinata*) neben spät blühende Stauden aus ähnlichen Lebensräumen wie Sonnenbraut (*Helenium*, siehe S. 255) und Sonnenhut (*Rudbeckia*, siehe S. 317).

Winterhärte: Voll frosthart ❄❄❄
Standort: Nährstoffreicher, feuchter, durchlässiger, mit organischem Material angereicherter Boden in vollsonniger bis halbschattiger Lage.
Pflege: Altes Laub im zeitigen Frühjahr abschneiden; junge Triebe werden gerne von Schnecken gefressen.
Vermehrung: Im Frühjahr teilen.

Spartina pectinata 'Aureomarginata'
↕bis 2 m ↔ unbestimmt; behält die gelben Herbstblätter und die elegante Silhouette über den Winter.

Stipa

Federgras, Pfriemengras

Diese grosse Gattung mehrjähriger Gräser umfasst immergrüne und sommergrüne Formen, die lockere Horste aus schmalen Blättern bilden, über denen sich hohe Blütenstände erheben. Allein die Wuchsform ist sehr reizvoll, die Blütenpracht im Sommer und Herbst ist jedoch überwältigend – von den hängenden Blüten der *S. arundinacea* bis zu den federartigen, aufrechten Blüten der *S. tennuissima* und den gewaltigen Blütenstängeln der *S. gigantea*. Viele färben sich im Alter goldgelb oder rostfarben und behalten ihre Farbe bis zum Winter; in Trockenblumensträußen sehen sie sehr elegant aus. Es gibt Formen und Größen für fast jeden Standort. Pflanzen Sie *S. gigantea* zusammen mit der hochwüchsigen *Verbena bonariensis* (siehe S. 337), um der Rabatte ein luftiges Aussehen zu verleihen.

Winterhärte: Voll frosthart ✻✻✻ bis frosthart ✻✻
Standort: Jeder nährstoffreiche, durchlässige Boden in Vollsonne; in schwere Böden für bessere Durchlässigkeit groben Kies einarbeiten.
Pflege: Sommergrüne Arten im Frühwinter oder Frühjahr zurückschneiden.
Vermehrung: Aussaat im Frühjahr in Töpfen; Teilung von Mitte Frühling bis Frühsommer.

Stipa gigantea 🏆
↕ bis 2,5 m ↔ 1,2 m; immergrün oder wintergrün; purpurgrüne Blüten reifen im Sommer goldgelb aus; ✻✻✻.

Stipa calamagrostis
↕ 1 m ↔ 1,2 m; sommergrün; blaugrüne Blätter; silbern und lohfarben bis purpurn getönte Blütenstände; ✻✻✻.

Uncinia

Diese immergrünen Sauergräser werden vor allem wegen ihrer glänzenden, bunten, grasartigen Blätter kultiviert. Die niedrig wachsenden mehrjährigen Pflanzen mit der lockeren, büscheligen Wuchsform sind ursprünglich an feuchten Standorten heimisch. Aufrechte, dreikantige bis zylindrische Stängel tragen schmale Ähren, an denen oben männliche, darunter weibliche Blüten sitzen; ihnen folgen hakenförmige, nussähnliche Früchte. Am häufigsten werden *U. rubra* mit rostroten Blättern und die kleinere *U. unciniata* kultiviert – beide ähneln in vieler Hinsicht den japanischen bzw. neuseeländischen Seggenarten (*Carex*, siehe S. 345). Eine Kiesschicht um die Pflanzen herum lässt sie dekorativer aussehen, aber die Erde darunter muss die Feuchtigkeit halten.

Winterhärte: Frosthart ✻✻
Standort: Nährstoffreicher, feuchter, durchlässiger, mit organischem Material angereicherter Boden in Vollsonne oder Halbschatten.
Pflege: Wurzelbereich gleichmäßig feucht halten.
Vermehrung: Aussaat im Frühjahr bei Wärme; Teilung eingewachsener Pflanzen zwischen Frühjahr und Hochsommer.

Uncinia rubra
↕ 30 cm ↔ 35 cm; grünlich rote oder rötlich braune Blätter; rostbraune, dann dunkelbraune bis schwarze Blüten im Sommer.

Farne

Farne für den Garten

Farne werden als Blattpflanzen oft unterschätzt. Sie können in kleinräumigen wie großflächigen Pflanzungen eindrucksvoll aussehen: Ob einzeln oder in Gruppen, ihre auffällige Strukturform sowie ihre gekräuselten oder filigranen Wedel bilden in Kombination mit anderen Pflanzen immer attraktive Kontraste. In Bereichen des Gartens mit tiefem oder lichtem Schatten und am Ufer eines Gewässers schaffen Farne eine besondere Atmosphäre und bieten manchmal das ganze Jahr über einen schönen Anblick.

Mit Farnen gestalten

Die Stimmung, die Sie im Garten schaffen wollen, bestimmt, wo Sie Farne pflanzen und womit Sie sie kombinieren. Sie erzielen eine interessante Wirkung, wenn Sie fein beblätterte Farne zwischen andere Blattpflanzen wie Iris (siehe S. 264–267) oder Funkien (*Hosta*, siehe S. 260–261) setzen.

In einer formalen Pflanzung können Sie den Straußfarn (*Matteuccia*, siehe S. 363) hinter eine niedrige Buchsbaumhecke (*Buxus*, siehe S. 30) pflanzen; ihre klaren, waagerechten Linien bilden einen eleganten Kontrast zu den hohen, aufrechten Wedeln der Farne.

Mehr Natürlichkeit erreichen Sie, wenn Sie Farne an einem Teich oder in einem Sumpfgarten gruppieren, wo die zarten Wedel mit den derberen Blättern anderer Feuchtigkeit liebender Pflanzen wie Schaublatt (*Rodgersia*, siehe S. 316) und Mammutblatt (*Gunnera*, siehe S. 254) kontrastieren.

Farne sind auch üppige Bodendecker für schattige oder halbschattige Bereiche unter Gehölzen. Pflanzen Sie hohe, überhängende Farne wie den Gewöhnlichen Wurmfarn (*Dryopteris filix-mas*) oder den Weichen Schildfarn (*Polystichum setiferum*, siehe S. 365), um die kahlen Triebe von Sträuchern zu kaschieren. Wenn die Wedel sich im Frühjahr entfalten, werfen sie dichten Schatten, der das Wachstum von Unkräutern unterdrückt. Eine weitere Gestaltungsmöglichkeit ist die Pflanzung verschiedener Formen.

Ein Hauch von Geheimnis
Die Farne, die entlang und zwischen diesen Stufen wachsen, lassen die strengen Formen der Steintreppe weicher erscheinen und harmonieren mit der bemoosten Oberfläche. Sie gedeihen unter kühlen, schattigen Bedingungen an den Mauern und verleihen dieser etwas düsteren Ecke eine ruhige und natürliche Atmosphäre. Viele Farne besiedeln auch Mauerspalten und Steinritzen, was sich diese Bepflanzung zunutze macht.

Farne harmonieren auch mit Blütenpflanzen, vor allem mit Waldarten, die ähnlich feuchte und schattige Bedingungen lieben, im lichten Schatten z. B. mit dem früh blühenden Lungenkraut (*Pulmonaria*, siehe S. 314).

Faszinierendes Blattwerk

Farnpflanzen zeigen vielfältige Wedelformen – von steif und aufrecht bis anmutig überhängend. Manche Wedel sind ledrig und glänzend, während andere viel zarter sind wie z. B. beim Frauenhaarfarn (*Adiantum*, siehe S. 360).

Farnwedel können verschiedene Grüntöne, auch mit Silber und Bronze überhaucht, aufweisen. Manche tragen buntes Frühjahrslaub wie der Perlfarn (*Onoclea sensibilis*, siehe S. 363) und der Gebirgs-Wurmfarn (*Dryopteris wallichiana*, siehe S. 363). Die Kombination verschiedener Farnarten schafft auffallende Form- und Strukturkontraste.

Viele Farne sehen im Frühjahr sehr attraktiv aus, wenn sich ihre neuen Wedel zu entrollen beginnen; diese tragen oft einen dichten braunen Flaum, der in der Frühlingssonne leuchtet. Junge Farnpflanzen sind gute Begleiter für Zwiebelgewächse.

Gefiederter Wedel Dieser Europäische Kettenfarn (*Woodwardia radicans*) hat einen mehrfach gefiederten, typisch geformten Farnwedel.

Breiter Wedel Einfache, ungeteilte Wedel sind charakteristisch für Farne wie z. B. den Hirschzungenfarn (*Asplenium scolopendrium*).

Blattartiger Wedel Die Wedel des Mondsichelfarns (*Polystichum alcatum* var. *falcatum*) ähneln herkömmlichen Laubblättern .

Bunte Wedel Die Farbigkeit kann sehr zurückhaltend sein, wie die silbrig weißen Blattunterseiten dieses Lippenfarns (*Cheilanthes argentea*) zeigen.

Was sind Farne?

Farne sind ausdauernde Blattpflanzen – manche immergrün, andere sommergrün. Anders als die meisten anderen Pflanzen, die zuerst Blüten, dann Samen bilden, vermehren sich Farne durch Sporen. Auf der Unterseite fruchtbarer Wedel entwickeln sich Sporenlager, die bei der Reife Sporen ausstreuen; diese fallen auf die Erde, wo sie bei ausreichender Feuchtigkeit keimen. Eine einfachere Methode ist die Teilung der Pflanze.

Manche Farne wie der Lebend gebärende Streifenfarn (*Asplenium bulbiferum*) und einige Schildfarne bilden Brutknospen an den Wedeln. Trennen Sie einen solchen Wedel ab und legen sich in flach auf eine mit Erde gefüllte Schale. Halten Sie ihn feucht, warm und hell, bis sich Jungpflanzen mit Wurzeln entwickelt haben. Wenn diese etwas größer sind und etwa drei Wedel aufweisen, topfen Sie sie ein.

Farnsporen Die Sporenlager, die unterseits der Wedel erscheinen, können in Form und Farbe variieren. Die reifen Sporen, die hier zu sehen sind, gehören zu einem Tüpfelfarn (*Polypodium vulgare*). Sind die Sporenbehälter reif, so werden sie dunkler. Nachdem die Sporen ausgestreut worden sind, fühlen sich die Unterseiten der Wedel rau an.

Der richtige Standort

Farne gedeihen meist gut an feuchten, schattigen Plätzen. Da sie sehr robust sind, stellen sie nur geringe Ansprüche und benötigen sehr wenig Pflege, wenn sie sich eingewöhnt haben. Die meisten Farne brauchen lichten Schatten, Halb- oder Vollschatten – intensive Sonnenstrahlen können die Wedel verbrennen. Auch kalte Winde an exponierten Lagen verursachen oft Verbrennungen. Wählen Sie daher einen geschützten Standort. Es gibt wenige Ausnahmen, z. B. Lippenfarne (*Cheilanthes*) und manche Tüpfelfarne (*Polypodium*, siehe S. 364), die trockenere Bedingungen und Sonne vertragen. Manche Farne gedeihen in den Spalten einer schattigen Mauer.

Ein guter, humusreicher Gartenboden eignet sich für die meisten Farne am besten. Arbeiten Sie vor der Pflanzung viel reifen Kompost ein, damit der Boden die Feuchtigkeit besser halten kann. Die meisten Farne brauchen einen neutralen bis alkalischen Boden; einige Arten wie Rippenfarne (*Blechnum*, siehe S. 361) und Rollfarne (*Cryptogramma*, siehe S. 362) bevorzugen saure Standorte.

Hohe Luftfeuchtigkeit ist ebenfalls sehr wichtig, damit Farne gut gedeihen.

In Wäldern heimisch Viele Farne wie dieser Gewöhnliche Rippenfarn (*Blechnum spicant*) wachsen in der Natur in großen Wäldern, wo der Boden aufgrund des Schattens feucht bleibt. Ähnliche Bedingungen können Sie auch in Ihrem Garten schaffen.

Wählen Sie einen Platz, der durch Sträucher beschatten wird. Arrangieren Sie mit alten Ästen und Baumstümpfen, die Sie bei einem Forstbetrieb erwerben können, eine natürliche Umgebung. Pflanzen Sie die Farne in Spalten und Risse zwischen den Stümpfen. Sobald die Farne eingewachsen sind, entsteht die Illusion einer alten, geheimnisvollen Waldlandschaft.

ADIANTUM

Frauenhaarfarn

DAS GRAZILE, OFT FEIN GEFIEDERTE Laub ist das hervorstechendste Merkmal dieser großen Gattung immergrüner, wintergrüner und sommergrüner Farne, die häufig als Zimmerpflanzen kultiviert werden. Die Wedel sind meist mittelgrün, aber junges Laub kann heller grün oder sogar bronzerosa sein. Ihre schwarzen oder braunschwarzen Blattstiele fallen deutlich auf. Diese Farne können sich durch unterirdische Ausläufer (Rhizome) ausbreiten. Sie brauchen schattige Bereiche wie unter Bäumen oder großen Sträuchern und gedeihen auch am Gewässerrand. Das zarte Laub kann man durch den Kontrast zu auffälligen Blattschmuckpflanzen wie Funkien (*Hosta*, siehe S. 260–261) besonders betonen.

Winterhärte: Voll frosthart ❄❄❄ bis frostempfindlich ❀
Standort: Feuchter, durchlässiger, nährstoffreicher Boden in Halbschatten oder Schatten; *A. capillus-veneris* bevorzugt alkalische Böden.
Pflege: Altes Laub sommergrüner Arten im Spätwinter oder Vorfrühling zurückschneiden.
Vermehrung: Rhizome alle drei bis vier Jahre im Frühjahr teilen; Rhizome abtrennen, einpflanzen oder in Töpfen weiterziehen.

Adiantum venustum 🏆
↕15 cm ↔ unbestimmt; immergrüne Wedel von 15–30 cm Länge, im Spätwinter und Vorfrühling leuchtend bronzerosa; ❄❄❄.

ASPLENIUM

Streifenfarn

DIESE GROSSE UND VARIABLE Gattung umfasst immergrüne und wintergrüne Farne. Die grünen Wedel variieren in Form und Struktur von fein und federartig bis lang, spitz und glänzend. Der Lebend gebärende Streifenfarn (*A. bulbiferum*) gehört zu den vielen Arten, deren Wedel sich aus winzigen Fiederblättchen zusammensetzen. Streifenfarne entwickeln sich aus aufrechten, manchmal kriechenden Rhizomen. Pflanzen Sie niedrige Arten in Mauerspalten, Steingärten oder in alpine Tröge. Hohe Arten sehen in Waldgärten oder in einer schattigen Rabatte inmitten von Sträuchern am besten aus.

Winterhärte: Voll frosthart ❄❄❄ bis frostempfindlich ❀
Standort: Feuchter, durchlässiger, mit organischem Material angereicherter, meist saurer Boden in Halbschatten; *A. ceterach*, *A. scolopendrium* und *A. trichomanes* mögen Kalkböden.
Pflege: In nassen Wintern ist *A. scolopendrium* anfällig für Rost, Wedel mit orangefarbenen oder braunen Flecken entfernen.
Vermehrung: Pflanzen alle vier bis fünf Jahre teilen, Teile mit mindestens zwei Blättern wieder einpflanzen oder in Töpfen mit Einheitserde weiterkultivieren.

Asplenium scolopendrium 🏆
↕45–70 cm ↔ 60 cm; immergrün; Wedel 40 cm lang oder länger; bevorzugt alkalischen Boden; ❄❄❄.

Asplenium ceterach
↕15 cm ↔ 20 cm; immergrüne Wedel, die bis zu 20 cm lang sind, unterseits mit rostbraunen Sporen; ❄❄❄.

Asplenium trichomanes 🏆
↕15 cm ↔ 20 cm; immergrün oder wintergrün; Wedel 10–20 cm lang, unterseits mit rostbraunen Sporen; ❄❄❄.

Athyrium
Frauenfarn

Die fein zerteilten Fiedern des Wald-Frauenfarns (*A. filix-femina*) und seiner Sorten sowie die silbrig grünen, tief eingeschnittenen Wedel des Japanischen Frauenfarns (*A. niponicum*) machen diese sommergrünen Pflanzen zu sehr dekorativen Arten für Schattenbereiche. Die Mittelrippen sind rötlich gefärbt und bilden einen starken Kontrast zu den Blättern. Diese Farne kommen in der Natur in feuchten Wäldern vor und sehen auch im Garten am besten in einer Waldlandschaft aus. Sie können für sie eine natürliche Umgebung schaffen, indem Sie alte Baumstämme in einer schattigen Rabatte arrangieren und den Frauenfarn dazwischen pflanzen.

Winterhärte: Voll frosthart ❄❄❄ bis frostempfindlich ❀; *A. filix-femina* verträgt bis −40 °C.
Standort: Feuchter, nährstoffreicher, neutraler bis saurer, mit organischem Material angereicherter Boden in schattiger, geschützter Lage; verträgt aber alle Lagen, bis auf sehr trockene.
Pflege: *A. niponicum* in rauem Klima mit Laub abdecken.
Vermehrung: Frostharte Arten alle vier bis fünf Jahre im Frühjahr teilen, große Horste mit einem Spaten zerteilen, neue Pflanzen mit zwei bis drei Blättern in den vorbereiteten Boden einpflanzen.

Blechnum
Rippenfarn

Manche Arten des Rippenfarns besitzen besonders prächtige Wedel, die straff emporragen und eine Art Fontäne, manchmal an einem kleinen »Stamm«, bilden. Bei diesem Stamm handelt es sich eigentlich um ein aufrechtes, bis zu 90 cm hohes Rhizomgeflecht, das mit schwarzen Schuppen bedeckt ist; die Wedel entwickeln sich an der Oberseite. Andere Arten wie die Seefeder (*B. penna-marina*) haben kriechende Rhizome und eignen sich als Bodendecker. Rippenfarne sind meist immergrün und die rauen Wedel bleiben im Winter erhalten. Sie gedeihen üppig in feuchter Erde unter Bäumen oder in schattigen Rabatten.

Winterhärte: Voll frosthart ❄❄❄ bis frostempfindlich ❀
Standort: Feuchter, saurer, mit organischem Material angereicherter Boden (hält die Feuchtigkeit) in Halbschatten bis Schatten; für Gefäße kalkfreie Azaleenerde mit Sand oder Kies mischen.
Pflege: Frostempfindliche Arten in Kübeln ziehen und frostfrei überwintern; in milden Gegenden mit Stroh abdecken und im Freien überwintern.
Vermehrung: *B. penna-marina* und *B. spicant* im Frühjahr teilen; andere Arten kann man auch teilen, sie wachsen aber langsamer ein; im Frühjahr oder Frühherbst Ausläufer abtrennen.

Blechnum chilense ♀
↕90–200 cm ↔ unbestimmt; stammartige Rhizome; Wedel bis zu 1 m lang mit geschuppten Stielen; ❄❄❄.

***Athyrium filix-femina* 'Frizelliae'** ♀
↕20 cm ↔ 30 cm; Wedel 10–20 cm lang; ❄❄❄.

Blechnum penna-marina ♀
↕10–20 cm ↔ unbestimmt; kriechende Wedel, 10–20 cm lang, abhängig von der Form glänzend oder matt; ❄❄❄.

Blechnum gibbum
↕↔ bis 90 cm; rumpfartige Rhizome; Wedel bis zu 90 cm lang oder länger; prächtige Wintergartenpflanze; ❀ (mindestens 18 °C).

Cryptogramma crispa

Krauser Rollfarn

↕15–23 cm
↔15–30 cm

Dieser reizende kleine Farn wird wegen seiner zierlichen Blätter kultiviert. Er ist die einzige Art dieser Gattung, die häufig in Gärten gepflanzt wird. Seine sommergrünen Wedel nehmen im Herbst einen schönen rostbraunen Ton an. Die alten Wedel halten gewöhnlich den ganzen Winter. Die relativ niedrige Pflanze eignet sich sehr gut für eine schattige Mauerspalte in einem Steingarten oder für den vorderen Bereich einer schattigen Rabatte. Die filigranen hellgrünen Wedel bilden einen schönen Kontrast zu den dunkleren und auffälligeren Blättern von Astilben (siehe S. 194) und Schaublatt (*Rodgersia*, siehe S. 316).

Winterhärte: Voll frosthart ✻✻✻
Standort: Nährstoffreicher, mit organischem Material angereicherter (hält die Feuchtigkeit), saurer bis neutraler Boden in Halbschatten oder Schatten; bei alkalischen Böden im Topf oder auf einem erhöhten Beet mit kalkfreier, mit Kies oder scharfem Sand gemischter Azaleenerde ziehen.
Pflege: Welke Wedel im Frühjahr vor dem Austrieb entfernen.
Vermehrung: Im Frühjahr über Sporen; Teilung schwierig, da der Farn ein Tiefwurzler ist.

Cryptogramma crispa
Die Wedel werden bis zu 23 cm lang.

Cystopteris

Blasenfarn

Die fein zerteilten Wedel des sommergrünen Blasenfarns machen ihn zu einer schönen Schmuckpflanze für den Garten. Die Blätter entwickeln sich als Horste oder Rosetten aus fleischigen Rhizomen, die kriechen oder über dem Boden aufrecht wachsen können. Die Wedel sind blass- bis graugrün. Diese Farne fühlen sich in schattigen Bereichen eines Steingartens oder in einer Rabatte unter Bäumen oder Sträuchern sehr wohl. Sie passen auch zu Waldlandschaften, wo sie allein auf einer Rabatte wachsen; in einer solchen Bepflanzung mit beruhigender Wirkung werden die verschiedenen Strukturen, Formen und Grüntöne hervorgehoben.

Winterhärte: Voll frosthart ✻✻✻
Standort: Nährstoffreicher, feuchter, mit organischem Material angereicherter Boden in Halbschatten oder Schatten.
Pflege: Vor kalten, austrocknenden Winden schützen.
Vermehrung: Im Frühjahr teilen und wieder einpflanzen; bei *C. bulbifera* Wedel mit Brutknospen abnehmen, die sich im Spätsommer oder Frühherbst an der Unterseite entwickeln, Wedel flach auf Substrat legen und feucht halten, Jungpflanzen mit drei Wedeln in 8-cm-Töpfe mit Torfersatzsubstrat pikieren, frostfrei überwintern, im Frühjahr auspflanzen.

Cystopteris fragilis
↕↔ 20 cm; bildet Horste mit aufrechten Rhizomen; Wedel 15–45 cm lang.

Dicksonia

Beutelfarn, Taschenfarn

Baumähnliche Formen und eindrucksvolles Laub kennzeichnen diese hohen wintergrünen oder immergrünen Farne. Ihre dicken »Stämme« setzen sich aus alten Trieben und Blattgründen zusammen. Jeder Stamm kann bis zu 60 cm Durchmesser erreichen und hat wenig Wurzeln – die meisten Nährstoffe werden in der Natur über das abgebaute Material, das sich auf den Wedeln ansammelt, aufgenommen. Die bis zu 3 m langen, ledrigen Wedel entwickeln sich an der Spitze des Stammes. Die neuen Blätter tragen einen dichten Schutzflaum, wenn sie sich im Frühjahr entrollen (siehe kleines Bild unten). Baumfarne erreichen ihre volle Größe nur unter optimalen Bedingungen; sie wachsen sehr langsam. Als Solitär oder in einer schattigen Rabatte neben anderen Farnen wirkt er am besten.

Winterhärte: Frosthart ✻✻ bis frostempfindlich ❀
Standort: Nährstoffreicher Boden in Halbschatten oder Schatten.
Pflege: Bei warmem, trockenem Wetter den Stamm täglich wässern; Stamm und Wedel im Winter mit Stroh abdecken und ein Netz darüber spannen; alte Wedel im Frühjahr abschneiden.
Vermehrung: Der Baumfarn lässt sich schwer vermehren.

Dicksonia antarctica 🏆
↕bis 6 m, meist viel niedriger ↔ 4 m; gedeiht in mildem, feuchtem Klima, vor Wind und Sonne geschützt, üppig; ✻✻.

Dryopteris
Wurmfarn, Dornfarn

Diese grosse Gattung umfasst Farne, die sehr beliebt sind und lange, elegante Wedel tragen. Unter milden, geschützten Bedingungen behalten sie im Winter ihre Blätter, bei rauem Klima sterben sie jedoch ab. Die jungen Wedel des immergrünen Spreuschuppigen Wurmfarns (*D. affinis*) sind blassgrün und kontrastieren mit den goldbraunen Mittelrippen. Der Rotschleier-Wurmfarn (*D. erythrosora*) trägt im Frühjahr kupferfarbenes Laub, das dunkelgrün wird und grüne Mittelrippen hat. Die Mittelrippen des Gebirgs-Wurmfarns (*D. wallichiana*) sind mit dunkelbraunen oder schwarzen Schuppen bedeckt und fallen im Frühjahr an den neuen gelbgrünen Wedeln stark auf. Wurmfarn bringt Höhe in eine Rabatte mit verschiedenen Farnen, sieht aber auch in einer schattigen Staudenrabatte gut aus.

Winterhärte: Meist voll frosthart ***, einige frosthart ** und frostempfindlich ❄.
Standort: Mit organischem Material angereicherter Boden (hält die Feuchtigkeit besser) im Halbschatten.
Pflege: Vor kalten, trockenen Winden schützen.
Vermehrung: Reife Pflanzen alle fünf bis sechs Jahre im Frühjahr oder Herbst teilen, bei ältere Horste einen Spaten benutzen.

Dryopteris wallichiana 🏆
↕90 cm, manchmal bis 2 m ↔ 75 cm; aufrechte Rhizome; sommergrüne Wedel werden 90 cm lang oder länger; ***.

Matteuccia
Straußfarn, Trichterfarn

Rosetten aufrechter, sanft überhängender Wedel sind charakteristisch für die wenigen Arten dieser Gattung sommergrüner Farne. Im Hoch- bis Spätsommer schieben sich kleinere dunkelbraune, fruchtbare Wedel aus der Mitte einer Rosette heraus. Sie werden von sehr großen grünen, unfruchtbaren Wedeln umgeben. Diese Farne verbreiten sich über kriechende Rhizome, aus denen sich mehrere Wedel entwickeln. Sie sind auffallende Blattpflanzen für feuchte, schattige Rabatten in Waldgärten oder an Gewässern und harmonieren gut mit anderen Schatten liebenden Gewächsen wie Rhododendren (siehe S. 104–107).

Winterhärte: Voll frosthart ***
Standort: Feuchter, durchlässiger, mit organischem Material angereicherter, bevorzugt neutraler bis saurer Boden im Halbschatten; bei kalkhaltigem Gartenboden in Gefäßen oder auf erhöhten Beeten mit kalkfreier, mit scharfem Sand oder Kies gemischter Azaleenerde oder in Torfersatzsubstrat ziehen.
Pflege: Bei anhaltender Trockenheit reichlich gießen.
Vermehrung: Eingewachsene Horste im Frühjahr teilen, jede neue Pflanze mit mindestens zwei bis drei kräftigen Blättern.

Matteuccia struthiopteris 🏆
↕1,7 m ↔ bis 1 m; sterile grüne Wedel werden bis zu 1,2 m lang.

Onoclea sensibilis
Perlfarn

↕bis 1 m
↔ unbestimmt

Dieser einfache sommergrüne Farn bildet aufrechte und überhängende Wedel, die bis zu 1 m lang werden. Die oberirdischen Teile sterben bei dem ersten Frost ab. Im Frühjahr erscheinen neue, unfruchtbare Wedel, die manchmal rosabronze gefärbt sind und später hellgrün werden. Sie sind stark eingeschnitten, wodurch ein federartiges Aussehen zustande kommt. Im Spätsommer entwickeln sich mehrere fruchtbare Wedel, die steif aufrecht wachsen und bis zu 60 cm lang werden. Perlfarn gedeiht am Gewässerrand oder in schattigen Rabatten mit feuchtem Boden. Kombinieren Sie ihn mit anderen Schatten und Feuchtigkeit liebenden Pflanzen wie Etagenprimeln (siehe S. 312–313).

Winterhärte: Voll frosthart ***
Standort: Feuchter, nährstoffreicher, saurer Boden in lichtem Schatten.
Pflege: Vor kalten, trockenen Winden schützen; bei starker Sonne verbrennen die Blätter.
Vermehrung: Eingewachsene Pflanzen im Frühjahr teilen, jede neue Pflanze mit mindestens zwei bis drei Blättern.

Onoclea sensibilis
Unfruchtbare (sterile) Wedel.

Osmunda

Königsfarn, Rispenfarn

Der eindrucksvolle Königsfarn ist sommergrün und trägt aufrechte blaugrüne oder leuchtend grüne Wedel, die sich im Herbst gelb oder braun färben. In der Mitte dieser sterilen Wedel erscheinen aufrechte, fruchtbare Wedel, die zu den sie umgebenden Blättern einen schönen Kontrast bilden. Beim Königsfarn (*O. regalis*) sind sie braun oder rostfarben, während der Zimtfarn (*O. cinnamomea*) nach der üppigen Farbe seiner fruchtbaren Wedel benannt wurde. Setzen Sie diese großen Strukturpflanzen als Solitäre in eine gemischte Rabatte oder an den Rand eines Gewässers. Der Königsfarn ist auch eine ausgezeichnete Topfpflanze, vorausgesetzt, er wird regelmäßig gewässert, vor allem bei warmem Wetter.

Winterhärte: Voll frosthart ❄❄❄
Standort: Feuchter, nährstoffreicher, schwach saurer Boden im Halbschatten bei hoher Luftfeuchtigkeit; *O. regalis* braucht keinen feuchten Boden, gedeiht aber in feuchtem Boden auch in der Sonne.
Pflege: In rauen Gebieten Zimtfarn im Winter mit Reisig abdecken.
Vermehrung: Sporenanzucht langwierig, Sporen bei Reife im Sommer sofort aussäen, da sie nur wenige Tage keimfähig sind; eine Teilung des Wurzelstocks ist nicht empfehlenswert.

Osmunda regalis 🏆
↕ 2 m ↔ 4 m; die sterilen Wedel werden 1 m lang oder länger.

Polypodium

Tüpfelfarn

Diese anpassungsfähigen Farne mit der kriechenden Wuchsform sowie den schönen, strukturierten Wedeln sind ausgezeichnete Bodendecker, die Unkraut gut unterdrücken. Die langen, überhängenden Blätter entwickeln sich aus den langsam kriechenden Rhizomen. Die Wedel des Südlichen Tüpfelfarns (*P. cambricum*) werden 60 cm lang. Manche tragen auf den Unterseiten der Wedel Sporen in Kontrastfarben. Anders als die meisten Farne vertragen Tüpfelfarne auch Trockenheit und fühlen sich in der Sonne wohl. Die meist immergrünen Farne dieser Gattung sehen in gemischten Rabatten oder an einer Böschung, wo Bodendecker erforderlich sind, gut aus.

Winterhärte: Voll frosthart ❄❄❄ bis frostempfindlich ❁
Standort: Durchlässiger, mäßig nährstoffreicher, mit organischem Material angereicherter Boden in sonniger bis halbschattiger Lage; in schwere Böden Kies einarbeiten (verbessert die Durchlässigkeit); *P. cambricum* bevorzugt neutrale bis saure Böden.
Pflege: Vor kalten, trockenen Winden schützen.
Vermehrung: Teilung im Frühjahr oder Frühsommer, wenn die Pflanzen vier oder fünf Jahre alt sind.

Polypodium vulgare
↕ 30 cm ↔ unbestimmt; dünne bis ledrige Wedel, die 40 cm lang werden; ❄❄❄.

Polypodium glycyrrhiza
↕ 30 cm ↔ unbestimmt; mittel- bis dunkelgrüne Wedel, die bis zu 35 cm lang werden; ❄❄❄.

Polystichum
Schildfarn, Schwertfarn

Ihre volkstümlichen Namen verdanken diese Farne zum einen den schildförmigen Schleiern über den Sporenhaufen, zum anderen der Schwertform der Fiederblättchen einiger Arten. Diese große Gattung umfasst meist immergrüne Farne, die einfach gefiederte (z. B. Lanzen-Schildfarn, *P. lonchitis*), oder doppelt gefiederte Wedel (z. B. Weicher Schildfarn, *P. setiferum*) tragen. Die Pflanzen werden 40–120 cm hoch und lassen sich mit anderen Farnen genauso gut kombinieren wie mit anderen Schatten liebenden Pflanzen wie Hortensien (*Hydrangea*, siehe S. 72–73). Die niedrigeren Schildfarne sehen in schattigen Steingärten am besten aus.

Winterhärte: Voll frosthart ❄❄❄ bis frostempfindlich ❄
Standort: Nährstoffreicher Boden in Halbschatten oder Schatten.
Pflege: Spross im Winter mit Reisig abdecken (gegen Winternässe); abgestorbene Blätter im Frühjahr abschneiden.
Vermehrung: Teilung des Rhizoms kaum möglich; Brutknospen tragende Wedel im Herbst abtrennen und flach auf Anzuchterde legen, in 8-cm-Töpfe mit Sand-Torf-Gemisch pikieren, wenn sich drei Wedel gebildet haben, frostfrei überwintern, im Frühjahr auspflanzen.

***Polystichum setiferum* 'Pulcherrimum Bevis'** 🏆
↕↔ 60–80 cm; sehr selten fruchtbar; ❄❄❄.

Thelypteris palustris
Gewöhnlicher Sumpffarn

↕60 cm
↔bis 1 m

Dieser sommergrüne Farn ist in Sumpfgebieten heimisch. Im Sommer bei ausreichend Licht erscheinen fruchtbare Wedel, die länger sind als die sterilen Blätter. Massen von Sporen sitzen auf den Unterseiten der Fiederblättchen und überziehen die Pflanzen im Spätsommer wie ein brauner Schleier. Kombinieren Sie diesen Farn mit anderen Feuchtigkeit liebenden Pflanzen wie Funkien (*Hosta*, siehe S. 260–261), Primeln (siehe S. 312–313) und Sumpfdotterblumen (*Caltha*, siehe S. 205) am Rand eines Teichs. Der Sumpffarn breitet sich über kriechende Rhizome aus und kann stark wuchern, sodass er viel Platz braucht; Sie können ihn leicht im Zaum halten, indem Sie unerwünschte Teile herausreißen.

Winterhärte: Voll frosthart ❄❄❄.
Standort: Feuchter bis nasser, mäßig nährstoffreicher Boden in sonniger bis halbschattiger Lage.
Pflege: Bei anhaltender Feuchtigkeit ausgiebig gießen.
Vermehrung: Teilung der Rhizome im Frühjahr oder Sommer, Teile wieder einpflanzen und gut wässern, vor allem im Sommer.

Thelypteris palustris
Die Wedel werden bis zu 90 cm lang.

Woodwardia
Kettenfarn, Grübchenfarn

Diese kleine Farngattung umfasst große, sich ausbreitende, überhängende immergrüne und sommergrüne Pflanzen. Die Sporen sind auf den Unterseiten der Wedel kettenförmig angeordnet. Die mehrfach gefiederten Wedel sehen besonders attraktiv aus, wenn sie sich im Frühjahr entrollen. In der Nähe der Blattspitzen können sich im Sommer auf der Oberfläche kleine Brutknospen bilden. Kettenfarn eignet sich sehr gut für schattige Böschungen mit feuchtem Boden. In Wassernähe sehen diese Farne sehr natürlich aus und lassen sich mit auffälligen Blattpflanzen wie Mammutblatt (*Gunnera*, siehe S. 254) gut kombinieren.

Winterhärte: Voll frosthart ❄❄❄ bis frosthart ❄❄
Standort: Neutraler, nährstoffreicher, feuchter Boden in halbschattiger Lage.
Pflege: In kalten Regionen vor kalten, trockenen Winden schützen; im Winter mit Laub oder Stroh abdecken.
Vermehrung: Pflanzen im Frühjahr mit einem Spaten oder scharfen Messer teilen, Stücke wieder einpflanzen; Wedel mit Brutknospen im Spätsommer oder Frühherbst abtrennen und flach auf Anzuchterde legen, Jungpflanzen mit drei Wedeln in 8-cm-Töpfe mit Sand-Torf-Gemisch pikieren, frostfrei überwintern, im Frühjahr auspflanzen.

Woodwardia radicans 🏆
↕2 m ↔ 3 m; immergrün; jedes Fiederblatt wird bis zu 30 cm lang; ❄❄.

Standorte und Pflanzenauswahl

Alle Gärten sind verschieden und bedeuten für den Hobbygärtner eine gewisse Herausforderung. Manche haben schwere, scheinbar kaum zu bearbeitende Böden, andere werden stark beschattet. Anhand folgender Beschreibungen problematischer Standortbedingungen können Sie für jeden Bereich die geeigneten Pflanzen auswählen.

Exponierte Lagen

Gärten an Hängen oder auf ebenen, offenen Flächen sind meist starken Winden ausgesetzt. Errichten Sie mithilfe von Hecken und Bäumen einen Windschutz. Wählen Sie robuste Pflanzen.

Acer pseudoplatanus und Sorten
Achillea
Ajuga reptans und Sorten
Alnus glutinosa 'Imperialis' ♡
Anaphalis triplinervis ♡
Anchusa azurea 'Loddon Royalist' ♡
Anemone × *hybrida* und Sorten
Antirrhinum majus und Sorten
Arbutus unedo ♡
Arctostaphylos
Artemisia abrotanum ♡
Artemisia 'Powis Castle' ♡
Berberis
Bergenia
Bupleurum fruticosum
Calendula officinalis und Sorten
Calluna vulgaris und Sorten
Caragana arborescens
Carpinus betulus 'Fastigiata' ♡
Chaenomeles
Chamaecyparis obtusa 'Nana Aurea' ♡
Chamaecyparis pisifera 'Filifera Aurea' ♡
Clethra arborea
Colutea arborescens
Coreopsis auriculata 'Schnittgold'
Coreopsis 'Sunray'
Cornus
Corylus avellana 'Contorta'
Cotoneaster horizontalis ♡
Crataegus laevigata 'Paul's Scarlet' ♡
Cryptomeria japonica 'Elegans Compacta' ♡
× *Cupressocyparis leylandii* ♡
Cupressus macrocarpa 'Goldcrest' ♡
Deutzia
Dryas octopetala ♡
Echinacea purpurea 'Kim's Knee High'
Echinops ritro 'Veitch's Blue'
Elaeagnus
Erica carnea und Sorten
Erigeron aureus 'Canary Bird' ♡
Erigeron 'Dunkelste Aller' ♡
Erigeron karvinskianus ♡
Eryngium alpinum ♡
Eryngium × *oliverianum* ♡
Eryngium × *tripartitum* ♡
Escallonia 'Apple Blossom' ♡
Eschscholzia caespitosa ♡
Eschscholzia californica ♡
Eucalyptus
Euonymus alatus ♡
Euonymus fortunei und Sorten
Euphorbia characias 'John Tomlinson' ♡
Fagus sylvatica 'Dawyck Purple' ♡
Felicia amelloides 'Santa Anita' ♡
Ficus carica
Forsythia × *intermedia* und Sorten
Fraxinus excelsior
Fuchsia magellanica
Gaultheria
Genista aetnensis ♡
Ginkgo biloba ♡
Gleditsia triacanthos 'Sunburst' ♡
Griselinia littoralis ♡
Hamamelis
Helleborus niger ♡ und Sorten
Hippophae rhamnoides ♡
Hydrangea paniculata 'Grandiflora' ♡
Hypericum calycinum
Ilex aquifolium ♡
Iris sibirica ♡ und Sorten
Jasminum nudiflorum ♡
Juniperus
Kalmia angustifolia ♡
Kerria japonica und Sorten
Kerria japonica 'Picta'
Laburnum
Laurus nobilis ♡
Lavatera
Leucothoe fontanesiana 'Rainbow'
Limnanthes douglasii ♡
Miscanthus
Nepeta sintenisii
Nepeta 'Six Hills Giant'
Osmunda regalis ♡
Phalaris arundinacea var. *picta*
Phlox subulata 'Lilacina'
Picea abies
Pieris
Pinus nigra ♡
Populus × *canadensis* und Sorten
Potentilla
Primula
Prunus spinosa
Pulmonaria saccharata
Pyracantha
Quercus
Rubus cockburnianus
Salix alba
Sempervivum arachnoideum ♡
Sempervivum tectorum ♡
Senecio cineraria 'Silver Dust' ♡
Senecio cineraria 'White Diamond'
Sorbus aria
Sorbus aucuparia und Sorten
Spiraea
Symphoricarpos × *doorenbosii* 'White Hedge'
Tamarix
Tanacetum parthenium und Sorten
Taxus
Thuja plicata
Tiarella cordifolia ♡
Tilia
Tsuga canadensis und Sorten
Ulex
Viburnum × *bodnantense* 'Dawn' ♡
Viburnum × *burkwoodii*
Viburnum opulus 'Compactum' ♡
Viburnum rhytidophyllum
Viburnum tinus 'Eve Price' ♡

Küstengärten

Küstenbereiche werden von Stürmen heimgesucht und sind dadurch Salzwasser ausgesetzt. Errichten Sie am Rand einen Schutzwall aus Bäumen, und pflanzen Sie robuste Gewächse, die Feuchtigkeit speichern.

Achillea
Allium
Alstroemeria
Anaphalis triplinervis ♡
Anchusa azurea 'Loddon Royalist' ♡
Anthemis
Anthericum liliago
Antirrhinum majus und Sorten
Arbutus unedo ♡
Armeria

Artemisia abrotanum 🏆
Artemisia 'Powis Castle' 🏆
Aster
Aucuba
Bergenia
Buddleja davidii und Sorten
Bupleurum fruticosum
Campanula
Centaurea hypoleuca 'John Coutts'
Choisya ternata SUNDANCE 🏆 ('Lich')
Cistus
Cordyline australis 'Torbay Red' 🏆
Cotoneaster
Crataegus
Crocosmia
Cupressus macrocarpa
Cytisus
Dahlia
Dianthus
Dierama pulcherrimum
Echinacea purpurea 'White Lustre'
Echinops ritro 'Veitch's Blue'
Elaeagnus × *ebbingei* 'Gilt Edge' 🏆
Erica arborea var. *alpina* 🏆
Erica carnea und Sorten
Erigeron karvinskianus 🏆
Erigeron 'Quakeress'
Erodium glandulosum 🏆
Erodium manescaui
Eryngium alpinum 🏆
Escallonia 'Apple Blossom' 🏆
Eschscholzia caespitosa 🏆
Eucalyptus
Euonymous fortunei und Sorten
Euphorbia
Felicia amelloides 'Santa Anita' 🏆
Ficus carica
Filipendula rubra 'Venusta' 🏆
Forsythia × *intermedia* und Sorten
Fuchsia magellanica
Garrya elliptica
Gaultheria
Genista aetnensis 🏆
Geranium
Gleditsia triacanthos 'Sunburst' 🏆
Griselinia littoralis 🏆
Gypsophila 'Rosenschleier' 🏆
Halimium 'Susan' 🏆
Hebe
Hemerocallis
Heuchera
Hibiscus syriacus 'Oiseau Bleu' 🏆
Hippophae rhamnoides 🏆
Hydrangea macrophylla und Sorten
Ilex × *altaclerensis* und Sorten
Impatiens
Iris
Juniperus
Laburnum
Laurus nobilis 🏆
Lavandula
Lavatera
Leycesteria formosa 🏆
Lonicera nitida
Lonicera × *purpusii* 'Winter Beauty' 🏆
Lychnis coronaria 🏆
Melissa officinalis 'Aurea'
Monarda
Oenothera
Olearia
Origanum
Osmanthus delavayi 🏆
Pachysandra terminalis
Penstemon
Phormium tenax 🏆
Phygelius
Pinus nigra 🏆
Pittosporum
Populus tremula 🏆
Potentilla
Prunus spinosa
Pulsatilla
Pyracantha
Quercus ilex 🏆
Rosa (einige)
Rosmarinus officinalis
Rubus cockburnianus
Salvia
Sambucus racemosa 'Plumosa Aurea'
Santolina
Sisyrinchium
Spartium junceum 🏆
Stachys
Tamarix
Ulex
Viburnum

Trockene Sonnenlagen

Der Trockenheit ausgesetzt sind steile, sonnige Hänge, wo das Wasser rasch abfließt, der Grund einer warmen Süd- oder Westmauer und flache, sandige oder steinige Böden in vollsonniger Lage.

Abelia
Acacia baileyana 🏆
Acaena saccaticupula 'Blue Haze'
Achillea
Agapanthus
Allium
Alstroemeria
Anaphalis triplinervis 🏆
Anchusa azurea 'Loddon Royalist' 🏆
Anthemis
Arabis
Arctotis
Armeria pseudarmeria
Artemisia
Asphodeline lutea
Betula
Brachyglottis 'Sunshine' 🏆
Brachyscome iberidifolia
Buddleja
Bupleurum fruticosum
Buxus
Caryopteris × *clandonensis* 'Kew Blue'
Catananche caerulea 'Bicolor'
Ceanothus 'Blue Mound' 🏆
Centaurea
Cerastium tomentosum
Ceratostigma willmottianum 🏆
Chamaemelum nobile 'Flore Pleno'
Chrysanthemum segetum
Cirsium rivulare 'Atropurpureum'
Cistus
Cleome hassleriana
Clerodendrum trichotomum var. *fargesii* 🏆
Cotoneaster
Crambe cordifolia 🏆
Crocosmia
× *Cupressocyparis leylandii* 🏆
Cynara cardunculus 🏆
Cytisus
Dianthus
Diascia
Dictamnus albus
Draba mollissima
Echinops ritro 'Veitch's Blue'
Epilobium
Erica arborea var. *alpina* 🏆
Erica cinerea und Sorten
Erodium glandulosum 🏆
Erodium manescaui
Eryngium alpinum 🏆
Erysimum
Escallonia
Eucalyptus
Euonymus
Euphorbia
Foeniculum vulgare 'Purpureum'
Fuchsia magellanica
Gaillardia 'Dazzler' 🏆
Gaultheria mucronata 'Mulberry Wine' 🏆
Gaura lindheimeri 🏆
Gazania Mini-Star-Serie
Genista aetnensis 🏆
Genista lydia 🏆
Geranium
Gleditsia triacanthos
Gypsophila 'Rosenschleier' 🏆
Hebe
Helianthemum
Hippophae rhamnoides 🏆
Hypericum
Impatiens
Ipheion uniflorum 'Wisley Blue' 🏆
Iris foetidissima 🏆
Iris pallida 'Variegata' 🏆
Juniperus
Kniphofia
Kolkwitzia amabilis 'Pink Cloud' 🏆
Lavandula
Liatris spicata 'Kobold'
Limnanthes douglasii 🏆
Linaria alpina
Linum flavum 'Compactum'
Linum perenne
Lobularia 'Royal Carpet'
Lychnis coronaria 🏆
Melissa officinalis 'Aurea'

Nepeta
Nerine bowdenii 🏆
Oenothera
Olearia
Origanum laevigatum 🏆
Osteospermum
Papaver orientale und Sorten
Pelargonium
Penstemon
Perovskia 'Bue Spire' 🏆
Phlomis fruticosa 🏆
Phlox subulata 'Lilacina'
Phormium
Phygelius aequalis 'Yellow Trumpet' 🏆
Pinus mugo 'Mops' 🏆
Potentilla
Pulsatilla vulgaris 🏆
Quercus ilex 🏆
Ribes
Rosmarinus officinalis und Sorten
Salvia patens 'Cambridge Blue' 🏆
Sambucus racemosa 'Plumosa Aurea'
Santolina
Saponaria ocymoides 🏆
Schizanthus × wisetonensis 'Hit Parade'
Sedum
Sempervivum arachnoideum 🏆
Sempervivum tectorum 🏆
Solanum crispum 'Glasnevin' 🏆
Spartium junceum 🏆
Spiraea
Stachys byzantina
Stachys candida
Stachys macrantha 'Superba'
Stipa
Symphoricarpos × doorenbosii 'White Hedge'
Tagetes
Tamarix
Teucrium polium
Thymus
Tulipa
Ulex europaeus 'Flore Pleno' 🏆
Verbascum
Verbena bonariensis 🏆
Yucca gloriosa 🏆

Feuchter Schatten

Eine kühle Waldlandschaft mit hoher Luftfeuchtigkeit und ganzjährig relativ feuchtem Boden befindet sich im feuchten Schatten.

Acer cappadocicum
Acer griseum 🏆
Acer negundo 'Variegatum'
Acer palmatum f. *atropurpureum*
Acer saccharinum
Alchemilla mollis 🏆
Alnus
Aruncus dioicus 🏆
Asplenium scolopendrium 🏆
Astilbe
Athyrium filix-femina 'Frizelliae' 🏆
Aucuba japonica
Betula pendula 'Youngii'
Buxus sempervirens 🏆
Caltha palustris 🏆
Caltha palustris 'Flore Pleno' 🏆
Camellia japonica und Sorten
Cercidiphyllum japonicum 🏆
Clethra arborea
Convallaria majalis 🏆
Cornus canadensis 🏆
Crataegus
Daphne
Darmera peltata 🏆
Dicentra
Dryopteris wallichiana 🏆
Elaeagnus
Erythronium
Euonymus fortunei
Fatsia japonica 🏆
Fothergilla major 🏆
Gaultheria
Haberlea rhodopensis 'Virginalis'
Hamamelis
Helleborus
Hosta
Hydrangea
Hypericum calycinum
Ilex aquifolium 🏆
Iris sibirica 🏆 und Sorten
Ligularia 'The Rocket' 🏆
Lilium martagon 🏆
Lythrum virgatum 'The Rocket'
Mahonia aquifolium
Matteuccia struthiopteris 🏆
Metasequoia glyptostroboides 🏆
Monarda
Osmanthus × burkwoodii 🏆
Osmanthus delavayi 🏆
Pachysandra terminalis
Picea
Pieris
Polystichum setiferum 🏆
Populus
Primula
Prunus laurocerasus 🏆
Prunus padus 'Watereri' 🏆
Quercus
Rhododendron
Rodgersia pinnata 'Superba' 🏆
Rubus
Salix
Sambucus racemosa 'Plumosa Aurea'
Sarcococca
Sasa veitchii
Saxifraga fortunei 🏆
Skimmia
Smilacina racemosa 🏆
Sorbus
Spiraea
Stachyurus praecox 🏆
Symphoricarpos
Symphytum
Taxus baccata 🏆 und Sorten
Viburnum davidii 🏆
Viburnum opulus
Viburnum rhytidophyllum

Trockener Schatten

Diese problematische Kombination von Schatten und Trockenheit herrscht oft an Mauern und unter durstigen, flach wurzelnden Bäumen.

Acanthus spinosus 🏆
Ajuga reptans und Sorten
Alchemilla mollis 🏆
Amelanchier lamarckii 🏆
Aquilegia
Arum italicum 'Marmoratum' 🏆
Astrantia
Aucuba
Berberis
Bergenia
Betula
Buxus sempervirens 🏆
Cornus canadensis 🏆
Cortaderia
Cotoneaster
Daphne
Dicentra formosa
Digitalis
Epimedium
Euonymus fortunei
Fatsia japonica 🏆
Garrya elliptica
Geranium himalayense
Geranium macrorrhizum
Geranium nodosum
Hedera
Heuchera
Hippophae rhamnoides 🏆
Ilex aquifolium 🏆
Iris foetidissima 🏆
Juniperus × pfitzeriana
Lamium
Lunaria annua und Sorten
Mahonia
Meconopsis cambrica
Melissa officinalis 'Aurea'
Milium effusum 'Aureum' 🏆
Pachysandra terminalis
Pittosporum tenuifolium 🏆
Polygonatum
Polypodium vulgare
Prunus laurocerasus 🏆
Pulmonaria
Santolina
Skimmia
Symphoricarpos
Taxus baccata 🏆 und Sorten
Teucrium polium
Thalictrum
Tiarella
Tolmiea menziesii 'Taff's Gold' 🏆
Waldsteinia ternata

Tiefer Schatten

Dauerhaft beschattete Lagen sind unter immergrünen Bäumen, an hohen Mauern und zwischen großen Gebäuden. Verwenden Sie dort Pflanzen und Gestaltungselemente in hellen Farben.

Acer cappadocicum
Acer griseum 🏆
Adiantum venustum 🏆
Ajuga reptans und Sorten
Alchemilla mollis 🏆
Aruncus dioicus 🏆
Asplenium scolopendrium 🏆
Astilbe
Athyrium filix-femina 'Frizelliae' 🏆
Aucuba japonica
Betula nigra
Blechnum
Camellia
Cercidiphyllum japonicum 🏆
Cotoneaster
Cryptogramma crispa
Daphne
Dicentra
Dicksonia antarctica 🏆
Digitalis
Dryopteris wallichiana 🏆
Epimedium
Erythronium
Fatsia japonica 🏆
Fothergilla major 🏆
Gaultheria
Helleborus
Hosta
Hydrangea
Ilex
Iris foetidissima 🏆
Iris sibirica 🏆
Mahonia
Matteuccia struthiopteris 🏆
Osmanthus × burkwoodii 🏆
Pachysandra terminalis
Pieris
Polypodium vulgare
Polystichum setiferum 🏆
Primula
Prunus laurocerasus 🏆
Prunus lusitanica ssp. *azorica*
Pulmonaria
Rhododendron
Rodgersia pinnata 'Superba' 🏆
Rubus cockburnianus
Salix
Skimmia
Symphoricarpos
Symphytum
Taxus baccata 🏆 und Sorten
Viburnum davidii 🏆
Viburnum rhytidophyllum
Woodwardia radicans 🏆

Schwere Böden

Schwere Böden lassen sich schlecht bearbeiten, sind aber meist nährstoffreich. Wählen Sie frostharte Pflanzen, verzichten Sie auf Alpenpflanzen, und arbeiten Sie regelmäßig organisches Material und Kies in den Boden ein.

Abelia
Acer
Aconitum
Aesculus
Ajuga reptans und Sorten
Alnus
Anemone × hybrida und Sorten
Aster
Aucuba japonica
Berberis
Betula
Campanula
Carpinus betulus 'Fastigiata' 🏆
Chaenomeles
Choisya ternata SUNDANCE 🏆 ('Lich')
Colutea arborescens
Cornus
Corylus avellana 'Contorta'
Cotinus 'Grace'
Cotoneaster
Crataegus
Crocosmia
Cytisus
Darmera peltata 🏆
Digitalis
Echinops
Eranthis hyemalis 🏆
Erigeron
Escallonia
Eucalyptus
Forsythia × intermedia und Sorten
Fraxinus excelsior 'Jaspidea' 🏆
Geranium
Hamamelis
Hedera helix und Sorten
Helenium
Helleborus
Hemerocallis
Hibiscus syriacus
Hosta
Hypericum
Ilex
Kerria japonica und Sorten
Laburnum × watereri 'Vossii' 🏆
Lysimachia clethroides 🏆
Magnolia
Mahonia
Malus
Monarda
Osmanthus × burkwoodii 🏆
Persicaria bistorta 'Superba' 🏆
Physalis alkekengi 🏆
Philadelphus
Pieris japonica 'Flamingo'
Potentilla
Prunus
Pyracantha
Pyrus salicifolia 'Pendula' 🏆
Quercus
Ranunculus
Rheum palmatum 'Atrosanguineum' 🏆
Rhododendron
Rodgersia
Rosa
Rudbeckia
Salix
Sasa veitchii
Sidalcea 'Oberon'
Solidago 'Goldenmosa' 🏆
Sorbus
Symphytum caucasicum 🏆
Symphoricarpos × doorenbosii 'White Hedge'
Syringa
Tilia
Tradescantia
Waldsteinia ternata
Weigela florida

Saure Böden

Saure (kalkfreie)Böden sind typischerweise sehr fruchtbar, nährstoffreich, feucht und durchlässig. Manche Säure liebende Pflanzen können Sie in Töpfe mit Azaleenerde setzen.

Acer rubrum 'October Glory' 🏆
Betula
Calluna vulgaris
Camellia
Cassiope 'Edinburgh' 🏆
Cercidiphyllum japonicum 🏆
Corylopsis glabrescens
Cryptomeria japonica 'Elegans Compacta' 🏆
Daboecia cantabrica und Sorten
Erica
Gaultheria
Ilex aquifolium 🏆
Kalmia angustifolia 🏆
Leucothoe fontanesiana 'Rainbow'
Liquidambar styraciflua 'Golden Treasure'
Meconopsis betonicifolia 🏆
Osmunda regalis 🏆
Pinus nigra 🏆
Populus tremula 🏆
Rhododendron
Skimmia
Trillium grandiflorum 🏆

Alkalische Böden

Böden auf einem Untergrund aus Kreide und Kalkstein sind alkalisch (kalkhaltig). Sie sind normalerweise recht fruchtbar, können aber rasch austrocknen. Setzen Sie in diesem Fall Trockenheit vertragende Pflanzen ein.

Acanthus spinosus 🏆
Acer cappadocicum
Acer griseum 🏆

Saure Böden

Amelanchier lamarckii ♆
Anthemis
Arbutus unedo ♆
Berberis
Buddleja davidii
Carpinus betulus ♆
Catalpa bignonioides ♆
Ceanothus 'Blue Mound' ♆
Clematis
Corylus avellana 'Contorta'
Daphne mezereum
Dianthus
Eremurus robustus ♆
Fagus sylvatica 'Dawyck Purple' ♆
Fraxinus excelsior 'Jaspidea' ♆
Gleditsia triacanthos 'Sunburst' ♆
Hebe
Kolkwitzia amabilis
Laburnum × watereri 'Vossii' ♆
Laurus nobilis ♆
Liriodendron tulipifera ♆
Malus
Paeonia
Papaver orientale und Sorten
Prunus
Pulsatilla vulgaris ♆
Pyrus salicifolia 'Pendula' ♆
Robinia pseudoacacia 'Frisia' ♆
Saponaria ocymoides ♆
Sedum spectabile ♆ und Sorten
Spartium junceum ♆
Syringa
Tradescantia
Verbascum

Zierkräuter

Diese fühlen sich sowohl in Kräutergärten als auch in Zierrabatten wohl.
Anethum graveolens
Angelica archangelica
Artemisia abrotanum ♆
Borago officinalis
Calendula officinalis
Chamaemelum nobile 'Flore Pleno'
Foeniculum vulgare 'Purpureum'
Hesperis matronalis var. *albiflora*
Laurus nobilis ♆
Lavandula angustifolia 'Hidcote' ♆
Melissa officinalis und Sorten
Rosmarinus officinalis
Salvia officinalis
Thymus

Steingartenpflanzen

Steingärten und erhöhte Beete sind meist durchlässig und geignet für niedrige Pflanzen und Alpengewächse.
Ajuga reptans und Sorten
Anchusa cespitosa
Arenaria balearica
Arenaria montana ♆
Armeria pseudarmeria
Aubrieta
Calluna
Campanula carpatica 'Weiße Clips'
Cassiope 'Edinburgh' ♆
Daboecia cantabrica und Sorten
Daphne cneorum
Dianthus
Erica
Erigeron karvinskianus ♆
Erinus alpinus ♆
Eryngium alpinum ♆
Euphorbia myrsinites ♆
Hebe pinguifolia 'Pagei' ♆
Helianthemum
Juniperus communis 'Compressa' ♆
Lamium maculatum
Linaria alpina
Lithodora diffusa 'Heavenly Blue' ♆
Phlox subulata 'Lilacina'
Saponaria ocymoides ♆
Saxifraga
Sedum spathulifolium 'Cape Blanco' ♆
Sempervivum tectorum ♆
Thymus
Veronica spicata 'Rotfuchs'
Waldsteinia ternata

Duftpflanzen

Um den herrlichen Duft dieser Pflanzen genießen zu können, sollten Sie sie in Hausnähe oder am Wegrand pflanzen.
Akebia quinata
Asphodeline lutea
Azara microphylla 'Variegata'
Buddleja
Chimonanthus praecox 'Grandiflorus' ♆
Choisya ternata SUNDANCE ♆ ('Lich')
Clematis armandii
Clematis flammula
Clematis rehderiana ♆
Convallaria majalis ♆
Corylopsis glabrescens
Cosmos atrosanguineus
Cytisus battandieri ♆
Daphne
Dianthus
Genista aetnensis ♆
Hamamelis
Iris unguicularis ♆
Laburnum × watereri 'Vossii' ♆
Lavandula
Lonicera fragrantissima
Lunaria rediviva
Mahonia
Malus floribunda ♆
Malus hupehensis ♆
Monarda
Osmanthus × burkwoodii ♆
Phlox paniculata und Sorten
Rosa
Sarcococca
Syringa
Tilia platyphyllos
Wisteria floribunda

Sumpfpflanzen

Diese Pflanzen mögen einen ständig feuchten Boden. Manche gedeihen sogar in sehr flachem Wasser am Teichufer.
Alnus incana
Aruncus dioicus ♆
Astilbe
Caltha palustris ♆
Cardamine pratensis 'Flore Pleno'
Cornus alba und Sorten
Darmera peltata ♆
Eupatorium purpureum
Euphorbia palustris ♆
Filipendula rubra 'Venusta' ♆
Gunnera tinctoria
Hemerocallis
Iris ensata ♆
Iris sibirica ♆ und Sorten
Ligularia
Lobelia 'Bees' Flame'
Osmunda regalis ♆
Primula bulleyana ♆
Primula denticulata ♆ und Sorten
Primula florindae ♆
Primula rosea ♆
Rheum palmatum 'Atrosanguineum' ♆
Rodgersia pinnata 'Superba' ♆
Salix alba und Sorten
Trollius × cultorum 'Orange Princess' ♆

Hanglagen

Für Hanglagen eignen sich Bodendecker sehr gut, da sie den Boden befestigen und die Erosionsgefahr stark vermindern.
Ajuga reptans und Sorten
Bergenia
Cistus
Calluna
Clematis heracleifolia 'Wyevale'
Cotoneaster horizontalis ♆
Epimedium
Erica carnea und Sorten
Euonymus fortunei 'Emerald 'n' Gold' ♆
Gaultheria
Hedera
Hosta
Hypericum calycinum
Juniperus × pfitzeriana und Sorten
Juniperus squamata 'Blue Star' ♆
Lamium
Lavandula
Lysimachia nummularia
Potentilla
Prunus laurocerasus 'Otto Luyken' ♆
Rosmarinus officinalis und Sorten
Santolina pinnata 'Sulphurea'
Symphytum caucasicum ♆
Tiarella
Thymus

Register

Kursive Seitenzahlen weisen auf Pflanzen hin, die *nicht* abgebildet sind.

A

B

C

D

E

F

G

H

I

J

K

L

M

N

O

P

Q

R

S

T

U

V

Bildnachweis

Der Verlag dankt folgenden Fotografen und Agenturen für die Genehmigung, ihre Fotos verwenden zu können (Abkürzungen: o = oben, u = unten, r = rechts, l = links, M = Mitte):

1: Roger Smith/DK; **2**: Photographer; Steven Wooster; Garden for Chelsea Flower Show 2002, Tamsin Partridge; **3**: Roger Smith/DK; **4**: Roger Smith/DK; **6**: Photographer; Steven Wooster; The Stonemarket Patio Garden, Geoffrey Whiten, Chelsea Flower Show 2002 (ul); **8–9**: Photographer; Steven Wooster; »The West Midlands-Shizoka Goodwill« garden for Chelsea Flower Show 2002, Julian Dowle Partnership; **10–11**: Roger Smith/DK; **11**: Roger Smith/DK (Mr, Mro, ur, cro); **12**: Eric Crichton Photos (ur); **13**: Peter Anderson (or, Mr); Roger Smith/DK (uM, ur); **14**: Garden Picture Library/Jerry Pavia (uM); **16**: Bob Rundle (uM); **17**: Roger Smith/DK (ol); **18**: Roger Smith/DK (ol, uMl); **19**: Andrew Butler (or), Roger Smith/DK (uMr, Mur); **20**: Roger Smith/DK (Mro); **21**: Andrew Butler (ur), **22**: Roger Smith/DK (ul); **23**: Roger Smith/DK (uMr); **24**: Bob Rundle (uM), Dave Watts (ul); **25**: Roger Smith/DK (Mru); **26**: Garden Picture Library/Neil Holmes (ul), Roger Smith/DK (uM, uMl); **27**: Andrew Butler (ur), Juliette Wade (uM), Roger Smith/DK (or); **28**: Roger Smith/DK (Mlu, Mu); **29**: C. Andrew Henley (Mur), Roger Smith/DK (uMl); **30**: Roger Smith/DK (uM); **32**: Roger Smith/DK (ur); **33**: Roger Smith/DK (Mlo, Mru, ur, Mor, Mul); **35**: Roger Smith/DK (Mro, uM); **37**: Roger Smith/DK (Mru, uM); **38**: Juliette Wade (ur, Mro), Roger Smith/DK (or, Mu, ul); **39**: Juliette Wade (Mul), Roger Smith/DK (Mlu); **40**: Juliette Wade (ul), Andrew Lawson (uMr), Jo Whitworth (ur); **41**: Dave Watts (ul), Roger Smith/DK (ur); **42**: Andrew Butler (Mru), Bob Rundle (Mor), Roger Smith/DK (Mur); **43**: Andrew Butler (Mlu, Mol), Harry Smith Collection (ur), Roger Smith/DK (oMl); **44**: Roger Smith/DK (Mru); **45**: Roger Smith/DK (Mro, uMr); **47**: Roger Smith/DK (ul); **48**: Juliette Wade (uMr), Roger Smith/DK (uM); **49**: Juliette Wade (ol, uMr); **50**: Andrew Butler (uM), Juliette Wade (ur), Sunniva Harte (ul); **51**: Roger Smith/DK (ol); **52**: Garden Picture Library/Neil Holmes (Ml); **53**: Dave Watts (uMl); **54**: Garden Picture Library/Brian Carter (ul), Harry Smith Collection (Mlu); **55**: Roger Smith/DK (uMl, Mor); **56**: Jo Whitworth (uM); **57**: Andrew Butler (ur, uMr), Roger Smith/DK (ul); **59**: Roger Smith/DK (uM); **60**: Sunniva Harte (or, Mro, ul), Harry Smith Collection (uMr); **61**: Juliette Wade (Mro); Sunniva Harte (Mlo, uMl, Mol), Photos Horticultural (Mru, Mur), Roger Smith/DK (Mul); **62**: Sunniva Harte (Mlo, Mlu, Mur), Garden and Wildlife Matters (Mor), Roger Smith/DK (Mro); **63**: Sunniva Harte (ol, Mol, Mor), Garden Picture Library/Brian Carter (Mro), Photos Horticultural (Mur), Roger Smith/DK (Mlo, Mlu); **64**: Roger Smith/DK (ul); **65**: Andrew Butler (ul), Roger Smith/DK (ur); **66**: Harry Smith Collection (uM), Roger Smith/DK (ur); **68**: Roger Smith/DK (uM, ur); **69**: Roger Smith/DK (ol); **70**: Roger Smith/DK (oM); **71**: Roger Smith/DK (oM); **74**: Harry Smith Collection (uM), Roger Smith/DK (oM); **75**: Andrew Lawson (ur), Roger Smith/DK (ol, oM); **76**: Christine M. Douglas (uMl); **79**: Holt Studios International/Rosemary Mayer (uMr); **80**: Roger Smith/DK (oM, or, ur); **81**: C. Andrew Henley (ur), John Fielding (uMr), John Glover (uMl); **82**: Roger Smith/DK (uM); **83**: Andrew Butler (Mu); **84**: Roger Smith/DK (ul); **85**: Roger Smith/DK (ul); **86**: Garden Picture Library/Howard Rice (ul), Photos Horticultural (Mlu); **87**: Andrew Butler (ol), Roger Smith/DK (or, ul, ur, uMl), Jo Whitworth (uM); **88**: Roger Smith/DK (oM, ur, uMr); **89**: Roger Smith/DK (ul); **90**: Andrew Butler (ur), Roger Smith/DK (ul); **91**: John Fielding (uMl), Roger Smith/DK (Mru, uM); **92**: Juliette Wade (or), Roger Smith/DK (uM, uMr); **93**: Annelise Evans (ul), Andrew Butler (uMr), Roger Smith/DK (Mur); **95**: Roger Smith/DK (Mur); **96**: Roger Smith/DK (uMr, Mul); **97**: Roger Smith/DK (uM); **98**: John Fielding (uMl), Juliette Wade (ur), Harry Smith Collection (Mur), Roger Smith/DK (Mul); **99**: Andrew Butler (ul, ur, uMr), Hopley's Plants, Much Hadham (uM); **100**: Andrew Butler (Mul), Andrew Lawson/Bosvigo House, Cornwall (Mul), Harry Smith Collection (Mlu); **101**: Andrew Butler (ul), Andrew Lawson (Mlu), Photos Horticultural (uMr); **103**: Andrew Butler (or, oMr), Roger Smith/DK (uM); **105**: Roger Smith/DK (Mro, Mlu, Mol); **106**: Roger Smith/DK (Mro); **107**: John Fielding (Mur), Roger Smith/DK (Mul); **108**: Harry Smith Collection (uM), Roger Smith/DK (ur); **109**: Roger Smith/DK (Mur); **111**: Roger Smith/DK (uMr); **112**: R.N.R.S. St Albans (ur); **113**: C. Andrew Henley (Mlu); **114**: Harry Smith Collection (uMl), Roger Smith/DK (uM, Mul); **115**: Juliette Wade (oM), Roger Smith/DK (Mr); **116**: Roger Smith/DK (ur); **117**: Roger Smith/DK (ul); **118**: Andrew Butler (uMl), Roger Smith/DK (ul, Mul); **119**: Harry Smith Collection (Mru, ur); **120**: Andrew Butler (uM), Roger Smith/DK (ul); **121**: Harry Smith Collection (ul), Roger Smith/DK (oM, or); **122**: Juliette Wade (Mro), Roger Smith/DK (or, uM); **123**: Juliette Wade (uMl, uMr); **124**: Andrew Butler (oM); **125**: Juliette Wade (ul), Harry Smith Collection (uM); **126**: Roger Smith/DK or, Mor); **127**: Andrew Butler (uMl), Dave Watts (Mul), Photos Horticultural (ul), Roger Smith/DK (oMl); **128**: Andrew Butler (uM); **129**: Eric Crichton Photos (uM), Cambridge Botanic Gardens (ur); **130–131**: Roger Smith/DK; **131**: Bob Rundle (Mro), Roger Smith/DK (Mru); **132**: Trish Gant (M); **134**: Roger Smith/DK (uMl); **136**: Raymond Evison (Mur); **137**: Roger Smith/DK (ol, Mro); **138**: Raymond Evison (or, ul), Roseland House Garden & Nursery, Truro, Cornwall (Mlo, Mor), Roger Smith/DK (Mul); **139**: Jill Cowley (Mor); **140**: Roger Smith/DK (ur), Suttons Seeds (uM); **142**: National Trust (r), Roger Smith/DK (uM); **143**: Roger Smith/DK (ol, uM); **144**: Mr Fothergill's Seeds (uMl); **147**: Roger Smith/DK (uM); **148**: Roger Smith/DK (Mro, Mlu, Mul), John Vanderplank/National Collection of Passiflora (uM); **149**: John Vanderplank/National Collection of Passiflora (ol); **151**: Roger Smith/DK (uMr); **155**: Roger Smith/DK (ul); **157**: Roger Smith/DK (or, Mro, ur); **159**: Roger Smith/DK (or), Photographer; Steve Wooster; The Inside-out Garden', Chelsea Flower Show 2002; Garden Design; Marshall-Lacrox Partnership (Ml); **161**: Roger Smith/DK (Mlo, Mo, Mro, Ml, ur), Steve Wooster; Chelsea Flower Show 2002, The West Midlands Shizhoka Goodwill Garden (ul); **163**: Steve Wooster (uM), Chelsea Flower Show 2002, Careless Rapture, RHS Diploma Class at Otley College (Ml); **164**: Lee Griffiths/DK (ur); **166**: Photos Horticultural (ul), Roger Smith/DK (ur, Mul); **168**: Photos Horticultural (M), Roger Smith/DK (ul, ur); **169**: Photos Horticultural (uM), Harry Smith Collection (ul), Roger Smith/DK (oM); **170**: Roger Smith/DK (Mu, ul); **171**: Photos Horticultural (oM, uM); **172**: Roger Smith/DK (ur); **174**: Harry Smith Collection (uM), Roger Smith/DK (oM, ul); **175**: Roger Smith/DK (ol, ur); **177**: Harry Smith Collection (l), Roger Smith/DK (ur); **178**: Thompson & Morgan (or); **179**: Roger Smith/DK (ul, uM), Suttons Seeds (or); **180**: Roger Smith/DK (uM, ur); **182**: Photos Horticultural (uM), Roger Smith/DK (ul, ur); **183**: Andrew Lawson (l); **184**: Roger Smith/DK (ul), Thompson & Morgan (M, ur); **185**: Eric Crichton Photos (ur); **186**: Roger Smith/DK (uM, Mol); **188**: Photos Horticultural (uM), Harry Smith Collection (ul), Roger Smith/DK (Mlu); **189**: Photos Horticultural (uM), Harry Smith Collection (ur), Roger Smith/DK (oM); **190**: Roger Smith/DK (ul, uM, ur, uMl); **191**: Roger Smith/DK (uM); **192**: Roger Smith/DK (Mru, uMr, Mur); **193**: Beth Chatto (uMr), Roger Smith/DK (or, Mru, ul, Mur); **194**: Juliette Wade (M); **195**: Roger Smith/DK (oM, uM); **197**: Roger Smith/DK (ul, uM); **198**: Roger Smith/DK (ul, ur); **199**: John Fielding (ur), Roger Smith/DK (ul, uM); **200**: Harry Smith Collection (uM), Roger Smith/DK (ul); **201**: Roger Smith/DK (oM, ul); **202**: C. Andrew Henley (ur); **203**: Harry Smith Collection (ul); **204**: Mr Fothergill's Seeds (oM, oM), Harry Smith Collection (ul); **205**: Roger Smith/DK (Mlu, Mu, ul); **207**: Bob Rundle (ur), Andrew Lawson (or), Roger Smith/DK (ul); **208**: Roger Smith/DK (uMr); **209**: Harry Smith Collection (ul); **210**: Roger Smith/DK (ur), Thompson & Morgan (or); **211**: Andrew Lawson (ul), Roger Smith/DK (uM); **214**: Marshalls Seeds (uM); **215**: Roger Smith/DK (Mru, ur, Mur); **216**: Marshalls Seeds (ul), Roger Smith/DK (ur, Mul); **217**: Roger Smith/DK (Mru, uMr); **218**: Roger Smith/DK (Mlu, Mul); **219**: Roger Smith/DK (or, ul, uM); **220**: Photos Horticultural (ur), Roger Smith/DK (or, ul); **221**: Roger Smith/DK (ul, uM); **222**: Roger Smith/DK (Mor); **224**: Harry Smith Collection (ur), Roger Smith/DK (uMl); **225**: Photos Horticultural (ur), Harry Smith Collection (M), Roger Smith/DK (ul); **226**: Roger Smith/DK (Mro); **227**: Roger Smith/DK (Mlo, ur, oMl); **228**: Roger Smith/DK (ul, uMl, uMr); **230**: Eric Crichton Photos (ur), Roger Smith/DK (M); **231**: Eric Crichton Photos (uM), Roger Smith/DK (Mlu); **232**: Harry Smith Collection (ul), Roger Smith/DK (uM, ur); **233**: Roger Smith/DK (ol, oM, or, Mlo, ul, ur); **234**: Roger Smith/DK (uMr); **236**: Photos Horticultural (ul), Roger Smith/DK (uM); **237**: Roger Smith/DK (or); **238**: Roger Smith/DK (uM); **239**: Roger Smith/DK (ol, Mru, ul, uc, ur, uMr); **240**: Roger Smith/DK (ur); **241**: Roger Smith/DK (ur); **242**: Roger Smith/DK (ul); **243**: Roger Smith/DK (l); **244**: Harry Smith Collection (ur); **245**: Garden and Wildlife Matters (ul), Roger Smith/DK (uMl); **246**: Roger Smith/DK (oM, ul); **247**: Roger Smith/DK (uM); **250**: Eric Crichton Photos (Mlu), Andrew Lawson (uMl), Harry Smith Collection (Mlu), Roger Smith/DK (or, Mlo, uMr); **251**: Hidcote Manor (Mor), Juliette Wade (Mol), Andrew Lawson (Mru), Photos Horticultural (oMl), Roger Smith/DK (Mro); **252**: John Fielding (uM), Roger Smith/DK (ur); **253**: Roger Smith/DK (ul); **254**: Roger Smith/DK (M, ul); **255**: Roger Smith/DK (M, ur); **256**: Roger Smith/DK (Mlu), Thompson & Morgan (uMl); **257**: Roger Smith/DK (Ml, ul, ur); **258**: Roger Smith/DK (Mlu, ul, uMl); **259**: Roger Smith/DK (ul); **260**: Andrew Lawson (ur); **262**: Roger Smith/DK (ul); 263: Roger Smith/DK (uM); **264**: Eric Crichton (or, Mru), Garden Picture Library/Howard Rice (uMr), Roger Smith/DK (oMr); **265**: Eric Crichton (ul, ur, uMl, Mor, Mul), Garden and Wildlife Matters (Mru), Andrew Lawson (uMr), Roger Smith/DK (ol, oMr, oMr); **266**: Eric Crichton (Mol, oMr); RHS Garden Wisley (oMl), Garden Picture Library/Densey Clyne (Mlu), John Glover (Mro), Roger Smith/DK (ol, uMl, Mul, Mr); **267**: Andrew Butler (uMr), Eric Crichton (ul, Mul), John Fielding (ol), Garden Picture Library/JS Sira (Mol), John Glover (oMl), Roger Smith/DK (or, uMl, Ml); **270**: Roger Smith/DK (or, ul); **271**: Roger Smith/DK (oM, ur); **272**: Roger Smith/DK (uM, ur); **273**: Peter Anderson (ur); **274**: John Glover (ur), Clive Nichols (Mru), Roger Smith/DK (oMr); **275**: Garden and Wildlife Matters (Mul), Roger Smith/DK (Mro, uMr); **276**: Andrew Lawson (Mur), Harry Smith Collection (ur), Roger Smith/DK (Mlo, uMr); **277**: Andrew Lawson (Mlu), Photos Horticultural (Mor), Harry Smith Collection (Mro, Mur), Roger Smith/DK (Mol); **278**: Roger Smith/DK (ul, ur); **279**: Mr Fothergill's Seeds (ur); **280**: Roger Smith/DK (oM); **281**: Roger Smith/DK (or, M, ur); **282**: Beth Chatto (ur), Roger Smith/DK (M, ul); **283**: Roger Smith/DK (uM); **284**: Roger Smith/DK (Mu); **285**: Roger Smith/DK (M, ul, uMl, Mul); **286**: Roger Smith/DK (uMl, uMr, Mul); **287**: Mr Fothergill's Seeds (ur); **289**: Roger Smith/DK (Ml); **290**: Roger Smith/DK (ur, uMl, uMr); **291**: Roger Smith/DK (ul); **292**: Merebrook Online (www.pondplants.co.uk)/Roger Kings (Mru); **293**: C. Andrew Henley (uMr, Mol, oMl), Merebrook Online (www.pondplants.co.uk)/Roger Kings (ol, or, Mlu); **294**: C. Andrew Henley (uM), Juliette Wade (ur), Roger Smith/DK (oM, ul); **295**: Dave Watts (ur); **296**: Andrew Lawson (uMl); **297**: Roger Smith/DK (uM); **298**: Roger Smith/DK (or, M, ul); **299**: Roger Smith/DK (oM, Mor); **300**: Roger Smith/DK (ul); **301**: Harry Smith Collection (ur), Roger Smith/DK (Mru, Mol); **302**: Garden and Wildlife Matters (ol), Roger Smith/DK (or, uMr); **303**: Roger Smith/DK (Mru, Mol); **304**: Roger Smith/DK (ul); **305**: Harry Smith Collection (ol), Roger.Smith/DK (ul, ur); **306**: Roger Smith/DK (ul, uMl); **307**: Roger Smith/DK (ul); **309**: C. Andrew Henley (ur), Roger Smith/DK (uM); **310**: John Fielding (or), Roger Smith/DK (ul); **311**: Roger Smith/DK (or); **312**: Country Park Nurseries, Hornchurch (Mru); Eric Crichton (Mur), Juliette

Wade (uMr), Roger Smith/DK (oMr); **313**: Barnsley House, Nr Cirencester (Mlu), Juliette Wade (uMl), Roger Smith/DK (Mol, oMr); **314**: Roger Smith/DK (Mro, ur); **315**: Roger Smith/DK (uM, ur); **316**: Roger Smith/DK (ul, ur); **317**: Roger Smith/DK (or, ul, uM, ur); **318**: Roger Smith/DK (or); **319**: Roger Smith/DK (ol, ul); **320**: Roger Smith/DK (or, ur, Mur, oMr); **321**: John Fielding (oMr), Roger Smith/DK (Mlu, uMr, Mur); **322**: C. Andrew Henley (ul), Harry Smith Collection (ur); **323**: Harry Smith Collection (uMr), Roger Smith/DK (uM); **324**: Roger Smith/DK (or, ur); **325**: Roger Smith/DK (ul); **327**: Roger Smith/DK (ur, uMl); **328**: Photos Horticultural (ur), Roger Smith/DK (oM); **329**: Mr Fothergill's Seeds (uM), Roger Smith/DK (Mru, ur); **330**: John Fielding (oM), Roger Smith/DK (uM); **331**: Photos Horticultural (uMr), Roger Smith/DK (ul); **332**: Juliette Wade (oM), Roger Smith/DK (or, uM); **333**: Roger Smith/DK (ur, l); **334**: Roger Smith/DK (Mor, Mur); **335**: Photos Horticultural (Mor), Roger Smith/DK (ol, or, Mlo, Mol, oMl); **336**: Roger Smith/DK (ur); **337**: Juliette Wade (ur), Roger Smith/DK (uMr); **338**: Roger Smith/DK (or, uM); **339**: Roger Smith/DK (r); **341**: Roger Smith/DK (or, ur); **343**: Roger Smith/DK (Mr); **344**: John Fielding (c), Roger Smith/DK (ul); **345**: Roger Smith/DK (uM); **346**: Roger Smith/DK (or, ul, uM, ur); **347**: Roger Smith/DK (uM); **349**: Roger Smith/DK (M); **350**: Roger Smith/DK (or, ul, uM, ur); **351**: Roger Smith/DK (M); **352**: Roger Smith/DK (ul, uM, uMr, r); **353**: Roger Smith/DK (r); **354**: Roger Smith/DK (uM, ur); **356–357**: Roger Smith/DK; **358**: Clive Nichols/Preen Manor, Shropshire (M); **359**: Christine M. Douglas (Ml, M), Roger Smith/DK (Mr, u); **360**: Roger Smith/DK (or); **361**: Peter Anderson (or); John Fielding (ur); **363**: Roger Smith/DK (ul, uM, ur); **364**: Christine M. Douglas (r), Roger Smith/DK (M, ul); **365**: Christine M. Douglas (ur), Roger Smith/DK (ul); **Endpapers**: Roger Smith/DK.

Alle anderen Abbildungen © Dorling Kindersley.
Für weitere Informationen siehe: www.dkimages.com

Dank

Der Autor
Zwar steht mein Name auf der Titelseite dieses Buches, aber das Verfassen eines Buches bedeutet viel Teamarbeit, und so möchte ich meinen Dank an alle, die daran beteiligt waren, aussprechen. Vor allem danke ich David Lamb, Annelise Evans, Anna Kruger, Lee Griffiths, Alison Donovan, Letitia Luff, Louise Abbott und Pamela Brown. Ich danke allen für ihre professionelle Arbeit und ihre Geduld und dafür, dass sie mich anhielten, das Thema nicht aus den Augen zu verlieren.
Auch danke ich dem Redaktionsteam Joanna Chisholm, Helen Fewster, Candida Frith-Macdonald, Diana Galligan, Gail Griffiths, Jonathan Hilton, Andrea Loom, Carole McGlynn, Simon Maughan, Christine Morley, Jane Simmonds und Victoria Willan. Ein besonderer Dank an die Redaktion der RHS.
Ich danke auch den Botanikern des RHS-Gartens in Wisley für ihre großzügige Hilfe und die Informationen über manche Pflanzen. Sie wurden nie müde, mich bei meinen unzähligen Anrufen zu beraten. Mein Dank auch an all die Gärtnereien und Züchter, die mir mit Informationen über Pflanzen behilflich waren.
Und schließlich entschuldige und bedanke ich mich aufrichtig bei allen, die nicht erwähnt wurden.

Der Verlag
Dorling Kindersley dankt Susanne Mitchell, Barbara Haynes und Simon Maughan von der Royal Horticultural Society, Vincent Square, für ihren Einsatz und ihre Hilfe.

Redaktion RHS
Barbara Haynes

Illustrationen
Karin Gavin und Gill Tomblin

Redaktionsassistenz
Joanna Chisholm, Helen Fewster, Diana Galligan, Gail Griffiths, Jonathan Hilton, Andrea Loom, Carole McGlynn, Simon Maughan, Christine Morley, Jane Simmonds und Victoria Willan

Zusätzliche Bildrecherche
Neale Chamberlain, Archie Clapton, Romaine Werblow

Register
Hilary Bird